Ana

3 Luxemburg Physische Karten, Fallbeispielkarten

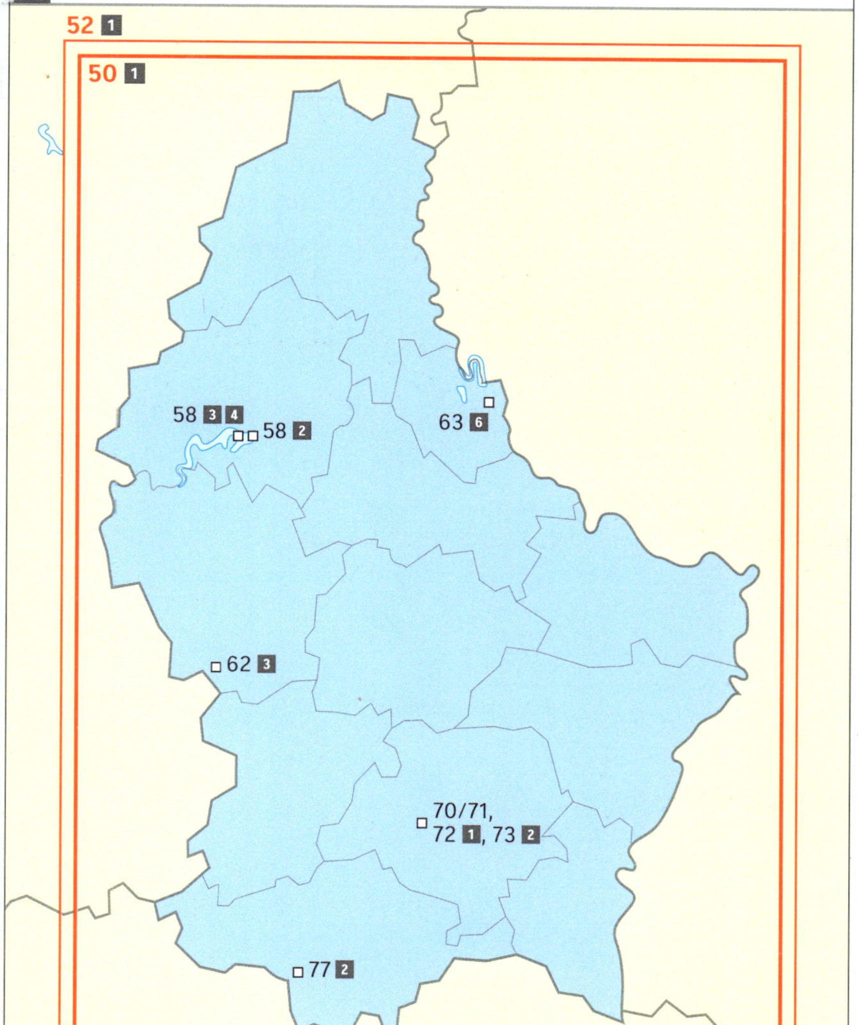

Physische Karten
1 : 350 000
1 : 200 000
Fallbeispielkarte

4 Europa Physische Karten, Fallbeispielkarten

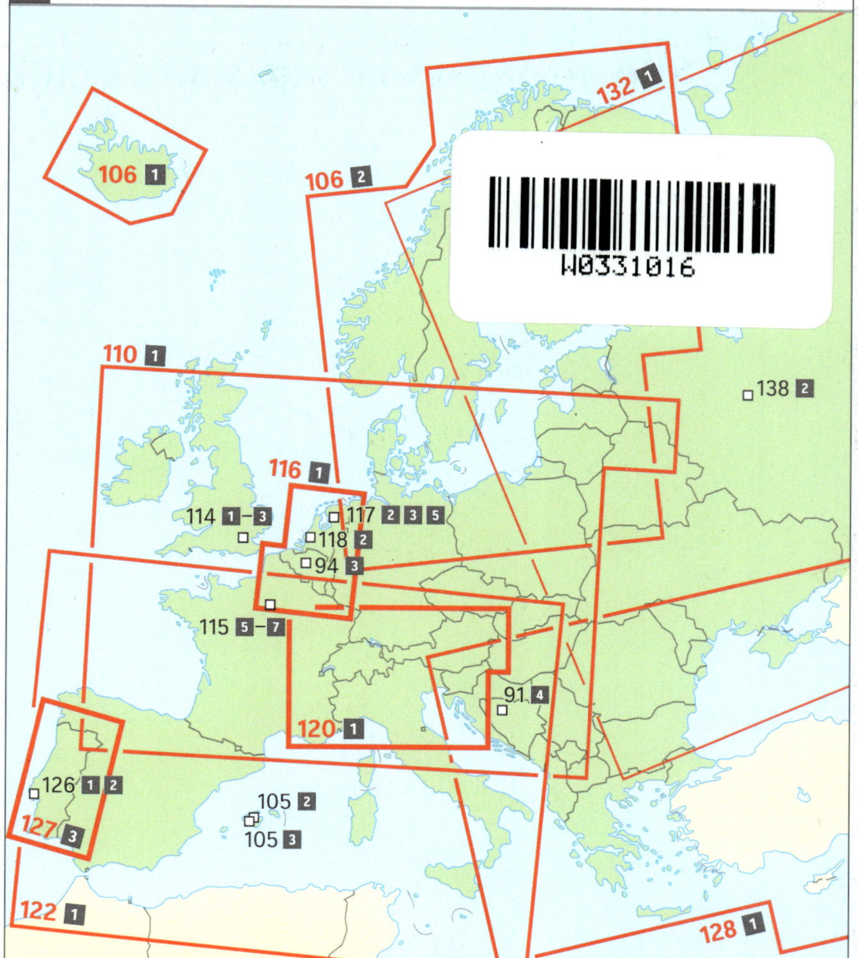

Physische Karten
1 : 12 000 000
1 : 6 000 000
1 : 2 000 000, 1 : 2 250 000
Fallbeispielkarte

5 Übersicht zu den historischen Karten

Raum	Vor- und Frühgeschichte und Antike	Mittelalter	Frühe Neuzeit	Neuzeit	Jüngste Geschichte
Erde	226 1 Besiedlung, nordische Vereisung 26 2 Neolithikum, Hochkulturen 39 3 Christentum	28 1 Weltbilder 39 4 Orient und Islam	28 2 Entdeckungsreisen und koloniale Eroberungen	30 1 Die Welt um 1914, Britisches Weltreich 30 2 Welthandel 31 3 Erster Weltkrieg	21 4 Aralsee 32 1 Zweiter Weltkrieg 32 2 Kalter Krieg 33 3 Bündnisse 2020 34 1 Vereinte Nationen (VN)
Luxemburg	64 1 Germanien und Raetien 65 2 Römerzeit um 200 n. Chr.	65 3 Hausmachtgebiete der Luxemburger (14. Jh.) 65 4 Echternach 66 1 Heiliges Römisches Reich um 1000	67 2 Heiliges Römisches Reich Deutscher Nation um 1648 68 1 Luxemburg 1789 70 1 Luxemburg-Stadt um 1550	68 2 Territorien zur Zeit der Restauration 1839 70 2 Luxemburg-Stadt um 1840	72 1 Luxemburg-Stadt 1952 77 2 Esch-sur-Alzette 78 1 Saar-Lor-Lux 1957
Europa	84 1 Kolonisation am Mittelmeer 85 2 Handel und Wirtschaft im Römischen Reich 101 2 Steinzeit 101 3 Bodennutzung vor 2000 Jahren	85 3 Völkerwanderung und Reiche 86 1 Karl der Große 86 2 Kreuzzüge 87 3 Handel und Wirtschaft im 15. Jahrhundert	88 1 Reformation um 1570	88 2 Absolutismus um 1740 89 3 Das Zeitalter Napoleons um 1812 89 4 Revolution 1848/1849 92 1 Staaten 1914 92 2 Staaten 1920/1921 103 3 Wirtschaftszentren um 1900	90 1 Zweiter Weltkrieg 91 2 Auflösung des Ostblocks 1989 91 4 Jugoslawien 92 3 Staaten 1939 92 4 Staaten 1949 94 2 Europäische Zusammenschlüsse 105 3 S'Arenal (Mallorca)
Asien	142 1 Persien und Alexander der Große 162 1 Palästina zur Zeit Jesu	142 2 Reiche um 1300 143 3 Seidenstraße zur Zeit Marco Polos			152 1 Perlflussdelta 158 1 Borneo in Südostasien heute 159 2 Borneo 1980 161 2 Dubai 163 3 Israel
Afrika	168 1 Ägypten		166 1 Staaten im 15.–17. Jahrhundert	166 2 Staaten 1914/1918 166 4 Burenstaaten	166 5 Erbe der Apartheid 1994 173 3 Ouargla (Algerien)
Ozeanien				187 5 Aborigines	187 6 Einwanderung
Amerika		211 4 Tenochtitlán und Umgebung um 1500	192 1 Urbevölkerung Anfang 16. Jahrhundert 192 2 Europäisierung Mitte 18. Jahrhundert	193 3 Nationenbildung um 1825 206 1 Besiedlung, Einwanderung 206 2 US-Bundesstaaten 210 1 Kalifornien	216 3 Rondônia (Brasilien)

● Siedlungs- und Landschaftsgeschichte ● Kultur- und Religionsgeschichte ● Territorialgeschichte ● Kriege und Konflikte ● Wirtschaftsgeschichte

LE GOUVERNEMENT
DU GRAND-DUCHÉ DE LUXEMBOURG
Ministère de l'Éducation nationale,
de l'Enfance et de la Jeunesse

Die Auswahl der Karten in diesem Atlas erfolgte in Abstimmung mit der **Commission nationale de l'Enseignement secondaire général de Géographie** sowie der **Commission nationale de l'Enseignement secondaire classique de Géographie** in Luxemburg.

FSC
www.fsc.org
MIX
Papier aus verantwortungsvollen Quellen
FSC® C009717

Druck A²/Jahr 2020
Alle Drucke der Serie A sind im Unterricht parallel verwendbar.

Leitung: Thomas Michael
Redaktion: Thomas Michael, Björn Richter, Reinhold Schlimm
Multimedia-Redaktion: Dr. Erik Braune
Herstellung: Michael Albrecht, Westermann-Kartographie
Umschlaggestaltung: boje5 Grafik & Werbung, Eckard Schönke, Braunschweig
Layout und Satz: Westermann-Kartographie
Druck und Bindung: Westermann Druck GmbH, Braunschweig

ISBN 978-3-14-**101080**-0

2020GECGRlivre006

1 Im Atlas Karten finden

➡ Inneneinband vorne, 2–5

? „Wie finde ich das richtige Atlaskapitel?" „Wie finde ich Karten aus einem bestimmten Teil der Erde?"

! Ganz vorne im Atlas findest du den Kartenkompass mit Übersichten zur geographischen Lage der Karten. Und im folgenden Inhaltsverzeichnis stehen die Titel von allen Doppelseiten im Atlas und ihren Karten.

➡ Anwendung bei allen Karten möglich

2 Im Atlas Orte und Themen finden

➡ 218–238

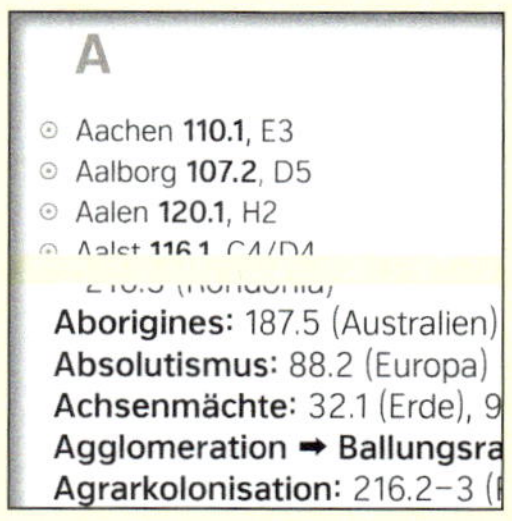

? „Wie finde ich Karten zu einem bestimmten Thema?" „Wie finde ich Orte, Flüsse oder Gebirge im Atlas?"

! Hier lernst du, mit dem Sachwortregister und dem Namensregister zu arbeiten.

➡ Anwendung bei allen Karten möglich

3 Von der Kugel zur Ebene gelangen (erste Verebnung)

➡ Buchdeckel hinten

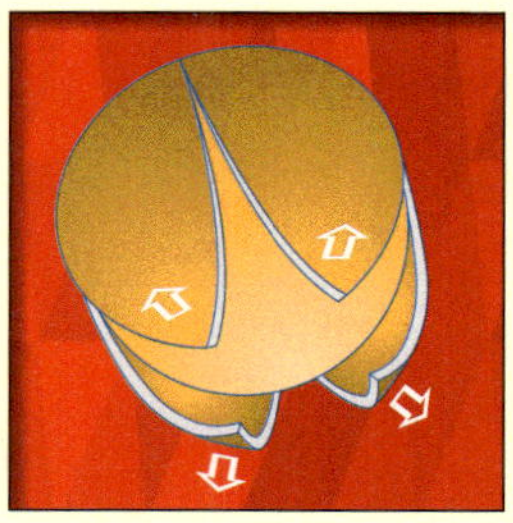

? „Wie bilden flache Karten den runden Globus ab?"

! Hier erkennst du, dass es nicht möglich ist, die gekrümmte Erdoberfläche ohne Verzerrungen in einer ebenen Karte abzubilden.

➡ Anwendung auf Seite:
24 1, 26/27, 32 2, 45 3 4, 46/47, 188/189
und bei anderen Karten in auffälligen Netzentwürfen (Projektionen)

4 Berge auf der physischen Karte (zweite Verebnung)

➡ 52 1, 107 3

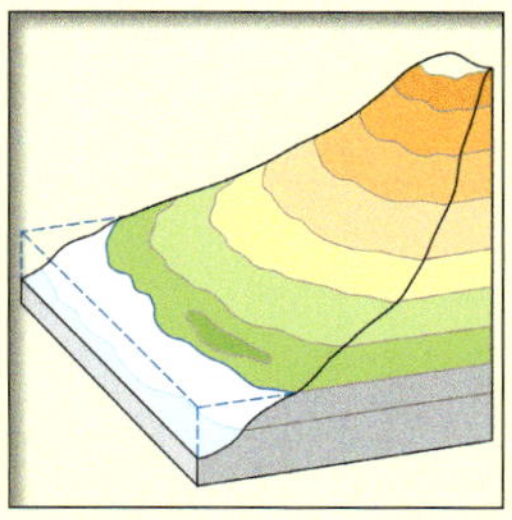

? „Wie wird die Erdoberfläche mit ihren Bergen, Tälern und Gewässern in Karten abgebildet?"

! Hier lernst du, wie Berge auf der physischen Karte wiedergegeben werden und wie du physische Karten liest.

➡ Anwendung auf Seite:
50 1, 82 2, 106 1 2, 140 3, 164 3, 184 1, 190 1
und bei allen weiteren physischen Karten

5 Himmelsrichtungen zur Orientierung nutzen

➡ 52 1

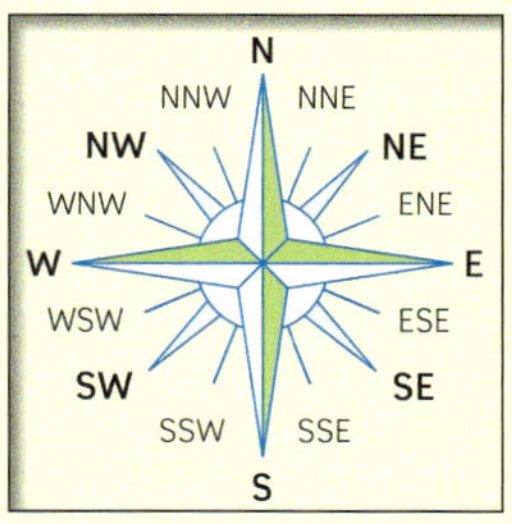

? „Wie kann ich erkennen, in welche Richtung Karten zeigen?"

! Hier lernst du die Himmelsrichtungen kennen und in welche Richtung Karten normalerweise ausgerichtet sind.

➡ Anwendung bei allen Karten möglich

6 Vom Bild zur thematischen Karte gelangen

➡ 60 1

? „Wie wird die Wirklichkeit in Karten abgebildet?" „Wie lassen sich Satellitenbilder und Karten miteinander vergleichen?"

! Hier siehst du, wie eine Landschaft aus der Luft aussieht und lernst, wie sich aus solchen Aufnahmen Karten ableiten lassen.

➡ Anwendung auf Seite:
58 2–4, 170 3 4, 173 2, 216 2, 217 4

7 Profile verstehen und nutzen

➡ 107 3

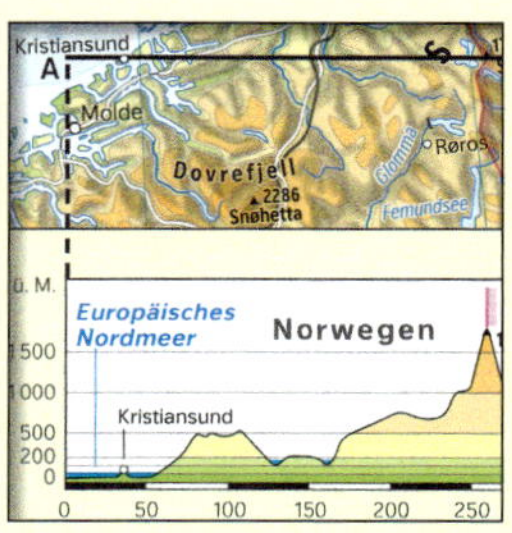

? „Welche Profiltypen gibt es?" „Wie lese und erstelle ich ein Profil?"

! Hier lernst du unterschiedliche Profiltypen kennen (Höhenprofil, geologisches Profil, Niederschlagsprofil, Vegetationsprofil) und kannst sie zusammen mit Karten nutzen. Dazu gehören auch Blockbilder, die Profilen sehr ähnlich sind.

➡ Anwendung auf Seite:
10 3, 12 1 3, 13 4 5, 17 4, 54 1, 56 2, 63 6, 101 3, 140 2, 171 7, 185 3, 210 3, 215 2

8 Topographie üben

➡ 82 1

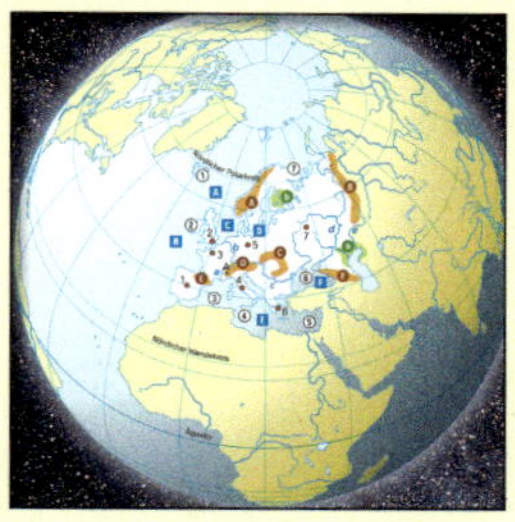

? „Welche Orte, Flüsse, Meere und Gebirge eines Kontinents sind mir bekannt?"

! Hier kannst du dein topographisches Wissen überprüfen und erweitern. Denn der Globus neben der Übersichtskarte jedes Kontinents bietet dir eine stumme Karte zum Üben an.

➡ Anwendung auf Seite:
140 1, 164 1, 185 2, 191 2

9 Maßstab und Generalisierung beschreiben

➡ 58 1

? „Was sagt der Maßstab über die Verkleinerung aus?" „Wie ändert sich die kartographische Darstellung beim Wechsel der Maßstäbe"

! Hier misst du Strecken in Karten und berechnest die wahren Entfernungen. Beim Kartenvergleich erkennst du, dass in kleinen Maßstäben nur noch wenig Details darstellbar sind.

➡ Anwendung bei allen Karten möglich, insbesondere durch Kartenvergleich

10 Signaturen in Karten deuten

➡ 22 1

? „Was bedeuten die verschiedenen Kartenzeichen (Signaturen)?"

! Hier lernst du am Beispiel der Landschaftskarte der Erde die Aussage von im immer wiederkehrenden Signaturen kennen.

➡ Anwendung auf Seite:
26 1, 61 2, 62 3, 63 6, 78 1, 79 2
und bei allen weiteren thematischen und physischen Karten

11 Eine Karte lesen und auswerten (Bevölkerungsdichte)

➡ 74 1

? „Was kann mir eine thematische Karte sagen?" „Welche Informationen bieten zum Beispiel Bevölkerungsdichtekarten"

! Hier lernst du, wie Bevölkerungsdichte berechnet wird und auf welche Weise sie sich in Karten darstellen lässt.

➡ Anwendung auf Seite:
40 2, 96 2, 153 2, 167 6, 168 2, 206 1 4, 209 5

12 Den Wandel von Räumen beschreiben

➡ 72 4, 84 1

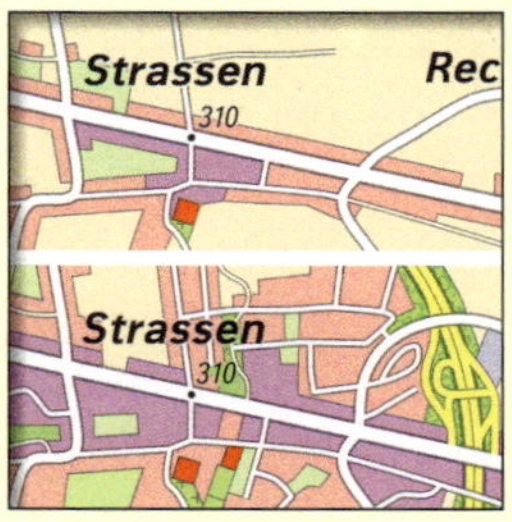

? „Wie kann ich aus Karten die früheren und heutigen Zustände eines Raumes lesen und sie vergleichen?"

! Hier lernst du, räumliche Veränderungen mit Hilfe von Karten zu erkennen und zu interpretieren.

➡ Anwendung auf Seite:
21 4, 26 1, 32 2, 38 1, 70/71, 72 1, 73 2, 77 2, 78 1, 79 2, 91 2–4, 92/93, 100/101, 102/103, 105 3, 114 1, 115 5, 117 2 3, 138 1, 143 4, 152 1, 158/159, 161 2, 163 3, 166 1 2 4 5, 167 3, 173 3, 187 6, 192/193, 206 1 2, 208 1, 209 2, 210 1 2, 211 4 5, 216 1 2, 217 5

13 Geschichtskarten lesen lernen

➡ 84 1

? „Was erzählen Geschichtskarten über frühere Zeiten?" „Wie orientiere ich mich in historischen Umgebungen?"

! Hier lernst du, mit den Besonderheiten der Geschichtskarten umzugehen. Diese Karten bilden vergangene Zustände und Lebenswelten ab, die sich mit heute vergleichen lassen.

➡ Anwendung auf Seite:
28/29, 30/31, 32 1 2, 39 3 4, 64/65, 66/67, 68 1 2, 85 2 3, 86/87, 88/89, 90 1, 91 2 4, 92 1–4, 142 1 2, 143 3, 168 1, 207 3, 210 1, 211 4

14 Informationen zu einem Raum sammeln

➡ 78 3

? „Wie kann ich für ein Land, eine Region oder einen Ort Informationen aus verschiedenen Karten sammeln?"

! Hier lernst du, durch den Vergleich von Karten einen Raum umfassend und systematisch zu untersuchen. Folge Verweisen zu anderen Karten und schaue dir den Raum unter verschiedenen Gesichtspunkten an.

➡ Vernetzende Atlasarbeit:
Recherche mit mehreren Karten zu einem Raum

ERDE
LUXEMBURG
EUROPA
ASIEN
AFRIKA
OZEANIEN
POLARGEBIETE
AMERIKA
REGISTER

Erde

Die Erde im Weltall
1 Das Milchstraßensystem (Galaxie) . . . 6
2 Die Erde aus Mondsicht . . . 6/7
3 Die Bahn der Erde um die Sonne . . . 6
4 Tagesbogen der Sonne . . . 6
5 Die Mondphasen . . . 6
6 Die Gezeiten . . . 6
7 Mond- und Sonnenfinsternis . . . 6
8 Größenvergleich der Planeten . . . 7
9 Umlaufbahnen um die Sonne . . . 7
10 Sternenhimmel . . . 7
11 Magnetfeld und Polarlichter . . . 7

Erde Orientierung
1 Physische Übersicht . . . 8/9
2 Die längsten Flüsse der Erde . . . 8
3 Die höchsten Berge der Erde . . . 8/9
4 Die größten Seen der Erde . . . 9

Erde Plattentektonik
1 Plattentektonik, Vulkanismus und Erdbeben . . . 10/11
2 Schalenbau der Erde . . . 10
3 Schnitt durch die Erdkruste . . . 10/11

Erde Vorgänge an Plattengrenzen
1 Alpen Entstehung eines Faltengebirges . . . 12
2 Phasen der Plattentektonik (Wilson-Zyklus) . . . 12
3 Atlantik Alter des Meeresbodens . . . 12
4 Ostafrika Grabenbruchsystem . . . 13
5 Südamerika Subduktionszone . . . 13

Erde Klima
1 Klimadiagramme . . . 14
2 Klimate der Erde (Klimaklassifikation nach A. Siegmund und P. Frankenberg) . . . 14/15
3 Niederschläge im Januar (Nordwinter/Südsommer) . . . 14
4 Niederschläge im Juli (Nordsommer/Südwinter) . . . 15

Erde Luftdruck und Winde
1 Luftdruck und Winde im Januar . . . 16
2 Luftdruck und Winde im Juli . . . 17
3 Entstehung dynamischer Luftdruckgebilde . . . 16
4 Querschnitt einer idealtypischen Frontenzyklone . . . 17
5 Europa Typische Wetterlagen . . . 16/17

Erde Atmosphäre und Klimawandel
1 Erdatmosphäre . . . 18
2 Globalstrahlung . . . 18
3 Klimawandel im 21. Jahrhundert . . . 18
4 Weltmeere Meeresspiegeländerung . . . 18
5 Treibhausgas Kohlenstoffdioxid (CO_2) . . . 19
6 Maloelap (Marshallinseln) Verwundbarkeit eines Atolls . . . 19

Erde Naturgefahren und Landschaftswandel
1 Naturkatastrophen im 21. Jahrhundert . . . 20
2 Naturgefahren/Naturrisiken . . . 20
3 Landschaftswandel . . . 21
4 Aralsee Landschaftswandel 1960 2019 . . . 21

Erde Landschaften (Ökozonen) . . . 22/23

Erde Weltmeere als Nahrungsquelle
1 Weltmeere Gefährdete Nahrungsquelle . . . 24/25
2 Weltmeere Wasserzirkulation . . . 24
3 Erde Meeresfischfang, Fischverzehr und Fischereikonflikte . . . 25

Erde Ur- und Frühgeschichte
1 Menschen besiedeln die Erde . . . 26/27
2 Neolithische Revolution und frühe Hochkulturen . . . 26/27

Erde Geographische Entdeckungen
1 Weltbilder – durch religiöse und weltanschauliche Vorstellungen geprägte Darstellungen von der Erde als Scheibe . . . 28/29
2 Entdeckungsreisen und koloniale Eroberungen (15. Jahrhundert bis Mitte 17. Jahrhundert) . . . 28/29

Erde Zeitalter des Imperialismus
1 Die Welt um 1914 . . . 30/31
2 Handelsgüter der Kolonien und imperialistischer Interessengebiete (um 1914) . . . 30
3 Die Welt im Ersten Weltkrieg (28.7.1914–11.11.1918) . . . 31

Erde Bündnisse seit dem Zweiten Weltkrieg
1 Bündnisse im Zweiten Weltkrieg (1.9.1939–8.5.1945) . . . 32
2 Das Zeitalter des Kalten Krieges (1949–1989) . . . 32/33
3 Politische und militärische Bündnisse 2020 . . . 33

Erde Staatengemeinschaften
1 Vereinte Nationen (VN) / United Nations (UN) . . . 34
2 UN-Ziel Entwicklungszusammenarbeit . . . 34
3 Staats- und Regierungsformen . . . 35
4 Wirtschaftsbündnisse . . . 35
5 Korruption und Pressefreiheit . . . 35

Erde Menschenrechte und Migration
1 Menschenrechte . . . 36
2 Migration . . . 36/37
3 Kinderrechte . . . 37

Erde Glaubensgemeinschaften
1 Religionen . . . 38
2 Jerusalem Heilige Stadt für drei Weltreligionen . . . 38
3 Römisches Reich Anfänge und Ausbreitung des Christentums . . . 39
4 Orient Anfänge und Ausbreitung des Islam . . . 39

Erde Bevölkerung
1 Altersaufbau . . . 40
2 Bevölkerungsdichte und Megastädte . . . 40/41
3 Bevölkerungsentwicklung . . . 40
4 Verstädterung . . . 41

Erde Entwicklungsstand der Staaten
1 Entwicklungsstand (Weltbild) . . . 42
2 Nachhaltigkeit (Weltbild) . . . 42
3 Lebenserwartung . . . 43
4 Bildung . . . 43
5 Ernährung und Gesundheit . . . 43

Erde Wirtschaftskraft und Welthandel
1 Wirtschaftskraft pro Land . . . 44/45
2 Welthandel mit Rohstoffen . . . 44/45
3 Globale Warenströme . . . 45
4 Globale Warenketten (am Beispiel Jeans) . . . 45

Erde Globale Kommunikation
1 Wirtschaftszentren und globale Kommunikation . . . 46/47
2 Zeitzonen . . . 46/47

Erde Tourismus und Kulturen
1 Tourismus . . . 48/49
2 Amtssprachen . . . 48
3 Schriften . . . 49

Erde Staatentabelle . . . 240/241

Erde Politische Übersicht . . . 242/243

Luxemburg

Luxemburg Physische Karte . . . 50/51

Luxemburg Topographie und Klima
1 Physische Übersicht . . . 52
2 Temperaturen im Januar . . . 53
3 Temperaturen im Juli . . . 53
4 Klimadiagramme . . . 53
5 Niederschläge im Jahr . . . 53

Luxemburg Geologie und Naturlandschaften
1 Luxemburg Geologie und Gesteine . . . 54/55
2 Naturlandschaften und Naturrisiken . . . 55

Luxemburg Lage im Pariser Becken
1 Erdgeschichte 56
2 Pariser Becken **Geologie** 56/57

Lac de la Haute-Sûre Vom Luftbild zur Karte
1 Maßstäbe / Messen in Karten 58
2 Barrage d'Esch-sur-Sûre **Trinkwassertalsperre an der Sauer**
Luftbild Karte 58/59
3 Lac de la Haute-Sûre **Stausee im Tal der Sauer**
Luftbild Karte 58/59
4 Lac de la Haute-Sûre **Stausee im Naturpark Obersauer**
Luftbild Karte 58/59

Luxemburg Landesnatur und Tourismus
1 Luxemburg **Satellitenbild** 60
2 Luxemburg **Bodenbedeckung und Tourismus** 61

Luxemburg Umwelt und Energie
1 Luxemburg **Windenergie** 62
2 Luxemburg **Sonnenenergie** 62
3 Beckerich **Regenerative Energieversorgung** 62
4 Luxemburg **Wasserressourcen** 63
5 Luxemburg **Gewässergüte** 63
6 Vianden **Pumpspeicherkraftwerk** 63

Luxemburg Antike und Mittelalter
1 Germanien und Raetien
Landschaft zur Römerzeit 100 n. Chr. 64
2 Römerzeit um 200 n. Chr. 65
3 Heiliges Römisches Reich
Hausmachtgebiete der Luxemburger (14. Jh.) 65
4 Echternach **Stadt um 1550** 65

Luxemburg Heiliges Römisches Reich
1 Heiliges Römisches Reich um 1000 66
2 Heiliges Römisches Reich Deutscher Nation um 1648 67

Luxemburg
Landesentwicklung in Neuzeit und Gegenwart
1 Luxemburg **Territorien zu Beginn**
der Französischen Revolution 1789 68
2 Luxemburg **Territorien zur Zeit der Restauration 1839** 68
3 Luxemburg **Verwaltung** 69

Luxemburg
Stadtentwicklung in Neuzeit und Gegenwart
1 Luxemburg-Stadt **Stadtanlage um 1550** 70
2 Luxemburg-Stadt **Befestigungsanlagen um 1840** 70
3 Luxemburg-Stadt **Innere Stadtteile heute** 71

Luxemburg Stadtlandschaft im Wandel
1 Luxemburg-Stadt **Flächennutzung 1952** 72
2 Luxemburg-Stadt **Flächennutzung 2020** 73
3 Karten vergleichen:
Räumliche Muster beschreiben 72
4 Karten vergleichen:
Den Wandel von Räumen untersuchen 72
5 Luxemburg-Stadt **Bevölkerung nach Stadtteilen** 73

Luxemburg Bevölkerung und Demographie
1 Luxemburg **Bevölkerungsdichte nach Gemeinden** 74
2 Entwicklung von Geburten und Sterbefällen 74
3 Entwicklung der Altersstruktur 74
4 Luxemburg **Bevölkerungsentwicklung** 75
5 Ausländische Bevölkerung 75

Luxemburg Wirtschaft und Strukturwandel
1 Luxemburg **Wirtschaft und Verkehr** 76
2 Esch-sur-Alzette **Strukturwandel an einem Standort**
der Schwerindustrie 1980 2020 77

Saar-Lor-Lux Strukturwandel in der Großregion
1 Saarland/Lothringen/Luxemburg (Saar-Lor-Lux)
Montanregion 1957 78/79
2 Saarland/Lothringen/Luxemburg (Saar-Lor-Lux)
Dienstleistungsregion 2019 79/80
3 Großregion **Einpendler nach Luxemburg** 78
4 Großregion **Grenzpendler insgesamt** 79

Großregion Wirtschaft und Bevölkerung
1 Großregion **Wirtschaft** 80/81
2 Großregion **Wirtschaftsräume** 81

Europa

Europa Orientierung
1 Europa **Topographie** 82
2 Europa **Physische Übersicht** 82/83

Europa Antike
1 Phönikische und griechische Kolonisation 84
2 Handel und Wirtschaft im Römischen Reich 85
3 Völkerwanderung und Reiche
(bis zum Tode Theoderichs um 526 n. Chr.) 85

Europa Mittelalter
1 Reiche am Ende der Herrschaft Karls des Großen um 814 86
2 Zeit der ersten Kreuzzüge Ende 12. Jahrhundert 86
3 Europa und Orient **Handel und Wirtschaft im 15. Jahrhundert** 87

Europa Neuzeit
1 Reformation um 1570 88
2 Absolutismus um 1740 88
3 Das Zeitalter Napoleons um 1812 89
4 Revolution und Reaktion 1848/1849 89

Europa
Zweiter Weltkrieg und Ende der Nachkriegsepoche
1 Europa **Zweiter Weltkrieg (1.9.1939–8.5.1945)** 90
2 Europa **Auflösung des Ostblocks 1989** 91
3 Europa **Bündnisentwicklung 1990–2019** 91
4 Jugoslawien **Auflösung eines Vielvölkerstaates**
1989 2004 91

Europa Staaten seit 1900
1 Staaten 1914 (vor dem Ersten Weltkrieg) 92
2 Staaten 1920/1921 (nach dem Ersten Weltkrieg) 92
3 Staaten 1939 (vor dem Zweiten Weltkrieg) 92
4 Staaten 1949 (nach dem Zweiten Weltkrieg) 92
5 Staaten heute 93

Europa Europäische Union
1 Organe der Europäischen Union 94
2 Europäische Zusammenschlüsse 94
3 Brüssel **Hauptsitz der EU** 94
4 Europäischer Wirtschaftsraum
Wirtschaftskraft der Regionen 95
5 Europäischer Wirtschaftsraum
Arbeitslosigkeit in den Regionen 95

Europa Bevölkerung und Kommunikation
1 Altersaufbau 96
2 Bevölkerungsdichte und Ballungsräume 96
3 Bevölkerungsentwicklung 96
4 Staatssprachen und Sprachminderheiten 97
5 Verkehr 97
6 Sprachen 97

Europa Klima
1 Temperaturen im Januar 98
2 Temperaturen im Juli 98
3 Klimadiagramme 98/99
4 Niederschläge im Jahr 99
5 Klimazonen (nach A. Siegmund und P. Frankenberg) 99

Europa Landwirtschaft und Landschaftswandel
1 Landwirtschaft und Bodenbedeckung 100/101
2 Würm-/Weichselkaltzeit (vor 18 000 Jahren) 101
3 Bodennutzung vor 2000 Jahren 101

Europa Wirtschaft und Raumentwicklung
1 Wirtschaft und Verkehr 102/103
2 Frühindustrielle Wirtschaftszentren um 1850 103
3 Vernetzte Wirtschaftszentren um 1900 103

Europa Tourismus
1 Europa **Tourismus** 104/105
2 Balearen (Spanien) **Tourismus** 105
3 S'Arenal (Mallorca) **Badetourismus**
um 1960 2019 105

ERDE · LUXEMBURG · EUROPA · ASIEN · AFRIKA · OZEANIEN · POLARGEBIETE · AMERIKA · REGISTER

Nordeuropa Physische Karte
- 1 Island **Physische Karte** ... 106
- 2 Skandinavien und Baltikum **Physische Karte** ... 106/107
- 3 **Höhenprofil durch Skandinavien** ... 107

Nord- und Ostseeraum Wirtschaft ... 108/109

West- und Mitteleuropa Physische Karte ... 110/111

West- und Mitteleuropa Wirtschaft und Verkehr ... 112/113

London und Paris Städtetourismus
- 1 London **Stadtentwicklung** **▮um 1700 ▮um 1900 ▮um 2020** ... 114
- 2 London **Innenstadt** ... 114
- 3 **Rotes Band (Touristenrundweg)** ... 114
- 4 **Städtetourismus** ... 114/115
- 5 Paris **Stadtentwicklung** **▮um 1700 ▮um 1900 ▮um 2020** ... 115
- 6 Paris **Innenstadt** ... 115
- 7 **Blaues Band (Touristenrundweg)** ... 115

Benelux-Länder
Physische Karte / Landgewinnung
- 1 Belgien, Niederlande, Luxemburg (Benelux-Länder) **Physische Karte** ... 116
- 2 Niederlande **Küstenschutz um 1300** ... 117
- 3 Niederlande **Neulandgewinnung** ... 117
- 4 **Polderentwässerung (Schema)** ... 117
- 5 Niederlande **Entwässerung** ... 117

Westeuropa Küste und Verkehr
- 1 Nordsee und Ärmelkanal **Küsten und Häfen** ... 118
- 2 Rotterdam **Seehafen** ... 118
- 3 Westeuropa **Fernbahnstrecken (Verkehrsdichte)** ... 119
- 4 Westeuropa **Fernstraßennetz (Verkehrsdichte)** ... 119
- 5 Westeuropa **Schiffsverkehr (Frachtmengen)** ... 119
- 6 Westeuropa **Luftverkehr (Fluggäste und Fracht)** ... 119

Alpen Physische Karte ... 120/121

Südwesteuropa Physische Karte ... 122/123

Südwesteuropa Wirtschaft und Verkehr ... 124/125

Portugal Reiseziel Lissabon / Physische Karte
- 1 Lissabon **Städtetourismus** ... 126
- 2 Lissabon **An Touristen und andere Reisende vermietete Privatunterkünfte** ... 126
- 3 Portugal **Physische Karte** ... 127

Südosteuropa, Türkei Physische Karte ... 128/129

Südosteuropa, Türkei Wirtschaft und Verkehr ... 130/131

Osteuropa Physische Karte und Wirtschaft
- 1 Osteuropa **Physische Karte** ... 132
- 2 Osteuropa **Wirtschaft und Verkehr** ... 133

Russland und Zentralasien Physische Karte ... 134/135

Russland und Zentralasien Wirtschaft ... 136/137

Russland Erschließung und Energierohstoffe
- 1 Russland **Aufstieg zur Großmacht 1462–1914** ... 138
- 2 Moskau **Machtzentrum Russlands** ... 138
- 3 **Erdgasgewinnung** ... 139
- 4 Jamal-Halbinsel **Gasfeld im Dauerfrostgebiet** ... 139
- 5 Europa **Energierohstoffe und Transportwege** ... 139

Asien

Eurasien Orientierung
- 1 Asien **Topographie und Rekorde** ... 140
- 2 Mount Everest **Tourismus** ... 140
- 3 Eurasien **Physische Übersicht** ... 140/141

Asien Staaten und Geschichte
- 1 Persien **Der Feldzug Alexanders 334–323 v. Chr.** ... 142
- 2 Asien **Reiche um 1300** ... 142
- 3 Zentralasien **Seidenstraße zur Zeit Marco Polos (1254–1324)** ... 143
- 4 Asien **Staaten heute** ... 143

Asien Landwirtschaft und Klima
- 1 **Landwirtschaft** ... 144/145
- 2 **Temperaturen ▮im Januar ▮im Juli** ... 145
- 3 **Niederschläge und Winde ▮im Januar ▮im Juli** ... 145

Asien Wirtschaft und Raumentwicklung
- 1 Asien **Wirtschaft** ... 146/147
- 2 Südasien **Raumentwicklung** ... 147
- 3 China **Raumentwicklung** ... 147

Südasien und Ostasien Physische Karte ... 148/149

Südasien und Ostasien Wirtschaft ... 150/151

Südasien, Ostasien, Südostasien Verstädterung
- 1 Perlflussdelta (Südost-China) **Verstädterung und Wirtschaftswachstum ▮um 1980 ▮2019** ... 152
- 2 Süd-, Ost- und Südostasien **Bevölkerungsschwerpunkt der Erde** ... 153

Japan
Naturrisiken und Wirtschaft in einem Industrieland
- 1 Japan **Bevölkerung** ... 154
- 2 Japan **Naturrisiken** ... 154
- 3 Tokio **Gefährdete Weltstadt am Fuji** ... 154
- 4 Honshu (Japan) **Tohoku-Beben** ... 155
- 5 Japan **Wirtschaft** ... 155

Südostasien Physische Karte ... 156/157

Südostasien Wirtschaft und Landschaftswandel
- 1 Südostasien **Wirtschaft** ... 158/159
- 2 Borneo **Wirtschaft 1980** ... 159

Westasien Physische Karte und Metropole Dubai
- 1 Westasien (Naher und Mittlerer Osten) **Physische Karte** ... 160
- 2 Dubai **Ausbau zur Tourismusmetropole ▮1990 ▮2020** ... 161

Palästina/Israel Siedlung und Landnutzung
- 1 **Palästina zur Zeit Jesu** ... 162
- 2 Israel/Palästina **Lebensgrundlage Wasser** ... 162
- 3 Israel **Staatliche Entwicklung ▮1947 ▮1949 ▮1967** ... 163
- 4 Israel / Palästinensische Gebiete **Siedlung** ... 163

Afrika

Afrika Orientierung
- 1 Afrika **Topographie und Rekorde** ... 164
- 2 Kilimandscharo (Tansania) **Höchster Berg Afrikas** ... 164
- 3 Afrika **Physische Übersicht** ... 164/165

Afrika Staaten und Geschichte
- 1 Afrika **Staaten im 15.–17. Jahrhundert** ... 166
- 2 Afrika **1914/1918** ... 166/167
- 3 Afrika **Staaten heute** ... 167
- 4 Burenstaaten **Entwicklung bis 1902** ... 166
- 5 Südafrika **Erbe der Apartheid 1994** ... 166/167
- 6 Südafrika **Bevölkerung 2019** ... 167

Ägypten Die Flussoase Nil
- 1 Ägypten **Antike Stromkultur** ... 168
- 2 Ägypten und Sudan **Niltal heute** ... 168
- 3 Der Nil **Ein Fremdlingsfluss** ... 169
- 4 Der Nil **Strombaum und Abfluss** ... 169
- 5 **Klima am Nil** ... 169

Afrika Immerfeuchte und wechselfeuchte Tropen
1 Temperaturen im Januar ... 170
2 Temperaturen im Juli ... 170
3 Vegetationsbedeckung im Januar ... 170
4 Vegetationsbedeckung im Juli ... 170
5 Niederschläge im Januar ... 171
6 Niederschläge im Juli ... 171
7 Passatkreislauf ... 171
8 Schema der globalen Windzirkulation ... 171

Afrika Landwirtschaft und Sahel
1 Afrika **Landwirtschaft** ... 172
2 Sahara und Sahel **Wüstenarten und Wüstenausbreitung** ... 173
3 Ouargla (Algerien) **Wandel einer Brunnenoase**
1970 2019 ... 173

Afrika Wirtschaft
1 Afrika **Wirtschaft** ... 174
2 Nigerdelta **Erdölwirtschaft** ... 175
3 Afrika **Bergbau** ... 175
4 Afrika **Industrie** ... 175

Nördliches Afrika **Physische Karte** ... 176/177

Nördliches Afrika **Wirtschaft** ... 178/179

Südliches Afrika **Physische Karte** ... 180/181

Südliches Afrika **Wirtschaft** ... 182/183

Ozeanien

Australien/Ozeanien Orientierung
1 Australien/Ozeanien **Physische Übersicht** ... 184/185
2 Australien/Ozeanien **Topographie und Rekorde** ... 185
3 Hawaii **Vulkaninsel** ... 185

Australien und Neuseeland
Wirtschaft, Klima und Bevölkerung
1 Wirtschaft ... 186/187
2 Niederschläge im Jahr ... 186
3 Temperaturen im Januar ... 186
4 Temperaturen im Juli ... 186
5 Australien **Aborigines** ... 187
6 Australien **Einwanderung** ... 187

Polargebiete

Polargebiete Arktis und Antarktis
1 Nordpolargebiet (Arktis) **Naturraum** ... 188
2 Südpolargebiet (Antarktis) **Naturraum** ... 189

Amerika

Amerika Orientierung
1 Physische Übersicht ... 190/191
2 Topographie und Rekorde ... 191

Amerika Staaten und Geschichte
1 Urbevölkerung Anfang 16. Jahrhundert ... 192
2 Europäisierung Mitte 18. Jahrhundert ... 192
3 Nationenbildung um 1825 ... 193
4 Politische Übersicht ... 193

Amerika Klima
1 Temperaturen im Januar ... 194
2 Temperaturen im Juli ... 194
3 Niederschläge im Jahr ... 195
4 Hurrikan Katrina ... 195
5 Entstehung eines Hurrikans ... 195

Amerika Landwirtschaft
1 Amerika **Landwirtschaft** ... 196/197
2 Anbau und Weg von Bananen ... 196
3 Mittelamerika **Bananenanbau** ... 197

Amerika Wirtschaft und Erschließung
1 Amerika **Wirtschaft** ... 198/199
2 Panamakanal **Verbindung der Weltmeere** ... 199

Nördliches Nordamerika
Physische Karte ... 200/201

Vereinigte Staaten (USA) und Mittelamerika
Physische Karte ... 202/203

Vereinigte Staaten (USA) und Mittelamerika
Wirtschaft
1 Vereinigte Staaten (USA) und Mittelamerika
Wirtschaft ... 204/205
2 USA **Hauptwirtschaftsräume** ... 204

USA Entwicklung zum Einwanderungsland
1 Europäische Siedlungsgrenze (Frontier)
um 1840 um 1860 um 1890 um 1910 ... 206/207
2 Politische Entwicklung ... 206
3 Einwanderung (Immigration) in die USA seit 1820 ... 207
4 Bevölkerungsgruppen ... 206/207

USA Städte im Nordosten
1 Manhattan-Downtown **Skyline im Wandel** ... 208
2 Manhattan-Midtown **Skyline im Wandel** ... 209
3 Manhattan (New York) **Geschäftszentren** ... 208
4 New York **Kulturgeprägte Wohngebiete** ... 209
5 New York **Bevölkerungsdichte** ... 209
6 Washington D.C. **Politisches Machtzentrum der USA** ... 209

Kalifornien (USA) / Mexiko
Tallandschaften im Wandel
1 Kalifornien **Erschließung und Besiedlung bis 1850** ... 210
2 Kalifornien **Intensivlandwirtschaft** ... 210
3 Zentralkalifornien **Topographie und Niederschlagsverhältnisse (Panoramabild)** ... 210
4 Hochtal von Mexiko
Tenochtitlán und Umgebung um 1500 ... 211
5 Hochtal von Mexiko **Mexiko-Stadt 2019** ... 211

Südamerika **Physische Karte** ... 212/213

Südamerika Wirtschaft
1 Südamerika **Wirtschaft** ... 214/215
2 Anden **Höhenstufen der Vegetation** ... 215

Amazonien Tropischer Regenwald
1 Tropen **Rückgang der Regenwälder** ... 216
2 Rondônia (Brasilien) **Rodungsstrukturen** ... 216
3 Rondônia (Brasilien)
Landschaftswandel durch Rodungen ... 216
4 Amazonien **Eingriffe in den tropischen Regenwald** ... 217
5 **Stoffkreisläufe im tropischen Regenwald und Folgen der Abholzung** ... 217

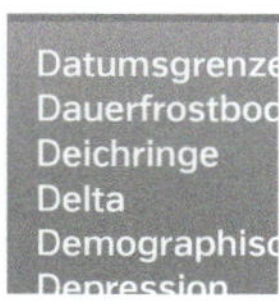

Register

Überblick Methodentraining ... 1
Sachwortregister ... 218/219
Register geographischer Namen ... 220–238
Mitarbeiter- und Quellenverzeichnis ... 239

ERDE
LUXEMBURG
EUROPA
ASIEN
AFRIKA
OZEANIEN
POLARGEBIETE
AMERIKA
REGISTER

1 Das Milchstraßensystem (Galaxie)

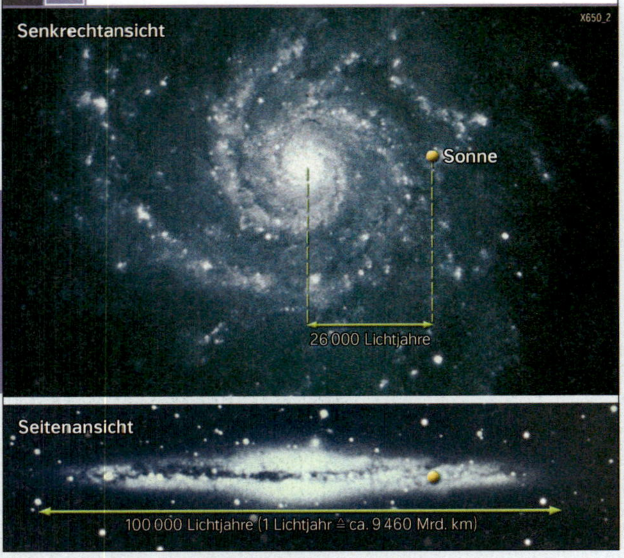

2 Die Erde aus Mondsicht

3 Die Bahn der Erde um die Sonne

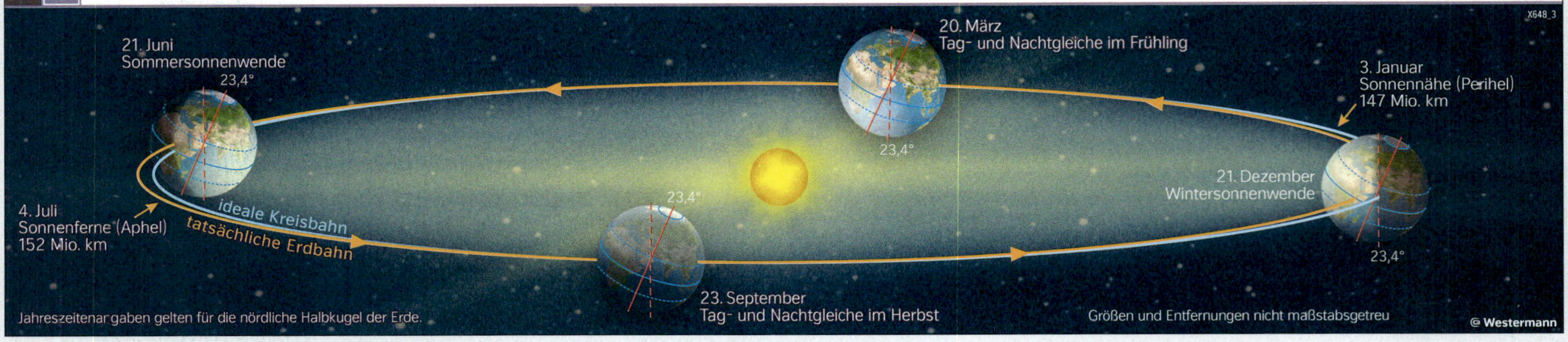

4 Tagesbogen der Sonne

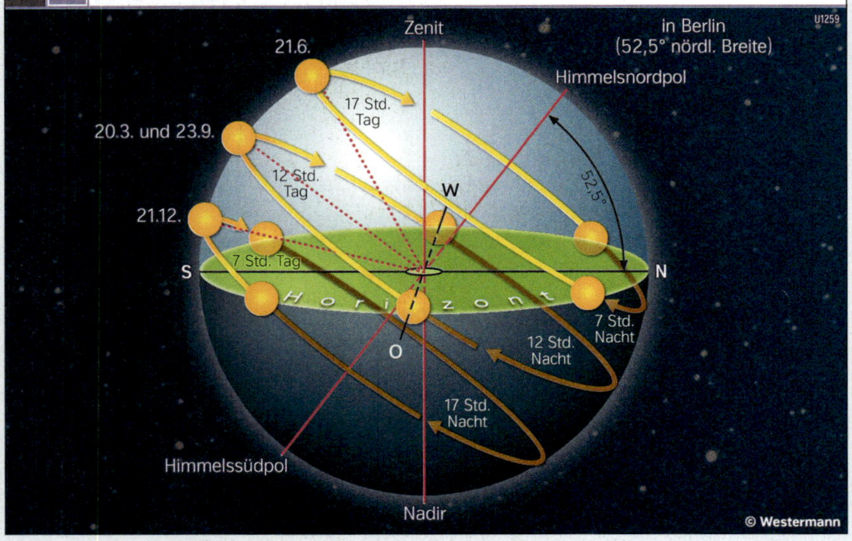

5 Die Mondphasen

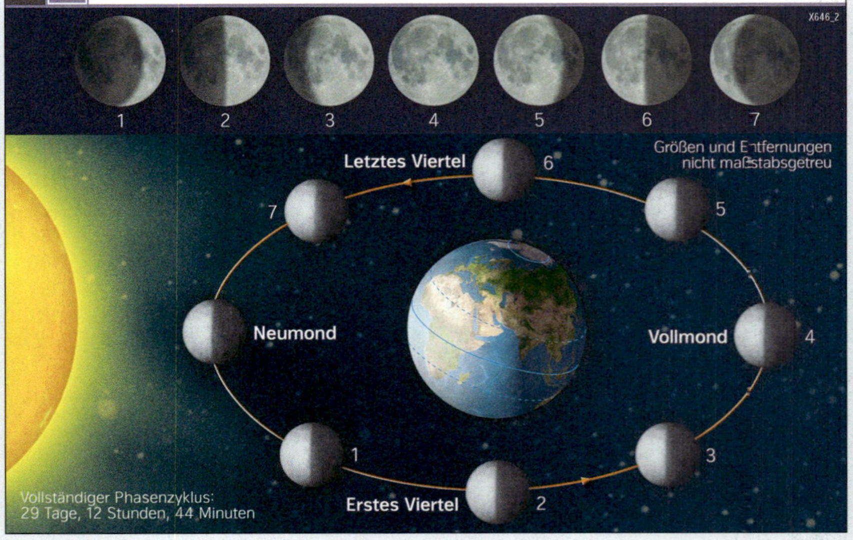

6 Die Gezeiten

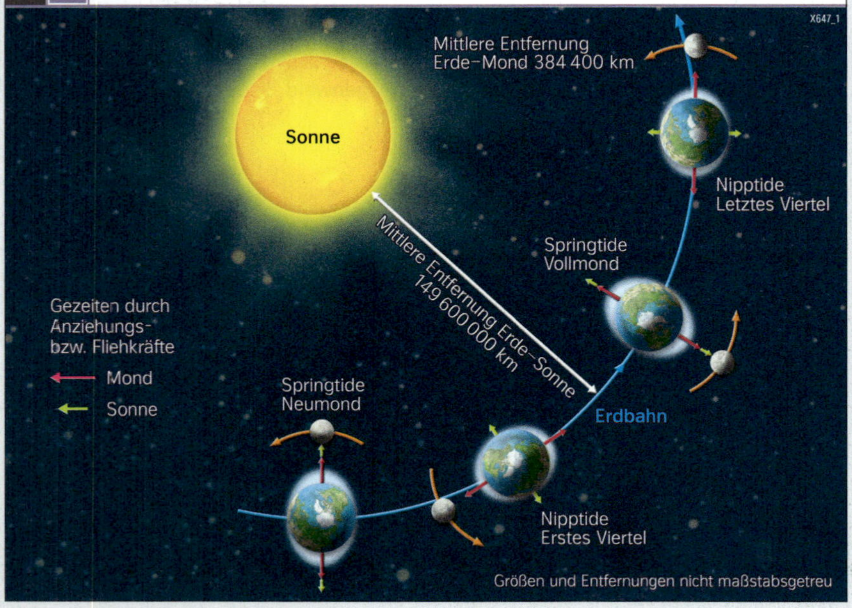

7 Mond- und Sonnenfinsternis

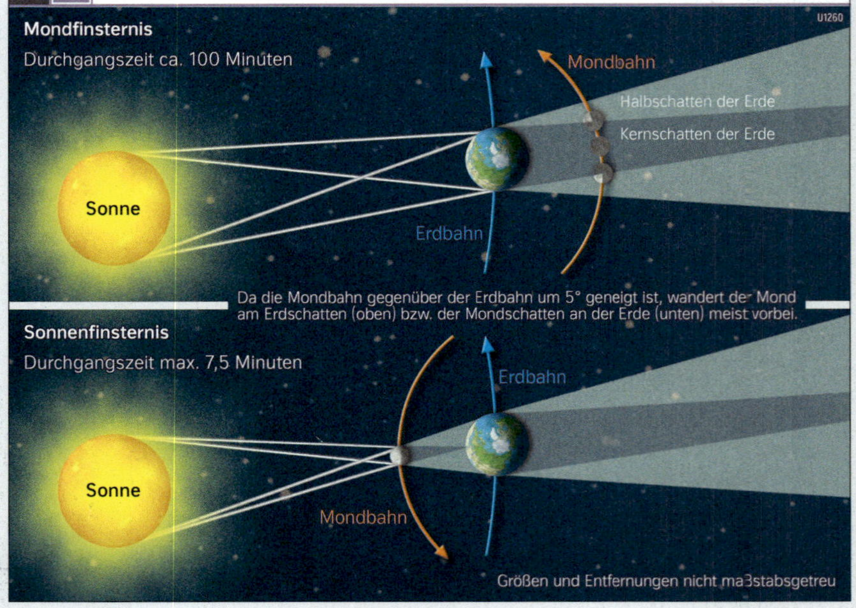

8 Größenvergleich der Planeten

9 Umlaufbahnen um die Sonne

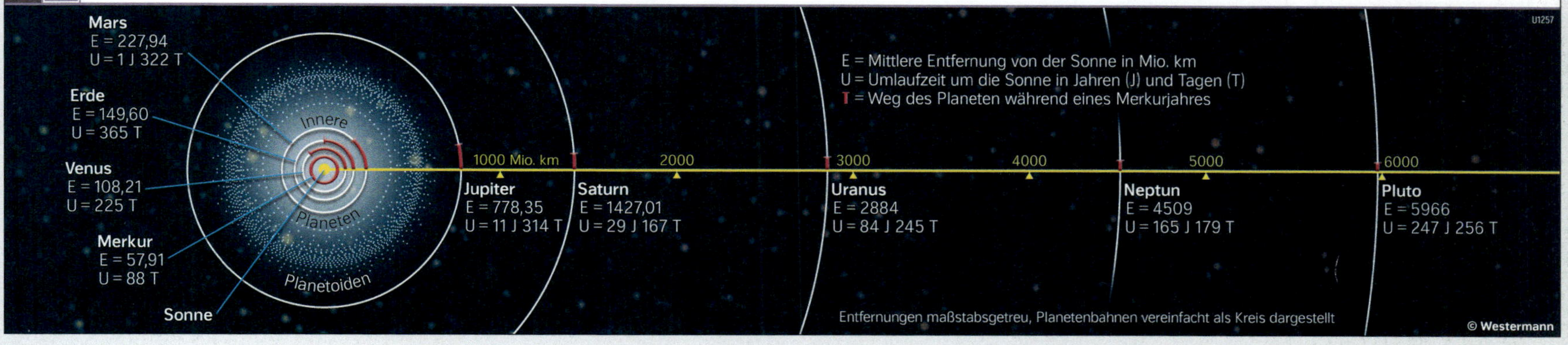

10 Sternenhimmel

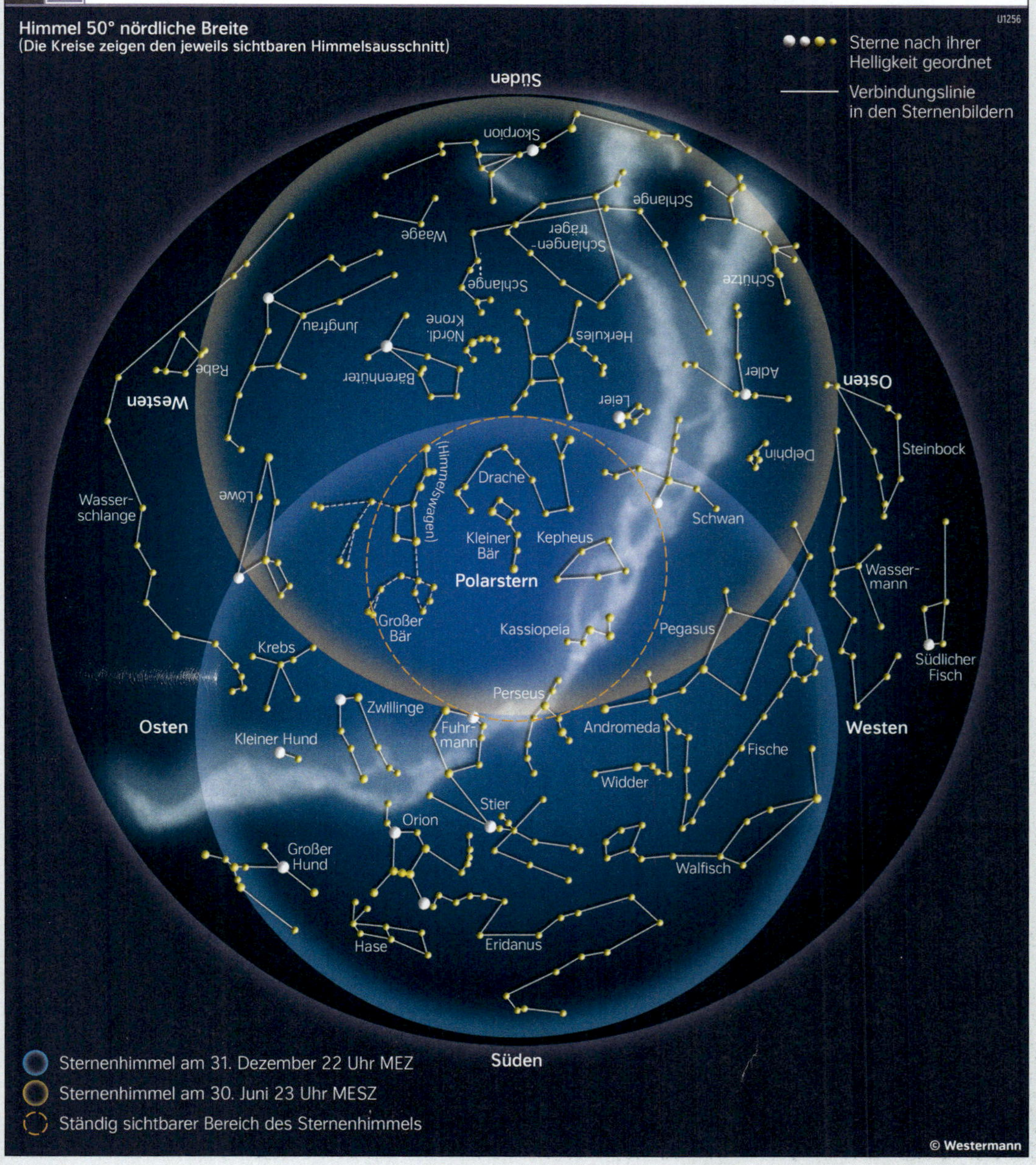

11 Magnetfeld und Polarlichter

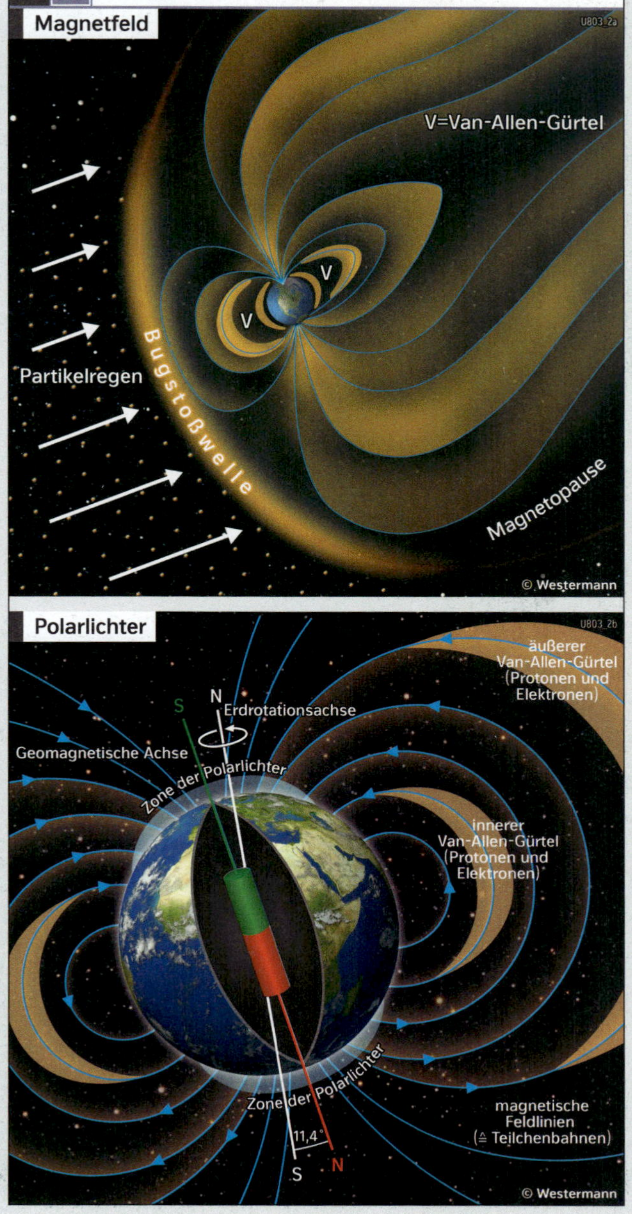

ERDE
LUXEMBURG
EUROPA
ASIEN
AFRIKA
OZEANIEN
POLARGEBIETE
AMERIKA
REGISTER

1 Physische Übersicht

Landhöhen (in Meter)
- über 1500
- 1000 – 1500
- 500 – 1000
- 200 – 500
- 0 – 200
- Depression
- Inlandeis
- 4810 Berghöhe

Meerestiefen (in Meter)
- 0 – 200
- 200 – 2000
- 2000 – 4000
- 4000 – 6000
- 6000 – 8000
- über 8000
- 6225 Tiefenangabe

Erde – Verteilung von Land und Wasser

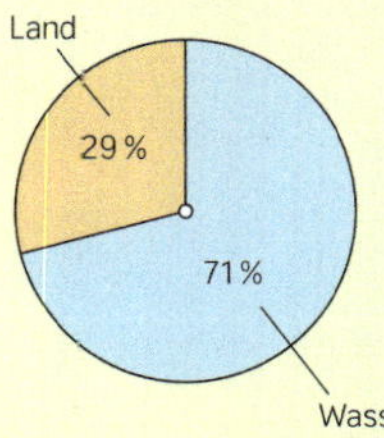

Erdoberfläche: ca. 510 Mio. km²

Größe der Kontinente
(in Prozent der Landoberfläche)

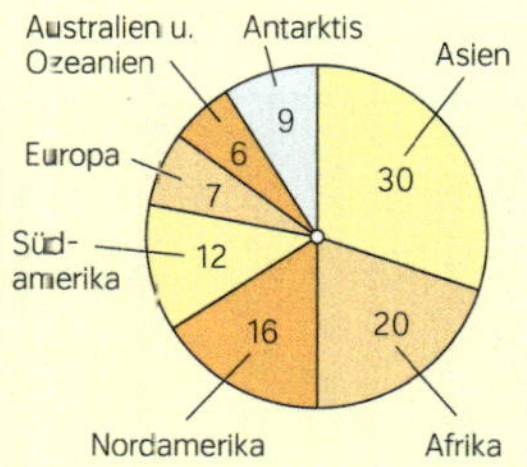

Größe der Weltmeere
(in Prozent der Wasseroberfläche)

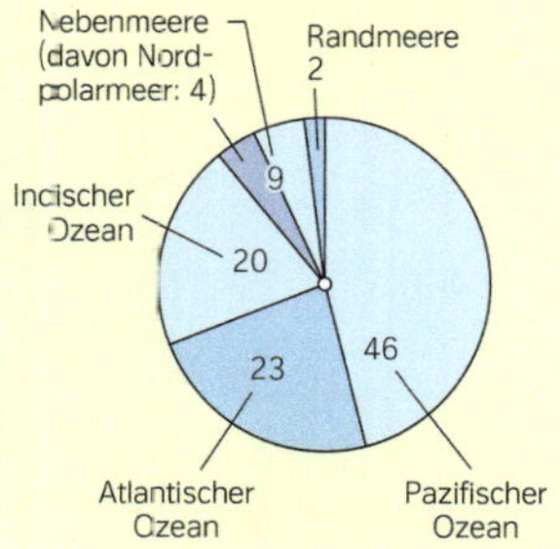

2 Die längsten Flüsse der Erde

Kontinent	Fluss	Länge	Seite
Europa	Wolga Donau Dnipro	3 531 km 2 888 km 2 285 km	9 1, M3 9 1, K3–L3 83 2, J3–J4
Asien	Jangtsekiang Huang He Mekong	6 300 km 4 900 km 4 500 km	9 1, P4 9 1, P4 9 1, P5
Afrika	Nil Kongo Niger	6 671 km 4 375 km 4 184 km	9 1, L4 9 1, L5 9 1, K5
Ozeanien	Darling Murray Murrumbidgee	2 735 km 2 590 km 1 580 km	9 1, R7 184 1, E8 184 1, E8
Amerika	Amazonas Paraná Mississippi	6 437 km 3 998 km 3 778 km	8 1, G5–G6 8 1, G7 8 1, E4
Polargebiete	Ein unter dem Eis der Antarktis liegendes Gewässernetz verbindet über 150 Unter-Eis-Seen und ist Hunderte von Kilometern lang.		

3 Die höchsten Berge der Erde

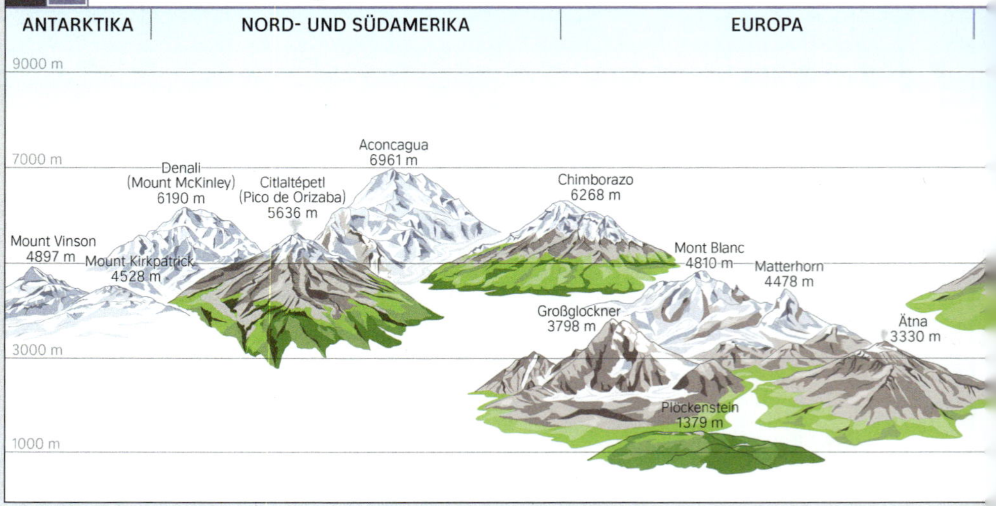

Maßstab 1 : 90 000 000

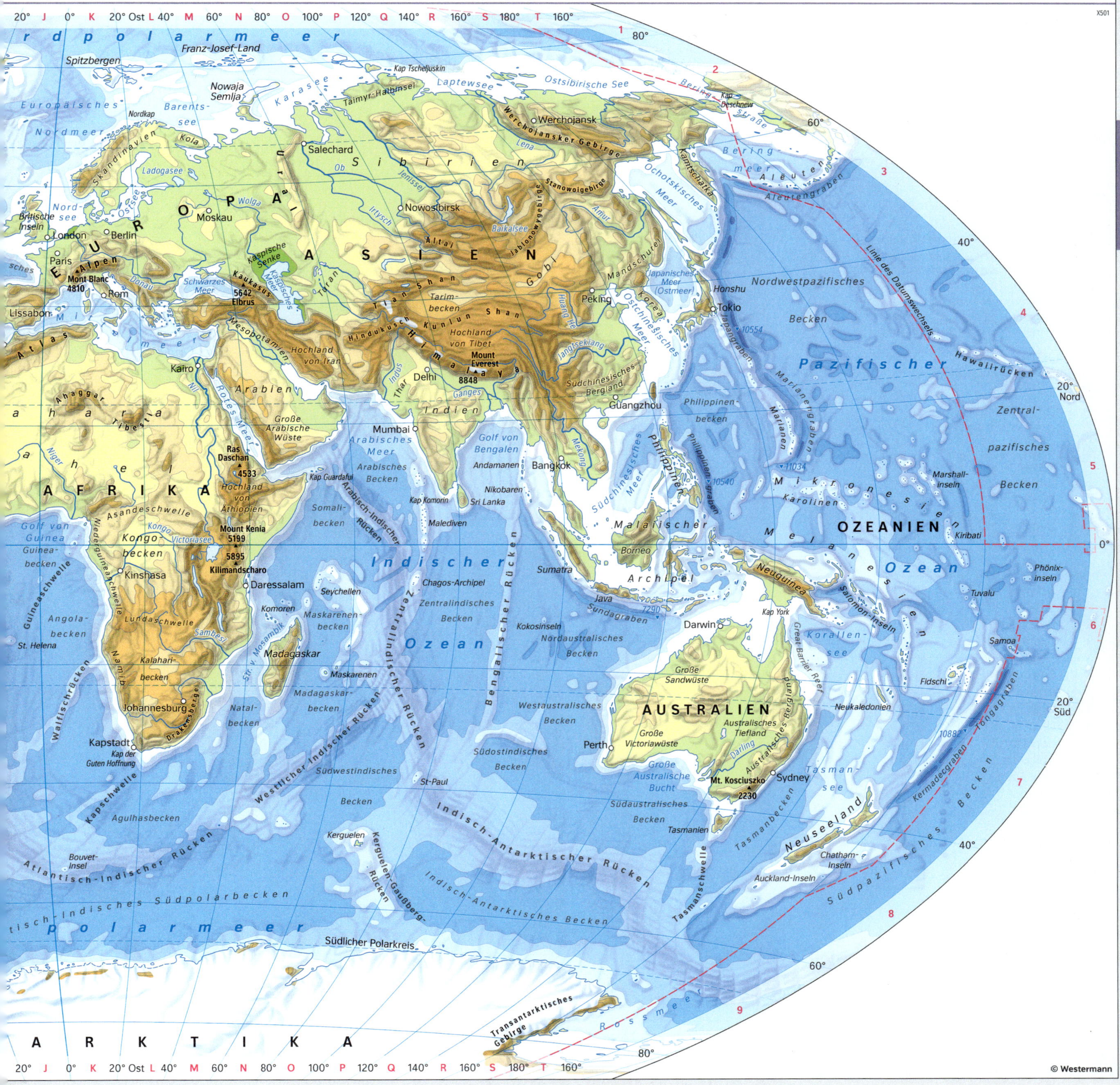

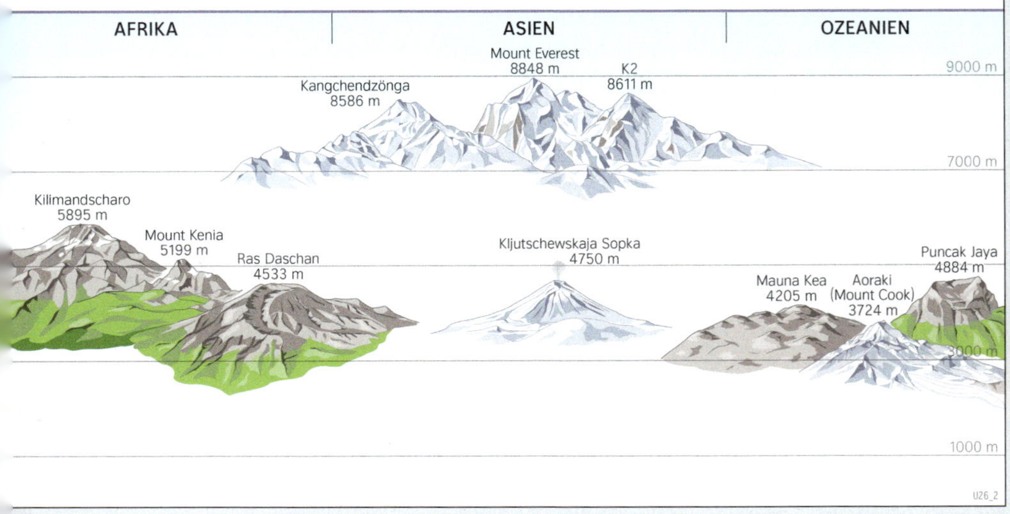

4 Die größten Seen der Erde

Kontinent	Fluss	Größe	Seite
Europa	Ladogasee	17 703 km²	9 1, L2
	Onegasee	9 616 km²	83 2, J2
	Vänersee	5 616 km²	83 2, G3
Asien	Kaspisches Meer	386 500 km²	9 1, M3–M4
	Baikalsee	31 500 km²	9 1, P3
	Balchaschsee	18 400 km²	141 3, E3
Afrika	Victoriasee	69 400 km²	9 1, L5
	Tanganjikasee	32 600 km²	165 3, J6
	Malawisee	29 600 km²	165 3, J7
Ozeanien	Eyresee	9 323 km²	184 1, D7
	Torrenssee	5 700 km²	184 1, D7–D8
	Gairdnersee	4 350 km²	186 1, C4
Amerika	Oberer See	82 100 km²	8 1, E3–F3
	Huronsee	59 600 km²	190 1, J5
	Michigansee	57 800 km²	190 1, J5
Polargebiete	Wostoksee (unter dem Eis)	15 690 km²	189 2, F2

1 Plattentektonik, Vulkanismus und Erdbeben

Alter der Landflächen (Erdgeschichte)

- Urkontinent (alter Festlandskern)
- ältere Faltungszone (Erdaltertum)
- junge Faltungszone (Erdmittelalter bis Gegenwart)

Plattengrenzen, Plattenbewegung (zum Teil vermutet)

Tektonische Platten

- driften auseinander (Spreizungszone, ozeanischer Rücken)
- tauchen ab (Subduktionszone, Tiefseegraben)
- verschieben sich gegeneinander (Transformzone, Horizontalverschiebung)
- stoßen zusammen (Kollisionszone, Faltengebirge)
- 7 Geschwindigkeit der Platte (in cm/Jahr)

Durch Plattentektonik ausgelöste Naturkatastrophen (seit 1980, Auswahl)

- aktiver Vulkan
- 2001 schweres Erdbeben im Jahr
- Erdbeben mit Flutwelle (Tsunami)
- 1995 schwere Flutwelle (Tsunami) im Jahr
- Hotspot im Erdmantel
- Kette erloschener Hotspot-Vulkane

Auswahl hoher aktiver Landvulkane

1	Guallatiri	6071 m
2	Lascar	5992 m
3	Popocatépetl	5462 m
4	Kljutschewskaja Sopka	4750 m
5	Mount Rainier	4392 m
6	Mauna Loa	4169 m
7	Kamerunberg	4070 m
8	Colima	3820 m
9	Kerinci	3805 m
10	Mount Erebus	3794 m
11	Nyiragongo	3470 m
12	Mount Spurr	3374 m
13	Ätna	3330 m
14	Ruapehu	2797 m
15	Big Ben	2745 m
16	Stromboli	926 m

U27_1

2 Schalenbau der Erde

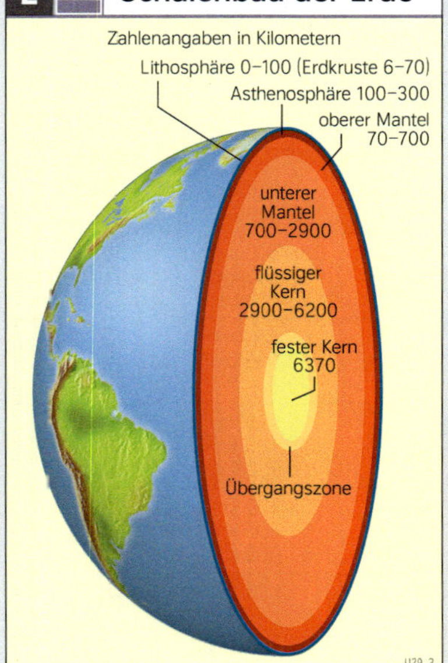

U29_3

3 Schnitt durch die Erdkruste

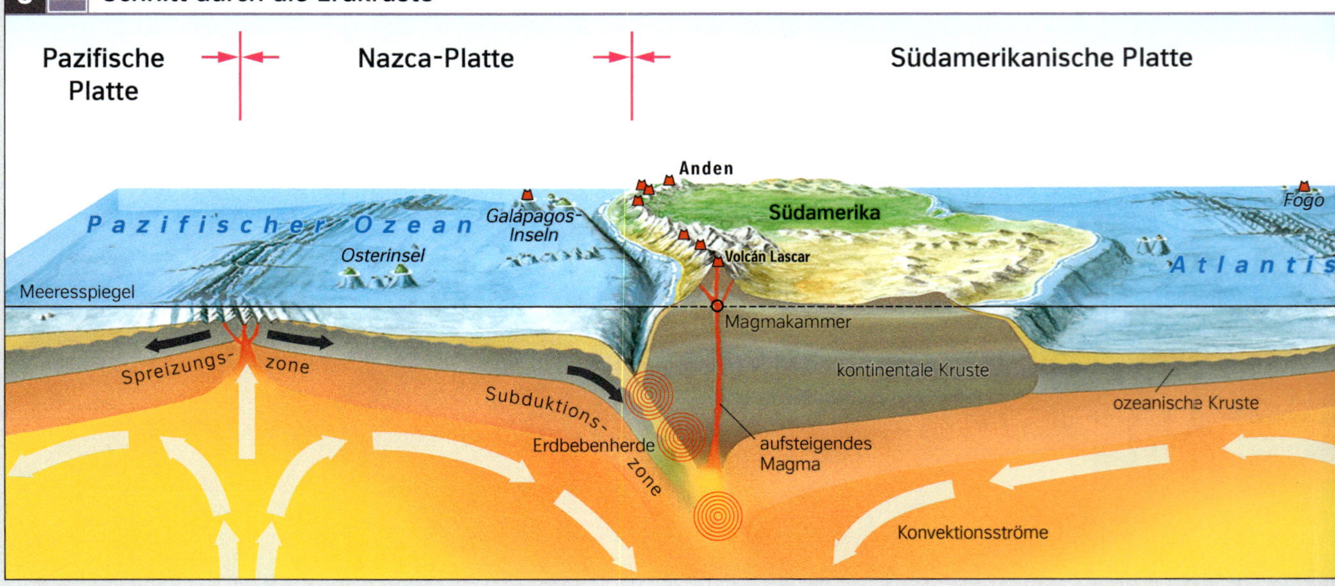

Maßstab 1: 90 000 000

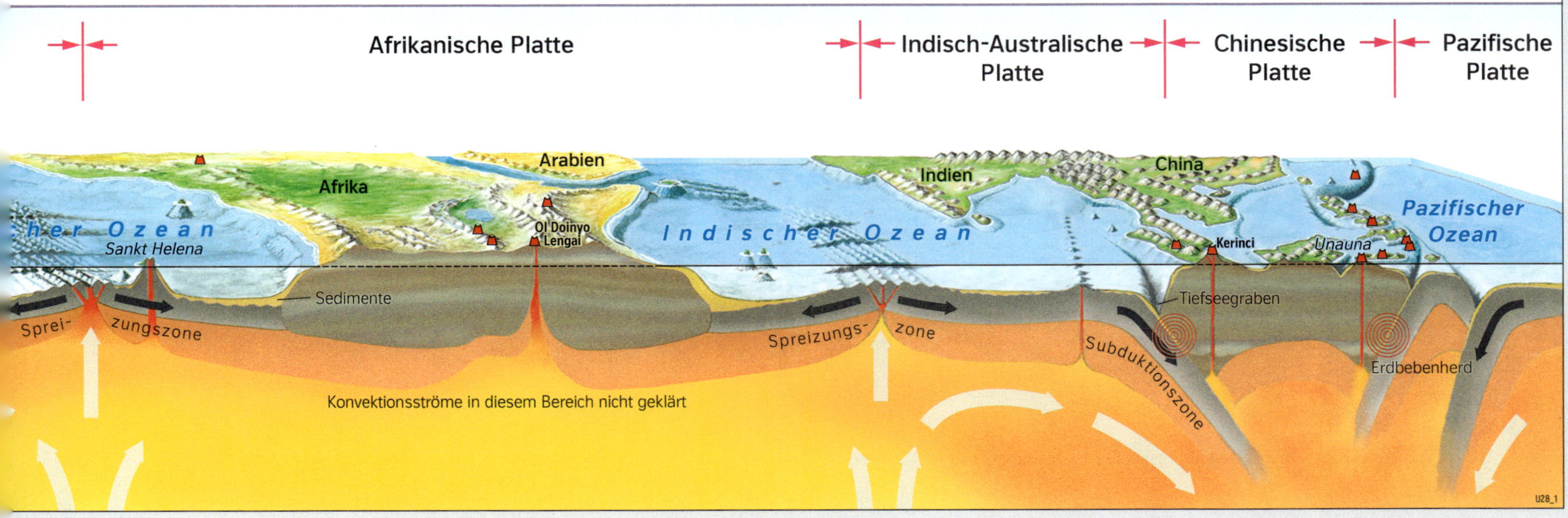

ERDE
LUXEMBURG
EUROPA
ASIEN
AFRIKA
OZEANIEN
POLARGEBIETE
AMERIKA
REGISTER

1 Alpen Entstehung eines Faltengebirges

1. Phase vor 100 Millionen Jahren

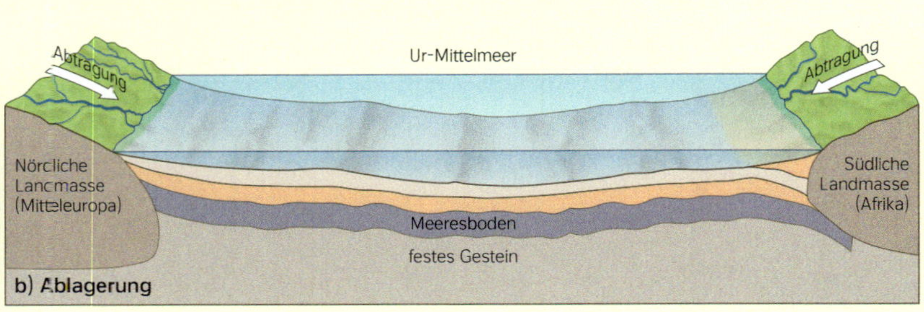

2. Phase vor 80 Millionen Jahren

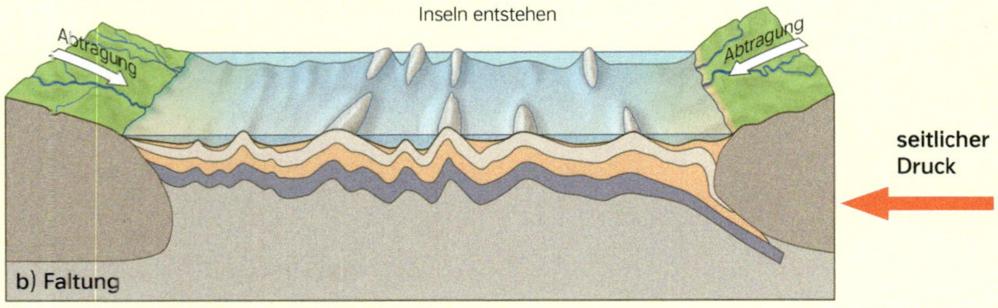

3. Phase vor 50 Millionen Jahren

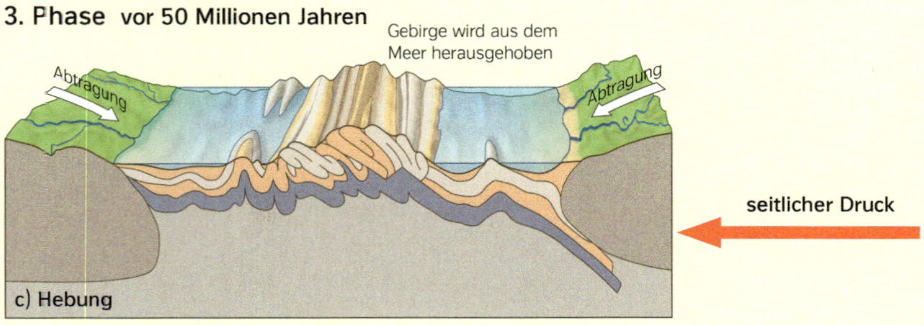

4. Phase vor 10 Millionen Jahren bis heute

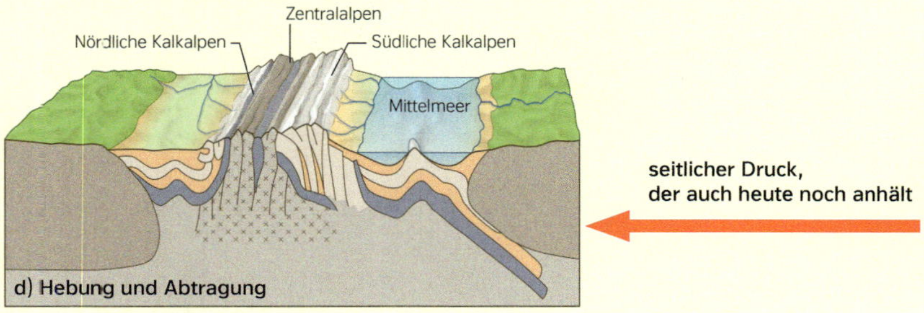

2 Phasen der Plattentektonik (Wilson-Zyklus)

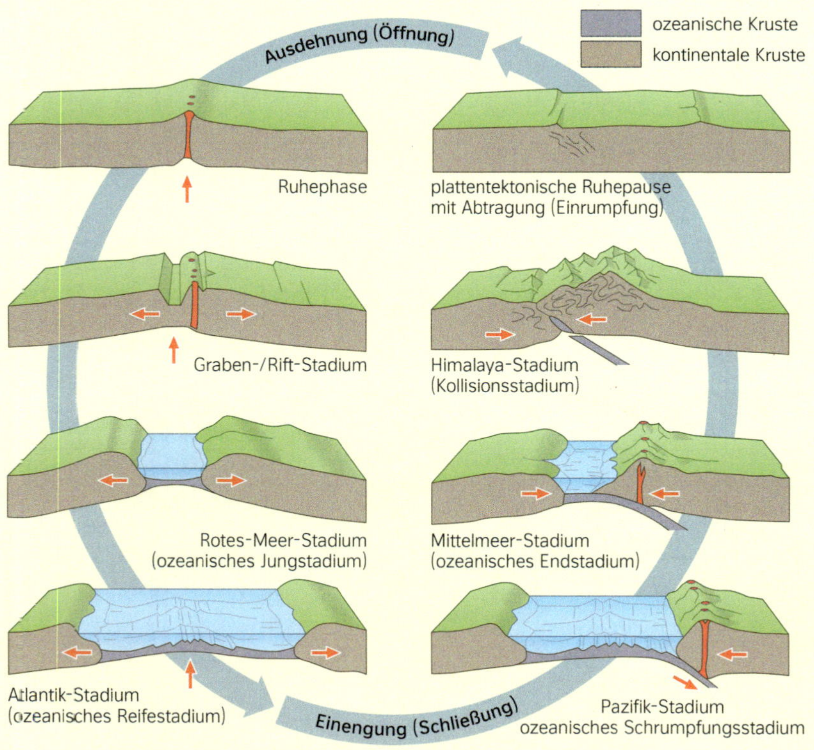

(nach J. T. Wilson 1966)

3 Atlantik Alter des Meeresbodens

Maßstab 1 : 90 000 000

Spreizung des Ozeanbodens am Mittelatlantischen Rücken bei Island

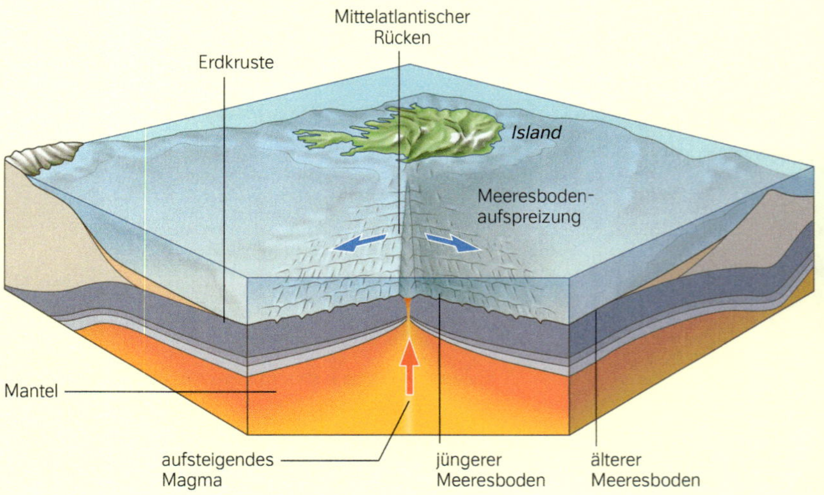

4 Ostafrika **Grabenbruchsystem** Maßstab 1 : 18 000 000

5 Südamerika **Subduktionszone** Maßstab 1 : 18 000 000

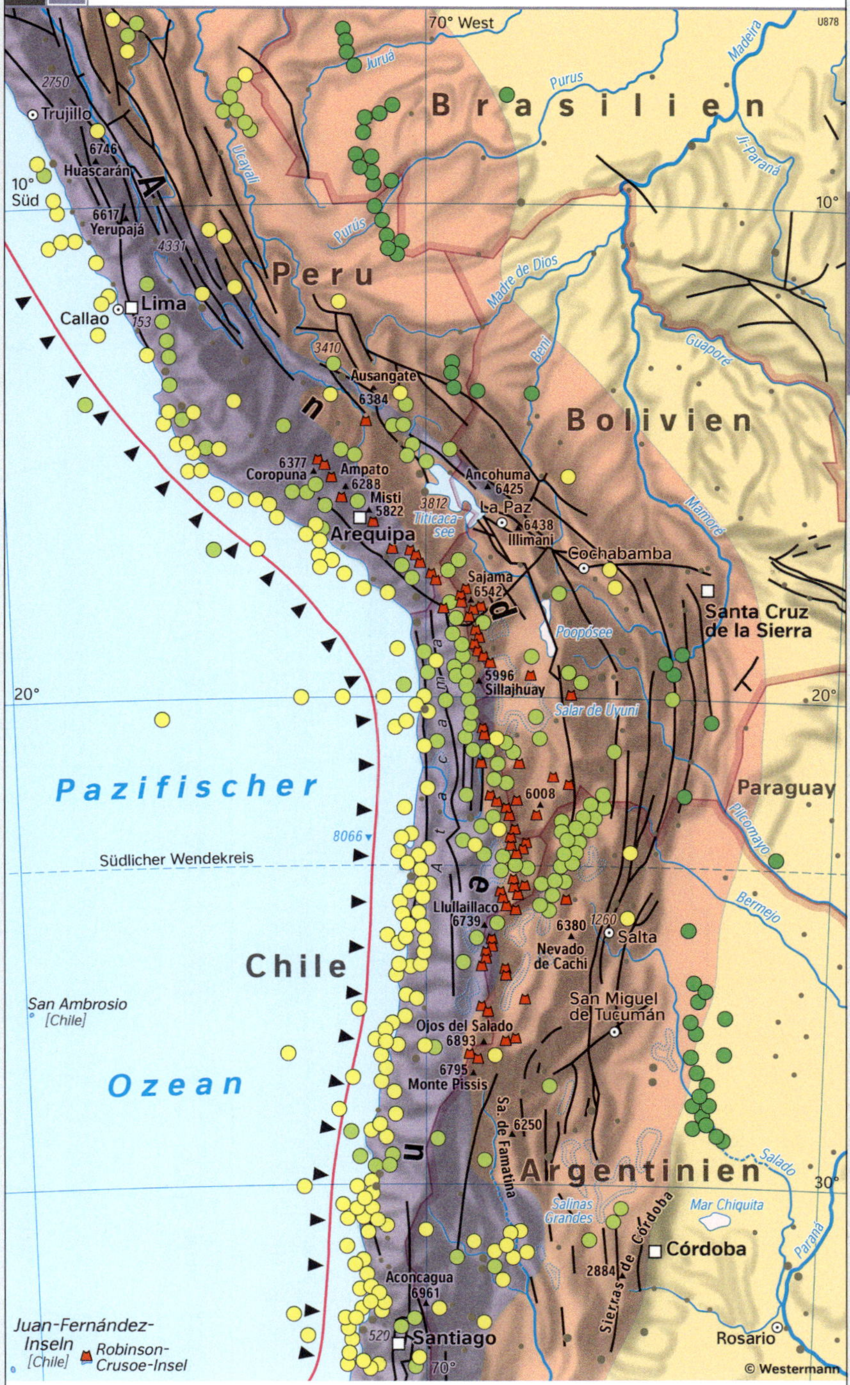

Tektonik

Störungen, Verwerfungen
- Abschiebung, Grabenflanke
- Störung (allgemeiner Gesteinsversatz)
- Horizontalverschiebung
- Hauptbewegungsrichtung der Platten

Erdbeben
- Erdbeben der Stärke 6 und mehr (seit 1990)

Vulkanismus
- Lava-, Basaltdecken
- Kraton, präkambrischer Schild
- aktiver Vulkan

Orte (Einwohner)
- über 1 000 000
- 500 000 – 1 000 000
- unter 500 000

Erdbebenrisiko
- hoch
- mittel
- gering

Tektonische Störungen
- Subduktionsgrenze (ozeanische Platte taucht unter kontinentale Platte ab)
- Verwerfung (durch Spannungen bei Landhebung/Gebirgsfaltung)

Schwere Erdbeben der letzten Jahrzehnte

Tiefe des Epizentrums
- 0 – 70 km
- 70 – 300 km
- tiefer als 300 km

Vulkanismus
- tätiger Vulkan

Orte (Einwohner)
- über 1 000 000
- 500 000 – 1 000 000
- 100 000 – 500 000
- unter 100 000

Landhöhen und Grenzen
- 6961 Berghöhe
- 4331 sonstige Höhenangabe
- Staatsgrenze

Abspaltung einer Teilplatte durch den Ostafrikanischen Grabenbruch

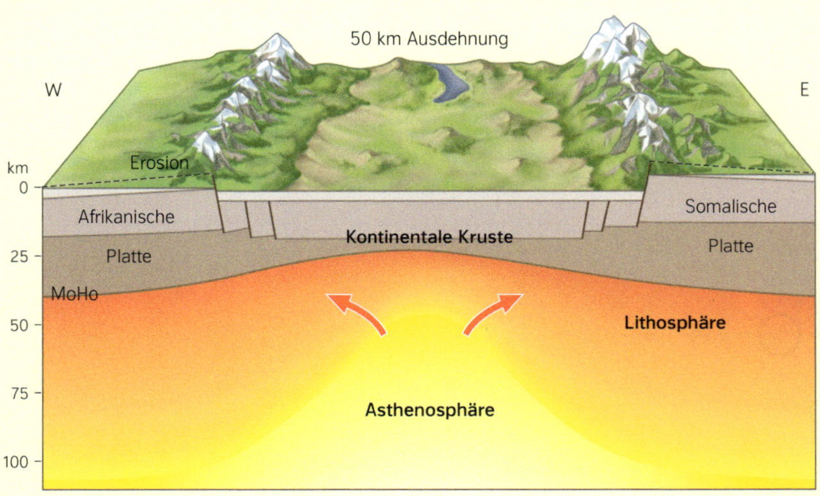

Subduktion der Nazca-Platte unter die Südamerikanische Platte

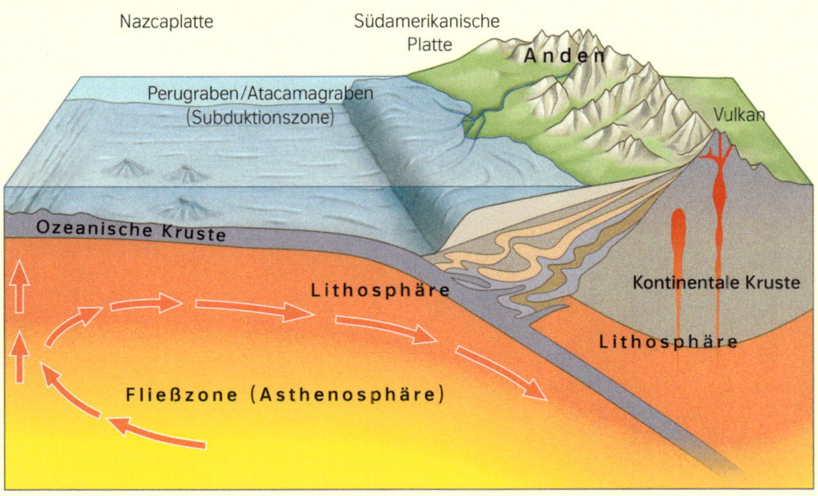

ERDE
LUXEMBURG
EUROPA
ASIEN
AFRIKA
OZEANIEN
POLARGEBIETE
AMERIKA
REGISTER

1 Klimadiagramme

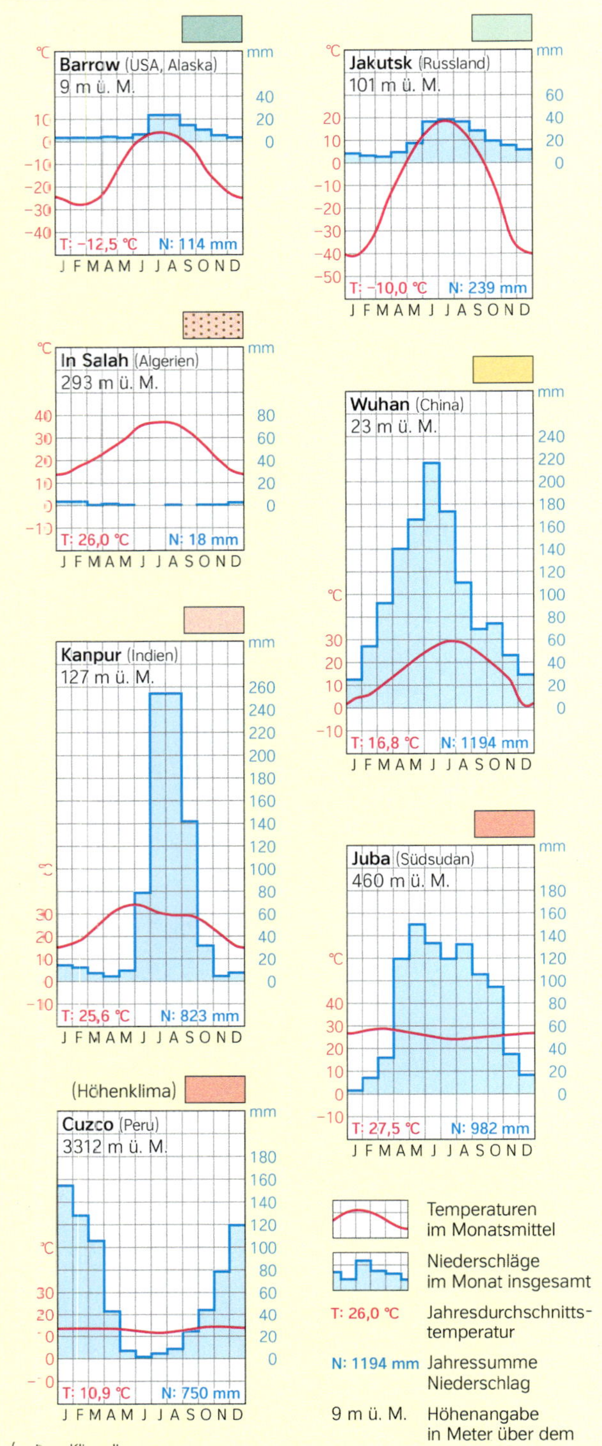

Temperaturen im Monatsmittel

Niederschläge im Monat insgesamt

T: 26,0 °C Jahresdurchschnittstemperatur

N: 1194 mm Jahressumme Niederschlag

9 m ü. M. Höhenangabe in Meter über dem Meeresspiegel

(weitere Klimadiagramme ➡ 98 3, ➡ 169 5, ➡ 188/189)

2 Klimate der Erde (Klimaklassifikation nach A. Siegmund und P. Frankenberg)

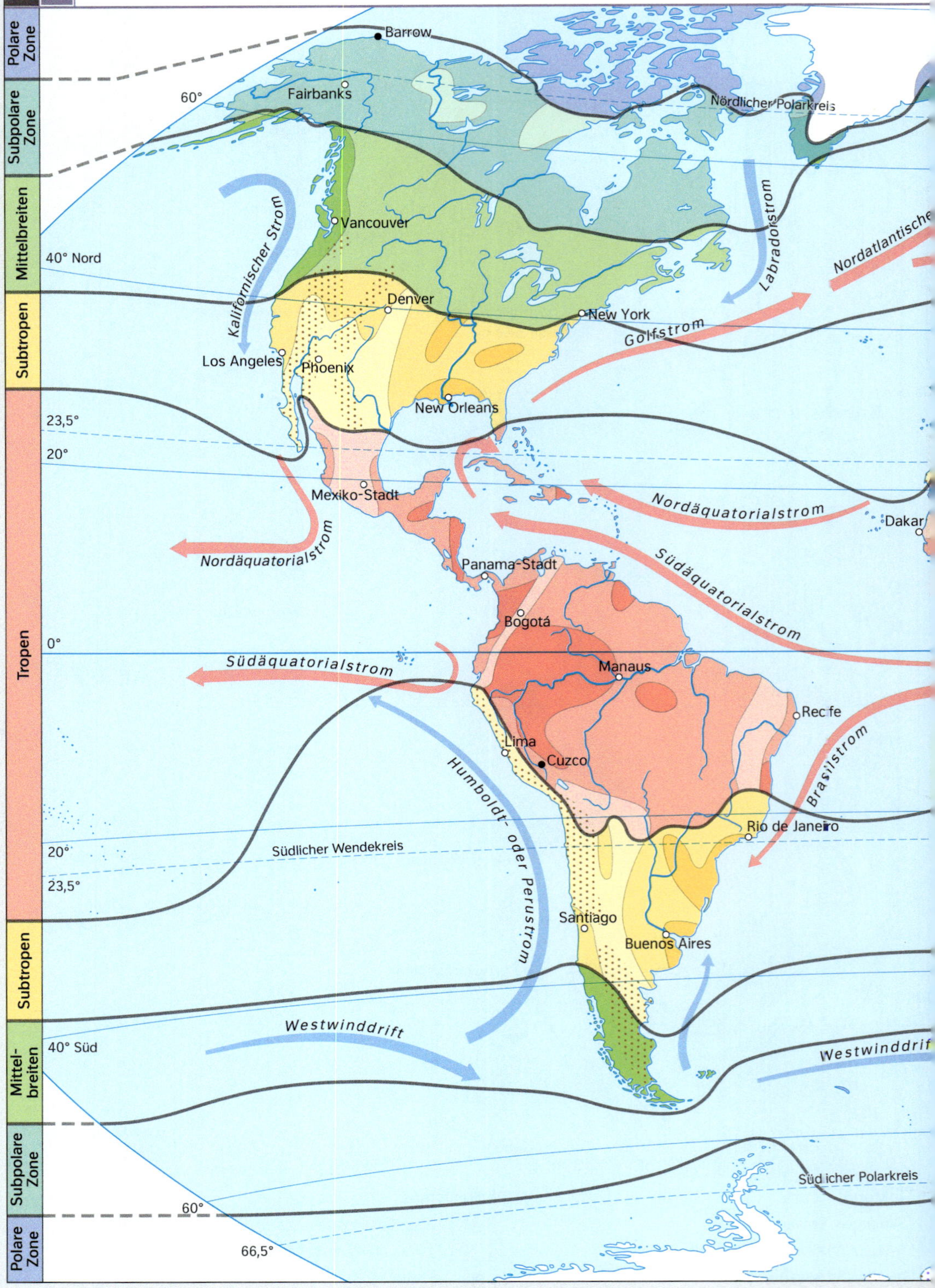

3 Niederschläge im Januar (Nordwinter/Südsommer)

Maßstab 1:180 000 000

Große Windsysteme der Erde

- Passat
- Monsun
- Westwind der hohen nördlichen und südlichen Breiten

Monatliche Niederschläge

- unter 25 mm
- 25 – 50 mm
- 50 – 100 mm
- 100 – 200 mm
- 200 – 300 mm
- 300 – 400 mm
- über 400 mm
- südliche Innertropische Konvergenz (ITC, nach Flohn)

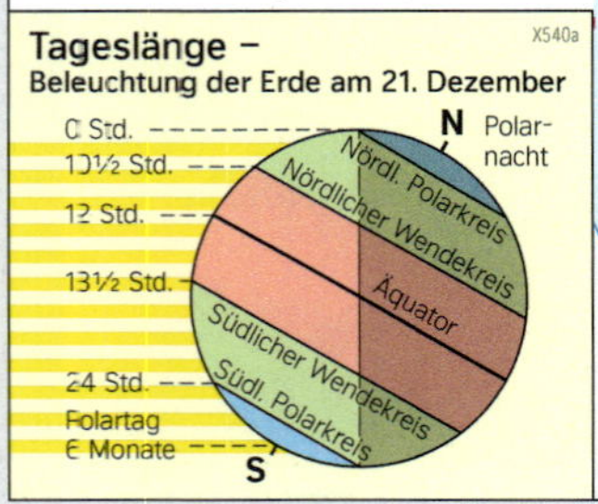

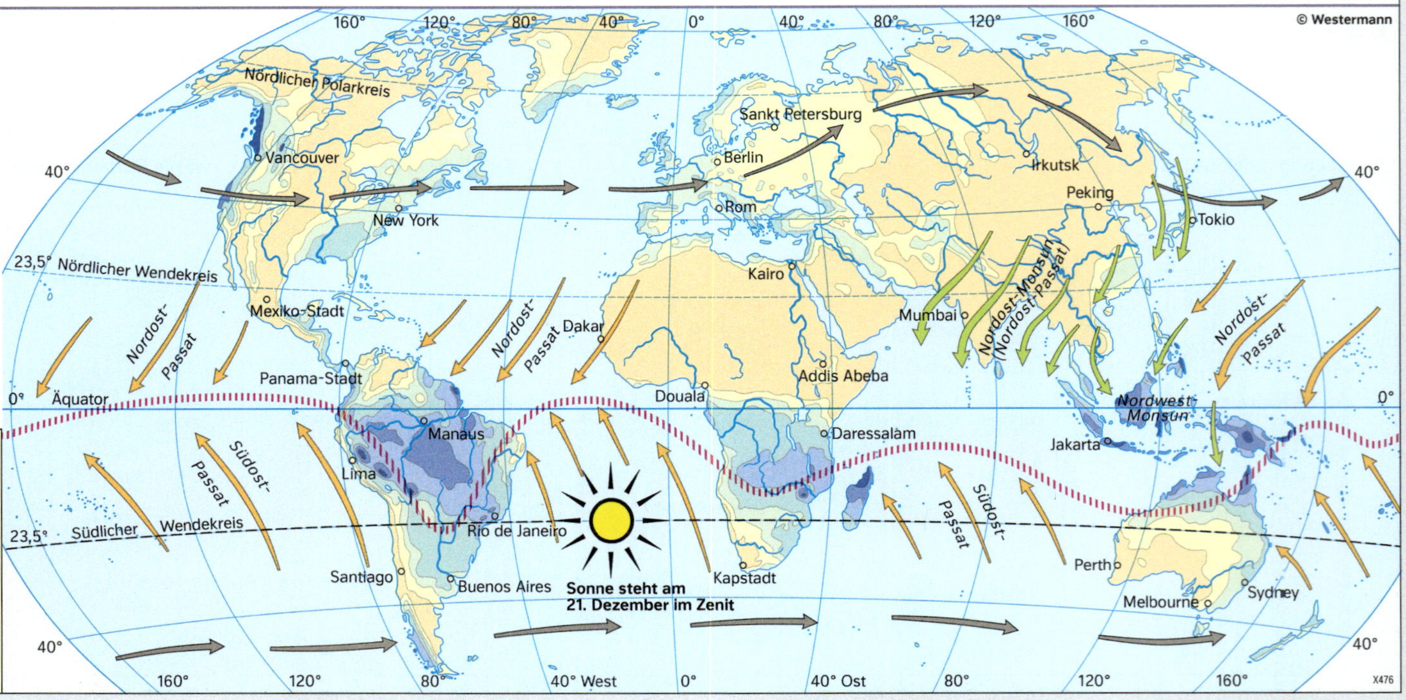

Maßstab 1:90 000 000

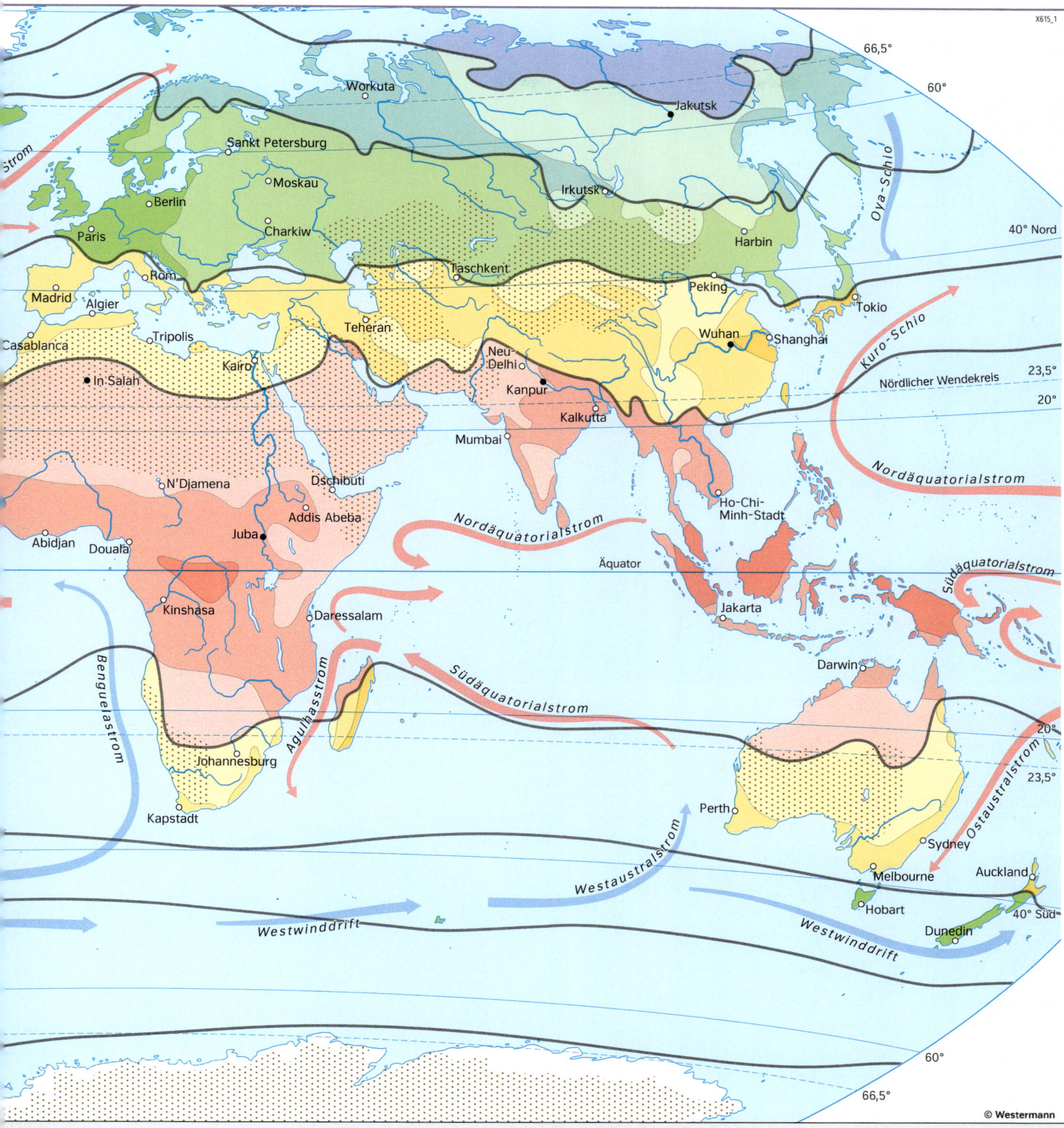

Polartag und Polarnacht

Polare Zone (Eiszone)
T: unter -10 °C
- Eiswüste
- Eisklima, Dauerfrostboden

Jahreszeitenklimate

Subpolare Zone (Kalte Zone)
T: -10 °C bis 0 °C
- maritim (milder Winter)
- kontinental (kalte Winter)
- hochkontinental (sehr kalte Winter)

Mittelbreiten (Gemäßigte Zone)
T: 0 °C bis 12 °C
- maritim (niederschlagsreich)
- kontinental (niederschlagsarm)
- hochkontinental (ganzjährig niederschlagsarm)

Subtropen (Warme Zone)
T: 12 °C bis 24 °C
- ganzjährig niederschlagsreich
- niederschlagsreiche Jahreszeit
- ganzjährig niederschlagsarm

Tageszeitenklimate

Tropen (Heiße Zone)
T: über 24 °C
- immerfeucht (ganzjährige Niederschläge)
- wechselfeucht (Regen- und Trockenzeit)
- trocken (kurze Regenzeit)

Grenze einer Klimazone
T: Jahresmitteltemperatur

Zonenübergreifende Klimate

Trockengebiete mit einem Jahresniederschlag unter 250 mm

Orte

- Klimastation
- sonstiger Ort

Meeresströme

- kalter Meeresstrom
- warmer Meeresstrom

ERDE
LUXEMBURG
EUROPA
ASIEN
AFRIKA
OZEANIEN
POLARGEBIETE
AMERIKA
REGISTER

4 Niederschläge im Juli (Nordsommer/Südwinter)

Maßstab 1:180 000 000

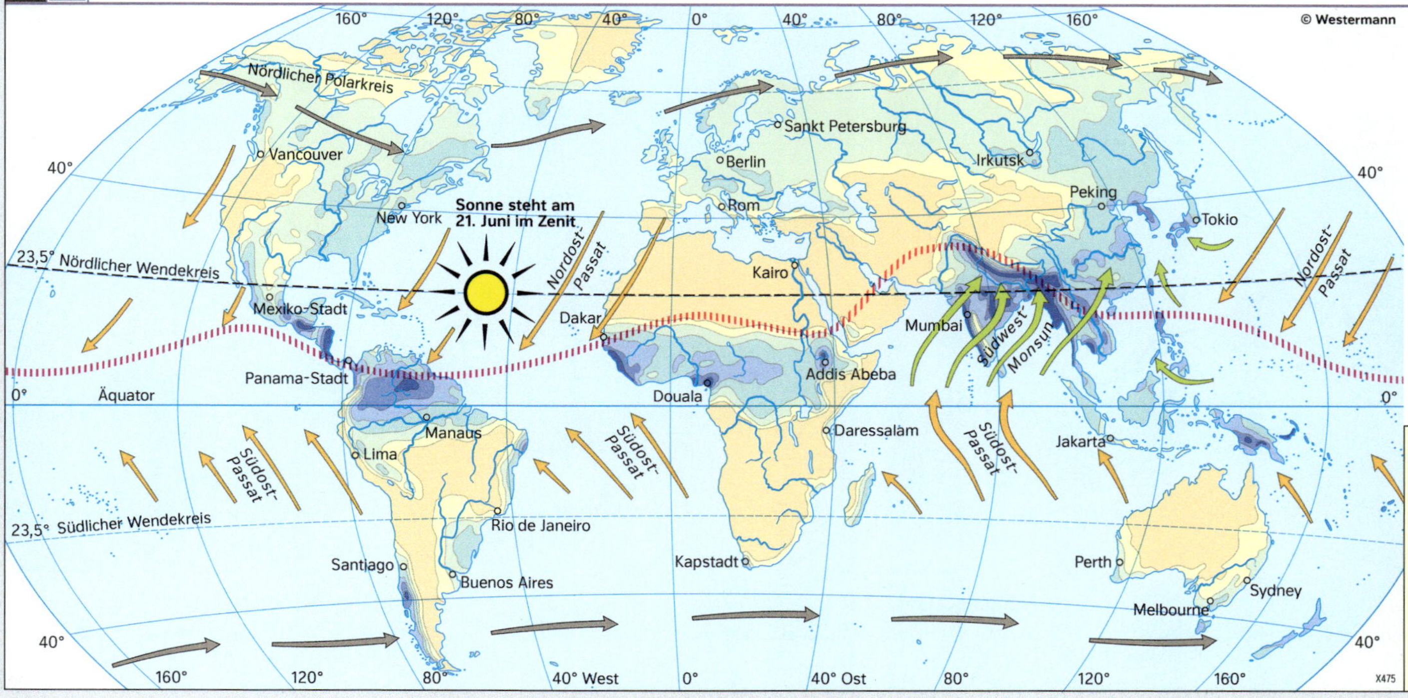

Große Windsysteme der Erde

- Passat
- Monsun
- Westwind der hohen nördlichen und südlichen Breiten

Monatliche Niederschläge

- unter 25 mm
- 25 – 50 mm
- 50 – 100 mm
- 100 – 200 mm
- 200 – 300 mm
- 300 – 400 mm
- über 400 mm
- nördliche Innertropische Konvergenz (ITC, nach Flohn)

Tageslänge – Beleuchtung der Erde am 21. Juni

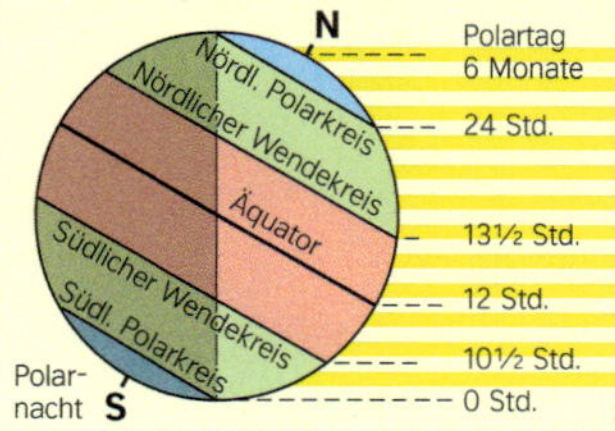

ERDE
LUXEMBURG
EUROPA
ASIEN
AFRIKA
OZEANIEN
POLARGEBIETE
AMERIKA
REGISTER

1 Luftdruck und Winde im Januar

Maßstab 1:140 000 000

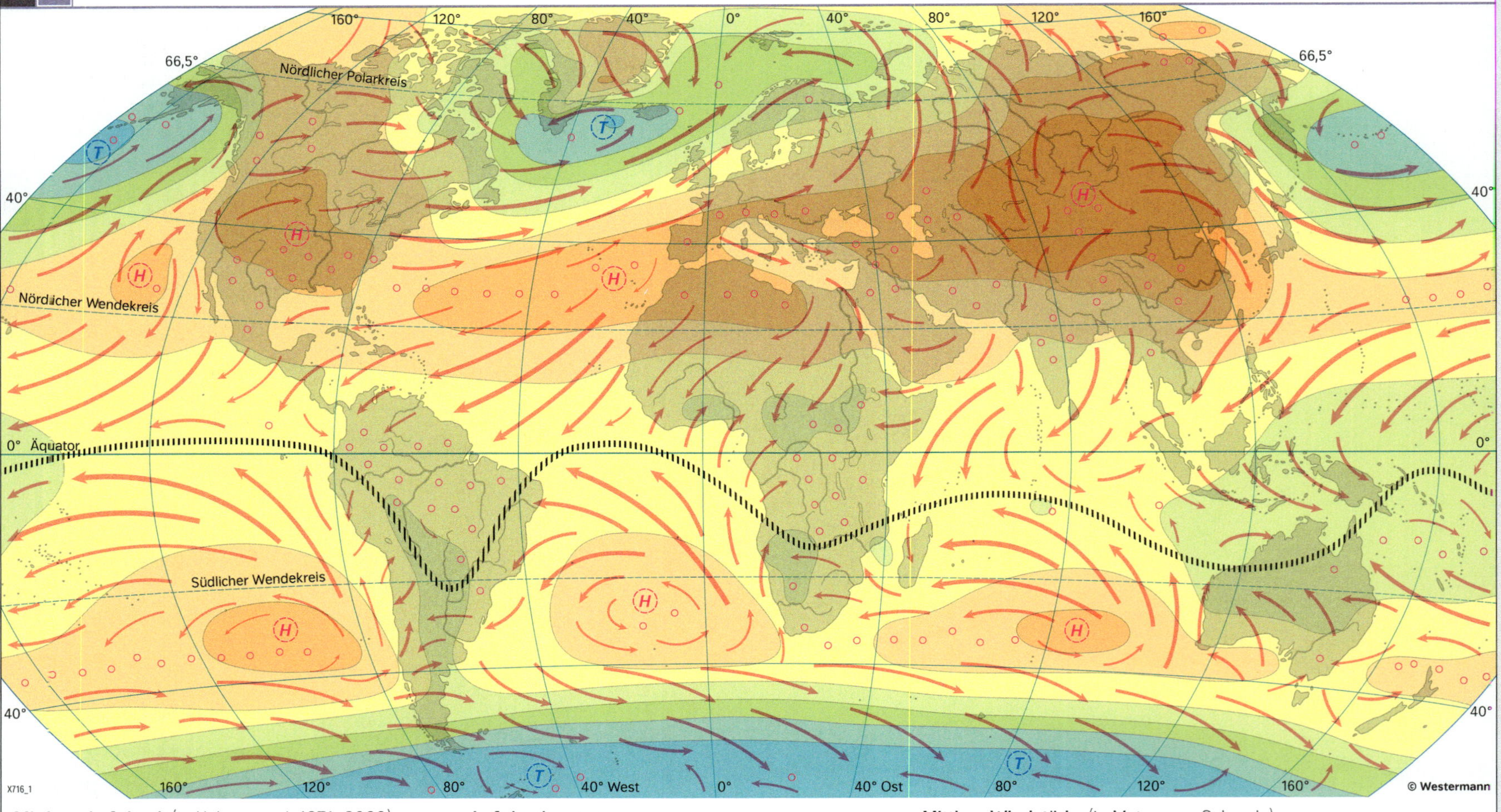

Mittlerer Luftdruck (in Hektopascal, 1971–2000)
995 1000 1005 1010 1015 1020 1025

Luftdrucksysteme
T niedriger Luftdruck
H hoher Luftdruck
innertropische Konvergenzzone (ITZ)

Mittlere Windstärke (in Metern pro Sekunde)
32 16 8 4 2 1

3 Entstehung dynamischer Luftdruckgebilde

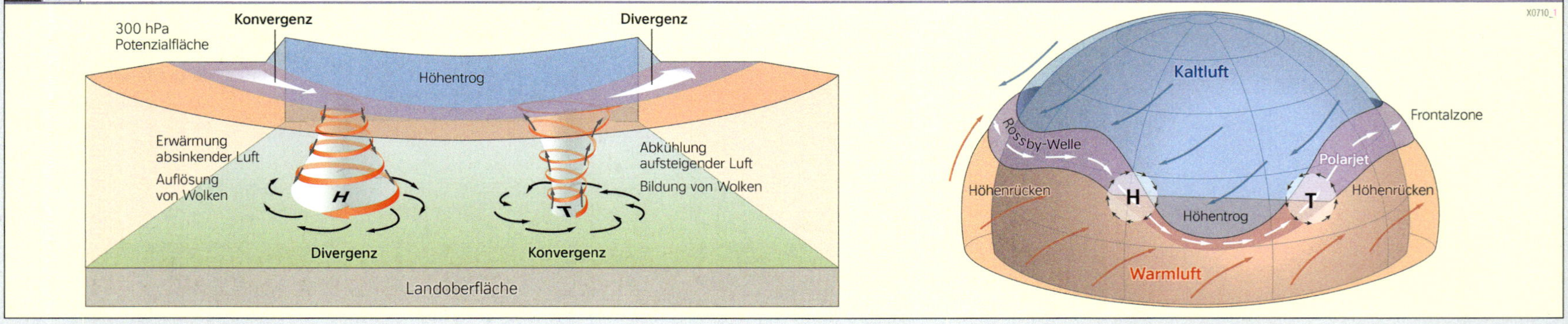

5 Europa Typische Wetterlagen

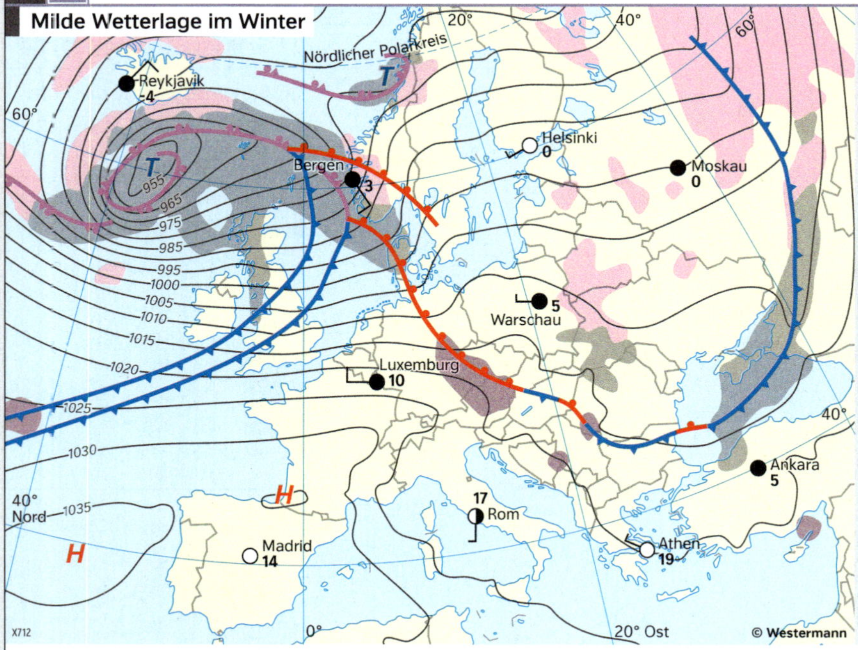

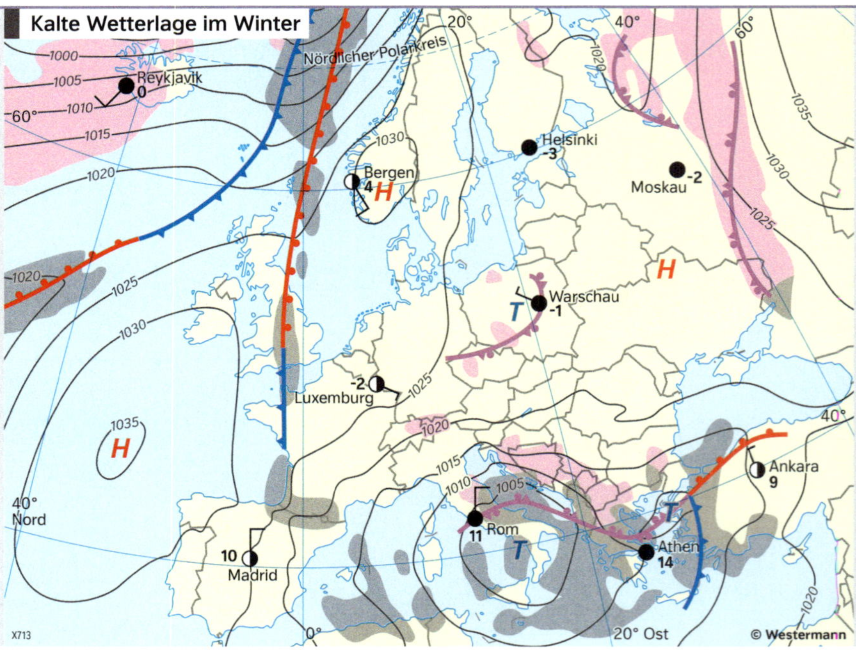

Luftdruck
H Hochdruckgebiet
T Tiefdruckgebiet
1000 Isobaren (in Hektopascal)

Frontensystem
Warmfront
Kaltfront
Okklusion

Bewölkung (Bedeckungsgrad in Achteln)
Unbewölkt (0/8)
Halbbewölkt (4/8)
Bewölkt (8/8)

2 Luftdruck und Winde im Juli

Maßstab 1 : 140 000 000

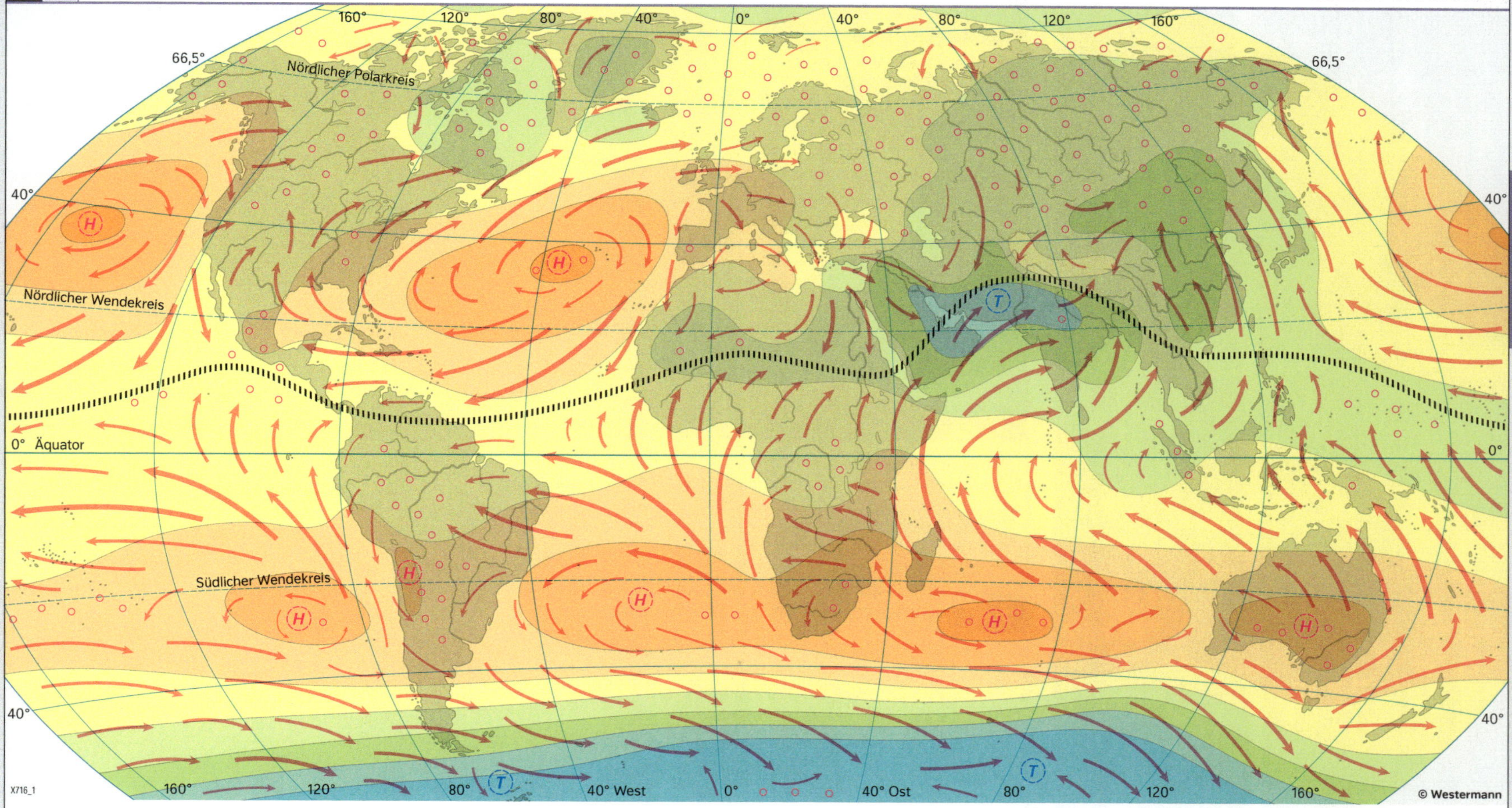

Mittlerer Luftdruck (in Hektopascal, 1971–2000)

995 1000 1005 1010 1015 1020 1025

Luftdrucksysteme

T niedriger Luftdruck

H hoher Luftdruck

innertropische Konvergenzzone (ITZ)

Mittlere Windstärke (in Metern pro Sekunde)

32 16 8 4 2 1

4 Querschnitt einer idealtypischen Frontenzyklone

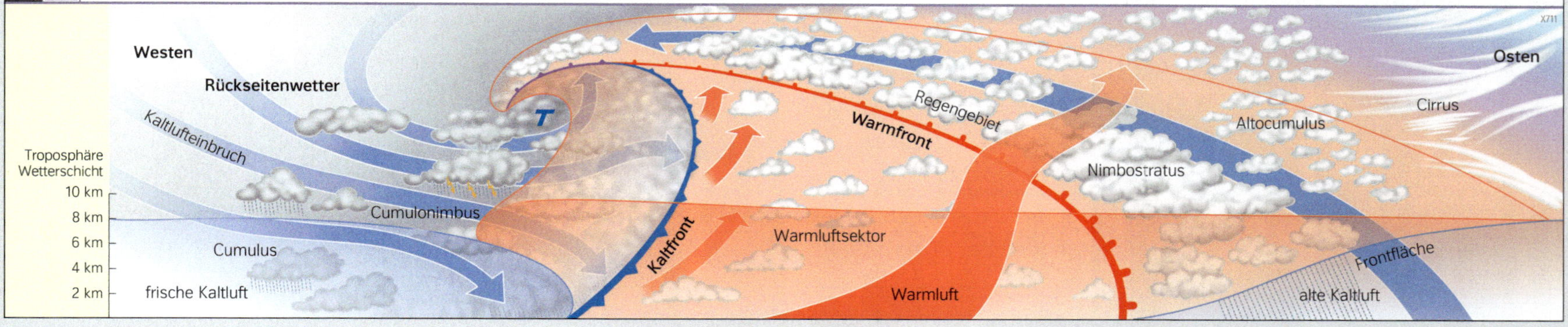

Maßstab 1 : 45 000 000 0 200 400 600 800 1000 km

Milde Wetterlage im Sommer

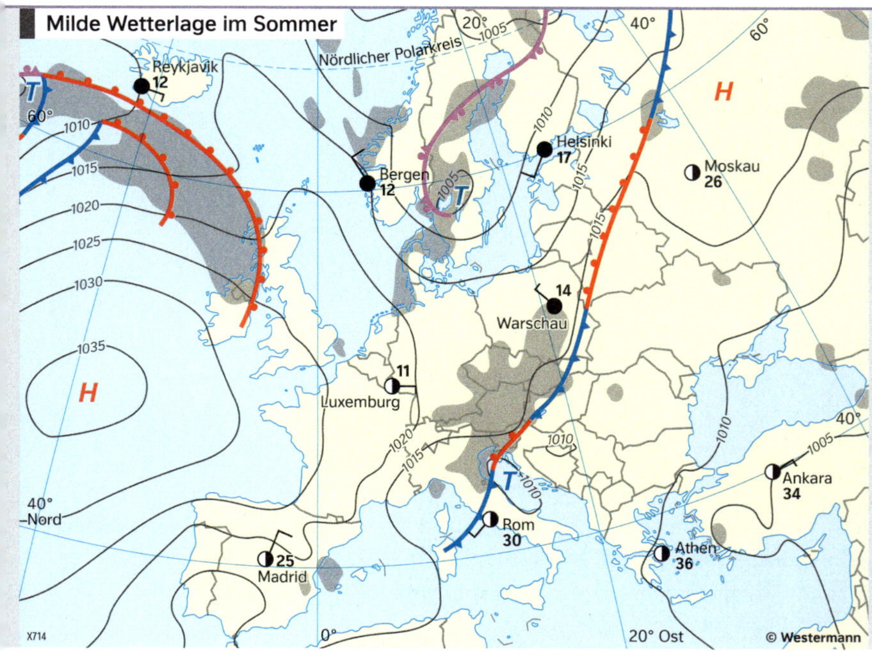

Heiße Wetterlage im Sommer

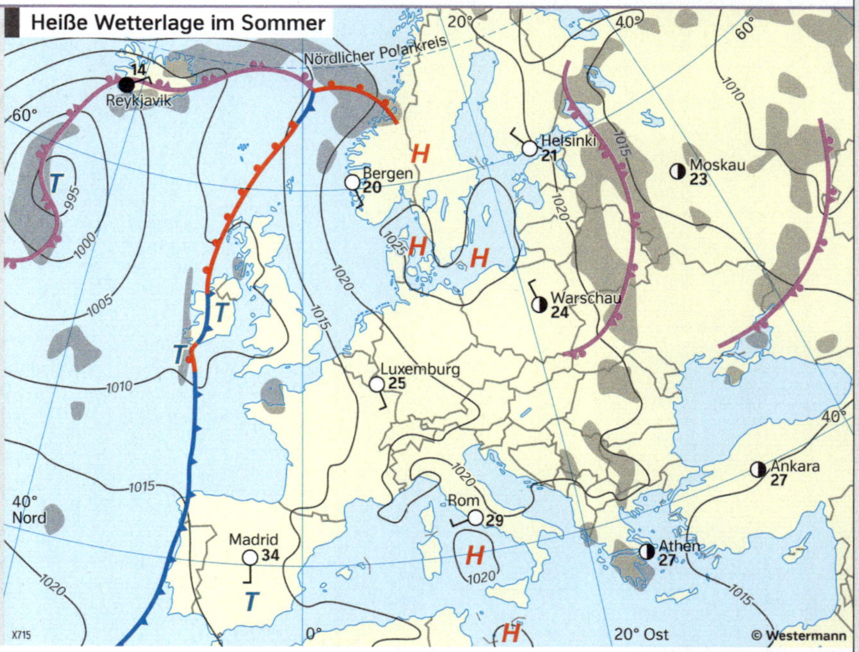

Windstärke

10 Knoten (19 km/h)

5 Knoten (9 km/h)

Windrichtung

Westwind · Nordwind · Ostwind · Südwind

Niederschlag

Regen · Schnee

Temperatur

24 Temperatur (in °C)

1 Erdatmosphäre

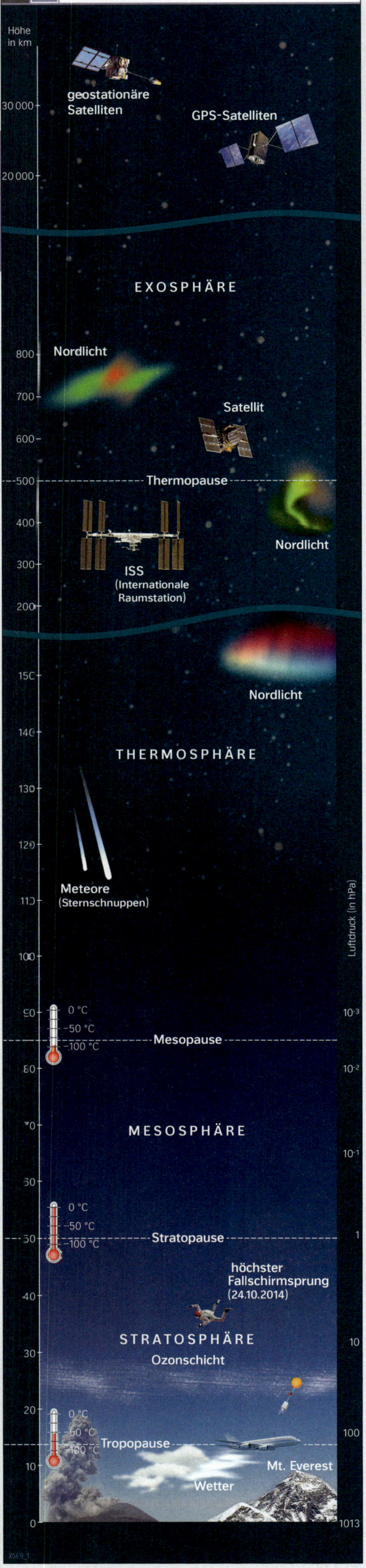

2 Globalstrahlung

Maßstab 1 : 300 000 000

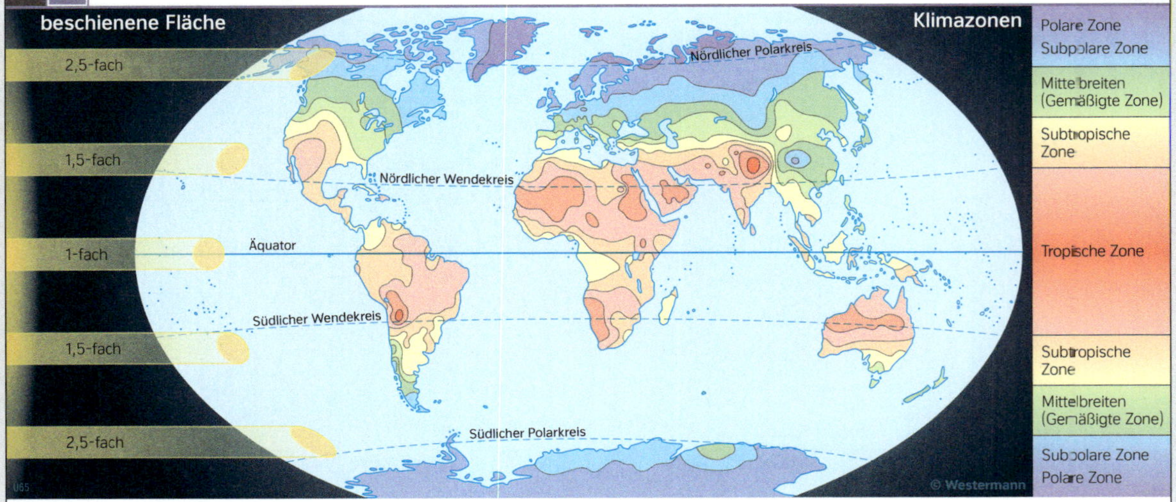

Jährliche Sonneneinstrahlung
(in Kilowattstunden pro Quadratmeter, 10-Jahres-Durchschnitt)

1000 1200 1400 1600 1800 2000 2200 2400 2600 kWh/m²

Strahlungsintensität

sonnenbeschienene Fläche im Vergleich, bei gleich starken Strahlenbündeln

3 Klimawandel im 21. Jahrhundert

Maßstab 1 : 240 000 000

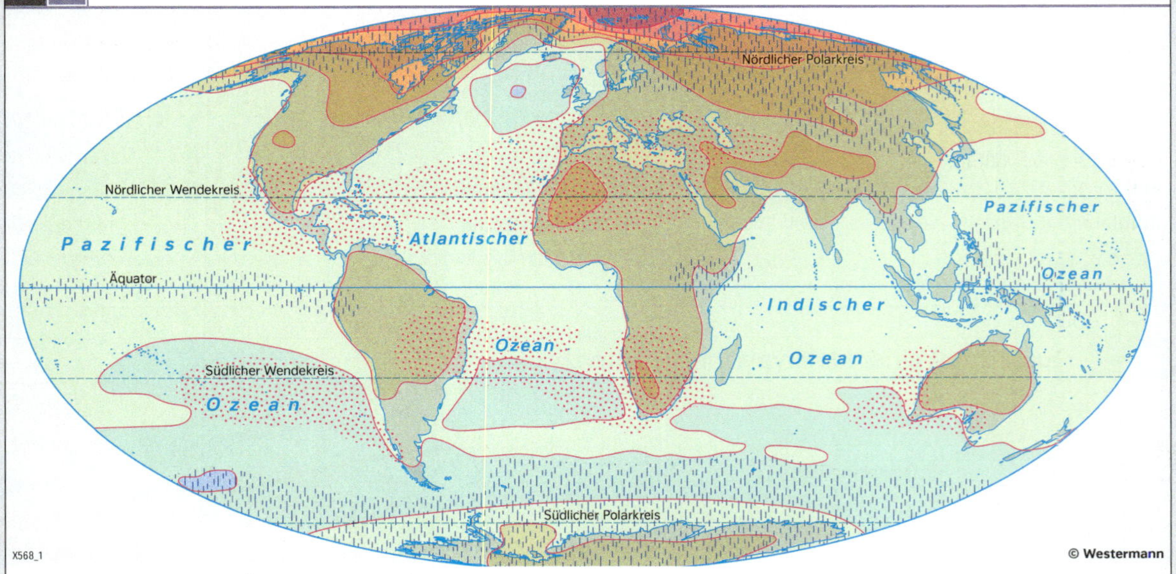

Klimawandel-Szenario (mittlere Prognose)

Erhöhung der Jahresdurchschnittstemperatur bis 2100 (in Grad Celsius)

0 1 2 3 4 5 6 7 8 °C

Veränderung der Niederschläge bis 2100

Zunahme

Abnahme

4 Weltmeere **Meeresspiegeländerung**

Maßstab 1 : 240 000 000

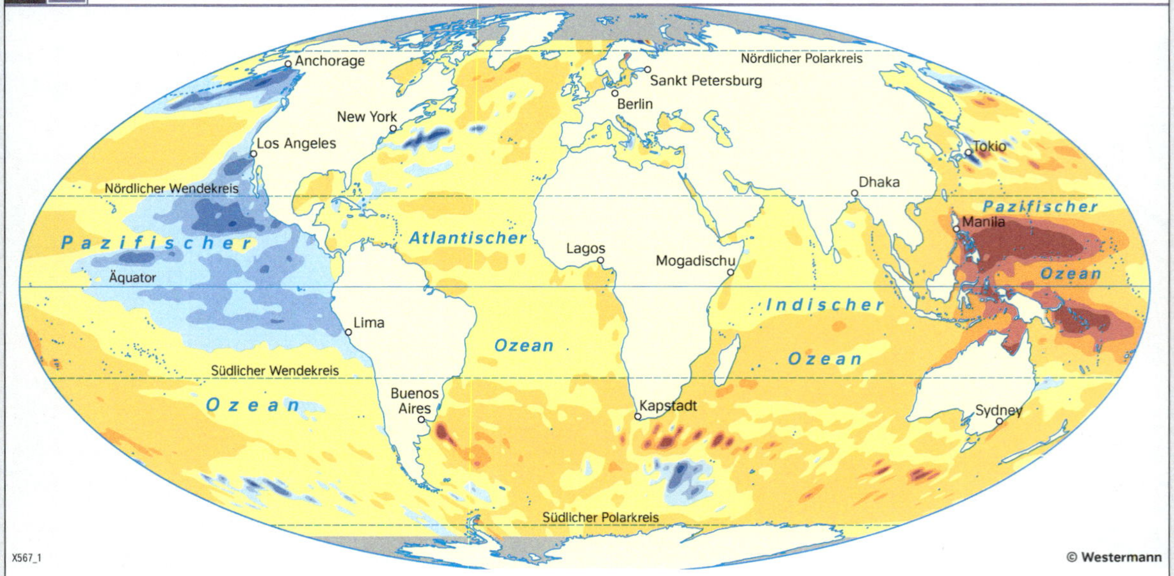

Jährliche Meeresspiegeländerung im Zeitraum 1993–2010 (in Millimeter)

Überdurchschnittlicher Anstieg
- über +9,0
- +7,0 bis +9,0
- +5,0 bis +7,0
- +3,0 bis +5,0 mm

Unterdurchschnittlicher Anstieg
- 0,0 bis +3,0 mm

Meeresspiegelsenkung
- −1,5 bis 0,0
- −3,0 bis −1,5
- −4,5 bis −3,0
- unter −4,5 mm

keine Daten

5 Treibhausgas Kohlenstoffdioxid (CO_2)

Maßstab 1:140 000 000

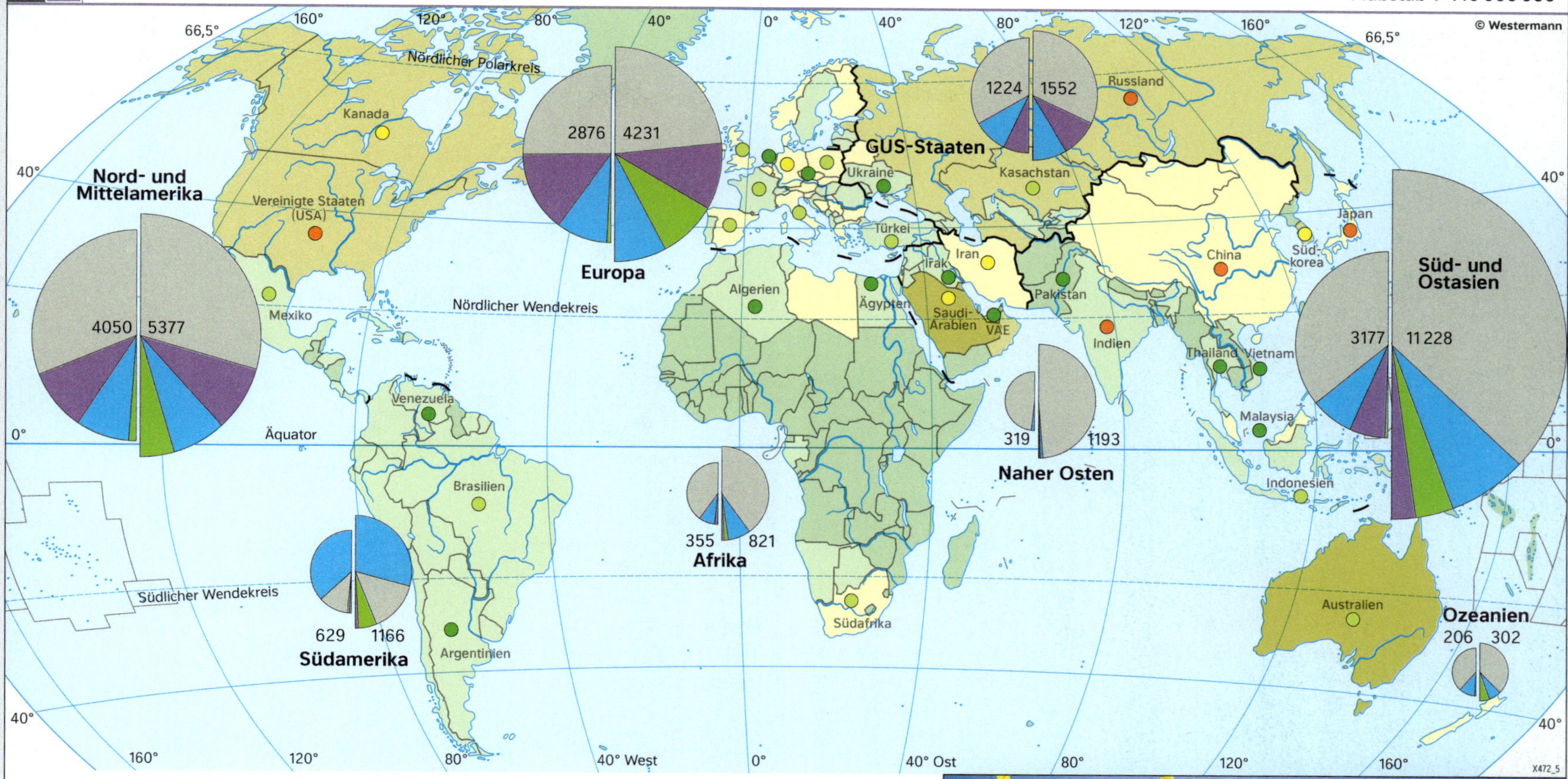

CO_2-Emission pro Kopf und Einwohner (in Tonnen, 2017)

- unter 1
- 1 – 5
- 5 – 10
- 10 – 15
- über 15 t

CO_2-Emission absolut (in Mio. Tonnen, 2017)

- 100 – 250
- 250 – 500
- 500 – 1000
- über 1000 Mio. t

Stromerzeugung (in Mrd. kWh/Jahr)

1995 2017

- fossile Energieträger (CO_2-Emission bei Verbrennung)
- Kernkraft
- Wasserkraft
- erneuerbare Energieträger (außer Wasserkraft)

Regionsgrenze

Quelle: UNDP, IEA (2019)

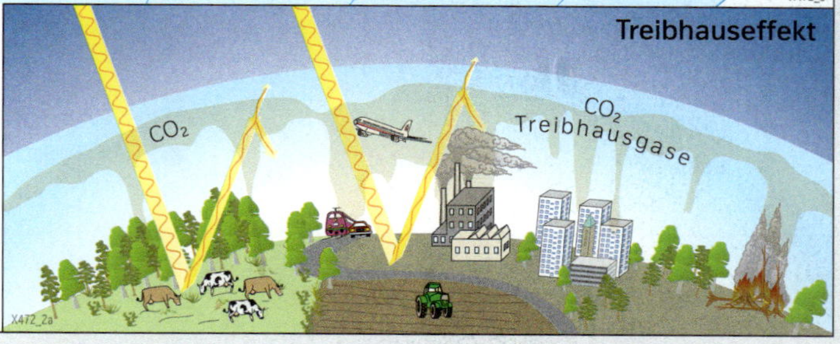

6 Maloelap (Marshallinseln) **Verwundbarkeit eines Atolls**

Maßstab 1:400 000 (0 2 4 6 8 10 km)

Szenarien zum künftigen Meeresspiegelanstieg in Maloelap

Höhe des Meeresspiegels gegenüber dem heutigen Stand (in cm)

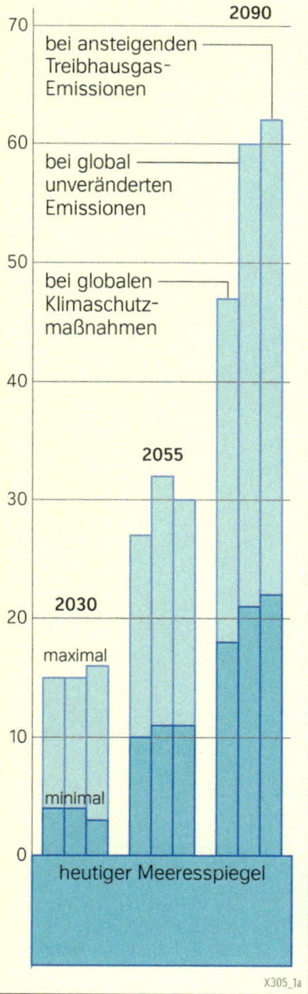

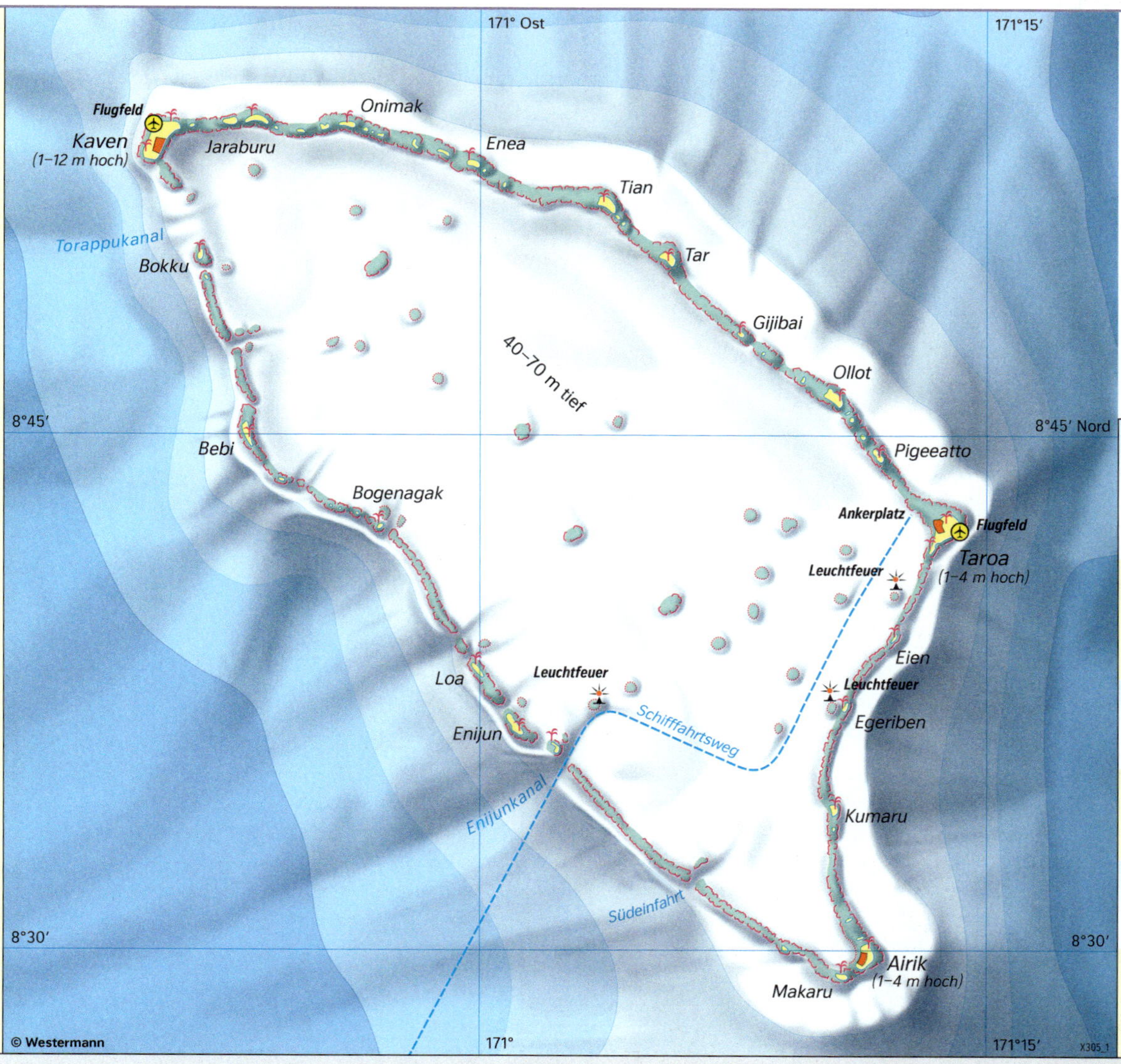

Riff-Inseln des Atolls

- Insel
- Korallenriff
- Untiefe (anwachsende Korallen)
- Siedlung (Bevölkerung: etwa 450)
- Kokospalmen

Meerestiefen (in Meter)

- 0 – 200
- 200 – 1000
- 1000 – 2000
- 2000 – 3000
- über 3000 m

Entstehung eines Atolls (Theorie von Charles Darwin)

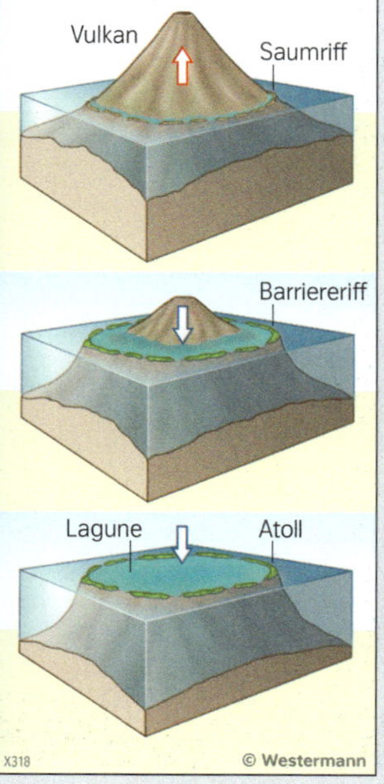

ERDE
LUXEMBURG
EUROPA
ASIEN
AFRIKA
OZEANIEN
POLARGEBIETE
AMERIKA
REGISTER

ERDE
LUXEMBURG
EUROPA
ASIEN
AFRIKA
OZEANIEN
POLARGEBIETE
AMERIKA
REGISTER

1 Naturkatastrophen im 21. Jahrhundert

Maßstab 1:140 000 000

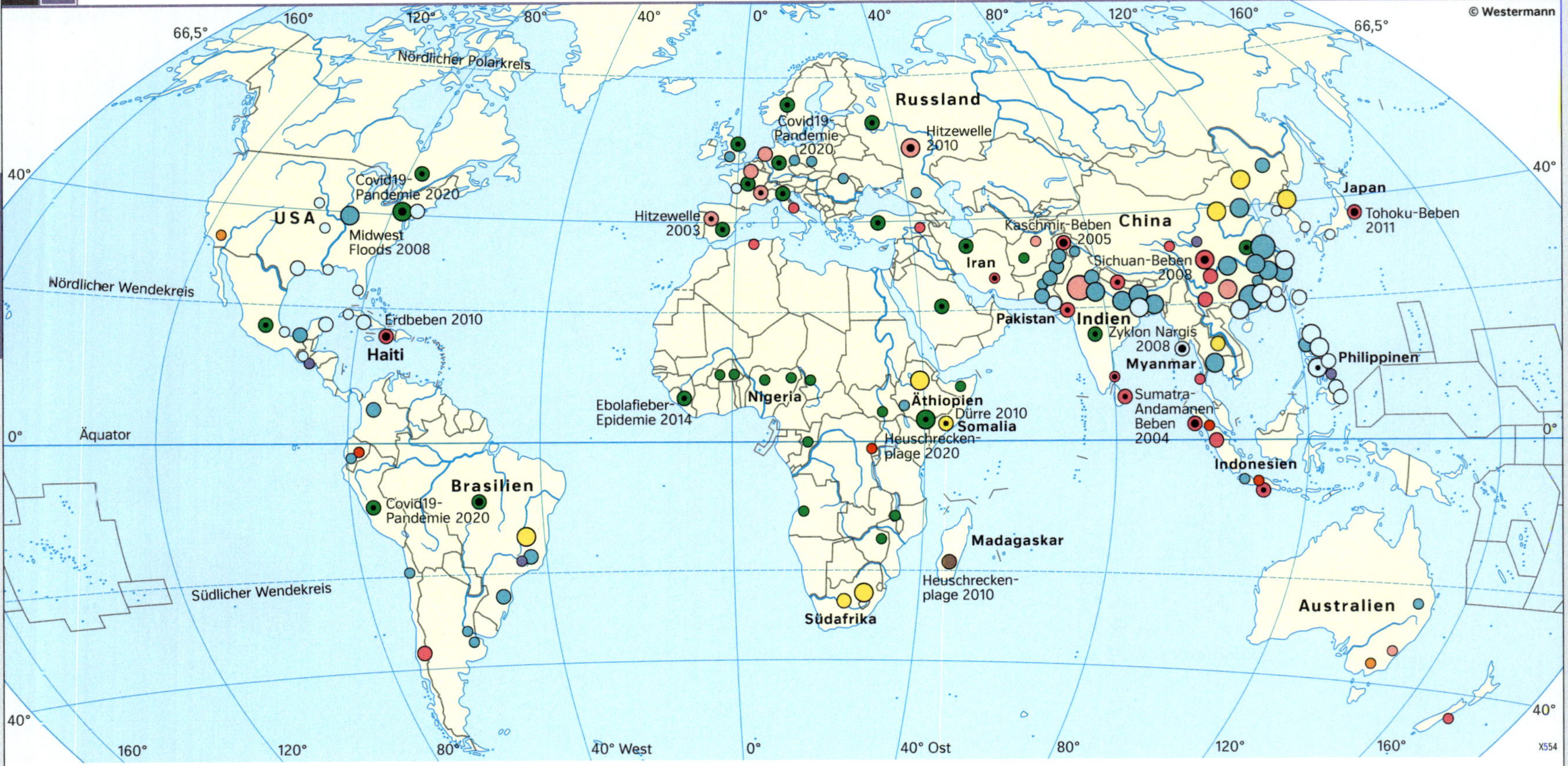

Naturkatastrophen seit 2000 und betroffene Bevölkerung
- 100 000 bis 1 Million
- 1 bis 10 Millionen
- 10 bis 100 Millionen
- über 100 Millionen

Todesopfer der Katastrophe
- 5 000 bis 50 000 Tote
- über 50 000 Tote

Geophysikalische Ereignisse
- Erdbeben Seebeben (Tsunami)
- Vulkanausbruch

Meteorologische Ereignisse
- Wirbelsturm

Klimatologische Ereignisse
- Extremtemperaturen (Hitzewelle/Rekordkälte)
- Dürre
- Waldbrand

Hydrologische Ereignisse
- Überschwemmung
- Massenbewegung (Erdrutsch, Schlammlawine)

Biologische Ereignisse
- Epidemie
- Insektenbefall

2 Naturgefahren/Naturrisiken

Maßstab 1:140 000 000

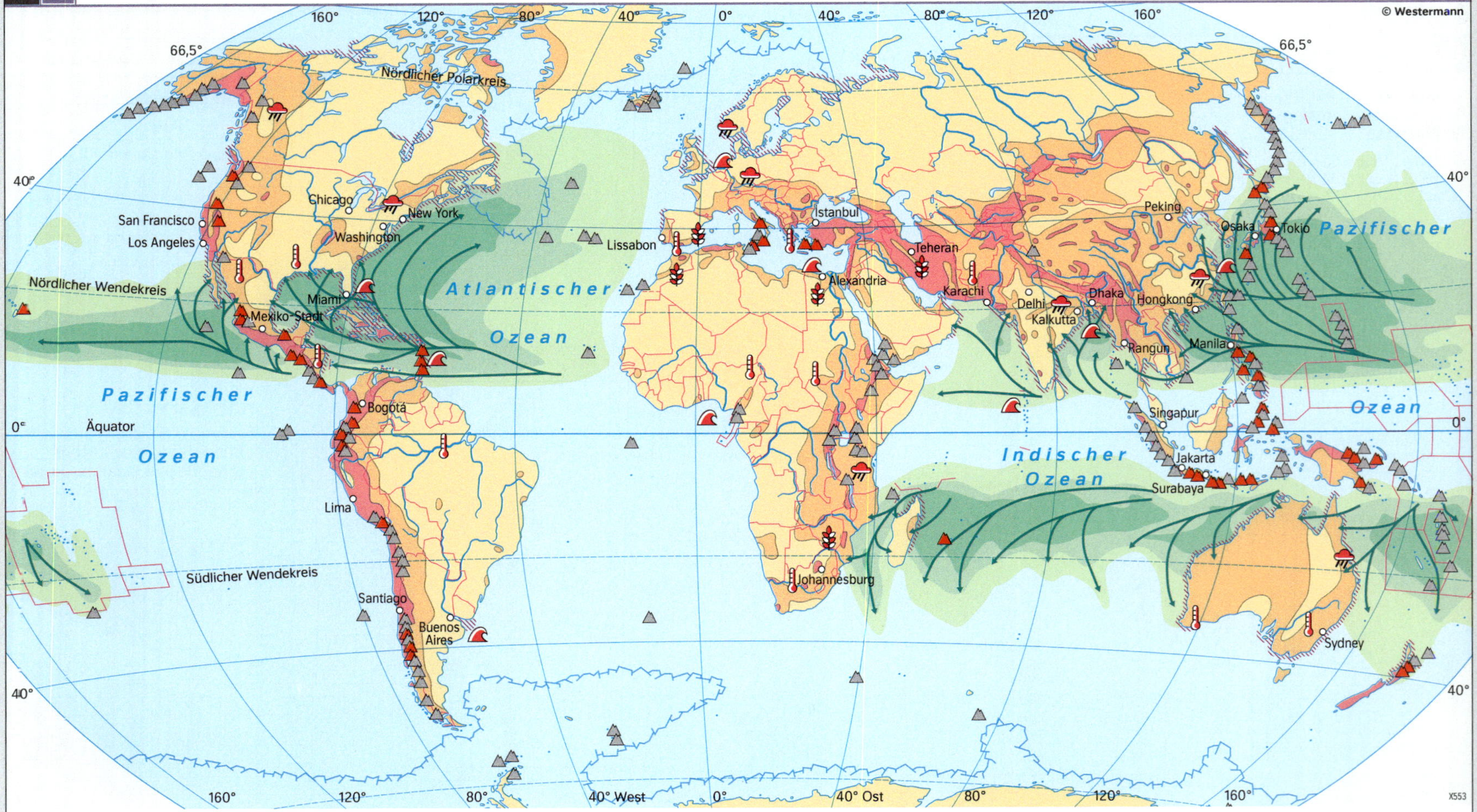

Erdbebengefahr

Erwartete Wiederkehrperiode: 475 Jahre, wahrscheinliche Maximalintensität nach der modifizierten Mercalli-Skala (MM)
- mäßig stark (bis MM V)
- zerstörend (MM VI–VII)
- katastrophal (über MM VIII)

Gefahr tropischer Wirbelstürme

Erwartete Wiederkehrperiode: 100 Jahre, wahrscheinliche Maximalintensität (Spitzengeschwindigkeit in km/h)
- 76 – 184
- 185 – 251
- über 252

- Zugbahnen tropischer Wirbelstürme
- Sturmflutgefahr

Gefahr von Vulkanausbrüchen
- letzter Ausbruch nach 1800 n. Chr.
- besonders gefährlicher Vulkan

Auswirkungen des Klimawandels
- Zunahme von Starkniederschlägen
- Zunahme von Dürren
- bedrohlicher Meeresspiegelanstieg
- Landwirtschaft erschwert

Naturrisiken
- Großstadt/Megastadt in riskanter Lage: hohe Schäden befürchtet
- Grenze beobachteter Eisbergvorstöße: Risiken für die Schifffahrt

3 Landschaftswandel

Maßstab 1:140 000 000

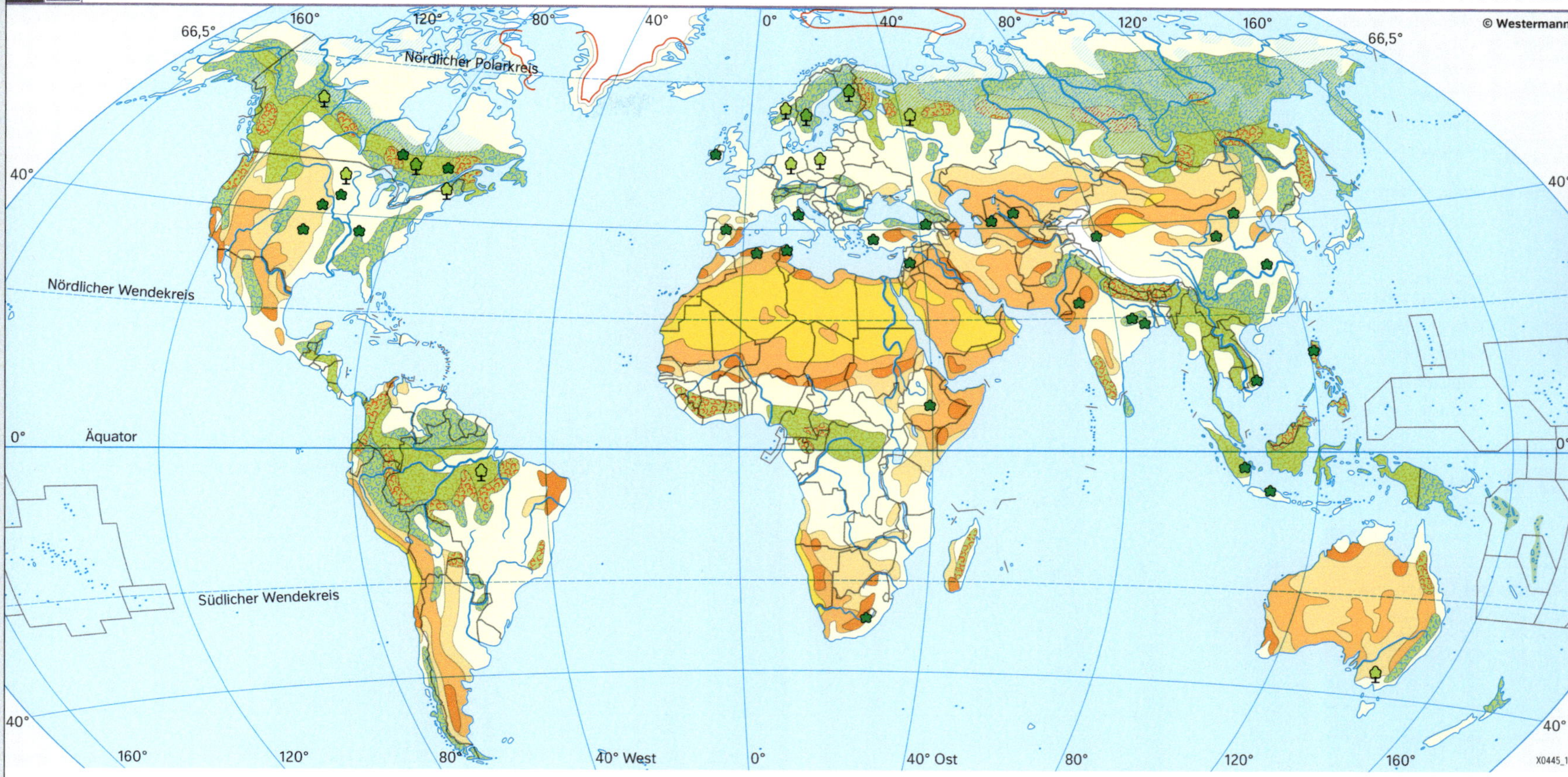

Waldrückgang

Bedrohung der Wälder durch Holzeinschlag und Brandrodung

- Wald ist stark betroffen
- Wald ist betroffen
- Wald ist wenig betroffen

Waldsanierung

- umfangreiche Aufforstung

Nachhaltige Waldwirtschaft

- 5 – 50 Mio. ha
- 50 – 100 Mio. ha

Desertifikation (Wüstenbildung)

Trockenwüsten und deren Ausbreitung durch Dürre, Überweidung und unsachgemäßen Ackerbau

- Trockenwüste
- Gebiet ist stark betroffen, Verschlechterung des Bodens
- betroffen
- gefährdet

Treibhauseffekt

Kältewüsten und deren Rückgang durch ansteigende Temperaturen

- Kältewüste (Inlandeis, Gletscher)
- Gebiet ist stark von Eisabschmelzung betroffen
- Gebiet mit tauendem Permafrostboden (Methanemissionen)

4 Aralsee Landschaftswandel

Maßstab 1:6 000 000

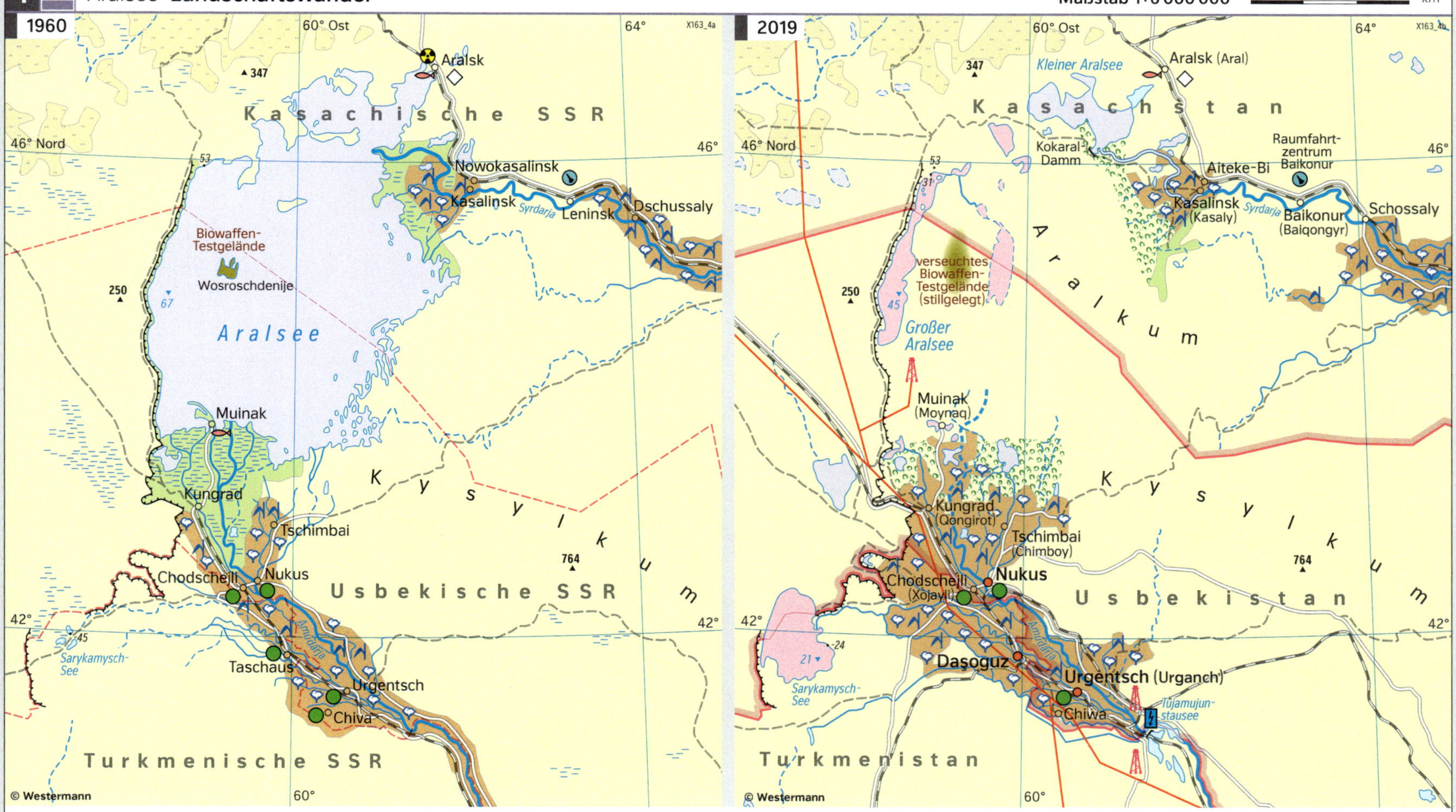

Natürliche Vegetation

- Steppe
- Halbwüste, Wüste
- Flussdelta

Salzwasser

- hoher Salzgehalt
- niedriger Salzgehalt

- Steilhang
- 250 Berghöhe
- 67 Tiefenangabe

Landnutzung und Umweltfolgen

- Bewässerungsland
- Baumwolle
- Reis

Umweltsanierung

- Staudammbau (2015)
- Flussbett-Sanierung (Eindämmung der Versickerung)
- Waldschutzstreifen mit salzresistenten Bäumen (Saxaut)

Industrie

- Fischereihafen
- Textilindustrie
- Salzgewinnung
- Erdgas
- Erdgasleitung
- Atomindustrie
- Wasserkraftwerk

Grenzen

- Staatsgrenze
- Grenze einer Sowjetrepublik

Verkehr

- Eisenbahn
- Straße
- Piste

ERDE
LUXEMBURG
EUROPA
ASIEN
AFRIKA
OZEANIEN
POLARGEBIETE
AMERIKA
REGISTER

Waldlandschaften
- nördlicher Nadelwald
- sommergrüner Wald (Laub- und Mischwald)
- Feuchtwald
- Hartlaubgehölz
- Monsunwald und Regenwald

Offene Landschaften
- polare Kältewüste
- Tundra
- Steppe und Hochgebirgsgrasland
- Dornstrauchsavanne
- Trockensavanne
- Feuchtsavanne
- Halbwüste und Wüste

Kulturland
- Ackerbau, Grünland
- • Klimastation (Klimadiagramme ➞ 14 **1**)

1

Maßstab 1 : 90 000 000

Größe der Ökozonen

1 Kästchen ≙ 1 000 000 km², also 1000 km × 1000 km

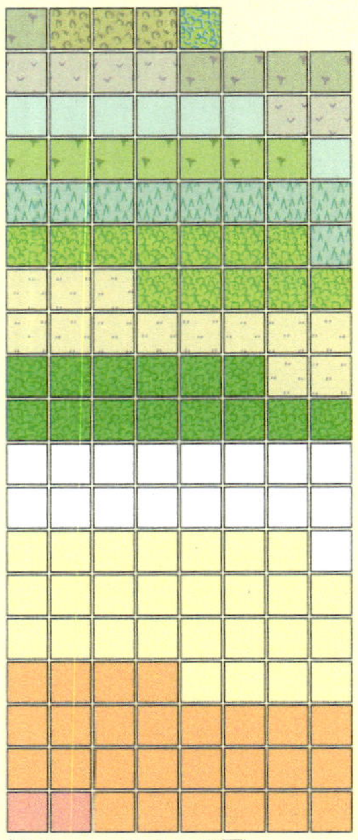

(Siedlungsgebiet ➞ 40 **2**)

Landflächen der Erde: 148 900 000 km²

Die Signaturen der Karte deuten

Die Bilder zeigen Landschaften, deren geographische Verbreitung in der Karte dargestellt ist.

Halbwüste und Wüste

Dornstrauchsavanne

Trockensavanne

Feuchtsavanne

Monsunwald und Regenwald

ERDE
LUXEMBURG
EUROPA
ASIEN
AFRIKA
OZEANIEN
POLARGEBIETE
AMERIKA
REGISTER

ERDE
LUXEMBURG
EUROPA
ASIEN
AFRIKA
OZEANIEN
POLARGEBIETE
AMERIKA
REGISTER

1 Weltmeere **Gefährdete Nahrungsquelle**

Flachmeer und Tiefsee
- Festlandsockel (Kontinentalschelf, 200-m-Tiefenlinie)
- Tiefsee

Oberflächennahe Meeresströme
- warm
- kalt

Schadstoffeintrag ins Meer
Chemische Belastung aus Industrie und Landwirtschaft (Kalium, Sulfat, Phosphat, Nitrat)
- gering
- mäßig
- stark
- Schwebstoffe aus Erosion

Korallenriffe
- noch intakt
- geschädigt bis abgestorben

Vorrangig befischte Arten
- Heringsfische
- Dorschfische
- Plattfische
- Lachsfische
- Thunfische
- Wale (wenig befischt)
- Tintenfische
- höhere Krebse (Krabben, Hummer, Garnelen u.a.)
- gefährdete Bestände
- Aquakultur (Aufzucht von Fischen, Muscheln, Krebsen)

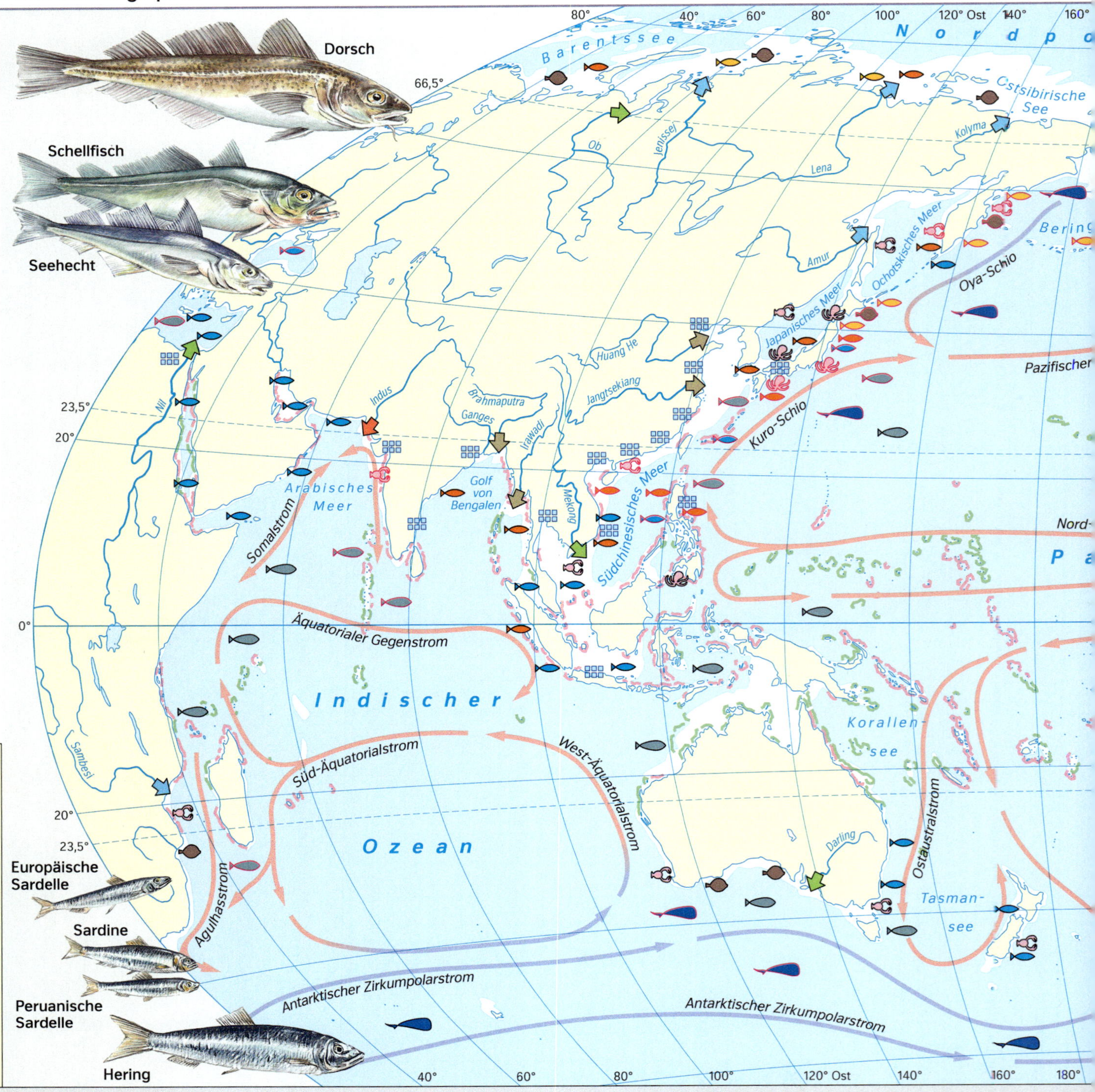

Fischereimengen weltweit

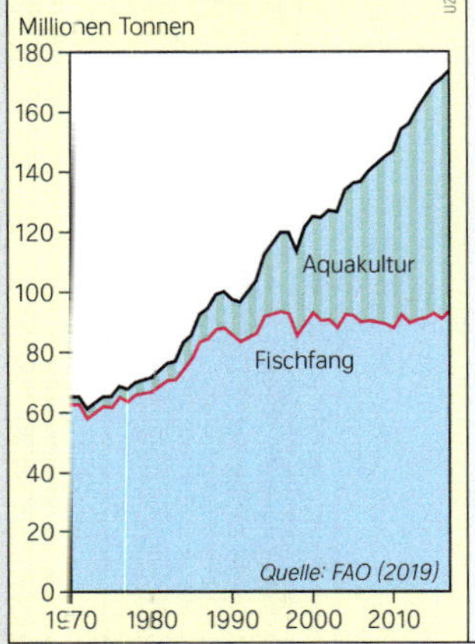

2 Weltmeere **Wasserzirkulation**

Maßstab 1 : 180 000 000

Salzgehalt des Meereswassers an der Oberfläche (in Gramm je Liter)
- salzreich, über 36
- normal, 34–36
- salzarm, unter 34 g/l
- Packeis

Meeresstrom
- oberflächennah (warm und kalt)
- in 2000 bis 3000 m Tiefe (kalt)
- bodennah (sehr kalt)
- Fließrichtung
- Kaltes schweres Wasser sinkt in die Tiefe. Es ist mit Salz, Sauerstoff und Treibhausgasen angereichert. Vor Grönland absinkendes Wasser kommt erst nach über tausend Jahren wieder an die Oberfläche.

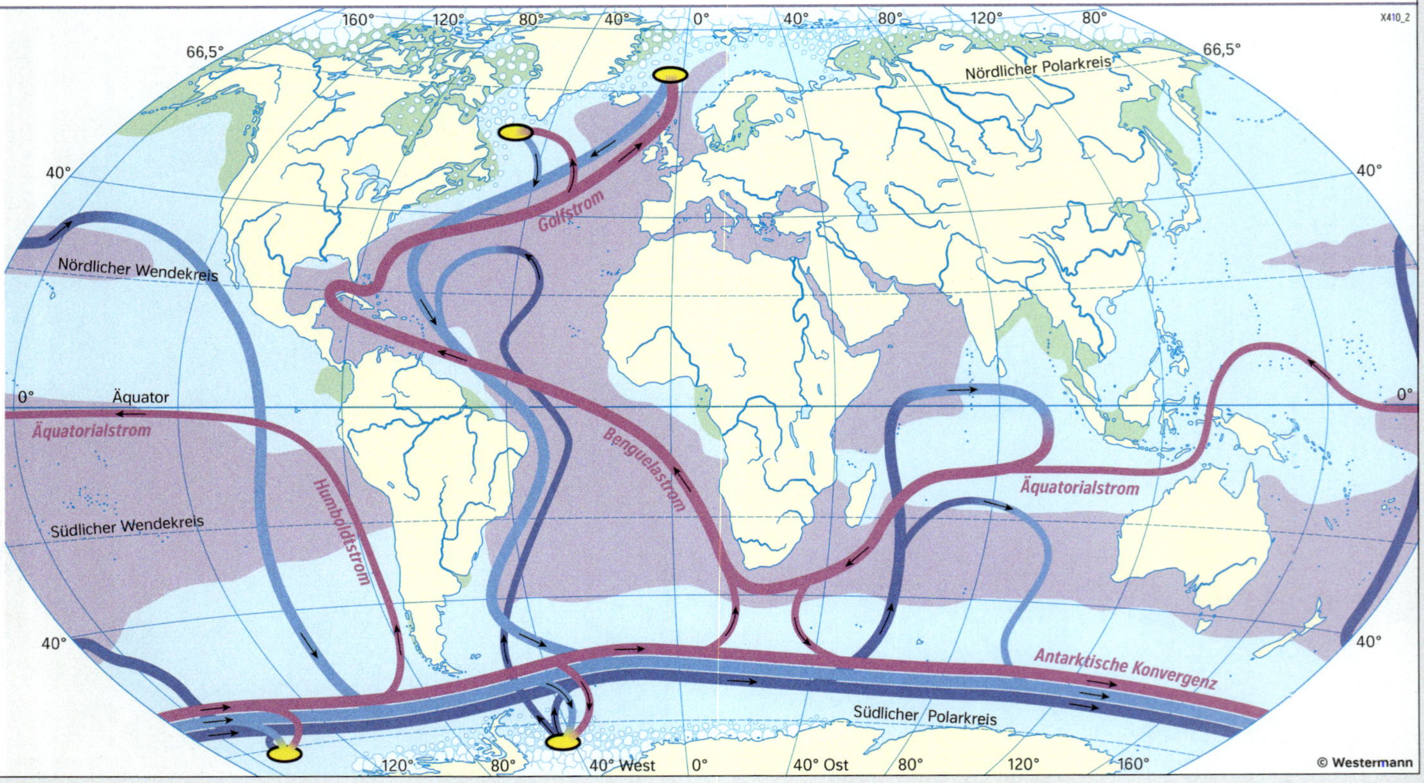

Maßstab 1 : 90 000 000

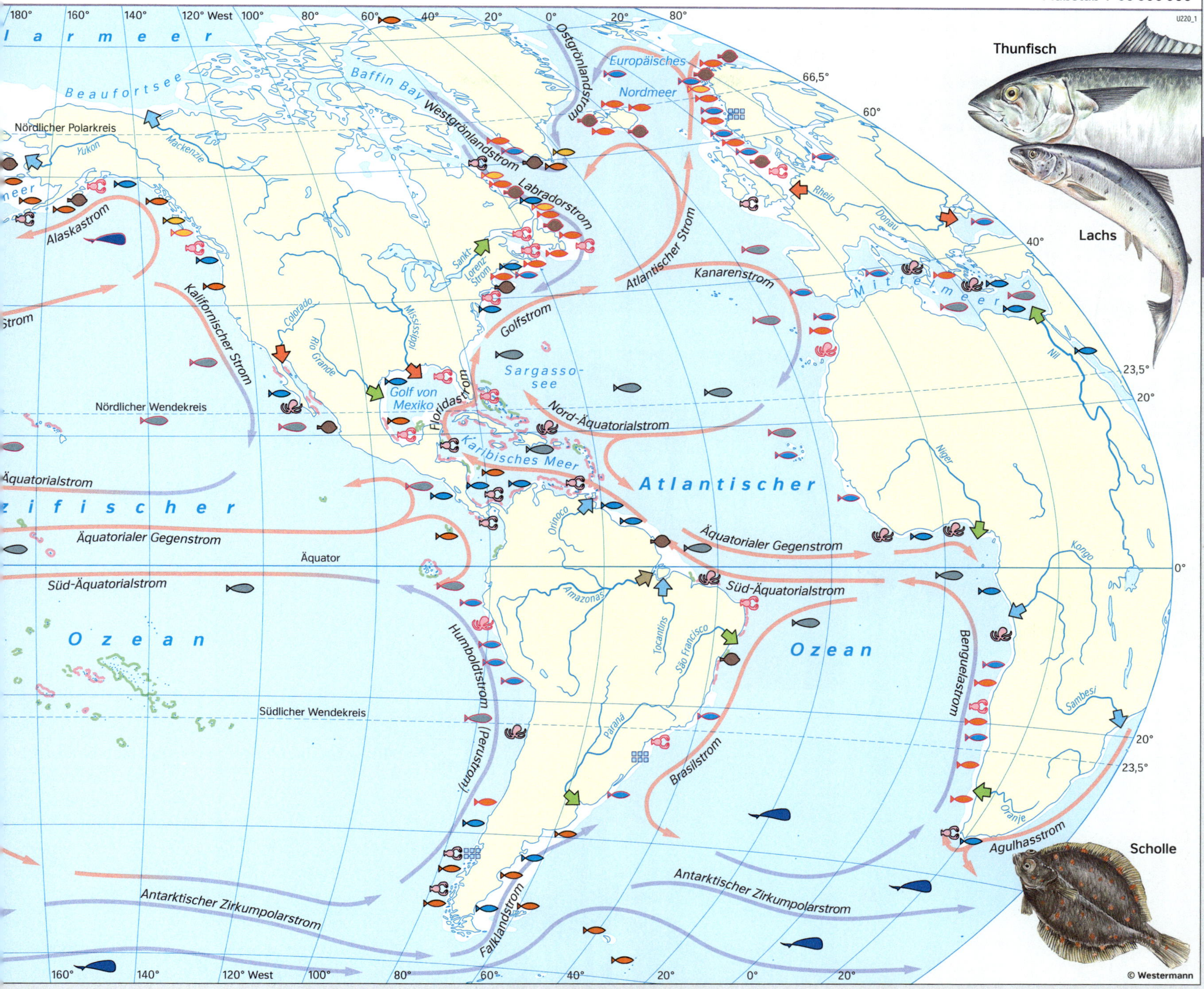

3 Erde **Meeresfischfang, Fischverzehr und Fischereikonflikte**

Maßstab 1 : 180 000 000

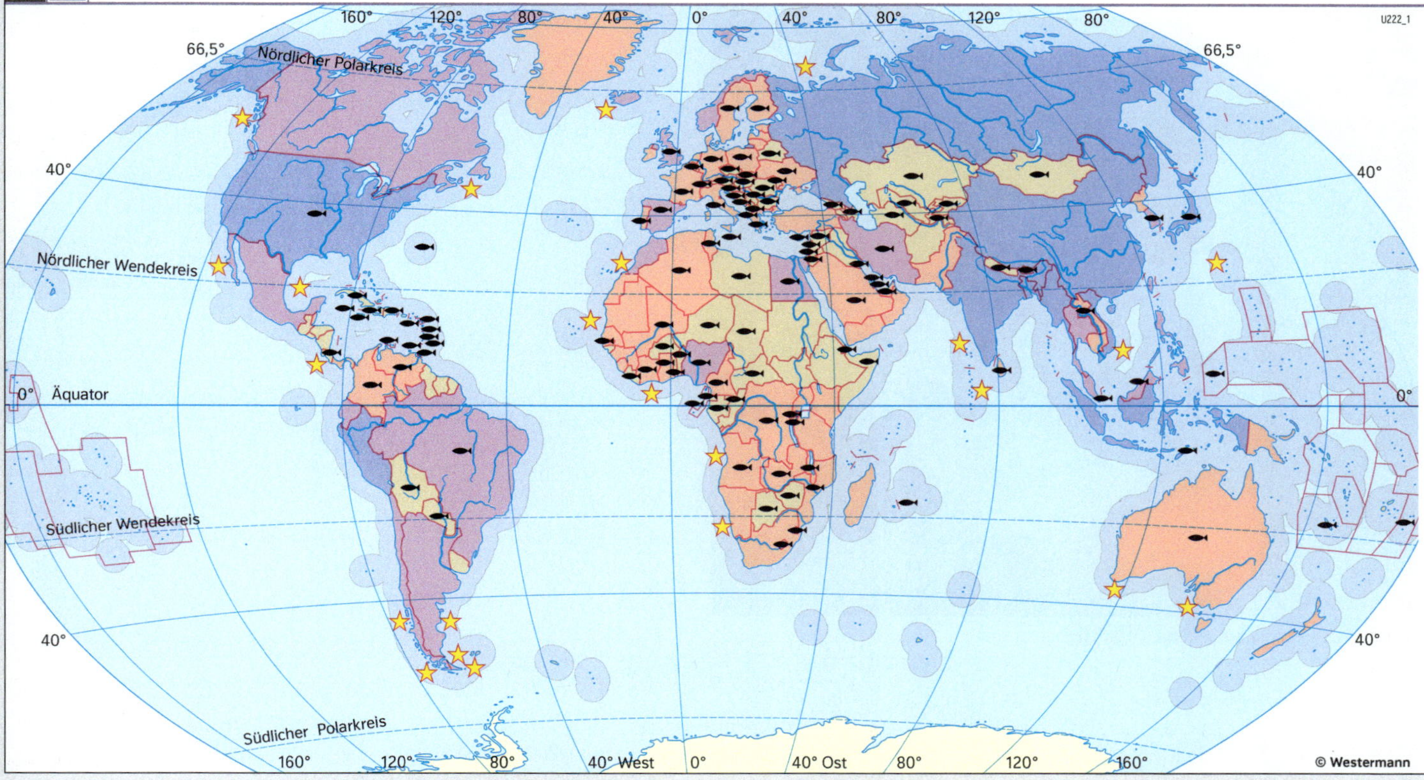

Fischfang in Meeren und Seen

- die größten Fischfangnationen (Anteil von 10 Staaten: 70 %)
- weitere Staaten über dem Weltdurchschnitt (Anteil von 19 Staaten: 19 %)
- Staaten unter dem Weltdurchschnitt (Anteil von 63 Staaten: 10 %)
- Staaten ohne bedeutenden Meeresfischfang (Anteil von 128 Staaten: 1 %)
- Konflikte zwischen nationalen und ausländischen Fangflotten
- 200-Seemeilen-Wirtschaftszone im Meer

Fischverzehr

- Staaten, in denen der Fischverzehr größer ist als der Fischfang (durch den Import von Süß- und Salzwasserfischen)

ERDE LUXEMBURG EUROPA ASIEN AFRIKA OZEANIEN POLARGEBIETE AMERIKA REGISTER

Vormensch (Australopithecus) ▲

Frühmensch (Homo erectus) ■

Altmensch (Homo neanderthalensis) ●

Jetztmensch (Homo sapiens sapiens) ●

1 Menschen besiedeln die Erde

Neolithische Revolution durch frühe Landwirtschaft und ersten Städtebau

2 Neolithische Revolution und frühe Hochkulturen

Sahelanthropus; Schädel 2001 im Norden des Tschad (Djourab-Wüste) gefunden

„Ardi" (Vormensch: Ardipithecus ramidus); Skelettüberreste 1994 in Hadar entdeckt

8 000 000 | 7 000 000 | 6 000 000 | 5 000 000 | 4 400 000

ERDE LUXEMBURG EUROPA ASIEN AFRIKA OZEANIEN POLARGEBIETE AMERIKA REGISTER

Maßstab 1:130 000 000

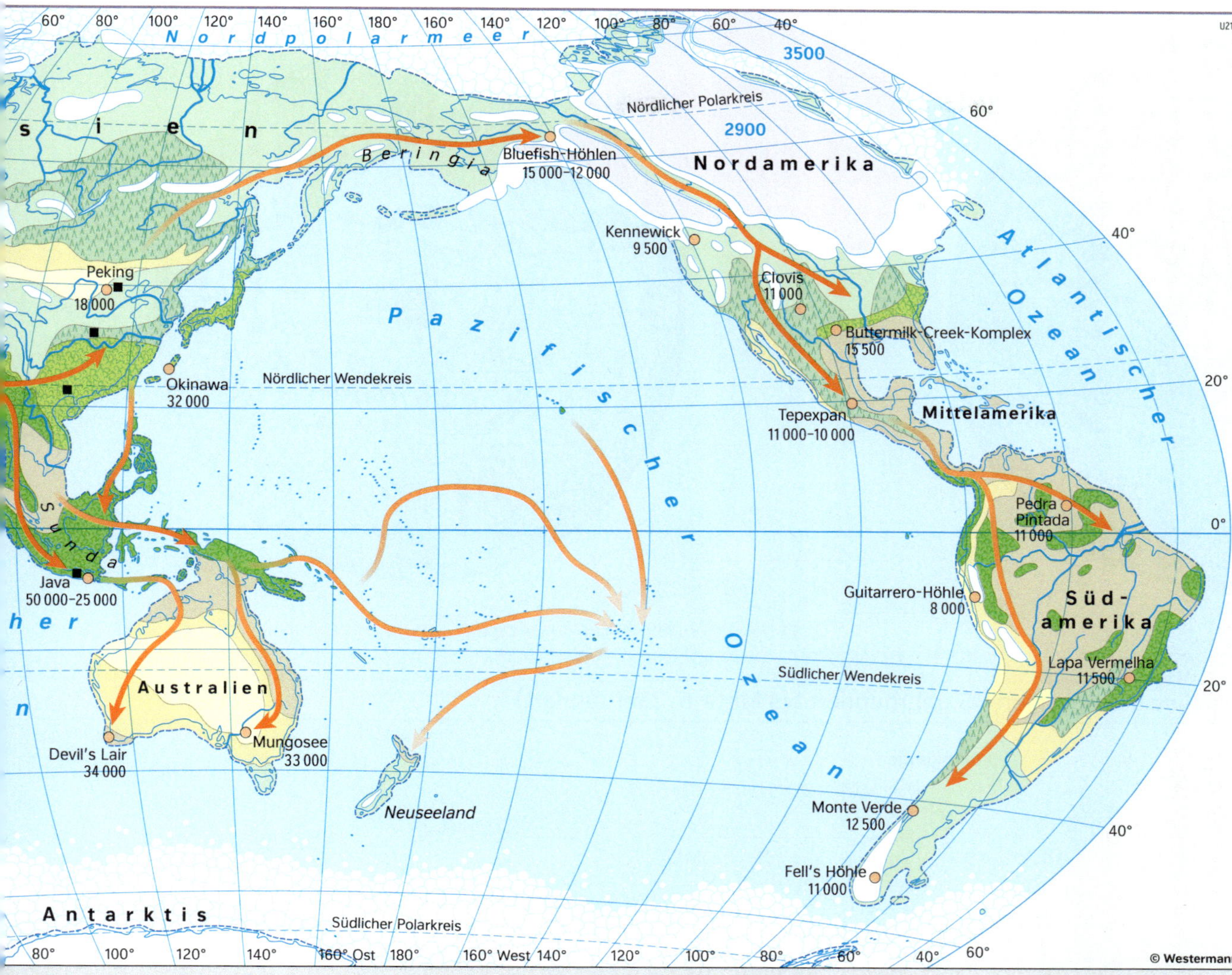

Vegetation vor 18 000 Jahren, auf dem Höhepunkt der Würmkaltzeit
(115 000 bis 10 000 vor heute)

- Tundra
- nördlicher Nadelwald
- Nadel- und Laubwald
- Steppe
- Halbwüste und Wüste
- Savanne
- Regenwald

Eis, Küste

- Eis vor 18 000 Jahren
- Küste vor 18 000
- Eis vor 10 000 Jahren
- 3300 Eisdicke (in Meter)
- Packeisgürtel

Entwicklung des Menschen

Funde von

- ▲ Vormensch
- ■ Frühmensch
- ● Altmensch (Homo neanderthalensis)
- ● Jetztmensch (Homo sapiens sapiens)
- 12 000 Alter der Funde des Jetztmenschen

Verbreitung

- wahrscheinliches Ursprungsgebiet der Menschen
- Verbreitungsgebiet des Altmenschen
- Ausbreitung der Jetztmenschen

Maßstab 1:130 000 000

Natürliche Vegetation der Nacheiszeit

- Eis
- 3000 Eisdicke (in Meter)
- Packeisgürtel
- Tundra
- nördlicher Nadelwald
- Nadel- und Laubwald
- Steppe
- Halbwüste und Wüste
- Savanne
- Regenwald

Entwicklung der Landwirtschaft

Frühester Nachweis von

- Töpferei
- Pflugbau und Dorfkultur
- 11 000 Alter der Funde
- *Wein* Herkunft der Nutzpflanzen und Nutztiere

Hochkulturen

- ● Stadt im Kerngebiet städtischer Hochkulturen

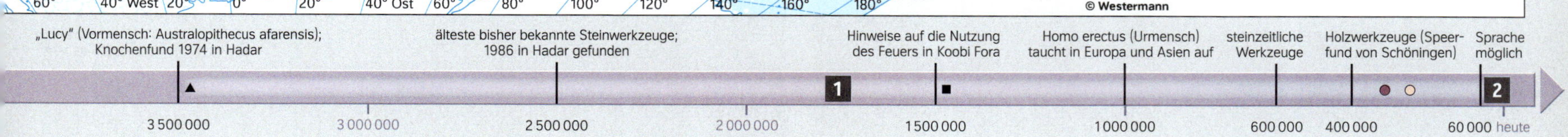

Geographische Entdeckungen

1 Weltbilder – durch religiöse und weltanschauliche Vorstellungen geprägte Darstellungen von der Erde als Scheibe

A Arabisches Weltbild (nach Idrisi, 12. Jahrhundert)

B Christliches Weltbild (nach der Londoner Psalterkarte, 13. Jahrhundert)

2 Entdeckungsreisen und koloniale Eroberungen (15. Jahrhundert bis Mitte 17. Jahrhundert)

Breitengradmessung mit Astrolabium

Entdeckungsreisen

für Portugal
- Diaz
- da Gama
- Vespucci
- Sequeira
- Perestrello
- Mascarenhas
- Pinto

für Spanien
- Kolumbus
- Magellan/Elcano
- Rodriguez/Legazpi

für England
- Caboto
- Drake
- Hudson

für Frankreich
- Cartier

für die Niederlande
- Barents
- Tasman

für Russland
- Deschnew

Entdecker
- † Todesort des Entdeckers

Kolonialmächte mit Besitzungen und Niederlassungen (Auswahl) **um 1650**
- Portugal
- Spanien
- Niederlande
- Frankreich
- England
- Dänemark-Norwegen
- Russland
- Osmanisches Reich
- 1262 (Dän.) Jahr der ersten Inbesitznahme (durch angegebene Kolonialmacht)
- ● Goa Gründung oder Inbesitznahme eines Ortes durch Kolonialmacht
- wichtige außereuropäische Großreiche
- Aden Ziel der chinesischen Schatzflotte (Zheng He, 15. Jh.)

Die größten Städte der Erde (1600, Einwohnerinnen und Einwohner)
- ● über 500 000
- ○ 200 000–500 000

Demarkationslinie
- spanisch-portugiesische Interessensgrenze: Im atlantischen Raum nach dem Vertrag von Tordesillas (1494) und im pazifischen Raum nach dem Vertrag von Saragossa (1529).

Abkürzungen
- (Dän.) = Dänemark-Norwegen
- (Engl.) = England
- (Fr.) = Frankreich
- (Niederl.) = Niederlande
- (Port.) = Portugal
- (Russl.) = Russland
- (Span.) = Spanien

Erik der Rote siedelt Wikinger in Grönland an – 986 | 1000 | Kreuzzüge 1097 1100 | 1 A | 1200 | 1 B | Marco Polo in China (bis 1292) 1275 1290 1300 | Ibn Battuta erkundet die Sahara 1352 | 1 C

U424_1

C Islamisches Weltbild (nach einer arabischen Handschrift, 14. Jahrhundert)

D Chinesisches Weltbild (nach einer koreanischen Handschrift, 17. Jahrhundert)

Maßstab 1 : 90 000 000

U61_2

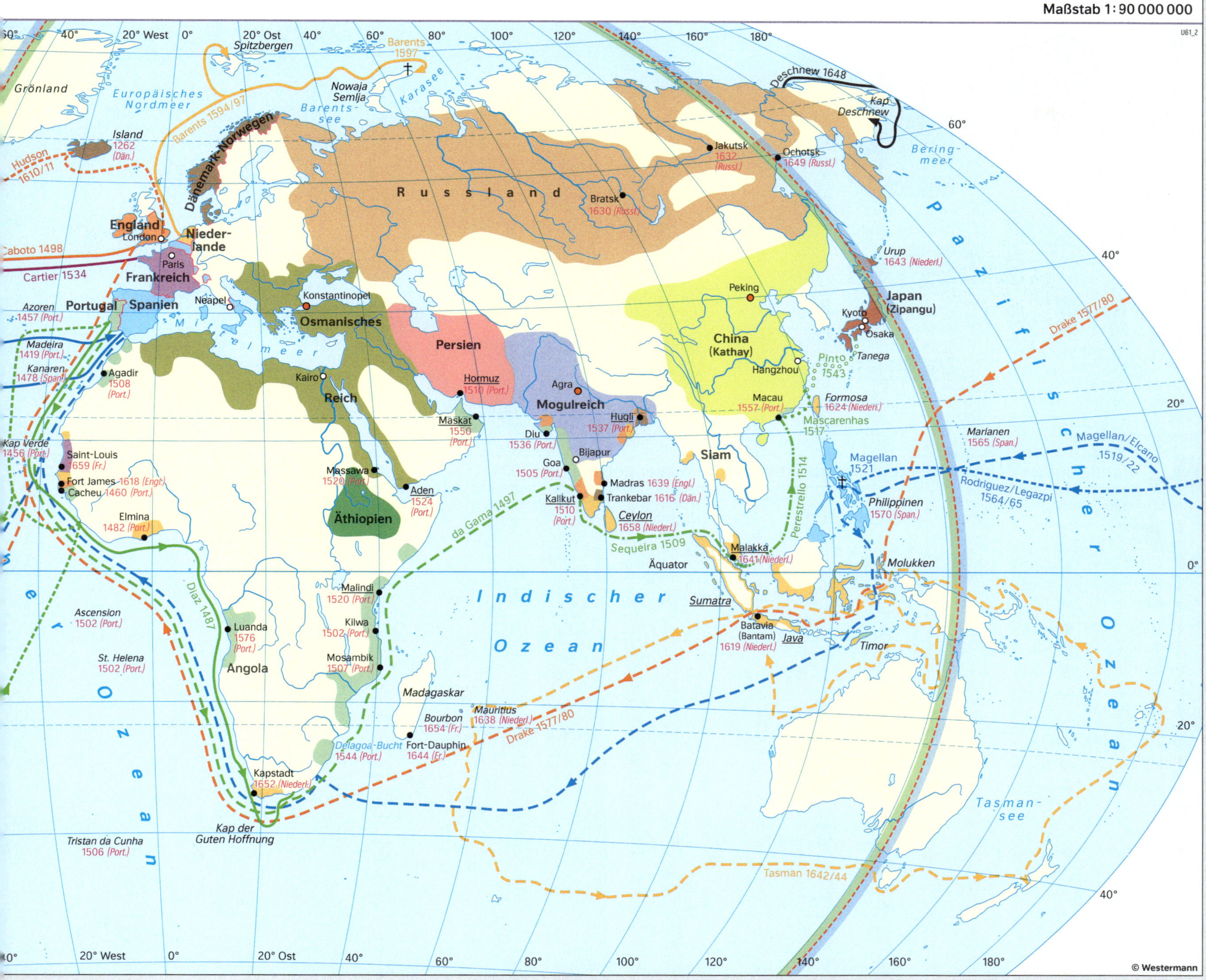

große Expedition des chinesischen Admirals Zheng nach Afrika (1405–1433)
Christoph Columbus erreicht Amerika (1492) **2**
Amerika wird als „neuer" Kontinent bestätigt (1513)
erstes Kaffeehaus in Konstantinopel eröffnet (1554)
Tadsch Mahal in Agra erbaut (1631–1648) **1** **D**
erstes Kaffeehaus in Frankreich (Marseille) eröffnet (1671)
Befehl Friedrich II. von Preußen zum Anbau von Kartoffeln (1756)

1400 1405 1433 1492 1500 1513 1554 1600 1631 1648 1671 1700 1756 1800

1 Die Welt um 1914

Britisches Weltreich (British Empire)

- Mutterland
- Besitztümer (Herrschaftsausübung durch Kolonialverwaltungen aus dem Mutterland)
- Dominien (Herrschaftsausübung durch Selbstverwaltung der europäischen Siedler)
- Schutzstaaten (Herrschaftsausübung durch einheimische Marionettenregierungen)
- Einflussgebiete (erzwungene Grenzöffnung für die Wirtschaft der Kolonialmacht zu Vorzugsbedingungen)

Besitztümer (Kolonien) **und Einflussgebiete selbstständiger Staaten**

- Deutsches Reich
- Frankreich
- Japanisches Reich
- Russisches Reich
- USA (nach der sogenannten Monroe-Doktrin: „Amerika den Amerikanern")
- Belgien
- Dänemark
- Italien
- Niederlande
- Portugal
- Spanien
- selbstständige Staaten ohne Besitztümer (Kolonien) oder Einflussgebiete

Abkürzungen

(Bras.) = Brasilien
(D.R.) = Deutsches Reich
(Fr.) = Frankreich
(VK) = Vereinigtes Königreich und Irland
(Ita.) = Italien
(Niederl.) = Niederlande
(Norw.) = Norwegen
(Port.) = Portugal
(Span.) = Spanien
(USA) = Vereinigte Staaten

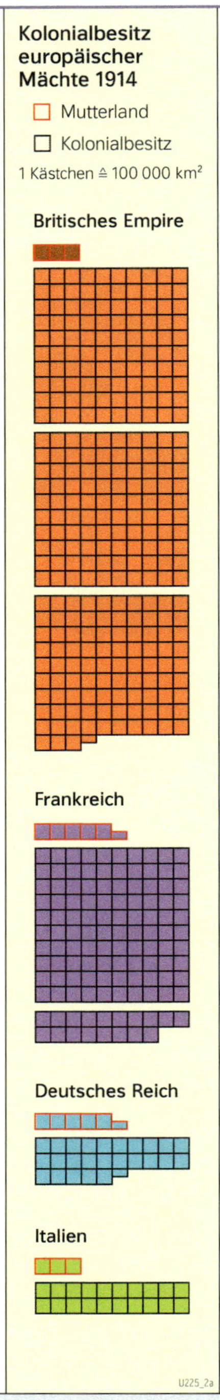

2 Handelsgüter der Kolonien und imperialistischer Interessengebiete (um 1914)

Maßstab 1 : 180 000 000

Agrarische Rohstoffe

- Getreide (einschl. Reis)
- Baumwolle
- Zucker
- Jute
- Bananen
- Kautschuk
- Kaffee
- Seide
- Kakao
- Wolle
- Tabak
- Holz
- Tee
- Fleisch
- Gewürze
- Fisch
- Palmöl

Mineralische Rohstoffe

- Erdöl
- Gold
- Eisenerz
- Silber
- Blei
- Salpeter
- Kupfer
- Düngemittel
- Zinn
- Edelsteine

Grenzen

- Staatsgrenze, Grenze zwischen Besitztümern (Kolonien)

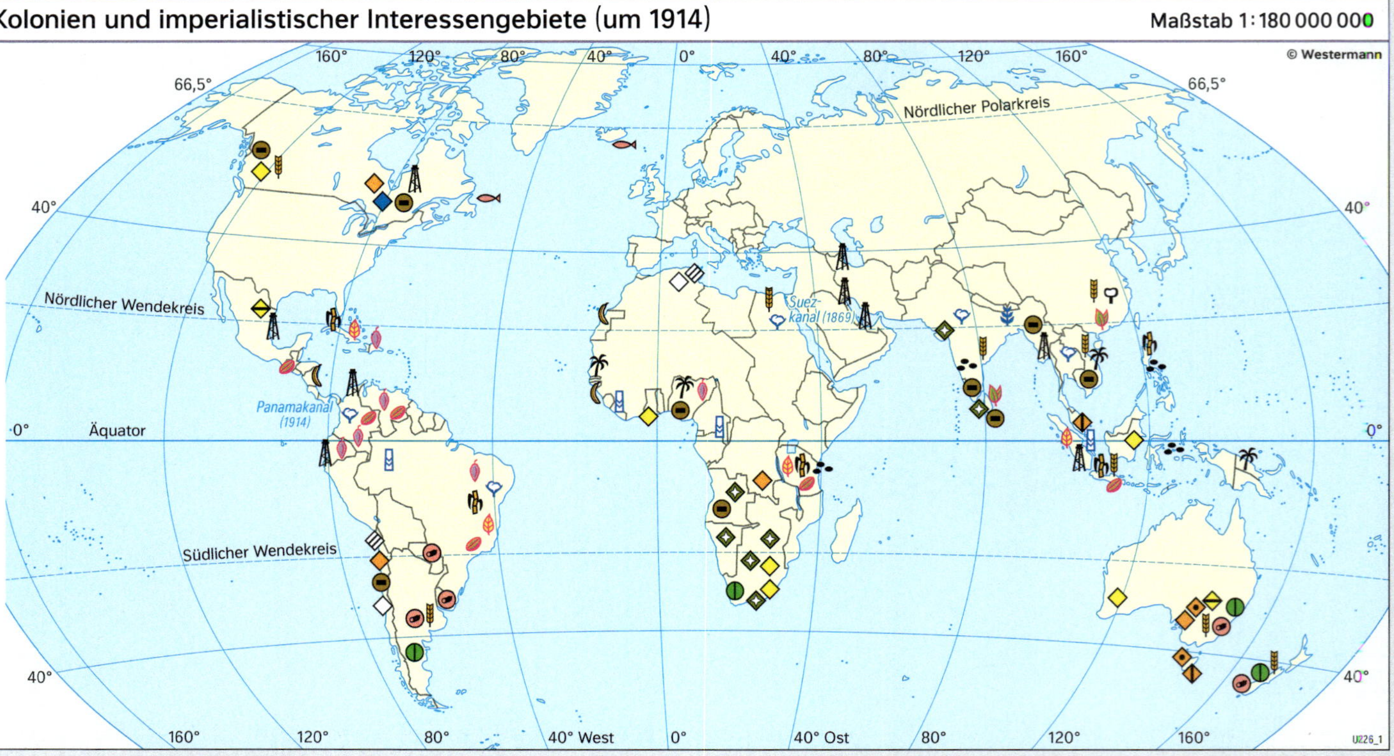

- 1735–1745: de La Condamine (Frankreich) berichtet aus Brasilien über die Verwendung von Kautschuk bei den Indios
- 1770: Radiergummi erfunden
- 1800
- 1824: erster Macintosh (Regenmantel) durch Auftragen von Kautschuk auf Gewebe patentiert
- 1839: Erfindung der Vulkanisation (Goodyear) löst Kautschukboom am Amazonas aus
- 1855: Goodyear (USA) erfindet Gummi-Kondom

Maßstab 1:90 000 000

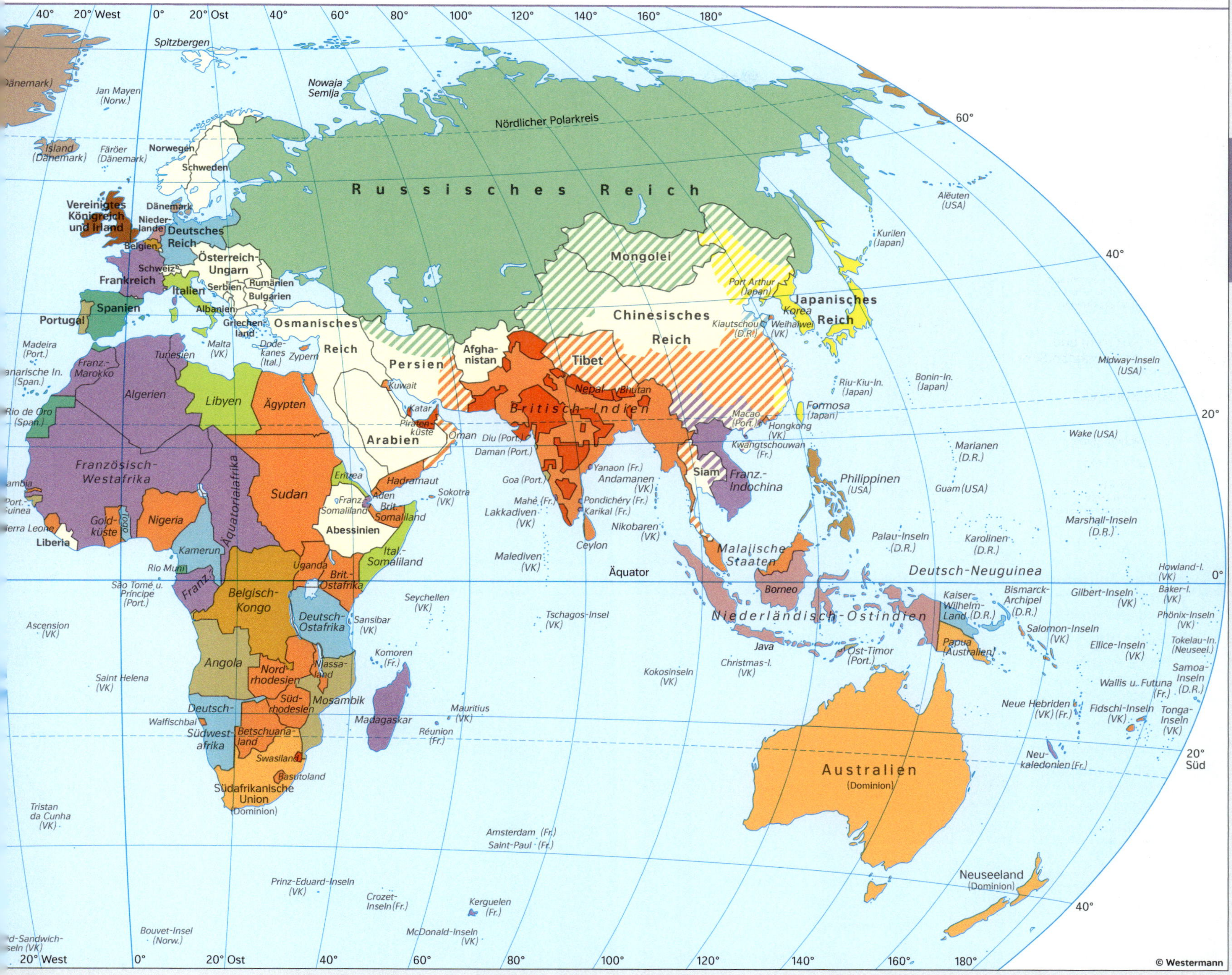

3 Die Welt im Ersten Weltkrieg (28.7.1914–11.11.1918)

Maßstab 1:180 000 000

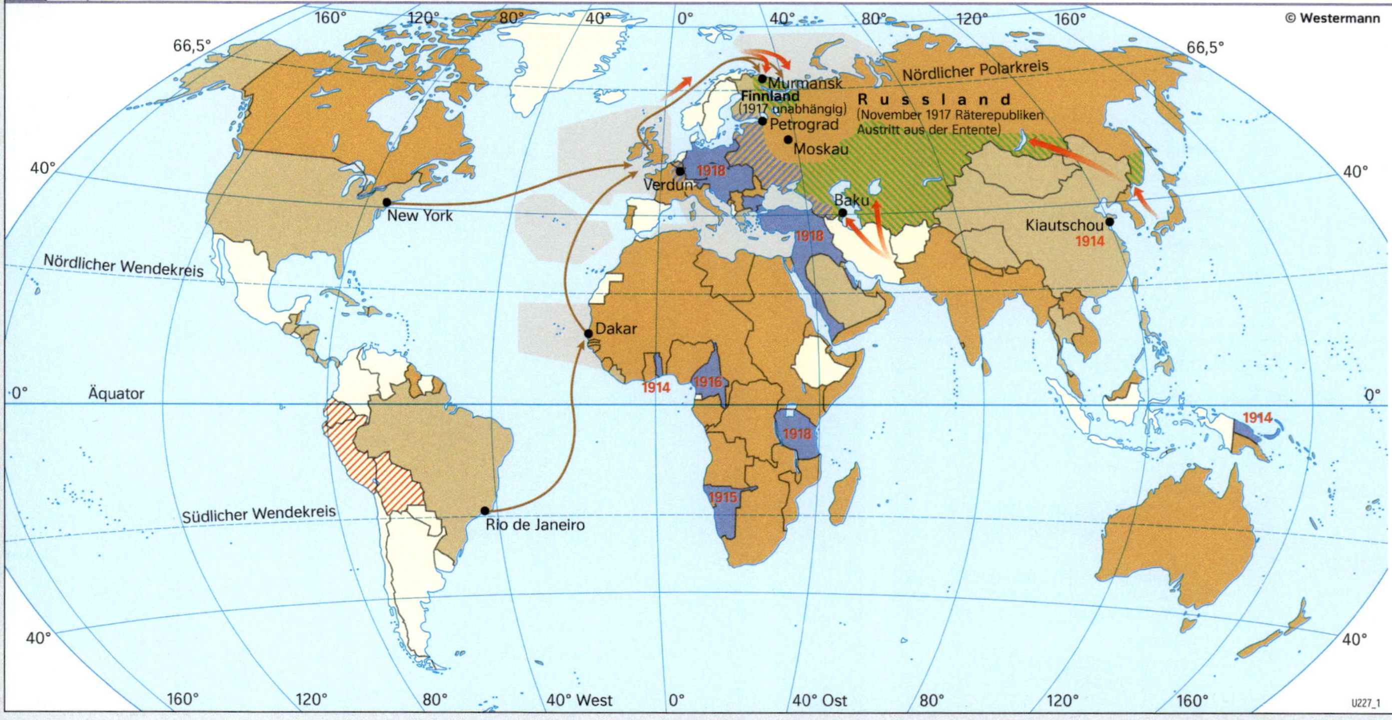

Mittelmächte

- Mittelmächte und Verbündete
- von Mittelmächten besetzte Gebiete
- deutsches Seesperrgebiet

Entente („Bündnis")

- Entente und Verbündete (1914-1916)
- Verbündete der Entente seit 1917/18
- Geleitzüge der Entente für Kriegslieferungen
- Interventionen der Entente im März 1918
- von „Weißen" und Interventionstruppen beherrschte Gebiete (ab November 1917)

Neutralität

- neutraler Staat
- diplomatische Beziehungen zu den Mittelmächten 1917 abgebrochen
- 1918 Jahr der Kapitulation

Staats- und Gebietsnamen ➡ 30 1

1876	Kautschuksamen aus Brasilien nach Asien geschmuggelt
1888	Tierarzt Dunlop (GB) sichert sich Patent für pneumatische Reifen
1900	
1909	erstes Patent für synthetischen Kautschuk
1929	Walter Bock erfindet industriell tauglichen Synthesekautschuk
1942	Erfindung des Silikon-kautschuks in den USA
1960	zwei Drittel der Weltproduktion von Kautschuk wird für Reifen benötigt
2000	neue Diskussion über den Anbau von Löwenzahn für die Kautschukproduktion

1 2 3

Bündnisse seit dem Zweiten Weltkrieg

1 Bündnisse im Zweiten Weltkrieg (1.9.1939–8.5.1945)

Maßstab 1:180 000 000

Achsenmächte und Verbündete (Kriegseintritt)
- 1939
- 1940
- 1941
- seit 7.12.1941
- größter Machtbereich der Achsenmächte 1942

Alliierte Mächte und Verbündete (Kriegseintritt)
- 1939
- 1940
- 1941
- ab 7.12.1941
- Konferenzort der Alliierten

Abkürzungen

D.R. Deutsches Reich

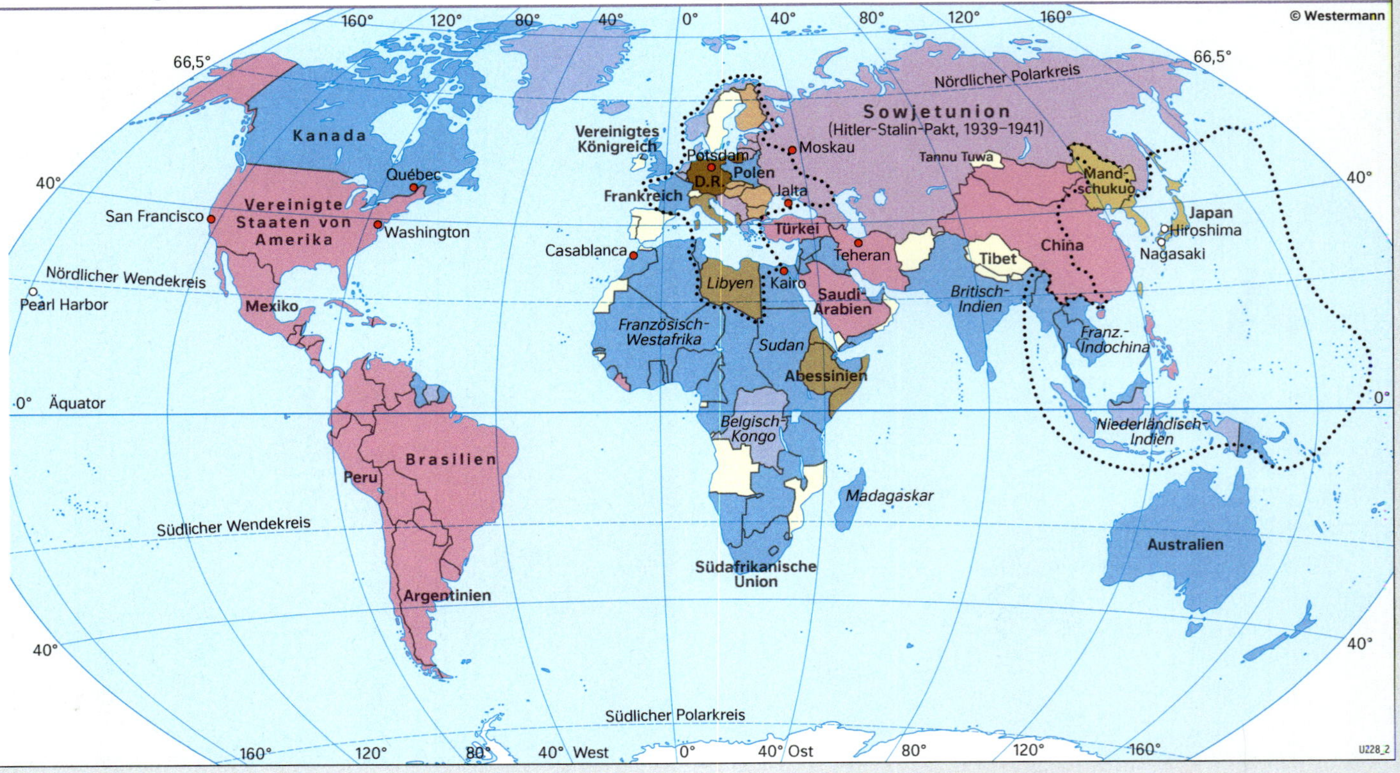

2 Das Zeitalter des Kalten Krieges (1949–1989)

Konflikte im Zeichen des Kalten Krieges
- Bürgerkriege
- internationale Krisen und Kriege
- zwischen 1945 und 1960
- zwischen 1961 und 1975
- zwischen 1976 und 1990

Bündnis- und Paktsysteme (1980er Jahre)
- **NATO** (Nordatlantikpakt/ North Atlantic Treaty Organization)
- militärisch nicht in der NATO integriert
- **ANZUS** (Australien-Neuseeland-USA-Bündnis/ Australia, New Zealand, United States Security Treaty, 1951–1986, danach ausgesetzt)
- **OAS** (Organisation Amerikanischer Staaten/ Organization of American States, seit 1948)
- **Warschauer Pakt**

Beistandsabkommen oder Militärkooperationen außerhalb von Bündnissen (1980er Jahre)
- USA
- UdSSR
- geostrategisch wichtige Engstellen
- nukleares Testgebiet

Nukleare Militärpotenziale

Marinebasen
- USA
- Frankreich
- Vereinigtes Königreich
- UdSSR

Bomberstützpunkte
- USA
- UdSSR

Interkontinentalraketen (Reichweite 10 000–12 000 km)
- USA
- UdSSR

Radarfrühwarnsysteme (Reichweite 4 000–6 000 km)
- USA
- UdSSR

Radarketten zur Luftverteidigung
- USA
- UdSSR

Ortungs- und Überwachungssysteme
- USA (Unterwasserabhöranlagen)
- UdSSR (Datensammelschiffe)

Operationsräume von Flottenverbänden
- USA
- UdSSR

Operationsräume von Atom-U-Booten
- USA
- Frankreich
- Vereinigtes Königreich
- UdSSR

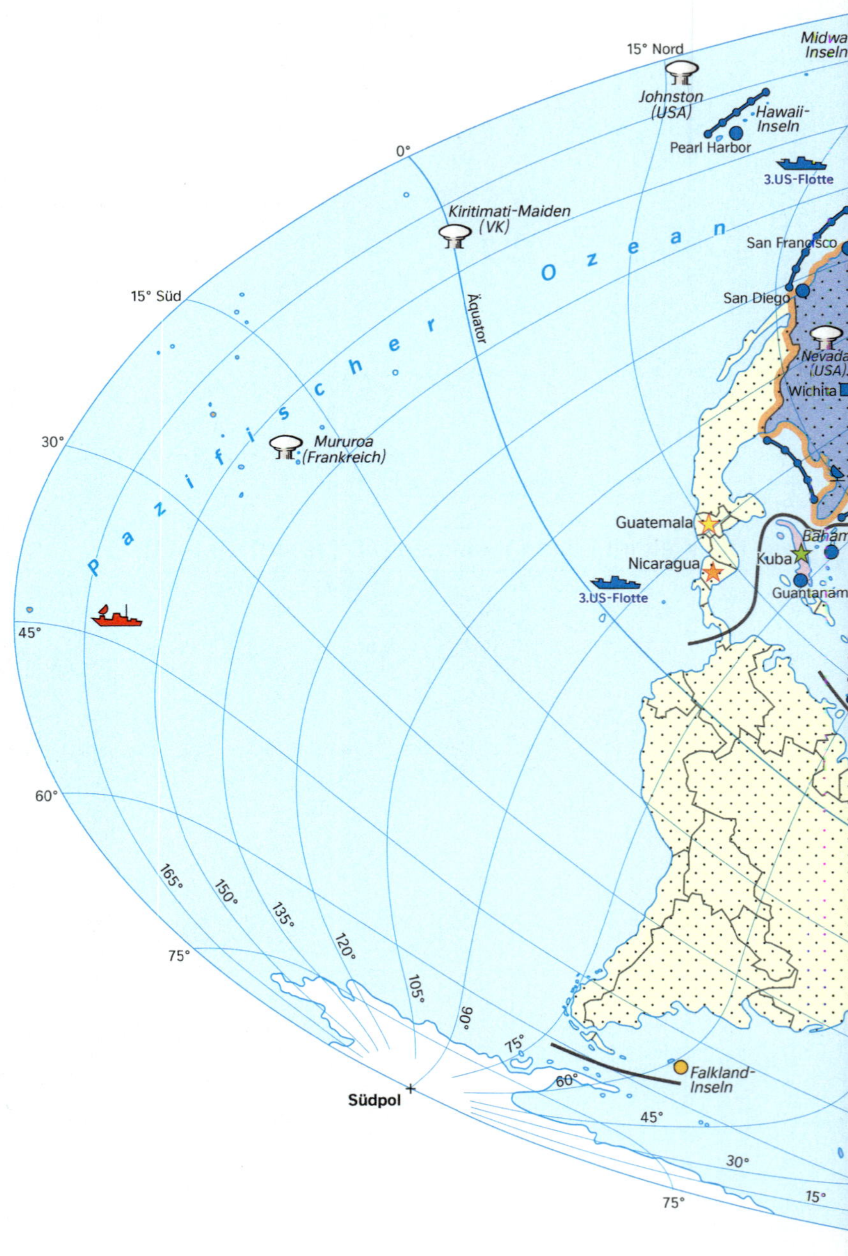

Anzahl der Atomsprengköpfe (1990 im Vergleich zu 2019)

USA (führende Atommacht der NATO) · UdSSR (seit 1992 Russland)

Auf strategischen Offensivwaffen

Luftgestützt (auf Bomberflugzeugen stationiert)

	USA	UdSSR
1990	1 800	3 100
2019	850	786

Landgestützt (mobile Raketenrampen, stationäre Raketensilos)

	USA	UdSSR
1990	1 300	3 130
2019	800	1 165

Seegestützt (auf Nuklear-U-Booten stationiert)

	USA	UdSSR
1990	2 200	1 360
2019	1 920	720

davon Reserve

	USA	UdSSR
1990	keine Angabe	
2019	2 050	2 890

Eingelagerte Gefechtsköpfe (für Abrüstung vorgesehen, noch verwendungsfähig)

	USA	UdSSR
1990	keine	
2019	2 385	2 000

Jahr	Ereignis
1916	Albert Einsteins Relativitätstheorie
1938	Entdeckung der Spaltbarkeit von schweren Atomkernen durch Otto Hahn und Lise Meitner
1941	7.12. Überfall Japans auf Pearl Harbor
1945	6./9.8. USA werfen Atombombe auf Hiroshima und Nagasaki ab
1955	14.5. Gründung des Warschauer Pakts
1957	4.10. erster Satellit im Weltall: Sputnik I
1961	12.4. erster Mensch im Weltall: Juri Gagarin

1916 1920 1930 1938 1940 1941 1945 1950 1955 1957 1960 1961

ERDE LUXEMBURG EUROPA ASIEN AFRIKA OZEANIEN POLARGEBIETE AMERIKA REGISTER

3 Politische und militärische Bündnisse 2020

Maßstab 1 : 180 000 000

Bündnisse

- Arabische Liga (1945)
- ASEAN (1967, Verband Südostasiatischer Nationen/Association of Southeast Asian Nations)
- AU (2000, Afrikanische Union)
- GUS (1991, Gemeinschaft Unabhängiger Staaten)
- Golf-Kooperationsrat (1981)
- NATO (1949, Nordatlantikpakt/North Atlantic Treaty Organization)
- NATO „Partnerschaft für den Frieden"
- OAS (1890/1947, Organisation Amerikanischer Staaten/Organization of American States)
- SCO (1996, Shanghaier Organisation für Zusammenarbeit/Shanghai Cooperation Organization)
- Gründungsort eines Bündnisses

Nuklearmächte

- Unterzeichner Atomwaffensperrvertrag (1968)
- außerhalb Atomwaffensperrvertrag

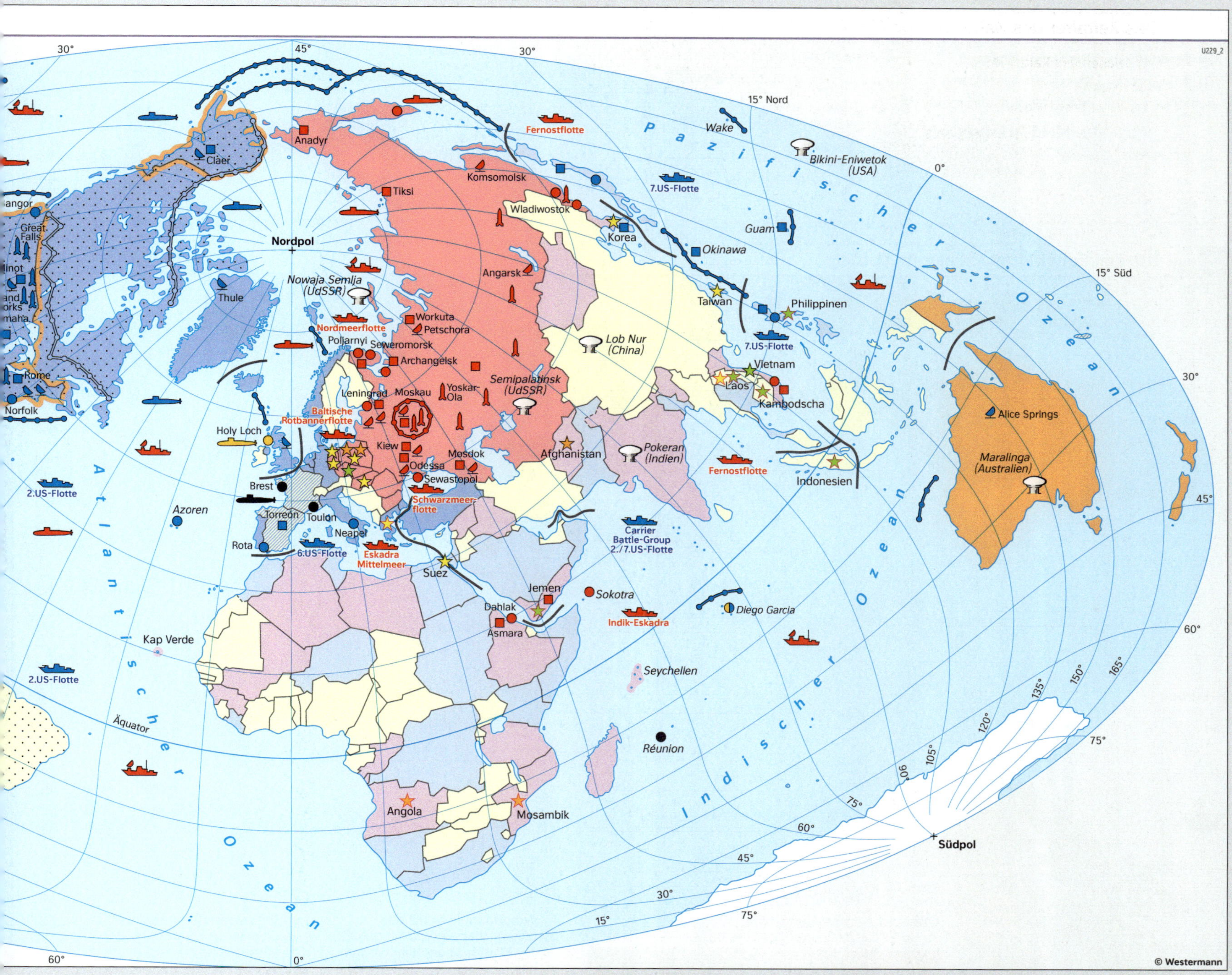

1969	1979	1986	1994	2001
20.7. erster Mensch betritt den Mond: Neil Armstrong	12.12. NATO-Nachrüstungsbeschluss	26.4. Atomreaktor-Unfall in Tschernobyl	5.12. START I-Abkommen: Verringerung der Nuklearwaffenarsenale in den USA und Russland	11.9. Anschläge auf das World Trade Center in New York und das Pentagon

2 3

1970 1980 1990 2000 2010

1 Vereinte Nationen (VN) / United Nations (UN)

Maßstab 1 : 140 000 000

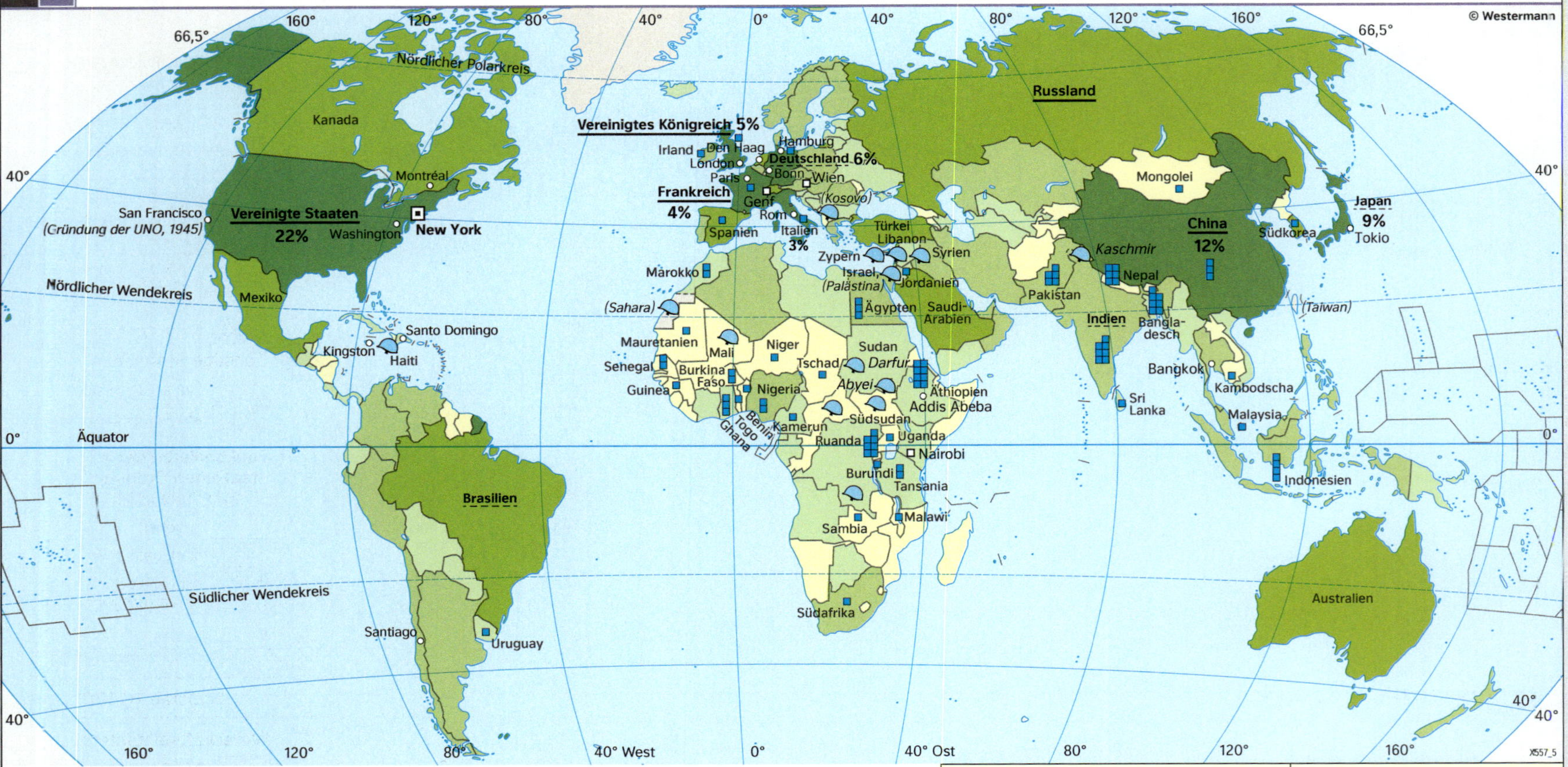

UN-Standorte
- UN-Hauptsitz
- ständiger Nebensitz
- Sitz einer UN-Organisation

UN-Sicherheitsrat
- China – ständiges Mitglied
- Indien – Mitgliedschaft angestrebt

UN-Nichtmitglieder
- (Kosovo) – von der UNO nicht als Staat anerkannt

Staatenbeitrag zum UN-Haushalt 2020 (Prozent)

0,01 – 0,1 – 1 – 3 – 22 %; kein Beitrag

Friedenserhaltende UN-Einsätze 2020
- vom UN-Mitglied gestellte Friedenstruppen (1 Kästchen ≙ 1000 Soldaten und Polizisten)
- UN-Friedensmission

UN-Haushalt

Ausgaben 2018: 52,8 Mrd. US-Dollar

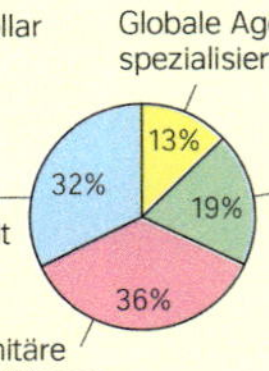

UN-Generalversammlung

Stimmen-Anteile nach Kontinenten

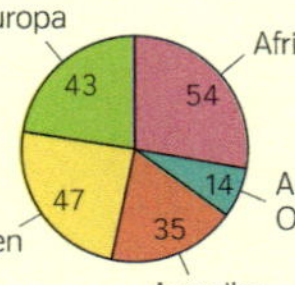

2 UN-Ziel Entwicklungszusammenarbeit

Maßstab 1 : 140 000 000

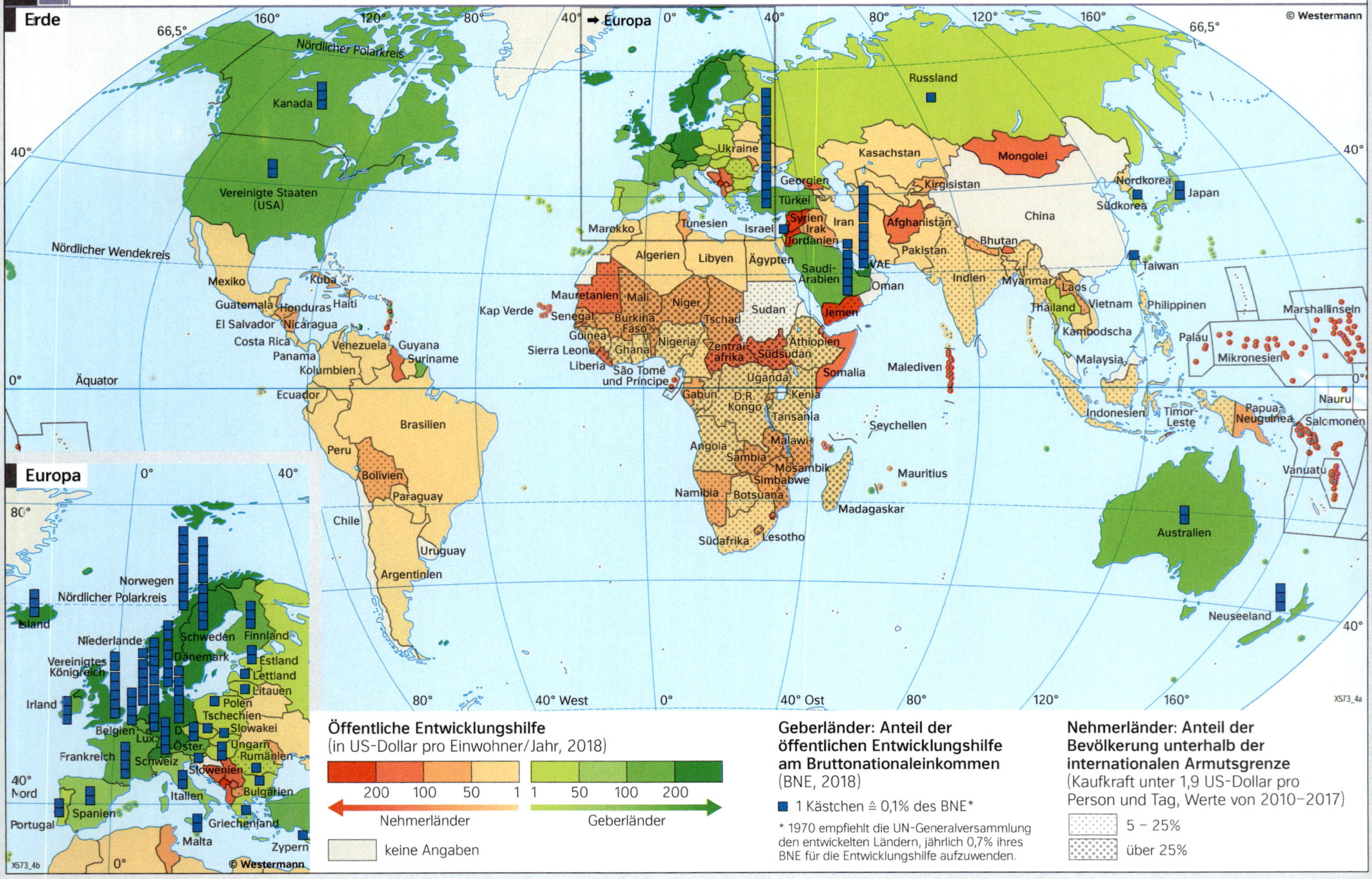

Öffentliche Entwicklungshilfe (in US-Dollar pro Einwohner/Jahr, 2018)

Nehmerländer: 200 – 100 – 50 – 1; Geberländer: 1 – 50 – 100 – 200

keine Angaben

Geberländer: Anteil der öffentlichen Entwicklungshilfe am Bruttonationaleinkommen (BNE, 2018)
- 1 Kästchen ≙ 0,1% des BNE*

* 1970 empfiehlt die UN-Generalversammlung den entwickelten Ländern, jährlich 0,7% ihres BNE für die Entwicklungshilfe aufzuwenden.

Nehmerländer: Anteil der Bevölkerung unterhalb der internationalen Armutsgrenze (Kaufkraft unter 1,9 US-Dollar pro Person und Tag, Werte von 2010–2017)
- 5 – 25%
- über 25%

3 Staats- und Regierungsformen

Maßstab 1:180 000 000

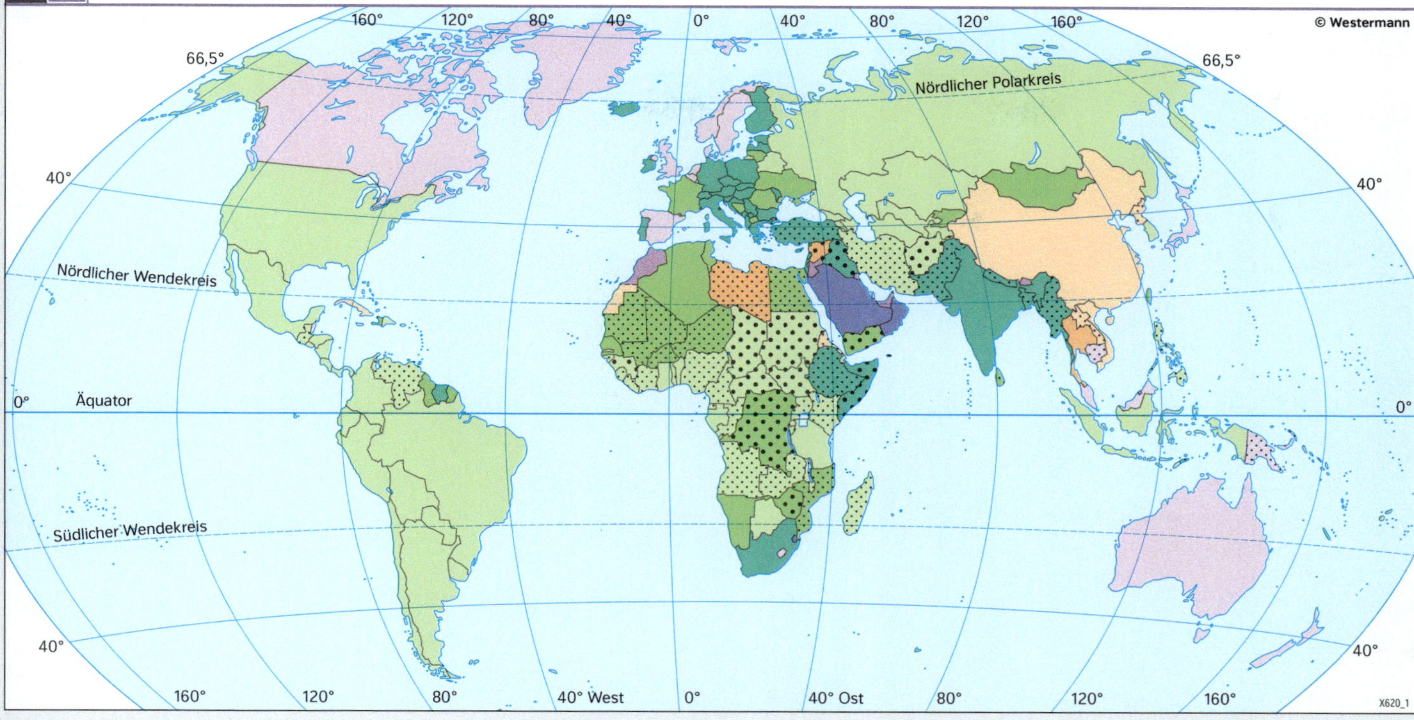

Republiken
- präsidentielles Regierungssystem
- semipräsidentielles Regierungssystem
- parlamentarisches Regierungssystem

Monarchien
- parlamentarische Monarchie
- konstitutionelle Monarchie
- absolute Monarchie

Sonstige Systeme
- Einparteiensystem
- Militärregierung

Funktionieren der staatlichen Ordnung (nach „Fragile State Index", 2018)
- gegeben
- stark gefährdet
- teilweise oder vollständig zusammengebrochen

4 Wirtschaftsbündnisse

Maßstab 1:180 000 000

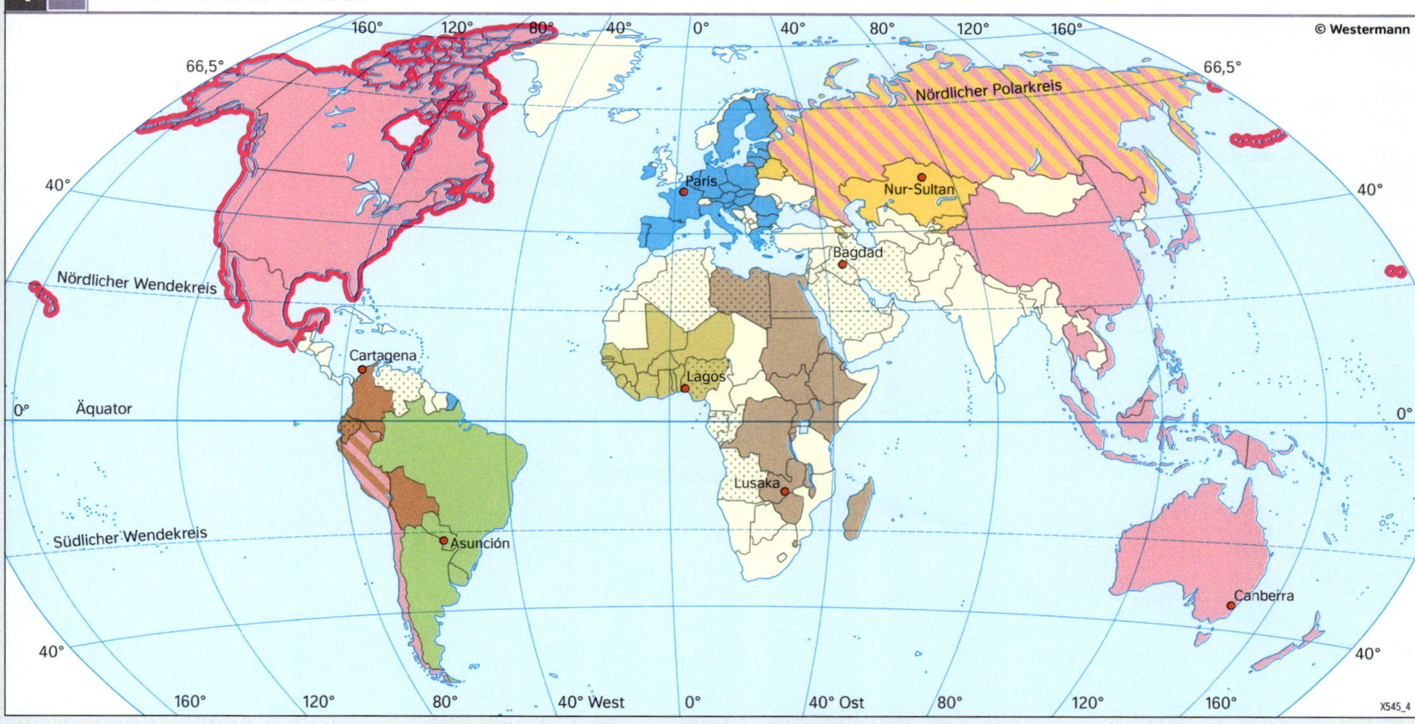

Wirtschaftsbündnisse
- APEC (Asia-Pacific Economic Cooperation)
- USMCA (United States – Mexico – Canada – Agreement)
- CAN (Andengemeinschaft/ Comunidad Andina des Naciones)
- MERCOSUR (Gemeinsamer Südamerikanischer Markt/ Mercado Común del Sur)
- ECOWAS (Economic Community of West African States)
- COMESA (Common Market for Eastern and Southern Africa)
- EU (Europäische Union)
- EAEU (Eurasian Economic Union)
- OPEC (Organization of the Petroleum Exporting Countries)
- Gründungsort eines Bündnisses

5 Korruption und Pressefreiheit

Maßstab 1:180 000 000

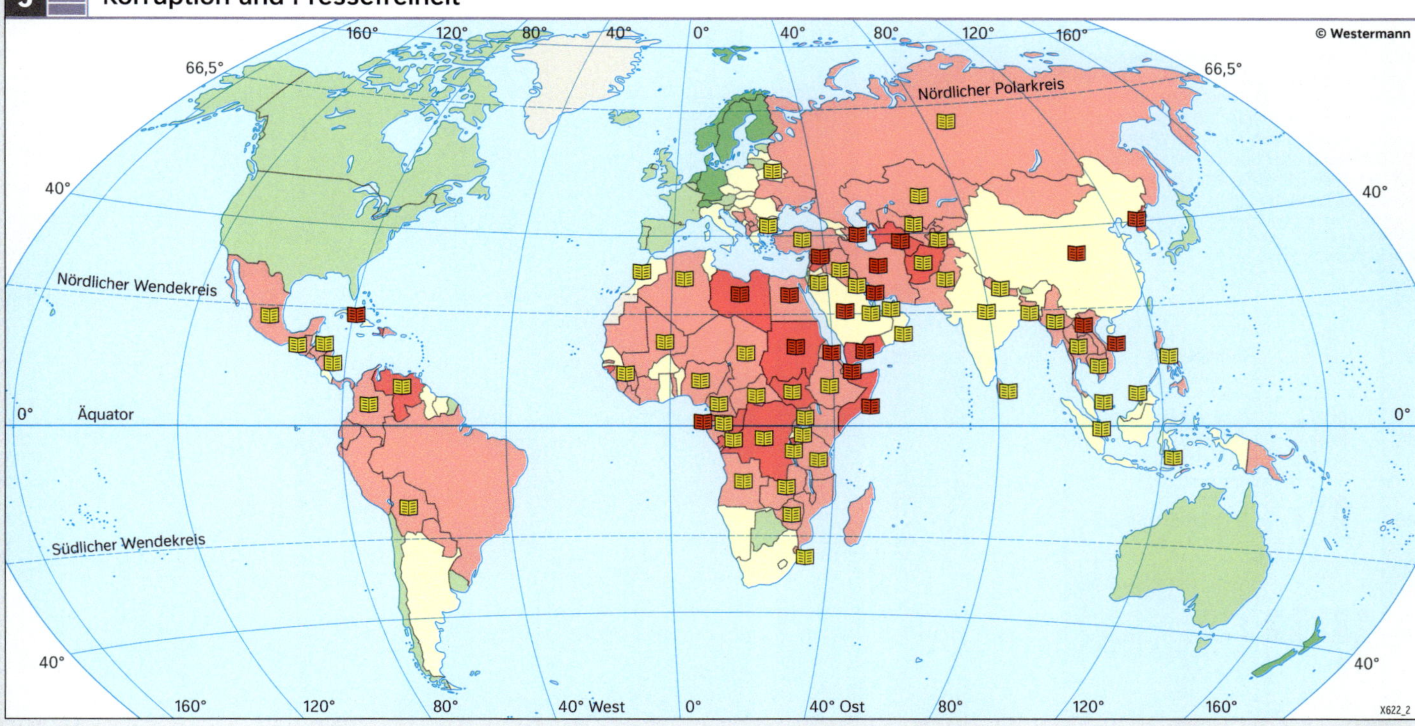

Wahrnehmung von Korruption bei Amtsträgern und Politikern (nach Transparency International, 2019)
- sehr hoch (0–19 Punkte)
- hoch (20–39 Punkte)
- mittel (40–59 Punkte)
- gering (60–79 Punkte)
- sehr gering (80–100 Punkte)
- keine Angaben

Pressefreiheit (nach Reporter ohne Grenzen, 2019)
- ernsthaft gefährdet (55–89 Punkte)
- stark beeinträchtigt (33–54 Punkte)

In allen anderen Staaten ist die Pressefreiheit grundsätzlich gewährleistet.

1 Menschenrechte

Maßstab 1:180 000 000

Die Vereinten Nationen formulierten 1948 die „Allgemeine Erklärung der Menschenrechte".

Politische Rechte und bürgerliche Freiheit (nach Freedom House, 2020)

- geschützt
- teilweise geschützt
- nicht geschützt
- keine Angaben

Recht auf Leben (nach Amnesty International, 2020)

- Todesstrafe
- ◇ Todesstrafe zur Zeit ausgesetzt

Freiheitsrechte nach Staaten und Bevölkerung (2018)

Freiheits-status	Staaten-verteilung	Bevölkerungs-verteilung (in Mrd.)
geschützt	84 (43%)	2,95 (38%)
teilweise geschützt	63 (32%)	1,96 (25%)
nicht geschützt	50 (25%)	2,87 (37%)
Gesamt	**197**	**7,78**

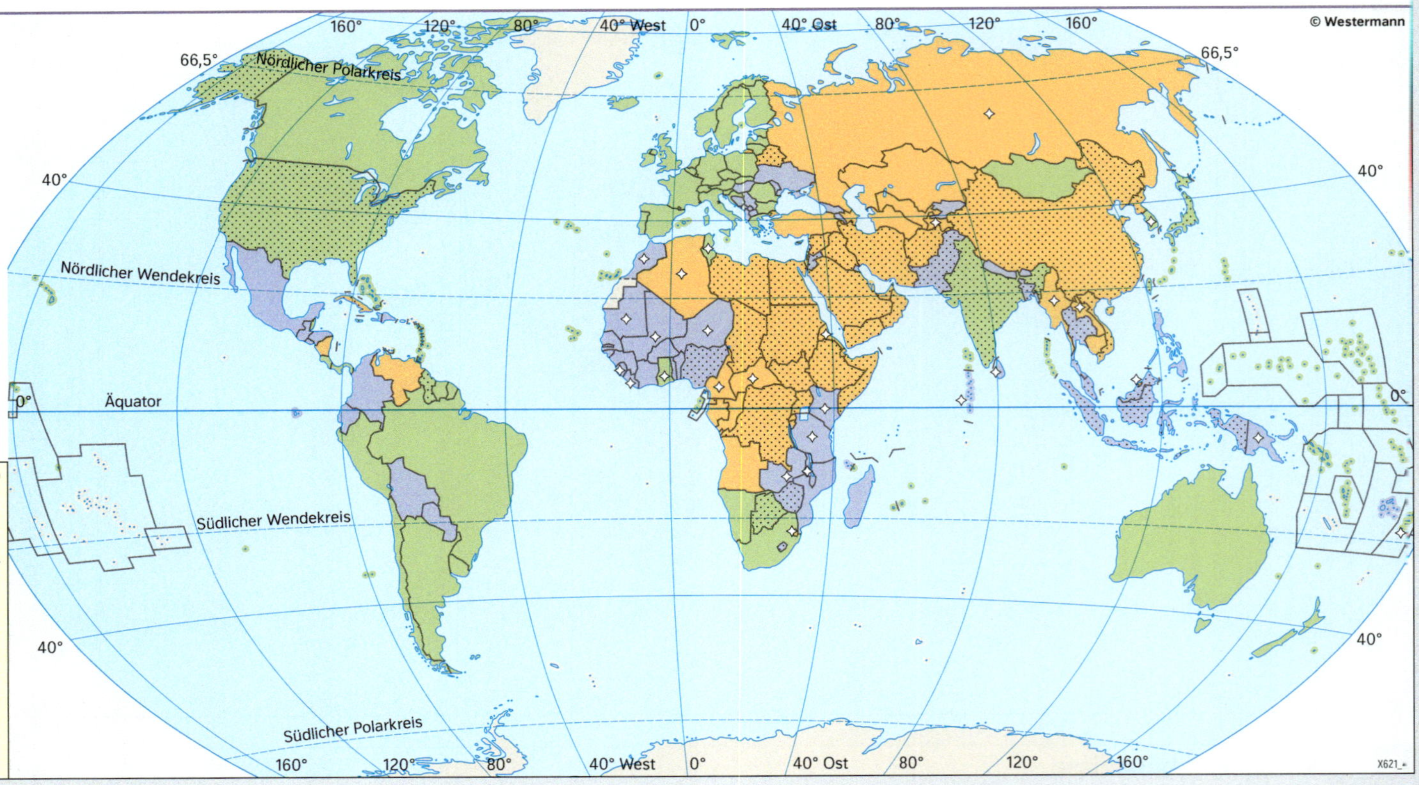

2 Migration

Arbeitsmigranten im Zielland (z.T. mit Familien, 2019)

- 50 700 000 (USA)
- 5 000 000
- 2 000 000
- 1 000 000
- 100 000
- 238 (Tuvalu)

Flüchtlinge im Zielland (z.T. mit Familien)

- Flüchtlinge, Personen in flüchtlingsähnlichen Situationen und Asylsuchende im Aufnahmeland
- Binnenflüchtlinge und vergleichbare Personen (Vertriebene unterwegs in einem Konfliktstaat)

Erfasste Flüchtlinge 2019

- 6 100 000 (Syrien)
- 4 000 000
- 2 000 000
- 1 000 000
- 100 000

Migrationsströme

- internationale Wanderung Arbeitsuchender (zwischen 2009 und 2019, z.T. mit Familien)
- internationale Flüchtlingsbewegung (zwischen 2009 und 2019)

Grenzsicherung

- verschärfte Grenzsicherung (See- und Luftüberwachung, an Land z.T. Zäune)

Konflikte (nach Heidelberger Institut für Internationale Konfliktforschung, 2019)

- ★ Bürgerkrieg oder bewaffneter internationaler Konflikt
- ☆ ernste Krise (sporadische, z.T. regional beschränkte Gewaltanwendung)

UNHCR (Flüchtlingskommissariat der Vereinten Nationen)

Gründung und Aufgaben

Der UNHCR wurde 1950 von der Generalversammlung gegründet und ist eine Spezialorganisation der Vereinten Nationen. Das Flüchtlingshilfswerk schützt den Rechtsstatus und unterstützt die humanitäre Versorgung und Betreuung von Flüchtlingen in den Aufnahmestaaten. Auf Antrag einer Regierung oder der UN-Generalversammlung kann dies auch Binnenflüchtlinge betreffen, die innerhalb eines Landes vertrieben wurden.

Vom **UNHCR** anerkannte und unterstützte Flüchtlinge (2015)

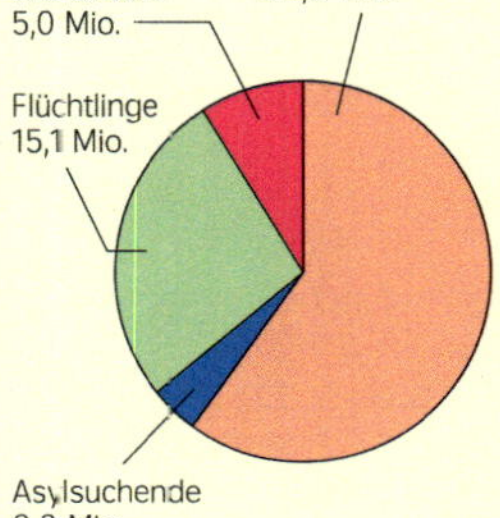

Entwicklung der Flüchtlingsbewegung

	Flüchtlinge auf der Erde gesamt	Hilfe des UNHCR
1990	15 Mio.	544 Mio. $
1995	27,4 Mio.	1 300 Mio. $
2000	22,3 Mio.	915 Mio. $
2018	67 Mio.	5 397 Mio. $

ERDE LUXEMBURG EUROPA ASIEN AFRIKA OZEANIEN POLARGEBIETE AMERIKA REGISTER

3 Kinderrechte

Maßstab 1 : 180 000 000

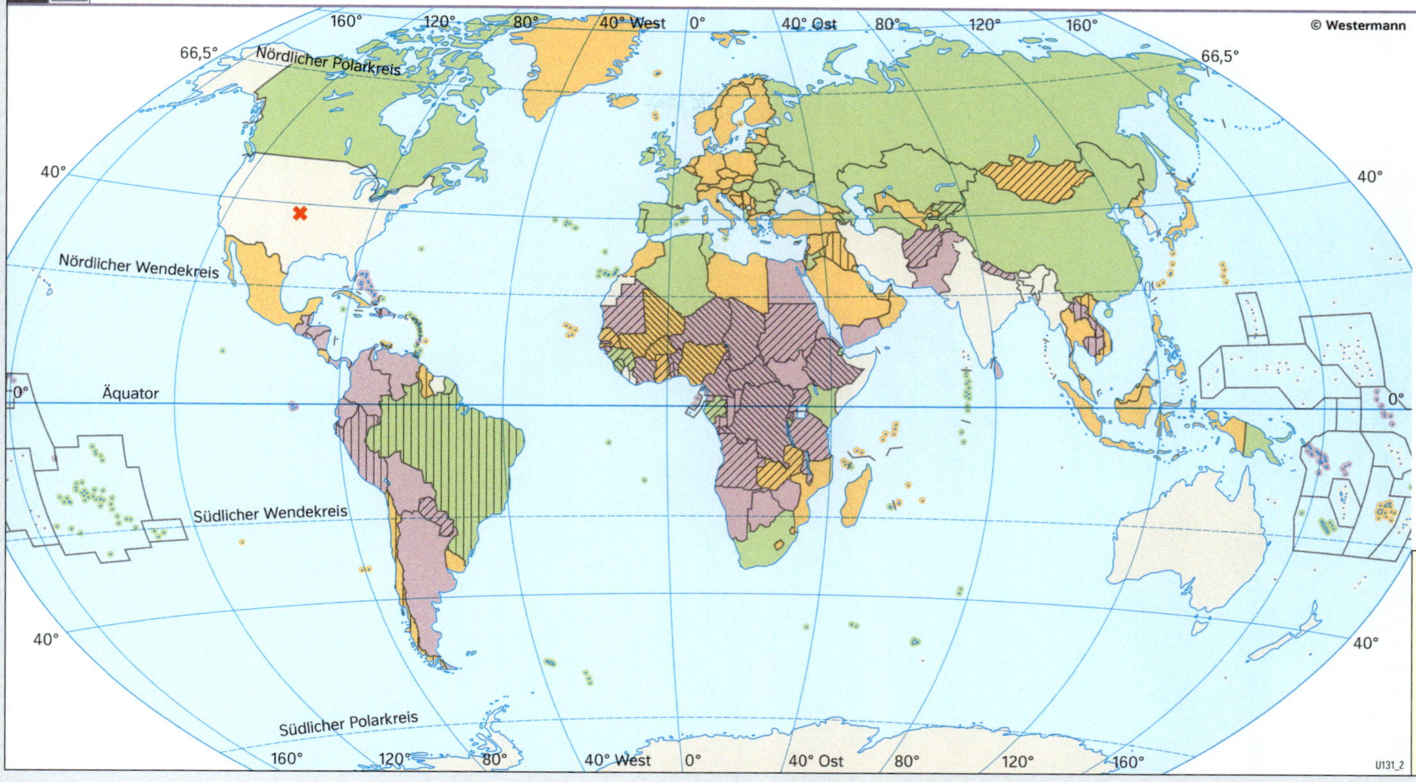

Gesetzliches Mindestalter für Erwerbstätigkeit
(nach der Konvention über das Mindestalter für Beschäftigung der Internationalen Arbeitsorganisation ILO von 1973)

- 16 Jahre
- 15 Jahre
- 14 Jahre
- kein Vertragsstaat

Kinderarbeit
(in Prozent der 5- bis 14-Jährigen, 2010–2017)

- 25 – 49
- 15 – 25
- 5 – 15 % (Ø Welt)

(übrige Staaten unter 5 Prozent)

- ✖ Kinderrechtskonvention nicht verabschiedet

UN-Kinderrechtskonvention (1990)

Kinder haben das Recht:

- ohne Diskriminierung in einer sicheren Umgebung zu leben,
- Zugang zu sauberem Wasser, Nahrung und medizinischer Versorgung zu erhalten,
- eine Ausbildung zu erfahren,
- bei Entscheidungen, die ihr Wohlergehen betreffen, Mitsprache zu üben.

U131_1a

Maßstab 1 : 90 000 000

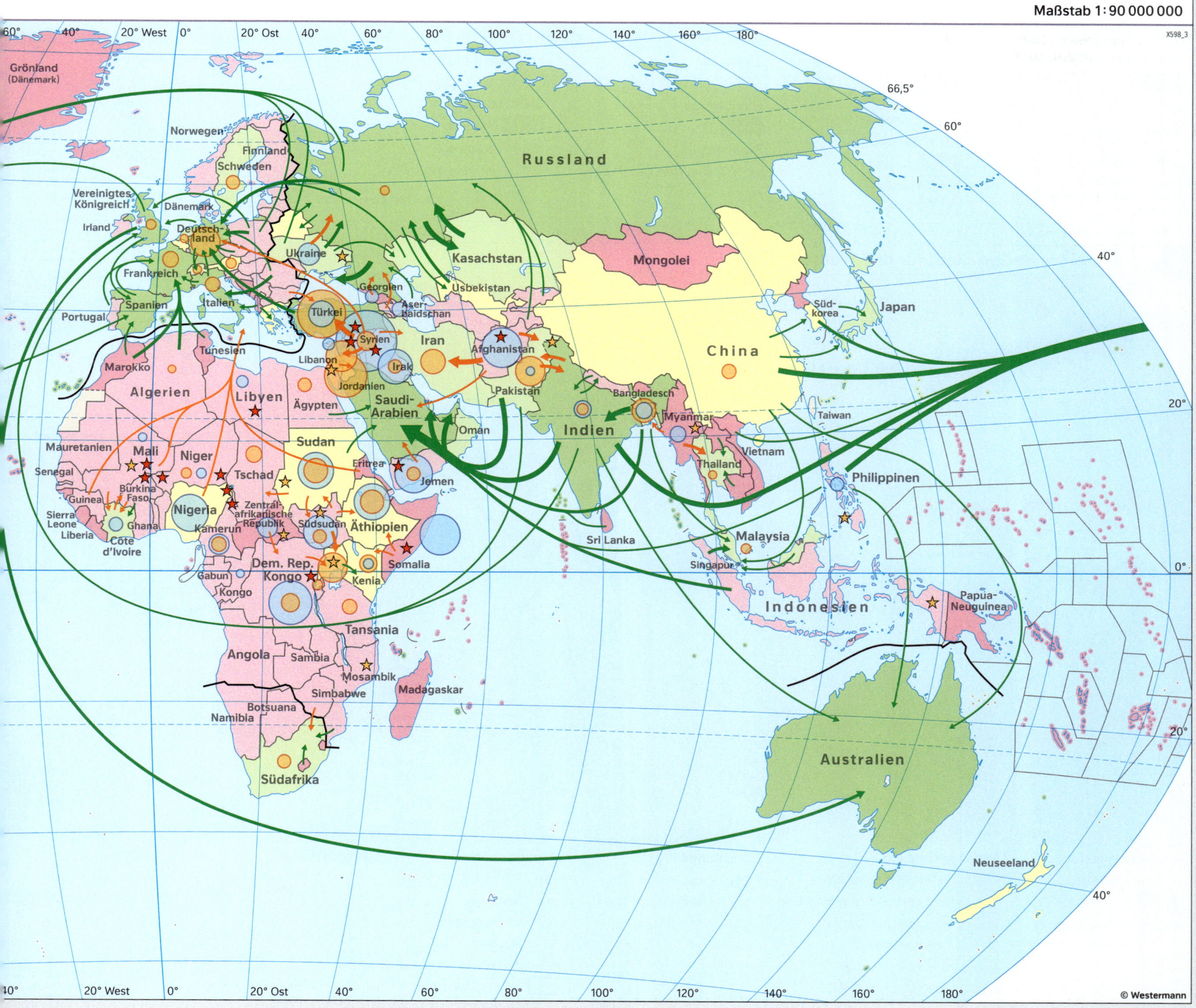

1 Religionen

Maßstab 1 : 140 000 000

Christentum (Christen)
- Katholiken
- Protestanten
- Orthodoxe und Orientale (Alte Kirchen)
- Kopten
- Mormonen (Heilige der Letzten Tage)

Judentum
- Juden
- Ort mit bedeutender jüdischer Gemeinde

Islam (Muslime)
- Sunniten
- Schiiten
- Wahhabiten

Sikhismus
- Sikhs

Hinduismus
- Hindus

Buddhismus
- Buddhisten (südlicher und nördlicher Buddhismus)
- Lamaisten

Konfuzianismus, Taoismus
- Konfuzianer, Taoisten

Shintoismus
- Shintoisten

Naturreligionen
- indigene Religionen

- Pilgerort, religiöses Zentrum

Weltbevölkerung nach Religionen

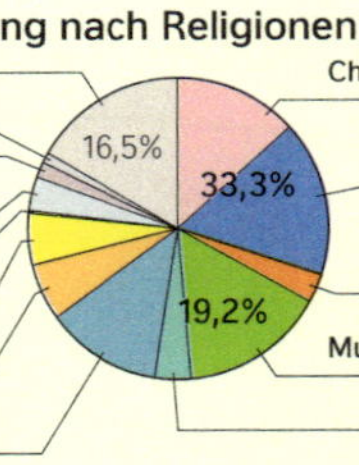

- Nicht religiös
- Sonstige 1,1%
- Neue Religionen 1,6%
- Indigene Religionen 3,8%
- Juden 0,2%
- Buddhisten 5,6%
- Konfuzianer, Taoisten 6,0%
- Hindus 12,7%
- Christen insgesamt: Protestanten 13,4%, Katholiken 16,6%, Orthodoxe 3,3%
- Muslime insgesamt: Sunniten 15,4%, Schiiten 3,8%

X303_1a

2 Jerusalem **Heilige Stadt für drei Weltreligionen**

Maßstab 1 : 25 000 (0 200 400 600 m)

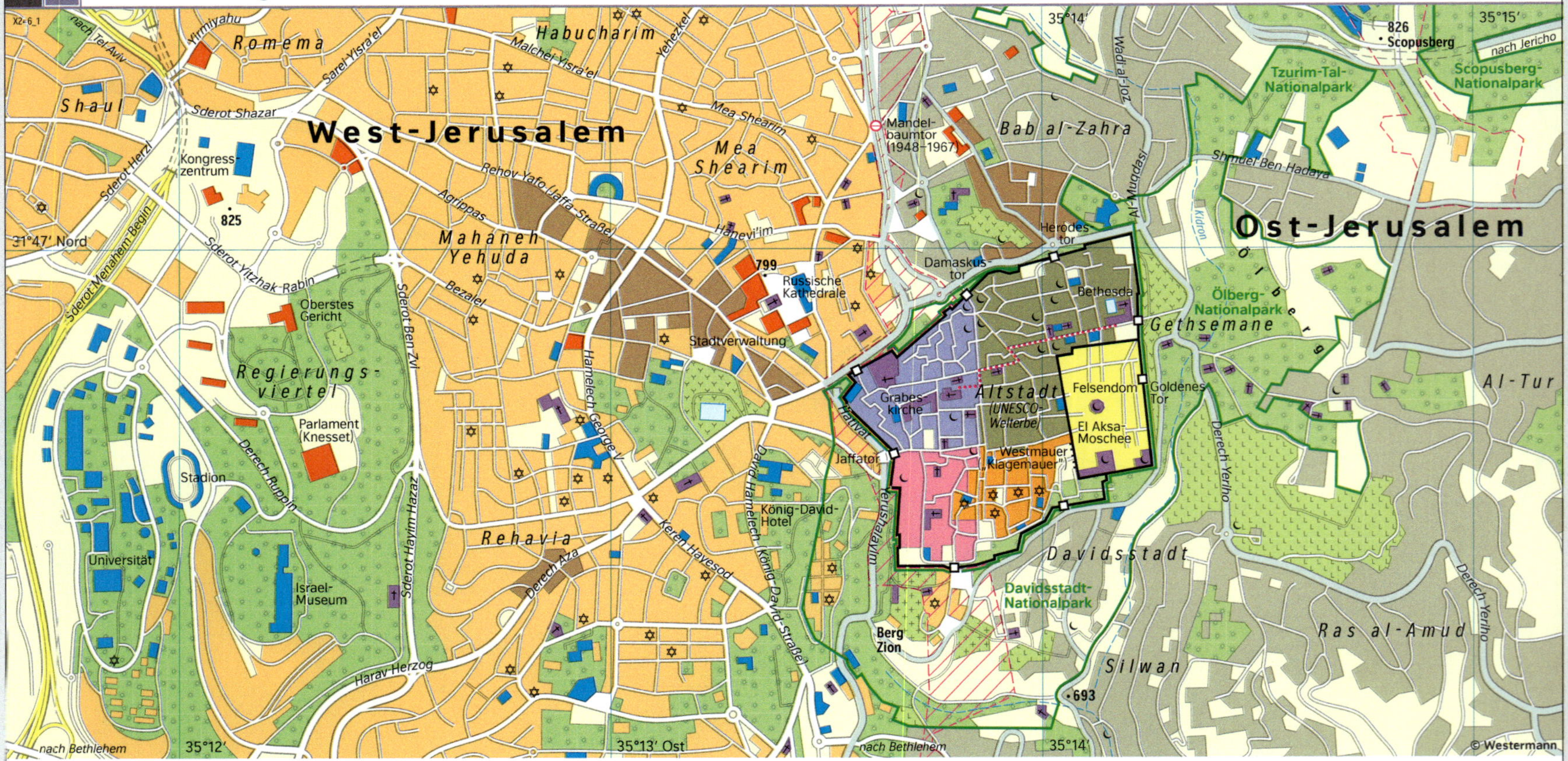

Viertel der Altstadt
- Tempelberg
- muslimisches Viertel
- christliches Viertel
- armenisches Viertel
- jüdisches Viertel

Sonstige Nutzung
- jüdisches Wohngebiet
- palästinensisches Wohngebiet
- Hauptgeschäftszentrum
- jüdischer Friedhof
- christlicher Friedhof
- islamischer Friedhof

Einrichtungen
- religiöse Einrichtung
- öffentliche Einrichtung
- Kultur, Bildung

Kulturdenkmäler
- Stadtmauer mit Stadttor
- Synagoge
- Kirche, Kloster
- Moschee
- Via Dolorosa (Kreuzweg)
- Archäologiepark

Zeitgeschichte
- Waffenstillstandslinie (1949–1967)
- Niemandsland (1949–1967)
- ehemaliger Kontrollpunkt
- für Palästinenser nur eingeschränkt nutzbare Straße (PKW-Kontrollen)

Verkehr
- Hauptstraße
- sonstige Straße
- Weg

Landhöhen
- · 693 Höhenangabe in Meter

3 Römisches Reich **Anfänge und Ausbreitung des Christentums**

Maßstab 1:24 000 000 — 0 100 200 300 400 500 km

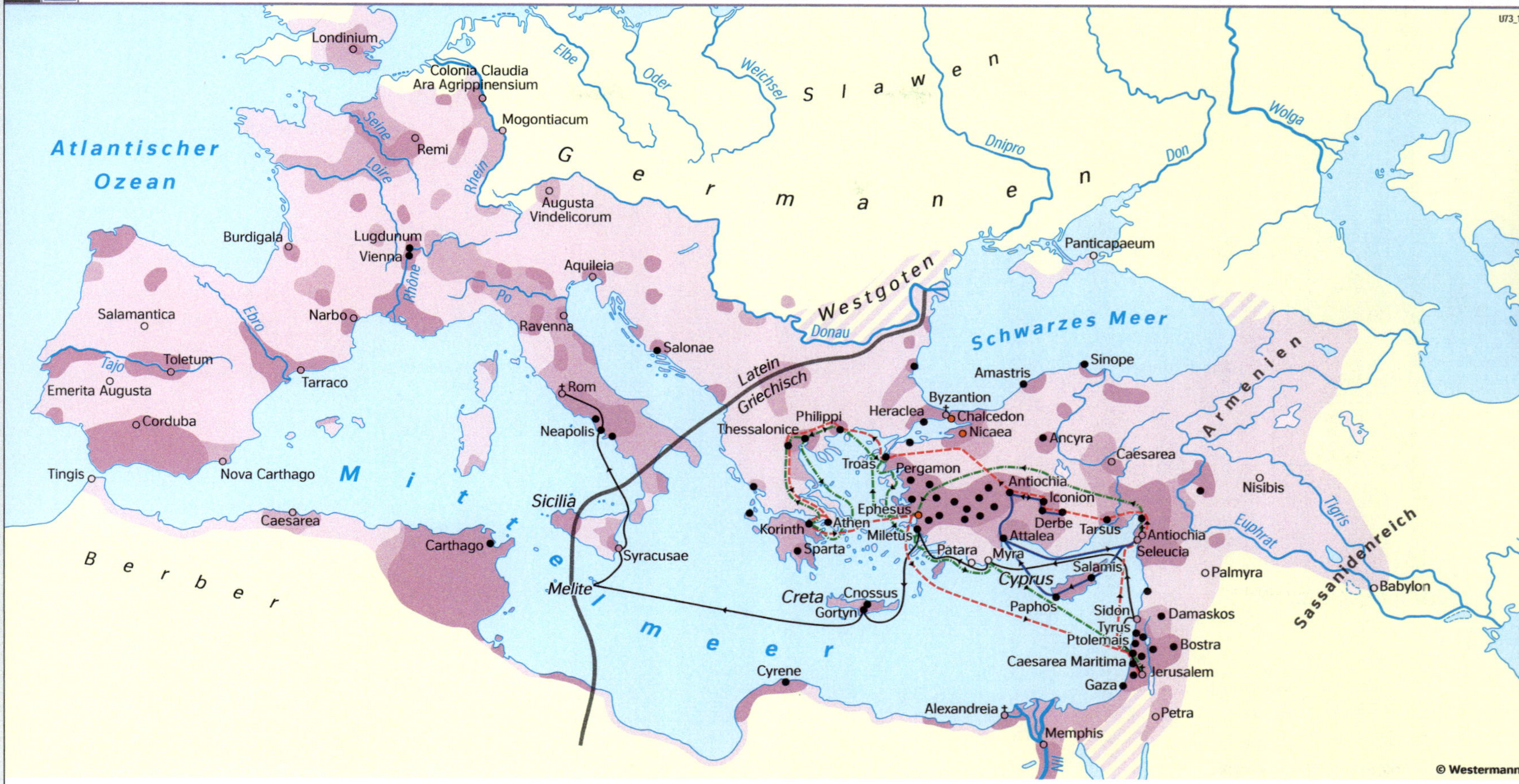

Christusmonogramm, symbolisches Zeichen der frühen Christenheit, gebildet aus den griechischen Anfangsbuchstaben des Namen Christus (XP)

Reisen des Apostels Paulus
zumeist in jüdische Gemeinden

- erste Reise 45–48 n. Chr.
- zweite Reise 49–52 n. Chr.
- dritte Reise 53–58 n. Chr.
- als Gefangener nach Rom überführt 60–61 n. Chr.

Ausbreitung des Christentums

- christliche Gemeinde des 1. und 2. Jahrhunderts
- 3. Jahrhundert
- 4. Jahrhundert (seit 313 werden Christen geduldet, 391 wird das Christentum Staatsreligion)
- 5. Jahrhundert
- Sprachgrenze Latein/Griechisch
- wichtiges Konzil
- Patriarchat
- sonstiger wichtiger Ort

4 Orient **Anfänge und Ausbreitung des Islam**

Maßstab 1:48 000 000 — 0 200 400 600 800 1000 km

Allahs Name in ornamentaler Form (aus der Hakim-Moschee in Kairo)

Ausbreitung des Islam

- Herrschaftsbereich beim Tode Mohammeds 632
- Erwerbungen zur Zeit der ersten Kalifen (632–661)
- Erwerbungen zur Zeit der Omaijaden (661–750)

Orte

- Kalifensitz
- islamisches Heiligtum
- sonstiger Ort
- Istanbul — heutiger Ortsname

Völker

- *Türken* — Stammesname
- **Aksum** — Reichsname
- bedeutende Schlacht
- Feldzug der Araber

ERDE LUXEMBURG EUROPA ASIEN AFRIKA OZEANIEN POLARGEBIETE AMERIKA REGISTER

1 Altersaufbau

X412_4a

Altersgruppen in Prozent der Bevölkerung

Nigeria 2020
206 Millionen Einwohner

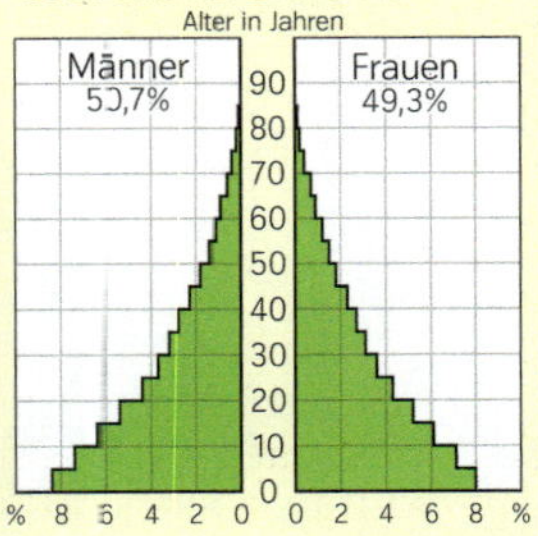

Mexiko 2020
129 Millionen Einwohner

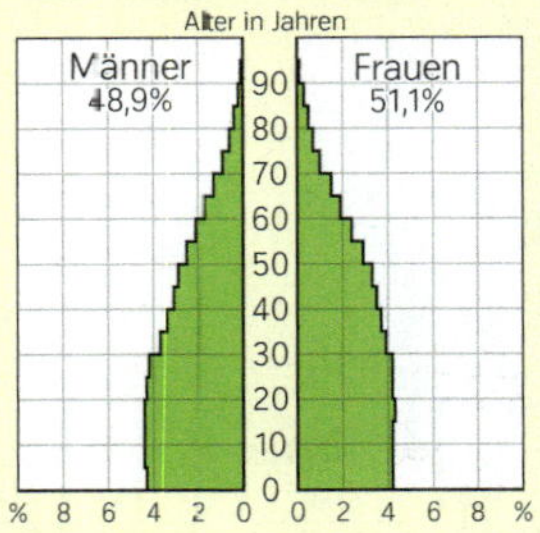

China 2020
1439 Millionen Einwohner

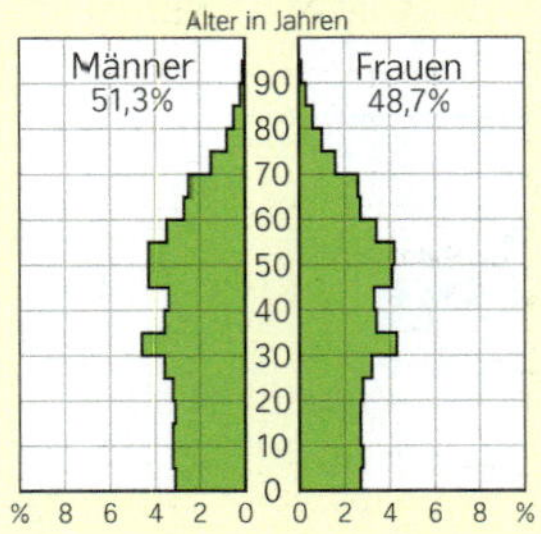

Japan 2020
126 Millionen Einwohner

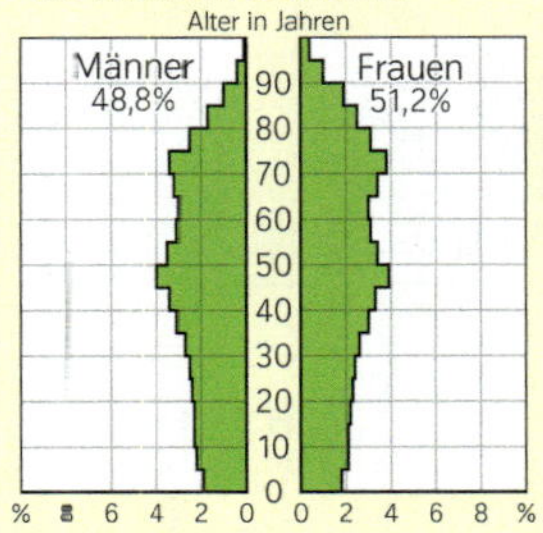

Quelle: UN (2020)

weitere Bevölkerungspyramiden → 74 3, → 96 1

2 Bevölkerungsdichte und Megastädte

X412_4

Bevölkerungsdichte
Einwohner je km²

- über 200
- 100 – 200
- 50 – 100
- 25 – 50
- 10 – 25
- 1 – 10
- unter 1 Einw./km²

Megastädte
Städtische Agglomeration mit Einwohnern

- über 10 000 000
- 5 000 000 – 10 000 000

Abkürzungen

AT	Österreich
BG	Bulgarien
CZ	Tschechien
DE	Deutschland
HU	Ungarn

Bevölkerungsentwicklung in Weltregionen/Kulturerdteilen

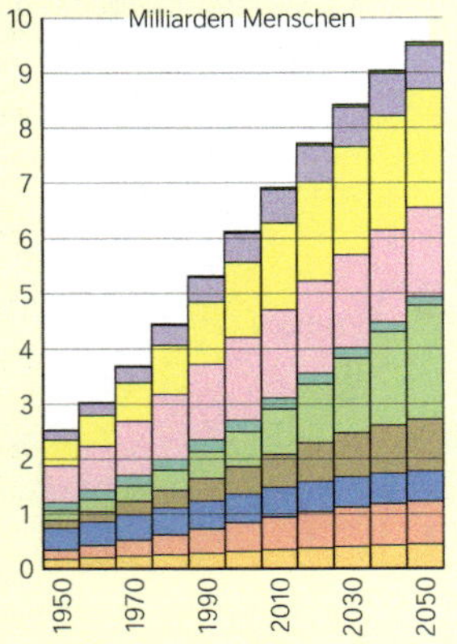

Quelle: UN (2017)

Weltregionen, Kulturerdteile

- Nordamerika
- Mittel- und Südamerika
- Europa
- Nordafrika, West- und Zentralasien (Orient)
- Subsaharisches Afrika
- Russland
- Ostasien
- Südasien
- Südostasien
- Australien und Ozeanien

X412_4b

3 Bevölkerungsentwicklung

Maßstab 1 : 180 000 000

X619_4

Jährliche Bevölkerungsveränderung (in Prozent, Durchschnitt der Jahre 2010–2018)

- über 3,0
- 2,0 bis 3,0
- 1,0 bis 2,0
- 0,0 bis 1,0
- –3,0 bis 0,0 %
- keine Angaben

Weltdurchschnitt: 1,1 %

27 jährliche Veränderung in 100 000 Einwohner (nur Staaten mit mehr als 20 Millionen Einwohnern)

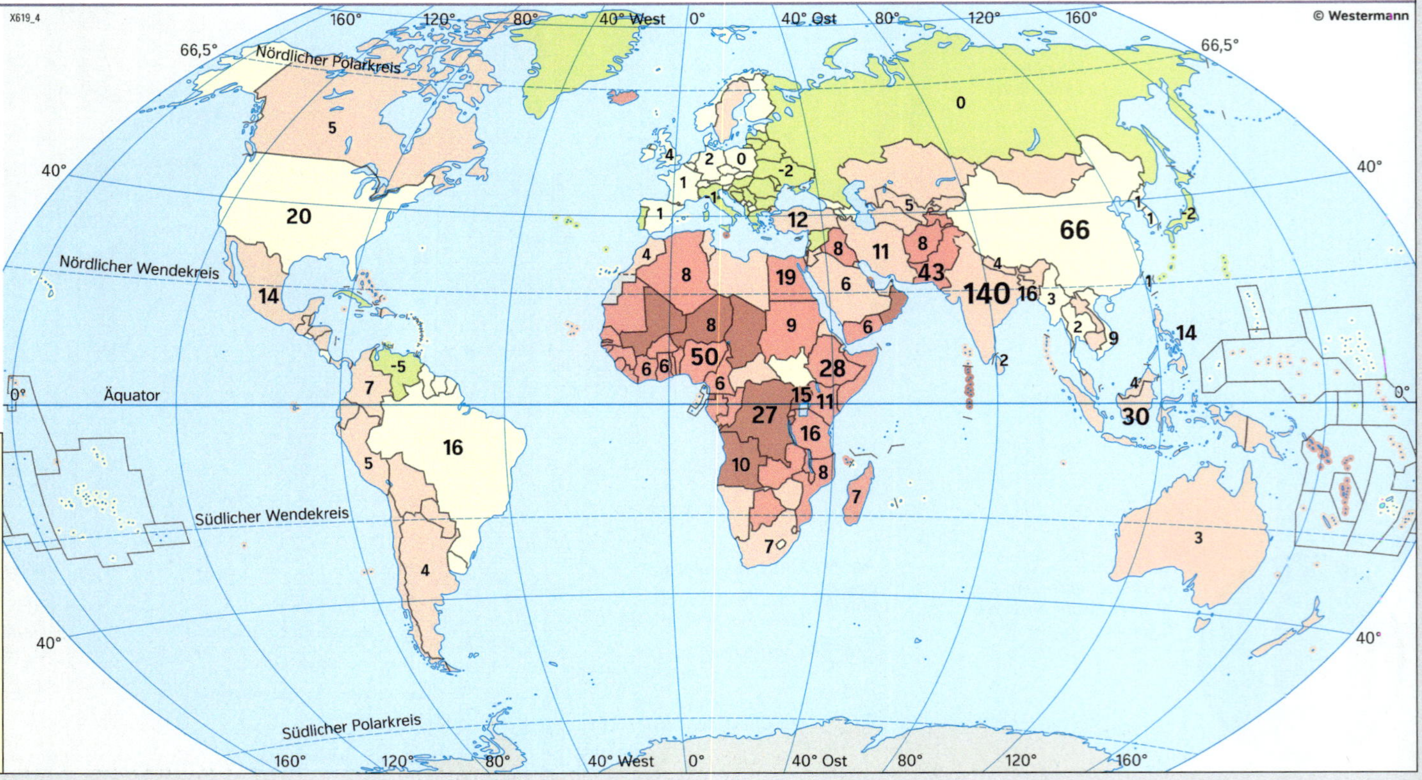

Anteil der Kinder bis 14 Jahre an der Gesamtbevölkerung 2018

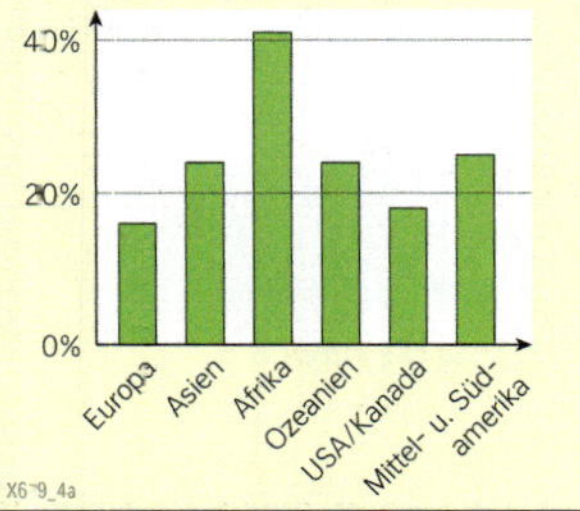

X619_4a

Maßstab 1:90 000 000

4 Verstädterung

Maßstab 1:180 000 000

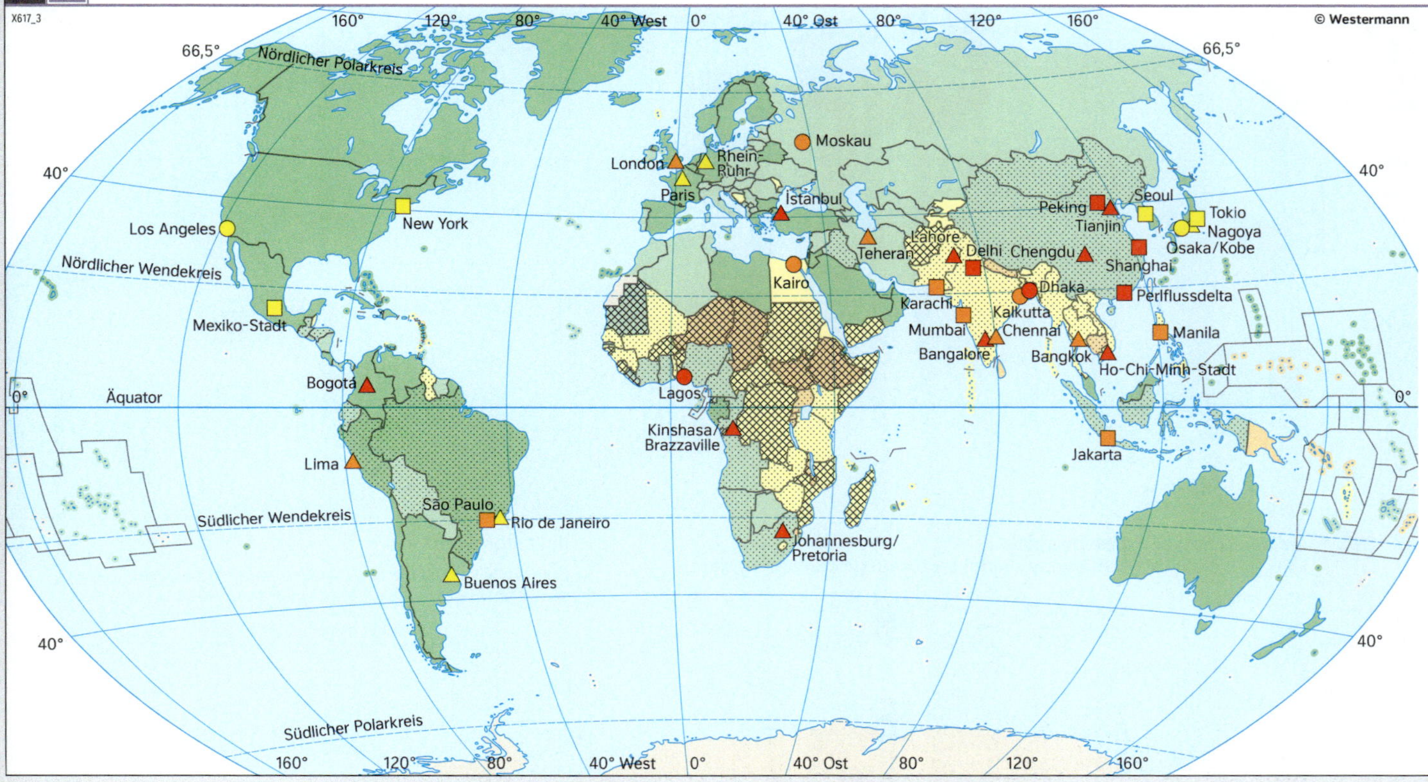

Anteil der Stadtbevölkerung an der Gesamtbevölkerung (in Prozent, 2018)
- über 75
- 50 – 75
- 25 – 50
- unter 25 %

Weltdurchschnitt: 55 %

Anteil der Slumbevölkerung an der Stadtbevölkerung (in Prozent, 2015)
- über 60
- 20 – 60
- unter 20 %

Megastädte (Mio. Einwohner, 2018)
- □ über 20
- ○ 15 – 20
- △ 10 – 15 Mio. Einwohner

Wachstum (in Prozent, 2000–2018)
- über 40
- 20 – 40
- unter 20 %

ERDE LUXEMBURG EUROPA ASIEN AFRIKA OZEANIEN POLARGEBIETE AMERIKA REGISTER

ERDE
LUXEMBURG
EUROPA
ASIEN
AFRIKA
OZEANIEN
POLARGEBIETE
AMERIKA
REGISTER

1 Entwicklungsstand (Weltbild)

Maßstab 1:140 000 000

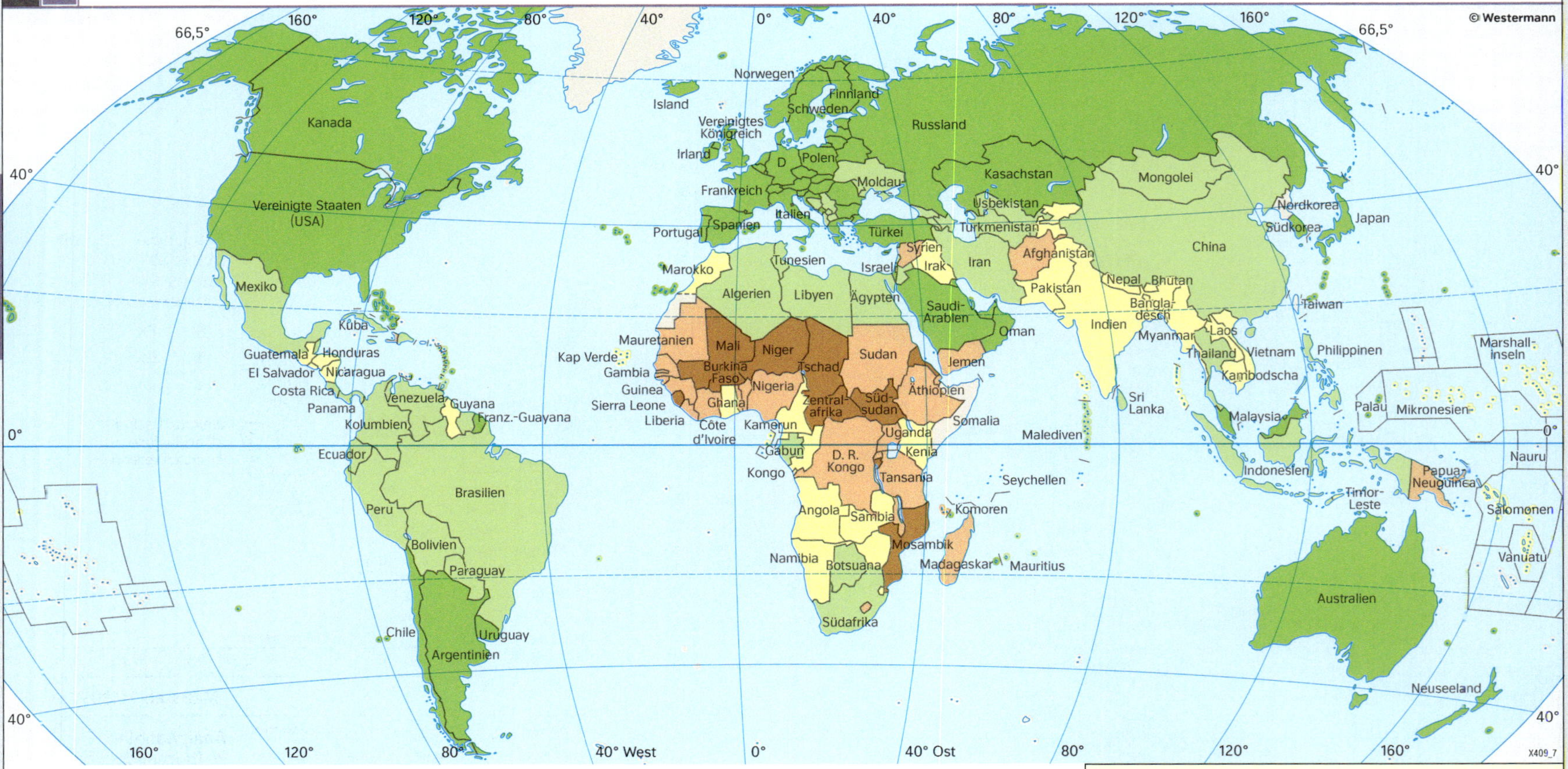

Entwicklungsstand nach dem Human Development Index (HDI, 2018)

HDI-Wert	Stufe	
0,377–0,450	sehr niedrig	Entwicklungsländer
0,450–0,550	niedrig	Entwicklungsländer
0,550–0,700	mittel	Schwellenländer
0,700–0,800	hoch	entwickelte Länder
0,800–0,954	sehr hoch	entwickelte Länder

Skala: 0 – 0,377 – 0,450 – 0,550 – 0,700 – 0,800 – 0,954 – 1

Beispiele: Niger, Jemen, Nigeria, Indien, Brasilien, China, Russland, Luxemburg, USA, Norwegen

keine Angaben

Quelle: UN (2019)

Indikatoren des HDI

Der HDI beschreibt die durchschnittliche Lebenssituation der Gesamtbevölkerung eines Staates mit Blick auf Einkommen, Lebenserwartung und Bildung.

Human Development Index (HDI)
- Einkommen ➜ 44 1
- Lebenserwartung ➜ 43 3
- Bildung ➜ 43 4

X409_7a

2 Nachhaltigkeit (Weltbild)

Maßstab 1:140 000 000

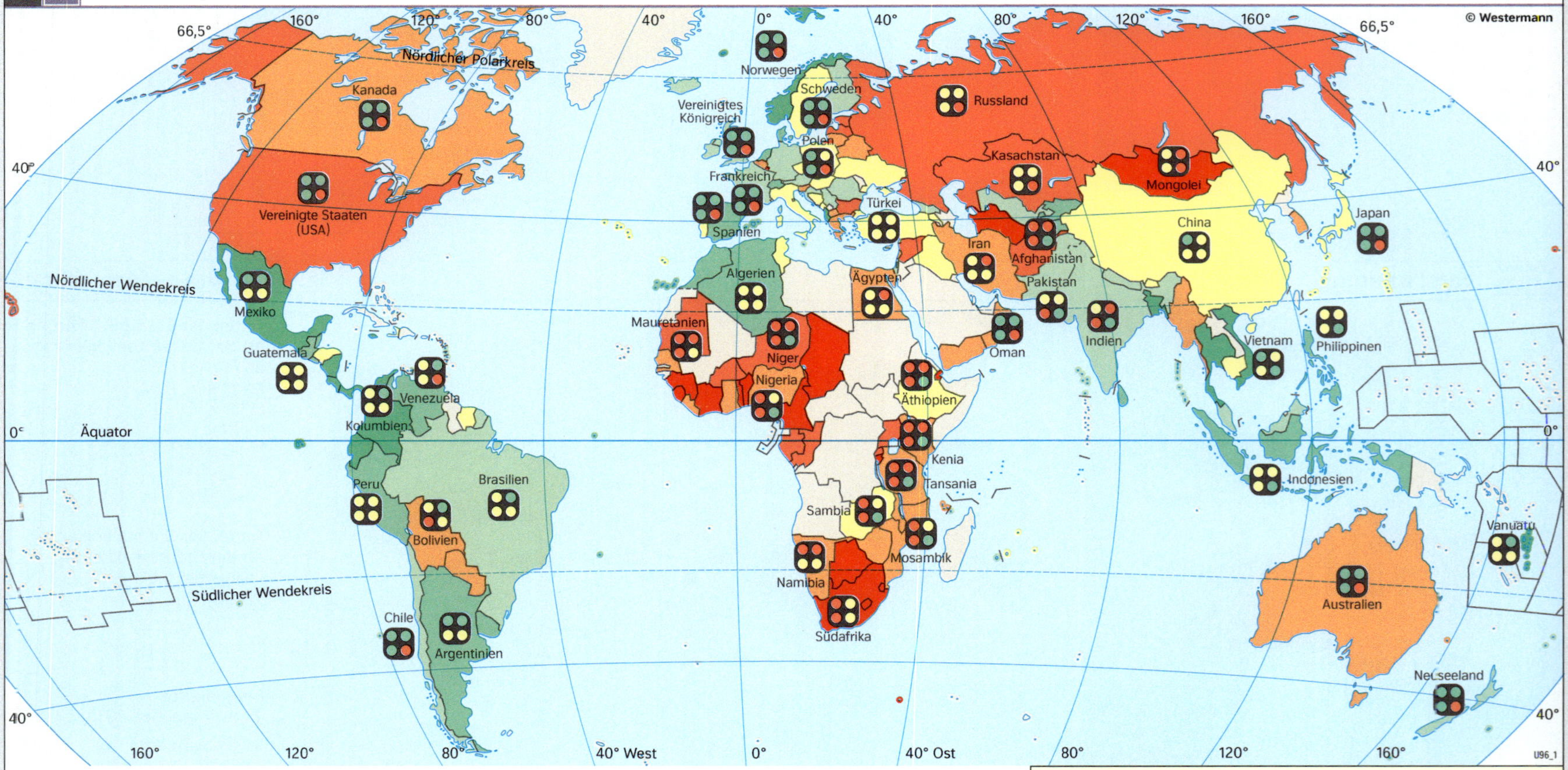

Nachhaltigkeit nach dem Happy Planet Index

(HPI, entwickelt von der britischen Denkfabrik New Economics Foundation und der NGO Friends of the Earth)

Daten von 2016

- sehr schlecht
- schlecht
- eher schlecht
- mittel
- eher gut
- gut
- sehr gut
- keine Angaben

Lesebeispiele: Der Happy Planet Index ausgewählter Länder

Bewertung in Luxemburg: Lebenserwartung, Lebenszufriedenheit, Gleichheit der Verteilung, Ökologischer Fußabdruck

Bewertung in Portugal: Lebenserwartung, Lebenszufriedenheit, Gleichheit der Verteilung, Ökologischer Fußabdruck

- gut
- mittel
- schlecht

Indikatoren des HPI

Der HPI beschreibt die Nachhaltigkeit eines zufriedenen langen Menschenlebens mit Blick auf die Gesamtbevölkerung eines Landes.

Happy Planet Index (HPI)
- (1) Lebenszufriedenheit
- (2) Lebenserwartung
- Gleichheit der Verteilung von (1) & (2)
- Ökologischer Fußabdruck (Ressourcenbilanz)

U96_1a

3 Lebenserwartung

Maßstab 1: 180 000 000

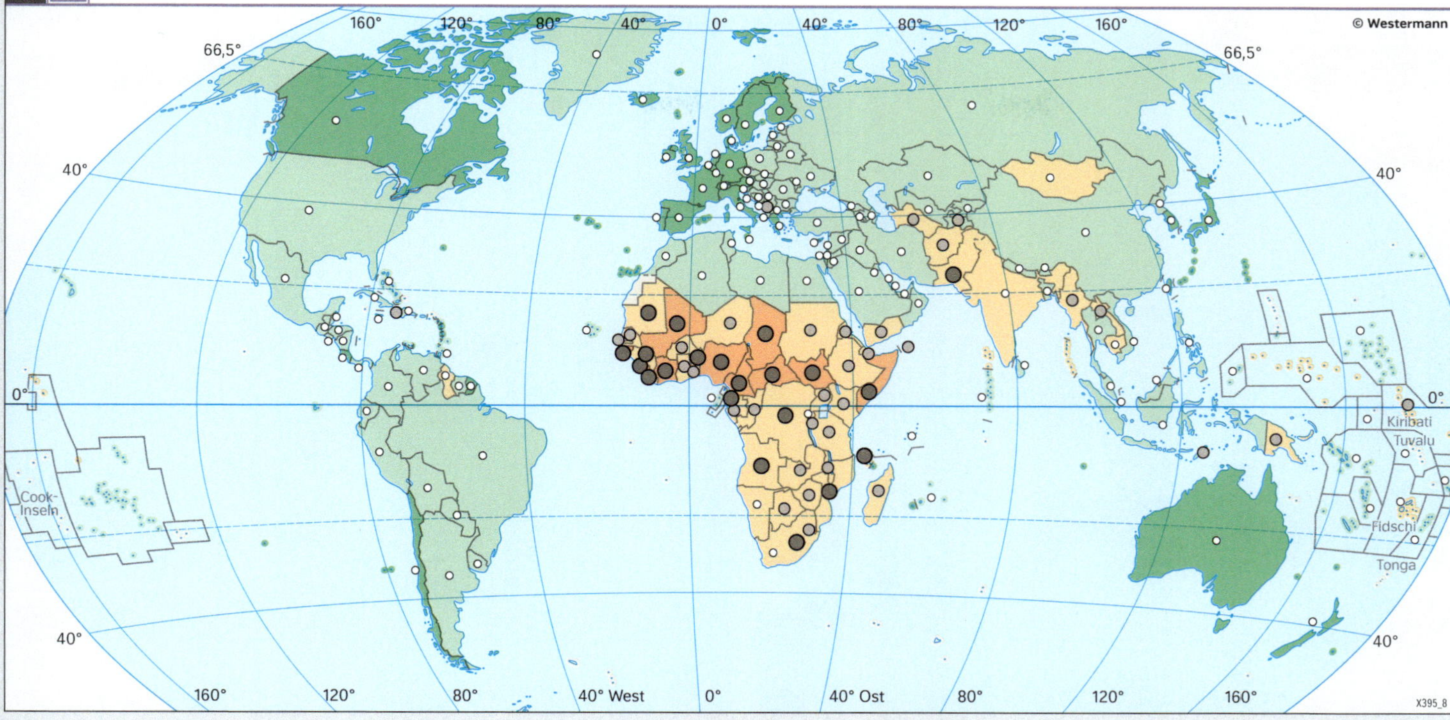

Lebenserwartung (2018)
- über 80
- 70 – 80
- 60 – 70
- unter 60 Jahre
- keine Angaben

Weltdurchschnitt: 73 Jahre

Säuglingssterblichkeit
(Todesfälle im ersten Lebensjahr je 1000 Lebendgeborener, 2018)
- über 50
- 30 – 50
- unter 30

Weltdurchschnitt: 29 Todesfälle (im ersten Lebensjahr)

Quelle: UN (2019)

4 Bildung

Maßstab 1: 180 000 000

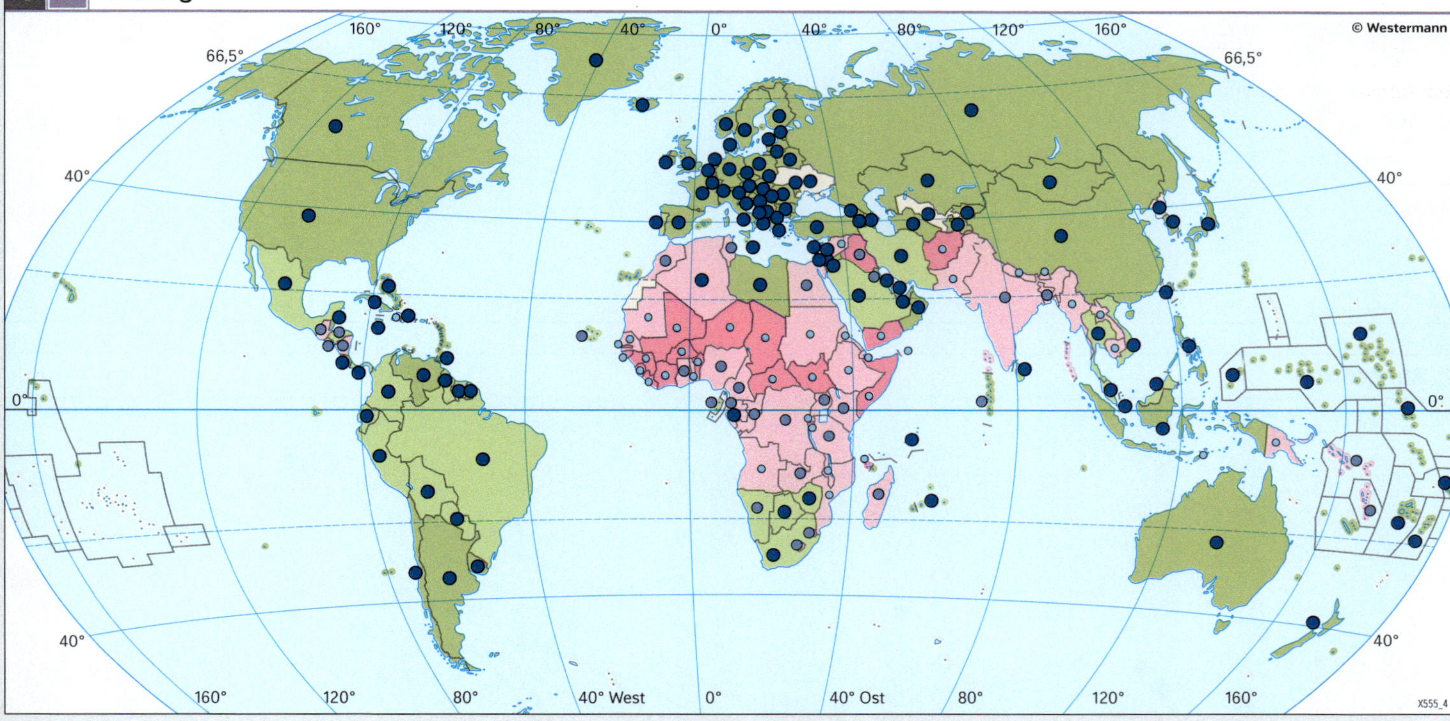

Analphabeten
(in Prozent der über Vierzehnjährigen, 2018)
- über 50
- 15 – 50
- 5 – 15
- unter 5 %
- keine Angaben

Weltdurchschnitt: 17 %

Schulbesuchsjahre
(2018)
- über 8
- 6 – 8
- unter 6 Jahre

Weltdurchschnitt: 8,5 Jahre

Quelle: UN (2019)

5 Ernährung und Gesundheit

Maßstab 1: 180 000 000

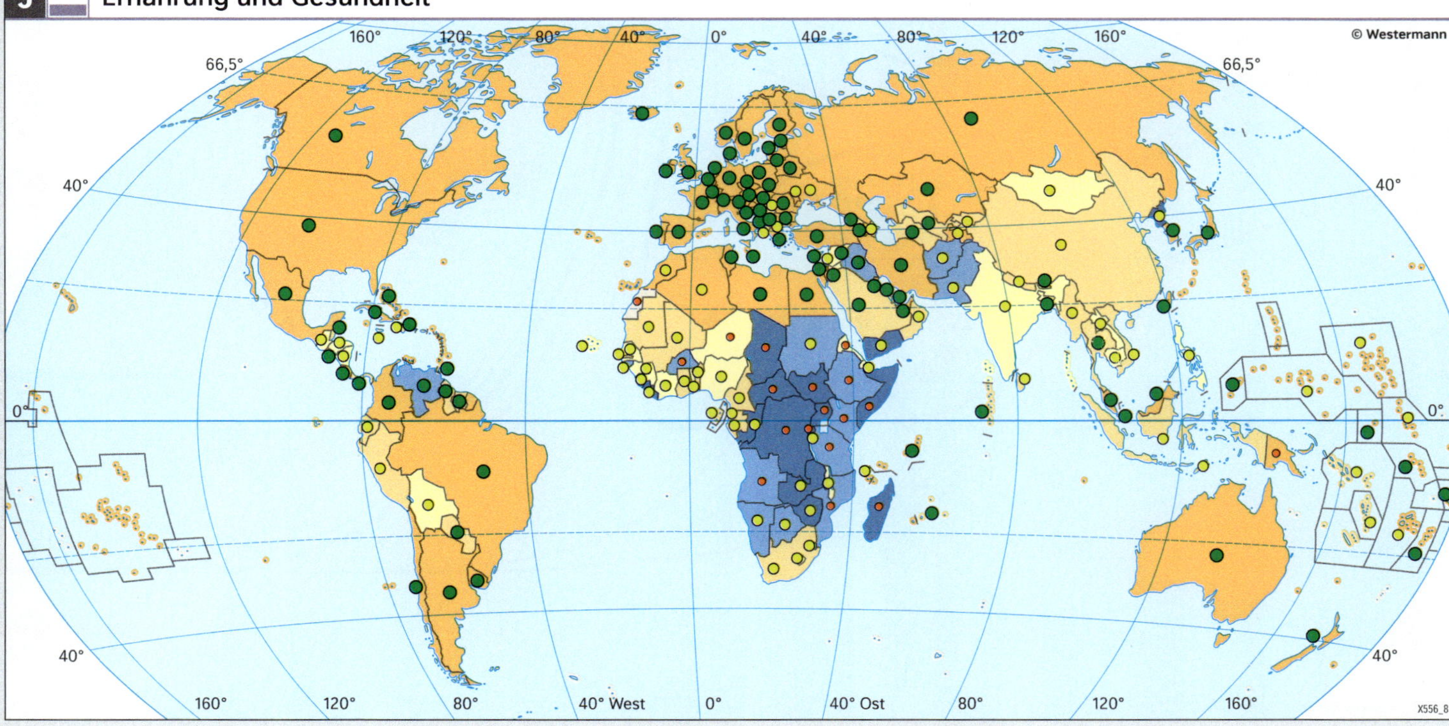

Unterernährung
(in Prozent der Gesamtbevölkerung, 2017)
- über 40
- 20 – 40
- 11 – 20
- 5 – 11
- unter 5 %
- keine Angaben

Weltdurchschnitt: 11 %

Zugang zu sauberem Trinkwasser
(in Prozent der Gesamtbevölkerung, 2017)
- über 95
- 60 – 95
- unter 60 %

Weltdurchschnitt 90 %

Quelle: UN (2019)

ERDE LUXEMBURG EUROPA ASIEN AFRIKA OZEANIEN POLARGEBIETE AMERIKA REGISTER

Wirtschaftskraft und Welthandel

1 Wirtschaftskraft pro Land

Bruttonationaleinkommen in Milliarden US-Dollar (BNE, 2018)

- 5 000 – 25 000
- 2 000 – 5 000
- 500 – 2 000
- 200 – 500
- 50 – 200
- 20 – 50
- 5 – 20
- unter 5 Mrd. $

Anteil der Wirtschaftssektoren am Bruttonationaleinkommen

- landwirtschaftsbetonte Wirtschaftsstruktur (über 20% des BNE durch Landwirtschaft und Fischerei erbracht)
- industriebetonte Wirtschaftsstruktur (über 30% des BNE durch Bergbau und Industrie erbracht)
- sehr dienstleistungsbetonte Wirtschaftsstruktur (über 60% des BNE durch Dienstleistungen erbracht)
- keine Angaben

Grenzen

- Staatsgrenze
- umstrittene Grenze

Einige Staatennamen sind mit ihrem offiziellen Ländercode abgekürzt.

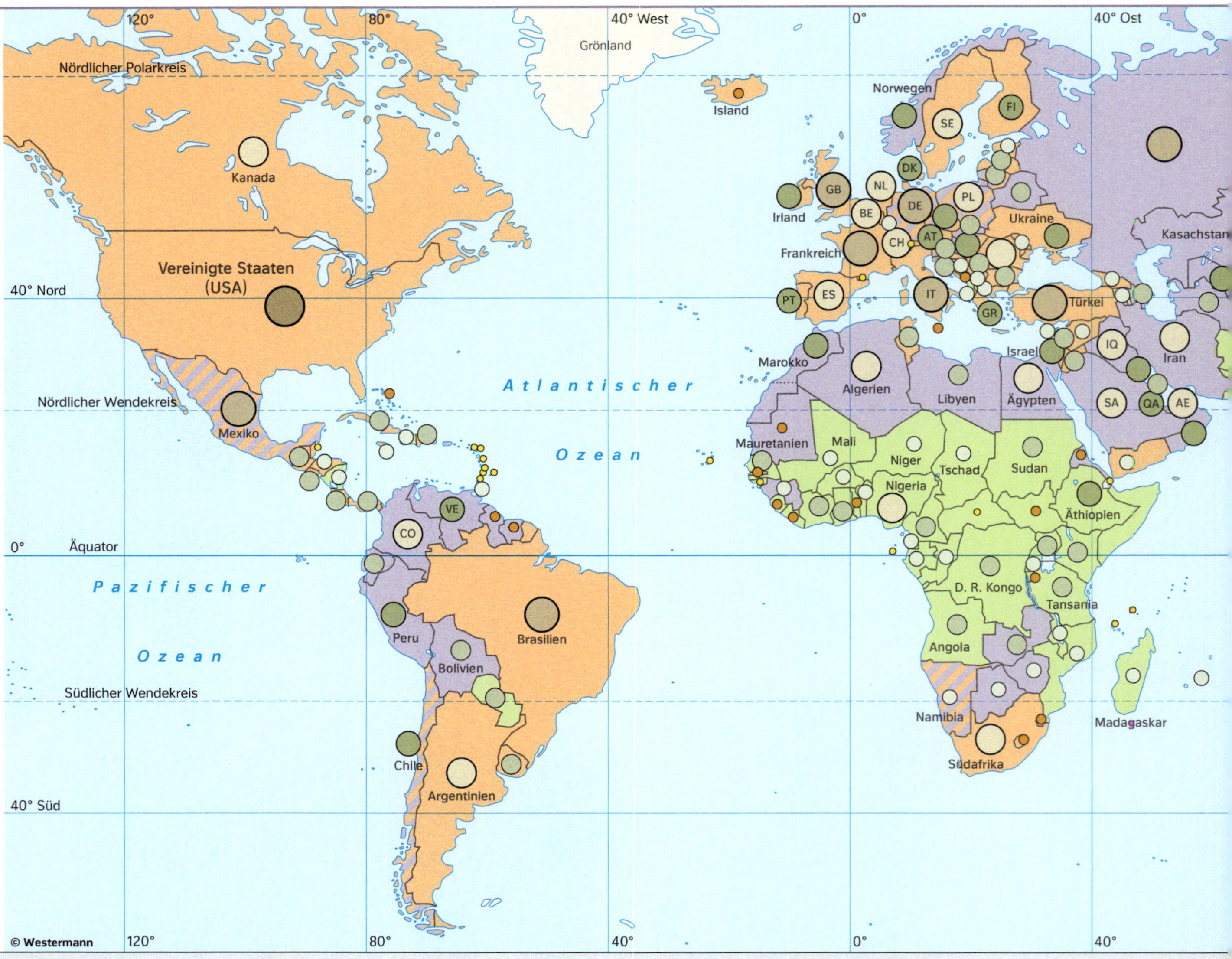

2 Welthandel mit Rohstoffen

Bergbau

- Erdöl
- Erdgas
- Steinkohle
- Braunkohle
- Uran
- Eisen
- Stahlveredler (Chrom, Mangan, Kobalt)
- Buntmetalle (Kupfer, Zinn, Blei, Zink)
- Bauxit (Aluminiumrohstoff)
- Metalle der seltenen Erden (Hightech-Rohstoffe)
- Gold
- Silber
- Platin
- Diamanten

Seehandel

- Steinkohle, Braunkohle
- Erdöl, Erdölprodukte
- Eisenerz
- Buntmetalle

Güterströme, die weniger als 10 % des weltweiten Seehandels mit diesem Gut ausmachen, sind dünn dargestellt.

Exportbedeutung von Bodenschätzen und ihren Rohprodukten (Prozentanteil am Gesamtexport)

- über 70
- 35 – 70
- 16 – 35
- 8 – 16
- 4 – 8
- unter 4 %
- keine Angaben

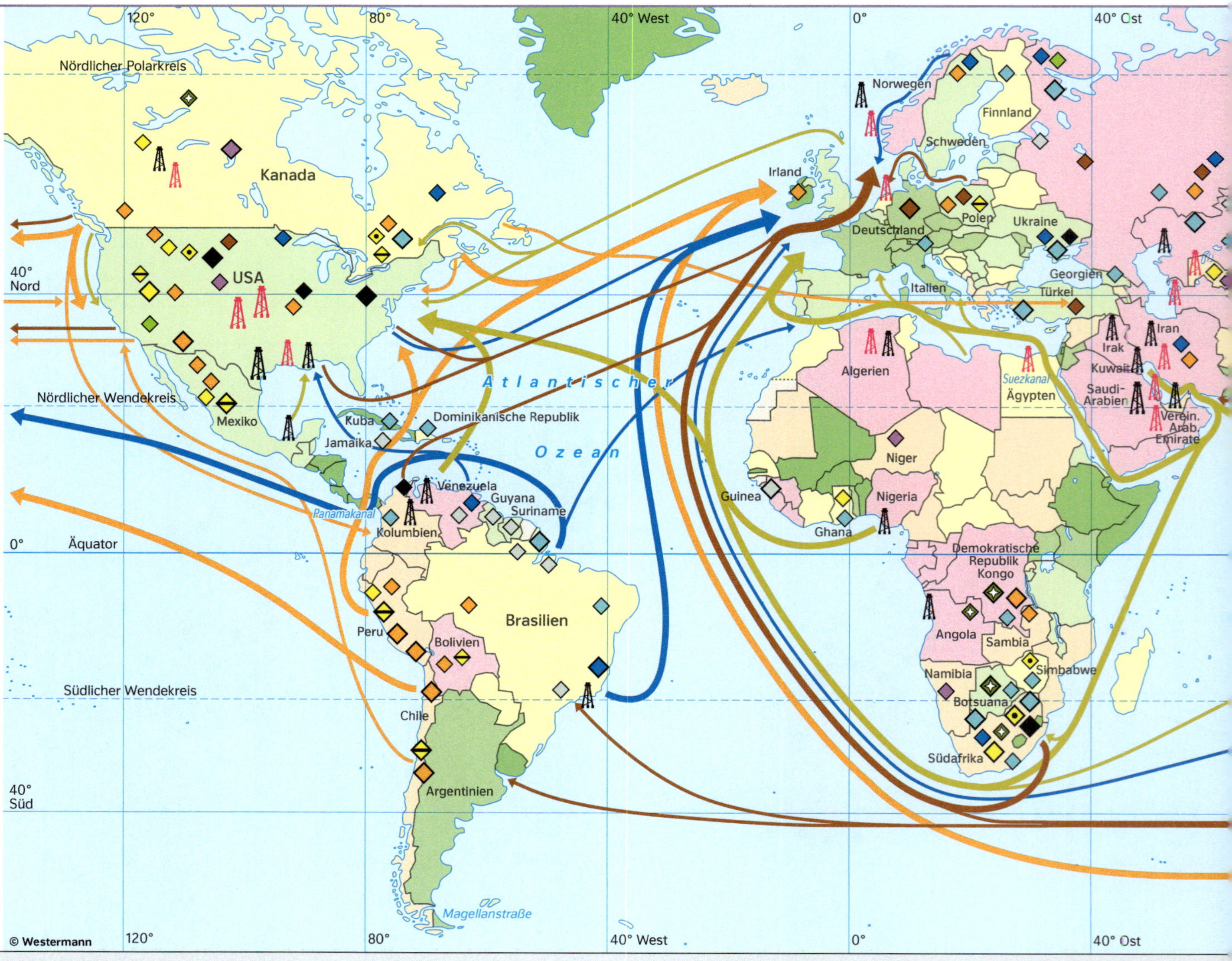

Maßstab 1:120 000 000

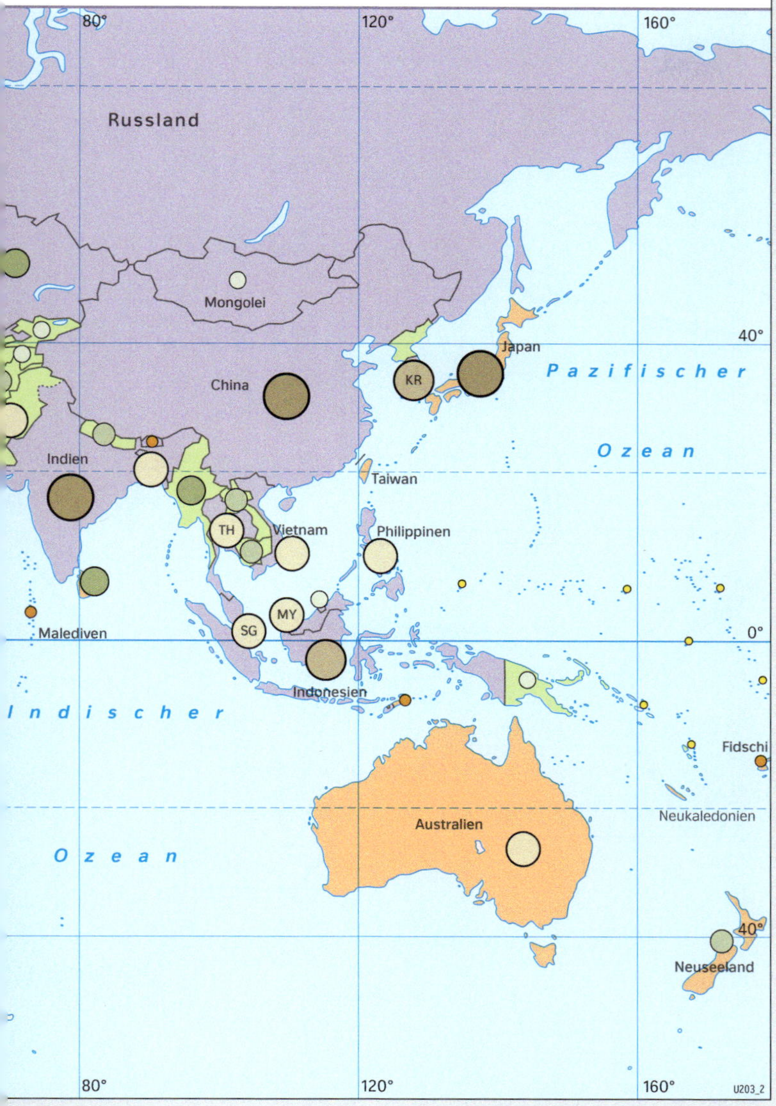

3 Globale Warenströme

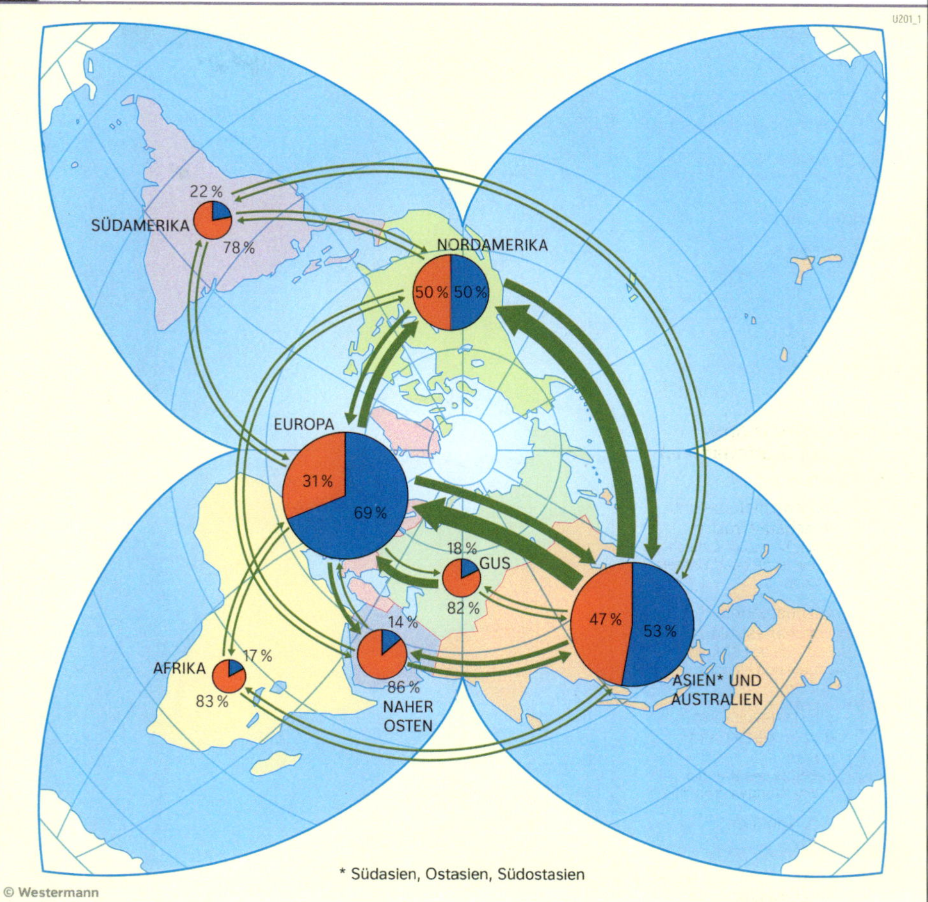

Handelsvolumen (in Mrd. US-Dollar, 2018)

7000
3500
1000
0 Mrd. $

50 % 50 %

Anteil des Handels zwischen der Region und den anderen Regionen

Anteil des Handels innerhalb der Region (Binnenhandel)

Handelsstrom (in Mrd. US-Dollar, 2018)

- über 800
- 400 – 800
- 200 – 400
- 50 – 200 Mrd. $

Maßstab 1:120 000 000

4 Globale Warenketten (am Beispiel Jeans)

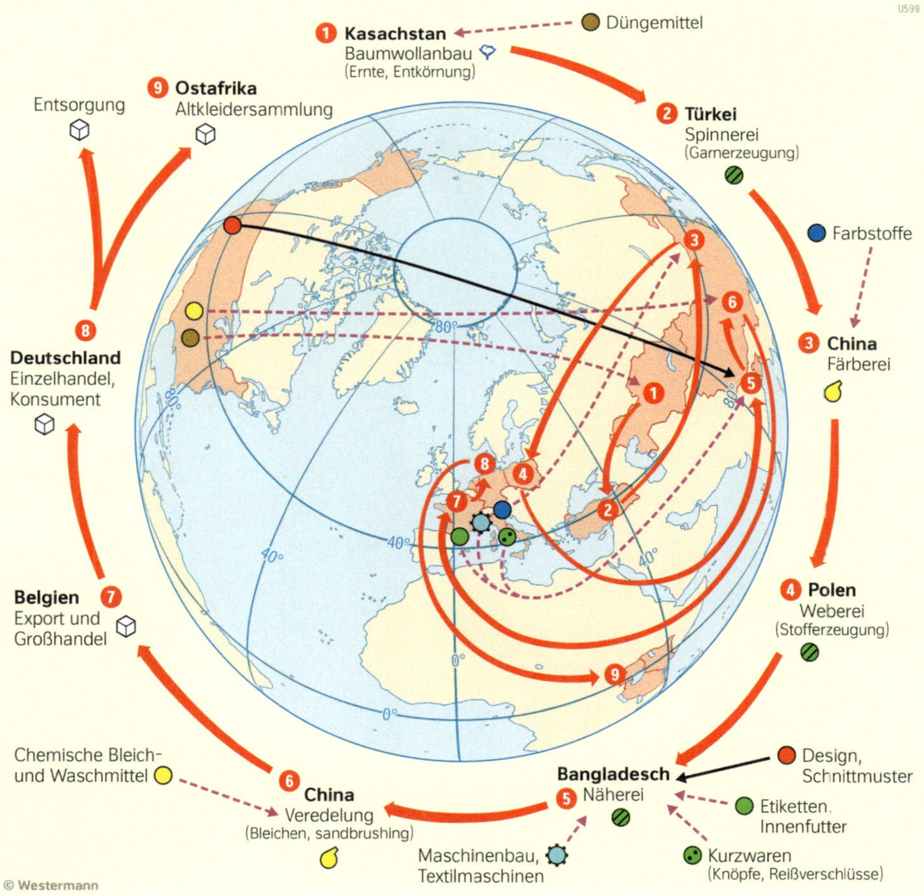

Markenartikelunternehmen, Prozesssteuerung

- Hauptsitz (Design, Schnittmuster, Marketing)
- Produktvorgaben, Kontrolle

Arbeitsschritte

- Färberei Arbeits- bzw. Produktionsschritt
- Zulieferung
- Warenfluss

ERDE
LUXEMBURG
EUROPA
ASIEN
AFRIKA
OZEANIEN
POLARGEBIETE
AMERIKA
REGISTER

1 Wirtschaftszentren und globale Kommunikation

Wirtschaftszentrum

Weltstadt, Global City
- globale Bedeutung
- kontinentale Bedeutung
- Steuerparadies (2019, nach „Schwarzer Liste" der EU)

Kommunikation
- Seekabel für den Datenverkehr
- hohe Internet-Dichte (Ballung von IP-Adressen internetfähiger Geräte)
- Handy-Netzabdeckung

Bevölkerungsanteil mit Internetanschluss

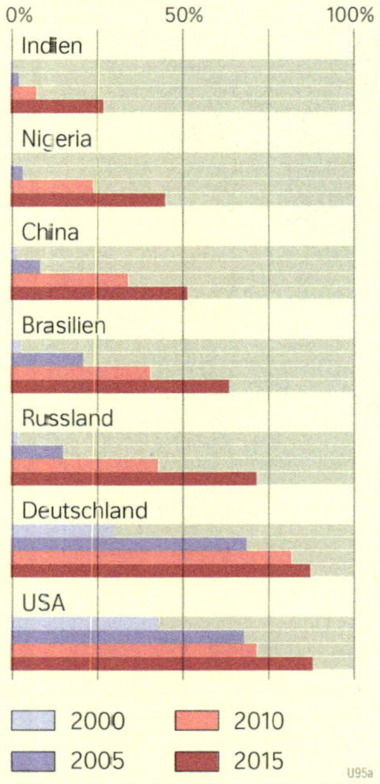

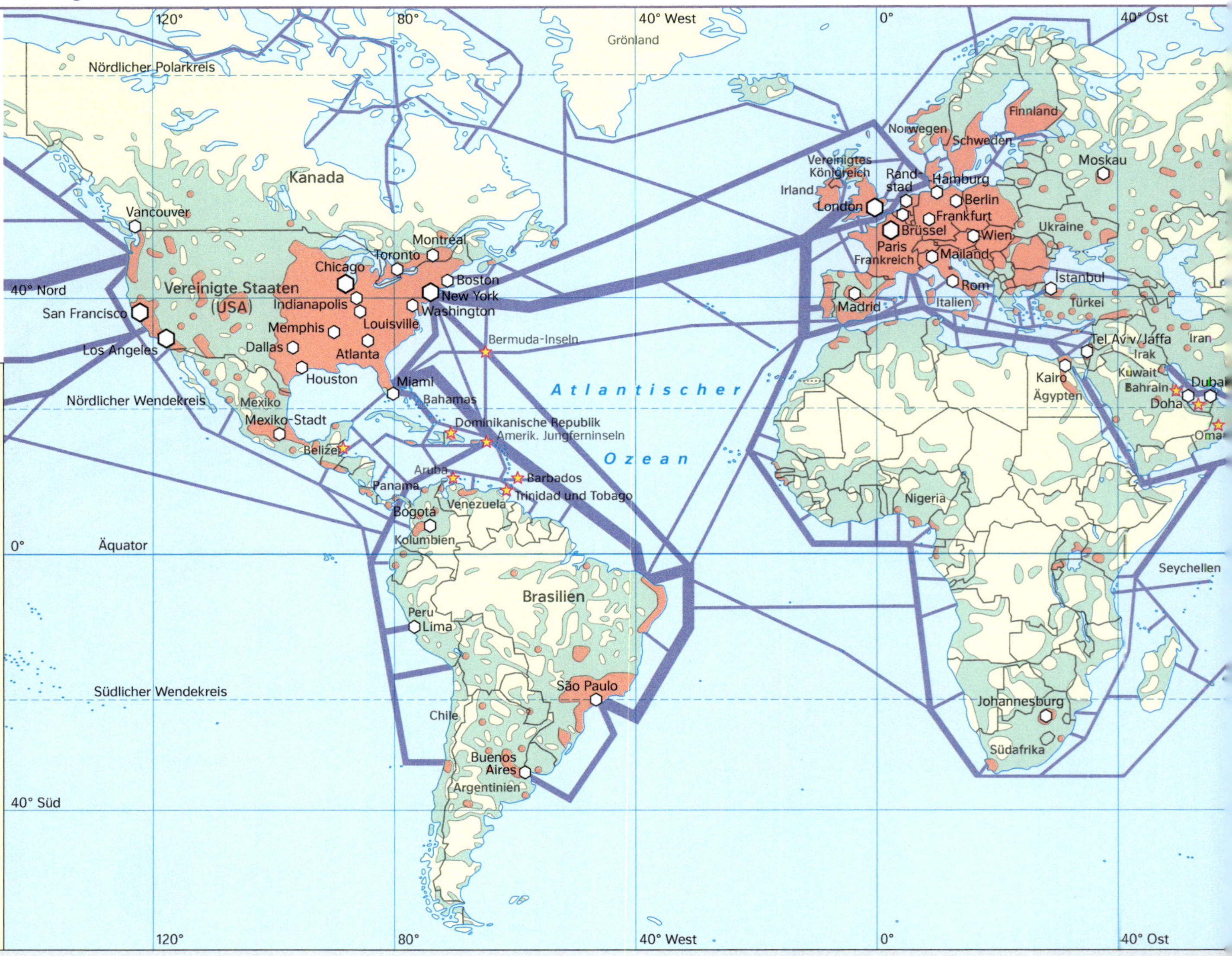

2 Zeitzonen

Zeitzonen

Alle Zeitangaben sind auf 12.00 Uhr MEZ bezogen. MEZ liegt eine Stunde vor der Zeit am Nullmeridian von Greenwich (Greenwich Mean Time [GMT]). GMT wird auch als Weltzeit bezeichnet (Coordinated Universal Time [UTC]).

- 20 00
- Zonenzeit
- 14:30 Zwischenzeit mit direkter Angabe der Uhrzeit
- MEZ Mitteleuropäische Zeit
- Zeitzonengrenze
- Datumsgrenze

Grenzen
- Staatsgrenze

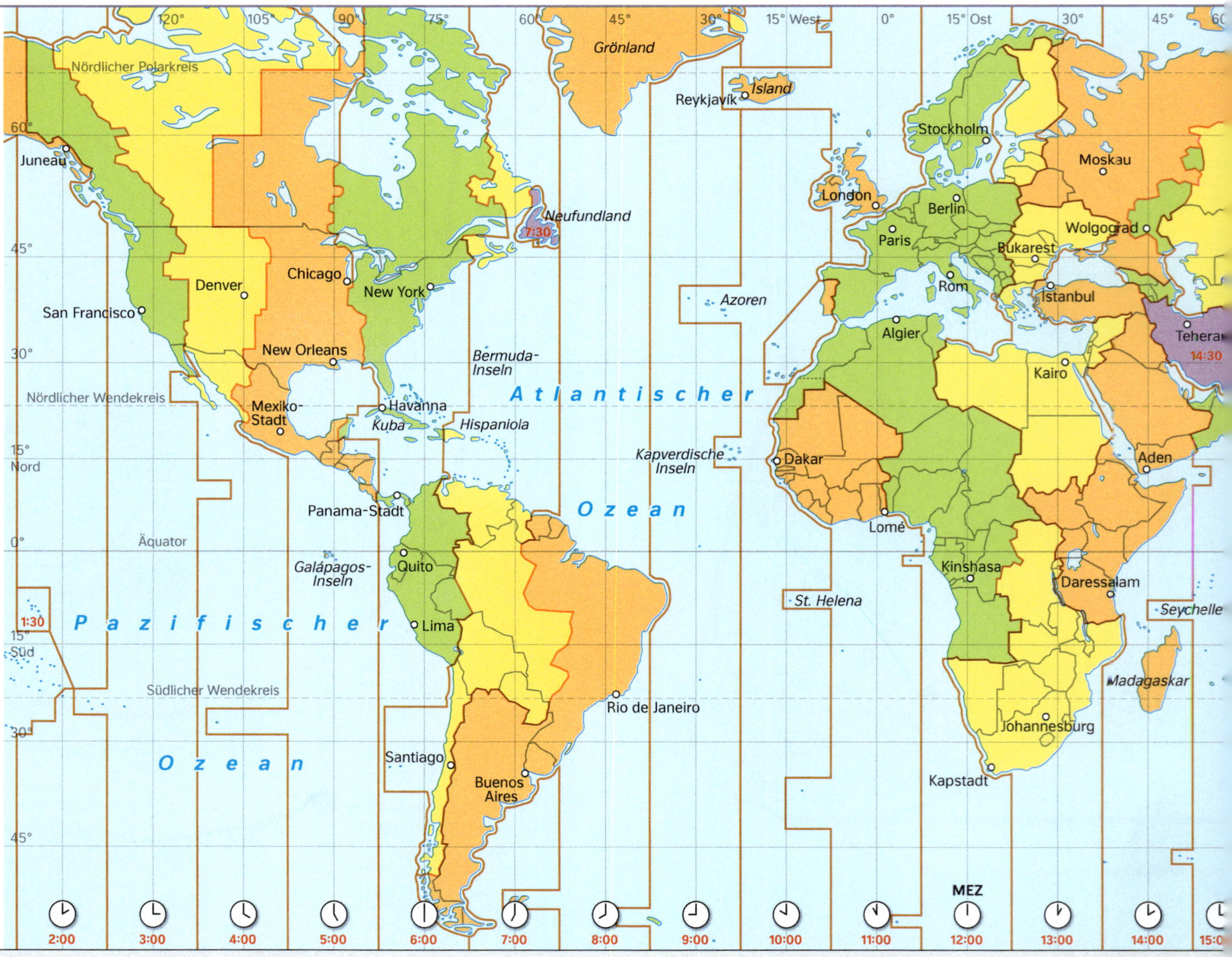

Über den Verlauf der Zeitzonengrenze entscheidet jeder Staat eigenständig. Die Datumsgrenze (Zeitzonengrenze zum neuen Tag) folgt zum Beispiel im Pazifik sowohl dem Längengrad (Meridian) als auch Ländergrenzen.

ERDE
LUXEMBURG
EUROPA
ASIEN
AFRIKA
OZEANIEN
POLARGEBIETE
AMERIKA
REGISTER

Maßstab 1:120 000 000

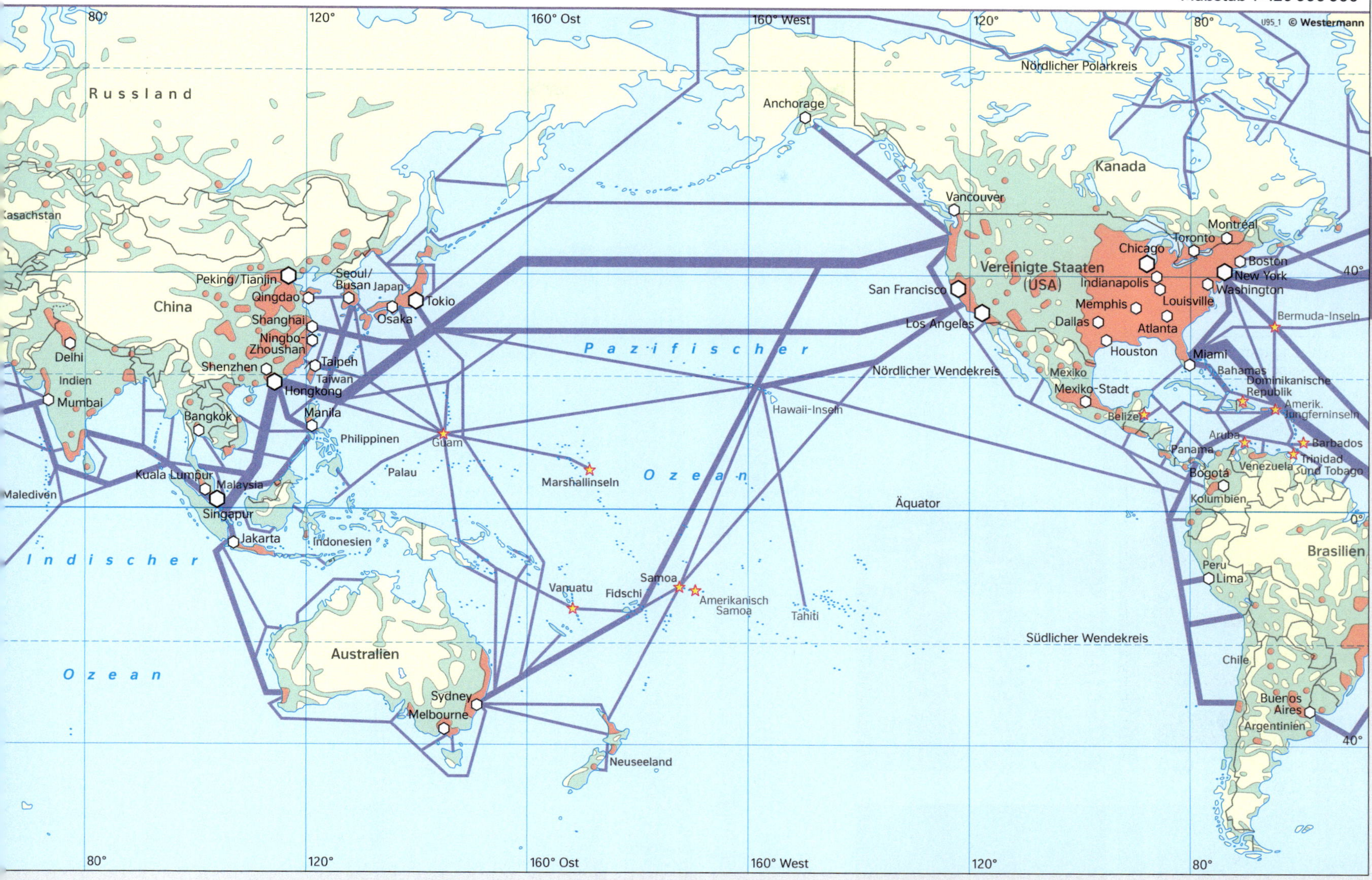

Maßstab 1:120 000 000

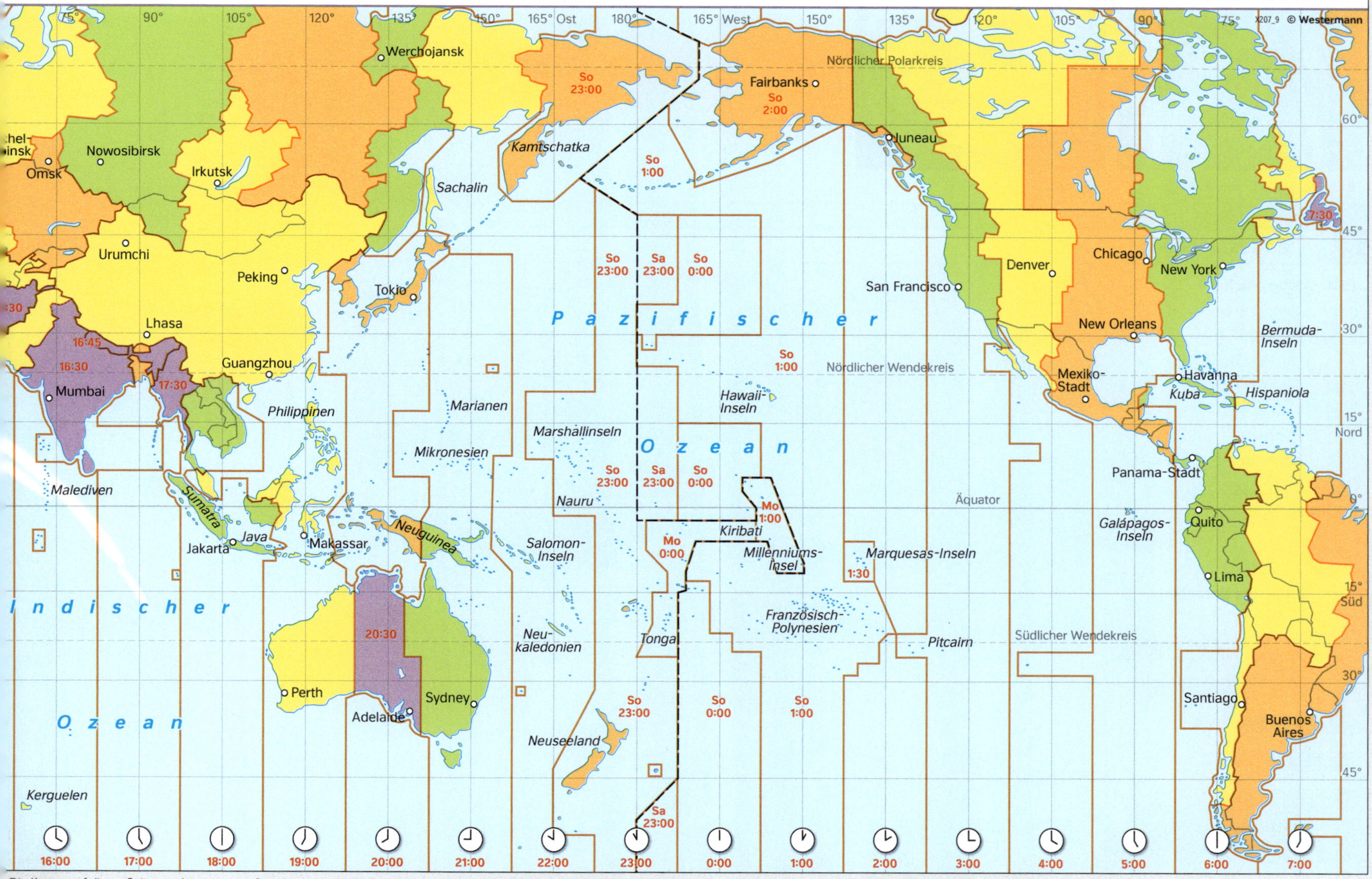

Die Karten auf dieser Seite wurden so entworfen, dass sowohl die Breitenkreise als auch die Längenhalbkreise als gerade Strecken abgebildet werden und sich überall rechtwinklig schneiden.
Bei dieser sogenannten Zylinderprojektion kann die Erdoberfläche mehrfach abgebildet werden. Der Maßstab 1:120 000 000 gilt nur am Äquator und in Messrichtung vom Äquator zu den Polen.

1 Tourismus

Die Bedeutung des Tourismus in den Ländern (Anteil an den Einnahmen eines Landes, 2018)

- über 50
- 20 – 50
- 10 – 20
- 5 – 10
- unter 5 %
- keine statistischen Angaben

Grund der Reise

- Pilgerzentrum
- Stadt
- kulturelle Sehenswürdigkeit
- Nationalpark, Naturdenkmal
- Rundreise, Safari, Trekking
- Kreuzfahrt
- Badeurlaub
- Wintersport

Die beliebtesten Reiseländer (in einer Großregion, 2018)

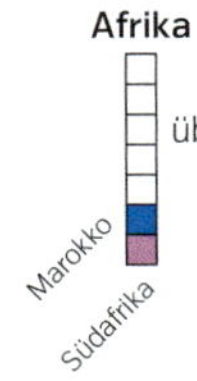

□ 1 Kästchen ≙ 10 Mio. Touristen

Städtetourismus (Athen)

Safaritourismus (Afrika)

Badetourismus (Malediven)

Ferntourismus (Flugreise)

2 Amtssprachen

Maßstab 1:180 000 000

Erste Amtssprache

Zugleich Amtssprache der UN

- Arabisch
- Chinesisch (Mandarin)
- Englisch
- Französisch
- Russisch
- Spanisch

Weitere bedeutende Amtssprache

- Portugiesisch
- Hindi
- sonstige

Die geläufigsten Sprachen der Welt Quelle: SIL Internation (2018)

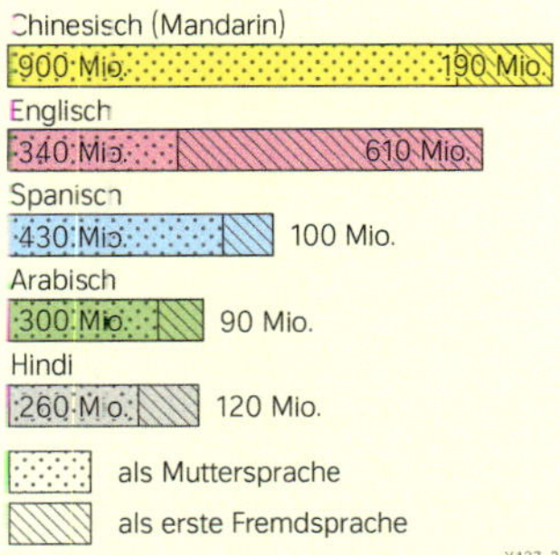

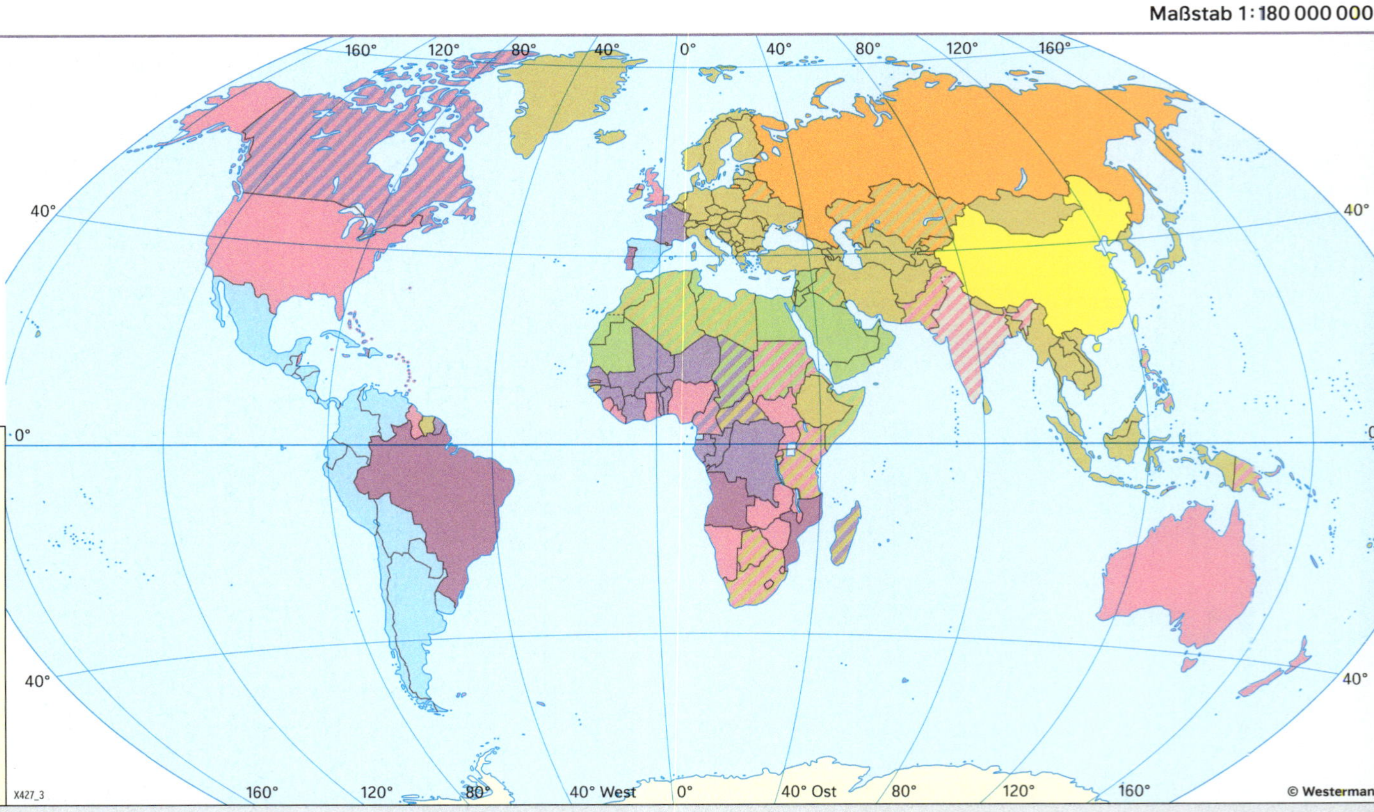

Maßstab 1: 90 000 000

3 Schriften

Maßstab 1: 180 000 000

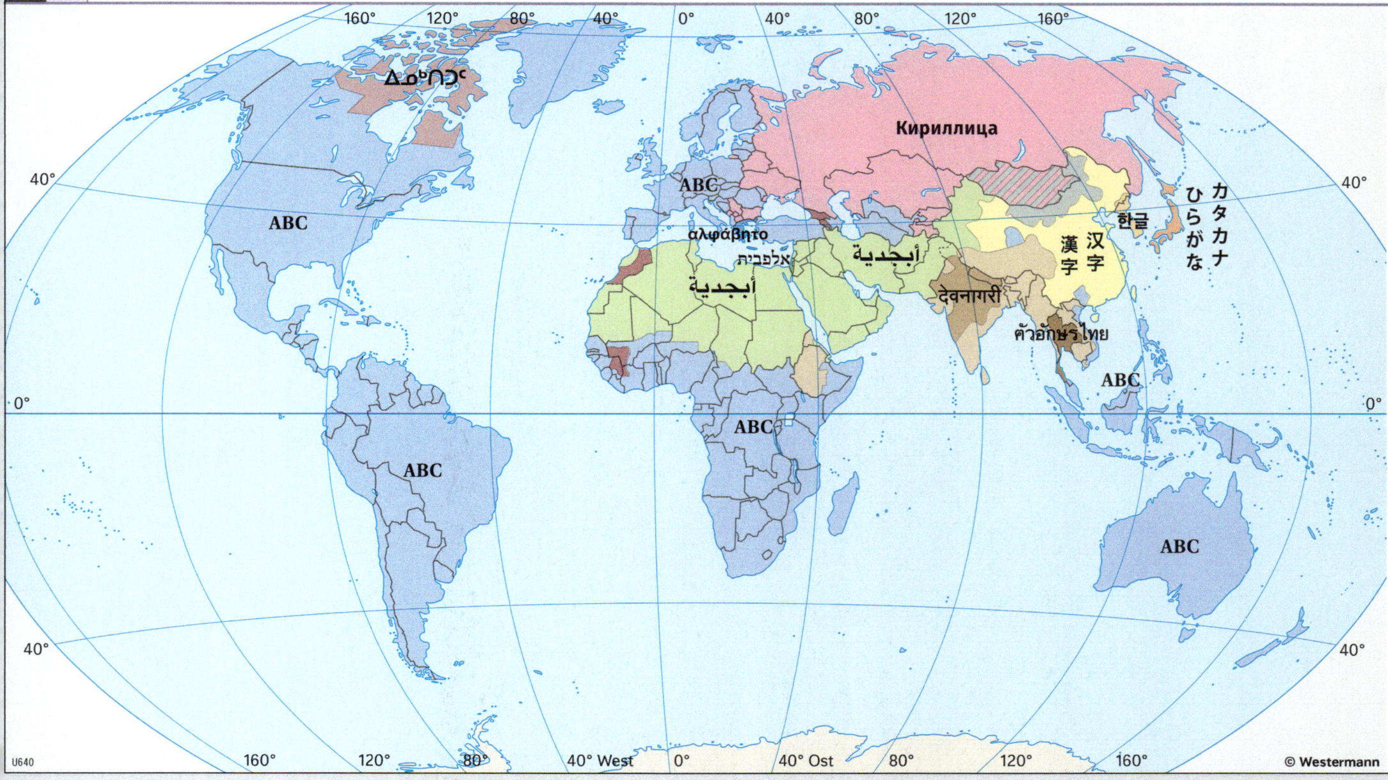

Schriften der Welt (Alphabete)

- Lateinisch
- Griechisch
- Kyrillisch
- Arabisch
- Hebräisch
- Nordindisch (Devanagari)
- Thailändisch
- andere Abugida-Schriften
- Chinesisch (Hanzi)
- Koreanisch (Hangeul)
- Japanisch (Hiragana, Katakana)
- Mongolisch
- Kanadische Silbenschrift
- sonstige Schriften

ABC Schriftbeispiel (Kurzbezeichnung des jeweiligen Alphabets)

Maßstab 1 : 200 000 (1cm ≙ 2 km) 0 2 4 6 8 10 km

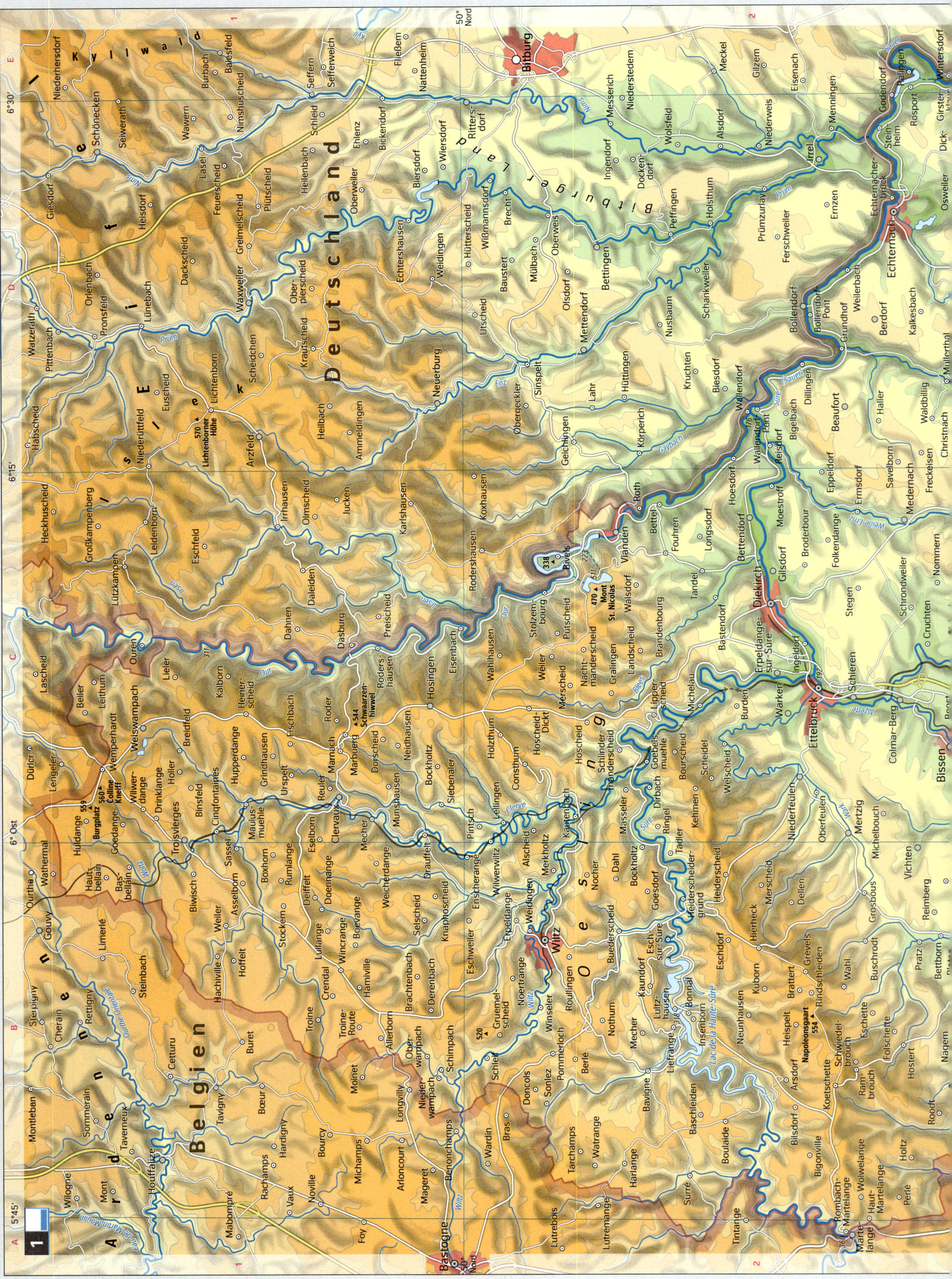

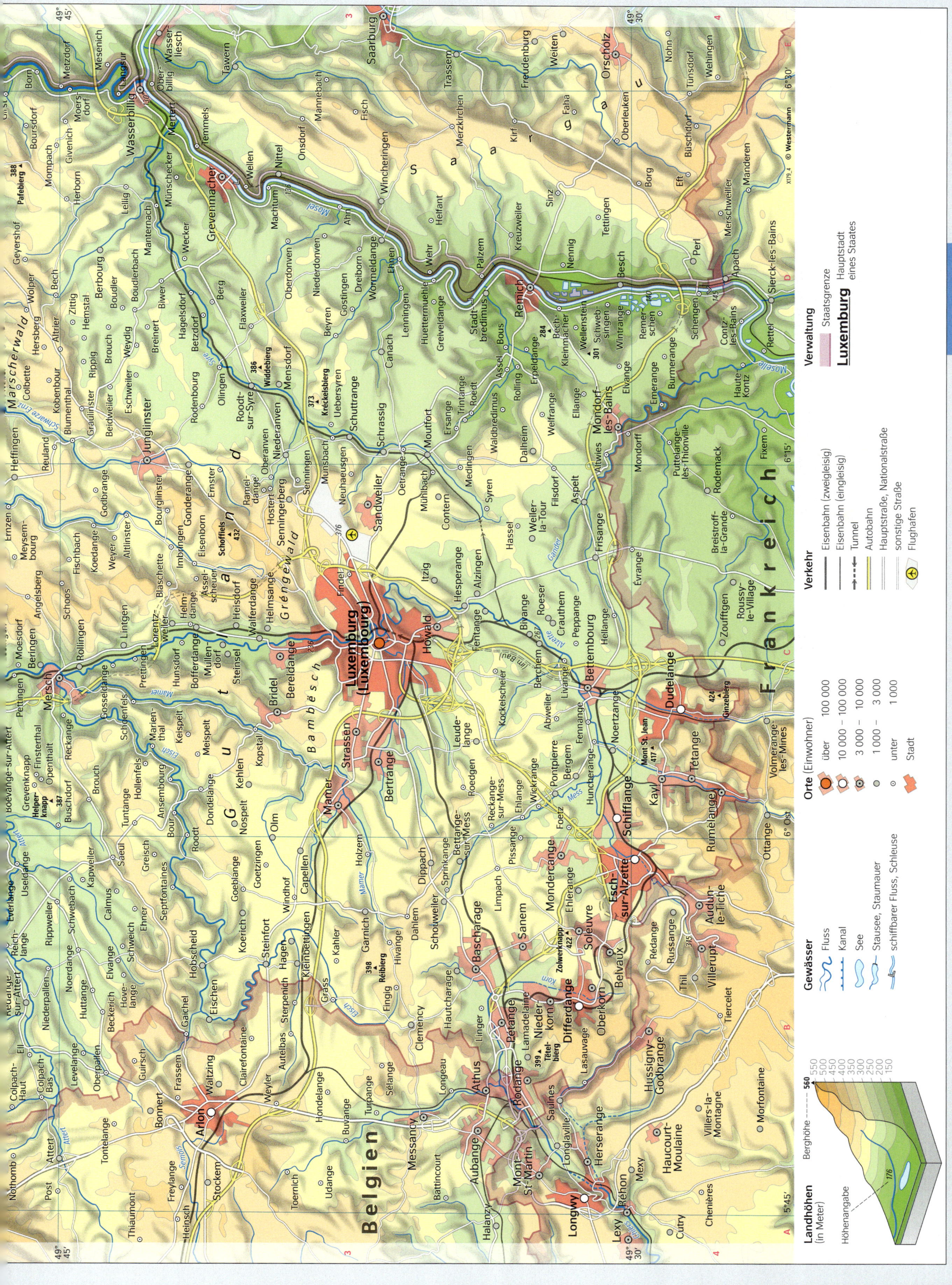

ERDE
LUXEMBURG
EUROPA
ASIEN
AFRIKA
OZEANIEN
POLARGEBIETE
AMERIKA
REGISTER

ERDE
LUXEMBURG
EUROPA
ASIEN
AFRIKA
OZEANIEN
POLARGEBIETE
AMERIKA
REGISTER

1 Physische Übersicht

Maßstab 1 : 350 000 (0 – 3 – 6 – 9 – 12 – 15 km)

Orientierung auf der Karte

Karten sind genordet, das bedeutet: der obere Kartenrand zeigt in Richtung Norden. Ausnahmen sind mit einem Nordpfeil gekennzeichnet.

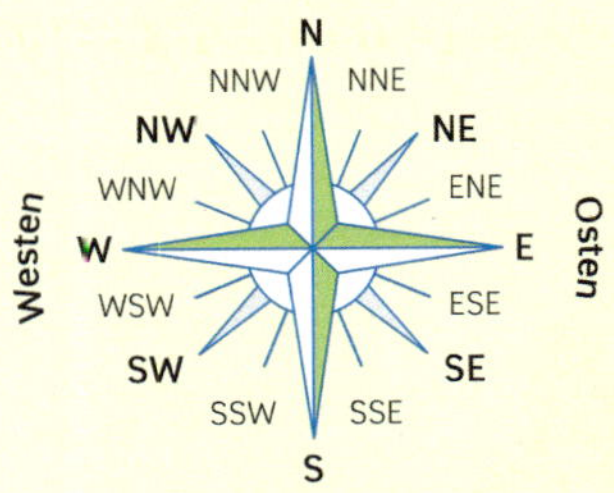

Berge auf der Karte

In der physischen Karte wird das Relief der Erdoberfläche verebnet dargestellt. Die kartographischen Mittel zur Höhendarstellung sind Höhenlinien, farbige Höhenschichten, einzelne Höhenangaben und die Schummerung von Bergflanken.

Höhenlinien verbinden als gedachte Linie die Punkte gleicher Höhenlage auf der Erdoberfläche.

Höhenschichten sind die Teilbereiche der Erdoberfläche zwischen einer oberen und einer unteren Höhenlinie.

Ein Berg als Blockbild mit Höhenlinien und Höhenschichten

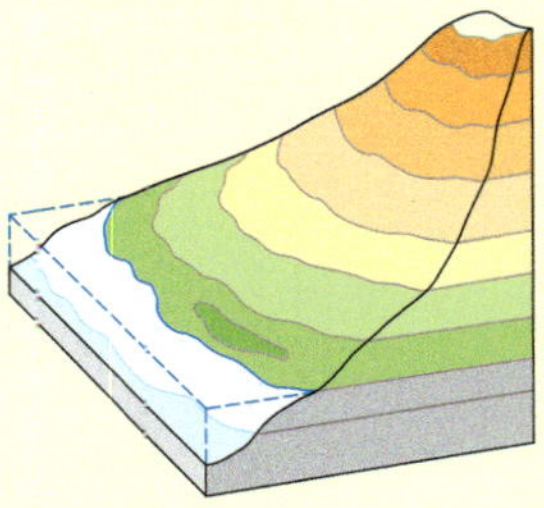

Der Berg als Blockbild in einer Schattendarstellung (Schummerung)

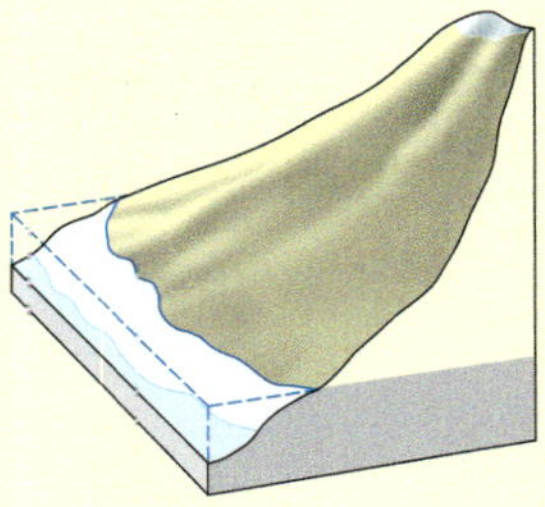

Blockbild als Karte verebnet

Berghöhe (in Meter)

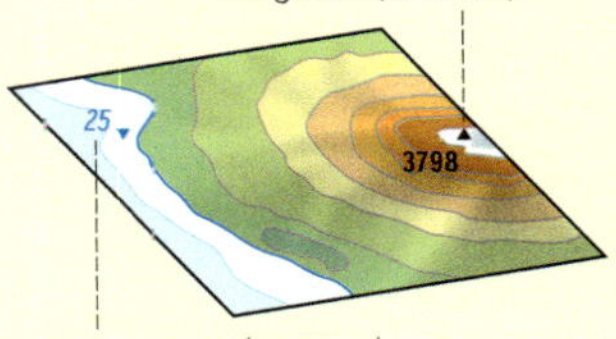

Tiefenangabe (in Meter)

In der Kartenlegende erläutert ein Blockbild die Landhöhen und manchmal auch die Meerestiefen.

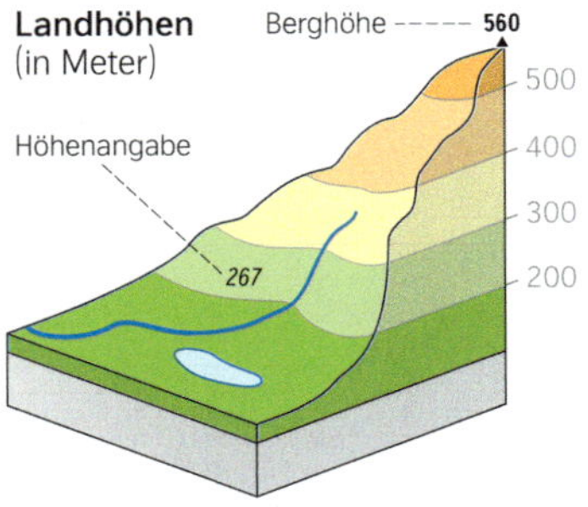

Gutland
Landschaftsname

Eifel
Name eines Höhenzuges/Gebirges

Gewässer
- Fluss
- schiffbarer Fluss
- See
- Stausee, Staumauer

Orte (Einwohner)

●	über	100 000
○	10 000 –	100 000
○	3 000 –	10 000
○	unter	3 000

Verwaltung
- Staatsgrenze
- **Luxemburg** Hauptstadt eines Staates

2 Temperaturen im Januar

Maßstab 1:700 000 0 5 10 15 km

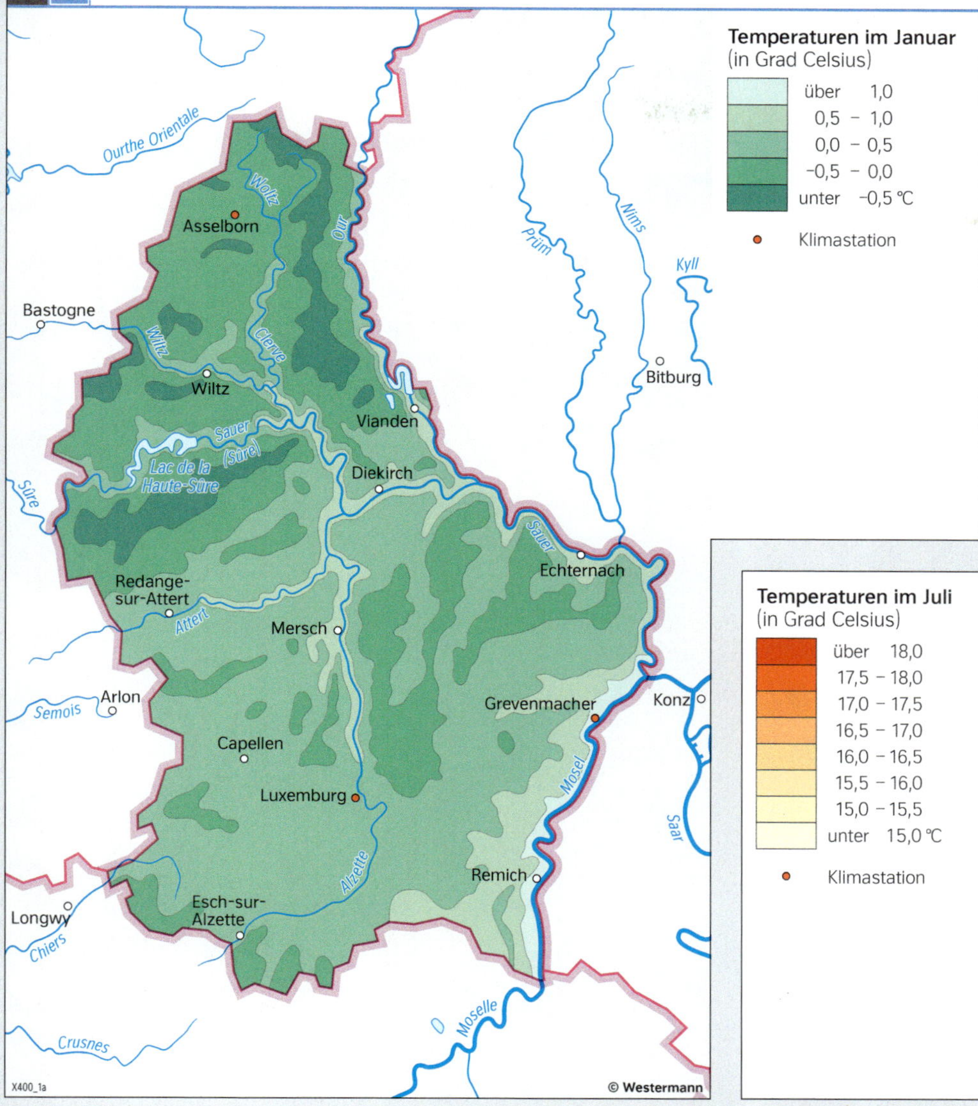

3 Temperaturen im Juli

Maßstab 1:700 000

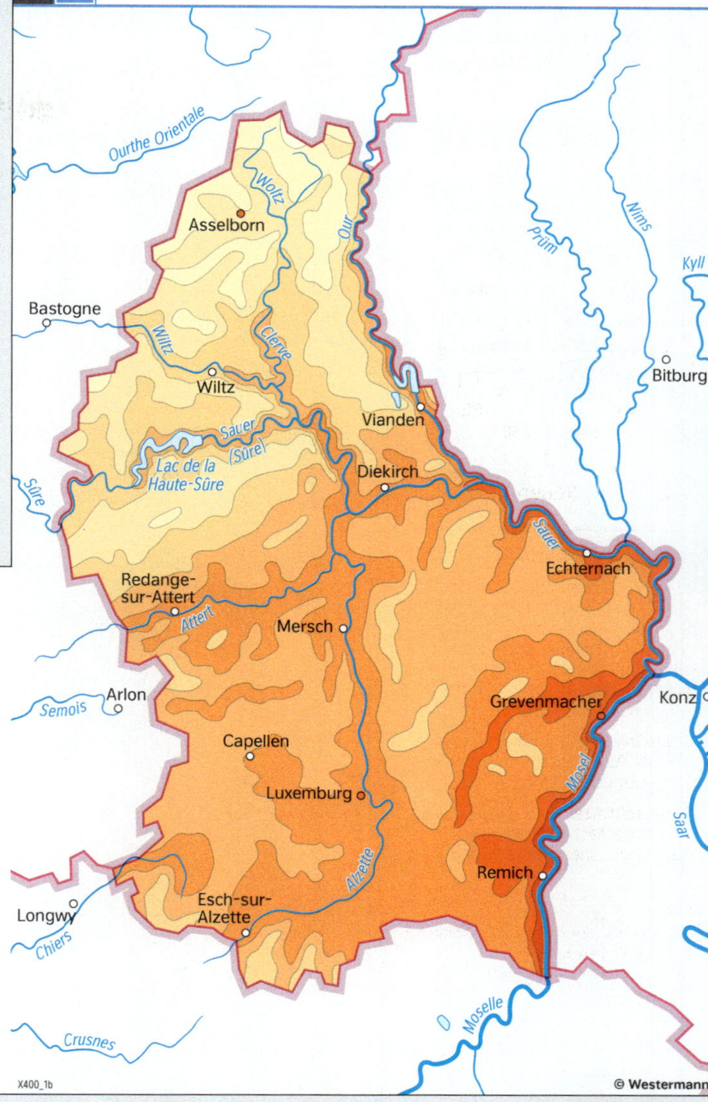

4 Klimadiagramme

Maßstab 1:700 000 0 5 10 15 km

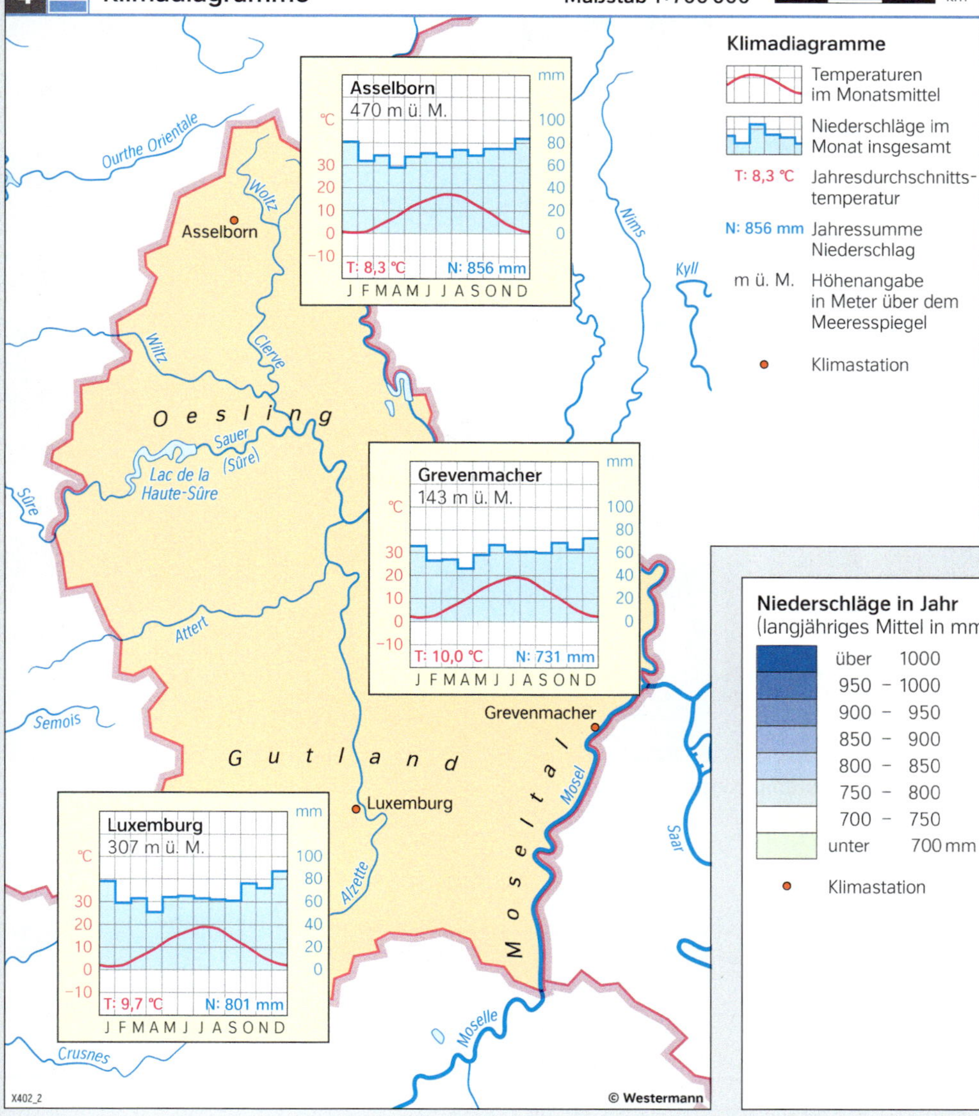

5 Niederschläge im Jahr

Maßstab 1:700 000

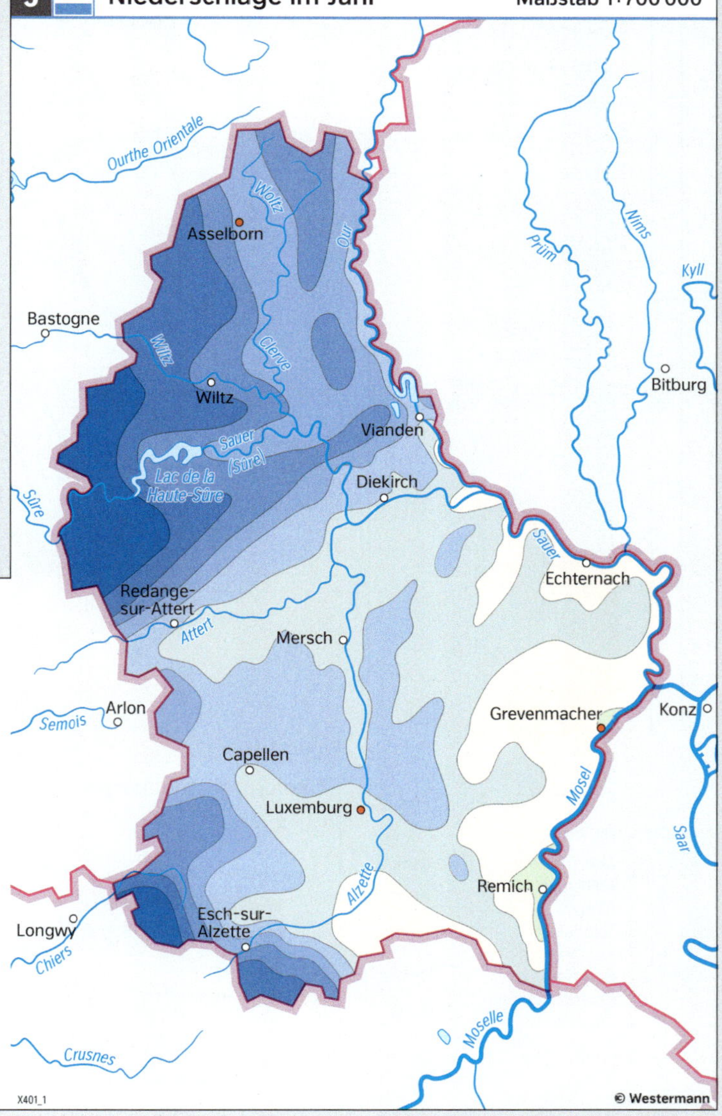

ERDE
LUXEMBURG
EUROPA
ASIEN
AFRIKA
OZEANIEN
POLARGEBIETE
AMERIKA
REGISTER

1 Luxemburg Geologie und Gesteine

Maßstab 1 : 350 000 — 0 3 6 9 12 15 km

Profil der in Luxemburg anstehenden Gesteine

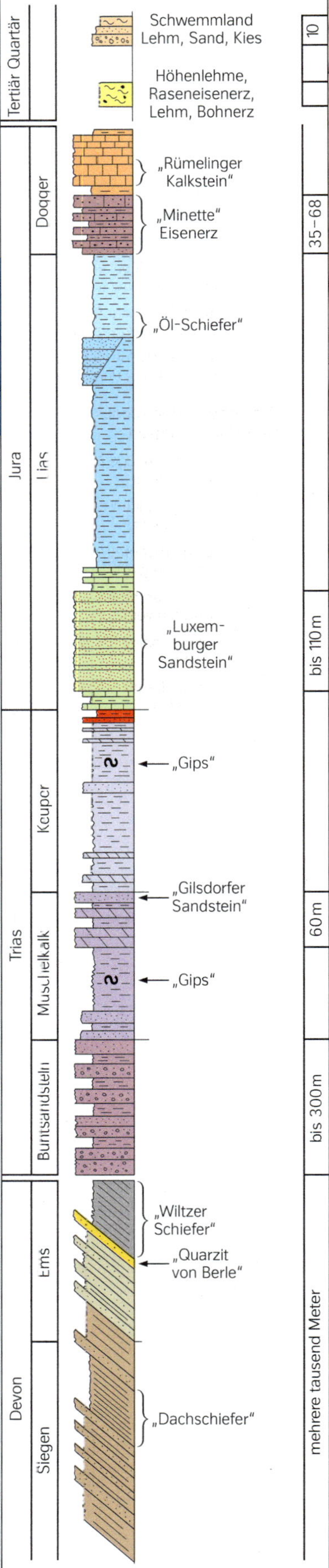

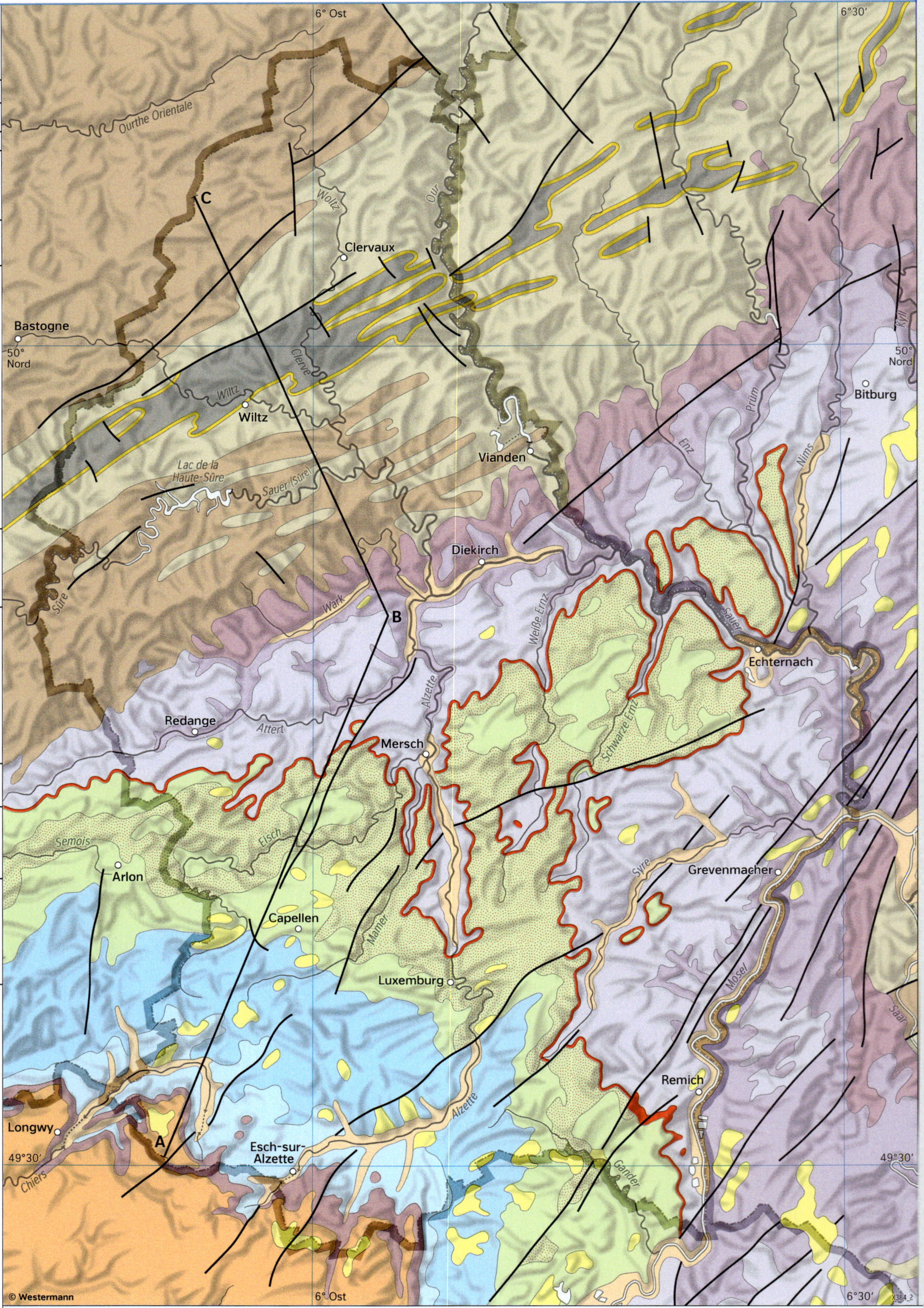

Geologisch-Geomorphologische Schnittprofil durch Luxemburg

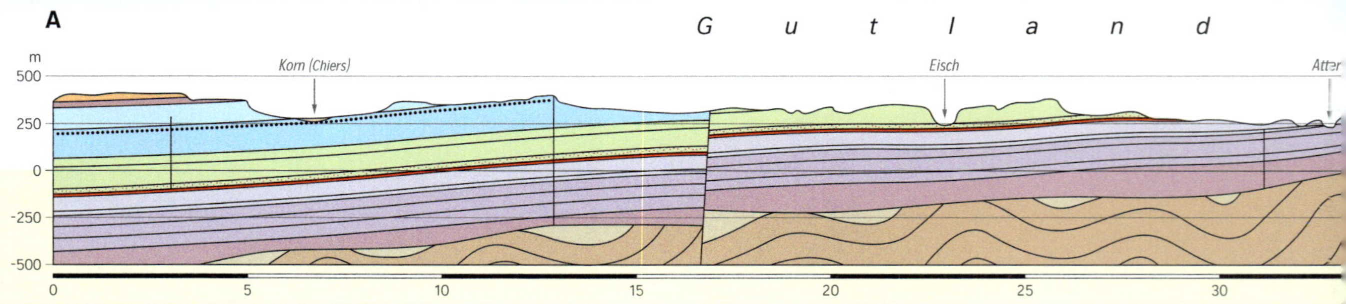

Gesteinslegende

- Dolomitstein
- Kalkstein
- Mergel
- Sandstein
- Konglomerat
- Schiefer
- Quarzsandstein
- Quarzit

Gestein: weich / hart

Verwerfung

X384_2b

2 Naturlandschaften und Naturrisiken

Maßstab 1:350 000 — 0 3 6 9 12 15 km

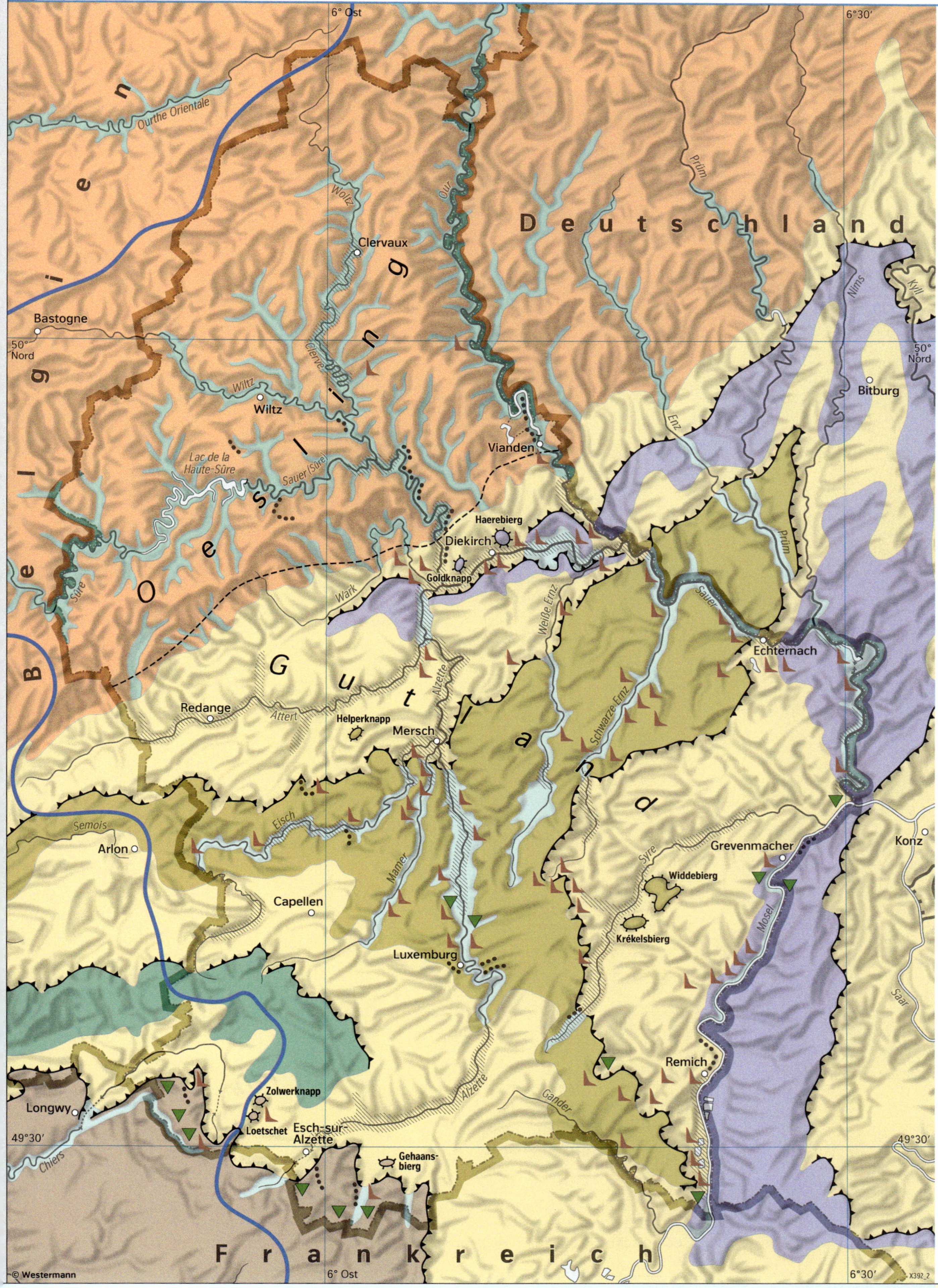

Oberflächengestalt (Morphologie)

- Hochfläche mit eingeschnittenen Tälern
- Schichtstufe des Muschelkalks (Kalke)
- Schichtstufe des unteren Lias (Luxemburger Sandstein, Kalke)
- Schichtstufe des mittleren Lias (Sandstein)
- Schichtstufe des Doggers (Kalke)
- Zeugenberg
- Tief- und Hügelland in weichem Gestein
- in die Schichtstufen eingeschnittene enge Täler
- Wasserscheide zwischen Meuse (Maas) und Rhein

Typische Böden dieser Naturlandschaften

- steinig-lehmige Braunerden aus Schiefer
- steinig-tonige Braunerden aus Dolomit
- tonige Parabraunerden, mäßig vergleyt
- tonige Parabraunerden, schwach vergleyt
- steinig-tonige Braunerden aus Kalk
- tonige Braunerden aus Mergel, nicht vergleyt

Naturrisiken

- Erdrutsch
- Steinschlag
- Bodensenkung
- Überschwemmung
- Landschaftsgrenze Oesling-Gutland

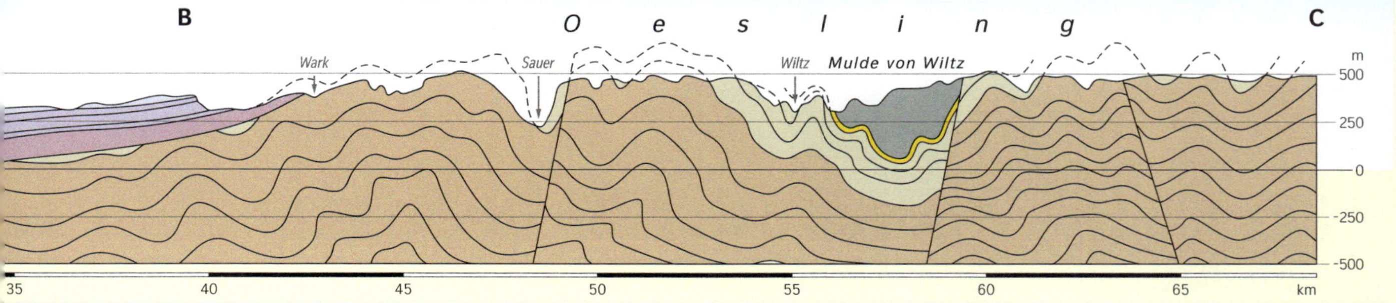

- Grundgebirge: devonisches Schiefergebirge
- Deckgebirge: mesozoische Sedimentgesteine
- Verwerfung (Sprung) mit vertikalem Gesteinsversatz
- Schichtstufenlandschaft im Deckgebirge

Lage im Pariser Becken

1 Erdgeschichte

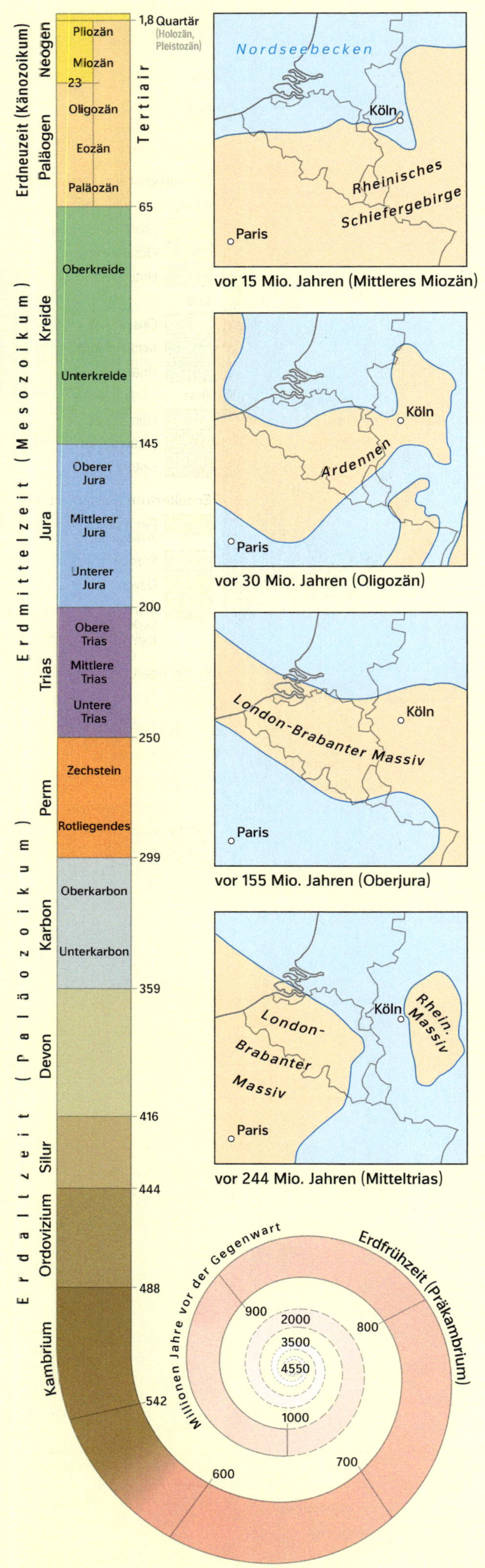

Land-Meer-Verteilung
(Kartenabfolge oben)

Land | Meer

Zur Orientierung
heutige Staatsgrenze
heutiger Ort

2 Pariser Becken **Geologie**

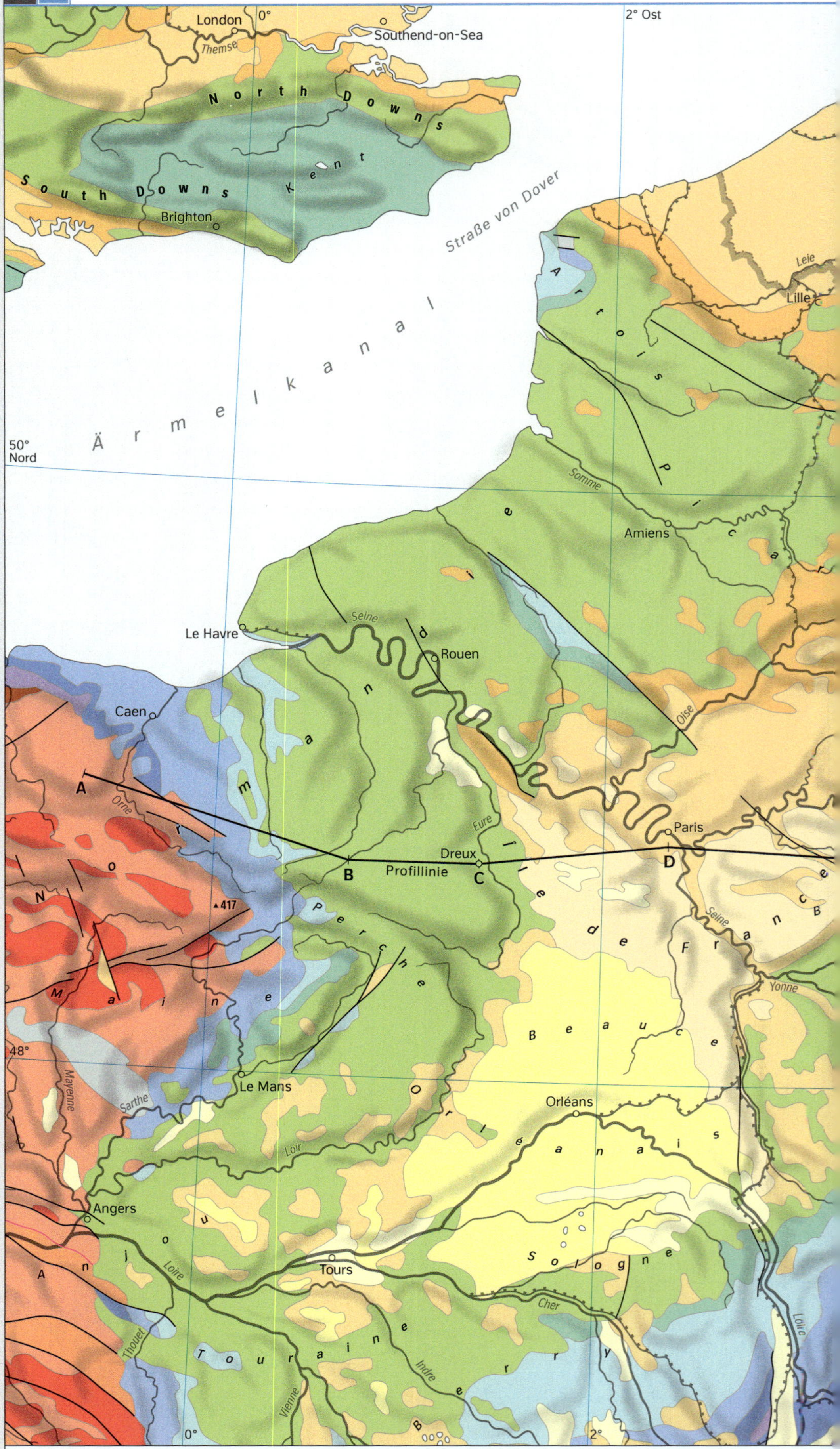

Geologisches Profil durch das Pariser Becken

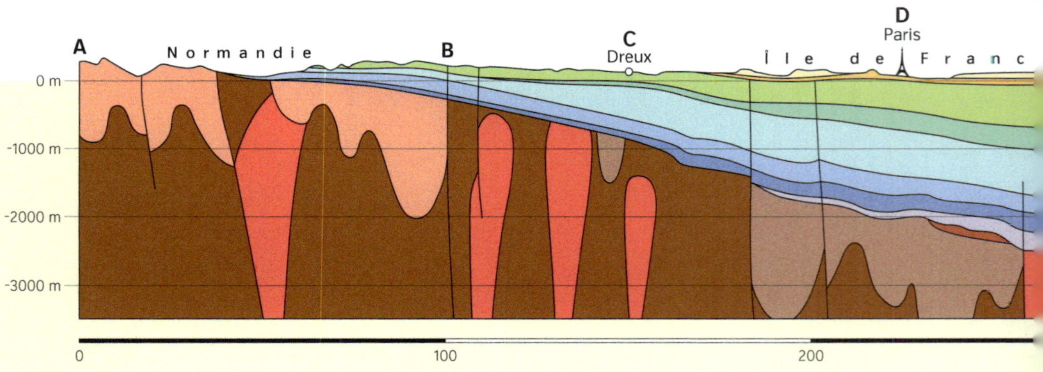

Maßstab 1 : 2 250 000 (0 – 20 – 40 – 60 – 80 – 100 km)

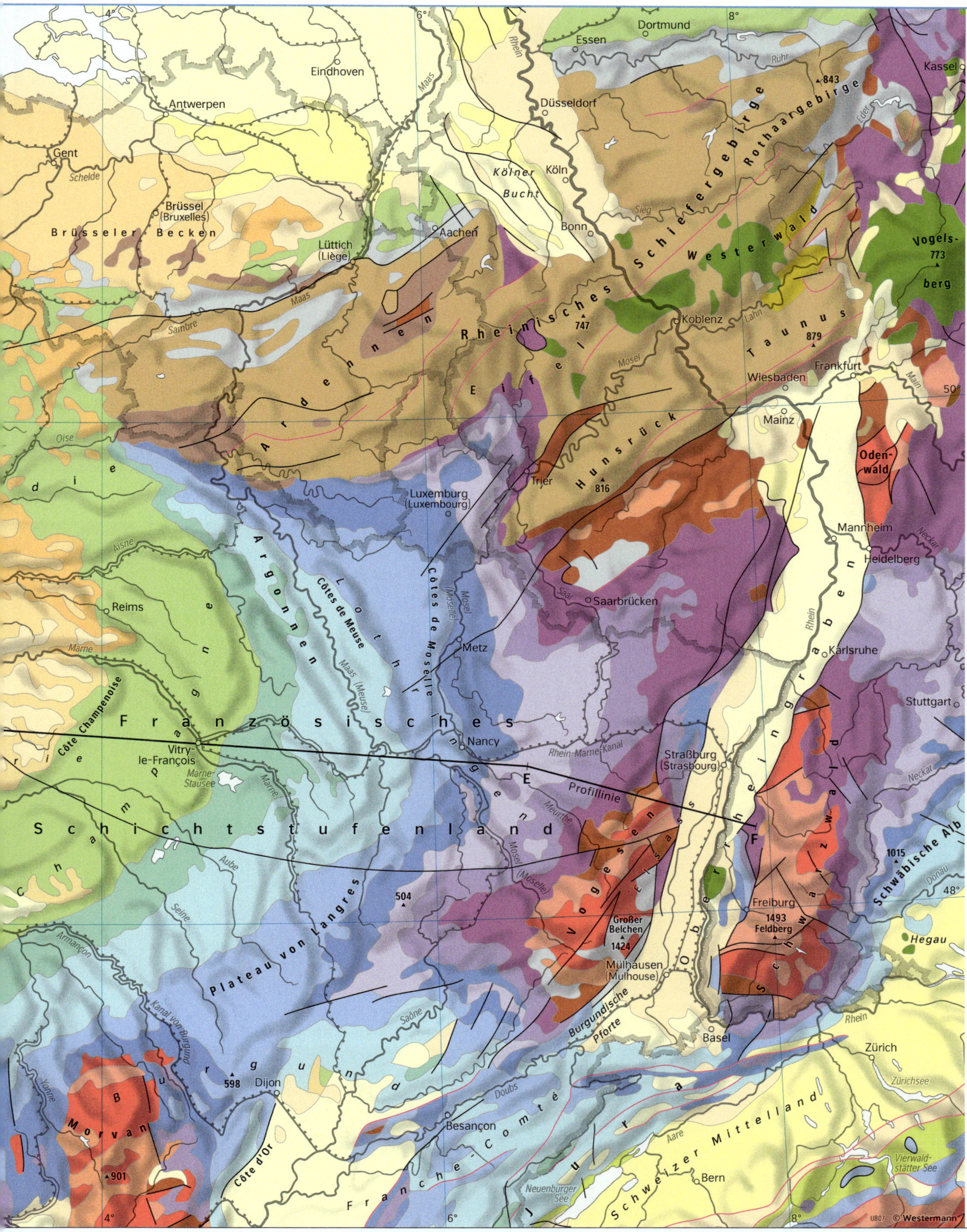

Erdneuzeit (Känozoikum)
- Neogen (Jungtertiär)
  - Pliozän
  - Miozän
- Paläogen (Alttertiär)
  - Oligozän
  - Eozän
  - Paläozän

Erdmittelalter (Mesozoikum)
- Kreide
  - Kreide, ungegliedert
  - Oberkreide
  - Unterkreide
- Jura
  - Oberer Jura
  - Mittlerer Jura
  - Unterer Jura
- Trias
  - Obere Trias
  - Mittlere Trias
  - Untere Trias

Erdaltertum (Paläozoikum)
- Perm (Zechstein, Rotliegendes)
- Karbon
- Devon
- Silur, Ordovizium, Kambrium

Erdfrühzeit (Präkambrium)
- Proterozoikum

Magmatische Gesteine
- Tiefengesteine
  - Granit (vorwiegend Karbon-Perm, in den Alpen z.T. Paläogen)
- Ergussgesteine
  - Rhyolith/Andesit (meist aus Neogen oder Perm)
  - Basalt (vorwiegend Neogen)

Metamorphe Gesteine
- Gneis, Glimmerschiefer, Phyllit, Marmor u.a.
- Verwerfung
- Deckenüberschiebung

- Berggipfel

Gewässer
- Fluss
- Kanal
- See

Grenzen
- Staatsgrenze

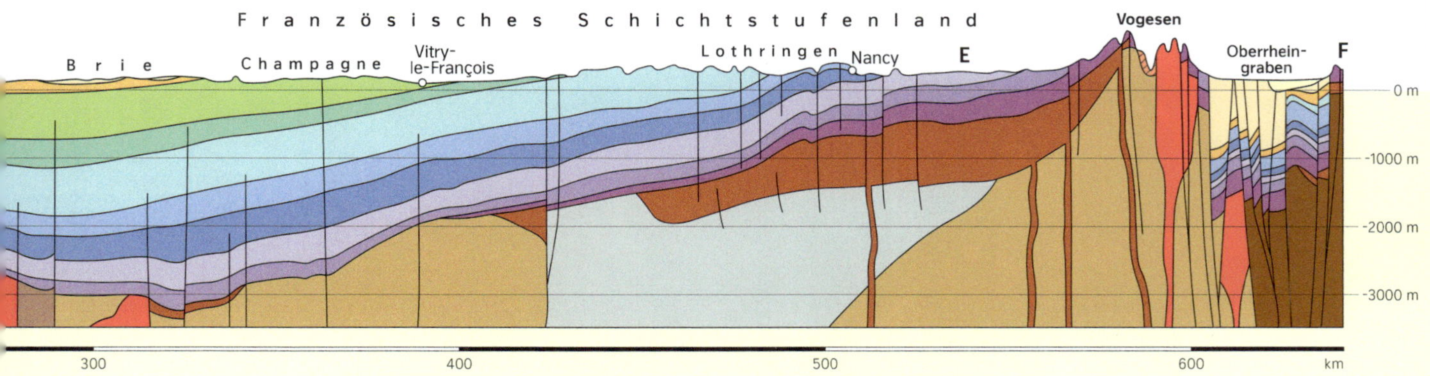

- kristallines Grundgebirge: Tiefengesteine und metamorphe Gesteine
- Deckgebirge: mesozoische und känozoische Sedimentgesteine
- Grabenbruch (passive Riftzone): mesozoische und känozoische Sedimente als Grabenfüllung

Quelle: AGBP

ERDE
LUXEMBURG
EUROPA
ASIEN
AFRIKA
OZEANIEN
POLARGEBIETE
AMERIKA
REGISTER

Vom Luftbild zur Karte

ERDE
LUXEMBURG
EUROPA
ASIEN
AFRIKA
OZEANIEN
POLARGEBIETE
AMERIKA
REGISTER

1 Maßstäbe / Messen in Karten

Maßstab 1 : 10 000	0 100 200 300 m	
Entfernung in der Karte	1 cm	
Entfernung in der Wirklichkeit	10 000 cm = 100 m	
Maßstab 1 : 50 000	0 500 1000 1500 m	
Entfernung in der Karte	1 cm	
Entfernung in der Wirklichkeit	50 000 cm = 500 m	
Maßstab 1 : 100 000	0 1000 2000 3000 m	
Entfernung in der Karte	1 cm	
Entfernung in der Wirklichkeit	100 000 cm = 1 000 m	

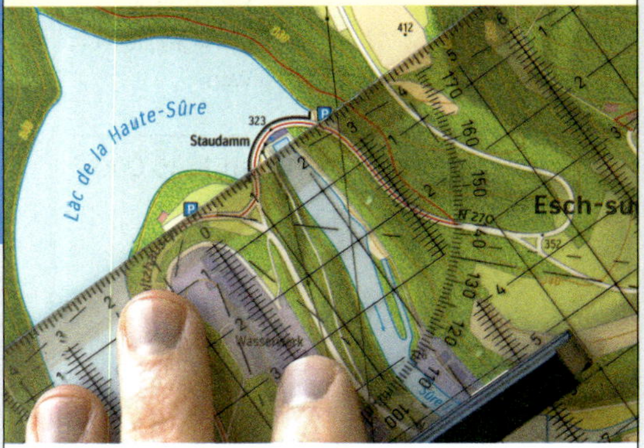

a *Entfernungen mit dem Lineal messen:*

Gemessene Kartenstrecke (in cm) mal große Maßstabszahl = Strecke in Wirklichkeit (in cm)

b *Abstände mit Fingerbreiten abschätzen:*

Der Fluss ist auf der Karte einen Finger breit. Die Maßstabsleiste zeigt die Breite in Meter.

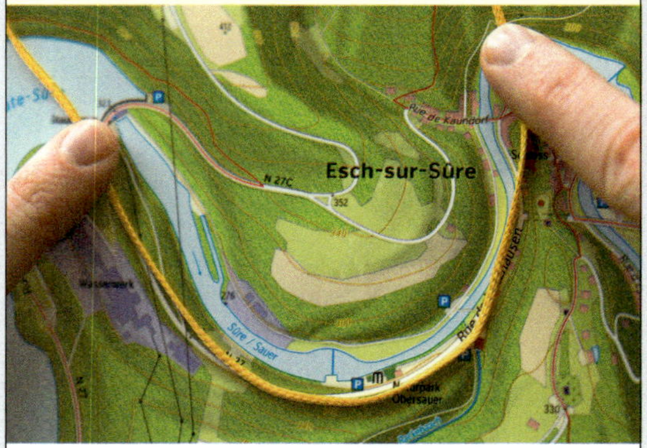

c *Umfänge und Kurven mit Fäden ausmessen:*

Nach dem Auflegen den Faden zum Messen auf eine verlängerte Maßstabsleiste anlegen.

d *Abschnittsweises Messen mit Papierstreifen:*

Strecken- und Routenlängen können auch in Einzelstrecken erfasst und dann errechnet werden.

2 Barrage d'Esch-sur-Sûre **Trinkwassertalsperre an der Sauer**

Luftbild

3 Lac de la Haute-Sûre **Stausee im Tal der Sauer**

Luftbild

4 Lac de la Haute-Sûre **Stausee im Naturpark Obersauer**

Luftbild

Maßstab 1 : 10 000 0 100 200 300 m

Karte

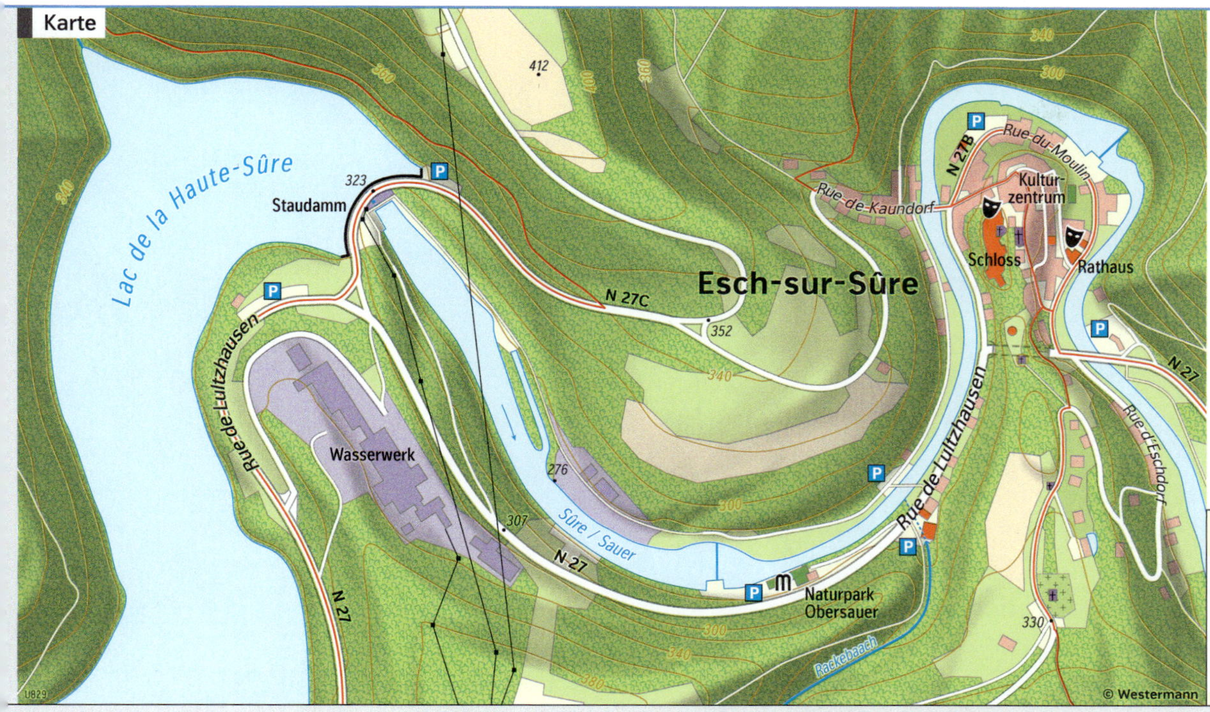

Flächennutzung
- Wohngebäude
- Industrie
- Wald
- Friedhof
- Grünflächen
- Wiese, Weide
- Ackerland
- öffentliche Gebäude
- kulturelle Einrichtungen
- Kirche, religiöse Einrichtung
- Stromleitung
- Wehr, Staustufe

Topographie
- 340 Höhenlinien im 20m-Abstand
- • 276 Höhenangabe (in Meter)

Tourismus
- P Parkplatz
- sommerliche Eventflächen
- Museum
- Fernwanderweg

Verkehr
- Hauptstraße
- sonstige Straße
- Weg

Distanzen beim Kartenmaßstab 1 : 10 000

Entfernung in der Karte	Entfernung in der Wirklichkeit
1 cm	10 000 cm

100 m — 0 1 2

Maßstab 1 : 50 000 0 500 1000 1500 m

Karte

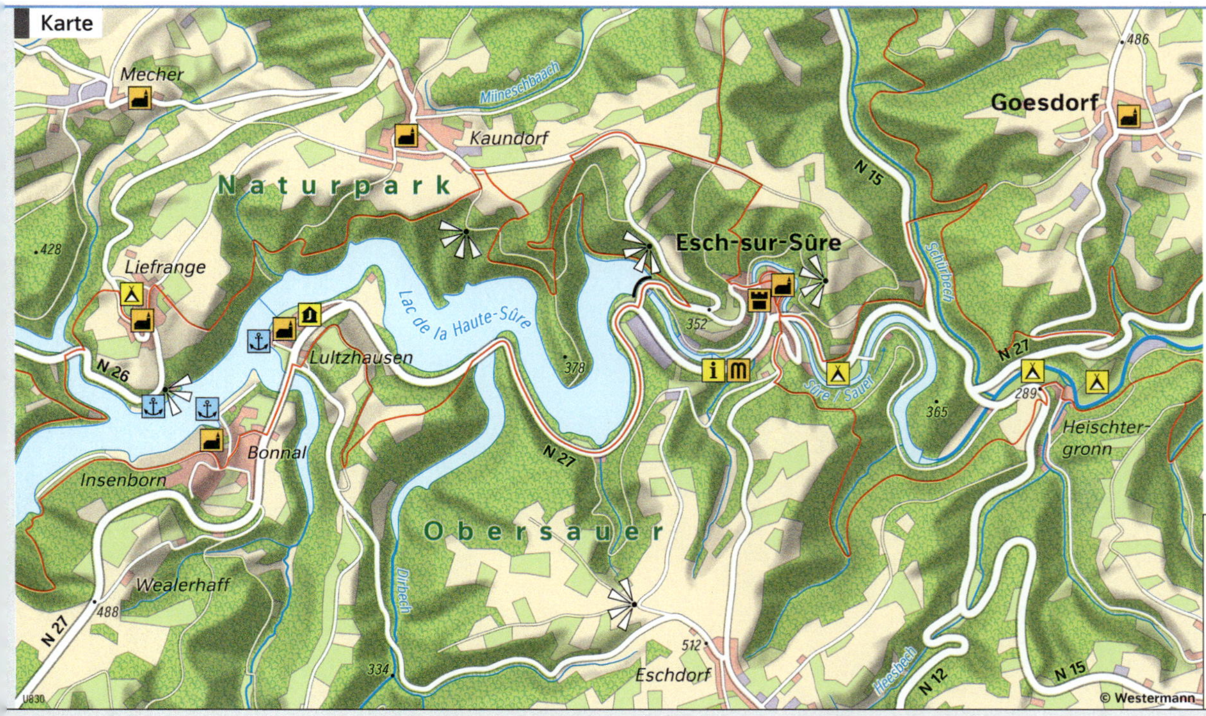

Flächennutzung
- Siedlung
- Industrie
- Wald
- Grünflächen
- Wiese, Weide
- Ackerland

Touristische Einrichtungen
- Campingplatz
- Jugendherberge
- Naturparkzentrum
- Museum
- Bootsanlegestelle
- Fernwanderweg

Sehenswürdigkeiten
- Burg, Schloss
- Kirche, Kloster
- Staumauer
- Aussichtspunkt
- • 378 Höhenangabe (in Meter)

Verkehr
- Hauptstraße
- sonstige Straße
- Weg

Distanzen beim Kartenmaßstab 1 : 50 000

Entfernung in der Karte	Entfernung in der Wirklichkeit
1 cm	50 000 cm

500 m — 0 1 2

Maßstab 1 : 100 000 0 1 2 3 km

Karte

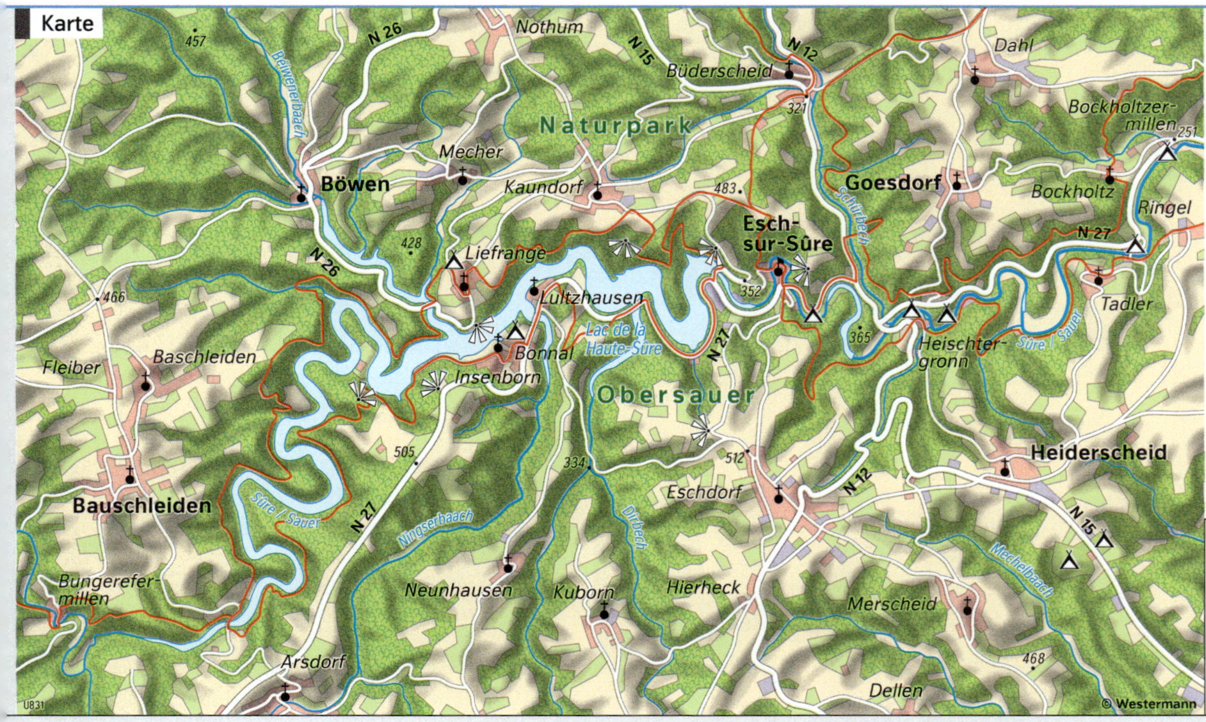

Flächennutzung
- Siedlung
- Industrie
- Wald
- Grünflächen
- Wiese, Weide
- Ackerland

Kulturdenkmäler
- Kirche, Kloster
- Burg, Schloss

Verkehr
- Hauptstraße
- Nebenstraße

Tourismus
- Campingplatz
- Fernwanderweg
- Aussichtspunkt
- • 512 Höhenangabe (in Meter)

Distanzen beim Kartenmaßstab 1 : 100 000

Entfernung in der Karte	Entfernung in der Wirklichkeit
1 cm	100 000 cm

1 km — 0 1 2

1 Luxemburg Satellitenbild

Maßstab 1 : 350 000 (0 3 6 9 12 15 km)

Bodenbedeckung

- Siedlungsgebiet (grau)
- Wiese, Weide (hellgrün)
- Ackerland, Felder (hellgrau oder beige)
- Wald (dunkelgrün)
- See (dunkelblau)

Satellitenbild und Karte vergleichen

Ein Satellitenbild zeigt die Bodenbedeckung einer Landschaft aus großer Höhe. Dabei erscheinen viele Übergänge und Mischformen zwischen den verschiedenen Nutzungen. In der Karte sind diese klar voneinander getrennt. Die Karte vereinfacht also das Kartenbild.

Flächennutzung in Luxemburg 2000 und 2020

- Zuwachs seit 2000
- Rückgang seit 2000

(1 Kästchen ≙ 10 km²)

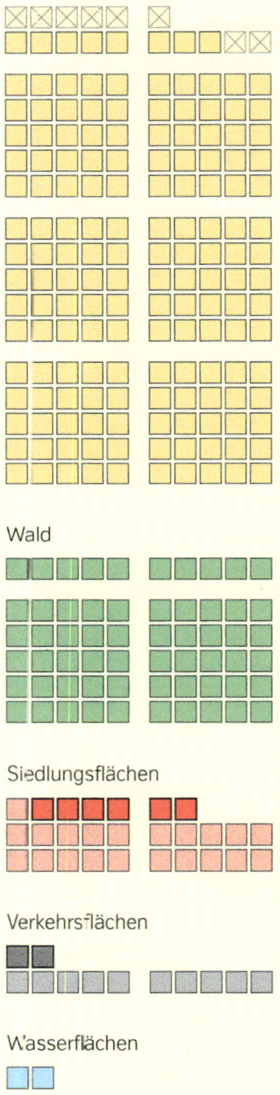

Weinberge im Moseltal bei Wintringen

Felder und Wiesen im Gutland

Wald bei Bourscheid

2 Luxemburg **Bodenbedeckung und Tourismus**

Maßstab 1 : 350 000 — 0 3 6 9 12 15 km

Bodenbedeckung, Freizeit und Erholung

Vielfalt an Kultur-, Sport- und Freizeiteinrichtungen
- städtisches Siedlungsgebiet

Naturnahe Freizeit- und Erholungslandschaft
- Wiese, Weide
- Ackerbau, Felder
- Weinberge
- Obstwiesen
- Wald
- Bach, Fluss
- See
- Stausee, Staumauer

Naturpark (Naturschutz und Tourismus)
- Grenze eines Naturparks
- Our — Name eines Naturparks
- grenzüberschreitender Naturpark
- Deutsch-Luxemburgischer Naturpark — Name eines grenzüberschreitenden Naturparks

Übernachtungsorte (Freizeit- und Geschäftsreisen)

Anzahl der Übernachtungen pro Jahr
- über 100 000
- unter 100 000

Ausflugsziele

Sehenswürdigkeiten
- Römische Ruine
- Burg, Ruine (Mittelalter)
- Schloss (Neuzeit)
- Kirche, Kloster, Kapelle
- Museum (in Luxemburg-Stadt: nur Auswahl)
- sehenswerte Parkanlage
- Denkmal, Baudenkmal
- Theater, Veranstaltungsort
- sehenswertes Ortsbild
- Natursehenswürdigkeit

Freizeit
- Tierpark, Zoo
- Golfplatz
- Kanuwandern, Baden
- Bade- und Wassersportzentrum
- Freizeitpark, Erlebnispark
- Radwanderweg

Verkehr
- Autobahn
- Fernstraße
- Straße
- Eisenbahn
- schiffbarer Fluss

Grenzen
- Staatsgrenze

Kanutour auf der Sauer bei Echternach

Industriedenkmal bei Esch-sur-Alzette

Burg Vianden

ERDE LUXEMBURG EUROPA ASIEN AFRIKA OZEANIEN POLARGEBIETE AMERIKA REGISTER

1 Luxemburg Windenergie

Maßstab 1 : 550 000

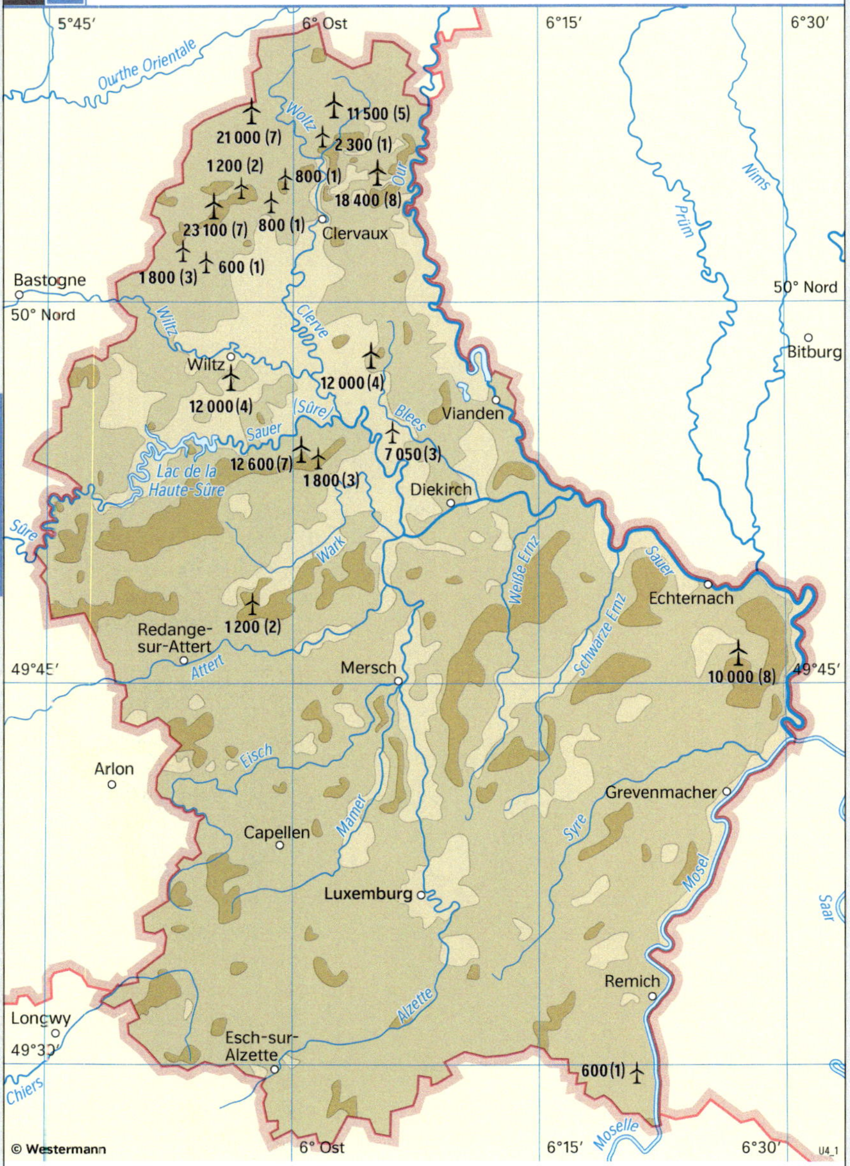

Windgeschwindigkeit (Jahresmittel 30 Meter über der Erdoberfläche in Meter/Sekunde)
- 5,3 bis 5,7
- 4,9 bis 5,3
- 4,5 bis 4,9 m/s

Windparks (Gesamtleistung in Kilowatt: 1 kW = 1000 Watt)
- über 10 000 kW
- 600 – 10 000 kW

Angabe der konkreten Leistung: **2000 (4)** – Leistung in Kilowatt (kW) – Anzahl der Rotoren

2 Luxemburg Sonnenenergie

Maßstab 1 : 550 000

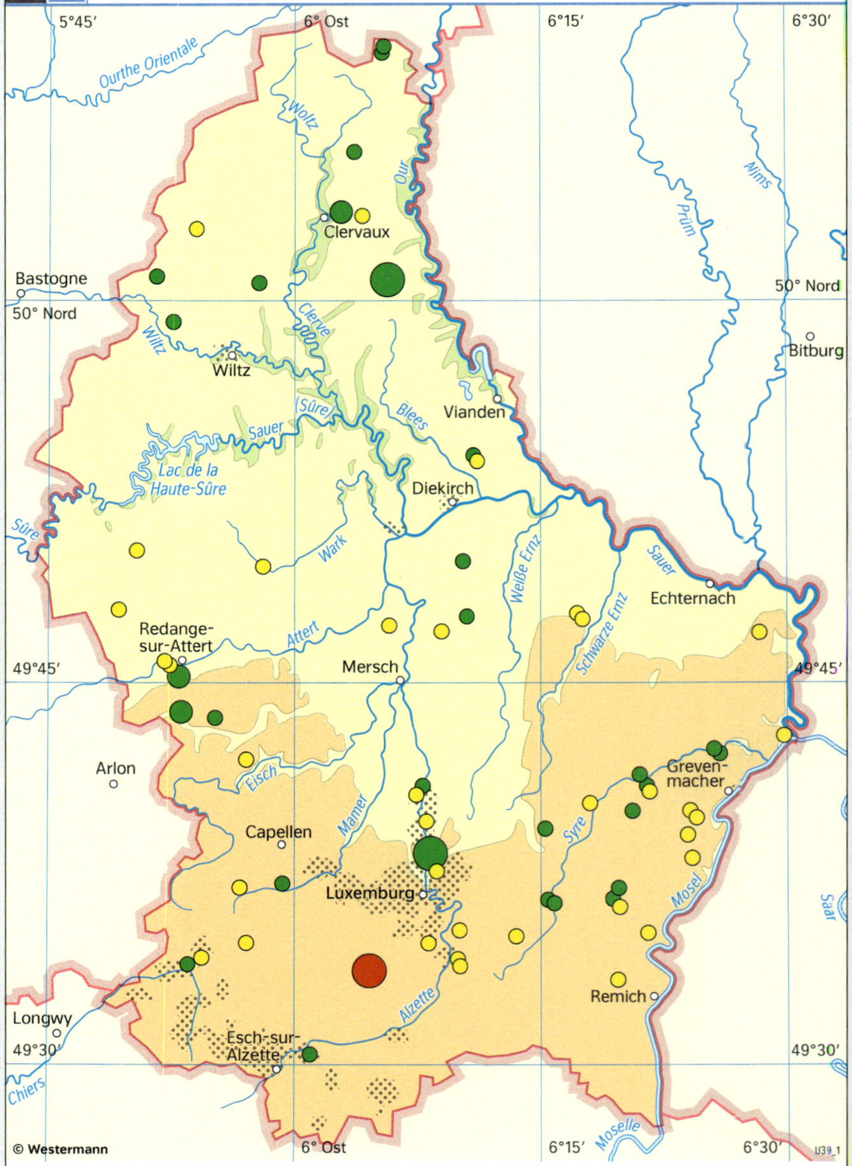

Globaleinstrahlung (jährlich eintreffende Strahlungsenergie der Sonne auf die Erdoberfläche in Kilowattstunden/m²)
- über 1100
- 1060 – 1100
- unter 1060 KWh/m²

Energieerzeugung
- Photovoltaikanlagen
- Biogasanlagen
- Biomüllverbrennung
- großräumige Dachflächen

Energieleistung (Größenstufen in Kilowatt)
- über 1000
- 500 – 1000
- unter 500 KW

3 Beckerich Regenerative Energieversorgung

Maßstab 1 : 40 000 (0 – 0,5 – 1 – 1,5 km)

Energiegewinnung
- Solarenergie (Solarthermie und Photovoltaik)

Biogas
- Erzeugerverbund
- Einzelhoferzeugung

Holzheizung
- Hackschnitzelheizung mit Wärmenetz

Bodennutzung
- Siedlungsfläche
- Ackerbau
- Wiese
- Wald

Verkehr
- Nationalstraße
- Nebenstraße
- sonstige Straße
- Weg

Grenzen
- Staatsgrenze

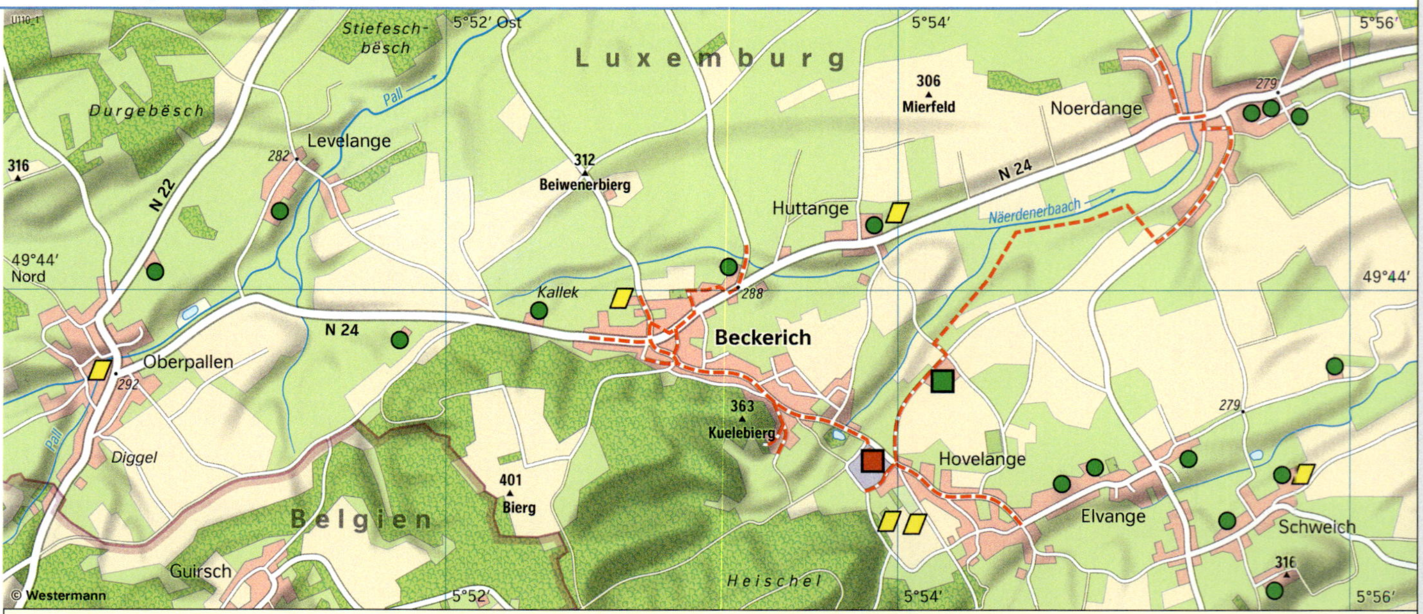

Funktionsschema einer Biogasanlage

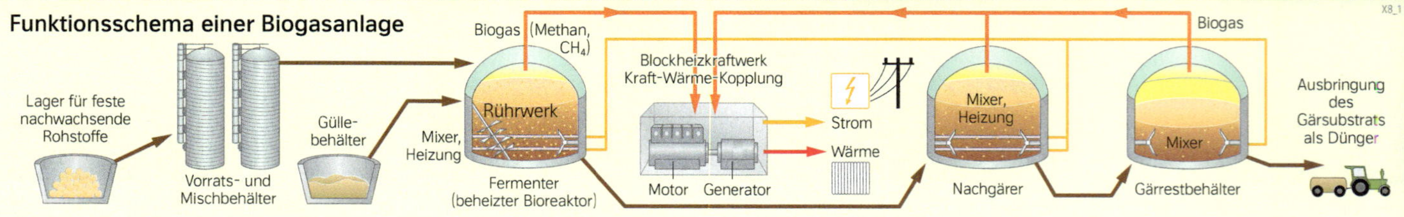

4 Luxemburg Wasserressourcen

Maßstab 1 : 550 000

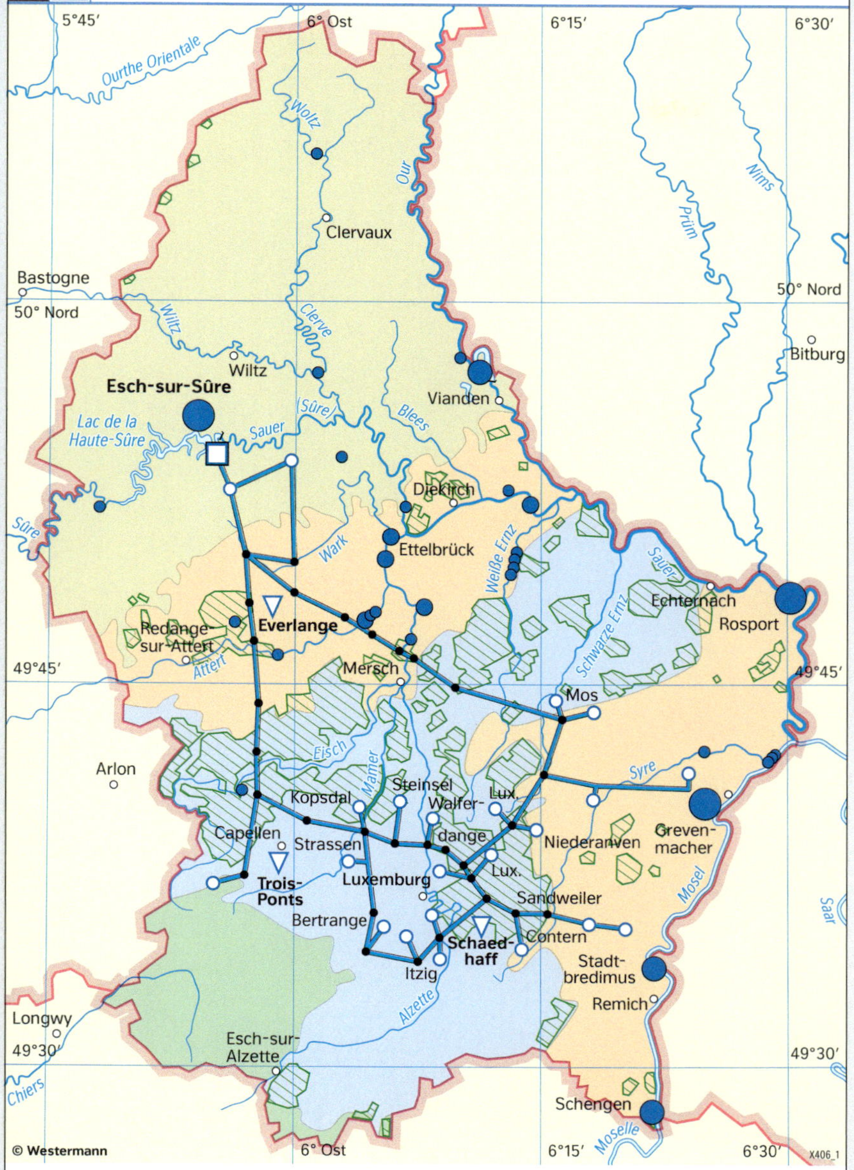

Grundwasserkörper
- Devon
- Trias
- Jura: Luxemb. Sandstein
- Jura: Lias, Dogger
- Trinkwasserschutzgebiet

Wasserversorgung (Fernwasser)
- Wasseraufbereitung (36 000 m³/Tag)
- Fernwasserleitung mit Pumpstation
- Wasserübergabestelle
- Grundwasserbohrung

Wasserkraftwerke (Leistung in Kilowatt)
- 5 000 – 10 000
- 1 000 – 5 000
- 100 – 1 000
- unter 100 KW

5 Luxemburg Gewässergüte

Maßstab 1 : 550 000

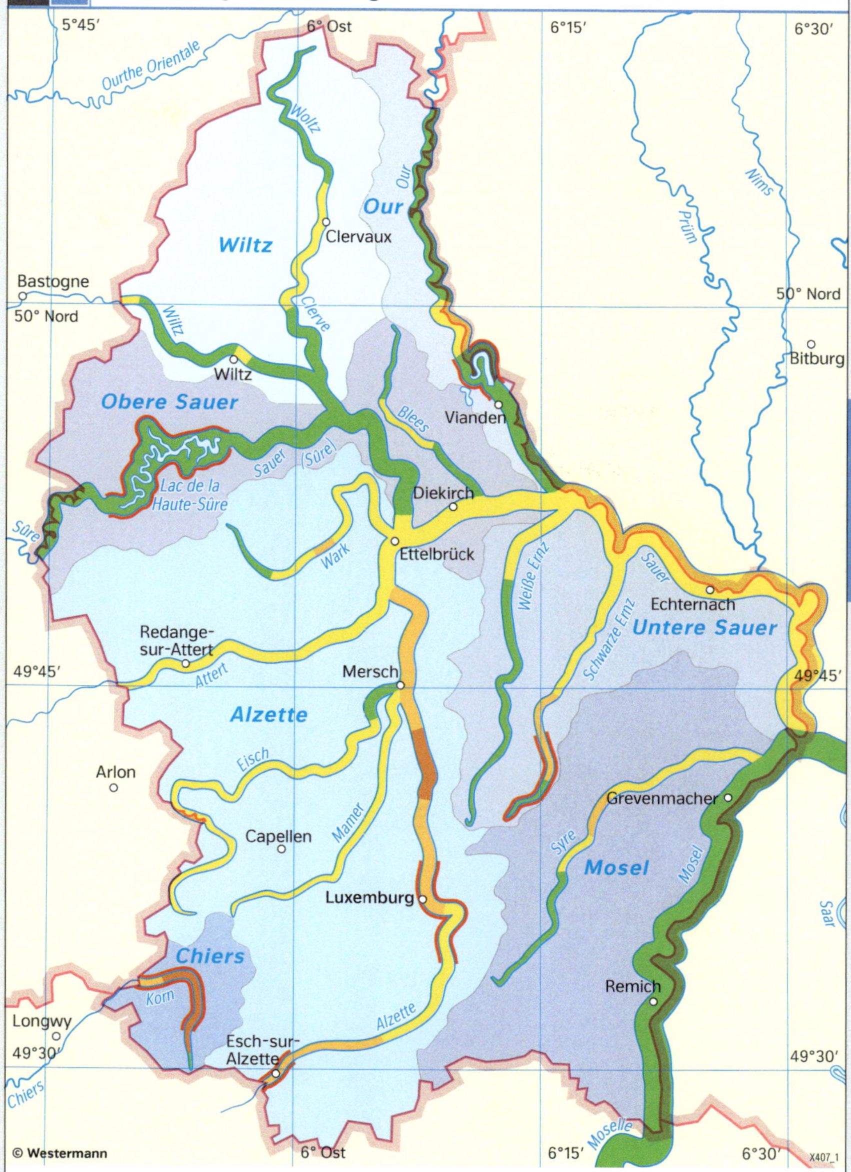

Gewässergüte organisch
- sehr gut
- gut
- mäßig
- schlecht
- sehr schlecht

Gewässergüte morphologisch
- gering bis mäßig veränderter Wasserkörper
- erheblich veränderter Wasserkörper

Mosel Einzugsgebiet eines Flusses

Wasserscheide

6 Vianden Pumpspeicherkraftwerk

Maßstab 1 : 40 000 (0 – 0,5 – 1 – 1,5 km)

Energiegewinnung
- Kraftwerk
- (900) Leistung in MW
- Druckleitung
- Staumauer
- Damm
- Umspannwerk
- Hochspannungsleitung
- ehemaliger Ort
- neuer Ort
- Wasserspiegelschwankung

Bodennutzung
- Ackerbau
- Wiese, Weide
- Wald

Grenzen
- Staatsgrenze

Speicherkraftwerk

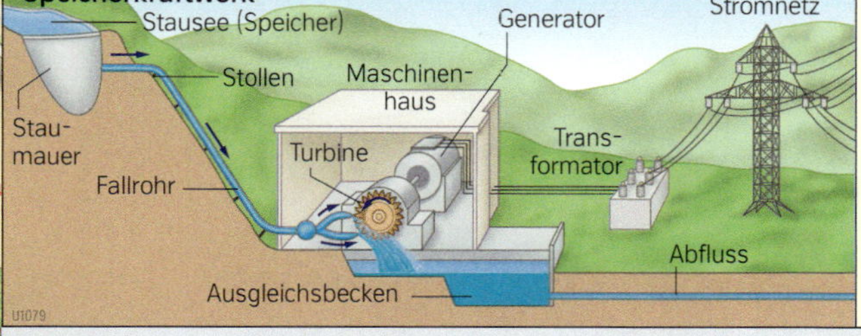

Der Wasserspeicher füllt sich entweder durch natürlichen Zulauf oder es wird Wasser aus dem Tal hochgepumpt. Dazu nutzen Pumpspeicherkraftwerke den billigeren Nachtstrom. Sie sichern die ausreichende Energieversorgung über den Tag.

Laufwasserkraftwerk

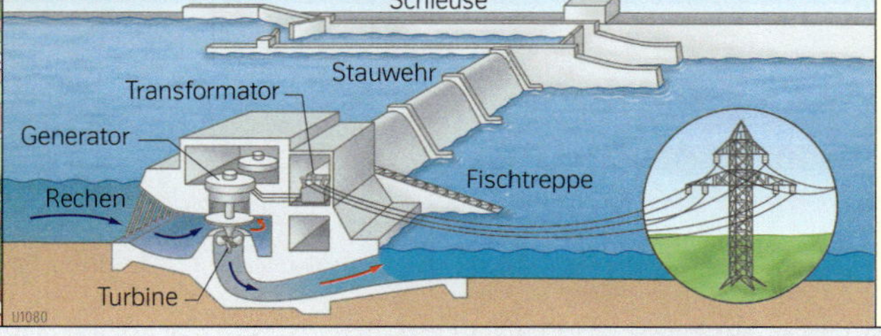

Ein Laufwasserkraftwerk nutzt die große Durchflussmenge von Flüssen zur Stromerzeugung. Es wird in der Regel rund um die Uhr betrieben. Eine Steuerung des Wasserdurchflusses in Abhängigkeit des Strombedarfs ist nicht üblich.

ERDE LUXEMBURG EUROPA ASIEN AFRIKA OZEANIEN POLARGEBIETE AMERIKA REGISTER

1 Germanien und Raetien **Landschaft zur Römerzeit 100 n. Chr.**

Maßstab 1:3 500 000

Weintransport auf der Mosel, dargestellt auf einem römischen Grabstein

Römisches Reich
- Limes
- römische Provinzgrenze
- **Raetia** römische Provinz
- Legionslager
- Kastell
- Stadt
- Bonna römischer Name
- (Bonn) heutiger Name
- Römerstraße

Germanien
- zeitweiliger römischer Militärstützpunkt (1. Jh. vor und 1. Jh. n. Chr.)
- *Chatti* germanischer Stamm (Latein)
- *(Chatten)* Stammesname auf Deutsch
- Handelsweg

Landwirtschaft
- Wein
- Honig, Wachs
- Federn, Daunen
- Vieh

Gewerbe
- Keramik
- Glas
- Baumaterial
- Metallwaren
- Tuche
- Leder, Pelze
- Frauenhaare (Perückenherstellung)
- Sklaven

Bergbau und Mineralien
- Blei, Zink
- Salz
- Bernstein
- Marmor, Kalkstein

Römische Kulturlandschaft
- Ackerbau, Weiden

Waldlandschaft (besiedelt)

Vorherrschende Baumart
- Eiche
- Buche
- Buche und Fichte
- Fichte, Tanne, Buche
- Tanne und Buche
- Kiefer und Eiche
- Moorlandschaft mit Erlenbruchwald

Heutige Grenze
- heutige Staatsgrenze Luxemburgs

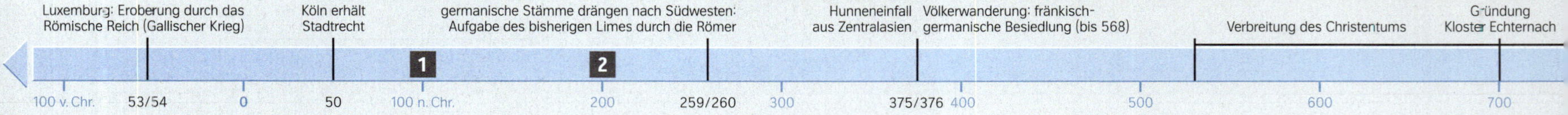

2 Römerzeit um 200 n. Chr.

Maßstab 1:1 500 000

Römisches Reich
- Römisches Gebiet
- römische Provinzgrenze
- **Belgica** römische Provinz

Römisches Militär, Grenzsicherung
- Limes
- Kastell

Städte, Verkehr
- Stadt
- Römerstraße

Namen
- Mambra *Saravus* – römische Namen
- (Metz) *(Saar)* – heutige Namen

Heutige Grenzen
- Staatsgrenze von Luxemburg

3 Hausmachtgebiete der Luxemburger (14. Jh.)

Besitzungen des Hauses Luxemburg
- Stammland Grafschaft Luxemburg
- Königreich Böhmen und Nebenländer (1310–1437)
- Brabant und Limburg (1355–1404)
- Kurfürstentum Brandenburg (1373–1415)
- Königreich Ungarn und Kroatien (1387–1437)

Grenzen und Orte
- Grenze des Heiligen Römischen Reiches
- sonstige Territorialgrenze
- Krönung eines Luxemburgers zum römisch-deutschen König
- sonstiger wichtiger Ort

Maßstab 1:10 500 000

4 Echternach Stadt um 1550

Maßstab 1:12 500 (0 100 200 300 400 500 m)

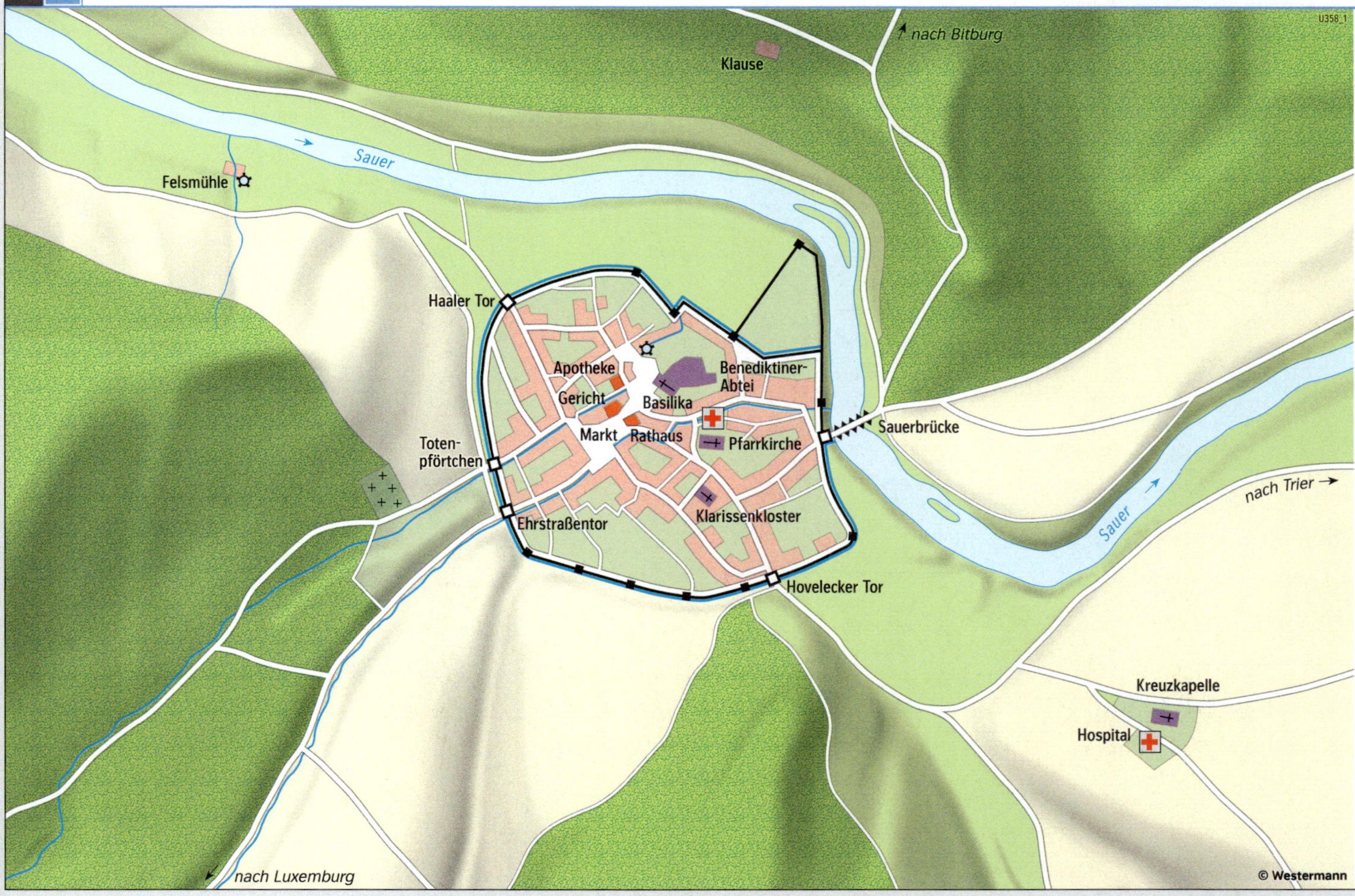

Befestigung der Stadt Echternach
- Stadtmauer mit Turm und Tor

Flächenhafte Bebauung
- Wohn- und Wirtschaftsgebäude mit Handwerk und Handel

Wichtige Einzelgebäude
- Kloster, Kirche, Kapelle
- öffentliches Gebäude
- Hospital
- Wassermühle

Landwirtschaft und Landnutzung
- Garten
- Friedhof
- Ackerland
- Wiese
- Wald

Zeitleiste

- 843–880: Karolingische Reichsteilungen
- 925: luxemburgisches Gebiet zum Ostfrankenreich
- 1083: Titel „Graf von Luxemburg" (Konrad I.)
- 1236: Echternach erhält Stadtrecht
- 1308: Heinrich VII. von Luxemburg wird römisch-deutscher König
- 1437: mit dem Tod von Kaiser Sigismund endet die Vorherrschaft der Luxemburger
- 1555: Augsburger Religionsfrieden

800 843 880 900 925 1000 1083 1100 1200 1236 1300 1308 [3] 1400 1437 1500 1555 [4] 1600

1 Heiliges Römisches Reich um 1000

Maßstab 1 : 6 000 000

Das Stammelternpaar deutscher Kaiser und Könige: Heinrich I. und seine Frau Mathilde mit den Reichsinsignien (Zepter und Reichsapfel) um 920. Aus: Chronica Sanct Pantaleonis (ca. 1237)

Weltliche Herrschaft

- Reichsgrenze zur Kaiserkrönung Otto I. 962
- Reichsgrenze 1033 zur Zeit des Saliers Konrad II.
- Staatsgrenze
- Provinzgrenze
- bedeutende Königspfalz
- wichtige Schlacht
- Slawenaufstand 983

Begräbnisstätten der Ottonen

- Heinrich I. 919–936
- Otto I. 936–973
- Otto II. 973–983
- Otto III. (983)995–1002
- Heinrich II. 1002–1024

Geistliche Herrschaft

- Papsttum
- Erzbischofssitz
- Bischofssitz
- erloschenes Bistum
- Kloster

Abkürzungen der Staatsformen

Fsm.	Fürstentum
Gft.	Grafschaft
Hzm.	Herzogtum
Kgr.	Königreich
Mgft.	Markgrafschaft

962	Kaiserkrönung Otto I.: Begründung des Heiligen Römischen Reiches
1000	1
1030	romanischer Dombau in Speyer
1077	Gang nach Canossa durch Heinrich IV.
1100	
1106	
1122	Wormser Konkordat: Ende des Investiturstreits
1155	Kaiserkrönung Friedrich I. in Rom
1200	
1227	Beginn der Inquisition (Verfolgung von vermeintlichen Hexen und Ketzern)
1300	
1308	mit Heinrich VII. besteigen die Luxemburger den deutschen Thron

2 Heiliges Römisches Reich Deutscher Nation um 1648

Maßstab 1 : 6 000 000 (0 – 50 – 100 – 150 km)

Zeitgenössische Darstellung der Verkündung des Westfälischen Friedens 1648 durch einen Postillon

Grenzen

- Reichsgrenze
- Staatsgrenze

Besitzungen

- Habsburger
- Hohenzollern
- Wittelsbacher
- Wettiner
- Oldenburger
- Freie Reichsstadt
- geistliches Gebiet
- Gebiet mit geteiltem Hoheitsrecht
- nicht mehr darstellbare Gebiete mit zahlreichen kleinen, jedoch selbstständigen Grafschaften, Fürstentümern sowie geistlichen Gebieten

Dreißigjähriger Krieg

- ⚔ wichtige Schlacht

Abkürzungen der Staatsformen ➡ 220

1347 1353	1355 1378	1438	um 1450	1517	1555	1618 1648	1659
…stwelle und …enpogrome	Karl IV. ist mächtigster Kaiser aus dem Hause Luxemburg	Habsburger besteigen den deutschen Thron	Erfindung des Buchdrucks in Mainz	Thesen Luthers in Wittenberg	Augsburger Religionsfrieden	Dreißigjähriger Krieg (2)	Pyrenäenfriede: Thionville u. Montmédy an Frankreich (= 1. Teilung Luxemburgs)

1400 – 1500 – 1600 – 1700

ERDE
LUXEMBURG
EUROPA
ASIEN
AFRIKA
OZEANIEN
POLARGEBIETE
AMERIKA
REGISTER

Landesentwicklung in Neuzeit und Gegenwart

1 Luxemburg Territorien zu Beginn der Französischen Revolution 1789

Maßstab 1:1750 000 (0 – 15 – 30 – 45 km)

Territoriale Besitzungen und Hoheitsrechte
- Habsburger
- Wittelsbacher
- Nassauer
- Geistliches Gebiet
- Gebiet einer freien Reichsstadt
- sonstige Kleinstaaten
- Gebiet mit geteiltem Hoheitsrecht

Grenzen
- Reichsgrenze
- Staatsgrenze
- Provinzgrenze

Städte
- Freie Reichsstadt
- Residenz- oder Verwaltungsstadt

Abkürzungen der Staatsformen
- Bm. Bistum
- Erzbm. Erzbistum
- Fsm. Fürstentum
- Gft. Grafschaft
- Hzm. Herzogtum
- Kfsm. Kurfürstentum
- Lgft. Landgrafschaft
- Mgft. Markgrafschaft

2 Luxemburg Territorien zur Zeit der Restauration 1839

Maßstab 1:1750 000 (0 – 15 – 30 – 45 km)

Aufteilung Luxemburgs
- Gebietsabtretung an Frankreich (im Pyrenäenfrieden mit Frankreich, 1659)
- Gebietsabtretung an Preußen (auf dem Wiener Kongress, 1815)
- Gebietsabtretung an das neu geschaffene Königreich Belgien (im sogenannten Endvertrag von 1839)

Grenzen
- Grenze des Deutschen Bundes 1815
- Grenze des Deutschen Bundes 1839
- Staatsgrenze
- Grenze des Großherzogtums Luxemburg

Städte
- Hauptstadt
- Provinzhauptstadt
- sonstige Verwaltungsstadt

Abkürzungen der Staatsformen
- Fsm. Fürstentum
- Ghzm. Großherzogtum
- Lgft. Landgrafschaft
- Kfsm. Kurfürstentum
- Kgr. Königreich

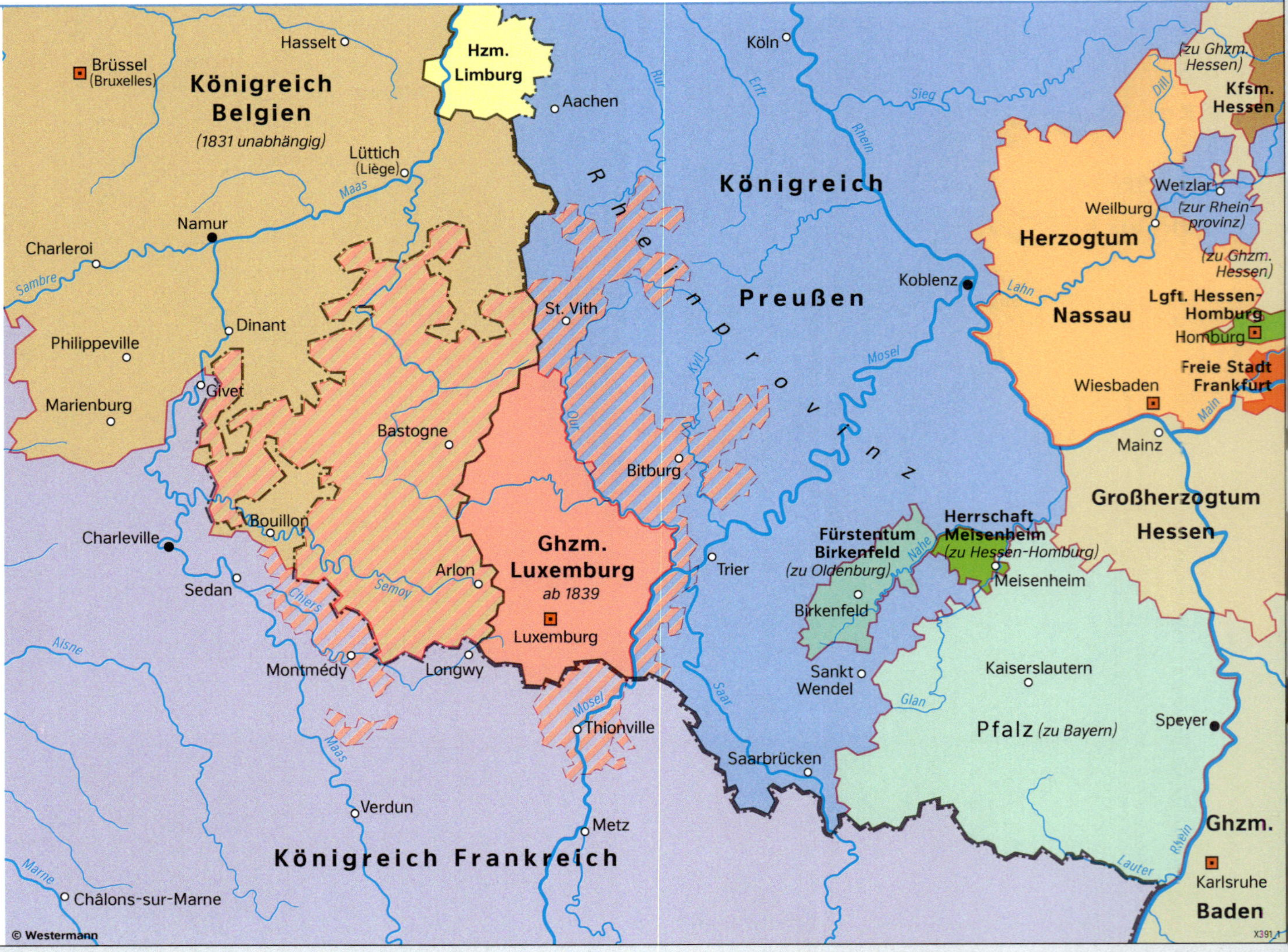

1683–1697	Annexion Luxemburgs durch Frankreich während der Reunionskriege
1713	Frieden von Utrecht: Luxemburg kommt als Teil der österreichischen Niederlande unter habsburgische Herrschaft
1789	Beginn der Französischen Revolution (1)
1795	Annexion Luxemburgs durch Frankreich
1815	Wiener Kongress: Luxemburg wird Teil der Vereinigten Niederlande (2)

Zeitleiste: 1683, 1697, 1700, 1713, 1750, 1789, 1795, 1800, 1815

3 Luxemburg Verwaltung

Maßstab 1 : 350 000 — 0 3 6 9 12 15 km

Grenzen
- Staatsgrenze
- Landes-, Departement-, oder Provinzgrenze der Nachbarstaaten
- Kantonsgrenze
- Gemeindegrenze

Verwaltung
- **Luxemburg** — Landeshauptstadt
- **Vianden** — Kantonalhauptort
- Contern — Gemeinde
- *Hosingen* — Gemeindesitz abweichend vom Gemeindenamen

Zur Geschichte Luxemburgs

Flagge Luxemburgs

Wappen des Großherzogtums Luxemburg

Das noch heute verwendete Wappen Luxemburgs erschien erstmals im frühen 13. Jahrhundert. Schon um 1235 legte Graf Heinrich V. seine bis heute gültige Grundstruktur fest: Auf dem Wappenschild befindet sich ein roter Löwe, dessen goldene Krone die Machtansprüche der Herrscher symbolisierte. Der gespaltene Schwanz stand für die damalige Doppelherrschaft der Grafen über Luxemburg und Limburg. Die Bedeutung des silber-blau gestreiften Hintergrundes ist nicht mehr zu klären, wobei sich die Anzahl der Streifen im Laufe der Jahrhunderte immer wieder veränderte. Heute sind zehn Streifen festgelegt.

Im Jahr 1890 bestieg mit Großherzog Adolph I. die noch heute amtierende Familie Nassau-Weilburg den luxemburgischen Thron. Seitdem wurde das Wappen mehrfach verändert, ehe die Abgeordnetenkammer 1972 die aktuelle Version verabschiedete: Das offizielle Zeichen des Großherzogtums enthält den Wappenschild, der von zwei gekrönten Löwen gehalten wird. Sie stehen auf goldenen Zweigen. Den Schild umschließt der luxemburgische „Orden der Eichenkrone", der seit 1841 verliehen wird. Darüber befindet sich die Krone des Großherzogs. Ein roter Mantel, der von einer weiteren großherzoglichen Krone gehalten wird, rundet die gesamte Anordnung ab.

- 1867 — Londoner Vertrag: Luxemburg wird „für immer neutral"
- 1890 — Personalunion mit den Niederlanden endet; vollständige Unabhängigkeit Luxemburgs
- 1921 — Gründung der Wirtschaftsunion mit Belgien
- 1940–1944 — Zwangseingliederung nach NS-Deutschland
- 1952 — Gründung der EGKS (Montanunion), der Keimzelle der Europäischen Union
- 1985 — Unterzeichnung des ersten Abkommens zur Aufhebung von Grenzkontrollen in Europa in Schengen

1850 1900 1950 2000

Stadtentwicklung in Neuzeit und Gegenwart

1 Luxemburg-Stadt Stadtanlage um 1550

Maßstab 1:12 500

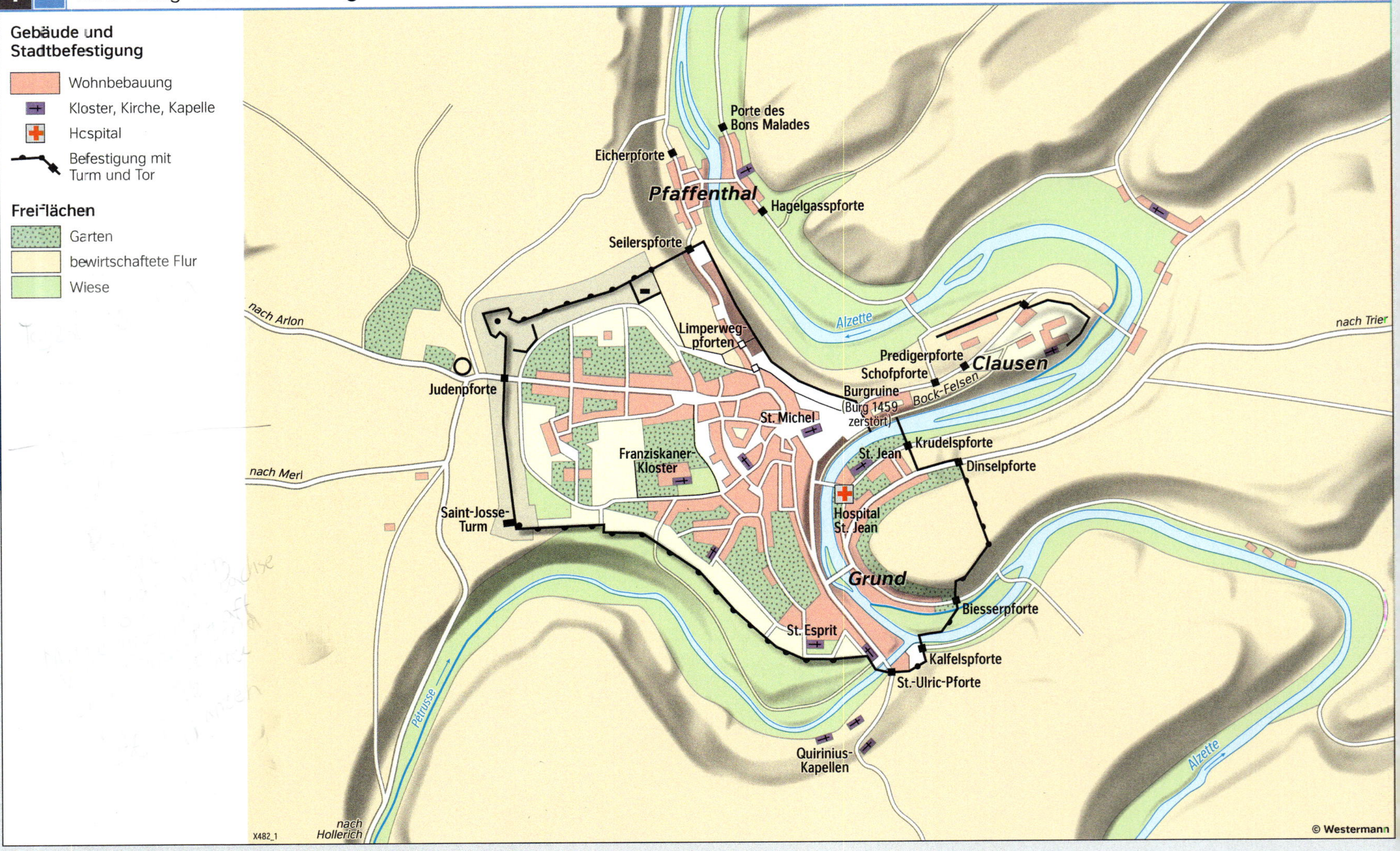

2 Luxemburg-Stadt Befestigungsanlagen um 1840

Maßstab 1:12 500

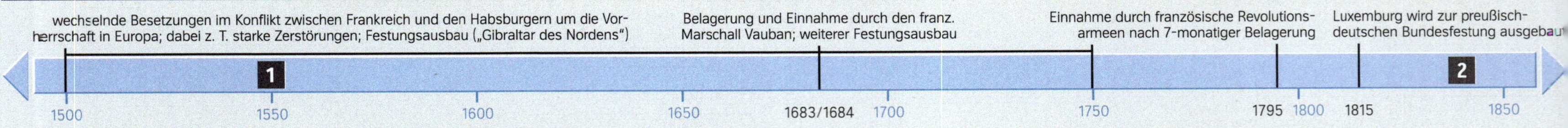

3 Luxemburg-Stadt **Innere Stadtteile heute**

Maßstab 1:12 500 0 100 200 300 400 500 m

Einzelgebäude
- Regierung und Verwaltung
- Bildungs-, Sozialeinrichtung
- kulturelle Einrichtung
- religiöse Einrichtung
- Kirche; Synagoge
- Touristeninformation
- Reste der alten Befestigungsanlage

Flächennutzung
- Industrie, Gewerbe
- Wohnbebauung
- Gartenanlage
- Grünfläche
- Sportanlage
- Park
- Wald
- christlicher Friedhof; jüdischer Friedhof

Verkehr
- Eisenbahn
- Eisenbahngelände
- Straßenbahn mit Haltestelle
- Fußgängerzone
- Hauptstraße
- sonstige Straße

ERDE LUXEMBURG EUROPA ASIEN AFRIKA OZEANIEN POLARGEBIETE AMERIKA REGISTER

Einwohnerentwicklung in Luxemburg-Stadt

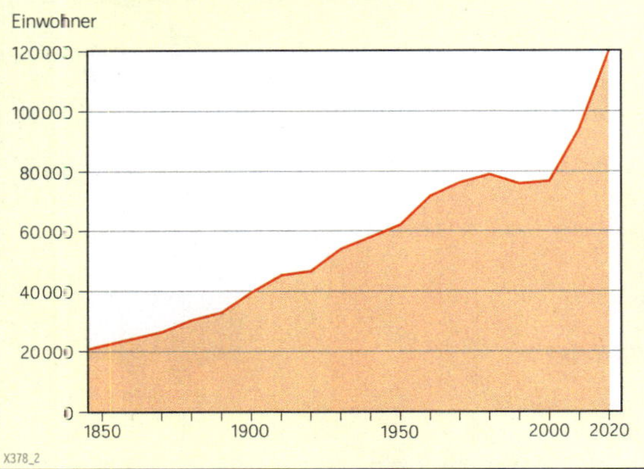

Der Luxemburger Hauptbahnhof (1956)

Geschäfte in der Altstadt (1950)

1 Luxemburg-Stadt **Flächennutzung 1952**

Maßstab 1:50 000

Flächennutzung

- vorwiegend Handel und Dienstleistungen
- Wohn- und Gewerbeflächen
- Wohnviertel
- öffentliche Gebäude
- Ministerien, Verwaltung, EU-Institutionen
- Bildungseinrichtungen, Schulen
- Büros, Banken, Versicherungen
- Messegelände
- Industriegelände
- Flughafen, Bahngelände
- Wald
- Park
- Grünfläche

3 Karten vergleichen: Räumliche Muster beschreiben

Der Vergleich von Karten eines Raumes zu unterschiedlichen Zeiten ermöglicht es, räumliche Veränderungen von Landschaften, Siedlungen oder Verkehrswegen zu unterscheiden. Durch das genaue Beschreiben der Punkt-, Linien- und Flächensignaturen mit Blick auf ihre Verteilung oder Dichte wird deutlich, was sich verändert hat.

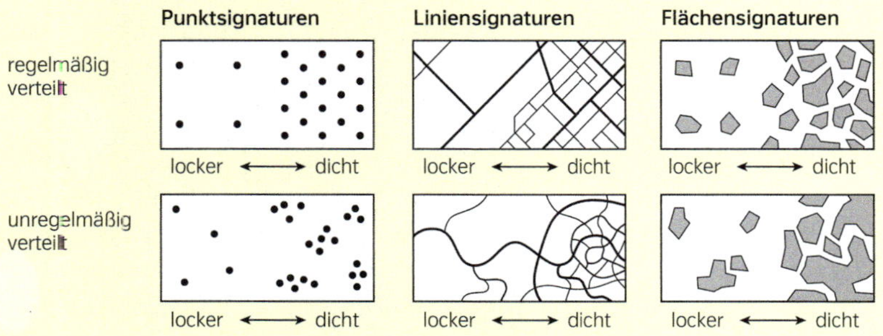

X287_1 © Westermann

4 Karten vergleichen: Den Wandel von Räumen untersuchen

Fenster-Methode: Wenn man dieselben räumlichen Ausschnitte beider Karten miteinander vergleicht, kann man über alle Kartenebenen hinweg schnell und übersichtlich die Unterschiede und Gemeinsamkeiten wahrnehmen.

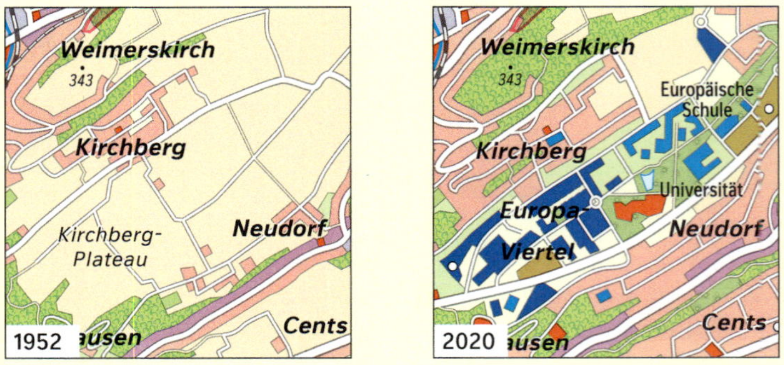

X241_1e © Westermann

Historische Altstadt von Luxemburg

Europaplatz im Europa-Viertel

Centre National Sportif et Culturel de Luxembourg

2 Luxemburg-Stadt **Flächennutzung 2020**

Maßstab 1:50 000

Friedhof	Wiese, Weide
Garten	Ackerfläche
Sportanlage	Freifläche

Verkehr
- Autobahn
- Tunnel
- Hauptstraße
- sonstige Straße
- Eisenbahn
- Industriebahn

Grenzen
- Stadtgrenze

5 Luxemburg-Stadt **Bevölkerung nach Stadtteilen**

1 Beggen
2 Belair
3 Bonnevoie-Nord
4 Bonnevoie-Sud
5 Cents
6 Cessange
7 Clausen
8 Dommeldange
9 Eich
10 Gare
11 Gasperich
12 Grund
13 Hamm
14 Hollerich
15 Kirchberg
16 Limpertsberg
17 Merl
18 Mühlenbach
19 Neudorf-Weimershof
20 Pfaffenthal
21 Pulvermühl
22 Rollingergrund
23 Ville Haute
24 Weimerskirch

Einwohnerentwicklung

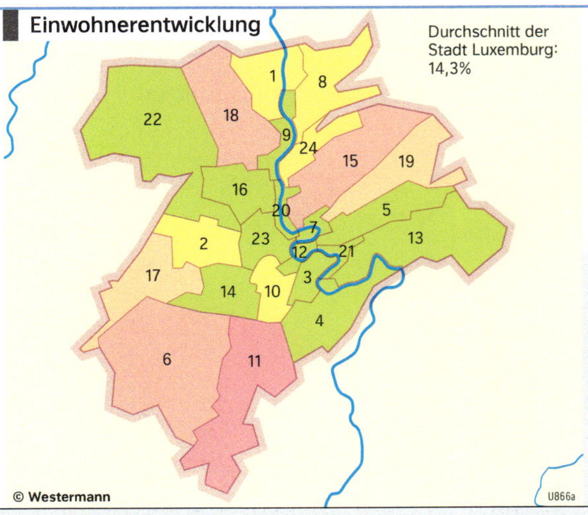

Einwohnerzunahme (in Prozent, 2014–2019)
- über 40
- 30 – 40
- 20 – 30
- 10 – 20
- unter 10%

Ausländeranteil (in Prozent, 2019)
- über 80
- 70 – 80
- 60 – 70
- unter 60 %

Ausländeranteil

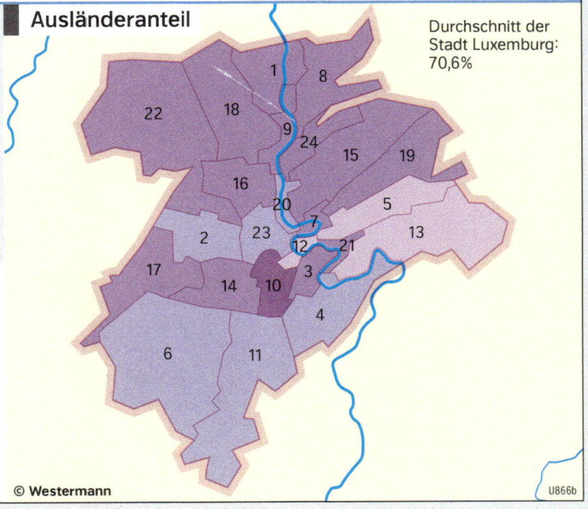

1 Luxemburg Bevölkerungsdichte nach Gemeinden

Maßstab 1 : 350 000

Bevölkerungsdichte (in Einwohner/km²)

- über 500
- 200 – 500
- 100 – 200
- 50 – 100
- unter 50 Einw./km²

Orte (Einwohner)

- über 100 000
- 10 000 – 100 000
- 3 000 – 10 000
- unter 3 000 Einw.

Verwaltung

- Staatsgrenze
- Landes-, Departement-, oder Provinzgrenze der Nachbarstaaten
- Kantonsgrenze
- Gemeindegrenze
- **Luxemburg** Hauptstadt eines Staates

Berechnung der Bevölkerungsdichte am Beispiel von Echternach

Bevölkerung 2019: 5 618 Einwohner

Fläche der Gemeinde: 20,5 km²

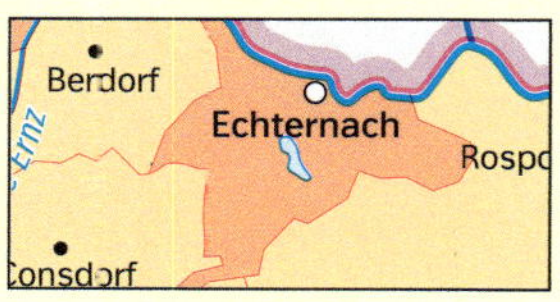

Formel:

$\frac{\text{Einwohner}}{\text{Fläche}} = \frac{5\,618 \text{ Einw.}}{20{,}5 \text{ km}^2} = 274 \text{ Einw. / km}^2$

Mit 274 Einwohnern/km² fällt Echternach in folgende Bevölkerungsdichteklasse:

200 – 500 Einw./km²

Zur Verbildlichung:

Übertragen auf Fußballfelder bedeutet dies für Echternach eine Bevölkerungsdichte von 2 Personen je Fußballfeld:

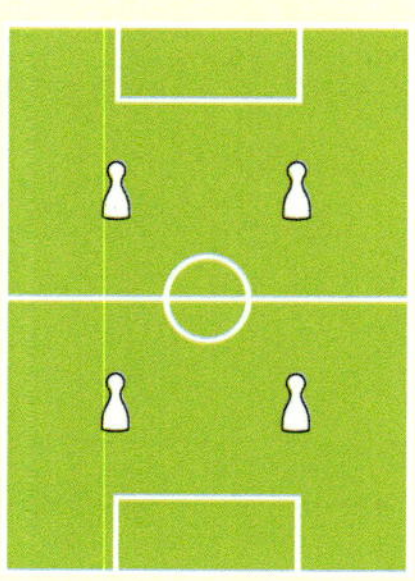

 X197_2a

2 Entwicklung von Geburten und Sterbefällen

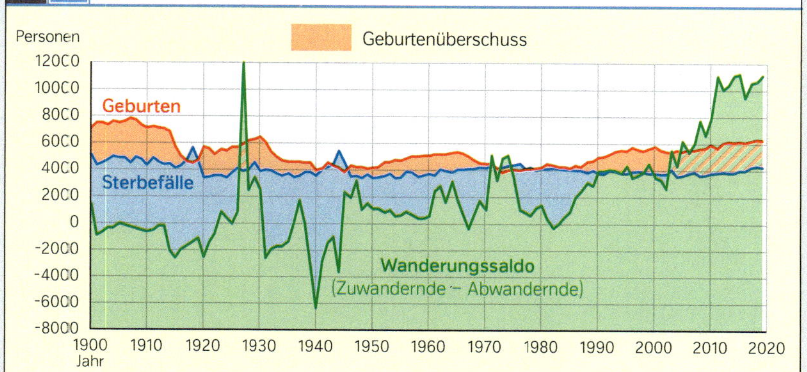

3 Entwicklung der Altersstruktur

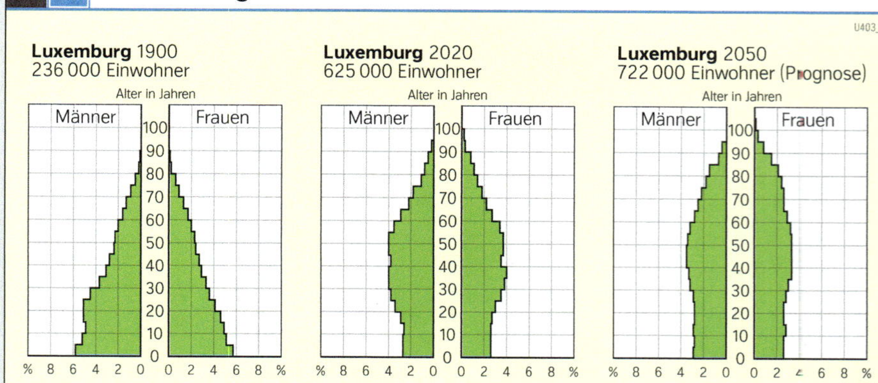

4 Luxemburg Bevölkerungsentwicklung

Maßstab 1:700 000 (0 6 12 18 24 30 km)

Geburtendefizit, Geburtenüberschuss

Natürliche Bevölkerungsveränderung (Personen je 1000 Einwohner, Durchschnitt der Jahre 2015–2019)

- 6 bis 9
- 3 bis 6
- 0 bis 3
- −3 bis 0
- −6 bis −3

Durchschnitt für Luxemburg: 3 Personen je 1000 Einwohner

Grenzen

- Staatsgrenze
- Kantonsgrenze
- Gemeindegrenze

Wanderungen

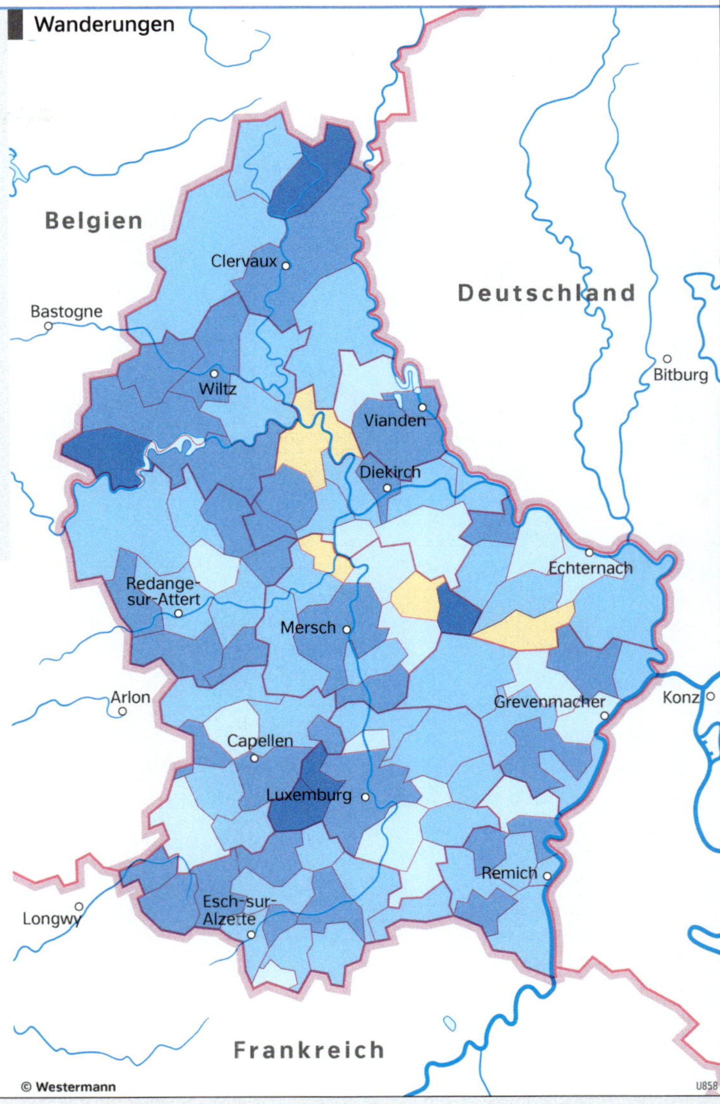

Wanderungssaldo (Personen je 1000 Einwohner, Durchschnitt der Jahre 2015–2019)

- 30 bis 46
- 20 bis 30
- 10 bis 20
- 0 bis 10
- −6 bis 0

Durchschnitt für Luxemburg: 18 Personen je 1000 Einwohner

Grenzen

- Staatsgrenze
- Kantonsgrenze
- Gemeindegrenze

5 Luxemburg Ausländische Bevölkerung

Maßstab 1:700 000 (0 6 12 18 24 30 km)

Ausländeranteil

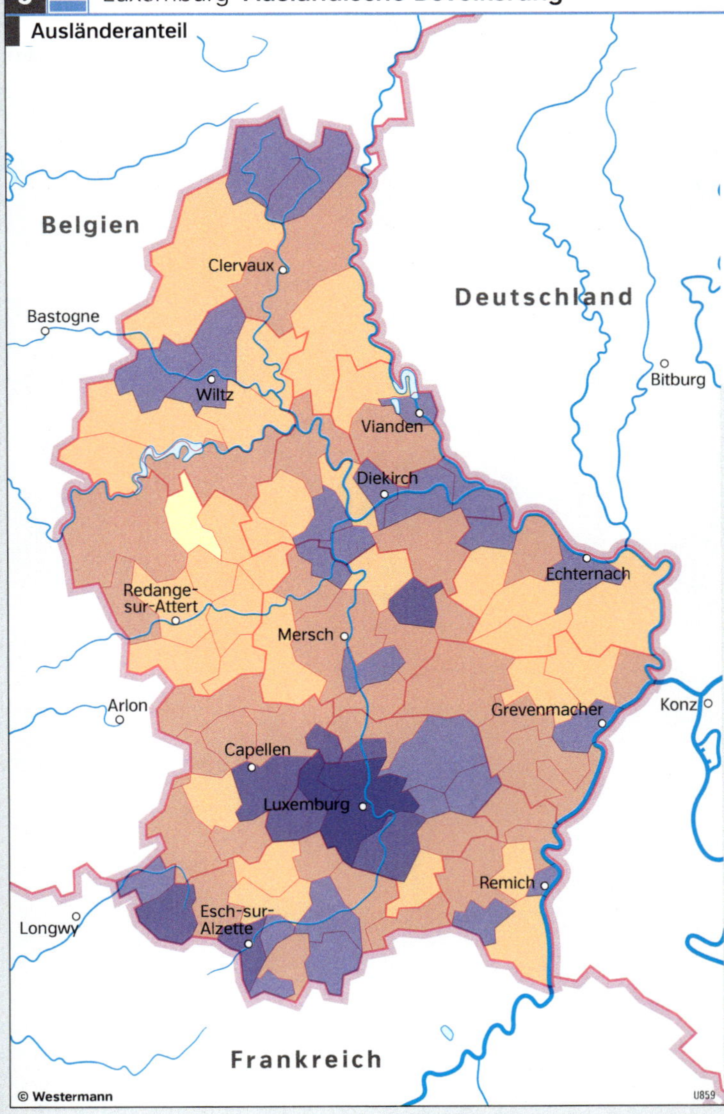

Anteil der ausländischen Staatsangehörigen an der Gesamtbevölkerung (in Prozent, 2019)

- über 60
- 50 – 60
- 40 – 50
- 30 – 40
- 20 – 30
- 0 – 20 %

Durchschnitt für Luxemburg: 48 %

Nationalität

Bevölkerungsreichste ausländische Nationalität (2019)

- Portugal
- Frankreich
- Belgien

Herkunftsländer der ausländischen Bevölkerung in Luxemburg 2019

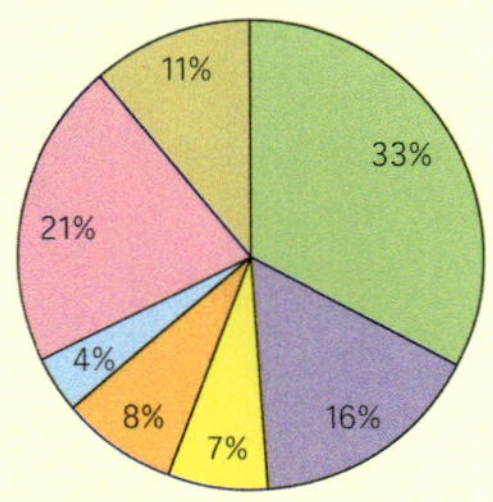

- Italien
- Deutschland
- andere europäische Staaten
- Asien, Afrika, Amerika

U863a

ERDE
LUXEMBURG
EUROPA
ASIEN
AFRIKA
OZEANIEN
POLARGEBIETE
AMERIKA
REGISTER

1 Luxemburg Wirtschaft und Verkehr

Maßstab 1 : 350 000 — 0 3 6 9 12 15 km

Erwerbstätige der Wohnbevölkerung 2018
(in Prozent, nach Gemeinden)

- über 50
- 45 – 50
- 40 – 45
- 35 – 40
- unter 35 %

Industrie und Gewerbe

Betriebe mit über 100 Beschäftigten

- Stahlerzeugung
- Metallverarbeitung
- Maschinenbau
- Elektrotechnik, Elektronik
- Chemie, Kunststoffe
- Gummi, Reifen
- Baustoffe, Zement
- Glas, Porzellan
- Papier, Etiketten
- Nahrungs- und Genussmittel
- Textilien

Dienstleistungen

- Bank, Finanzgesellschaft
- Unternehmensberatung
- Post- und Telefongesellschaft
- Fluggesellschaft
- Eisenbahngesellschaft, Busunternehmen
- Kaufhaus, Handel
- Krankenhaus
- Ver- und Entsorgung, Reinigung
- Verwaltung
- Universität
- TV, Presse, Medien

Verkehr

- Eisenbahn
- Autobahn
- schiffbarer Fluss (über 1350 t Tragfähigkeit)
- Fluss
- Stausee
- Hafen
- Flughafen

Grenzen

- Staatsgrenze
- Kantonsgrenze
- Gemeindegrenze

2 Esch-sur-Alzette **Strukturwandel an einem Standort der Schwerindustrie**

Maßstab 1 : 30 000 (0 – 200 – 400 – 600 m)

1980

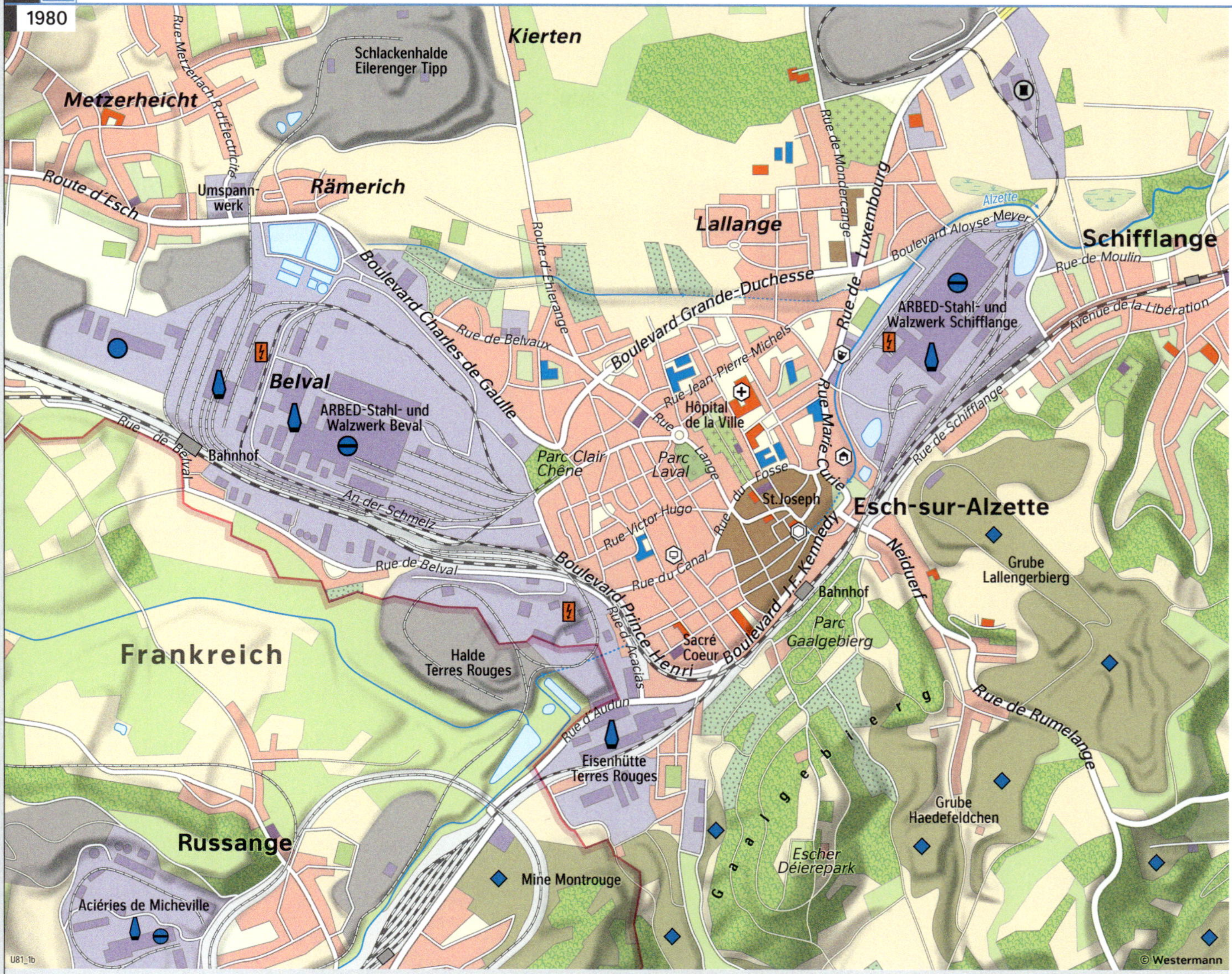

2020

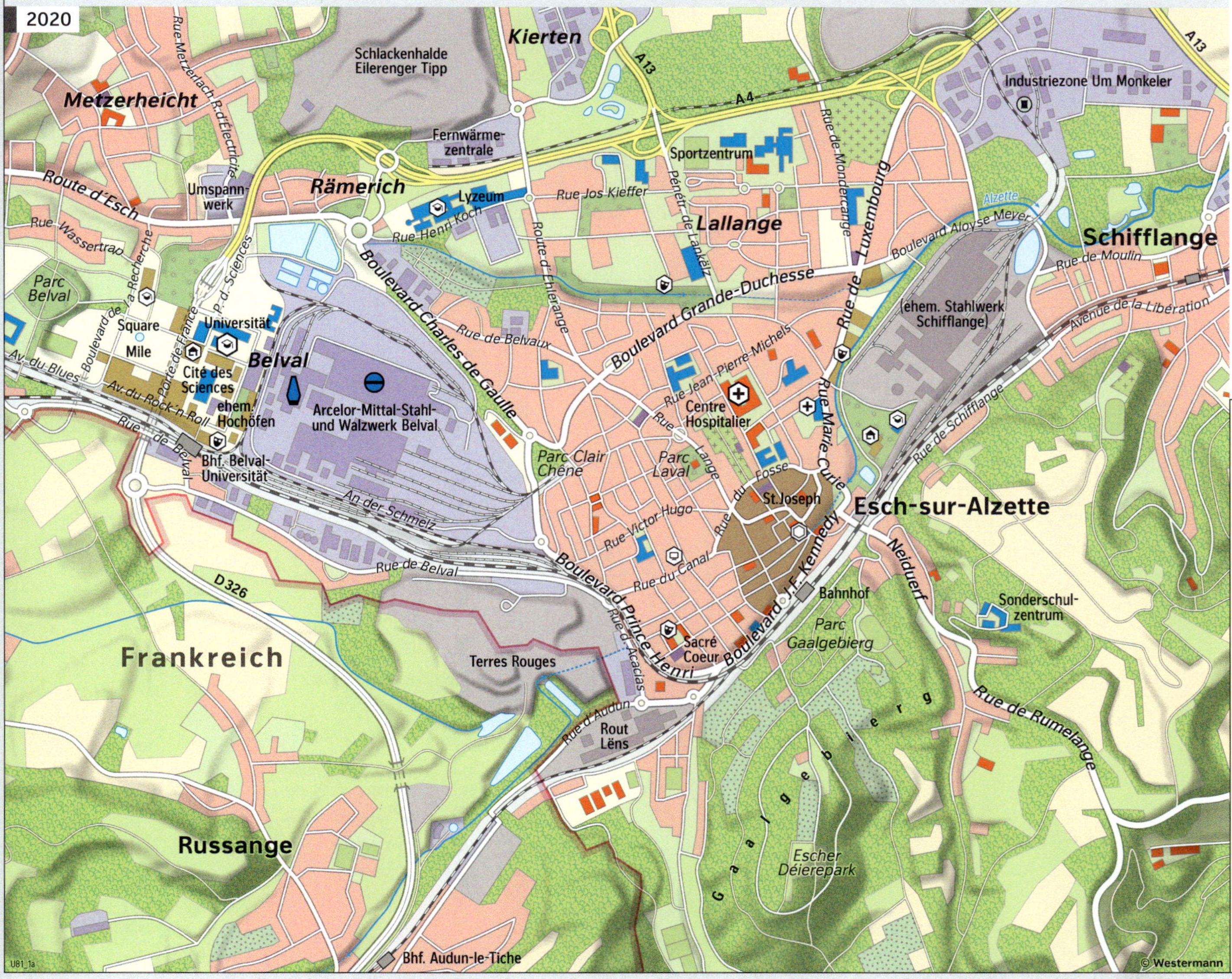

Flächennutzung
- Stadtzentrum, City
- Wohnbebauung
- öffentliche Gebäude
- Kirche
- Bildungseinrichtung
- Industrie und Gewerbe
- Handel und andere Dienstleistungen
- Erzgrube (Tagebau, z.T. Tiefbau)
- Halde, Industriebrache
- Eisenbahngelände
- Wald
- Park
- Sportanlagen
- Gärten, Kleingärten
- Friedhof
- Grünflächen
- Wiese
- Ackerbau
- sonstige Fläche

Bergbau und Industrie
- Eisenerz (Minette)
- Eisen- und Stahlerzeugung
- Walzwerk
- Metallverarbeitung
- Zementwerk
- Kraftwerk

Dienstleistungen
- Verwaltung
- Bildung, Forschung
- Gesundheitswesen
- Kultur
- Presse, Medien
- Banksitz, Sitz eines Handelsunternehmens

Verkehr
- Autobahn
- Schnellstraße
- Tunnel Schnellstraße
- Hauptstraße
- Nebenstraße
- Eisenbahn mit Bahnhof

Grenzen
- Staatsgrenze

Betriebe in Esch 2019 nach Wirtschaftszweigen

Wirtschaftszweig	%
Groß- und Einzelhandel, Reparaturbetriebe	26,0 %
spezialisierte Dienstleistungen	15,0
Baugewerbe	13,5
Gastronomie und Hotellerie	13,5
Öffentlicher Dienst, Sozial- und Gesundheitswesen	7,5
Dienstleistungen des täglichen Bedarfs	5,5
Information und Kommunikation	5,5
Immobilienbranche, Vermietung, Hausverwaltung	4,5
Industrie, produzierendes Gewerbe	2,5
Transportgewerbe, Logistik	2
Finanzgewerbe (Banken und Versicherungen)	2

Insgesamt gibt es in Esch 1270 Betriebe.

Quelle: Stadt Esch-sur-Alzette

ERDE LUXEMBURG EUROPA ASIEN AFRIKA OZEANIEN POLARGEBIETE AMERIKA REGISTER

Kohleförderung in Lothringen um 1957 ◆

Eisenerzförderung in Luxemburg um 1957 ◆

Stahlproduktion im Saarland um 1957

Sitz der Montanunion in Luxemburg 1956

1 Saarland/Lothringen/Luxemburg (Saar-Lor-Lux) **Montanregion 1957**

Maßstab 1:500 000 — 0 5 10 15 km

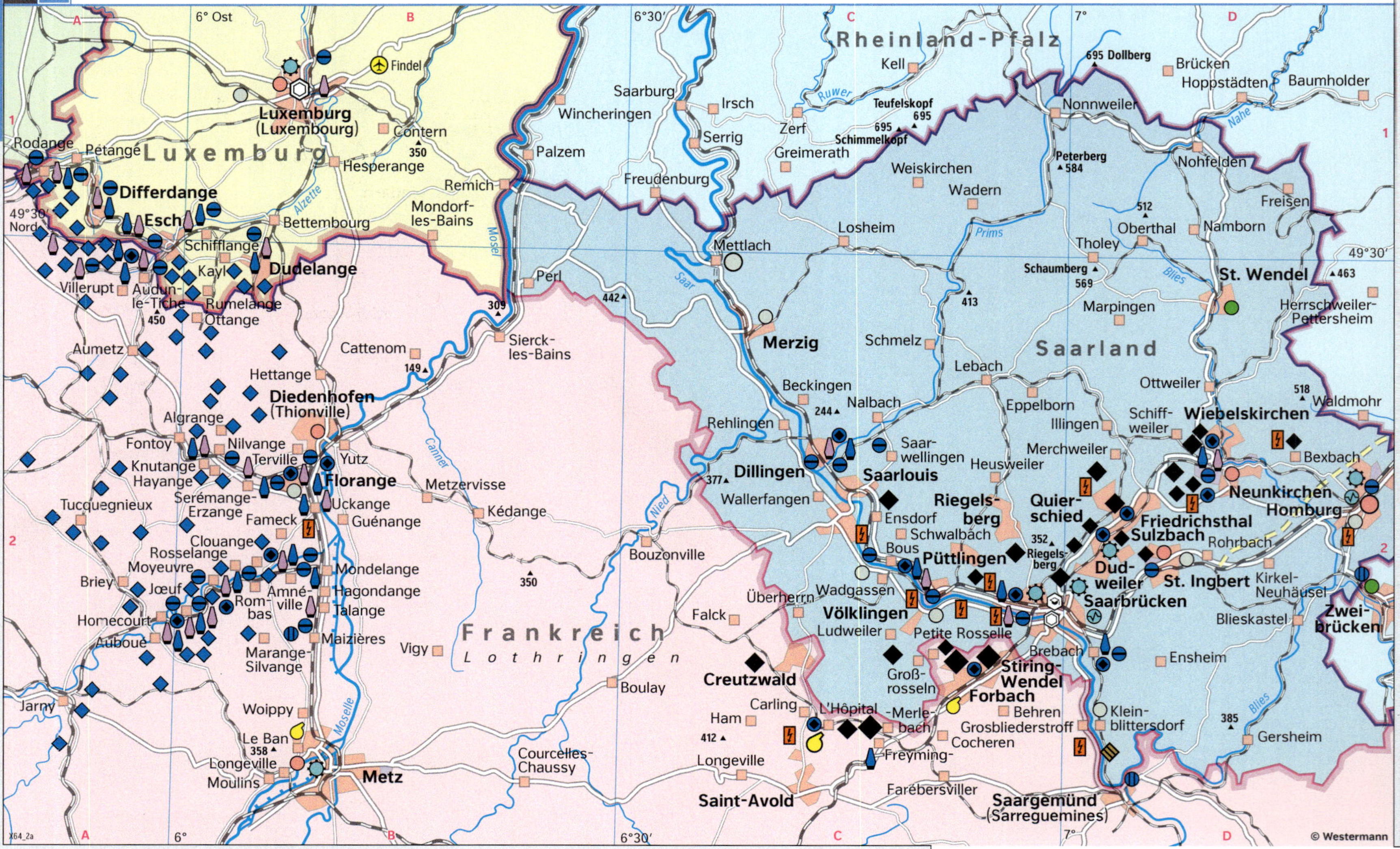

3 Großregion **Einpendler nach Luxemburg**

Maßstab 1:4 000 000 — 0 20 40 60 80 100 km

Anteil der Grenzpendler an der Gesamtzahl aller Pendler nach Luxemburg (in Prozent, 2017)

- über 25
- 10 – 25
- 5 – 10
- 2 – 5
- 1 – 2
- unter 1 %

Grenzen

- Staatsgrenze
- Landesgrenze, regionale Grenze

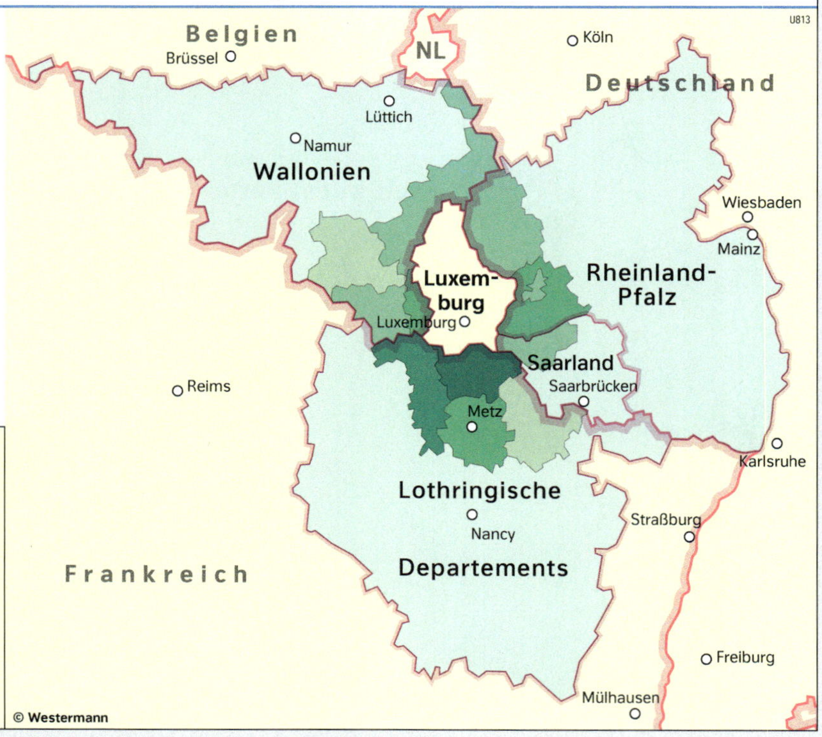

Informationen zur Großregion sammeln

Vergleiche mit → 79 4, → 80/81

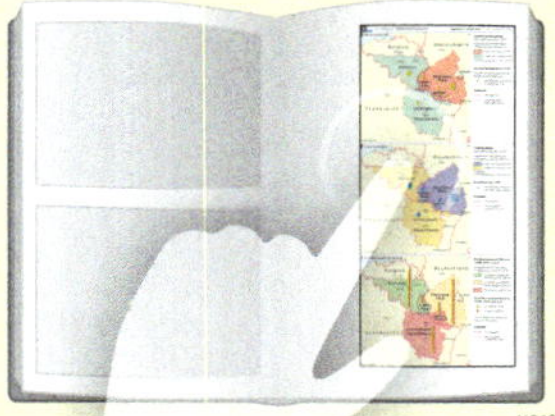

Bergbau

- ◆ Steinkohle

Förderung in Mio. t/Jahr

- 2 – 3
- 1 – 2
- unter 1

- Eisenerz
- Kalk
- Grubengas (Methan)

Stromerzeugung

- Steinkohle-, Erdgaskraftwerk
- Kernkraftwerk

Nennleistung in Megawatt

- über 5000
- 300 – 1000 MW

Große Standorte erneuerbarer Energiegewinnung (bis 50 MW)

- Laufwasserkraftwerk
- Biogasanlage
- Solarpark
- Windpark

Industrie

Metallerzeugung (Montanindustrie)

- Eisenhütte (Roheisengewinnung)
- Stahlwerk (Stahlerzeugung)
- Kokerei

Metallverarbeitung

- Metallindustrie
- Stahlbau, Walzwerk, Gießerei
- Herstellung von Eisen-, Blech- und Metallwaren

Andere Industriezweige

- Maschinenbau
- Kraftfahrzeugbau
- Elektronik, Elektrotechnik
- Feinmechanik, Optik, Uhren
- Glas-, Porzellanherstellung
- Chemische Industrie
- Leder, Textilien, Bekleidung

IT-Park in Saarbrücken

Logistikzentrum in Überherrn

smart-Werk in Hambach (Lothringen)

EU-Verwaltung in Luxemburg-Kirchberg

2 Saarland/Lothringen/Luxemburg (Saar-Lor-Lux) **Dienstleistungsregion 2019**

Maßstab 1: 500 000 — 0 5 10 15 km

Holz-, Möbelproduktion
- Holz-, Möbelproduktion
- Druckgewerbe
- Herstellung von Nahrungs- und Genussmitteln

Dienstleistungen

Verwaltung, Versorgung
- öffentliche Einrichtungen, Verwaltung und Gesundheitswesen

Bildung, Medien
- Universität, Fachhochschule
- Medienzentrum (Rundfunk, TV, Verlage)

Finanzen, Handel, Logistik
- Finanzzentrum (Banken, Versicherungen)
- Handelszentrum (Groß-, Versandhandel)
- Service- und Beratungszentrum
- Messe
- Logistikzentrum (Warenlager, Spedition)

Verkehr
- Autobahn
- Fernstraße
- Bahnhauptstrecke mit ICE/TGV-Verbindungen
- Bahnhauptstrecke mit Regionalverkehr
- Bahnnebenstrecke mit Nahverkehr
- schiffbarer Fluss (über 1350 t Tragfähigkeit)
- schiffbarer Kanal (über 1350 t Tragfähigkeit)
- Flughafen

Orte
- geschlossene Besiedlung (über 10 000 Einwohner)
- Ort unter 10 000 Einwohner
- Stadt- oder Gemeindeteil

Grenzen
- Staatsgrenze
- Landesgrenze
- Zollgrenze (Saarland ab 6.7.1959 deutsches Zollgebiet)

4 Großregion **Grenzpendler insgesamt**

Maßstab 1: 4 000 000 — 0 20 40 60 80 100 km

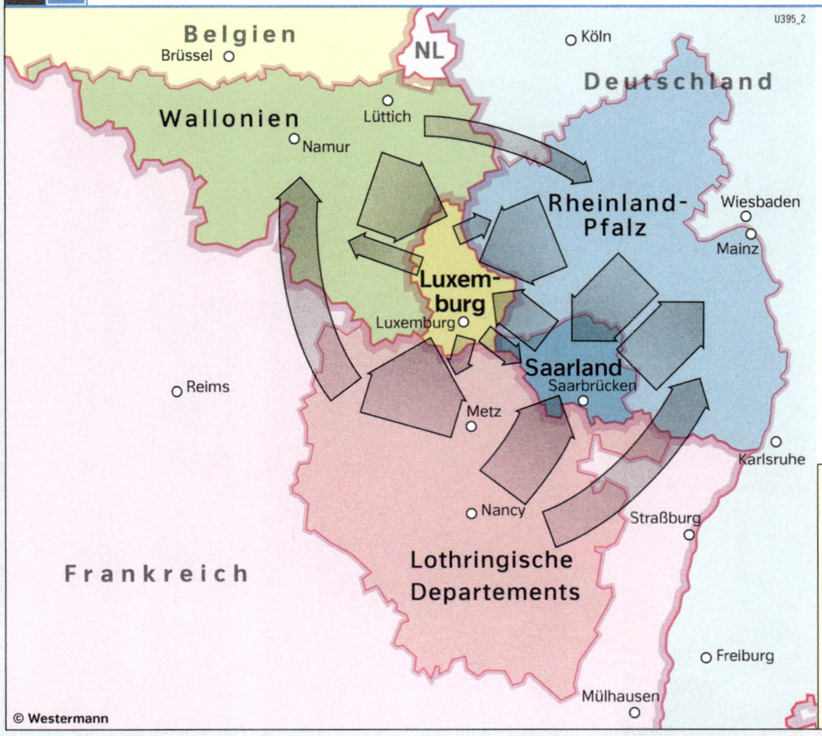

Grenzpendler in der Großregion
(Saarland, Rheinland-Pfalz, 4 lothringische Departements, Luxemburg, Wallonien, 2015–2019)

- 60 000 – 100 000
- 30 000 – 60 000
- 10 000 – 30 000
- 1 000 – 10 000
- 100 – 1 000

Grenzen
- Staatsgrenze
- Landesgrenze, regionale Grenze

Pendlersalden in der Großregion (2015–2019)

Einpendler minus Auspendler

Lothringen	-122 700
Luxemburg	+191 800
Rheinland-Pfalz	-43 700
Saarland	+15 900
Wallonien	-41 400

1 Großregion **Wirtschaft**

Flächennutzung
- Wald
- Wiese, Weide
- Ackerbau
- Watt

Bergbau
- Braunkohle
- Bims
- Steinsalz

Stromerzeugung
- Laufwasserkraftwerk
- Pumpspeicherkraftwerk
- Wärmekraftwerk
- Kernkraftwerk
- großer Solarpark

Industrie
- Eisen-, Stahlerzeugung
- Buntmetallverhüttung
- Aluminiumverhüttung
- Metallverarbeitung
- Maschinenbau
- Schiffbau
- Kraftfahrzeugbau
- Schienenfahrzeugbau
- Flugzeugbau
- Elektronik, Elektrotechnik
- Feinmechanik, Optik
- Chemie, Kunststoffe
- Biotechnologie
- Gummi
- Erdölraffinerie
- Textilien, Bekleidung, Leder
- Holz, Möbel
- Zellulose, Papier, Druck
- Schmuck
- Nahrungs-, Genussmittel
- Baustoffe, Fertigbauteile
- Porzellan, Keramik
- Glas

Dienstleistungen
- Verwaltung
- Universität, Hochschule
- Medien (TV, Presse)
- Logistik
- Finanzzentrum
- Service, Beratung, Kommunikation, IT
- Messe
- Tourismus

Orte (Einwohner)
- *Saar* Agglomeration (mehr als 500 000 Einwohner)
- mehr als 100 000
- weniger als 100 000

Verkehr und Transport
- Autobahn
- Fernstraße
- Eisenbahn
- Hochgeschwindigkeitsstrecke
- schiffbarer Fluss
- Kanal
- Flughafen
- Hafen
- Erdölleitung
- Erdgasleitung

Grenzen
- Staatsgrenze
- Grenze der Großregion

Maßstab 1:1 250 000 — 0 10 20 30 40 50 km

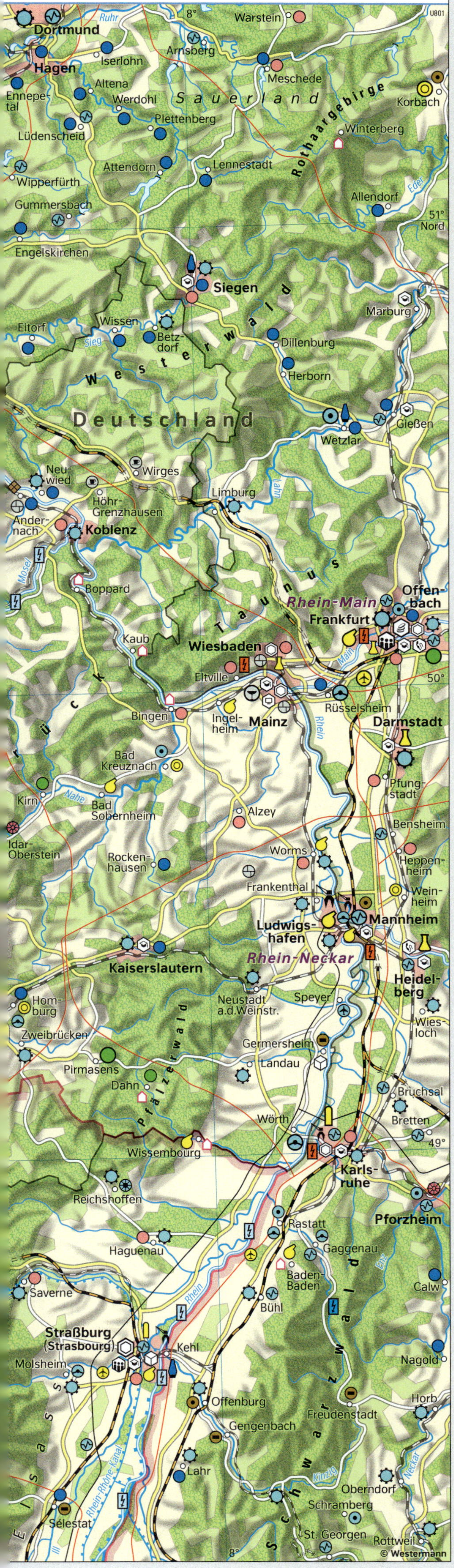

2 Großregion **Wirtschaftsräume**

Maßstab 1:4 500 000 — 0 20 40 60 80 100 km

Wirtschaftskraft

Bruttoinlandsprodukt pro Einwohner 2018

Durchschnitt der Großregion: 35 000 Euro pro Einwohner

- über dem Durchschnitt
- unter dem Durchschnitt

(Luxemburg: 100 000 Euro/Einwohner)

Bruttoinlandsprodukt 2018

Das BIP gilt als absolutes Maß für die Wirtschaftsleistung.

- ein Kästchen entspricht 10 Milliarden Euro.

Grenzen

- Staatsgrenze
- Landesgrenze, regionale Grenze

Erwerbstätigkeit

Erwerbstätige pro 100 Einwohner 2018

Durchschnitt der Großregion: 44 Erwerbstätige pro 100 Einw.

- über dem Durchschnitt
- unter dem Durchschnitt

(Luxemburg: 75 Erwerbstätige pro 100 Einwohner)

Erwerbstätige 2018

- ein Kästchen entspricht 100 000 Erwerbstätigen

Grenzen

- Staatsgrenze
- Landesgrenze, regionale Grenze

Bevölkerungsentwicklung

Bevölkerungsveränderung 2000–2019 (relativ)

Durchschnitt der Großregion: Bevölkerungszunahme um 4%

- überdurchschnittliche Bevölkerungszunahme
- unterdurchschnittliche Bevölkerungszunahme
- Bevölkerungsabnahme

Bevölkerungsveränderung 2000–2019 (absolut)

- Einwohner 2000
- Einwohner 2019

1 mm Säulenhöhe entspricht 100 000 Einwohnern

Grenzen

- Staatsgrenze
- Landesgrenze, regionale Grenze

1 Europa Topographie

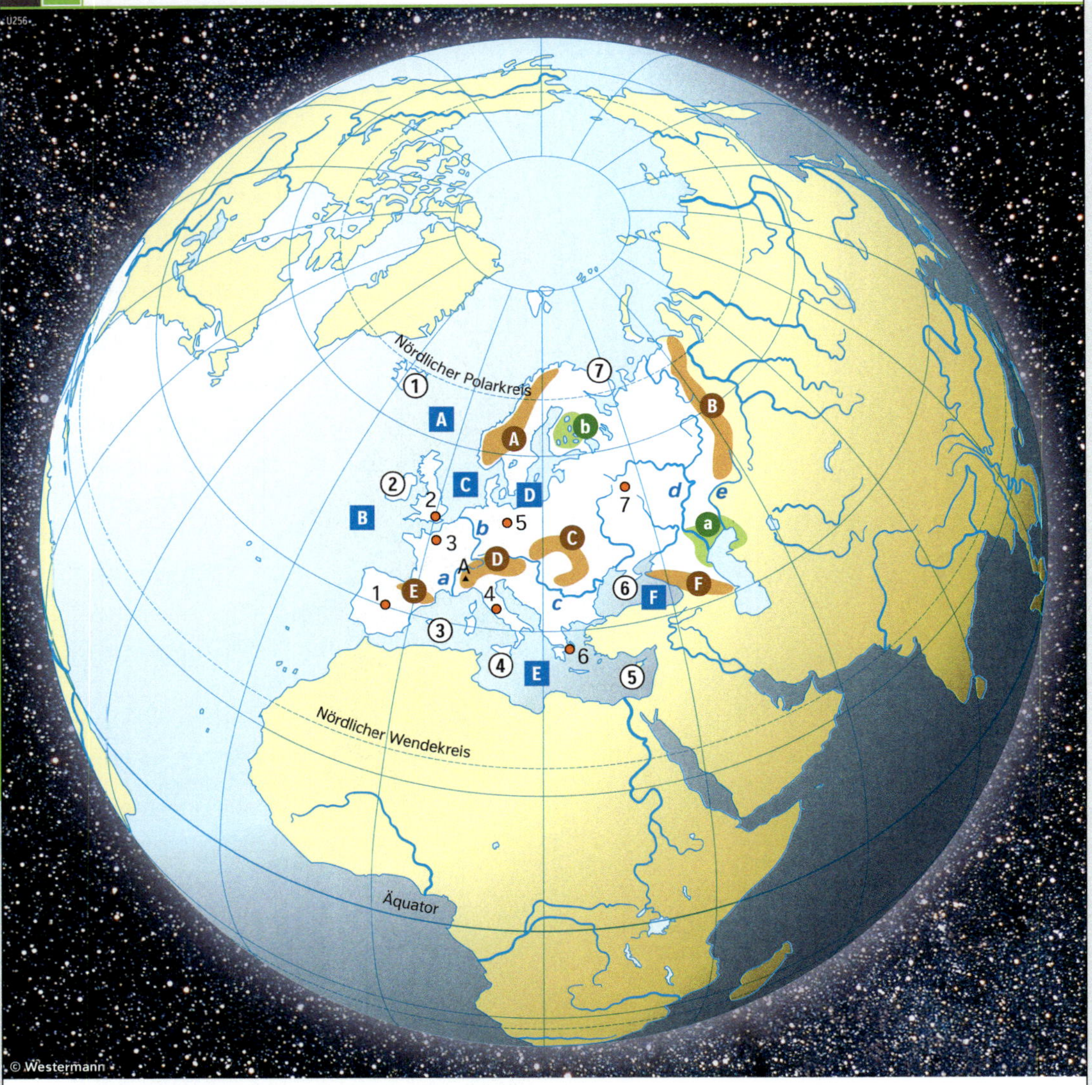

- ● 1–7 Ballungsräume
- a–e Flüsse, Seen
- ▲ A Berg
- a–b Becken, Landschaften
- A–F Meere
- A–F Gebirge
- 1–7 Inseln, Halbinseln

Höchste Berge:
(Elbrus* .... 5642 m)
Mont Blanc .... 4810 m
Dufourspitze (Monte Rosa) .. 4634 m
*abhängig von der Abgrenzung Europas gegen Asien

Längste Flüsse:
Wolga .... 3531 km
Donau (ab Breg-Quelle) .... 2888 km
Dnjepr (Dnepr/Dnipro) .... 2285 km

Größte Seen:
Ladogasee .... 17703 km²
Onegasee .... 9720 km²
Vänersee .... 5519 km²

Größte Ballungsräume:
(Einwohner)
Moskau .... 15,1 Mio.
İstanbul .... 13,7 Mio.
London .... 11,9 Mio.
Paris .... 10,4 Mio.

(Stand 2020)

2 Europa Physische Übersicht

Landhöhen und Meerestiefen (in Meter)

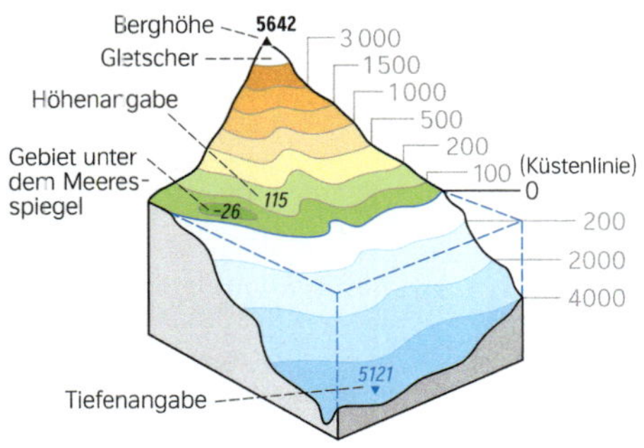

Gewässer
- Fluss
- Wadi, Trockental, selten Wasser führend
- Kanal
- See
- Salzsee
- Salzpfanne
- Stausee, Staumauer
- Sumpf, Moor

Ballungsräume, Orte
Einwohner
- über 10 000 000
- 5 000 000 – 10 000 000
- 1 000 000 – 5 000 000

Ein Ballungsraum besteht aus einer oder mehreren Kernstädten und ihren Vororten.

Grenzen
- Staatsgrenze

Maßstab 1 : 18 000 000

1 Phönikische und griechische Kolonisation

Maßstab 1 : 24 000 000 — 0 200 400 600 800 1000 km

1 Weinmischkrug aus einer griechischen Grabbeigabe

Phönikische Kolonisation (11.–7. Jahrhundert v. Chr.)
- Herrschaftsgebiet
- Mutterstadt
- Tochter- oder Enkelstadt (Auswahl)

Griechische Kolonisation (8.–6. Jahrhundert v. Chr.)
- Herrschaftsgebiet
- Mutterstadt
- Tochter- oder Enkelstadt (Auswahl)

Orte
- sonstiger Ort

Stämme
- *Kelten* Stammesgebiet

Handelswege
- Phöniker
- Griechen
- Landweg
- Karawanenweg

Bergbau und Mineralien
- Eisen
- Blei, Zink
- Kupfer
- Zinn
- Gold
- Silber
- Salz
- Bernstein
- Marmor, Kalkstein

weitere Erläuterungen ➡ 85 2

Geschichtskarten lesen lernen

Vasen dienten zum Transport und zur Aufbewahrung flüssiger Handelsgüter, wie Wein und Olivenöl. Die **Vignette** gibt einen Hinweis auf das Dargestellte in der Karte. 1

Die Griechen gründeten an einer Handelsroute die Tochterstadt Massilia. Die Stadt hat sich zu einer bedeutenden Hafenstadt entwickelt und heißt heute Marseille. 5

Auf der **physisch-geographischen Karte** lassen sich die Wege der Menschen in vergangenen Zeiten nachvollziehen. Häufig lässt sich auf diese Weise der Grund für den Wegverlauf erkennen. 2

An der Ostsee existierte damals noch kein Staat und keine **Staatsgrenze**. In der Karte sind deshalb die Verbreitungsgebiete von Stammesgruppen eingetragen. Über die heutigen Staaten mit ihren Grenzen informiert die **politische Karte**. 3

Carthago wurde 146 v. Chr. zerstört. Die physische Karte auf Seite 122/123 zeigt den Ort im Planquadrat F4 als Ruinenstadt ∴. Für die Ruinenstadt wurde jedoch eine andere Schreibweise verwendet. 6

In Geschichtskarten werden Ereignisse und Entwicklungen der Vergangenheit abgebildet. Auf dem **Zeitstrahl** lässt sich der dargestellte **Zeitraum** genau ablesen. 7

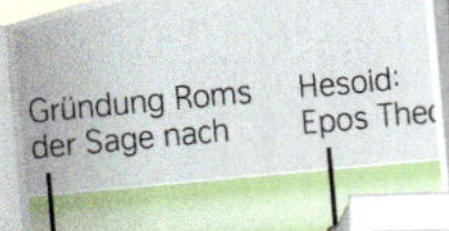

Die Griechen waren mit ihren Schiffen oft mehrere Monate unterwegs. Ihre Routen zeigen rote **Linien**. Wo der Verlauf der Handelswege nicht genau darstellbar ist, geben **Pfeile** ⟶ die ungefähre Richtung der Handelsreisenden an. 4

7 Zeitstrahl:
- 800
- 776 erste Liste der Sieger von Olympia
- 753 Gründung Roms der Sage nach
- 700 Hesoid: Epos Theogonie
- 600 (1)
- 570 Pythagoras geboren
- 500–479 Perserkriege
- um 450 Blütezeit Athens
- 400
- 387 Kelten erobern Rom
- 331 Gründung Alexandrias
- 300
- 264–241 Erster Punischer Krieg (Carthago gegen Rom): Sicilia fällt an Rom
- 200
- 197 Hispania zu Rom

2 Handel und Wirtschaft im Römischen Reich

Maßstab 1 : 24 000 000 (0 – 200 – 400 – 600 – 800 – 1000 km)

X485_2

Prunkglas mit der Aufschrift in griechischen Buchstaben „Trinke, lebe angenehm, immerdar"

Ausdehnung des Römischen Reiches
- um 200 v. Chr., nach den Punischen Kriegen
- 44 v. Chr., beim Tode Julius Caesars
- zum Zeitpunkt seiner größten Ausdehnung (117 n. Chr., Trajan)
- Grenzbefestigung
- Handelsweg
- Karawanenweg
- Leuchtturm

Landwirtschaft
- Getreide
- Wein
- Olivenöl
- Fischfang
- Viehzucht

Handel und Gewerbe
- Metallwaren
- Glas
- Keramik
- Kosmetik
- Wolle, Wollwaren
- Leinwand
- Holz
- Papyrus
- Schiffbau
- Purpur
- Sklaven

weitere Erläuterungen ➡ 84 1

3 Völkerwanderung und Reiche (bis zum Tode Theoderichs um 526 n. Chr.)

Maßstab 1 : 60 000 000 (0 – 500 – 1000 – 1500 km)

U238_1

Grabmal des Ostgotenkönigs Theoderich (451/56–526) in Ravenna

- 451 Schlacht auf den Katalaunischen Feldern (Römer besiegen Hunnen)

Germanische Reichsbildung (nach Zerfall des Röm. Reiches)
- Ostgoten
- Westgoten
- Vandalen
- Franken
- Burgunder
- Sachsen, Angeln, Jüten
- Wanderzug, zum Teil mit Jahr der Reichsgründung (5. Jh.)

Ostasien
- Chinesische Mauer

133	Asia zu Rom
100–44	Julius Cäsar (römischer Staatsmann)
15	Raetia und Noricum zu Rom
43	Britannia zu Rom
79	Ausbruch des Vesuvs
212	Verleihung des römischen Bürgerrechts an alle Reichsbewohner
325	Einführung der Sonntagsruhe durch Kaiser Konstantin
391	Christentum wird Staatsreligion
455	Plünderung Roms durch die Vandalen
476	Untergang Westroms

Zeitleiste: 0 – 100 – 200 – 300 – 400 – 500 (Karte 2, Karte 3)

1 Reiche am Ende der Herrschaft Karls des Großen um 814

Maßstab 1:30 000 000

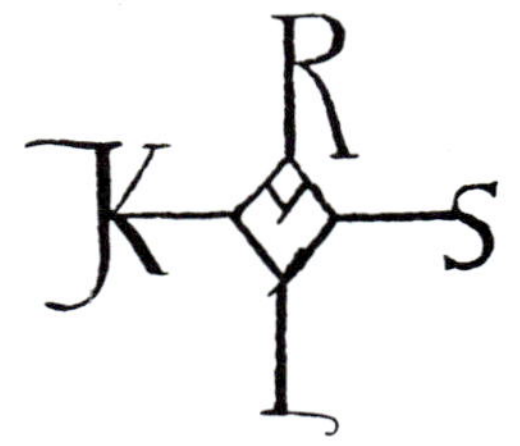

Namenszeichen (Monogramm) Karls des Großen auf einer Urkunde von 781

Frankenreich

- Frankenreich um 768
- Frankenreich um 814
- fränkische Grenzmarken
- fränkisches Einflussgebiet
- Kirchenstaat unter Schutz des Frankenkaisers
- Züge der Wikinger
- Stammesgebiet

Grenzen

- ungefähre Staatsgrenze

Grenzen bei der Teilung des Reiches Karls des Großen im Vertrag von Verdun 843

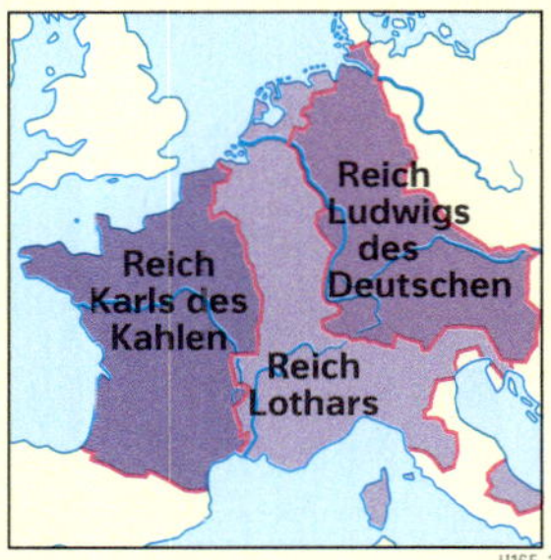

2 Zeit der ersten Kreuzzüge Ende 12. Jahrhundert

Maßstab 1:30 000 000

Religionen

- Stammesreligionen
- katholische Christen
- orthodoxe Christen
- Muslime

Kreuzfahrerstaaten

- zur Zeit der größten Ausdehnung nach dem 1. Kreuzzug

3. Kreuzzug (1189–1192)

- Friedrich I. Barbarossa
- † Barbarossa 1190 ertrunken
- Philipp II. August
- Richard Löwenherz

Grenzen

- ungefähre Staatsgrenze

Die Kreuzzüge

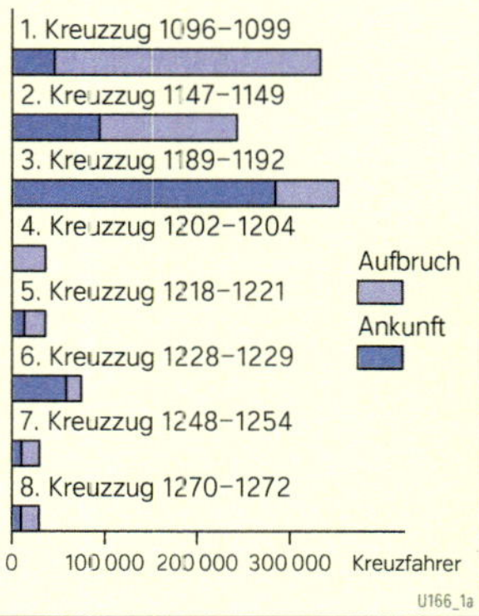

800	Karl der Große (Karolinger) in Rom zum Kaiser gekrönt
843	Vertrag von Verdun: Dreiteilung des Karolingerreiches
900	Norwegen wird Königreich (Harald I.)
962	2.2. Kaiserkrönung Otto I.
1000	Ungarn wird Königreich (Stephan I.)
1024	Polen wird Königreich
1054	Schisma: Trennung von Ost- und Westkirche
1096 1099	erster Kreuzzug nach Aufruf von Papst Urban I.: Eroberung Jerusalems

3 Europa und Orient **Handel und Wirtschaft im 15. Jahrhundert**

Maßstab 1 : 24 000 000 — 0 200 400 600 800 1000 km

Zecchino (Golddukat aus Venedig)

Genovino (Goldmünze aus Genua)

Witten (Silberpfennig der Hanse)

Handelsorte

- Handelszentrum (> 100 000 Einwohner)
- Hansestadt
- Lyon Messestadt
- Niederlassung der Fugger (Hauptsitz seit 1367: Augsburg; Handel; Banken; Bergwerke), Jakob Fugger aus Nürnberg finanziert 1519 die Wahl von Karl V. zum Kaiser

Handelswege

- Seeweg
- Handelsstraße
- Karawanenweg

Handelsgüter

- Sklavenmarkt
- Gold Handelsgut
- Erzbergbau (Eisen, Edelmetalle, Blei, Quecksilber)
- handelsorientierter Getreideanbau
- Glas
- Metallwaren
- Papier
- Pelze, Lederwaren

Textilien

- Tuche, Wollware
- Leinen
- Seide

Einnahme Jerusalems durch Sultan Saladin — 1187
Hamburg und Lübeck begründen die Hanse — 1241
Gründung des Osmanischen Reiches — 1301
„Hundertjähriger Krieg" zwischen England und Frankreich — 1337–1453
Eroberung Konstantinopels durch die Osmanen — 1453
Eroberung Granadas: Ende der Reconquista — 1492

2 1200 1400 3 1500

ERDE LUXEMBURG EUROPA ASIEN AFRIKA OZEANIEN POLARGEBIETE AMERIKA REGISTER

ERDE
LUXEMBURG
EUROPA
ASIEN
AFRIKA
OZEANIEN
POLARGEBIETE
AMERIKA
REGISTER

1 Reformation um 1570

Maßstab 1 : 24 000 000 — 0 200 400 600 800 1000 km

Um 1445 erfindet Gutenberg in Mainz den Buchdruck, der die schnelle Verbreitung der Bibelübersetzung Luthers ermöglicht.

Alte Konfessionen (Mehrheit / Minderheit)
- Katholiken
- Orthodoxe
- Muslime

Neue Konfessionen
- Lutheraner
- Reformierte (Calvinisten, Zwinglianer)
- Anglikaner
- Böhmische und Mährische Brüder
- *Täufer* protestantische Minderheit

Schauplätze
- geistiges Zentrum einer Konfession
- Konzil, Reichstag
- bedeutende Burg

Grenzen
- Reichsgrenze (Heiliges Römisches Reich Deutscher Nation)
- Staatsgrenze

2 Absolutismus um 1740

Maßstab 1 : 24 000 000 — 0 200 400 600 800 1000 km

Das Sinnbild Ludwigs XIV. (1638–1715) als „Sonnenkönig" ist die Sonne, hier dargestellt als Verzierung des Eingangstores vom Schloss Versailles.

Absolutistische Staaten
- in Flächenfarbe, davon
- Königreich Brandenburg-Preußen
- Kurfürstentum Bayern
- Kurfürstentum Sachsen
- Habsburgische Erblande (u.a. Österreich, Ungarn)
- Gebiete absolutistischer Klein- und Mittelstaaten

Barocke Baukunst
- Schlossbauten nach dem Vorbild von Versailles

Grenzen
- Reichsgrenze (Heiliges Römisches Reich Deutscher Nation)
- Staatsgrenze

Abkürzungen der Staatsformen ➡ 220

1452	Leonardo da Vinci, Universalgenie der Renaissance († 1519)
1466	Erasmus von Rotterdam, Humanist († 1536)
1500	
1545 – 1563	Konzil von Trient, katholische Glaubensdekrete (Gegenreformation)
1564	Galileo Galilei († 1642)
1570	1
1581	Niederlande erklären ihre Unabhängigkeit von Spanien
1600	
1631	„Cautio Criminalis" Streitschrift gegen Hexenprozesse von Friedrich Spee

3 Das Zeitalter Napoleons um 1812

Maßstab 1:24 000 000 — 0 200 400 600 800 1000 km

U170_1

Erstes Bürgerliches Gesetzbuch (1804) kodifizierte viele Ergebnisse der Französischen Revolution und bildete im napoleonischen Europa die Basis von Rechtsreformen in vielen Ländern.

Napoleonischer Einflussbereich
- Frankreich 1812
- von Frankreich regierte und abhängige Staaten
- mit Frankreich verbündete Staaten vor dem Russlandfeldzug
- Staatenbund

Krieg und Frieden
- Kontinentalsperre Napoleons (seit 1806)
- militärischer Sieg Napoleons
- militärische Niederlage Napoleons
- Russlandfeldzug Napoleons 1812
- 25 000 Stärke des Heeres
- 1809 Vertragsabschluss (Friedensabschluss, Waffenstillstand)

Abkürzungen der Staatsformen ➡ 220

4 Revolution und Reaktion 1848/1849

Maßstab 1:24 000 000 — 0 200 400 600 800 1000 km

U171_1

Wienerin im Kampf für Bürgerrechte auf den Barrikaden am 26. Mai 1848

Staatsformen
- orientalische Despotie
- parlamentarische Monarchie
- konstitutionelle Monarchie
- absolute Monarchie
- Republik
- Kolonie

Konflikte
- revolutionärer Aufstand
- Angriff der Reaktion

Grenzen
- Staatsgrenze
- Grenze des Deutschen Bundes
- Grenze innerhalb des Deutschen Bundes

Abkürzungen der Staatsformen ➡ 220

1685	Flucht der Hugenotten aus Frankreich
1688	Glorious Revolution in England: erste konstitutionelle Monarchie
1700	
1717	Kaiserin Maria Theresia von Österreich († 1780)
1769	Erfindung der Dampfmaschine durch James Watt in England
1789	14.7. Sturm auf die Bastille, Beginn der Franz. Revolution
1800	
1804	Kaiserkrönung Napoleons
1813, 1815	Befreiungskriege gegen Napoleon, 1814/1815 Wiener Kongress
1849	28.3. Deutsche Reichsverfassung

Zeitleiste: 2 · 3 · 4

ERDE · LUXEMBURG · EUROPA · ASIEN · AFRIKA · OZEANIEN · POLARGEBIETE · AMERIKA · REGISTER

1 Europa Zweiter Weltkrieg (1.9.1939–8.5.1945)

Maßstab 1 : 24 000 000 (0 200 400 600 800 1000 km)

Luxemburger Briefmarken mit Dank an die Alliierten (1945)

Achsenmächte

Kriegseintritt
- 1939
- 1940
- 1941

Kriegsverlauf
- Deutsche Seeoperationsgebiete
- 1942 von Deutschland besetzte Gebiete (Jahr der Besetzung)
- weitestes Vordringen der Achsenmächte (November 1942)
- deutscher Machtbereich im Mai 1945

Alliierte Mächte

Kriegseintritt
- 1939
- 1940
- 1941
- nach dem 7.12.1941

Kriegsverlauf
- alliierter Vorstoß

Andere Staaten
- neutraler Staat

Grenzen
- Deutsches Reich 1937
- „Großdeutsches Reich" 1942
- Staatsgrenze nach 1940
- Binnengrenze und Erwerbungen

1933	Machtergreifung der Nationalsozialisten in Deutschland
1939	Beginn des 2. Weltkrieges
1940	
1943	Schlacht von Stalingrad
1945	Ende des 2. Weltkrieges
1949	Gründung der NATO
1950	
1955	Gründung des Warschauer Paktes
1956	Volksaufstand in Ungarn
1960	
1962	Kuba-Krise: Höhepunkt des Kalten Krieges
1968	Volksaufstand in der Tschechoslowakei
1970	
1975	Schlussakte von Helsinki: Höhepunkt der Entspannungspolitik

2 Europa Auflösung des Ostblocks 1989

Maßstab 1:24 000 000

Militärische Bündnisse
- Staaten der NATO (Westbündnis)
- Staaten des Warschauer Paktes (Ostbündnis)
- Eiserner Vorhang

Gewaltfreier Widerstand
- Großdemonstration
- Runder Tisch (Bürgerrechtsbewegung)
- Prag: Besetzung der bundesdeutschen Botschaft
- Massenflucht aus der DDR
- Menschenkette

3 Europa Bündnisentwicklung 1990–2019

Maßstab 1:24 000 000

Nordatlantik-Pakt (NATO)
- Gründungsstaaten 1949
- 1955 Neumitglieder (Beitrittsjahr)
- Beitrittskandidat
- NATO-Partnerschaft für den Frieden
- Sitz des NATO-Rates
- 1991 Jahr der Unabhängigkeit

Schengen-Raum der EU (Wegfall der Personenkontrollen)
- Außengrenze bis 2000
- Außengrenze heute

4 Jugoslawien Auflösung eines Vielvölkerstaates

Maßstab 1:7 000 000 — 0 50 100 150 200 250 km

1989 (vor den Jugoslawienkriegen)

2004 (nach dem Kosovo-Krieg)

Bevölkerungszusammensetzung

Bevölkerungsgruppen	Slowenen	Kroaten	Serben	Bosniaken	Mazedonier	Montenegriner	Albaner	Ungarn	Rumänen
Mehrheit									
Minderheit (unter 35 %)									

Grenzen
- Staat
- Republik
- autonome Provinz
- Teilrepublik (nach Dayton-Vertrag)

Orte
- Hauptstadt
- Ort, in dem schwere Menschenrechtsverletzungen begangen wurden
- Hauptquartier der internationalen Friedenstruppen
- geteilte Stadt (bis 2004)

* unter UN-Verwaltung

1985	Gorbatschow kommt an die Macht in der Sowjetunion (Glasnost, Perestroika)
1989	Fall der Berliner Mauer (2)
1991	Auflösung der Sowjetunion und des Warschauer Paktes
1991–2001	Jugoslawienkriege (1991–2001) (4)
1999	Kosovo-Krieg der NATO
2004	große NATO-Osterweiterung (3)
2008	mit dem Kosovo löst sich die letzte jugoslawische Teilrepublik von Serbien
2014	Annexion der Krim durch Russland
seit 2014	Ostukraine-Konflikt (seit 2014)

Zeitleiste: 1980 1985 1989 1990 1991 1999 2000 2001 2004 2008 2010 2014 2020

Maßstab 1 : 36 000 000 (1 cm ≙ 360 km) 0 200 400 600 800 1000 km

1 Staaten 1914 (vor dem Ersten Weltkrieg)

Grenzen
- Staatsgrenze
- Teilreichgrenze

Politisches Zentrum
- Hauptstadt

Kolonien und Besitzungen
- 1830 Jahr der Erwerbung

Abkürzungen
- (Fr.) = Frankreich
- (VK) = Vereinigtes Kgr. und Irland
- L. = Liechtenstein

2 Staaten 1920/1921 (nach dem Ersten Weltkrieg)

Grenzen
- Staatsgrenze
- innerstaatliche Grenze (z.T. vorübergehend Staatsgrenze)

Politisches Zentrum
- Hauptstadt

Staatsgründung
- 1918 Jahr der Unabhängigkeit

Abkürzungen
- (VK) = Vereinigtes Königreich
- (Ital.) = Italien
- L. = Liechtenstein

3 Staaten 1939 (vor dem Zweiten Weltkrieg)

Jahr der Errichtung einer Diktatur
- 1922 faschistisch
- 1928 autoritär-militärisch
- 1917/1922 kommunistisch

Grenzen
- Staatsgrenze
- innerstaatliche Grenze (Auswahl)

Politisches Zentrum
- Hauptstadt

Abkürzungen
- (VK) = Vereinigtes Kgr.
- L. = Liechtenstein

4 Staaten 1949 (nach dem Zweiten Weltkrieg)

Beitritt zu einem Militärbündnis
- 1949 North Atlantic Treaty Organization (NATO)
- 1955 Warschauer Pakt

Eiserner Vorhang (mit bewaffneter Grenzüberwachung)
- Grenzzaun
- kein Grenzzaun („grüne Grenze“)

Politisches Zentrum
- Hauptstadt

Abkürzungen
- Lux. = Luxemburg
- L. = Liechtenstein

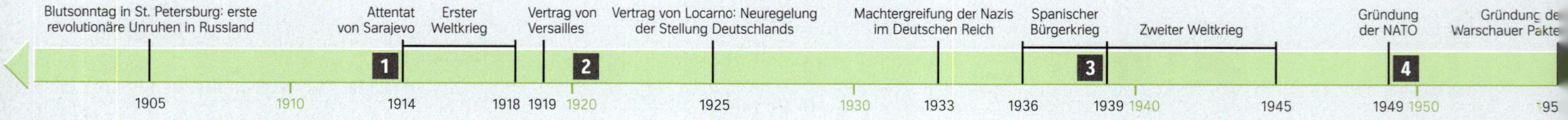

5 Staaten heute

Maßstab 1 : 24 000 000

0 200 400 600 800 1000 km

Grenzen
- Staatsgrenze
- umstrittene Grenze

Politisches Zentrum
- Hauptstadt

Abkürzungen
[VK] = Vereinigtes Königreich

Palästinensische Autonomiegebiete: Gazastreifen, Westjordanland

*Die Halbinsel Krim gehört völkerrechtlich zur Ukraine, wird aber derzeit faktisch von Russland kontrolliert.

ömische Verträge: Gründung der uropäischen Wirtschaftsgemeinschaft – 957
1960
Intervention des Warschauer Paktes in der Tschechoslowakei – 1968
1970
Unterzeichnung der KSZE-Akte in Helsinki – 1975
1980
11.3. Gorbatschow wird Generalsekretär der KPdSU – 1985
Eiserner Vorhang fällt – 1989
1990
Auflösung der UdSSR und Zerfall Jugoslawiens – 1991
NATO-Militäreinsatz im Kosovo – 1999
2000
Kosovo erklärt einseitig die Unabhängigkeit – 2008
5
2010

1 Organe der Europäischen Union

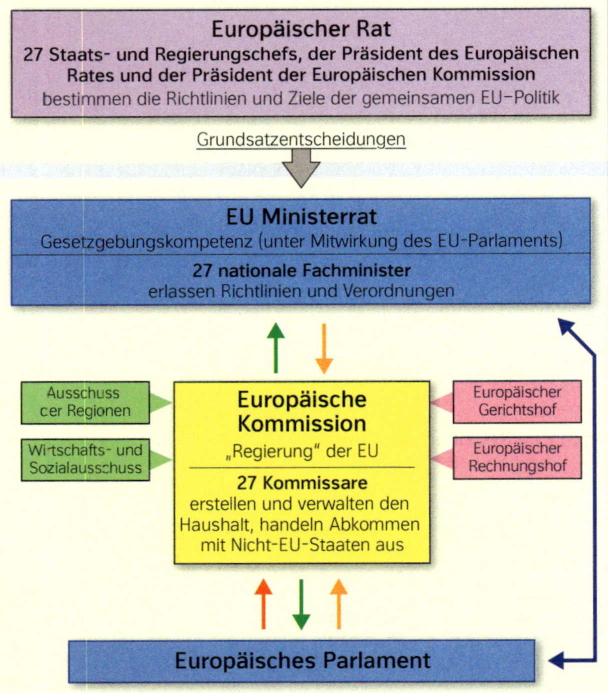

Sitzverteilung nach Staaten im Europäischen Parlament
(705 Sitze)

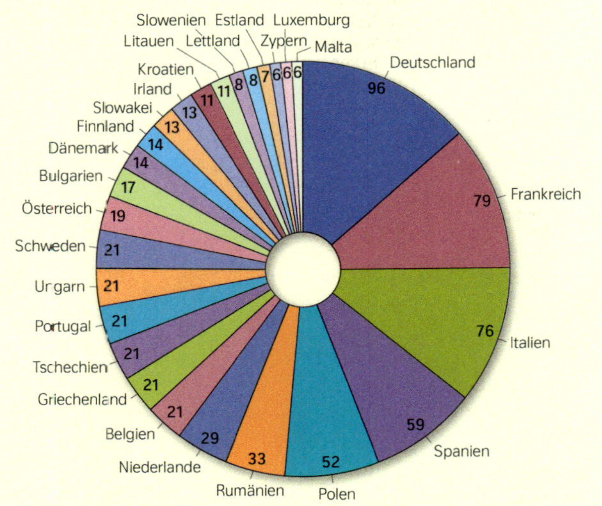

Gewaltenteilung
- Exekutive
- Legislative
- Judikative, Kontrollorgane
- selbstständige zentrale Gremien (Beratung)

Politische Wege
- Entscheidungen
- Vorschläge
- Anfragen, Kontrolle, Vertrauens- und Misstrauensvotum
- Haushaltsbeschlüsse, Anhörung, Mitentscheidung

Wahlen alle 5 Jahre

Bevölkerungsverteilung in der EU (446 Mio. Einwohner insgesamt)

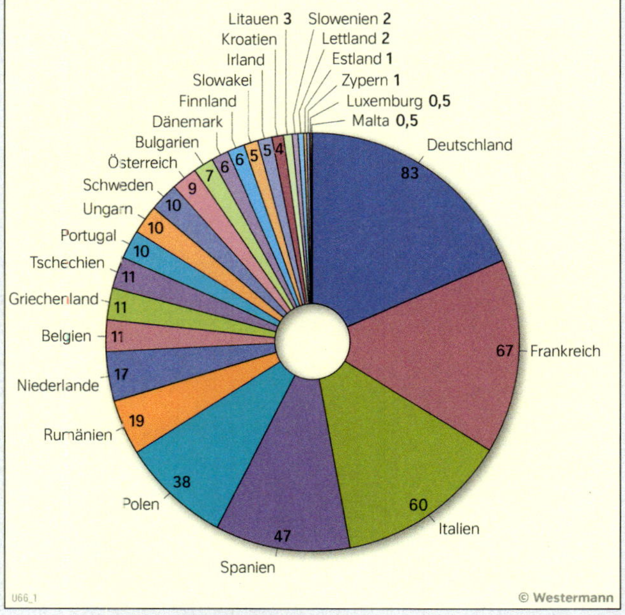

2 Europäische Zusammenschlüsse

Maßstab 1:30 000 000

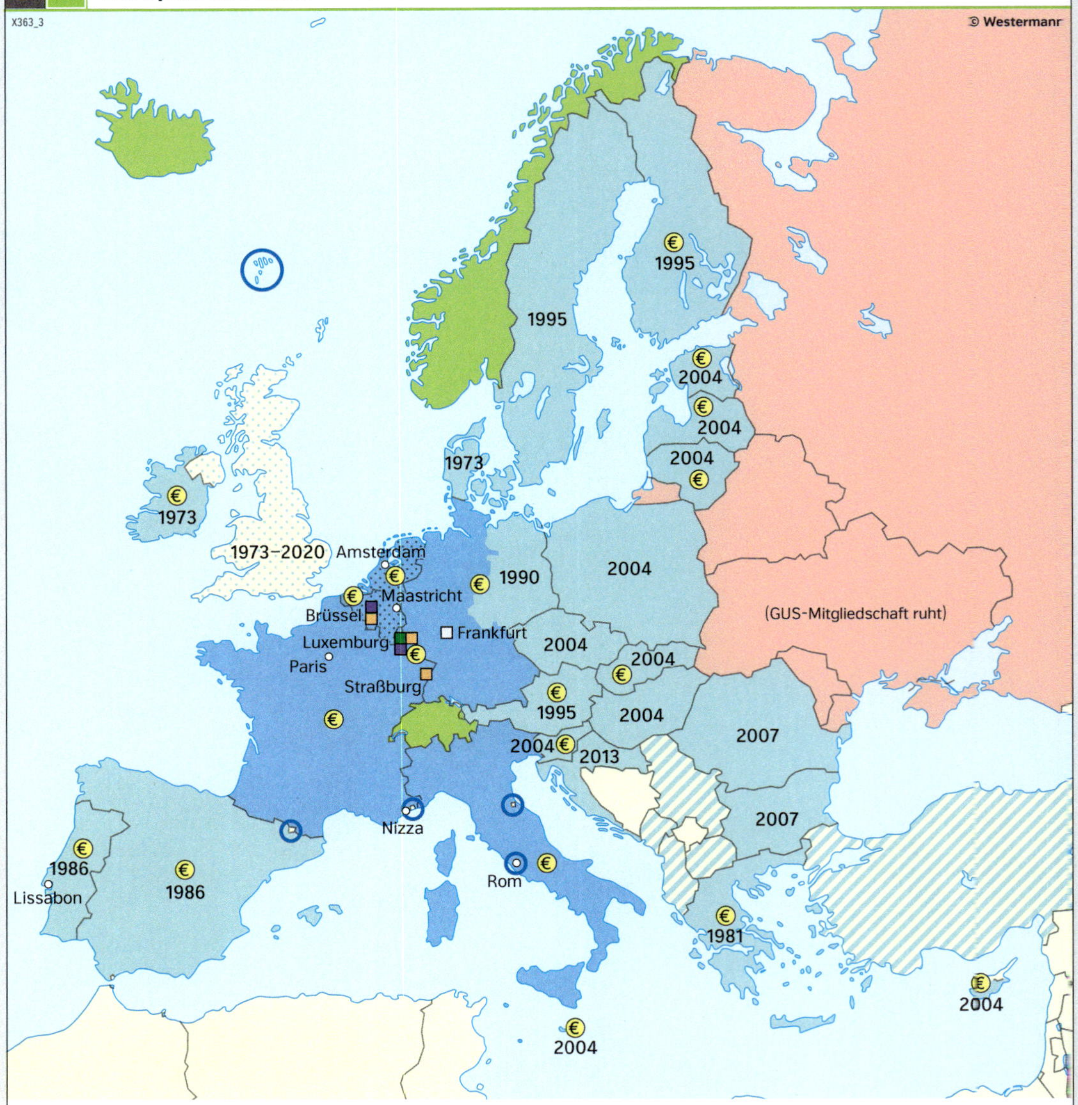

Europäische Union (EU, seit 1992)
- gegründet als Europäische Wirtschaftsgemeinschaft 1957
- 1986 Neumitglied (Beitrittsjahr)
- Beitrittskandidat
- ehemaliges EU-Mitglied
- assoziiert (Gebiet, Staat)

- Euro-Staat
- Europäisches Parlament
- Europäische Kommission
- Europäischer Gerichtshof
- Europäische Zentralbank
- bedeutender Gründungs- oder Konferenzort

Andere Zusammenschlüsse
- **BENELUX-Abkommen** (Zollunion 1944/Wirtschaftsunion 1958)
- **EFTA** 1960 (European Free Trade Association)
- **EWR** 1992 (Europäischer Wirtschaftsraum; die Schweiz ist Beobachter im EWR)
- **GUS** 1991 (Gemeinschaft Unabhängiger Staaten)

3 Brüssel Hauptsitz der EU

Maßstab 1:25 000

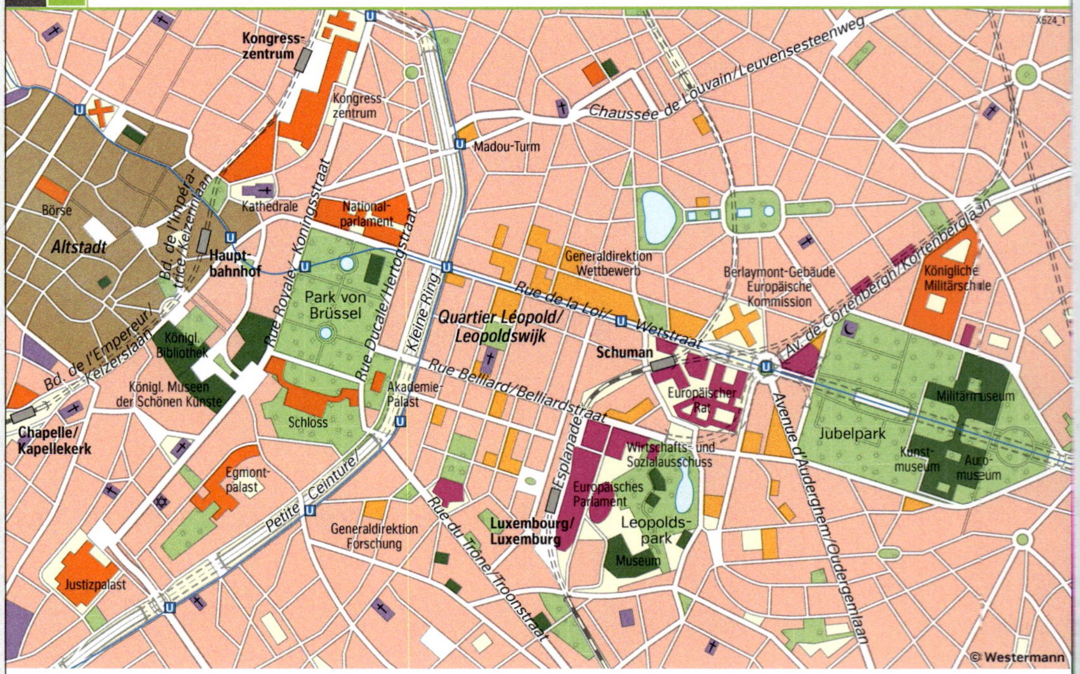

Flächennutzung
- Citybereich, Hauptgeschäftszentrum
- Wohnbebauung
- Park, Grünanlage
- Freifläche

Einzelgebäude
- Verwaltungsgebäude der Europäischen Kommission
- Sitz eines Organs der Europäischen Union
- belgisches Regierungs- und Verwaltungsgebäude
- kulturelle Einrichtung
- religiöse Einrichtung
- Kirche
- Synagoge
- Moschee

Verkehr
- Eisenbahn mit Bahnhof
- Eisenbahn (unterirdisch)
- U-Bahn mit Station

4 Europäischer Wirtschaftsraum **Wirtschaftskraft der Regionen**

Maßstab 1 : 30 000 000 0 250 500 750 km

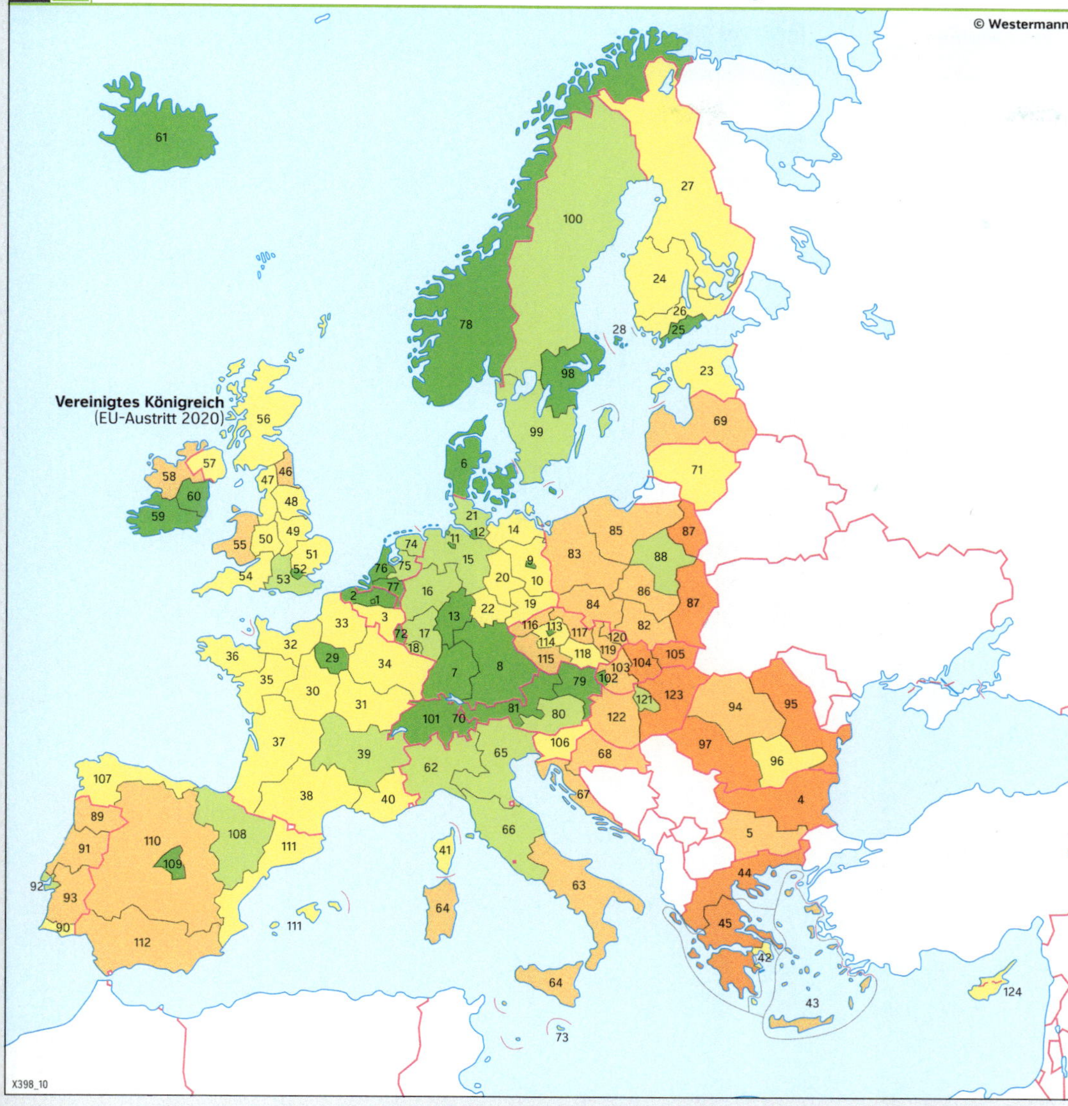

Bruttoinlandsprodukt
(BIP, in Kaufkraft-Euro je Einwohner, 2018)

30 % 60 % 80 % 100 % 120 % 260 %

8 900 18 000 24 000 30 200 36 000 79 300 €

└ EWR-Durchschnitt

Grenzen

Staatsgrenze

Grenze einer statistischen Region (mit Nummer)

Kaufkraft-Euro

Der Kaufkraft-Euro gleicht Verzerrungen zwischen den unterschiedlichen Preisniveaus in den statistischen Regionen des Europäischen Wirtschaftsraumes (EWR) aus. In Deutschland entspricht ein Kaufkraft-Euro einem Geldwert von 1,06 € (2016). Der EWR besteht aus den Mitgliedsstaaten der Europäischen Union (EU), Island, Norwegen und Liechtenstein.

Statistische Regionen des Europäischen Wirtschaftsraumes
(EWR, bestehend aus EU und EFTA)

Belgien
1 Brüssel
2 Flandern
3 Wallonien

Bulgarien
4 Nord- und Südost-Bulgarien
5 Südwest- und Südzentral-Bulgarien

6 **Dänemark**

Deutschland
7 Baden-Württemberg
8 Bayern
9 Berlin
10 Brandenburg
11 Bremen
12 Hamburg
13 Hessen
14 Mecklenburg-Vorpommern
15 Niedersachsen
16 Nordrhein-Westfalen
17 Rheinland-Pfalz
18 Saarland
19 Sachsen
20 Sachsen-Anhalt
21 Schleswig-Holstein
22 Thüringen

23 **Estland**

Finnland
24 Westfinnland
25 Helsinki, Uusimaa
26 Südfinnland
27 Nord- und Ostfinnland
28 Åland-Inseln

Frankreich
29 Île de France
30 Centre, Loire-Tal
31 Burgund, Franche-Comté
32 Normandie
33 Nord-Pas-de-Calais, Picardie
34 Elsass, Champagne, Ardennen, Lothringen
35 Pays de la Loire
36 Bretagne
37 Aquitanien, Limousin, Poitou-Charentes
38 Languedoc-Roussillon, Midi-Pyrénées
39 Auvergne, Rhone-Alpen
40 Provence-Alpen, Côte d'Azur
41 Korsika

Griechenland
42 Attika
43 Agäische Inseln, Kreta
44 Nordgriechenland
45 Zentral-griechenland

Vereinigtes Königreich
(EU-Austritt 2020)
46 Nordost-England
47 Nordwest-England
48 Yorkshire und Humber
49 Ost-Midlands
50 West-Midlands
51 Ostengland
52 London
53 Südost-England
54 Südwest-England
55 Wales
56 Schottland
57 Nordirland

Irland
58 Nord- und Westirland
59 Südirland
60 Ostirland und Midlands

61 **Island**

Italien
62 Nordwest-Italien
63 Süditalien
64 Sizilien und Sardinien
65 Nordost-Italien
66 Zentralitalien

Kroatien
67 Adriatisches Kroatien
68 Kontinentalkroatien

69 **Lettland**

70 **Liechtenstein**

71 **Litauen**

72 **Luxemburg**

73 **Malta**

Niederlande
74 Nordniederlande
75 Ostniederlande
76 Westniederlande
77 Südniederlande

78 **Norwegen**

Österreich
79 Ostösterreich
80 Südösterreich
81 Westösterreich

Polen
82 Südpolen
83 Nordwest-Polen
84 Südwest-Polen
85 Nordpolen
86 Zentralpolen
87 Ostpolen
88 Masowien

Portugal
89 Nordportugal
90 Algarve
91 Zentralportugal
92 Lissabon
93 Alentejo

Rumänien
94 Nordwest- und Zentralrumänien
95 Ostrumänien
96 Südrumänien
97 Südwest-Rumänien

Schweden
98 Ostschweden
99 Südschweden
100 Nordschweden

101 **Schweiz**
(die Schweiz ist kein Mitglied des EWR)

Slowakei
102 Bratislava
103 Westslowakei
104 Mittelslowakei
105 Ostslowakei

106 **Slowenien**

Spanien
107 Nordwest-Spanien
108 Nordost-Spanien
109 Madrid
110 Zentralspanien
111 Ostspanien
112 Südspanien

Tschechien
113 Prag
114 Mittelböhmen
115 Südwest-Böhmen
116 Nordwest-Böhmen
117 Nordost-Böhmen
118 Südost-Böhmen
119 Mittelmähren
120 Mährisch-Schlesien

Ungarn
121 Mittelungarn
122 Transdanubien
123 Ungarische Tiefebene, Nordungarn

124 **Zypern**

5 Europäischer Wirtschaftsraum **Arbeitslosigkeit in den Regionen**

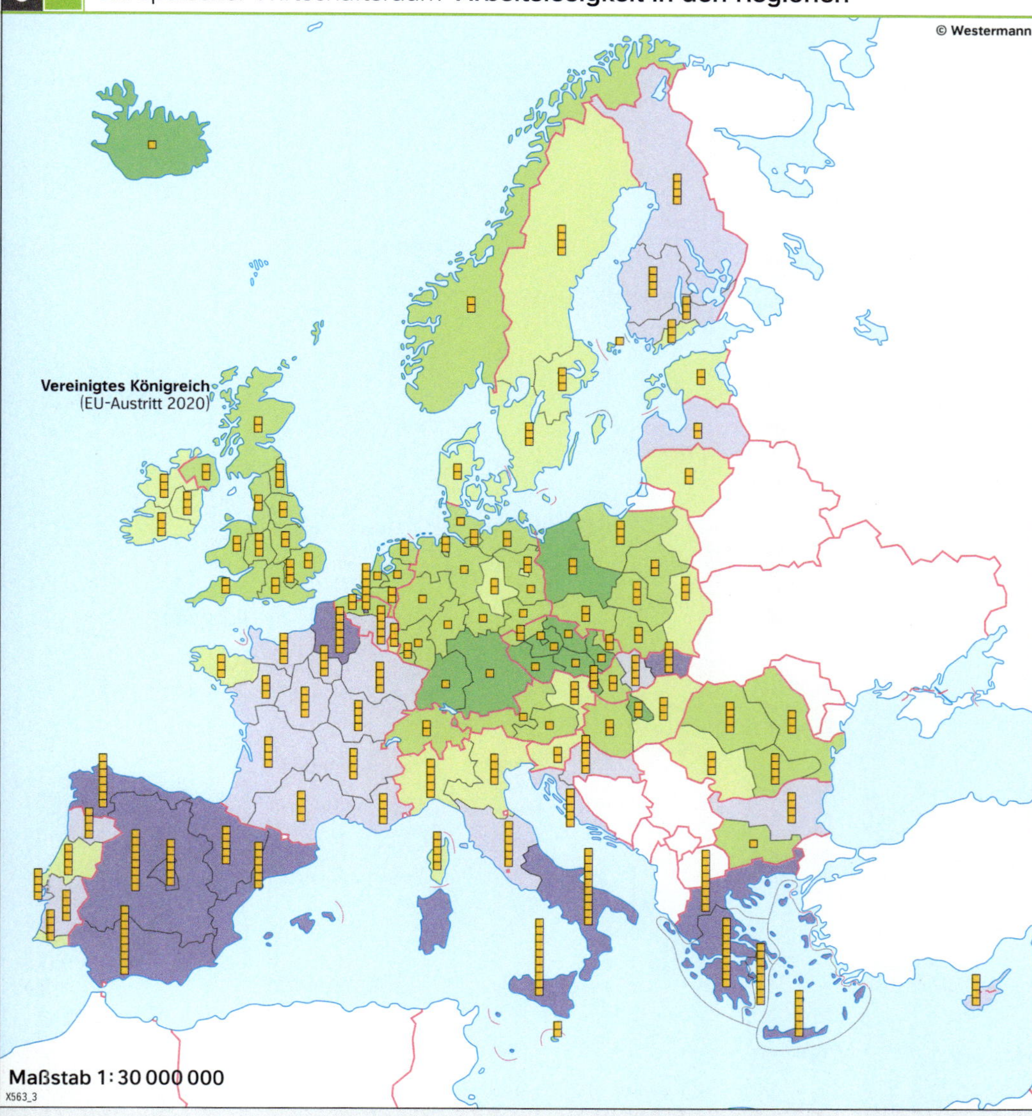

Arbeitslosenquote (in Prozent, 2018)

1,3 3,0 5,0 7,2 10,0 22,1 %

└ EWR-Durchschnitt

Jugendarbeitslosigkeit
(15–24-Jährige, 2018)

1 Kästchen ≙ 5%

EWR-Durchschnitt = 16,2%

Grenzen

Staatsgrenze

Grenze einer statistischen Region

Bevölkerung und Kommunikation

1 Altersaufbau

Schweden 2020
10,1 Millionen Einwohner

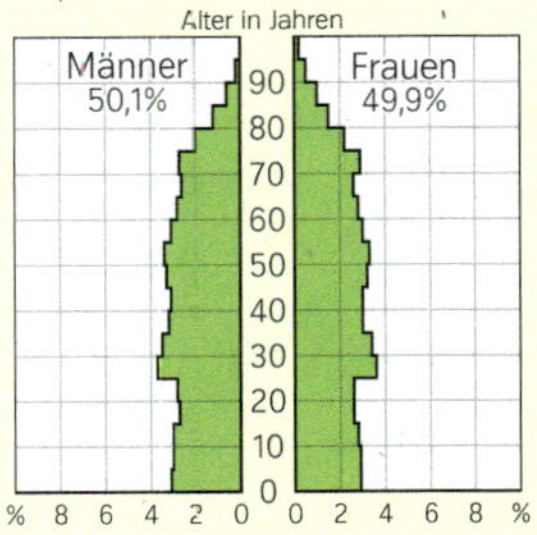

Vereinigtes Königreich 2020
67,9 Millionen Einwohner

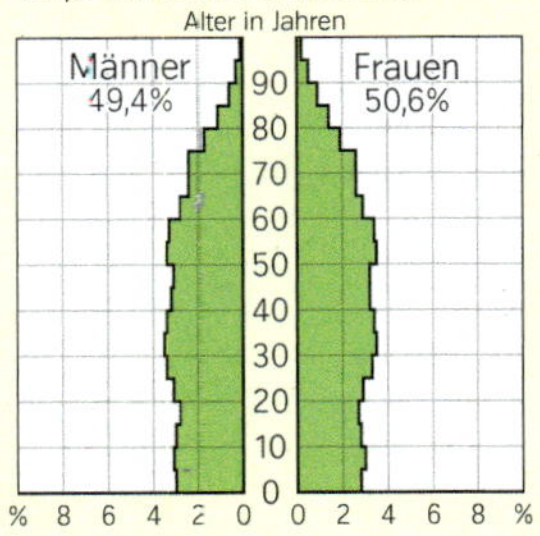

Irland 2020
4,9 Millionen Einwohner

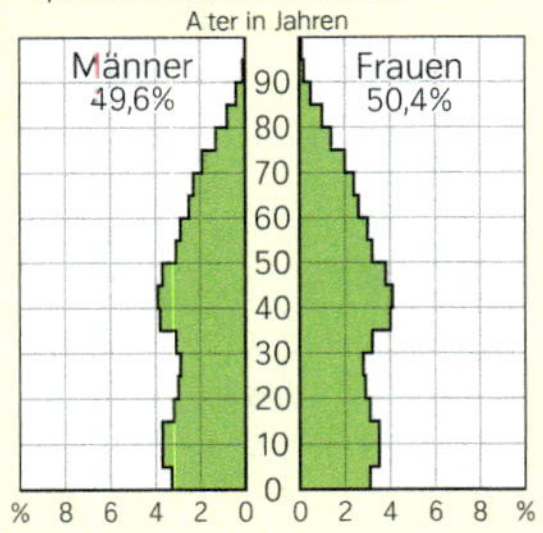

Frankreich 2020
65,3 Millionen Einwohner

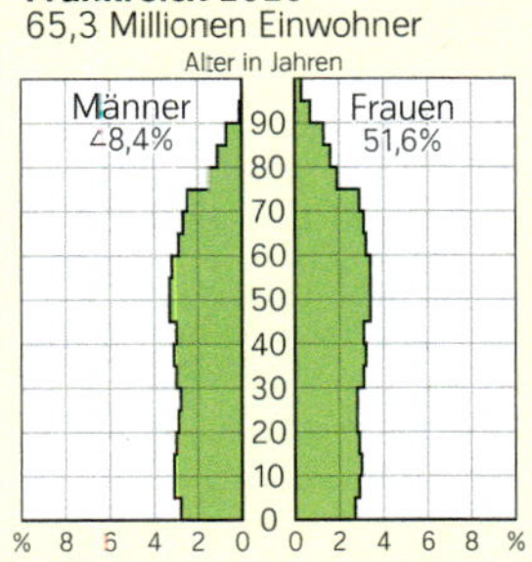

Polen 2020
37,8 Millionen Einwohner

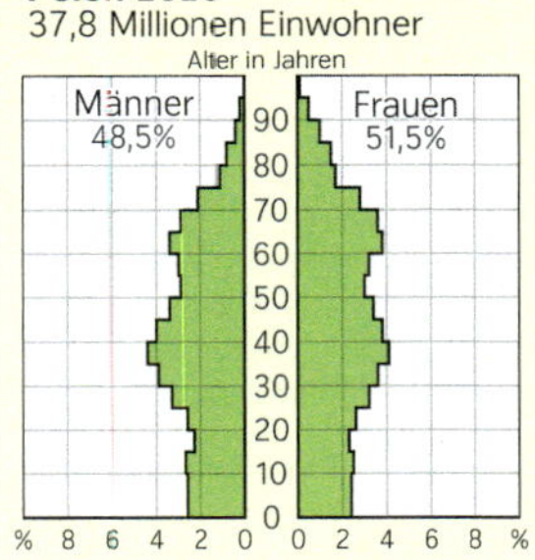

Russland 2020
145,9 Millionen Einwohner

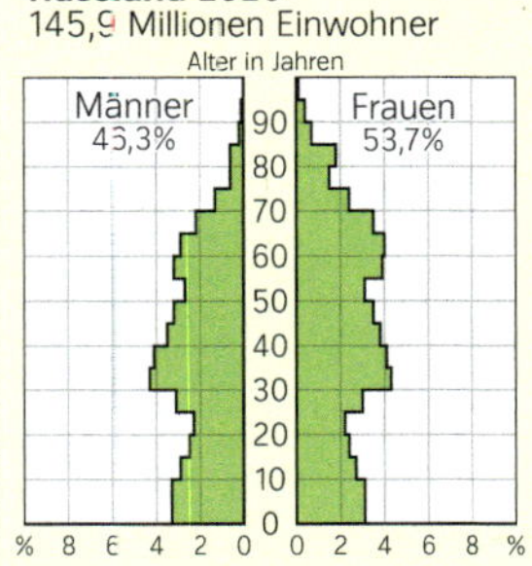

Türkei 2020
84,3 Millionen Einwohner

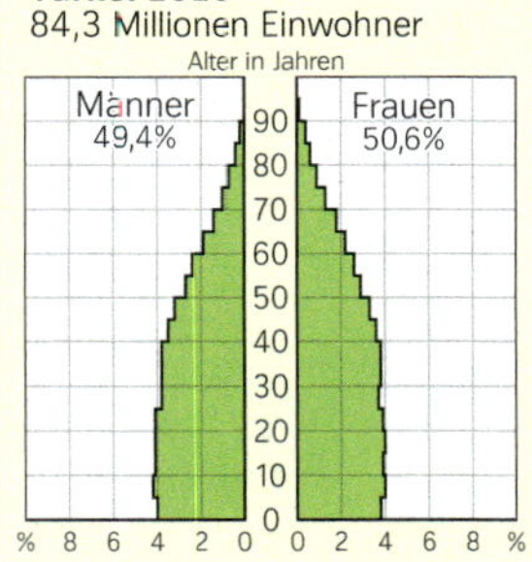

2 Bevölkerungsdichte und Ballungsräume

Maßstab 1:30 000 000 (0 – 250 – 500 – 750 km)

Bevölkerungsdichte
Einwohner/km²
- über 200
- 50 – 200
- 10 – 50
- unter 10 Einw./km²

Ballungsräume
(städtische Agglomerationen)
Einwohner
- über 10 000 000 (Megastadt)
- 5 000 000 – 10 000 000
- 2 000 000 – 5 000 000

Grenzen
- Staatsgrenze
- umstrittene Grenze

3 Bevölkerungsentwicklung

Maßstab 1:30 000 000 (0 – 250 – 500 – 750 km)

Jährliche Bevölkerungsveränderung
(in Prozent, Durchschnitt der Jahre 2010–2018)
- 2,0 bis 7,0
- 1,0 bis 2,0
- 0,0 bis 1,0
- −1,0 bis 0,0
- −2,0 bis −1,0 %

Gesamtbevölkerung der Staaten (Einwohner 2018)
- 145 000 000
- 85 000 000
- 60 000 000
- 40 000 000
- 25 000 000
- 15 000 000
- 8 000 000
- 4 000 000
- 1 000 000
- 300 000 – 600 000
- unter 100 000

Grenzen
- Staatsgrenze
- umstrittene Grenze

siehe Staatentabelle ➡ 240 1

4 Staatssprachen und Sprachminderheiten

Maßstab 1:30 000 000 — 0 250 500 750 km

Sprachen

Sprachen, die einen gemeinsamen Ursprung besitzen, sind durch ein Farbband zusammengefasst.

- Germanische Sprachen
- Romanische Sprachen
- Slawische Sprachen
- Ostseefinnische Sprachen
- Baltische Sprachen
- Hamitosemitische Sprachen
- Turksprachen

Dänisch — Staatssprache

Irisch — Sprachminderheit (Auswahl)

Sprachen in Luxemburg

Luxemburgisch (Amtssprache neben Deutsch und Französisch)

Die geläufigsten Sprachen in Europa

Russisch

Deutsch

Englisch

Französisch

Italienisch

Spanisch

□ ≙ 5 Millionen Muttersprachlern

X493_3

5 Verkehr

Maßstab 1:30 000 000 — 0 250 500 750 km

X428_3

PKW-Dichte
(Zahl der Personenkraftwagen je 100 Einwohner)

- bis 10
- 10 – 20
- 20 – 30
- 30 – 40
- 40 – 50
- über 50

Hochgeschwindigkeitsnetz der Bahn
(über 200 km/h)

- vorhanden
- im Bau
- sonstige Strecke

Drehkreuz des Luftverkehrs

Großflughafen (über 15 Millionen Passagiere pro Jahr)

Drehkreuz des Seeverkehrs

Welthafen (über 50 Millionen Tonnen Güter- und Warenumschlag pro Jahr, hohes Containeraufkommen)

Grenzen

- freier Grenzverkehr (Schengenraum)
- mit Ausweiskontrolle oder Visumspflicht

6 Sprachen

A *Guten Tag!*
Ich heiße...
Wie heißt du?
Auf Wiedersehen!

B *Hello!*
My name is...
What's your name?
Good bye!

C *Bonjour!*
Je m'appelle...
Comment tu t'appelles?
Au revoir!

D *Добрый день!*
Меня зовут...
Как тебя зовут?
До свидания!

E *¡Buenas tardes!*
Me llamo...
¿Cómo te llamas?
¡Adiós!

F *Dobrý den!*
Jmenuji se...
Jak se jmenuješ?
Na shledanou!

U3_1

Maßstab 1 : 36 000 000 (1 cm ≙ 360 km) 0 200 400 600 800 1000 km

1 Temperaturen im Januar

Temperaturen (Monatsmittel in Grad Celsius)

-15 -10 -5 0 5 10 15 °C

Küsteneis im Januar

Örtliche Winde

kalt
warm

Klimastationen
sonstiger Ort

2 Temperaturen im Juli

Temperaturen (Monatsmittel in Grad Celsius)

5 10 15 20 25 30 °C

Örtliche Winde

kalt
warm

Klimastation
sonstiger Ort

3 Klimadiagramme

Temperaturen im Monatsmittel

Niederschläge im Monat insgesamt

T: 16,8 °C Jahresdurchschnittstemperatur

N: 2003 mm Jahressumme Niederschlag

9 m ü. M. Höhenangabe in Meter über dem Meeresspiegel

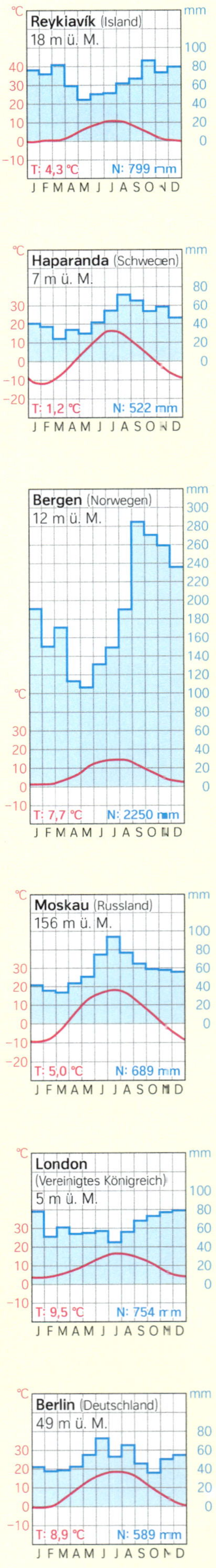

ERDE
LUXEMBURG
EUROPA
ASIEN
AFRIKA
OZEANIEN
POLARGEBIETE
AMERIKA
REGISTER

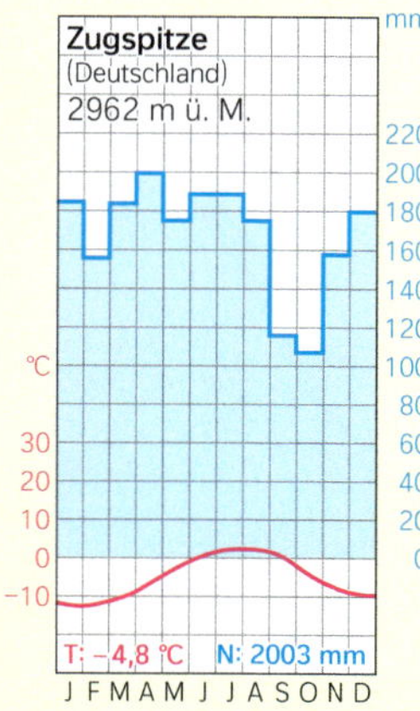

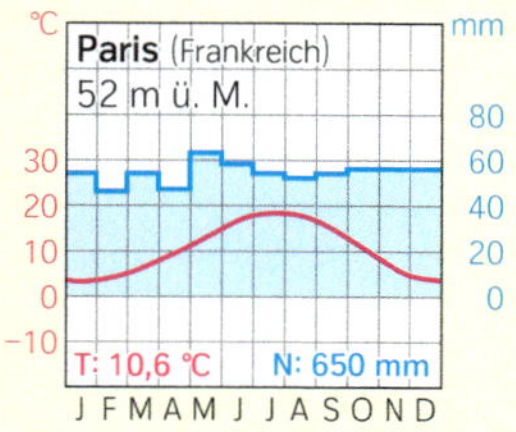

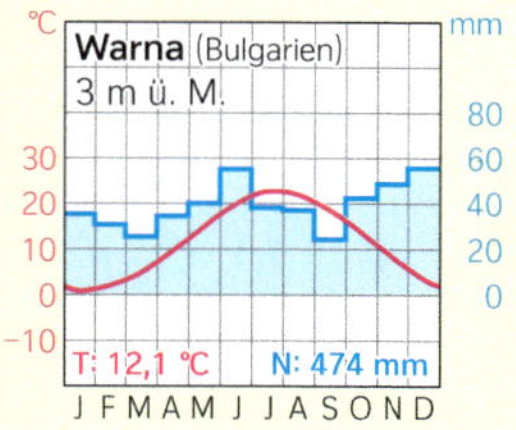

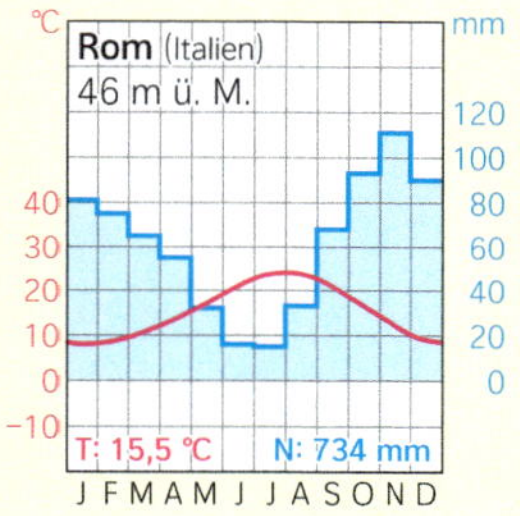

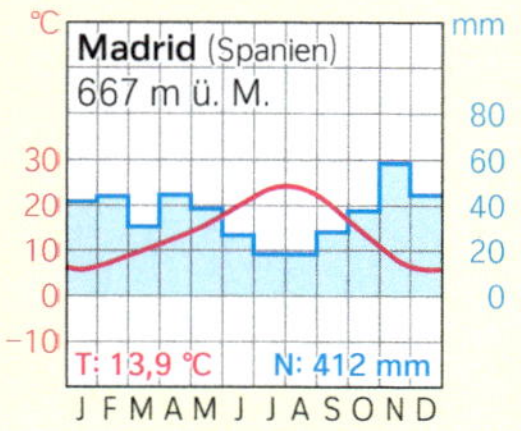

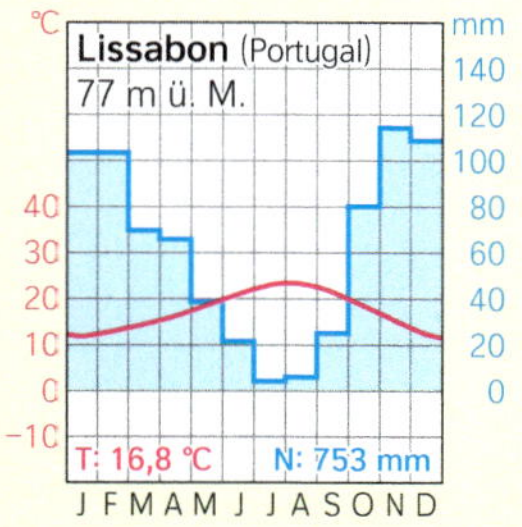

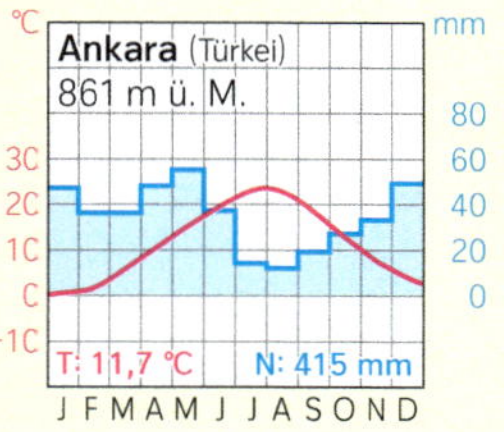

4 Niederschläge im Jahr

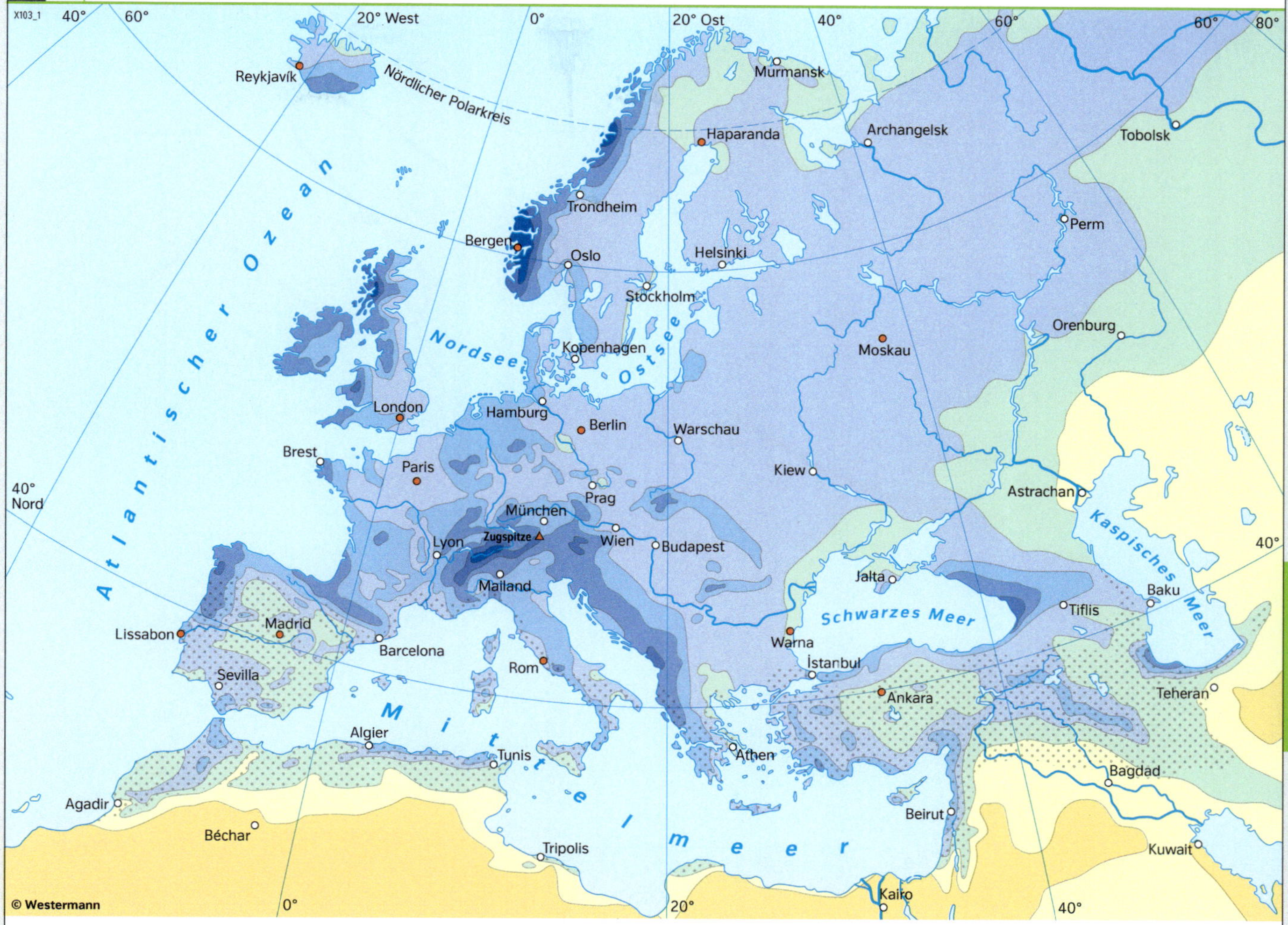

Niederschläge (langjähriges Mittel in mm/Jahr)

100 200 500 750 1000 1500 2000 mm

subtropisches Winterregengebiet

Klimastationen

sonstiger Ort

5 Klimazonen (nach A. Siegmund und P. Frankenberg)

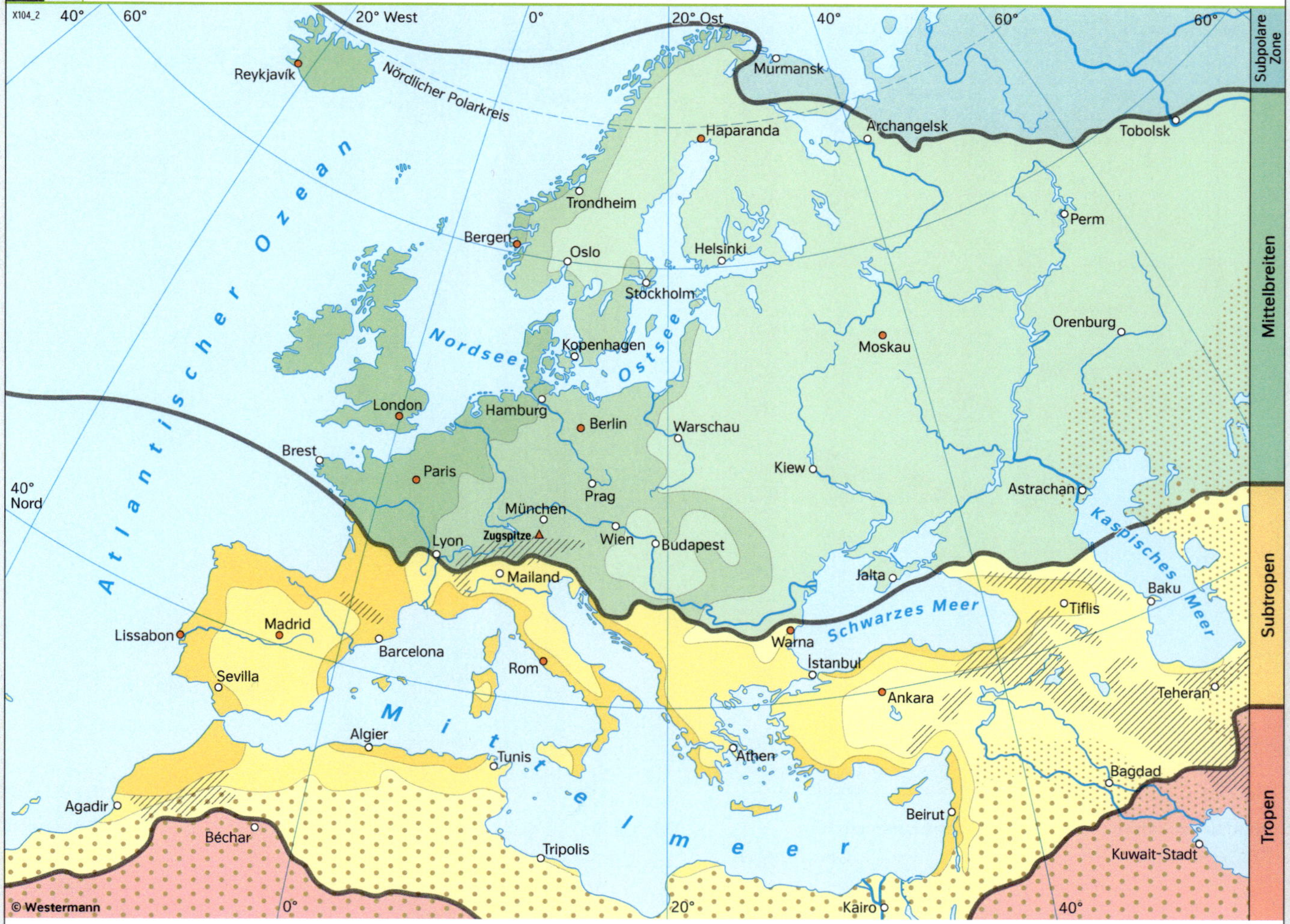

Thermische Klimazonen

siehe Kartenrand (Erde ➡ 14 2)

Höhenklimate des jeweiligen Klimatyps

Trockenklimate

arid (trocken)

semiarid (wechseltrocken)

(Gebiete unter 250 mm Niederschlag/Jahr)

Kontinentalität (außerhalb der Tropen)

maritim (niederschlagsreich, wintermild)

Übergangsklima

kontinental (niederschlagsarm, kalte Winter)

ERDE LUXEMBURG EUROPA ASIEN AFRIKA OZEANIEN POLARGEBIETE AMERIKA REGISTER

1 Landwirtschaft und Bodenbedeckung

Maßstab 1 : 18 000 000

ERDE
LUXEMBURG
EUROPA
ASIEN
AFRIKA
OZEANIEN
POLARGEBIETE
AMERIKA
REGISTER

Grenzen
- Südgrenze des Dauerfrostbodens
- Staatsgrenze

2 Würm-/Weichselkaltzeit (vor 18 000 Jahren)

Maßstab 1:40 000 000

Vergletscherung
- Vergletscherung, Eisschild
- maximale Ausdehnung der pleistozänen Vergletscherung
- heutige Vergletscherung

Prägung des Kontinents
- Löss
- Küste vor 18 000 Jahren
- eiszeitliches Süßwassermeer
- −50 m− Linien nacheiszeitlicher Landhebung

Vegetationszonen
- Tundra
- borealer Nadelwald
- Laub-, Mischwald
- Steppe; Waldsteppe
- Halbwüste

Steinzeitliche Fundorte
- Altmensch (z. B. Neandertaler)
- Cro-Magnon und Jetztmensch
- Knochen und Geräte
- Fels-, Höhlenmalerei

3 Bodennutzung vor 2000 Jahren

Maßstab 1:40 000 000 (0 250 500 750 km)

Waldlandschaften
- nördlicher Nadelwald
- sommergrüner Laub- und Mischwald, Gebirgsnadelwald
- Hartlaubgehölze, z. T. Macchie

Offene Landschaften
- Tundra
- Steppe
- Wüste und Halbwüste
- Heide, Moor
- Löss (günstige Voraussetzung für den Ackerbau)

- größere Rodungen
- dichte Besiedlung (stark entwaldet)

Grenzen
- Ausdehnung des Römischen Reiches bis 14 n. Chr.

Bodentypen europäischer Landschaftszonen

Schwache Bodenbildung im Frostschutt der nordeuropäischen Tundra

Bleicherde (Podsol) im nördlichen (borealen) Nadelwald

Parabraunerde im Laub- und Mischwald Mitteleuropas (unten: Löss)

Schwarzerde einer Lössbörde (hier: durch Erosion nur flachgründig)

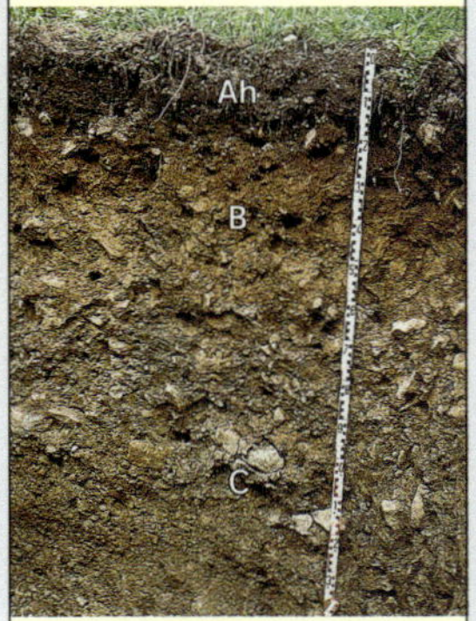

Mediterrane Braunerde eines Kalksteingebiets im Mittelmeerraum

U212

ERDE
LUXEMBURG
EUROPA
ASIEN
AFRIKA
OZEANIEN
POLARGEBIETE
AMERIKA
REGISTER

1 Wirtschaft und Verkehr

Maßstab 1:18 000 000 — 0 100 200 300 400 500 km

1769	1775	1800	1825	1830	1844	1850	1863	1869	1871	1875
Erfindung der Dampfmaschine durch James Watt in England		Manchester wird Zentrum der Industrialisierung in England		die Dampflokomotive „The Rocket" erreicht zwischen Liverpool und Manchester eine Geschwindigkeit von 48 km/h	Schlesischer Weberaufstand		„Rotes Kreuz" mit Hauptquartier in Genf gegründet	17.11. Eröffnung des Suezkanals	Berlin wird Hauptstadt des Deutschen Reiches	

2

Um 1850:
Der Adler, Deutschlands erste Dampflokomotive (1835–1857).

Um 1900:
Im frühen 20. Jahrhundert fuhren tausende Dampflokomotiven durch Europa.

Heute:
Hochgeschwindigkeitszüge bedienen lange Strecken in Mitteleuropa.

Wirtschaftsräume

Kulturlandschaft
- dicht besiedelt (Verdichtungsraum mit intensiver Nutzung)
- intensiv genutzt (meist landwirtschaftlich geprägt)
- weniger intensiv genutzt

Naturnahe Landschaft
- vereinzelte/einseitige menschliche Eingriffe

Wirtschaftszentren

Ausstrahlung (Bedeutung im Städtevergleich)
- global bedeutendes Zentrum
- kontinental bedeutendes Zentrum
- für mehrere Staaten bedeutendes Zentrum

Ausrichtung
- politisch-kulturelles Zentrum
- Finanzzentrum (Banken, Handel, Börse)
- Innovationszentrum (Hightech, Forschung)
- Ort mit nationaler wirtschaftlicher Bedeutung (in Auswahl)
- sonstiger Ort
- bedeutende Tourismusregion

Verkehr
- Eisenbahn
- Hochgeschwindigkeitsstrecke
- Fernstraße

Grenzen
- Staatsgrenze
- Grenze des Deutschen Bundes (1815–1866)
- umstrittene Grenze

2 Frühindustrielle Wirtschaftszentren um 1850

Maßstab 1:18 000 000

3 Vernetzte Wirtschaftszentren um 1900

Maßstab 1:18 000 000

1895	Eröffnung des Kaiser-Wilhelm-Kanals
1900	3
1914–1918	Erster Weltkrieg (Transsib 1916 vollendet)
1920	Gründung des Völkerbundes
1925	
1929–1932	Weltwirtschaftskrise
1939–1945	Zweiter Weltkrieg
1950	
1951	Gründung der Montanunion
1958	die EWG lässt sich in Brüssel nieder
1975	
1981	Frankreich entwickelt den TGV
1990	Verbindungsausbau zwischen Ost und West
1998	Frankfurt am Main wird Sitz der Europäischen Zentralbank
2000	1

ERDE LUXEMBURG EUROPA ASIEN AFRIKA OZEANIEN POLARGEBIETE AMERIKA REGISTER

ERDE
LUXEMBURG
EUROPA
ASIEN
AFRIKA
OZEANIEN
POLARGEBIETE
AMERIKA
REGISTER

1 Europa Tourismus

Wintertourismus: Skifahren in den Alpen

Kurtourismus: Kurgäste in Budapest

Wallfahrtstourismus: Pilger auf dem Petersplatz in Rom

Maßstab 1:18 000 000 0 100 200 300 400 500 km

Städtetourismus in Barcelona

2 Balearen (Spanien) Tourismus

Maßstab 1:2 000 000 0 10 20 30 40 50 km

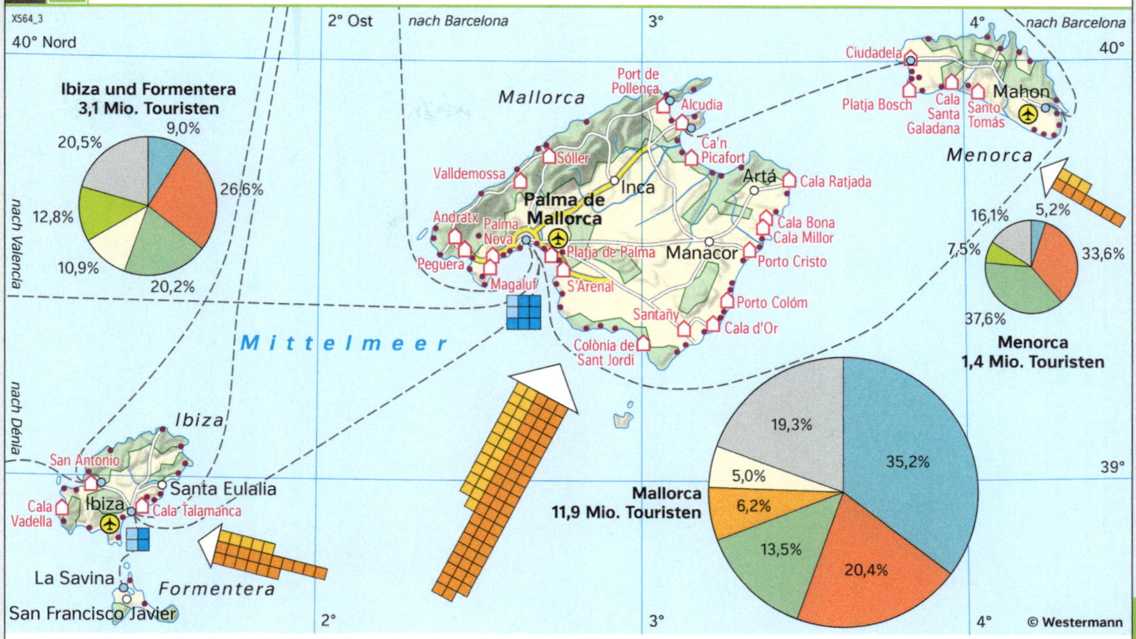

Tourismus-Destinationen
- Natur- und Landschaftsschutzgebiet
- Kulturlandschaft (u. a. Olivenhaine)
- Sóller Tourismusort
- Feriensiedlung

Verkehr
- internationaler Flughafen
- Fährhafen, Kreuzfahrthafen
- Fährverbindungen

Ankunft der Touristen
An Flughäfen
- 1990
- 2019

In Seehäfen (2019)
- Fährschiffe
- Kreuzfahrtschiffe

1 Kästchen ≙ 250 000 Personen

Herkunft der Touristen (2019)
- Deutschland
- Vereinigtes Königreich
- Spanien
- Skandinavien
- Benelux-Länder
- Italien
- Sonstige

3 S'Arenal (Mallorca) Badetourismus

Maßstab 1:50 000 0 500 1000 1500 m

um 1960

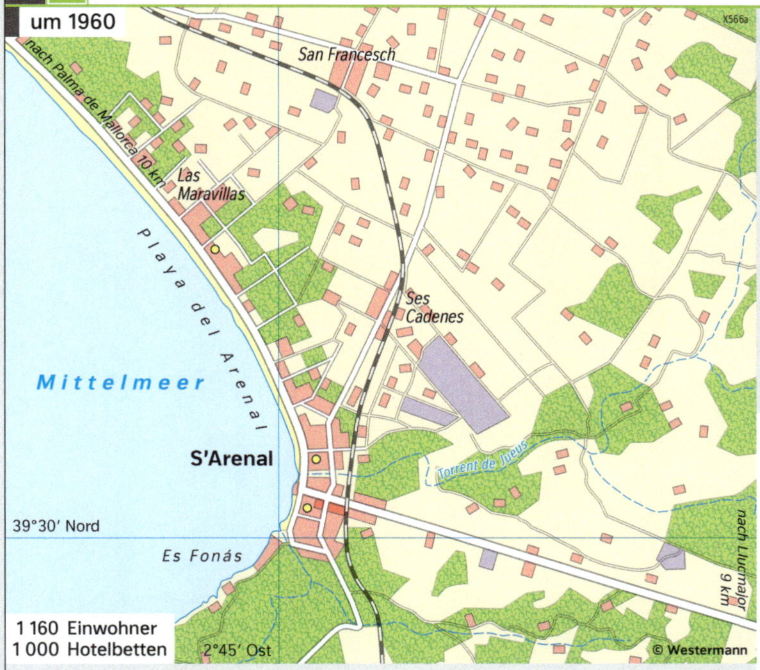

1 160 Einwohner
1 000 Hotelbetten

S'Arenal 1960

2019

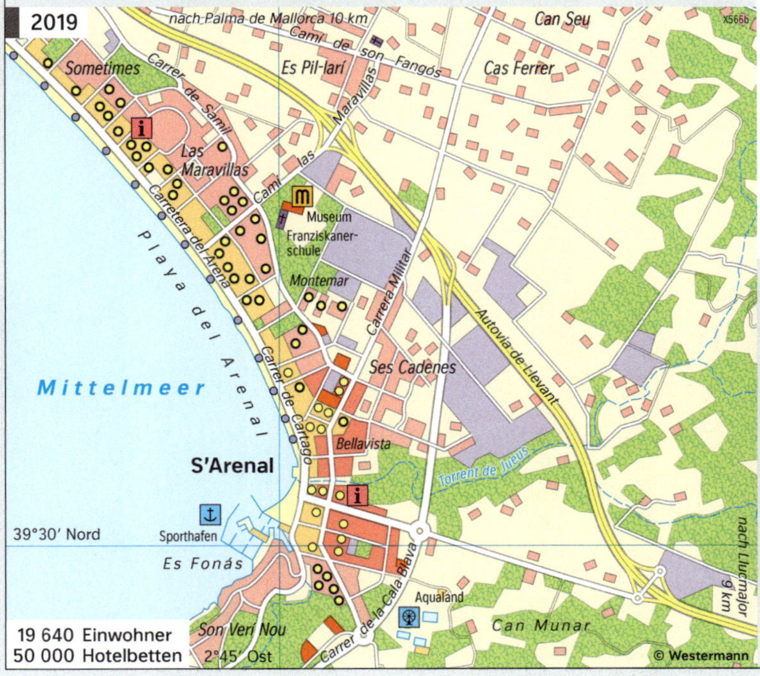

19 640 Einwohner
50 000 Hotelbetten

Flächennutzung
- hoch verdichtetes Wohngebiet
- gering verdichtetes Wohngebiet (2017 z. T. Zweitwohnsitze)
- Landwirtschaft (Zitrushain, Ackerland, Garten, Weide)
- Wald, Strauchland, Park
- Gewerbefläche (Kies-, Sandgrube, Baugewerbe)

Tourismus
- Großhotel (über 300 Betten)
- Großhotel mit Außenbereich (Pool, Garten)
- hoch verdichtete Tourismuszone (Hotels, Restaurants, Freizeitangebote)
- Strandbereich mit Bars („Ballermann")

Verkehr
- Autobahn

S'Arenal heute

2 Skandinavien und Baltikum Physische Karte

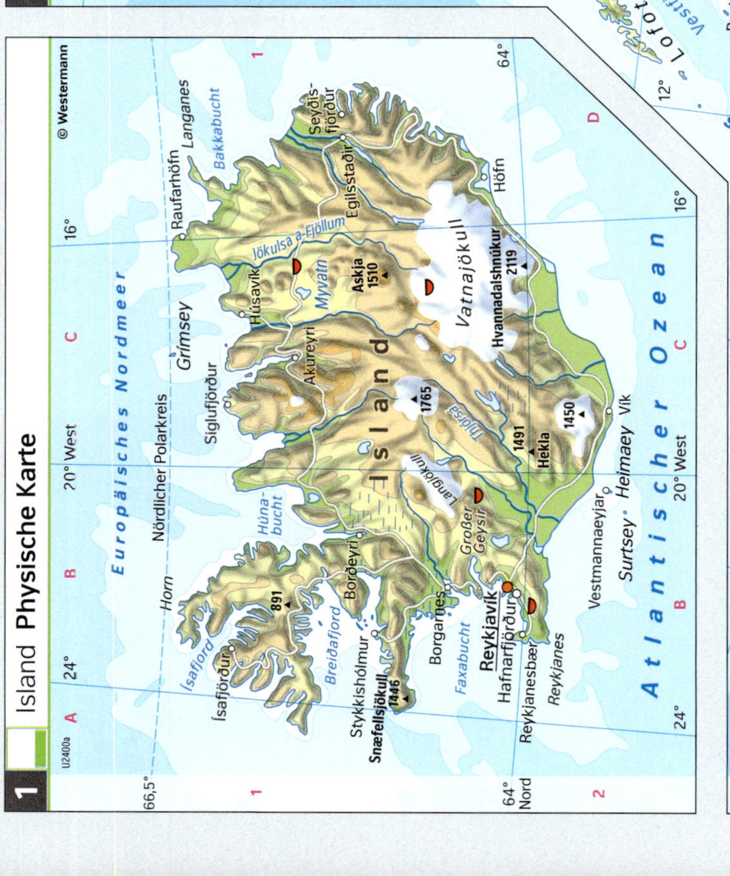

1 Island Physische Karte

Landhöhen und Meerestiefen (in Meter)

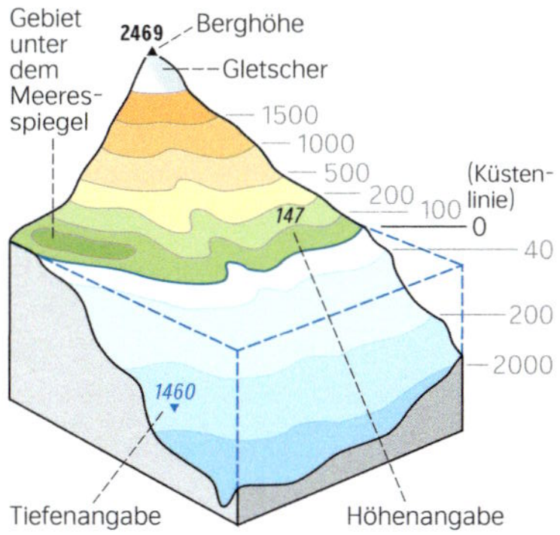

Gewässer
- Fluss
- Kanal
- See
- Stausee, Staudamm

Naturdenkmäler
- heiße Quelle, Geysir

Orte (Einwohner)
- über 5 000 000
- 1 000 000 – 5 000 000
- 500 000 – 1 000 000
- 100 000 – 500 000
- 20 000 – 100 000
- unter 20 000

Verkehr
- Eisenbahnstrecke
- Fährverbindung
- Autobahn
- Fernstraße
- Tunnel
- schiffbarer Fluss (über 1 350 t Tragfähigkeit)
- schiffbarer Kanal (über 1 350 t Tragfähigkeit)

Verwaltung
- Staatsgrenze
- Oslo Hauptstadt eines Staates

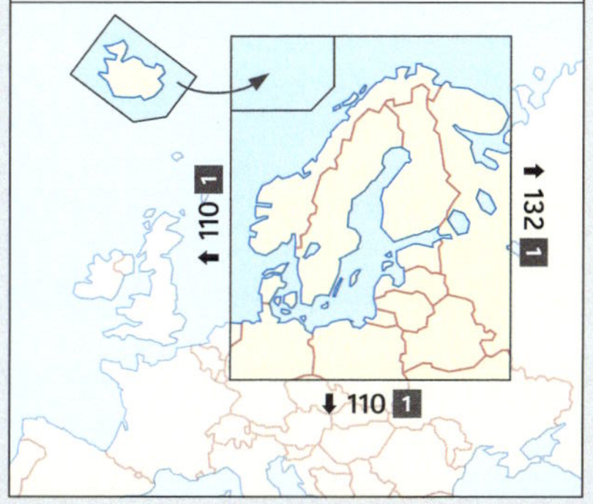

3 Höhenprofil durch Skandinavien

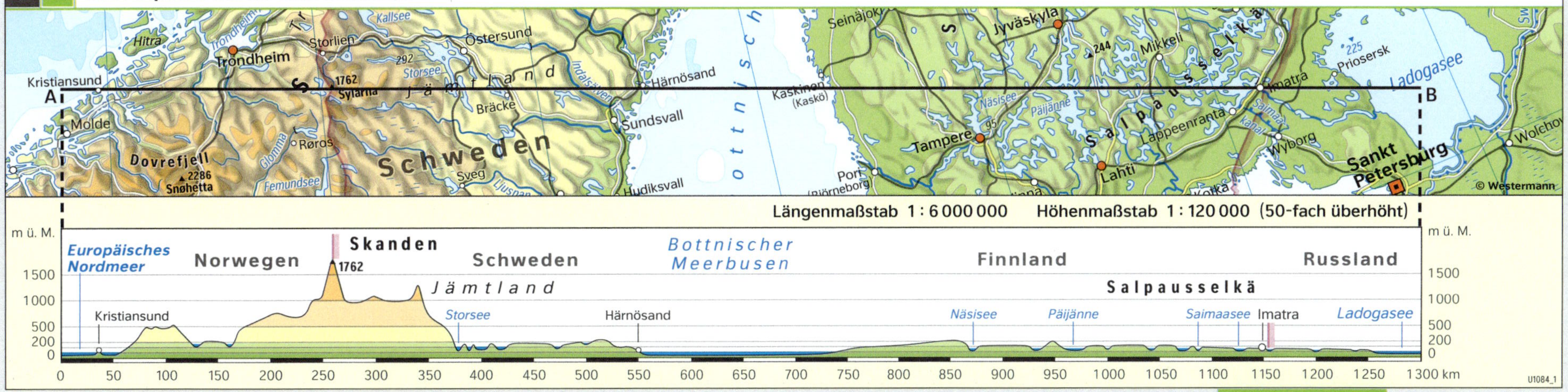

ERDE LUXEMBURG EUROPA ASIEN AFRIKA OZEANIEN POLARGEBIETE AMERIKA REGISTER

1
Island
Nördlicher Polarkreis
Europäisches Nordmeer
Norne
Heidrun
Draugen
Ormen Lange
Färöer (Dänemark)
Atlantischer Ozean
60° Nord
Kristiansund
Trondheim
Ålesund
Sunndalsøra
Snorre
Statfjord
Gullfaks
Brent
Huldra
Troll
Oseberg
Schiehallion
Shetland-Inseln
Sullom Voe
Norwegen
Høyanger
Årdal
Mongstad
Aurland
Lillehammer
Bergen
Sima/Eidfjord
Odda
Hønefoss
Oslo
Drammen
Haugesund
Kvilldal
Fredrikstad
Stavanger
Porsgrunn
Lysekil
Kristiansand
Skagerrak
Orkney-Inseln
Hebriden
Captain
Grane
Sleipner
Buzzard
56°
Aberdeen
Schottland
Oban
Nordsee
Ekofisk
Grangemouth
Glasgow
Edinburgh
Derry (Londonderry)
Nordirland
Belfast
Vereinigtes Königreich
Newcastle
Frederikshavn
Aalborg
Kattegat
Dänemark
Aarhus
Skjold
Dan
Doggerbank
Fredericia
Esbjerg
Odense
Irland
Middlesbrough
Heysham
Dublin
Irische See
Scarborough
Manchester
Leeds
Liverpool
Bradford
Großbritannien
Sheffield
Immingham
Mittel-england
Sylt
Amrum
Kiel
Friesische Inseln
Lübeck
Stoke on Trent
Derby
Nottingham
Wash
Leman Bank
England
Wales
Birmingham
Bremerhaven
Hamburg
Wilhelmshaven
Delfzijl
Texel
Kinsale Head
Pembroke
Norwich
Bremen
Niederlande
Swansea
Newport
Northampton
Cambridge
Cardiff
Bristol
Themse
Oxford
Ipswich
Amsterdam
Deutschland
Hannover
Wolfsburg
Bath
London
Osnabrück
Braunschweig
Europoort
Rotterdam
Utrecht
Salzgitter
Newquay
Southampton
Dover
Dünkirchen
Eindhoven
Essen
Dortmund
Plymouth
Torquay
Portsmouth
Brighton
Eastbourne
Calais
Gent
Antwerpen
Göttingen
Harz
Belgien
Brüssel
Ruhrgebiet
Kassel
Halle
Mitteldeutsches Revier
Ärmelkanal
Frankreich
Lille
Köln
Lüttich
Eisenach
Jena
© Westermann

ERDE LUXEMBURG EUROPA ASIEN AFRIKA OZEANIEN POLARGEBIETE AMERIKA REGISTER

1
Nordsee
Vereinigtes Königreich
Schottland
Highlands
Grampian Mountains
Ben Nevis
Innere Hebriden
Firth of Lorne
Moray Firth
Inverness
Aberdeen
Dundee
Oban
Glasgow
Firth of Forth
Edinburgh
Firth of Clyde
Stranraer
Newcastle upon Tyne
Carlisle
Solway Firth
Scafell Pike
Sunderland
Middlesbrough
Großbritannien
England
Pennines
York
Leeds
Kingston upon Hull
Humber
Grimsby
Manchester
Liverpool
Sheffield
Stoke-on-Trent
Nottingham
The Wash
Norwich
Great Yarmouth
Leicester
Birmingham
Coventry
Cambridge
Ipswich
Harwich
Oxford
London
Greenwich
Southend-on-Sea
Dover
Folkestone
Brighton
Wight
Portsmouth
Southampton
Bournemouth
Exeter
Plymouth
Cornwall
High Willhays
Penzance
Land's End
Wales
Cambrian Mountains
Snowdon
Anglesey
Holyhead
Fishguard
Swansea
Newport
Cardiff
Bristol
Bristolkanal
Worcester
Severn
Themse
Trent
Man
Douglas
Irische See
Irland
Nordirland
Ulster
Derry (Londonderry)
Larne
Lough Neagh
Belfast
Donegal Bay
Sligo
Nephin
Lough Corrib
Lough Ree
Galway
Aran-Inseln
Drogheda
Dublin (Baile Átha Cliath)
Shannon
Limerick
Wicklow Mountains
Killarney
Carrauntoohil
Waterford
Rosslare
Cork (Corcaigh)
Sankt-Georgs-Kanal
Doggerbank
Skagerrak
Kristiansand
Lindesnes
Arendal
Thisted
Limfjord
Jütland
Dänemark
Vejle
Blåvands Huk
Esbjerg
Nordfriesische Inseln
Deutsche Bucht
Helgoland
Ostfriesische Inseln
Westfriesische Inseln
Cuxhaven
Wilhelmshaven
Emden
Oldenburg
Bremerhaven
Bremen
Groningen
Niederlande
Amsterdam
Den Haag
Utrecht
Enschede
Osnabrück
Münster
Bielefeld
Rotterdam
Maas
Rhein
Essen
Dortmund
Düsseldorf
Eindhoven
Antwerpen
Brügge
Ostende
Gent
Brüssel (Bruxelles)
Belgien
Köln
Bonn
Aachen
Lüttich (Liège)
Koblenz
Ardennen
Luxemburg
Luxemburg (Luxembourg)
Mosel
Trier
Wiesbaden
Mainz
Frankfurt
Mannheim
Heidelberg
Karlsruhe
Saarbrücken
Metz
Nancy
Straßburg (Strasbourg)
Stuttgart
Vogesen
Schwarzwald
Freiburg
Mülhausen (Mulhouse)
Basel
Zürich
Luzern
Bern
Schweiz
Lausanne
Genfer See
Genf (Genève)
Finsteraarhorn
Lago Maggiore
Mont Blanc
Dufourspitze
Aosta
Turin (Torino)
Novara
Alessandria
Genua (Genova)
Westalpen
Monte Viso
Riviera
San Remo
Monaco
Nizza (Nice)
Cannes
Côte d'Azur
Ligurisches Meer
Korsika (Frankreich)
Mittelmeer
Golfe du Lion
Toulon
Marseille
Aix-en-Provence
Provence
Arles
Avignon
Nîmes
Montpellier
Sète
Béziers
Perpignan
Languedoc
Cevennen
Mont Lozère
Rhône
Valence
Grenoble
Isère
Lyon
Saint-Étienne
Zentralmassiv
Auvergne
Puy de Sancy
Clermont-Ferrand
Vichy
Loire
Chalon-sur-Saône
Saône
Le Creusot
Burgund
Dijon
Besançon
Jura
Frankreich
Champagne
Troyes
Reims
Marne
Lothringen
Paris
Versailles
Seine
Fontainebleau
Saint-Quentin
Amiens
Lille
Calais
Straße von Dover
Ärmelkanal
Dieppe
Rouen
Le Havre
Normandie
Caen
Cherbourg-Octeville
Guernsey
Kanalinseln
Jersey
Saint-Malo
Saint-Brieuc
Morlaix
Brest
Pointe du Raz
Quimper
Lorient
Bretagne
Rennes
Laval
Le Mans
Angers
Saint-Nazaire
Nantes
Tours
Blois
Orléans
Bourges
Châteauroux
Poitiers
Niort
La Rochelle
Montluçon
Limoges
Angoulême
Cognac
Périgueux
Brive
Dordogne
Médoc
Bordeaux
Arcachon
Garonne
Gascogne
Agen
Lot
Montauban
Tarn
Toulouse
Carcassonne
Adour
Bayonne
Biarritz
Pau
Lourdes
Pyrenäen
Aneto
Andorra la Vella
Andorra
Atlantischer Ozean
Golf von Biskaya
Gijón
Oviedo
Kantabrisches Gebirge
Santander
Bilbao
Donostia (San Sebastián)
Baskenland
Vitoria-Gasteiz
Pamplona (Iruña)
Logroño
Ebro
Burgos
León
Spanien
Palencia
Valladolid
Zamora
Esla
Sil
12°
8°
4° West
0°
4° Ost
56° Nord
52°
48°
44°
A
B
C
D
E
1
2
3
4
5

Landhöhen und Meerestiefen (in Meter)

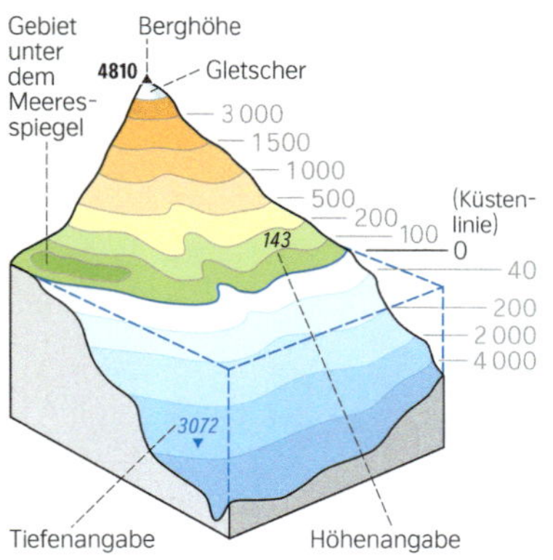

Gewässer

- Fluss
- Kanal
- See
- Stausee, Staudamm
- Sumpf, Moor

Orte

Einwohner

über		5 000 000
1 000 000	–	5 000 000
500 000	–	1 000 000
100 000	–	500 000
20 000	–	100 000
unter		20 000

Verkehr

- Eisenbahnstrecke
- Fährverbindung
- Autobahn
- Fernstraße
- Tunnel
- schiffbarer Fluss (über 1 350 t Tragfähigkeit)
- schiffbarer Kanal (über 1 350 t Tragfähigkeit)
- Pass

Verwaltung

- Staatsgrenze
- **Wien** Hauptstadt eines Staates
- Den Haag Regierungssitz eines Staates

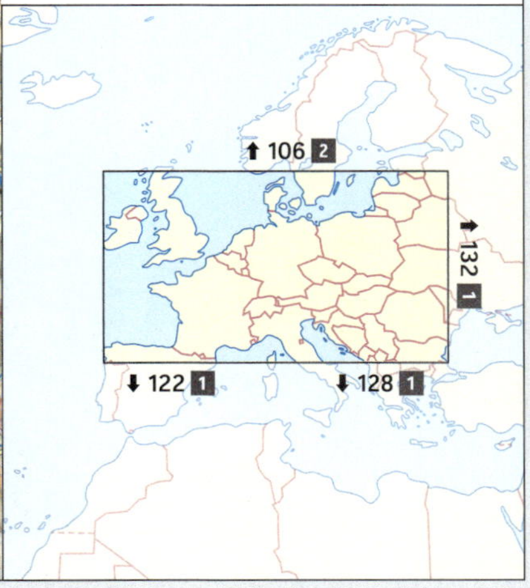

1
Nordsee
Atlantischer Ozean
Irische See
Ärmelkanal
Golf von Biskaya
Mittelmeer
Skagerrak
Ligurisches Meer
Schottland
Nordirland
Irland
Vereinigtes Königreich
Großbritannien
Wales
England
Mittelengland
Dänemark
Niederlande
Belgien
Frankreich
Spanien
Portugal
Schweiz
Bretagne
Zentralmassiv
Kantabrisches Gebirge
Pyrenäen
Ardennen
Eifel
Vogesen
Schwarzwald
Ruhrgebiet
Friesische Inseln
Aberdeen
Oban
Grangemouth
Glasgow
Edinburgh
Derry (Londonderry)
Belfast
Newcastle
Middlesbrough
Scarborough
Dublin
Shannon
Cork
Bradford
Leeds
Manchester
Liverpool
Sheffield
Immingham
Stoke on Trent
Derby
Nottingham
Birmingham
Northampton
Norwich
Cambridge
Ipswich
Pembroke
Swansea
Cardiff
Newport
Bristol
Bath
Oxford
London
Southampton
Portsmouth
Dover
Brighton
Eastbourne
Newquay
Plymouth
Torquay
Calais
Dünkirchen
Lille
Gent
Antwerpen
Brüssel
Lüttich
Charleroi
Maubeuge
Texel
Amsterdam
Europoort
Rotterdam
Utrecht
Eindhoven
Delfzijl
Wilhelmshaven
Bremen
Osnabrück
Essen
Dortmund
Köln
Frankfurt
Mainz
Luxemburg
Saarbrücken
Mannheim
Karlsruhe
Esbjerg
Sylt
Amrum
Kristiansand
Cherbourg-Octeville
Le Havre
Amiens
Rouen
Caen
Jersey
Golf von Saint-Malo
Dinard/St-Malo
Brest
Rennes
Lorient
Quiberon
St-Nazaire
Nantes
Angers
Le Mans
Orléans
Tours
Cholet
Creil
Paris
Reims
Charleville-Mézières
Metz
Nancy
Straßburg
Épinal
Vittel
Mülhausen
Montbéliard
Basel
Zürich
Bern
Lausanne
Genf
Zermatt
Besançon
Dijon
Le Creusot
Nevers
Bourges
Poitiers
Niort
La Rochelle
Royan
Montluçon
Limoges
Vichy
Clermont-Ferrand
Lyon
St-Étienne
Grenoble
Alpe d'Huez
Turin
Bordeaux
Arcachon
Mimizan
Montauban
Toulouse
Tarbes
Lourdes
Lacq
Biarritz
Donostia (San Sebastián)
Montpellier
Sète
Marseille
Toulon
Nizza
Monaco
Cannes
San Remo
Genua
Perpignan
Andorra
Korsika (Frankreich)
Calvi
San Ciprian
Gijón
Santander
Bilbao
Vitoria-Gasteiz
Pamplona
Burgos
Valladolid
Shannon
Themse
Trent
Wash
Severn
Seine
Loire
Marne
Maas
Saône
Rhône
Garonne
Dordogne
Lot
Tarn
Ebro
12°
8°
4° West
0°
4° Ost
56°
52°
48° Nord
44°
A
B
C
D
E
2
3
4
5
© Westermann

Waldlandschaften
- sommergrüner Laub- und Mischwald, Gebirgsnadelwald
- Macchie

Offene Landschaften
- Gletscher
- Hochgebirgsvegetation
- Fjellvegetation
- Heide, Moor, Sumpf

Kulturland
- Ackerbau
- Bewässerungsland
- Weide, z. T. Wiese

Bergbau
- Erdöl
- Erdgas
- Steinkohle
- Braunkohle
- Blei, Zink
- Kupfer

Stromerzeugung
- Wasserkraftwerk
- Wärmekraftwerk
- Kernkraftwerk
- Geothermiekraftwerk
- Windkraftwerk

Industrie
- Eisen- und Stahlerzeugung
- Buntmetallerzeugung
- Aluminiumverhüttung
- Eisen- und Metallverarbeitung (Maschinenbau, Stahl- und Leichtmetallbau)
- Schiffbau
- Kraftfahrzeugbau
- Luft- und Raumfahrzeugbau
- Elektronik, Elektrotechnik, IT
- Feinmechanik, Uhren, Optik
- Steine, Erden, Glas, Keramik, Porzellan
- Chemie, Kunststoffe
- Biotechnologie, Pharmazie
- Erdölraffinerie
- Textilien, Bekleidung, Leder
- Holz, Möbel
- Zellulose, Papier
- Nahrungs- und Genussmittel
- Fischverarbeitung

Dienstleistungen
- Bildung, Medien
- Finanzen, Handel
- internationaler Flughafen
- wichtiger Hafen
- bedeutende Tourismusregion

Verkehr und Transport
- wichtige Eisenbahn-Fernverbindung
- Autobahn, Fernstraße von kontinentaler Bedeutung

Grenzen
- Staatsgrenze im Schengen-Raum (Wegfall der Personen- und Zollkontrollen)
- Staatsgrenze mit Personen- und Zollkontrollen
- Grenze der nationalen Wirtschaftszone im Meer

ERDE LUXEMBURG EUROPA ASIEN AFRIKA OZEANIEN POLARGEBIETE AMERIKA REGISTER

1 London Stadtentwicklung

Maßstab 1 : 1 000 000

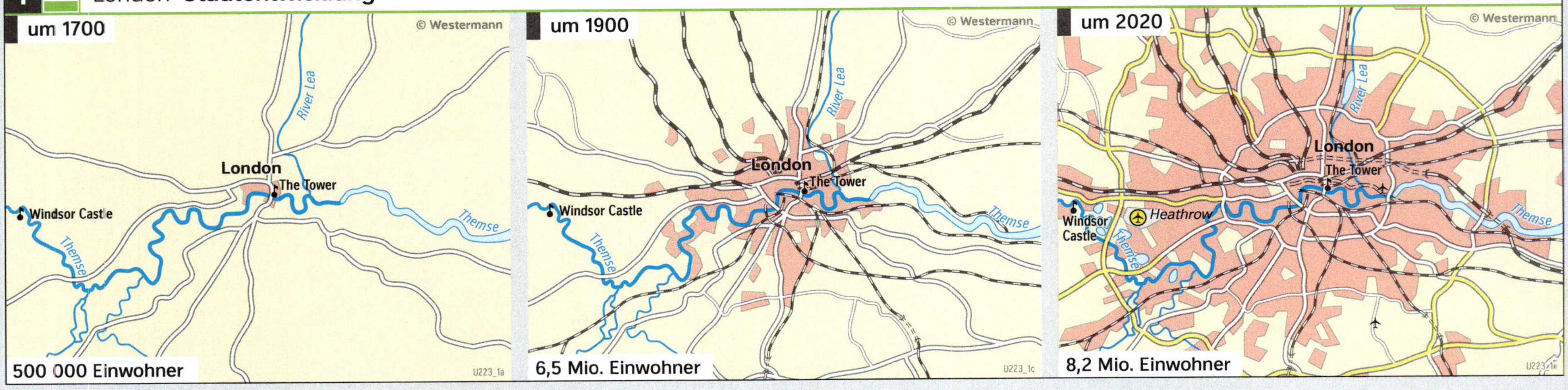

2 London Innenstadt

Maßstab 1 : 40 000

Top 5 der am meisten besuchten Museen/Gebäude in London

	Besucher 2018 (in Mio.)
1. Tate Modern	5,9
2. British Museum	5,8
3. National Gallery	5,7
4. Natural History Museum	5,2
5. Victoria & Albert Museum	4,0

Angaben: Besucher 2018 (in Mio.)

Flächennutzung

- Hauptgeschäftszentrum (vorwiegend Büros, Finanzdienstleistungen, Einzelhandel des gehobenen Bedarfs)
- sonstiges Geschäftszentrum (vorwiegend Einzelhandel des täglichen Bedarfs, Restaurants)
- Wohngebiet (gemischt mit Büros und Einzelhandel)
- Gewerbe, Industrie
- Eisenbahngelände
- Park, Grünanlage
- Friedhof
- Freifläche

3 Rotes Band (Touristenrundweg)

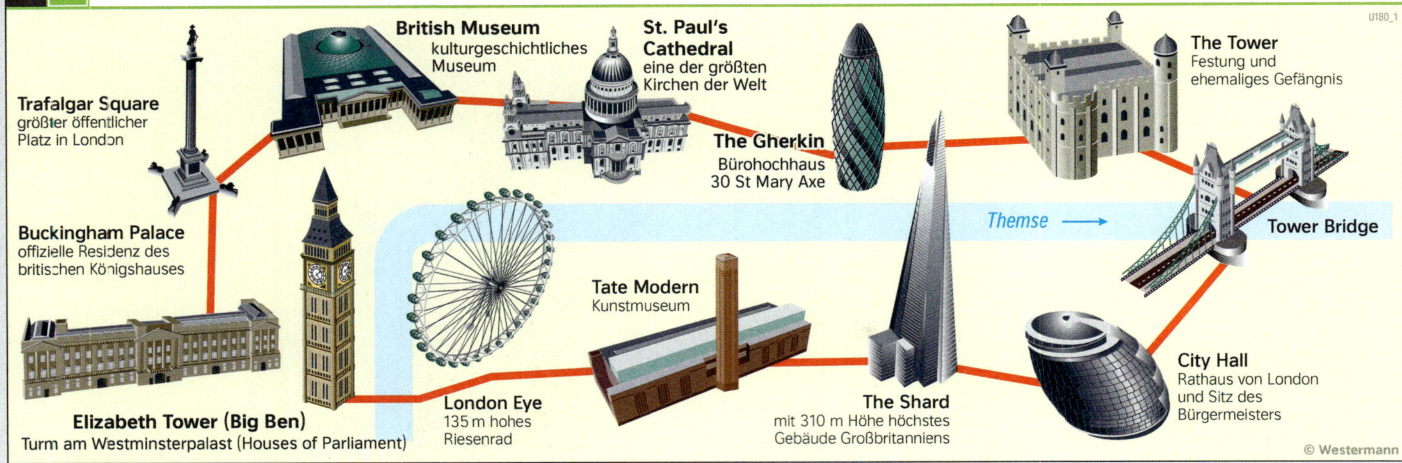

4 Städtetourismu

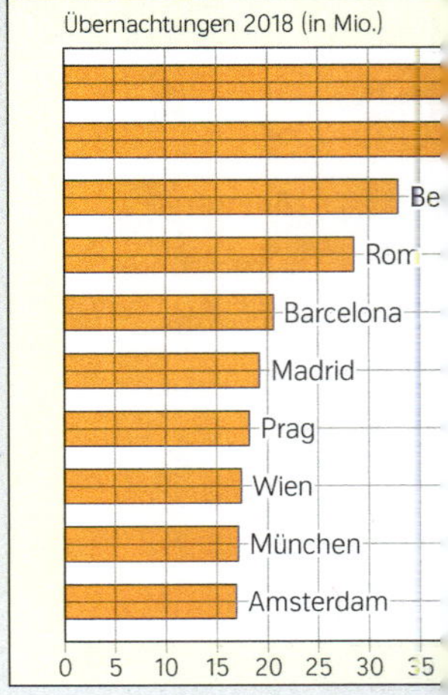

5 Paris Stadtentwicklung

Maßstab 1:1 000 000

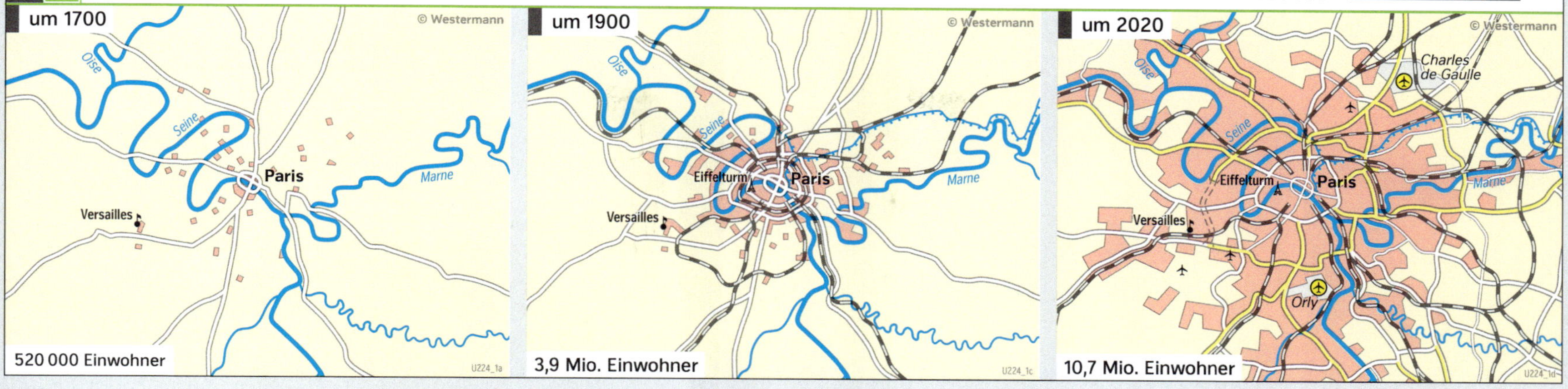

6 Paris Innenstadt

Maßstab 1:40 000

Einzelgebäude
- Regierung, Verwaltung
- kulturelle Einrichtung (Theater, Museum, Baudenkmal)
- Bildungs- und Sozialeinrichtung (Universität, Krankenhaus)

Verkehr
- Eisenbahn mit Bahnhof
- Eisenbahn (unterirdisch)
- Stadtbahn mit Haltestelle
- U-Bahn mit Station
- Schnellstraße
- Straße
- Grenze der Innenstadt-Maut-Zone

Top 5 der am meisten besuchten Museen/Gebäude in Paris

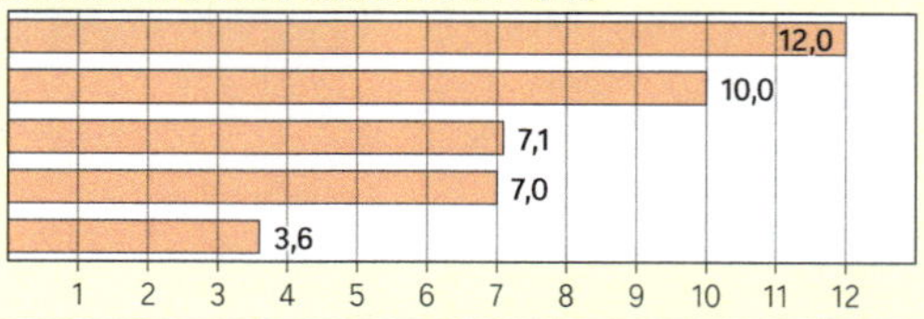

Museum/Gebäude	Besucher 2018 (in Mio.)
1. Notre-Dame	12,0
2. Basilique du Sacré-Coeur	10,0
3. Louvre	7,1
4. Eiffelturm	7,0
5. Centre Pompidou	3,6

Angaben: Besucher 2018 (in Mio.)

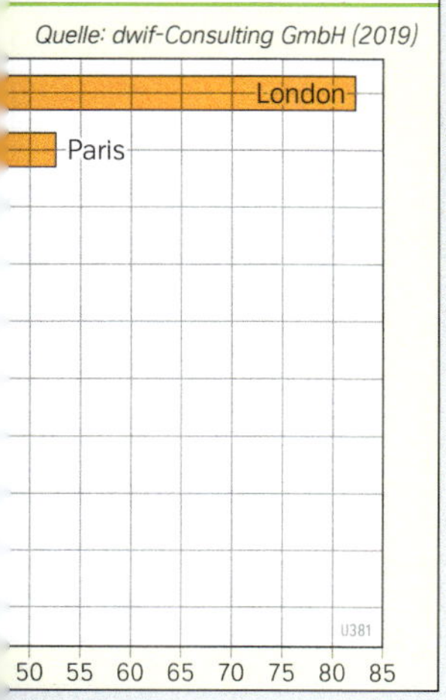

7 Blaues Band (Touristenrundweg)

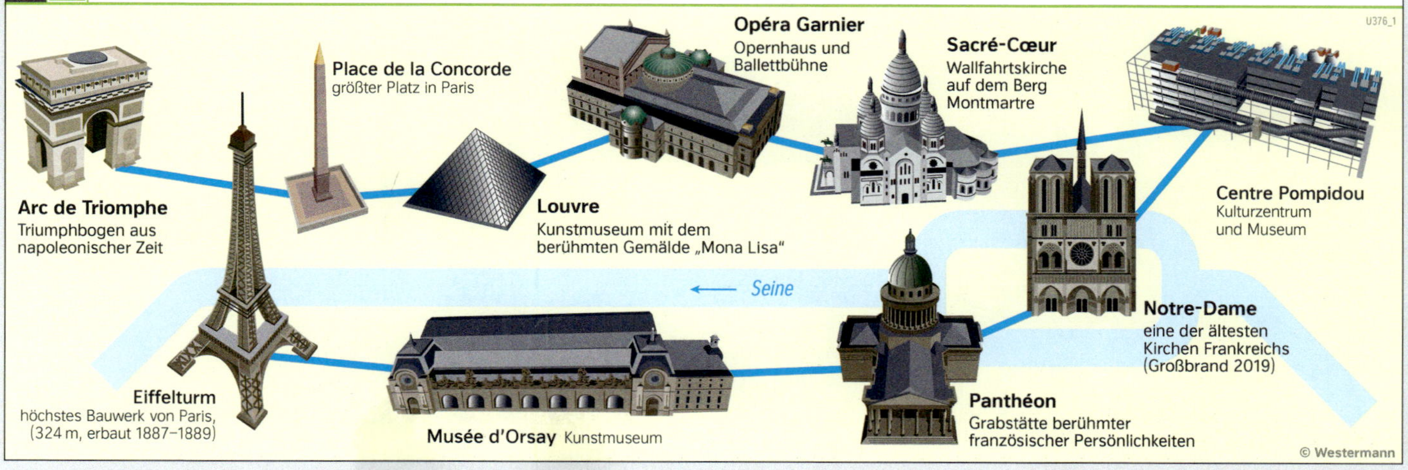

1 Belgien, Niederlande, Luxemburg (Benelux-Länder) Physische Karte

Maßstab 1:2 000 000

2 Niederlande Küstenschutz um 1300 Maßstab 1:2 000 000

Bodenbeschaffenheit
- Watt, Seemarsch
- Dünen
- Hochmoorboden
- Niedermoorboden
- Tonboden der Flussauen
- Tonboden durch Meeresablagerungen

Küstenschutz
- Seedeich (circa 1 Meter hoch)

Grenzen
- heutige Staatsgrenze

3 Niederlande Neulandgewinnung Maßstab 1:2 000 000

Neulandgewinnung
Zeitraum der Einpolderung
1600 1800 1900 2000
1972 Jahr der Fertigstellung

Küstenschutz
- Küstendünen
- Sperrwerk; Seedeich
- Schleuse

Gewässer
- Salzwasser
- Süßwasser
- Kanal; Fluss

4 Polderentwässerung (Schema)

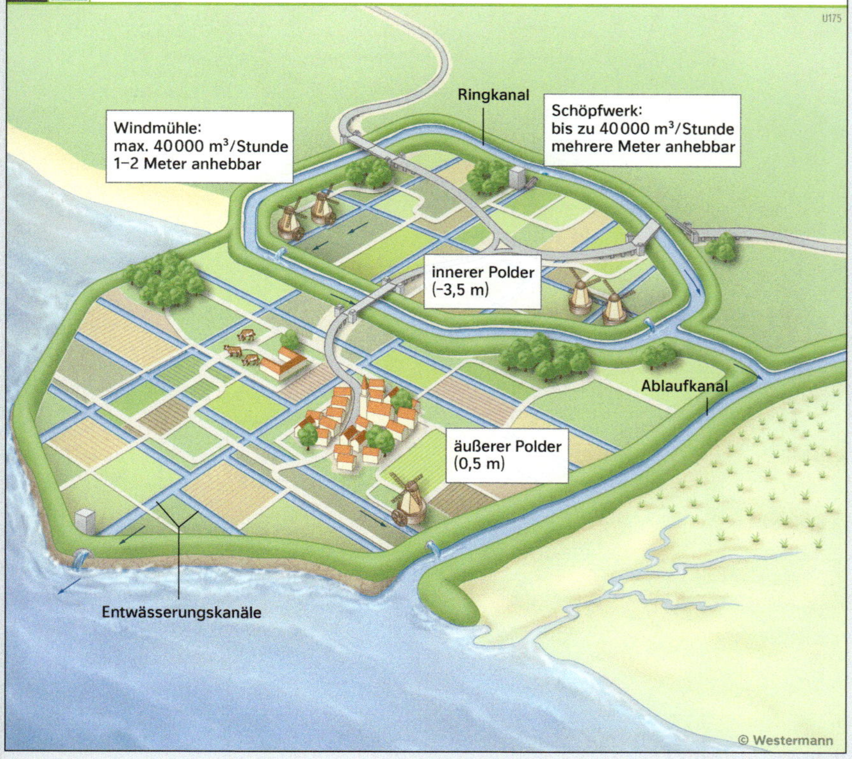

Naturrisiko Überflutung
- überflutungssicheres Land (Landhöhen über 7 m)
- Tiefland mit Hochwasserschutzkonzept (Landhöhen unter 7 m)
- Polder und andere Entwässerungsflächen im Tiefland gelegen
- jährliche Hochwassergefahr

Trockenhaltungsmaßnahmen
- Deich („Deichring“, mehrere Meter hoch)
- Pumpwerk im Dauerbetrieb (über 2 000 m³/Minute; bis 2 000 m³/Minute)
- Ort mit Absenkung eines hohen Grundwasserstandes
- Staatsgrenze

5 Niederlande Entwässerung Maßstab 1:2 000 000

ERDE
LUXEMBURG
EUROPA
ASIEN
AFRIKA
OZEANIEN
POLARGEBIETE
AMERIKA
REGISTER

1 Nordsee und Ärmelkanal **Küsten und Häfen**

Maßstab 1:6 000 000 (0 – 50 – 100 – 150 – 200 – 250 km)

Meerestiefen (in Meter)
- 0 – 40
- 40 – 100
- über 100

Küstenraum
- Wattenmeer
- Küstendünen
- Poldergebiet
- Süßwasser
- Abschlussdamm
- Seedeich
- Steilküste
- Felsenküste

Häfen (Umschlag/Jahr)
- über 50 Mio. t
- 20 – 50 Mio. t
- unter 20 Mio. t

Zusatzfunktion
- Ölhafen
- Fischereihafen
- Fährhafen

Verkehr
- schiffbarer Fluss
- schiffbarer Kanal
- Eisenbahn
- Autobahn, Fernstraße
- Fährverbindung
- *Lille* Industrieballungsgebiet
- Industrieort

2 Rotterdam **Seehafen**

Maßstab 1:200 000 (0 – 2 – 4 – 6 km)

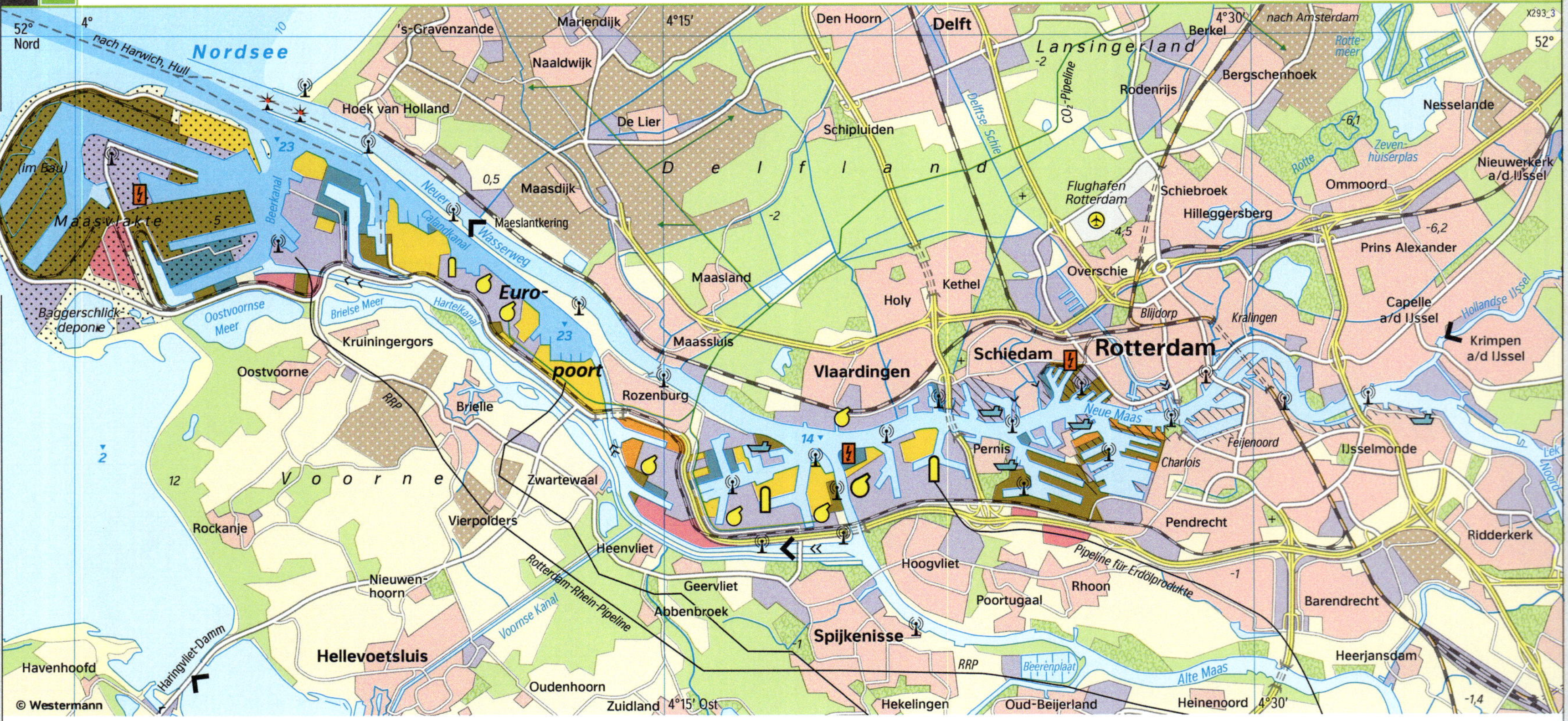

Schifffahrtswege
- über 20 m Fahrwassertiefe (für Großtanker geeignet)
- 10–20 m Fahrwassertiefe
- Radarstation
- Leuchtfeuer
- Schleuse; Sturmflutwehr

Frachtumschlag, Gewerbe
- Containerterminal
- Stückgut (z.B. Autos, Rohre)
- Flüssiggut (z.B. Öle, Treibstoff)
- Greifer-, Schütt-, Sauggut
- Hafenlager, Logistik
- Industrie-, Gewerbegebiet
- Ölhafen mit Raffinerie; Petrochemie
- Werft
- Kraftwerk

Hafenverlagerung
- Betriebsfläche vor 1954
- Erweiterung nach 1980

Verkehrswege
- Eisenbahn
- Hochgeschwindigkeitsstrecke
- Autobahn
- Straßen
- Flughafen

Flächennutzung im Umland
- Ackerbau; Weide
- Glashauskulturen
- Friedhof
- Wald, Grünanlagen
- Strand, Küstendünen
- Bebauung

Umschlag der Schiffsfracht

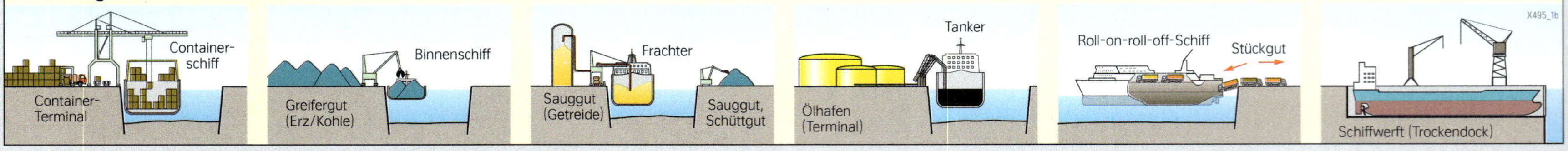

3 Westeuropa **Fernbahnstrecken (Verkehrsdichte)**

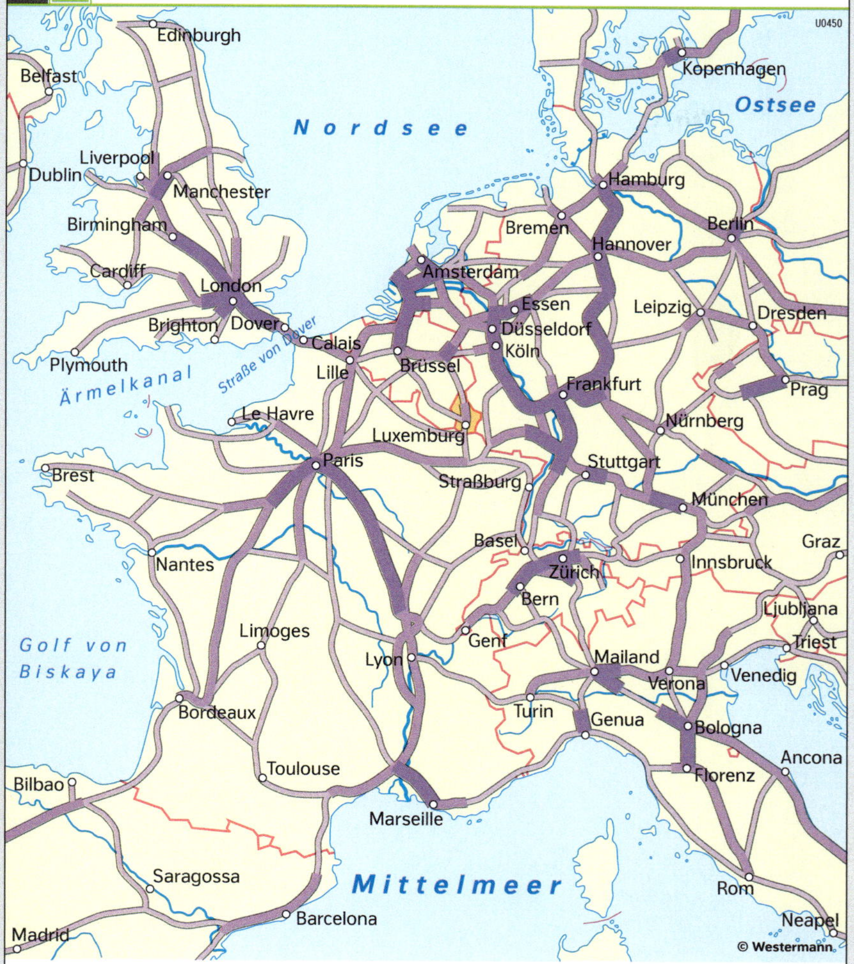

Anzahl der Züge pro Tag

weniger als 50 | 50 – 100 | mehr als 100

4 Westeuropa **Fernstraßennetz (Verkehrsdichte)**

Anzahl der Kraftfahrzeuge pro Tag

weniger als 15 000 | 15 000 – 60 000 | mehr als 60 000

5 Westeuropa **Schiffsverkehr (Frachtmengen)**

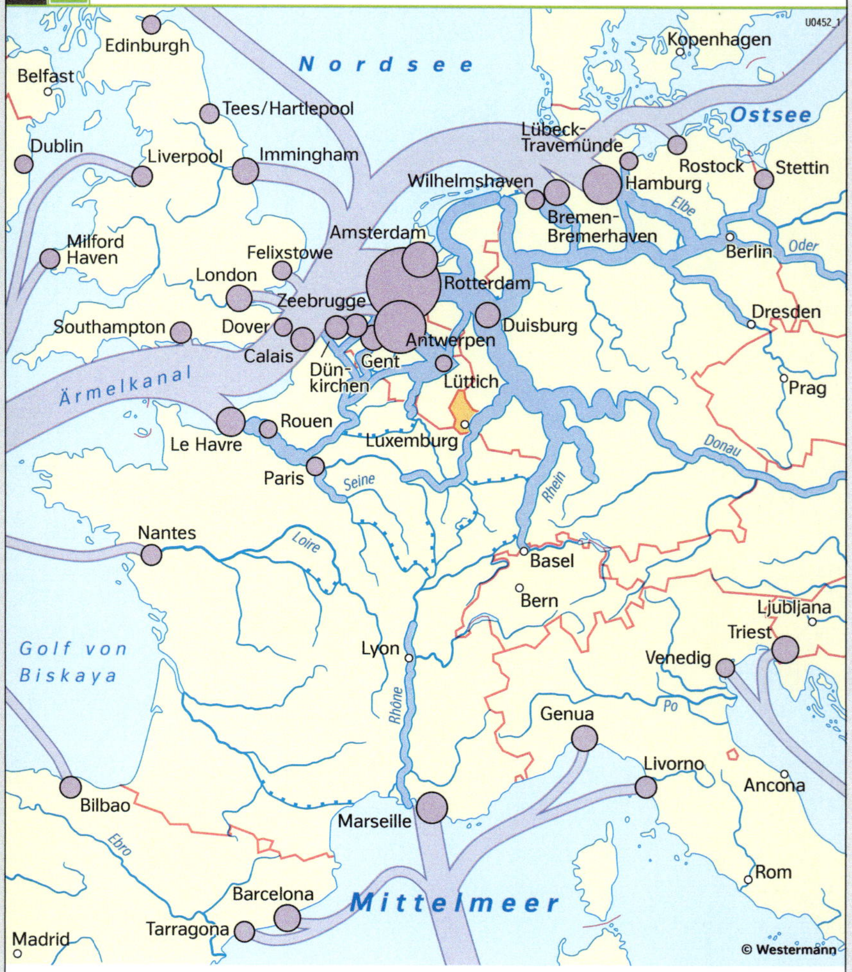

Güterverkehr (in Millionen Tonnen)

1–5 | 5–10 | 10–20 | 20–50 | 50–100 | über 100

Binnenschifffahrt

Hochseeschifffahrt

Hafenumschlag (in Mio. t, 2018)

350 | 250 | 100 | 20

6 Westeuropa **Luftverkehr (Fluggäste und Fracht)**

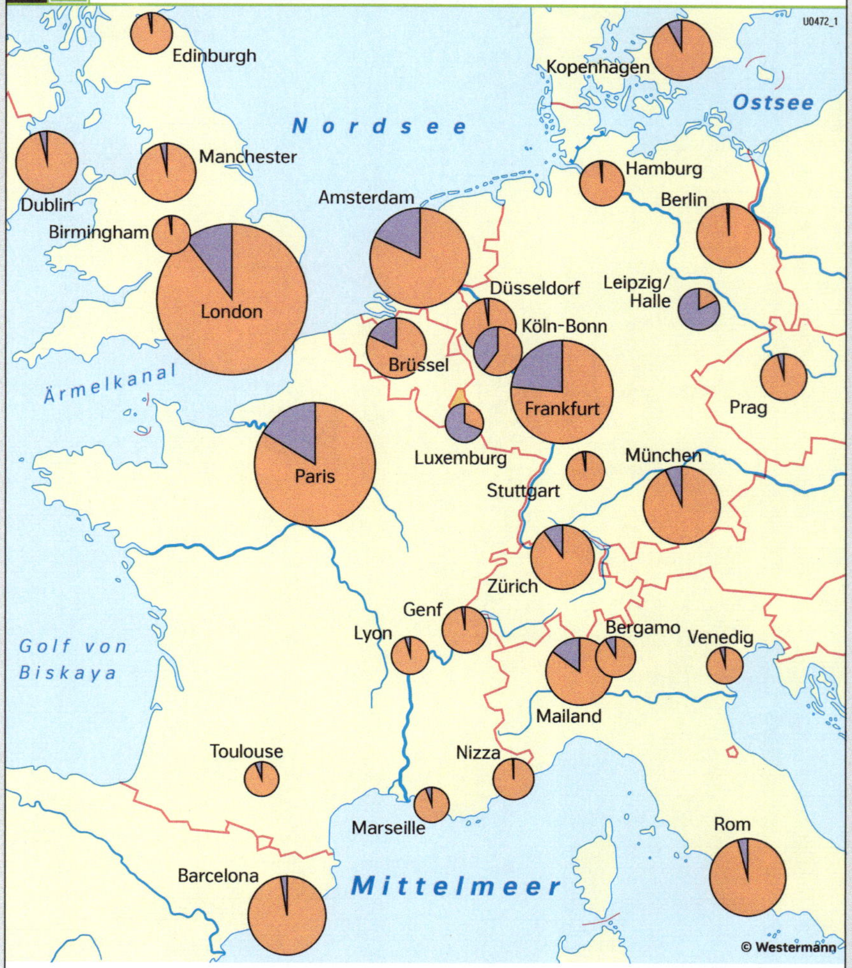

Versandeinheiten (in Millionen, 2018, nur Flughafenstandorte über 10 Mio. Versandeinheiten/Jahr)

1 Passagier entspricht einer Versandeinheit.

100 kg Luftfracht entspricht einer Versandeinheit.

200 | 100 | 50 | 10

Quelle: Eurostat (2020)

Maßstab 1 : 2 250 000 (1 cm ≙ 22,5 km) 0 20 40 60 80 100 km

ERDE
LUXEMBURG
EUROPA
ASIEN
AFRIKA
OZEANIEN
POLARGEBIETE
AMERIKA
REGISTER

ERDE
LUXEMBURG
EUROPA
ASIEN
AFRIKA
OZEANIEN
POLARGEBIETE
AMERIKA
REGISTER

Maßstab 1 : 6 000 000 (1 cm ≙ 60 km) 0 50 100 150 200 250 km

Landhöhen und Meerestiefen (in Meter)

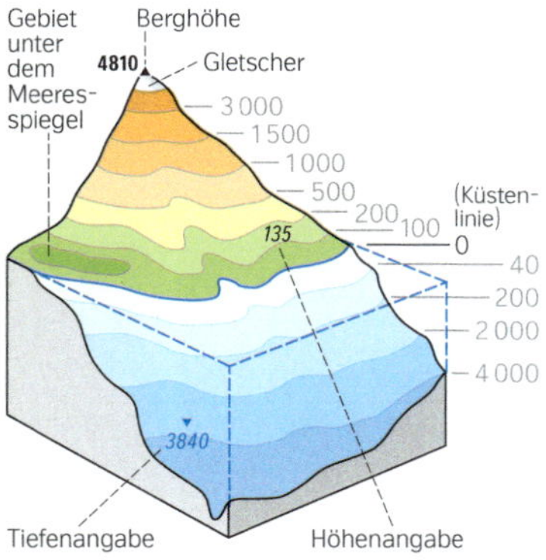

Gewässer

- Fluss
- Kanal
- See
- Stausee, Staudamm
- Salzpfanne
- Sumpf, Moor

Kulturdenkmäler

- Ruinenstätte, geschichtlich bedeutsamer Ort

Orte (Einwohner)

über	1 000 000
	500 000 – 1 000 000
	100 000 – 500 000
	20 000 – 100 000
unter	20 000

Verkehr

- Eisenbahnstrecke
- Fährverbindung
- Autobahn
- Fernstraße
- Tunnel
- schiffbarer Fluss (über 1 350 t Tragfähigkeit)
- schiffbarer Kanal (über 1 350 t Tragfähigkeit)
- Pass

Verwaltung

- Staatsgrenze
- Rom Hauptstadt eines Staates

ERDE
LUXEMBURG
EUROPA
ASIEN
AFRIKA
OZEANIEN
POLARGEBIETE
AMERIKA
REGISTER

1
Atlantischer
Ozean
Golf von Biskaya
Frankreich
Spanien
Portugal
Andorra
Marokko
Algerien
Balearen
Mittelmeer
Bretagne
Zentralmassiv
Pyrenäen
Kantabrisches Gebirge
Iberisches Randgebirge
Kastilisches Scheidegebirge
Sierra Morena
Betische Kordillere
Er Rif
Tell Atlas
Sahara Atlas
Costa Brava
Costa Dorada
Costa del Sol
Algarve
Straße von Gibraltar
Paris
Le Havre
Rouen
Caen
Cherbourg-Octeville
Amiens
Creil
Reims
Charleville-Mézières
Jersey
Golf von Saint-Malo
Dinard/St-Malo
Brest
Rennes
Lorient
Quiberon
St-Nazaire
Nantes
Angers
Le Mans
Orléans
Tours
Cholet
Bourges
Nevers
Le Creusot
Dijon
Poitiers
Niort
La Rochelle
Royan
Limoges
Montluçon
Vichy
Clermont-Ferrand
Lyon
St-Étienne
Bordeaux
Arcachon
Mimizan
Montauban
Toulouse
Montpellier
Sète
Marseille
Biarritz
Lacq
Tarbes
Lourdes
Perpignan
Loire
Seine
Dordogne
Lot
Tarn
Garonne
El Ferrol
A Coruña
San Ciprian
Santiago de Compostela
Gijón
Santander
Bilbao
Donostia (San Sebastián)
Vitoria-Gasteiz
Pamplona
Vigo
Burgos
Porto
Valladolid
Duero
Salamanca
Saragossa
Ebro
Lloret del Mar
Barcelona
Tarragona
Madrid
Panasqueira
Fatima
Toledo
Tajo
Lissabon
Setúbal
Sines
Valencia
Puertollano
Albacete
Palma de Mallorca
Mallorca
Menorca
Ibiza
Benidorm
Alicante
Córdoba
Guadalquivir
Segura
Sevilla
Huelva
Cartagena
Granada
Cádiz
Marbella
Málaga
Almería
Algeciras
Gibraltar (VK)
Ceuta (Spanien)
Tanger
Tétouan
Melilla (Spanien)
Beni Saf
Oran
Arzew
Sidi Bel Abbès
Tlemcen
Oujda
Jerada
Rabat
Casablanca
Meknès
Fès
Algier
Bejaia
Djelfa
Laghouat
48° Nord
44°
40°
36°
8°
4° West
0°
4° Ost
A
B
C
D
2
3
4
5

Waldlandschaften
- Laub- und Mischwald
- Hartlaubgehölze (Macchie)

Offene Landschaften
- Fels- und Gletscherregion
- Steppe
- Halbwüste, Wüste

Kulturland
- Ackerbau
- Bewässerungsland
- Weide, z. T. Wiese

Bergbau
- Erdöl
- Erdgas
- Steinkohle
- Braunkohle
- Eisen
- Stahlveredler (Chrom, Kobalt, Molybdän, Nickel)
- Kupfer
- Blei, Zink
- Phosphat

Stromerzeugung
- Wasserkraftwerk
- Wärmekraftwerk
- Kernkraftwerk
- Sonnenkraftwerk
- Geothermiekraftwerk

Industrie
- Eisen- und Stahlerzeugung
- Buntmetallerzeugung
- Aluminiumverhüttung
- Metallverarbeitung, Maschinenbau, Stahlbau
- Schiffbau
- Kraftfahrzeugbau
- Schienenfahrzeugbau
- Luft- und Raumfahrzeugbau
- Elektronik, Elektrotechnik, IT
- Feinmechanik, Uhren, Optik
- Baustoffe, Glas, Keramik
- Chemie, Kunststoffe
- Biotechnologie, Pharmazie
- Erdölraffinerie
- Textilien, Bekleidung, Leder
- Zellulose, Papier
- Nahrungs- und Genussmittel
- Fischverarbeitung

Dienstleistungen
- Bildung, Medien
- Finanzen, Handel
- internationaler Flughafen
- wichtiger Hafen
- bedeutende Tourismusregion
- Algarve touristischer Küstenabschnitt

Verkehr und Transport
- Eisenbahn-Fernverbindung
- Autobahn; Fernstraße
- Erdölleitung
- Erdgasleitung

Grenzen
- Staatsgrenze im Schengen-Raum (keine Personen- und Zollkontrollen)
- Staatsgrenze mit Personen- und Zollkontrollen
- Grenze der nationalen Wirtschaftszone im Meer

Reiseziel Lissabon / Physische Karte

1 Lissabon Städtetourismus

Maßstab 1:40 000

2 Lissabon An Touristen und andere Reisende vermietete Privatunterkünfte

Maßstab 1:40 000

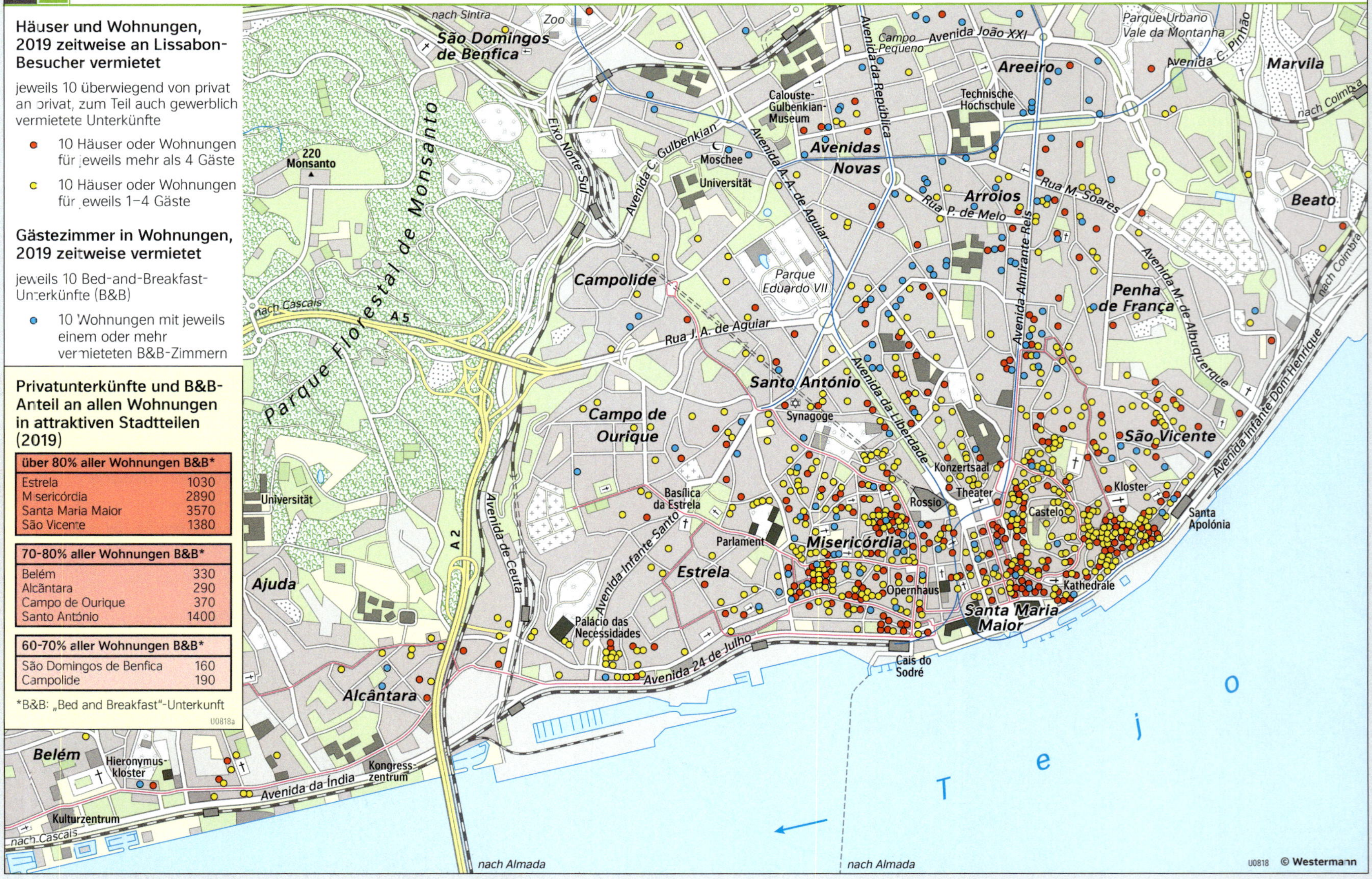

Privatunterkünfte und B&B-Anteil an allen Wohnungen in attraktiven Stadtteilen (2019)

über 80% aller Wohnungen B&B*	
Estrela	1030
Misericórdia	2890
Santa Maria Maior	3570
São Vicente	1380
70–80% aller Wohnungen B&B*	
Belém	330
Alcântara	290
Campo de Ourique	370
Santo António	1400
60–70% aller Wohnungen B&B*	
São Domingos de Benfica	160
Campolide	190

*B&B: „Bed and Breakfast"-Unterkunft

U0818a

3 Portugal **Physische Karte**

Maßstab 1:2 250 000 (1 cm ≙ 22,5 km)

ERDE
LUXEMBURG
EUROPA
ASIEN
AFRIKA
OZEANIEN
POLARGEBIETE
AMERIKA
REGISTER

Landhöhen und Meerestiefen (in Meter)

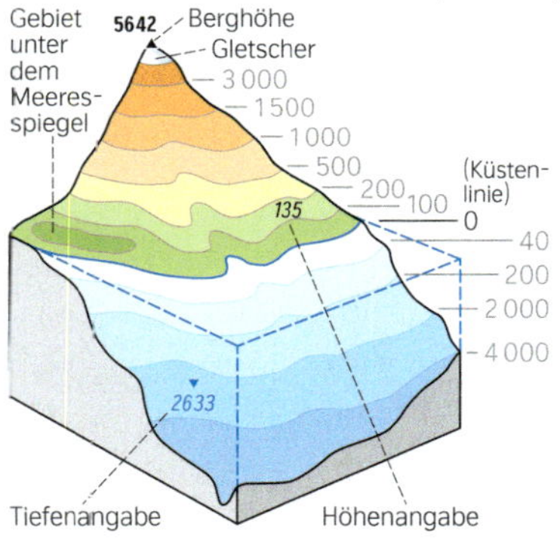

Gewässer
- Fluss
- Wadi, Trockental
- Kanal
- See; Salzsee
- Stausee, Staumauer
- Salzpfanne
- Sumpf, Moor

Verwaltung
- Staatsgrenze
- umstrittene Grenze
- Sofia Hauptstadt eines Staates

Orte

Einwohner

über	5 000 000
1 000 000 –	5 000 000
500 000 –	1 000 000
100 000 –	500 000
20 000 –	100 000
unter	20 000

Kulturdenkmäler
- Ruinenstätte, geschichtlich bedeutsamer Ort

Verkehr
- Eisenbahnstrecke
- Fährverbindung
- Autobahn
- Fernstraße
- Tunnel
- schiffbarer Fluss (über 1350 t Tragfähigkeit)
- schiffbarer Kanal (über 1350 t Tragfähigkeit)
- Pass

ERDE
LUXEMBURG
EUROPA
ASIEN
AFRIKA
OZEANIEN
POLARGEBIETE
AMERIKA
REGISTER

ERDE
LUXEMBURG
EUROPA
ASIEN
AFRIKA
OZEANIEN
POLARGEBIETE
AMERIKA
REGISTER

Waldlandschaften
- Laub- und Mischwald
- Hartlaubgehölz (Macchie)

Offene Landschaften
- Steppe und Hochgebirgsgrasland
- Halbwüste, Wüste
- Salzpfanne
- Fels- und Gletscherregion

Kulturlandschaften
- Ackerbau
- Bewässerungsland
- Weide, z.T. Wiese

Bergbau
- Erdöl
- Erdgas
- Steinkohle
- Braunkohle
- Eisen
- Stahlveredler (Chrom, Mangan, Wolfram)
- Blei, Zink
- Kupfer
- Gold
- Silber
- Bauxit (Aluminiumrohstoff)
- Phosphat

Stromerzeugung
- Wasserkraftwerk
- Wärmekraftwerk
- Kernkraftwerk
- Solarkraftwerk

Industrie
- Eisen- und Stahlerzeugung
- Buntmetallverhüttung
- Aluminiumverhüttung
- Metallverarbeitung, Maschinenbau, Stahlbau
- Schiffbau
- Kraftfahrzeugbau
- Luft- und Raumfahrttechnik
- Elektronik, Elektrotechnik, IT
- Chemie, Kunststoffe
- Erdölraffinerie
- Textilien, Bekleidung, Leder
- Zellulose, Papier
- Holz, Möbel
- Nahrungs- und Genussmittel
- Fischverarbeitung

ERDE
LUXEMBURG
EUROPA
ASIEN
AFRIKA
OZEANIEN
POLARGEBIETE
AMERIKA
REGISTER

ERDE
LUXEMBURG
EUROPA
ASIEN
AFRIKA
OZEANIEN
POLARGEBIETE
AMERIKA
REGISTER

1 Osteuropa Physische Karte

Maßstab 1 : 12 000 000 (0 100 200 300 400 500 km)

Landhöhen und Meerestiefen (in Meter)

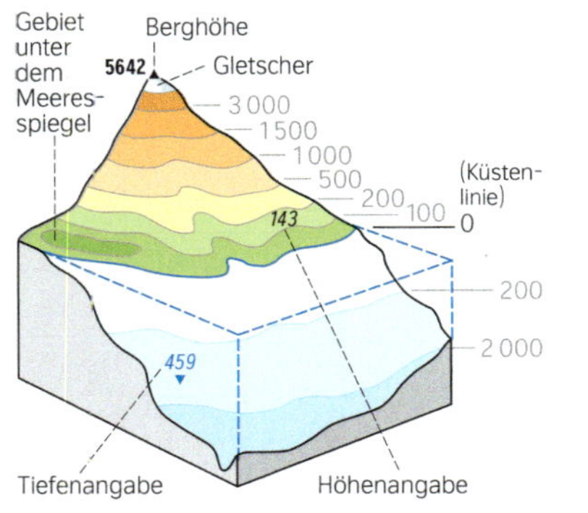

Gewässer

- Fluss
- Kanal
- See
- Salzsee
- Stausee, Staumauer
- Sumpf, Moor

Orte

Einwohner

- über 5 000 000
- 1 000 000 – 5 000 000
- 500 000 – 1 000 000
- 100 000 – 500 000
- 20 000 – 100 000
- unter 20 000

Verkehr

- Eisenbahn
- wichtige Fernstraße

Verwaltung

- Staatsgrenze
- umstrittene Grenze
- **Minsk** Hauptstadt eines Staates

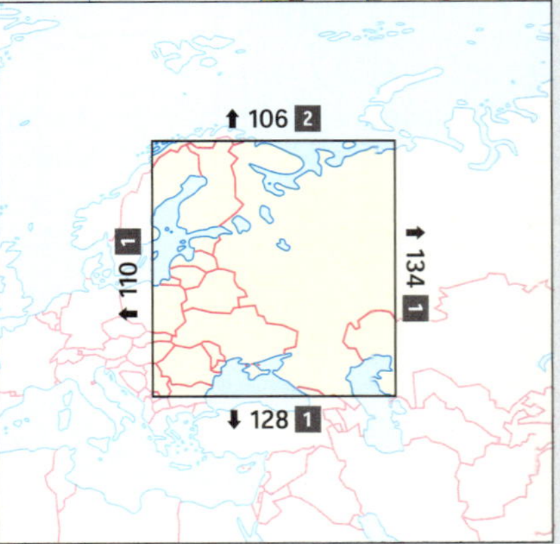

2 Osteuropa **Wirtschaft und Verkehr**

Maßstab 1 : 12 000 000 — 0 100 200 300 400 500 km

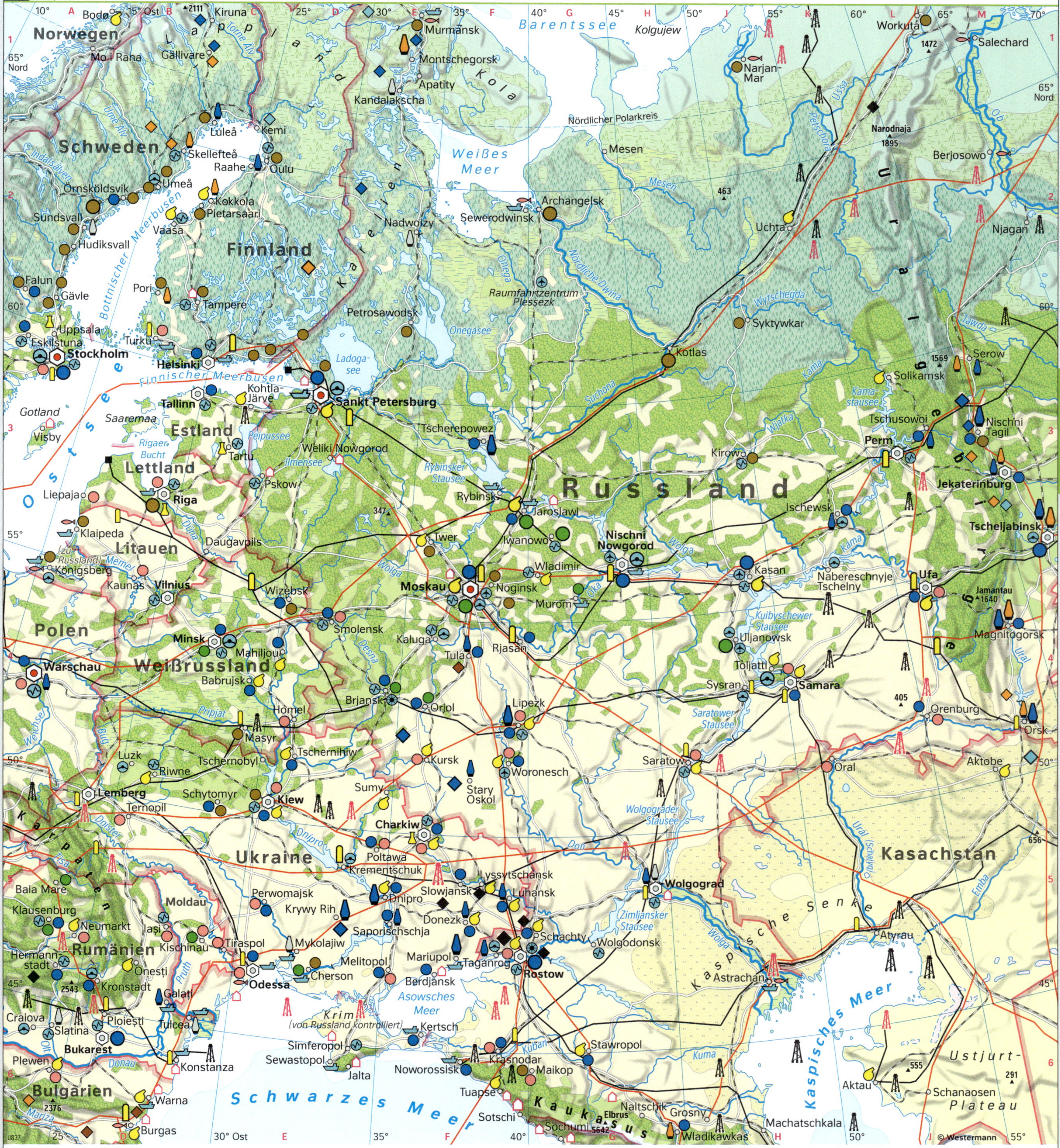

Waldlandschaften
- nördlicher Nadelwald
- sommergrüner Laub- und Mischwald, Gebirgsnadelwald

Offene Landschaften
- Eis- und Gletscherregion
- Fjellvegetation
- Waldtundra
- Heide, Moor, Sumpf
- Steppe
- Halbwüste, Wüste

Kulturland
- Ackerbau
- Weide, z. T. Wiese

Bergbau
- Erdöl
- Erdgas
- Steinkohle
- Braunkohle
- Eisen
- Stahlveredler (Chrom, Nickel)
- Kupfer

Industrie
- Eisen- und Stahlerzeugung
- Buntmetallerzeugung
- Aluminiumverhüttung
- Eisen- und Metallverarbeitung (Maschinenbau, Stahl- und Leichtmetallbau)
- Schiffbau
- Kraftfahrzeugbau
- Luft- und Raumfahrzeugbau
- Elektronik, Elektrotechnik, IT
- Schienenfahrzeugbau
- Chemie, Kunststoffe
- Biotechnologie, Pharmazie
- Erdölraffinerie
- Textilien, Bekleidung, Leder
- Holz und Papier
- Nahrungs- und Genussmittel
- Fischverarbeitung

Dienstleistungszentren
- internationale Bedeutung
- überregionale Bedeutung
- regionale Bedeutung
- bedeutende Tourismusregion

Verkehr und Transport
- wichtige Eisenbahn-Fernverbindung
- Fernstraße von kontinentaler Bedeutung
- Erdölleitung
- Erdgasleitung

1
Nordsee
Europäisches Nordmeer
Nord
Spitzbergen (Norwegen)
Franz-Josef-Land
Barentssee
Nowaja Semlja
Karasee
Bely-Insel
Kolgujew
Waigatsch
Kanin
Weißes Meer
Kola
Murmansk
Nordkap
Hammerfest
Bodø
Skandinavien
Lappland
Bottnischer Meerbusen
Finnland
Finnische Seenplatte
Karelien
Ladogasee
Onegasee
Oulu
Tampere
Helsinki
Stockholm
Uppsala
Oslo
Bergen
Trondheim
Norwegen
Schweden
Göteborg
Kopenhagen
Dänemark
Jütland
Skagerrak
Kattegat
Gotland
Öland
Ostsee
Riga
Tallinn
Estland
Lettland
Litauen
Memel
Königsberg
Danzig
Stettin
Polen
Warschau
Posen
Breslau
Krakau
Berlin
Hamburg
Bremen
Hannover
Dortmund
Köln
Dresden
Amsterdam
Niederlande
Deutschland
Baltischer Landrücken
Weißrussland
Minsk
Wilnius
Pripjat-Sümpfe
Brest
Lemberg
Wolhynisch-Podolische Platte
Moldau
Kischinau
Odessa
Kiew
Ukraine
Charkiw
Krywyj Rih
Dnipro
Donezk
Mariupol
Krim
Asowsches Meer
Schwarzes Meer
St. Petersburg
Pskow
Petrosawodsk
Archangelsk
Nordrussisches Tiefland
Nordrussischer Landrücken
Timanrücken
Waldaihöhen
Twer
Jaroslawl
Smolensk
Brjansk
Homel
Mittelrussische Platte
Moskau
Tula
Rjasan
Lipezk
Woronesch
Nischni Nowgorod
Kasan
Kirow
Syktywkar
Uchta
Workuta
Nördlicher Polarkreis
Petschora
Wolga
Don
Dnipro
Düna
Kama
Perm
Pensa
Saratow
Wolgaplatte
Samara
Uljanowsk
Wolgograd
Rostow
Krasnodar
Armawir
Sotschi
Stawropol
Astrachan
Kaspische Senke
Kaukasus
Elbrus
Georgien
Tiflis (Tbilissi)
Armenien
Jerewan
Aserbaidschan
Baku (Bakı)
Machatschkala
Grosny
Türkei
Ararat
Täbris
Rascht
Teheran
Elburs
Qom
Hamadan
Arak
Isfahan
Shiraz
Yazd
Kerman
Birjand
Maschhad
Sabzevar
Gorgan
Große Salzwüste
Hochland von Iran
Kaspisches Meer
Kara-Bogas-Gol
Turkmenbaşy
Turkmenistan
Aşgabat
Kopet-Dag
Karakum
Mary
Türkmenabat
Daşoguz
Nukus
Urgentsch
Usbekistan
Buchara
Samarkand
Taschkent
Fergana
Namangan
Osch
Chudschand
Duschanbe
Tadschikistan
Pamir
Pik Ismail Samani
Afghanistan
Herat
Kunduz
Termes
Amudarja
Syrdarja
Kysylkum
Turan
Aralsk
Baikonur
Kysylorda
Turkestan
Schymkent
Taras
Bischkek
Kirgisistan
Issyk-Kul
Almaty
Tian Shan
Pik Pobedy
Karakol
Aksu
Kashi (Kashgar)
Kongur Shan
Ustjurt-Plateau
Aktau
Atyrau
Oral (Uralsk)
Aktöbe (Aqtöbe)
Orenburg
Orsk
Ufa
Sterlitamak
Magnitogorsk
Tscheljabinsk
Jekaterinburg
Ural
Uralgebirge
Serow
Narodnaja
Jamantau
Kurgan
Kostanai
Rudny
Tjumen
Tobolsk
Chanty-Mansijsk
Surgut
Nischnewartowsk
Westsibirisches Tiefland
Barabaebene
Omsk
Petropawlowsk
Kokschetau
Nur-Sultan (Astana)
Kasachstan
Kasachische Schwelle
Betpak-Dala (Hungersteppe)
Karaganda
Temirtau
Ekibastus
Pawlodar
Semej (Semei)
Ust-Kamenogorsk (Öskemen)
Balchaschsee
Balchasch
Taldykorgan
Saissan
Ajagus
Altai
Belucha
Dsungarei
Ürümqi (Urumchi)
Yining (Gulja)
Turpan (Turfan)
Hami (Kumul)
Korla
Bosten Hu
Tarim He
Mongolischer Altai
Westsajan
Tannugebirge
Kysyl
Barnaul
Bisk
Rubzowsk
Nowosibirsk
Nowokusnezk
Kemerowo
Leninsk-Kusnezki
Tomsk
Atschinsk
Krasnojarsk
Abakan
Lesosibirsk
Podkamennaja
Turuchansk
Norilsk
Nowy Urengoi
Nadym
Salechard
Jamal
Gydan
Dikson
Bowanenkowo
Ob
Irtysch
Tobol
Ischim
Jenissei
Russland

10° Ost
50° Nord
40°
30°
60° Ost
66°54'
70°
80°
80° Nord
90°

Nordpol
80° Nord
70°
66°54'
60°
Polarmeer
Arktisches Kap
Sewernaja Semlja
Kap Tscheljuskin
Kotelny-Insel
Neusibirische Inseln
Laptewsee
Ostsibirische See
Wrangel-Insel
Tschuktschensee
Beringstraße
Kap Deschnew
Tschuktschen-Halbinsel
St.-Lorenz-Insel
Nunivak-Insel
Anadyrgolf
Anadyr-gebirge
Anadyr
Beringowski
Beringmeer
Korjakengebirge
2562 Ledjanaja
Kap Oljutorski
Karaginski-Insel
Ust-Kamtschatsk
Bering-Insel
Kamtschatka
4750 Kljutschewskaja Sopka
Petropawlowsk-Kamtschatski
Kap Lopatka
Paramuschir
Onekotan
Simuschir
Urup
Kurilen
Etorofu zu Russland, von Japan beansprucht
Kunashiri
Taimyr-Halbinsel
Byrrangagebirge
1146
Taimyrsee
Nordsibirisches Tiefland
Chatanga
Tiksi
Lena
Jana
Indigirka
Kolyma
Tschokurdach
Srednekolymsk
Nördlicher Polarkreis
Tscherski
Bilibino
1853
Anjuigebirge
Pewek
Ajon
Kolymagebirge
Omsuktschan
1962 Omsuktschan
Tscherskigebirge
3147 Pobeda
Ust-Nera
Werchojansk
Werchojansker Gebirge
2389 Orulgan
Suntar Chajata
2959 Mus Chaja
Magadan
Schelichowgolf
Palana
Ochotsk
Ochotskisches Meer
Jakutien
Putorana-Gebirge
1701
Olenjok
Kotui
Schigansk
Udatschni
962
Mittelsibirisches Bergland
Tura
Untere Tunguska
970
Wiljui-Stausee
Wiljui
301
Mirny
Wiljuisk
Jakutsk
Nischni-Bestjach
Ust-Maja
Aldan
Chandyga
Lensk
Steinige Tunguska
Angara
Ust-Ilimsk
Ust-Ilimsker Stausee
Ust-Kut
Bratsk
Bratsker Stausee
Tulun
Kirensk
Bodaibo
2999
Stanowoigebirge
2412
Tynda
Seja
Skoworodino
Burejagebirge
2505
Schantar-Inseln
Nikolajewsk
Ocha
Sachalin
Alexandrowsk-Sachalinski
Tatarensund
Juschno-Sachalinsk
Komsomolsk
2078
Sichote-Alin
Amur
Belogorsk
Blagoweschtschensk
Chabarowsk
Sewerobaikalsk
Baikalgebirge
2840
Witim-Plateau
Witim
455
Baikalsee
Jablonowygebirge
Tschita
Ulan-Ude
Angarsk
Irkutsk
405
1637
3491 Munku-Sardyk
Ostsajan
Chöwsgöl Nuur
Mörön
Selenge
Darchan
2499 Sochondo
Onon
Borsja
Manjur
Hulun Buir
Argun
Tschoibalsan
Cherlen
Ulan Bator (Ulaanbaatar)
2800
1326
Changaigebirge
4031
Karakorum
Bajanchongor
Mongolei
Gobi
3957
Gobi-Altai
Sainschand
Dalandsadgad
Gaxun Nur
Großer Chingan
Kleiner Chingan
Bei'an
Nenjiang
Qiqihar
Daqing
Hegang
Jiamusi
Harbin
Songhua Jiang
Chankasee
Ussuri
Mandschurei
Mudanjiang
Ussurisk
Wladiwostok
Nachodka
Dalnegorsk
China
Baicheng
Jilin
Changchun
Siping
2744
Chongjin
Japanisches Meer (Ostmeer)
2029 Huanggangliang
Chifeng
Shenyang
Fushun
Anshan
Nordkorea
Hamhung
Dandong
Yingkou
Jinzhou
Pjöngjang
Seoul
Südkorea
Zhangjiakou
Sapporo
Asahikawa
2290
Kushiro
Hokkaido
Wakkanai
Hakodate
Aomori
Morioka
Akita
Sendai
Honshu
Niigata
Koriyama
Japan
Kanazawa
Saitama
Tokio
Yokohama
3776 Fuji
Nagoya
Kyoto
Osaka
Kobe
170° West
180°
170° Ost
160°
150°
40° Nord
50°
100°
110°
120°
130° Ost
140°
© Westermann

Maßstab 1 : 18 000 000 (1 cm ≙ 180 km) 0 100 200 300 400 500 km

Waldlandschaften
- Waldtundra
- nördlicher Nadelwald, Taiga
- sommergrüner Laub- und Mischwald, Gebirgsnadelwald

Offene Landschaften
- Tundra
- Steppe und Hochgebirgsgrasland
- Halbwüste und Wüste
- Fels- und Gletscherregion
- Meeresvereisung

Kulturland
- Ackerbau
- Bewässerungsland
- Weide, z. T. Wiese

Bergbau
- Erdöl
- Erdgas
- Steinkohle
- Braunkohle
- Eisen
- Stahlveredler (Chrom, Mangan, Kobalt)
- Blei, Zink
- Kupfer
- Zinn
- Gold
- Platin
- Metalle der Seltenen Erden (Hightech-Rohstoffe)
- Uran
- Bauxit (Aluminiumrohstoff)
- Diamanten
- Graphit

Stromerzeugung
- Wasserkraftwerk
- Wärmekraftwerk
- Kernkraftwerk

Industrie
- Eisen- und Stahlerzeugung
- Buntmetallverhüttung
- Aluminiumverhüttung
- Eisen- und Metallverarbeitung
- Schiffbau
- Kraftfahrzeugbau
- Luft- und Raumfahrttechnik
- Elektroindustrie
- Chemie, Kunststoffe
- Erdölraffinerie
- Atomindustrie
- Textilien, Bekleidung, Leder
- Holz, Papier
- Nahrungs- und Genussmittel
- Fischverarbeitung

Dienstleistungen
Dienstleistungszentrum
- mit internationaler Bedeutung
- mit überregionaler Bedeutung
- mit regionaler Bedeutung
- Tourismus

Verkehr und Transport
- wichtige Eisenbahn
- Fernstraße
- Erdölleitung
- Erdgasleitung

Grenzen
- Staatsgrenze

ERDE
LUXEMBURG
EUROPA
ASIEN
AFRIKA
OZEANIEN
POLARGEBIETE
AMERIKA
REGISTER

1 Russland Aufstieg zur Großmacht 1462–1914

Maßstab 1 : 48 000 000 — 0 200 400 600 800 1000 km

Russisches Reich

- Großfürstentum Moskau 1462

Erwerbungen

- 1463–1598
- 1599–1689
- 1690–1855
- 1856–1914
- russische Einflussgebiete in Persien und China um 1900

Entdeckungen, Gründungen

- wichtige Entdeckungsreisen
- 1647 Stadt mit Gründungsdatum
- Eisenbahnnetz bis 1917
- Transsibirische Eisenbahn

Grenzen

- Grenze Russlands 1914
- Grenze Russlands heute
- sonstige Staatsgrenzen (1914)

Fahrzeit der Transsibirischen Eisenbahn mit Zug Nr. 2 („Rossija")

Tage–Stunden–Minuten

Moskau	0-00-00
Kirow	0-12-19
Perm	0-19-46
Jekaterinburg	1-01-47
Omsk	1-14-12
Krasnojarsk	2-10-38
Irkutsk	3-05-07
Wladiwostok	6-04-59

2 Moskau Machtzentrum Russlands

Maßstab 1 : 40 000 — 0 200 400 600 800 1000 m

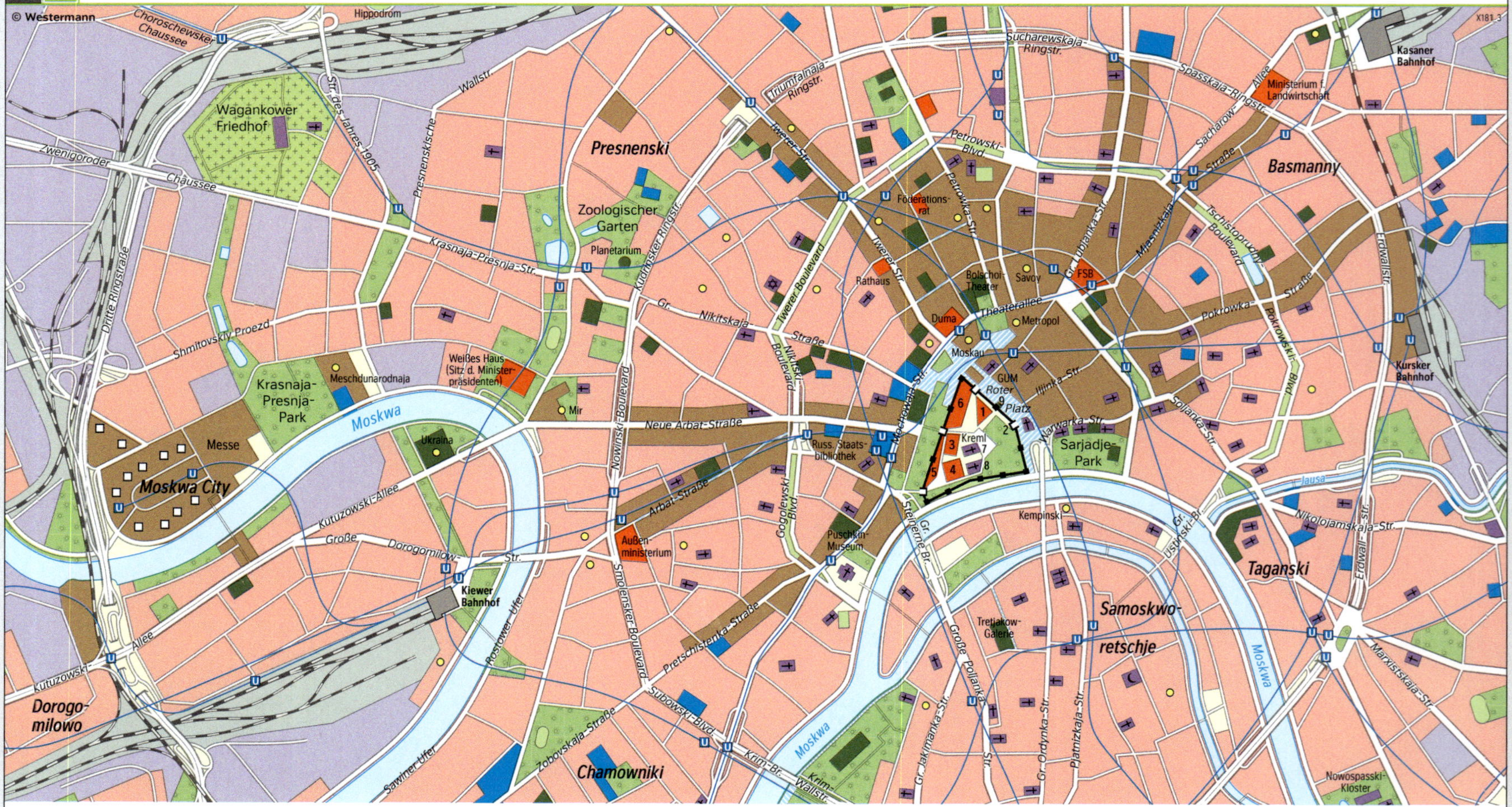

Dienstleistungen, Versorgung

- City, Hauptgeschäftszentrum
- Fußgängerzone
- Regierungs-, öffentliche Gebäude
- Bildungs- und Sozialeinrichtung (Universität, Krankenhäuser)
- kulturelle Einrichtung (Theater, Museum, Baudenkmal, Palast)
- Großhotel
- Hochhaus (über 200 m)

Gebäude im Moskauer Kreml

1. Präsidentenpalast
2. Erlöserturm
3. Staatlicher Kremlpalast
4. Großer Kremlpalast
5. Rüstkammer, ehem. Zarengemächer
6. Arsenal
7. Mariä-Himmelfahrt-Kathedrale
8. Erzengel-Michael-Kathedrale
9. Lenin-Mausoleum

Wohnen, Freizeit

- überwiegend Wohnbebauung
- Park, Grünanlage
- Friedhof
- Kirche
- Moschee
- Synagoge

Industrie, Verkehr

- Gewerbe, Industrie
- Eisenbahngelände
- Eisenbahn mit Bahnhof
- U-Bahn mit Station

3 Erdgasgewinnung

Von der Lagerstätte zum Verbraucher

Entstehung

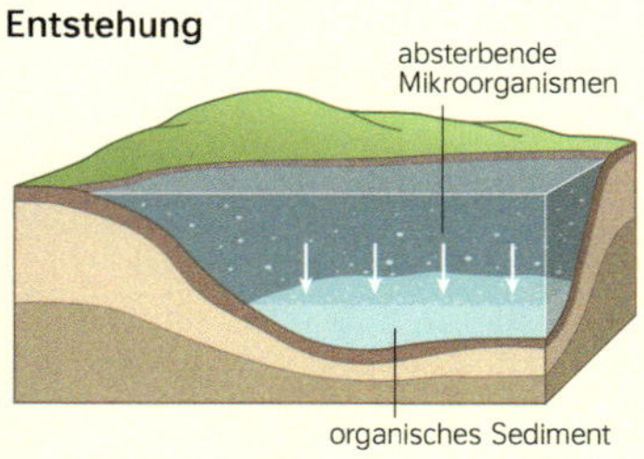

Erkundung

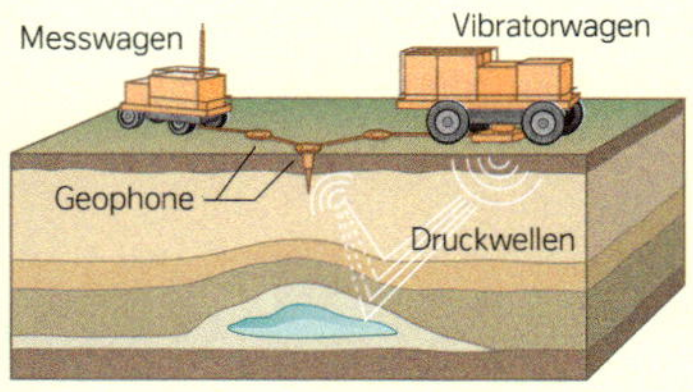

Förderung

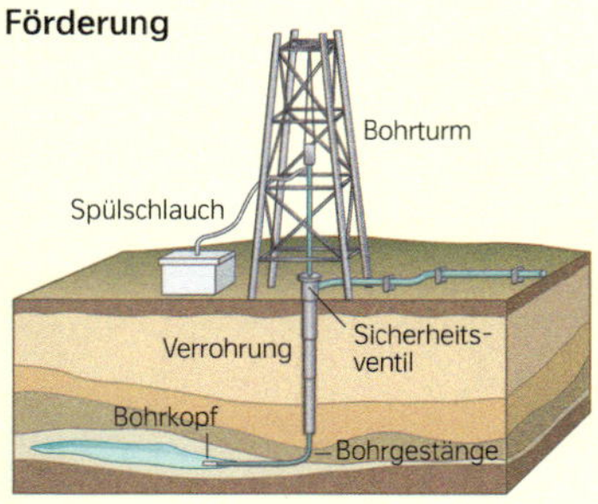

Aufbereitung

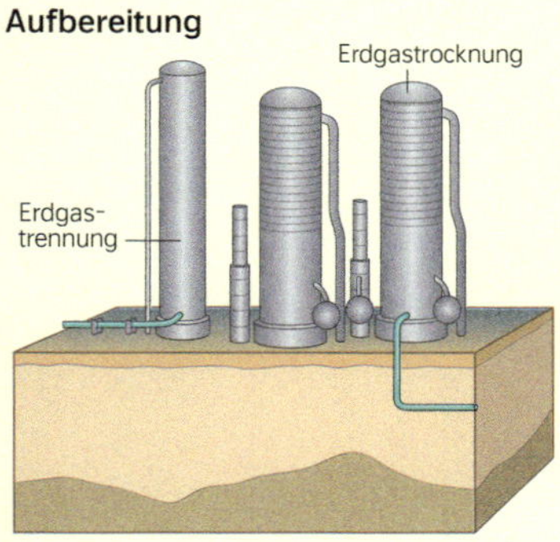

Transport

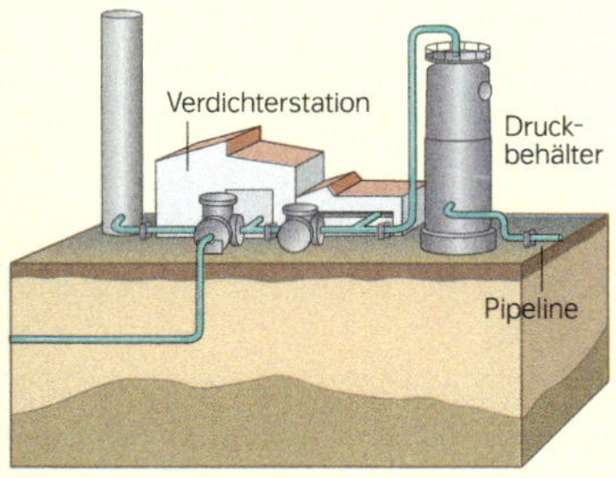

Speicherung

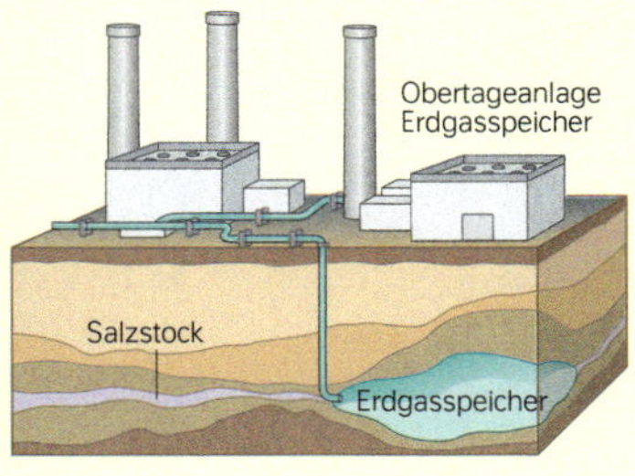

Strom- und Fernwärme-erzeugung

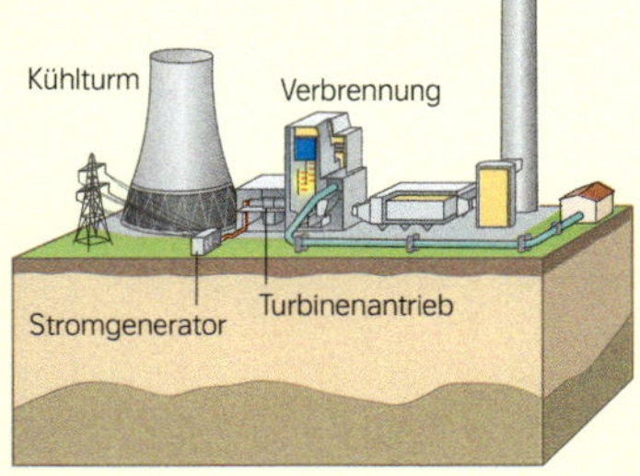

4 Jamal-Halbinsel **Gasfeld im Dauerfrostgebiet**

Maßstab 1 : 250 000 0 2 4 6 km

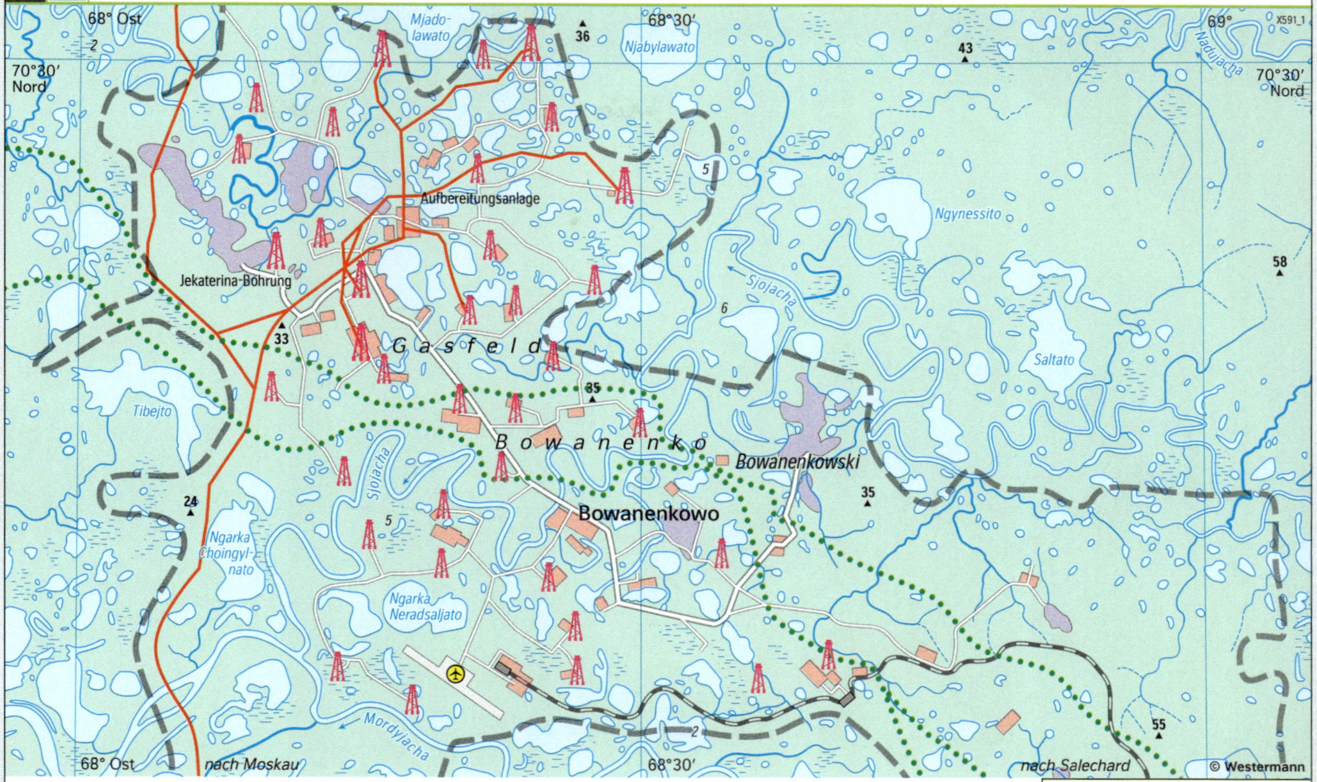

Naturraum Westsibiriens
- Tundra mit kontinuierlichem Permafrost
- Sumpf
- Fluss (mäandrierend, verzweigt)
- See, Eisstausee auf Permafrostboden
- 24 Hügel (in Meter)
- 6 Geländehöhe (in Meter)
- Weg der Rentierherden (Viehtrieb)

Landnutzung
- Gasförderanlage, -bohrung
- Erdgasleitung
- Flughafen
- Eisenbahn mit Bahnhof
- Straße
- unbefestigte Straße
- Siedlungsfläche und Industrieanlagen
- Tagebau, Sandgewinnung für die Aufschüttung frostsicherer Trassen
- Gebiet mit lokalen Umweltschäden durch Gasförderung und Bebauung

Klimadiagramm

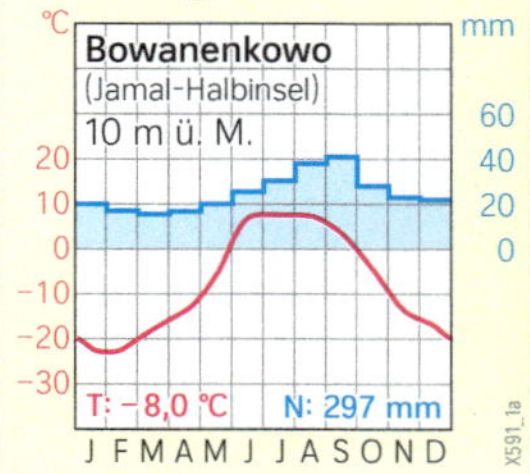

5 Europa **Energierohstoffe und Transportwege**

Maßstab 1 : 40 000 000 0 200 400 600 800 1000 km

Rohstoff-Reserven

Lagerstätten von Erdöl und Erdgas
- an Land
- auf See (offshore)

Energierohstoff-Reserven (hoch / niedrig)
- Erdöl
- Erdgas
- Steinkohle
- Braunkohle
- Uran

Rohstoff-Förderung

Fördermenge im weltweiten Vergleich
- bedeutend
- unbedeutend
- Erdölleitung
- Erdgasleitung
- Verschiffung von Erdöl und Erdgas

Grenzen
- Staatsgrenze

Anteil Russlands an den Öl- und Gas-Importen Deutschlands und der EU

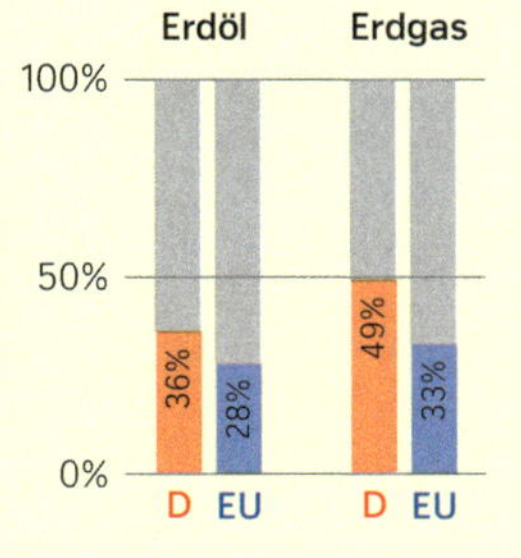

Stand: 2018

1 Asien Topographie und Rekorde

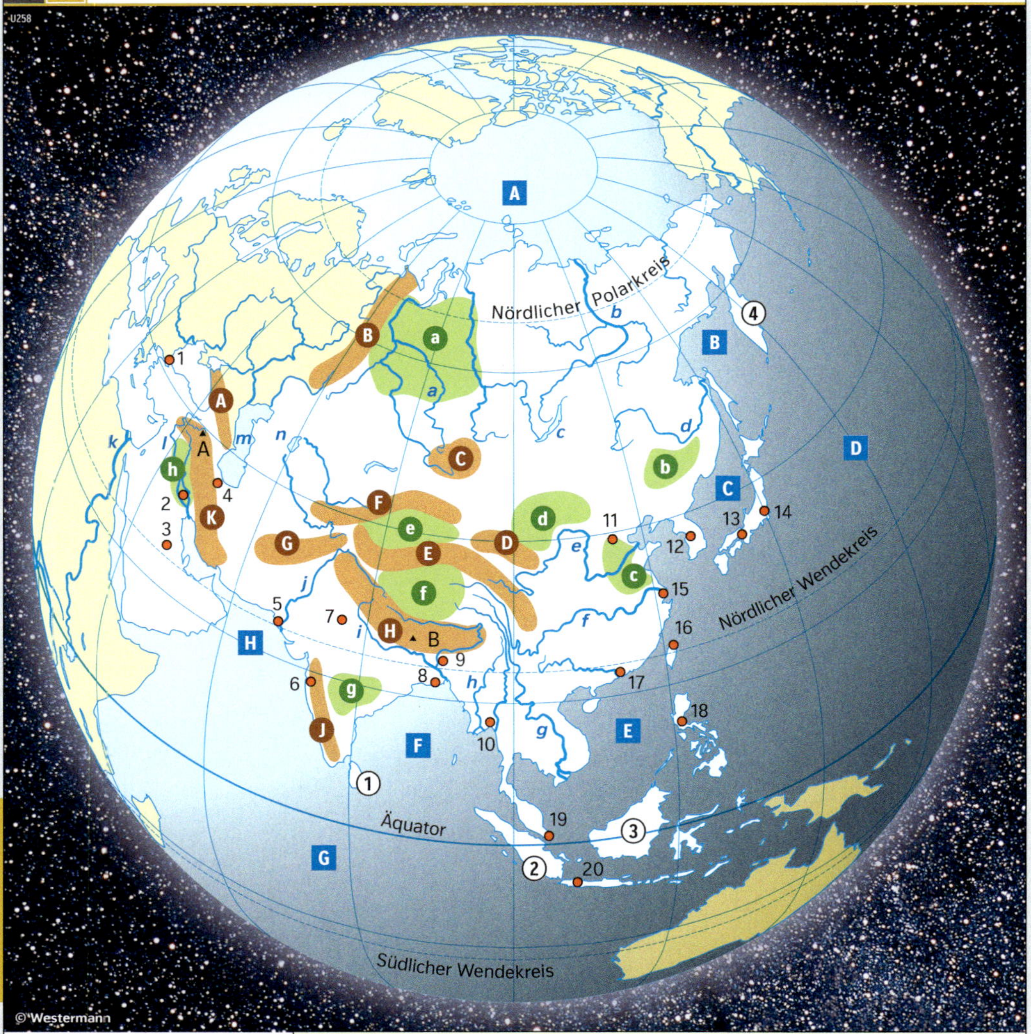

- 1–20 Ballungsräume
- a–n Flüsse, Seen
- A–H Meere
- A–B Berge
- A–K Gebirge
- a–h Becken, Landschaften
- 1–4 Inseln, Halbinseln

Höchste Berge:

Mount Everest	8848 m
K2	8610 m
Kangchenjunga (Sikkim)	8586 m

Längste Flüsse:

Jangtsekiang	6380 km
Huang He (Gelber Fluss)	4845 km
Mekong	4500 km

Tiefster Punkt:

Ufer des Toten Meeres	–418 m

Größte Seen:

Kaspisches Meer	386 500 km²
Baikalsee	31 500 km²
Balchaschsee	18 400 km²

Größte Ballungsräume (Einwohner)**:**

Tokio	37,5 Mio.
Jakarta (Jabodetabek)	31,7 Mio.
Delhi	28,5 Mio.
Shanghai	25,6 Mio.

(Stand 2020)

2 Mount Everest Tourismus

Maßstab 1:500 000

Bodenbedeckung
- Schnee- und Gletscherregion
- Felsregion
- alpine Matten, Weide
- Bergnebelwald

Siedlungen (Bauern, Sherpas)
- Dorf, z.T. mit Lodges
- Lodgesiedlung
- Handelsort mit Lodges und Telekommunikation
- buddh. Klostersiedlung
- Alm, Steinhütte (Kharka)
- Basislager (BL) für Bergbesteigungen

Erschließung
- Trekkingweg, Pfad
- Mount Everest Trek
- Flugplatz
- Pass (La)

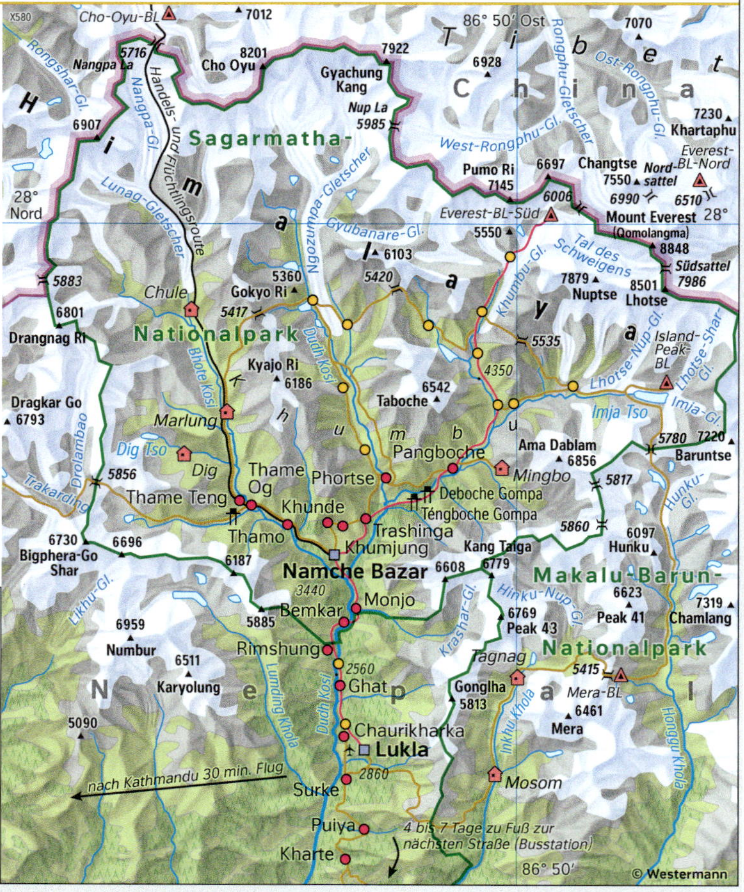

Luftdruck beim Aufstieg auf den Mount Everest

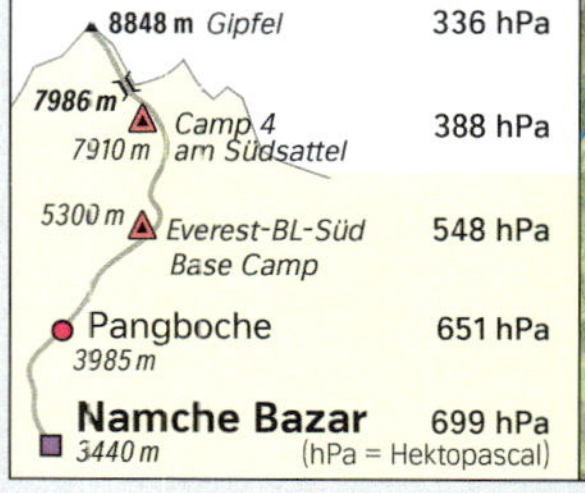

3 Eurasien Physische Übersicht

Gewässer
- Fluss
- Kanal
- See
- Sumpf, Moor

Ballungsräume, Orte

Einwohner
- über 10 000 000
- 5 000 000 – 10 000 000
- 1 000 000 – 5 000 000

Grenzen
- Staatsgrenze
- umstrittene Grenze

Landhöhen und Meerestiefen (in Meter)

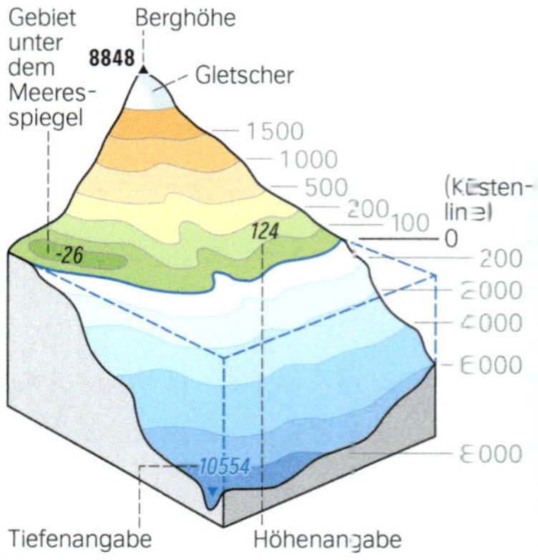

Maßstab 1:36 000 000 — 0 200 400 600 800 1000 km

ERDE
LUXEMBURG
EUROPA
ASIEN
AFRIKA
OZEANIEN
POLARGEBIETE
AMERIKA
REGISTER

Staaten und Geschichte

1 Persien Der Feldzug Alexanders 334–323 v. Chr.

Maßstab 1:28 000 000 (0 – 250 – 500 – 750 km)

Einflussbereich Alexanders
- Makedonien vor Philipp II.
- Eroberungen Philipps II.
- Grenze des Alexanderreiches
- von Alexander abhängige Staaten
- Stadtgründung Alexanders
- (Mary) moderner Ortsname

Feldzug Alexanders
- Züge Alexanders
- weitere Züge
- Pass
- wichtige Schlacht
- Stadtbelagerung Alexanders

Bodenbedeckung (Auswahl)
- Wüsten und Steppengebiete

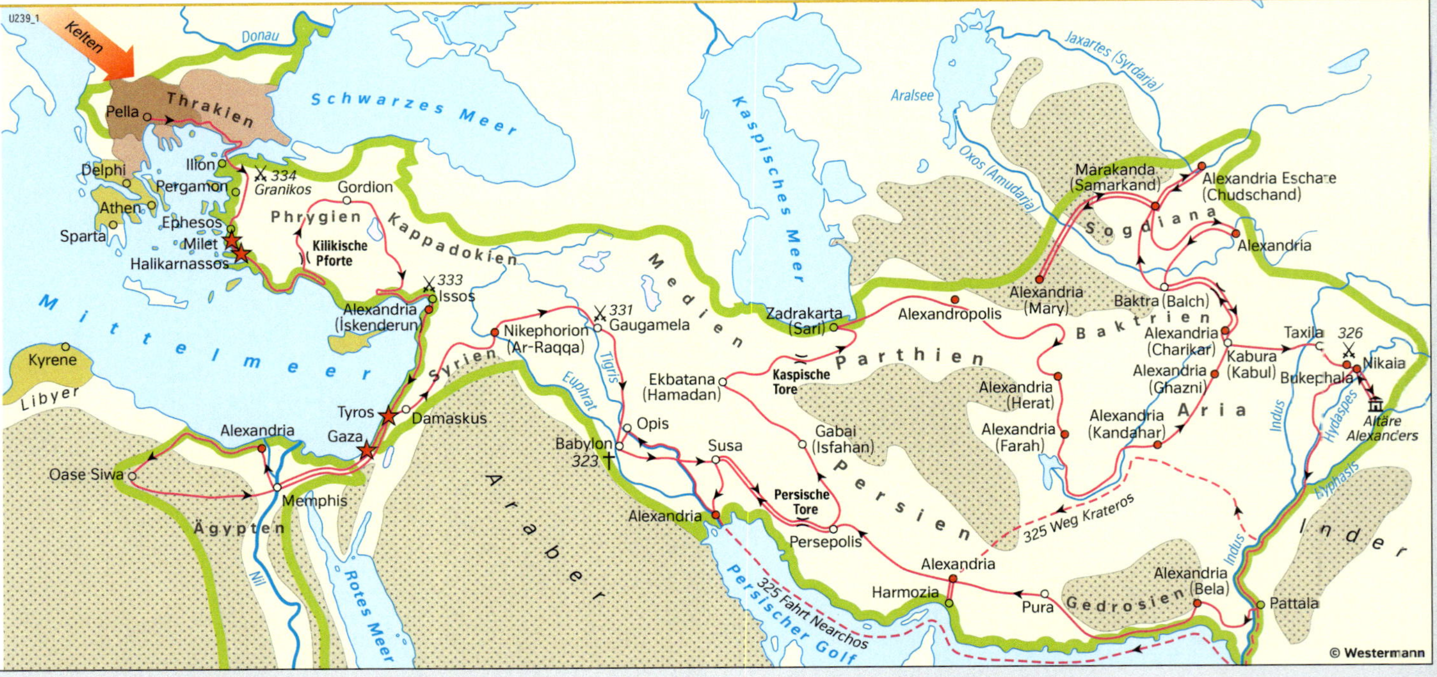

2 Asien Reiche um 1300

Maßstab 1:56 000 000 (0 – 500 – 1000 – 1500 km)

Machtbereiche
- Macht- und Einflussbereich der Mongolen
- Staatsgrenze

Machtzentren
- Hauptstadt

Abkürzungen
- Kgr. Königreich
- Grfsm. Großfürstentum

3 Zentralasien **Seidenstraße zur Zeit Marco Polos (1254–1324)**

Maßstab 1:42 000 000 — 0 200 400 600 800 1000 km

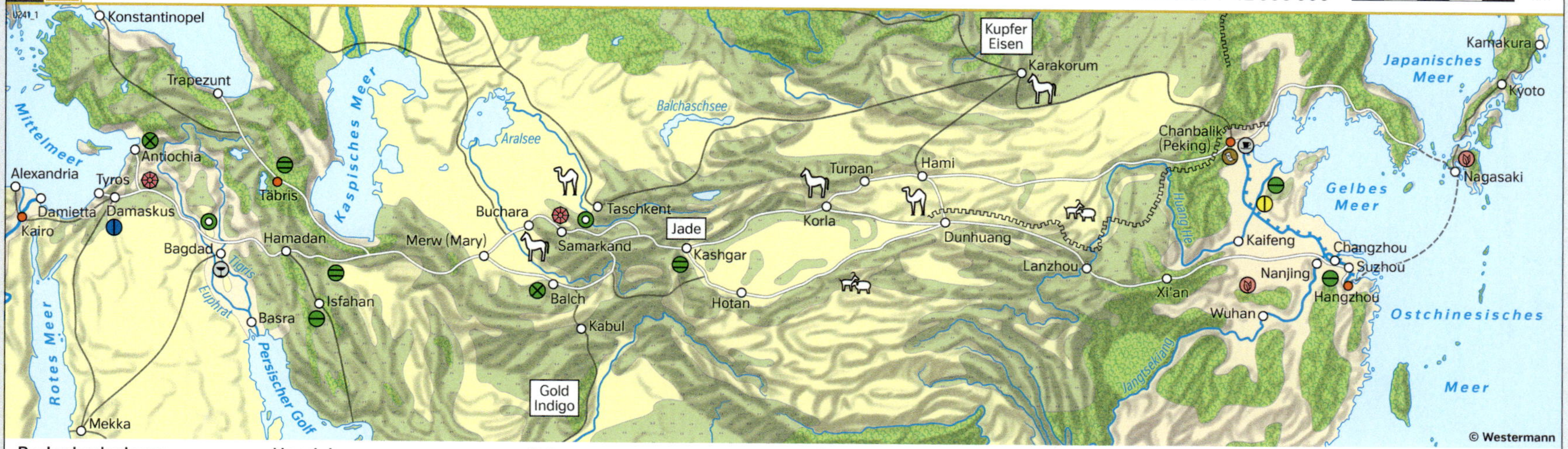

Bodenbedeckung
- Wald
- Steppenweide
- Halbwüste/Wüste
- Gebirgsregion
- Ackerland

Handelswege
- Seidenstraße
- sonstige Straße
- Schiffsverbindung
- Großer Kanal
- Chinesische Mauer

Orte
- Handelszentrum (über 100 000 Einwohner)
- sonstiger Handelsort

Handelsgüter
- Kamele
- Pferde
- Vieh
- Tee
- Leinen
- Baumwollware
- Seide
- Teppiche
- Papier
- Porzellan
- Glas
- Schmuck
- Duft- und Farbstoffe
- Waffen

4 Asien **Staaten heute**

Maßstab 1:56 000 000 — 0 500 1000 1500 km

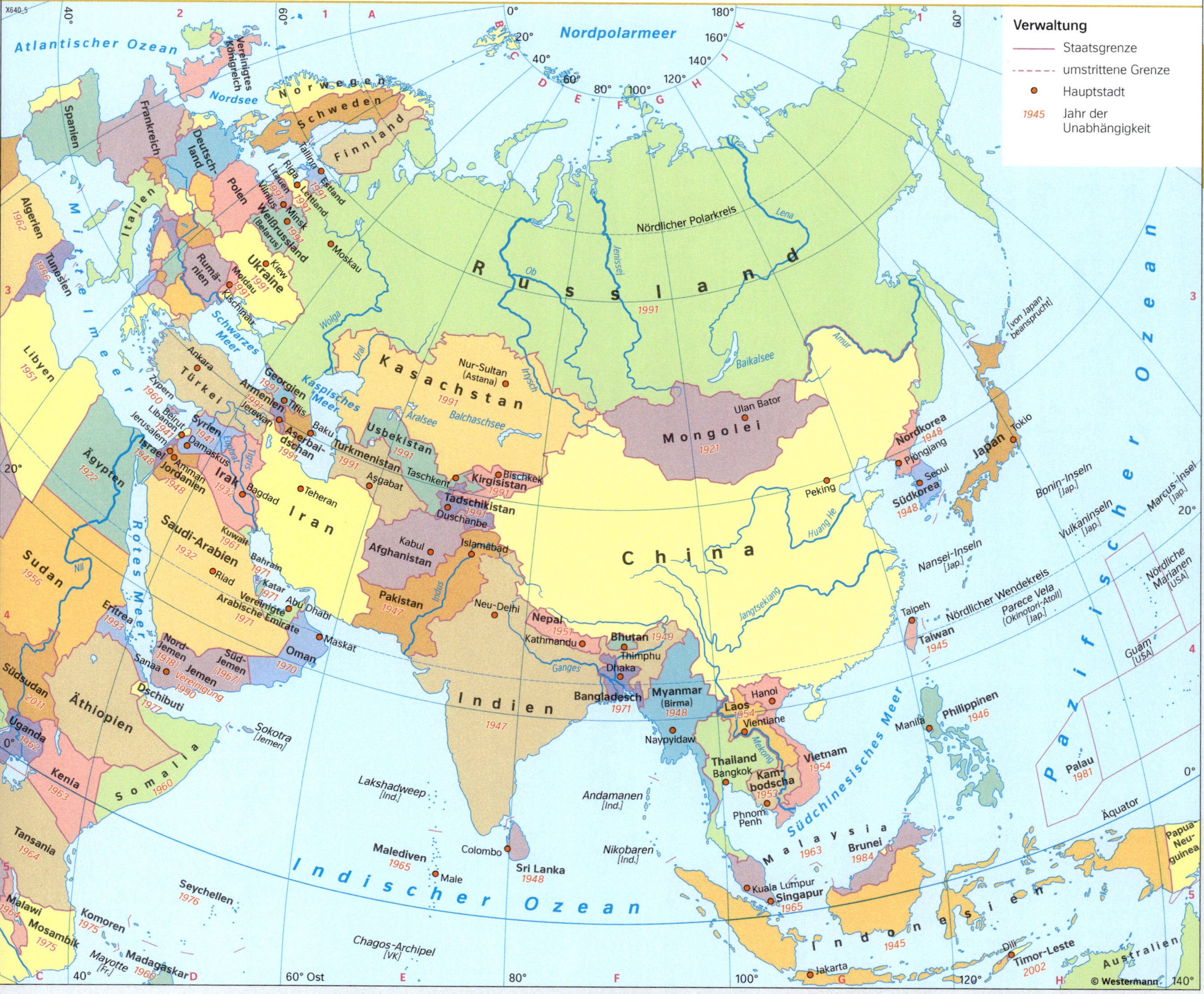

Erfindung des Kompass in China — 1100
Dschingis Khan eint die Mongolen — 1190
Sultanat von Delhi — 1206–1526
Beginn der chinesischen Kaiserdynastien (bis 1911) — 1368
Mogul-Reich in Indien — 1557–1858
Mahatma Gandhi kämpft gegen die britische Kolonialherrschaft für ein unabhängiges Indien — 1920–1947

1000 1100 1190 1206 1368 1500 1526 1557 1858 1920 1947 2000

3 2 4

ERDE
LUXEMBURG
EUROPA
ASIEN
AFRIKA
OZEANIEN
POLARGEBIETE
AMERIKA
REGISTER

1 Landwirtschaft

Maßstab 1 : 36 000 000

2 Temperaturen

Maßstab 1:100 000 000

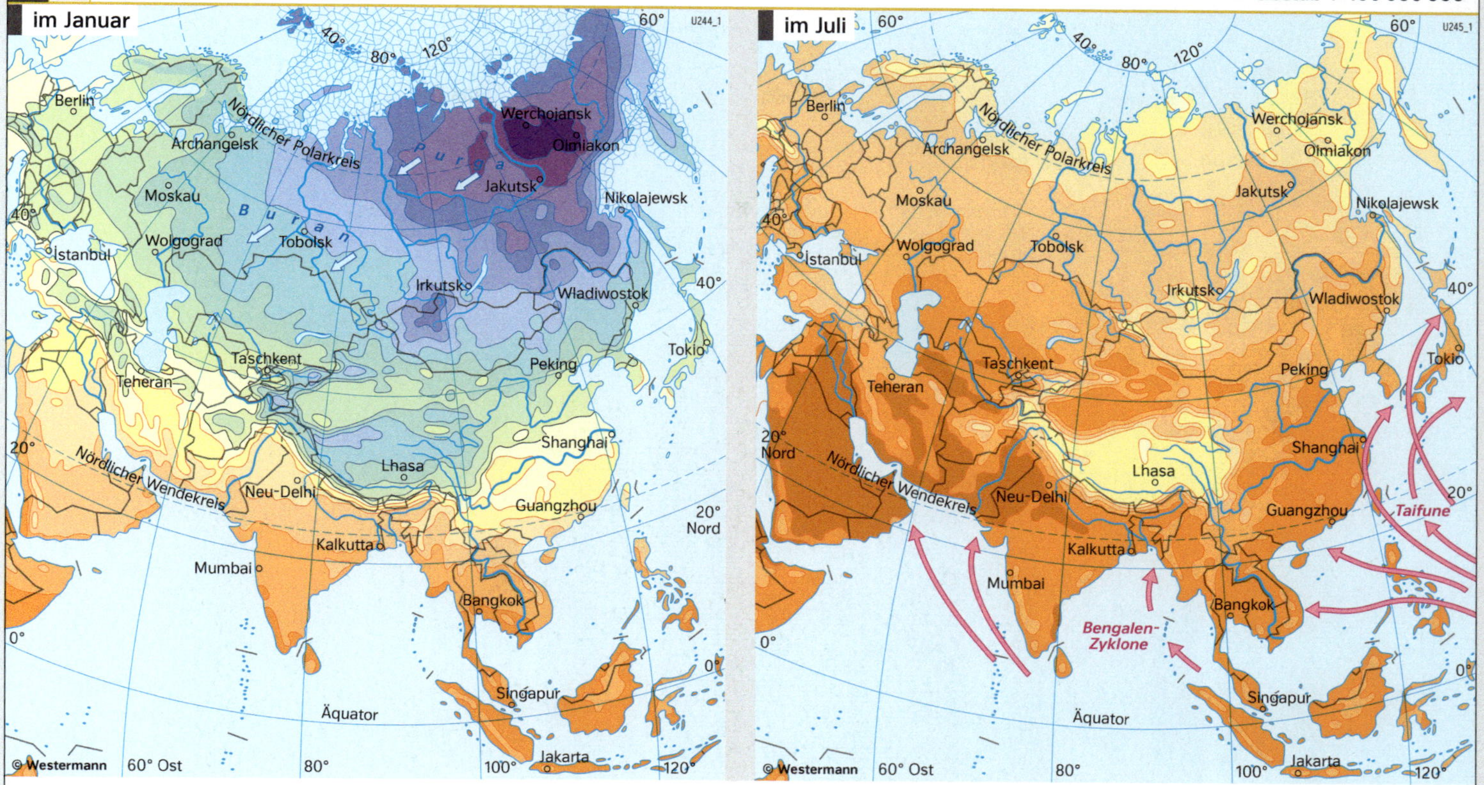

Temperaturen (Monatsmittel in Grad Celsius)

-45 -40 -35 -30 -25 -20 -15 -10 -5 0 5 10 15 20 25 30 °C

Arktisches Meereis im Januar

Stürme

Purga örtliche Winde

Taifune Zyklone Wirbelstürme (Mai–Nov)

3 Niederschläge und Winde

Maßstab 1:100 000 000

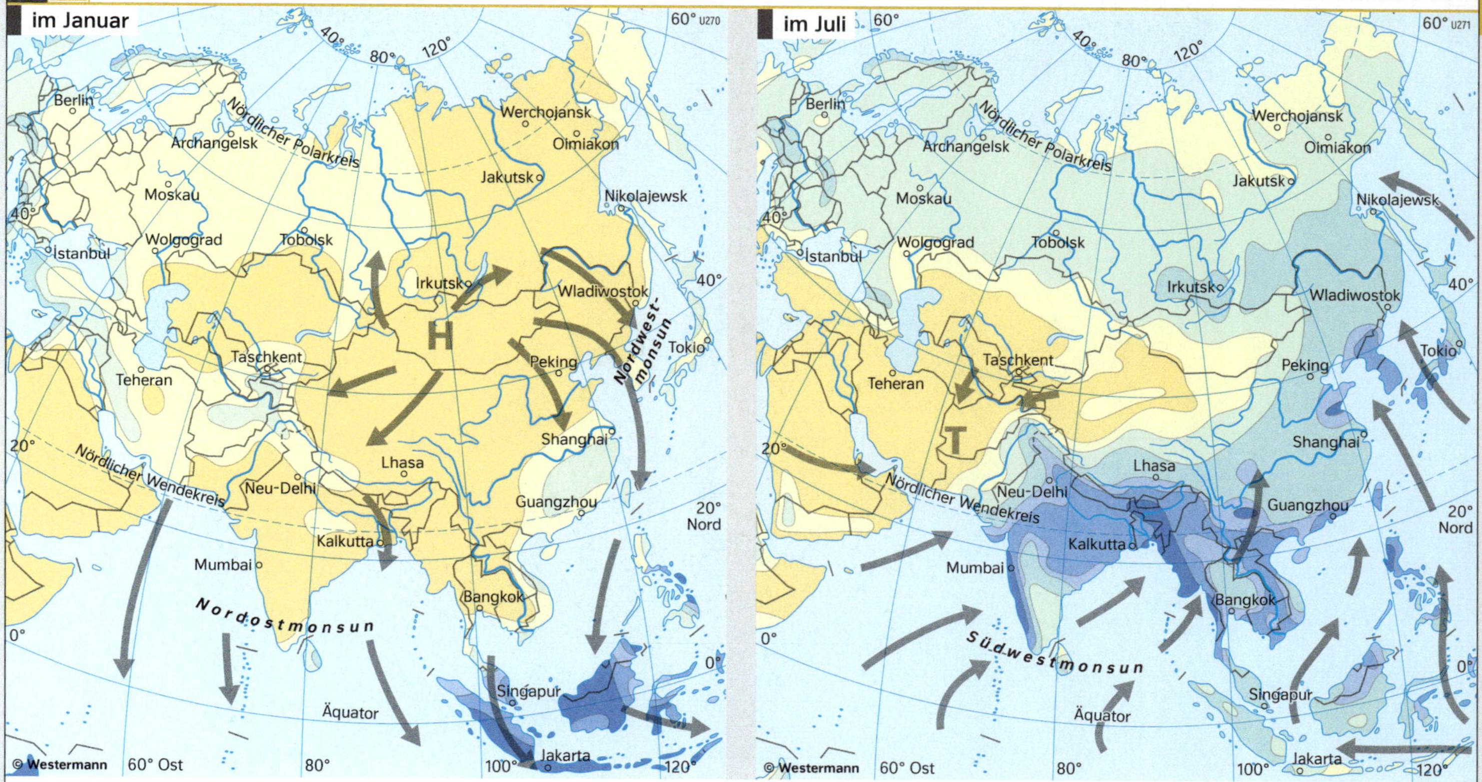

Monatsniederschläge (langjährige Mittelwerte in mm)

20 50 100 200 250 500 mm

Luftdruck

H Gebiet mit hohem Luftdruck (Hochdruckgebiet)

T Gebiet mit niedrigem Luftdruck (Tiefdruckgebiet)

Winde

Monsunwinde

Weltproduktion von Nutzpflanzen und Anteil asiatischer Staaten 2018

Quelle: FAO (2020)

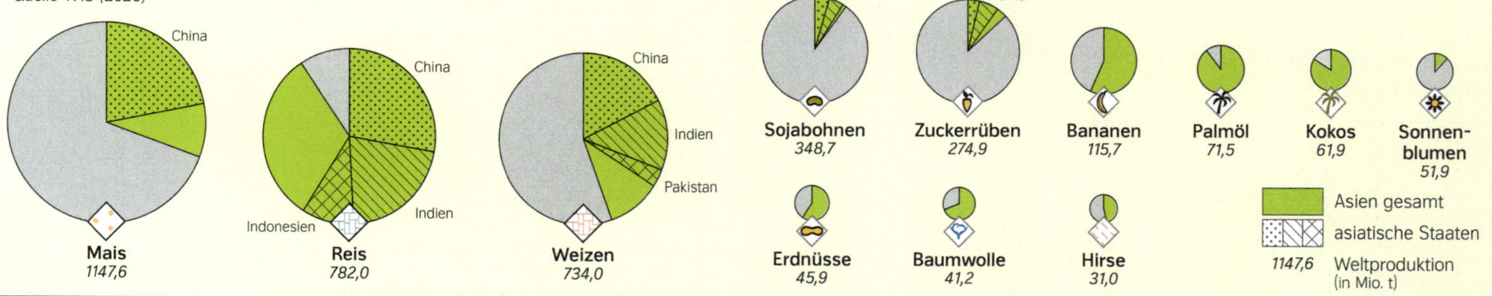

1 Asien **Wirtschaft**

Maßstab 1 : 36 000 000 — 0 200 400 600 800 1000 km

Wirtschaftsräume

Kulturlandschaft
- dicht besiedelt (Verdichtungsraum mit intensiver Nutzung)
- intensiv genutzt (meist landwirtschaftlich geprägt)
- weniger intensiv genutzt

Naturnahe Landschaft
- vereinzelte/einseitige menschliche Eingriffe

Verkehr
- Eisenbahn
- Fernstraße

Wirtschaftszentren

Ausstrahlung (Bedeutung im Städtevergleich)
- global bedeutendes Zentrum
- kontinental bedeutendes Zentrum
- für mehrere Staaten bedeutendes Zentrum

Ausrichtung
- politisch-kulturelles Zentrum
- Finanzzentrum (Banken, Handel, Börse)
- Innovationszentrum (Hightech, Forschung)

- Ort mit nationaler wirtschaftlicher Bedeutung (in Auswahl)
- sonstiger Ort
- bedeutende Tourismusregion

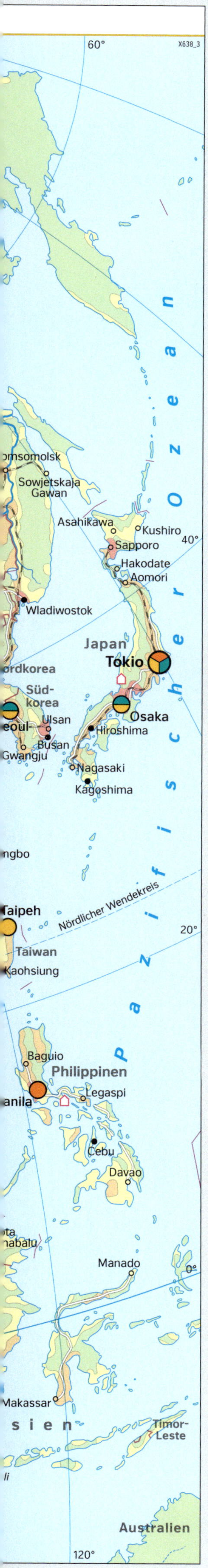

2 Südasien Raumentwicklung

Maßstab 1:30 000 000 — 0, 250, 500, 750 km

Wirtschaftskraft

Bruttoregionalprodukt (regionales BIP, 2018)

- 200 % — überdurchschnittlich
- 150 %
- 100 % — 2 010 US-Dollar (durchschnittliches BIP in Indien pro Person)
- 80 %
- 70 % — unterdurchschnittlich
- keine Angaben

Verkehrserschließung Indiens seit 2000

Autobahnen
- Goldenes Viereck
- Nord-Süd-Korridor
- West-Ost-Korridor

- Modernisierungszentrum mit Weltmarktorientierung

Flughäfen
- Neubau
- Erweiterung

Seehäfen
- internationaler Hafen

Grenzen
- Staatsgrenze
- umstrittene Grenze
- Verwaltungsgrenze (Bundesstaaten und Unionsterritorien in Indien)

3 China Raumentwicklung

Maßstab 1:30 000 000 — 0, 250, 500, 750 km

Wirtschaftskraft der Provinzen

Bruttoregionalprodukt (regionales BIP, 2018)

70% 80% 100% 150% 200%

unterdurchschnittlich | überdurchschnittlich

18 381 US-Dollar (durchschnittliches BIP in China pro Person)

Wirtschaftswachstum in Städten

Wachstum des Bruttoinlandsprodukts 2014 bis 2016 in Prozent
- unter 8,4 %
- über 8,4 % (diese Städte gehören zu den TOP 20 der wirtschaftlich am schnellsten wachsenden Städte weltweit)

Wirtschaftsförderung
- Sonderwirtschaftszone mit erleichterter Unternehmensansiedlung (unter anderem Steuerbefreiungen)
- Hochgeschwindigkeitsbahnstrecke
- sonstige Bahnstrecke

Verwaltung
- Staatsgrenze
- Sichuan — Provinzgrenze, Provinzname
- Tibet — autonomes Gebiet
- Peking — regierungsunmittelbare Stadt
- Sonderverwaltungszone (große innere Autonomie, eigene Gesetzgebung)

Maßstab 1:18 000 000 (1 cm ≙ 180 km)

ERDE
LUXEMBURG
EUROPA
ASIEN
AFRIKA
OZEANIEN
POLARGEBIETE
AMERIKA
REGISTER

Landhöhen und Meerestiefen
(in Meter)

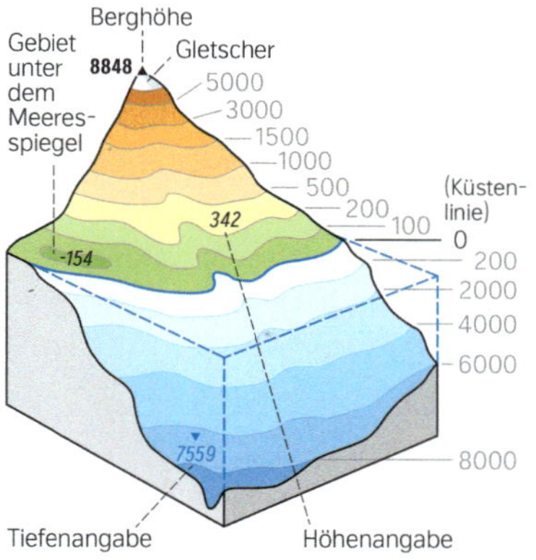

Gewässer
- Fluss
- Fluss, jahreszeitlich Wasser führend
- Kanal
- See
- Salzsee
- Salzpfanne
- Stausee, Staumauer
- Sumpf, Moor
- Korallen

Orte (Einwohner)

über		5 000 000
1 000 000	–	5 000 000
500 000	–	1 000 000
100 000	–	500 000
20 000	–	100 000
unter		20 000

Kulturdenkmäler
- Ruinenstätte, geschichtlich bedeutsamer Ort
- Chinesische Mauer

Verkehr
- Eisenbahn
- wichtige Fernstraße
- Pass

Verwaltung
- Staatsgrenze
- umstrittene Staatsgrenze

Tokio Hauptstadt

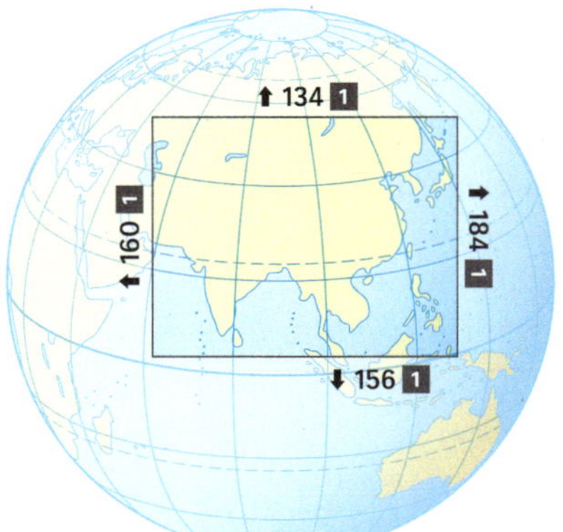

ERDE
LUXEMBURG
EUROPA
ASIEN
AFRIKA
OZEANIEN
POLARGEBIETE
AMERIKA
REGISTER

Wirtschaft

Maßstab 1:18 000 000 (1 cm ≙ 180 km) 0 100 200 300 400 500 km

Waldlandschaften
- sommergrüner Laub- und Mischwald, Gebirgsnadelwald
- Sekundär- und Buschwald
- Monsun- und Regenwald
- Mangrove

Offene Landschaften
- Trocken- und Dornstrauchsavanne
- Steppe und Hochgebirgsgrasland
- Halbwüste, Wüste
- Fels- und Gletscherregion

Kulturland
- Ackerbau
- Bewässerungsland

Bergbau
- Erdöl
- Erdgas
- Steinkohle
- Braunkohle
- Eisen
- Stahlveredler
- Blei, Zink
- Kupfer
- Zinn
- Quecksilber
- Gold
- Silber
- Metalle der Seltenen Erden (Hightech-Rohstoffe)
- Uran
- Bauxit (Aluminiumrohstoff)
- Phosphat
- Diamanten
- Graphit

Stromerzeugung
- Wasserkraftwerk
- Wärmekraftwerk
- Kernkraftwerk

Industrie
- Eisen- und Stahlerzeugung
- Buntmetallverhüttung
- Aluminiumverhüttung
- Eisen- und Metallverarbeitung, Maschinenbau
- Schiffbau
- Kraftfahrzeugbau
- Luft- und Raumfahrzeugbau
- Elektronik, Elektrotechnik, IT
- Feinmechanik, Optik
- Chemie, Kunststoffe
- Erdölraffinerie
- Atomindustrie
- Textilien, Bekleidung, Leder
- Holz, Papier
- Nahrungs- und Genussmittel
- Fischverarbeitung

Dienstleistungen

Dienstleistungszentrum
- mit internationaler Bedeutung
- mit überregionaler Bedeutung
- mit regionaler Bedeutung
- Tourismus

Verkehr und Transport
- wichtige Eisenbahn
- Fernstraße
- Erdölleitung
- Erdgasleitung

Grenzen
- Staatsgrenze
- umstrittene Grenze

Russland
Mongolei
Altai
Gobi
Ostsajan
Baikalsee
Baikal-Amur-Magistrale (BAM)
Transsib
Großer Chingan
Mandschurei
Kansk
Taischet
Bratsk
Tulun
Sima
Tscheremchowo
Angarsk
Irkutsk
Ulan-Ude
Petrowsk-Sabaikalski
Tschita
Krasnokamensk
Skoworodino
Seja
Swobodny
Blagoweschtschensk
Heihe
Komsomolsk
Sowjetskaja Gawan
Chabarowsk
Leninskoje
Hegang
Jiamusi
Bikin
Dalnegorsk
Wladiwostok
Nachodka
Qiqihar
Daqing
Harbin
Mudanjiang
Changchun
Jilin
Hulun Buir
Tschoibalsan
Erdenet
Ulan Bator
Selenga
Kerulen
Sainschand
Oyuu Tolgoi
Bayan Obo
Baotou
Raumfahrtzentrum Jiuquan
Yumen
Jiayuguan
Yinchuan
Xining
Baiyin
Lanzhou
Qinghai Hu
Huang He
Tongchuan
Xi'an
Songpan
Shenyang
Fushun
Anshan
Dandong
Sinuiju
Chengde
Xuanhua
Datong
Peking
Tianjin
Tangshan
Qinhuangdao
Dalian
Shijiazhuang
Taiyuan
Handan
Jinan
Zibo
Qingdao
Yantai
Zaozhuang
Lianyungang
Kaifeng
Zhengzhou
Luoyang
Xuzhou
Huainan
Nanjing
Nantong
Maanshan
Tongling
Anqing
Shanghai
Hangzhou
Ningbo
Wenzhou
Xiangfan
Drei-Schluchten-Staudamm
Jangtsekiang
Wuhan
Huangshi
Jiujiang
Nanchang
Yueyang
Changsha
Xiangtan
Pingxiang
Hengyang
Chenzhou
Dayu
Fuzhou
Xiamen
Shantou
Guilin
Shaoguan
Guangzhou
Shenzhen
Hongkong
Macau
Zhuhai
Maoming
Zhanjiang
Yulin
Nanning
Beihai
Haikou
Hainan
Changjiang
Sanya
Chengdu
Nanchong
Rotes Becken
Chongqing
Leshan
Batang
Yibin
Luzhou
Zunyi
Raumfahrtzentrum Xichang
Panzhihua
Guiyang
Duyun
Liuzhou
Kunming
Mengzi
Myitkyina
Myanmar (Birma)
Thai Nguyen
Hanoi
Haiphong
Vietnam
Hauei Sai
Laos
Chiang Mai
Vientiane
Nong Khai
Khon Kaen
Ubon Ratchathani
Thailand
Bangkok
Pattaya
Kambodscha
Phnom Penh
Ho-Chi-Minh-Stadt
Can Tho
Sihanoukville
Hue
Da Nang
Nha Trang
Mawlamyaing
Ye
Dawei
Ranong
Phuket
Nakhon Si Thammarat
Songkhla
Nordkorea
Chongjin
Hungnam
Pjöngjang
Seoul
Südkorea
Daegu
Daejeon
Ulsan
Busan
Gwangju
Japanisches Meer (Ostmeer)
Gelbes Meer
Ostchinesisches Meer
Südchinesisches Meer
Pazifischer Ozean
Japan
Sachalin
Uglegorsk
Juschno-Sachalinsk
Cholmsk
Korsakow
Wakkanai
Hokkaido
Kushiro
Sapporo
Tomakomai
Hakodate
Hachinohe
Akita
Honshu
Sendai
Niigata
Hitachi
Toyama
Chiba
Tokio
Shizuoka
Nagoya
Osaka
Hiroshima
Niihama
Kitakyushu
Fukuoka
Oita
Nagasaki
Kyushu
Kagoshima
Nansei-Inseln
Ryukyu-Inseln (Japan)
Okinawa
Naha
Nördlicher Wendekreis
Taipeh
Taichung
Taiwan
Tainan
Kaohsiung
San Fernando
Luzon
Masinlok
Manila
Legaspi
Mindoro
Samar
Philippinen
Panay
Leyte
Iloilo
Cebu
Palawan
Butuan
Sulusee
Mindanao
Iligan
Davao
Zamboanga
Kiamba
Sulu-Inseln
Celebessee
Spratly-Inseln
Malaysia
Kota Kinabalu
Sandakan
Palau (Belau)
40° Nord
30°
23,5°
20°
10°
100°
110° Ost
120°
130°
140°
150°

1 Perlflussdelta (Südost-China) Verstädterung und Wirtschaftswachstum

Maßstab 1:1000000 (0 5 10 15 20 25 km)

Flächennutzung
- städtische Bebauung
- Ackerland, Dorf (Reis- und Gemüseanbau)
- Aquakultur
- Buschwald
- Neulandgewinnung

Industrie
- Metallverarbeitung
- Maschinenbau
- Schiffbau
- Kraftfahrzeugbau
- Elektronik, Elektrotechnik
- Telekommunikation, Informationstechnik (IT)
- Uhren
- Keramik
- Chemie, Kunststoffe
- Textilien, Bekleidung, Schuhe
- Spielwaren
- Holz, Möbel
- Papier

Dienstleistungen
- Finanzzentrum
- Handelsunternehmen
- Service, Beratung
- Messe
- Verkehr, Logistik

Dienstleistungszentrum
- von internationaler Bedeutung
- von überregionaler Bedeutung
- Tourismusregion

Verkehr
- Autobahn, Schnellstraße
- Straße
- Eisenbahn
- Flughafen
- Seehafen

Grenzen
- Sonderverwaltungszone (1980: Staatsgrenze)
- Sonderwirtschaftszone

Stadtbevölkerung
- 1 Mio. Einwohner (1 Kästchen ≙ 100 000 Einwohner)

Bruttoinlandsprodukt im Perlflussdelta 2018

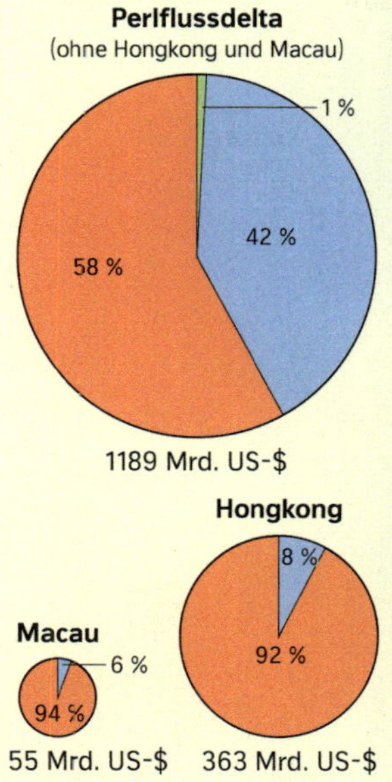

- Landwirtschaft, Bergbau
- Baugewerbe, Industrie
- Dienstleistungen

2 Süd-, Ost- und Südostasien **Bevölkerungsschwerpunkt der Erde**

Maßstab 1:30 000 000

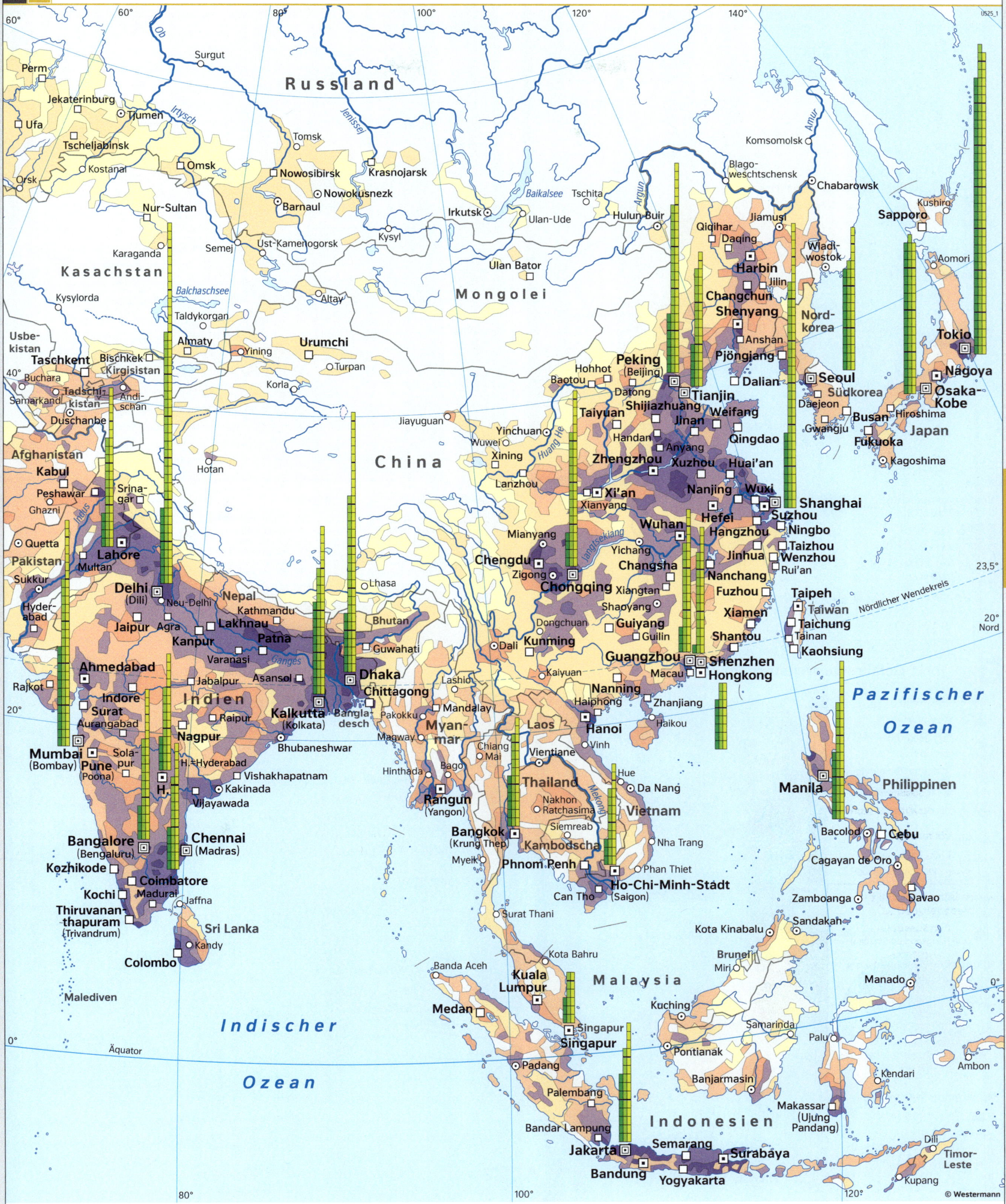

Bevölkerungsdichte (in Einwohner/km²)

3 | 10 | 25 | 50 | 100 | 200 | 500

Städtische Ballungsräume (Einwohner)

- über 10 000 000 (Megastadt)
- 5 000 000–10 000 000
- 2 000 000– 5 000 000
- 1 000 000–2 000 000
- 500 000–1 000 000
- unter 500 000

Städtewachstum (für ausgewählte Millionenstädte)

- 1990
- 2020
- 2035 (Prognose)

(1 Kästchen ≙ 1 Million Einwohner)

Grenzen

- Staatsgrenze
- umstrittene Grenze

Naturrisiken und Wirtschaft in einem Industrieland

1 Japan Bevölkerung

Maßstab 1:16 000 000 (0 – 100 – 200 – 300 km)

Bevölkerungsdichte (in Einwohner/km²)
- über 500
- 200 – 500
- 50 – 200
- unter 50

Großstädte (Einwohner)
- über 5 000 000
- 1 000 000 – 5 000 000
- 500 000 – 1 000 000
- 100 000 – 500 000

In der Region Tokio-Yokohama leben über 37 Mio. Einwohner.

Industrieproduktion
- 5 % Prozentanteil einer Hauptregion an der gesamten Industrieproduktion Japans.

Grenzen
- Staatsgrenze
- umstrittene Grenze

2 Japan Naturrisiken

Maßstab 1:16 000 000 (0 – 100 – 200 – 300 km)

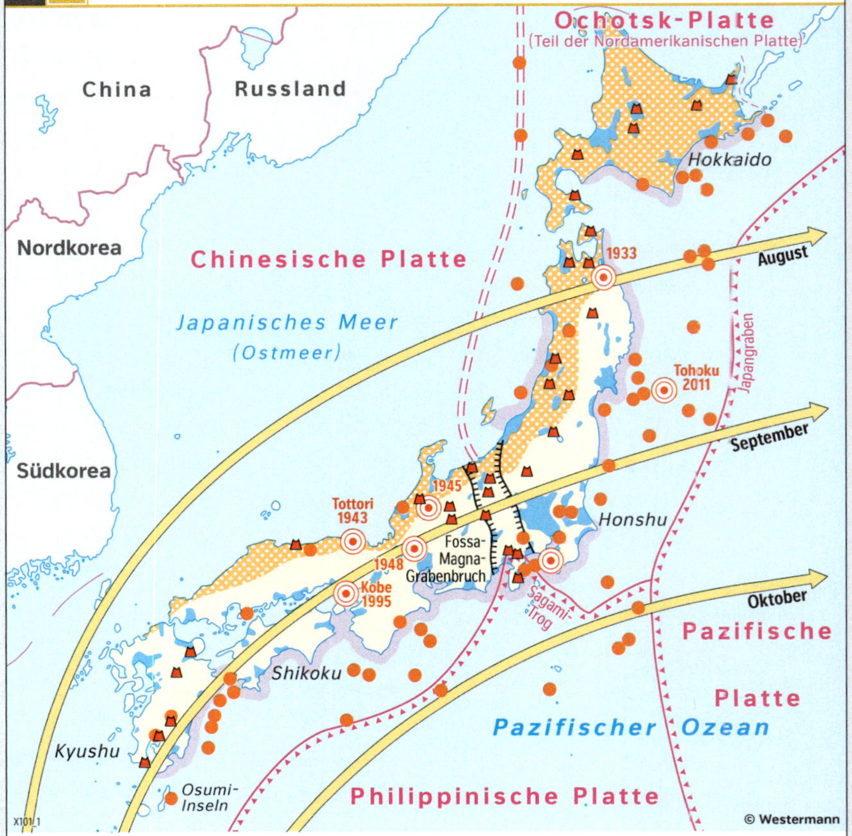

Wetterrisiken
- hohe Wahrscheinlichkeit heftiger Schneefälle
- häufige Überschwemmungen
- Durchzugsbahn von Taifunen

Tektonik
- Plattengrenze mit Subduktion (Die Dreiecke kennzeichnen den abtauchenden Plattenrand)
- vermutete Plattengrenze
- tsunamigefährdeter Küstenabschnitt
- als aktiv eingeschätzter Vulkan
- 1945 verlustreiches Erdbeben/Seebeben (mit Jahresangabe)
- schweres Erdbeben (zwischen 1885 und 2011)
- Grabenbruch

3 Tokio Gefährdete Weltstadt am Fuji

Maßstab 1:1 000 000 (0 – 5 – 10 – 15 – 20 – 25 km)

Bodenbedeckung
- Wald, Buschland
- Ackerbau, Gartenland
- Nassreisfelder
- städtische Bebauung (über 30 Millionen Einwohner im Kartenausschnitt)
- aufgeschüttetes Neuland

Verkehr
- Eisenbahn
- Autobahn
- Autobahn im Bau
- sonstige Straße
- internationaler Flughafen

Naturgefahr Erdbeben
- Plattengrenze
- aktive tektonische Verwerfung (Erdbebengefahr)
- 1923 Epizentrum eines historischen Erdbebens (mit Jahresangabe)

Naturgefahr Vulkanismus
- aktiver Vulkan
- vulkanischer Einsturzkrater (Caldera)
- heiße Quelle
- Lavadecke
- 1504 Berghöhe in Meter (z. T. erloschene Vulkane)

Letzter Ausbruch des Fuji (1707)
- 10 cm Dicke der Aschedecke

ERDE
LUXEMBURG
EUROPA
ASIEN
AFRIKA
OZEANIEN
POLARGEBIETE
AMERIKA
REGISTER

4 Honshu (Japan) **Tohoku-Beben** Maßstab 1 : 6 000 000

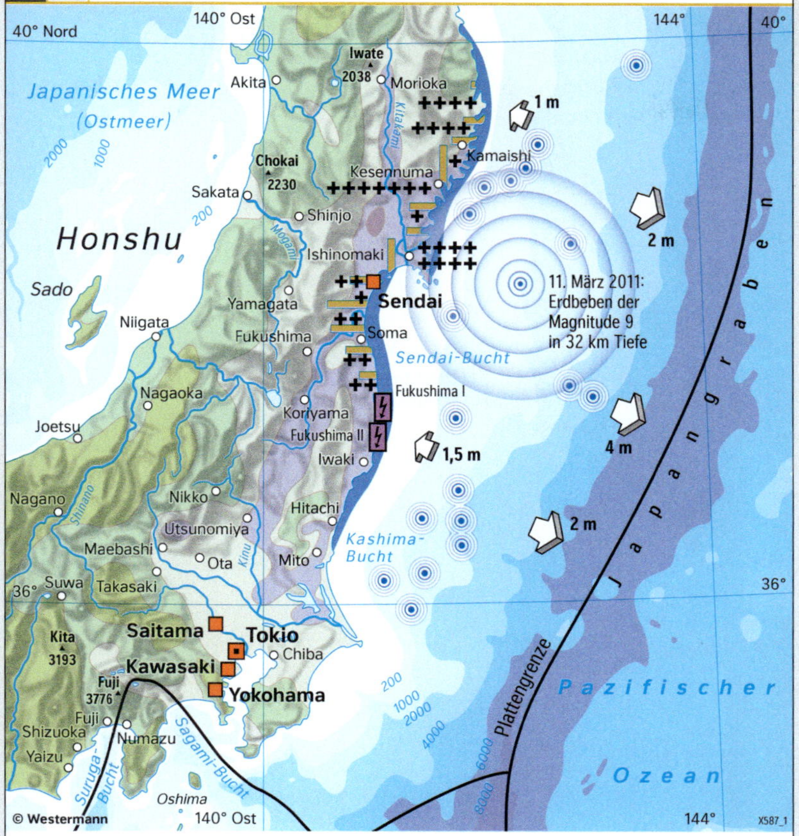

Erdbeben (11. März 2011)

Erdbebenstärke (Magnitude): 4, 5, 6, 7

Entstehung starker Zerstörungen (an Gebäuden/Infrastruktur)

Epizentrum

Nachbeben im März 2011 (stärker als Magnitude 6)

Vertikalbewegung der Erdkruste durch das Beben

Tsunami

über 5 m hohe Wellenfront (bis zu 60 Minuten nach dem Hauptbeben)

Vordringen der Flutwelle in das Landesinnere (1 mm Balkenlänge ≙ 1 km)

+ 500 Tote durch das Erdbeben/Tsunami

5 Japan **Wirtschaft** Maßstab 1 : 6 000 000

Waldlandschaften
- sommergrüner Laub- und Mischwald, Gebirgsnadelwald

Kulturland
- Ackerbau
- Bewässerungsland
- Wiese, Weide

Bergbau
- Erdgas

Stromerzeugung
- Wasserkraftwerk
- Wärmekraftwerk
- Kernkraftwerk
- Kernkraftwerk abgeschaltet/stillgelegt
- Geothermiekraftwerk
- großer Windpark

Industrie
- Eisen- und Stahlerzeugung
- Buntmetallverhüttung
- Aluminiumverhüttung
- Eisen- und Metallverarbeitung, Maschinenbau
- Schiffbau
- Kraftfahrzeugbau
- Elektronik, Elektrotechnik, IT
- Feinmechanik, Optik
- Chemie, Kunststoffe
- Erdölraffinerie
- Textilien, Bekleidung, Leder
- Holz, Papier, Druck
- Nahrungs- und Genussmittel
- Fischverarbeitung

Dienstleistungen
- Bildung, Medien
- Finanzen, Handel
- Verkehr, Logistik
- Tourismusregion

Verkehr
- Eisenbahn
- Hochgeschwindigkeitsbahn (Shinkansen)
- Autobahn
- Fernstraße

Maßstab 1 : 18 000 000 (1 cm ≙ 180 km)

ERDE
LUXEMBURG
EUROPA
ASIEN
AFRIKA
OZEANIEN
POLARGEBIETE
AMERIKA
REGISTER

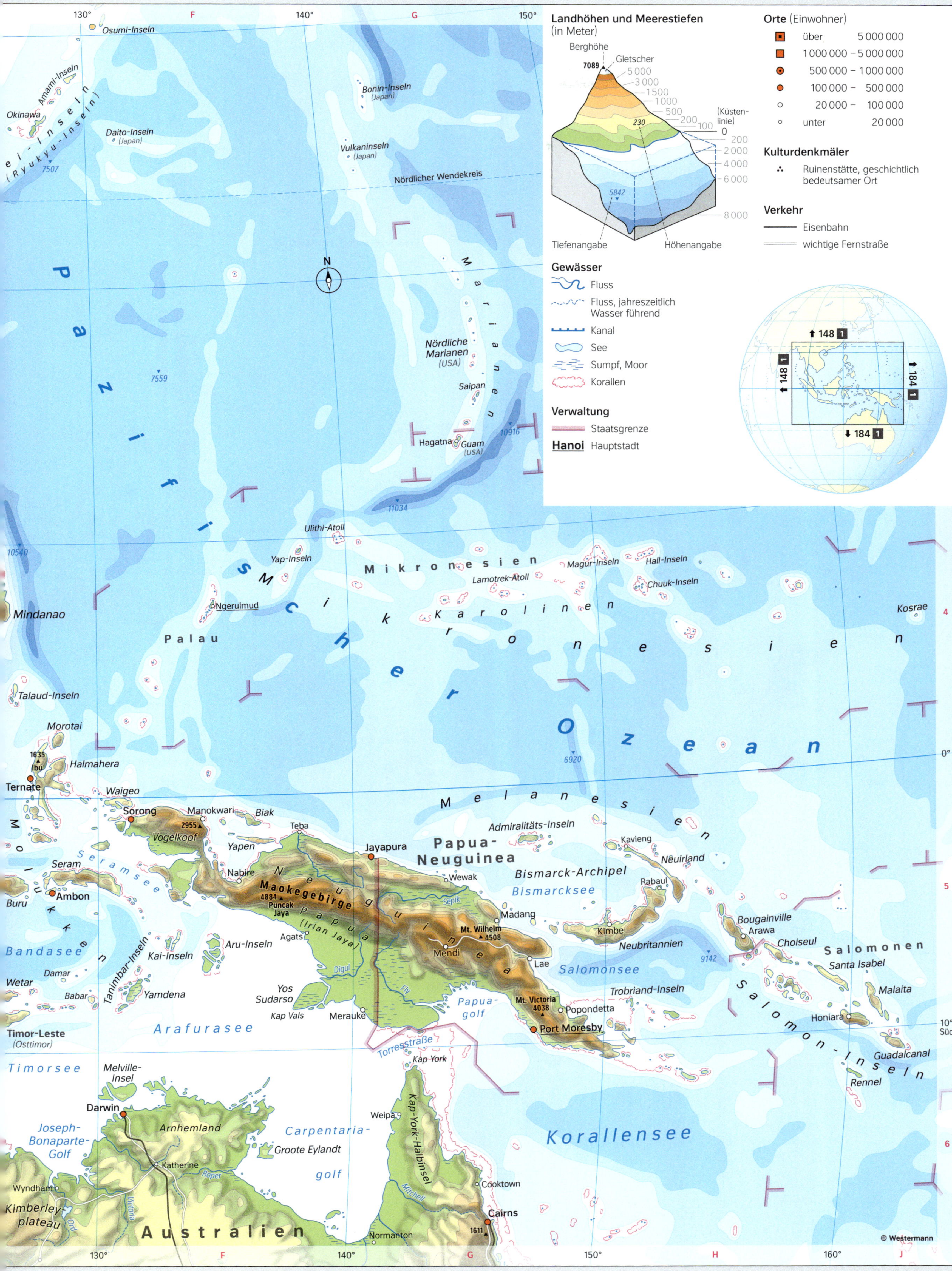

Landhöhen und Meerestiefen (in Meter)
Berghöhe
Gletscher
7089
5 000
3 000
1500
1000
500
200
100
0
200
2 000
4 000
6 000
8 000
(Küsten-linie)
230
5842
Tiefenangabe
Höhenangabe
Gewässer
Fluss
Fluss, jahreszeitlich Wasser führend
Kanal
See
Sumpf, Moor
Korallen
Verwaltung
Staatsgrenze
Hanoi Hauptstadt
Orte (Einwohner)
über 5 000 000
1 000 000 – 5 000 000
500 000 – 1 000 000
100 000 – 500 000
20 000 – 100 000
unter 20 000
Kulturdenkmäler
Ruinenstätte, geschichtlich bedeutsamer Ort
Verkehr
Eisenbahn
wichtige Fernstraße
148 1
184 1
130°
140°
150°
160°
F
G
H
J
0°
10° Süd
4
5
6
Osumi-Inseln
Amami-Inseln
Okinawa
Ryukyu-Inseln
Daito-Inseln (Japan)
7507
Bonin-Inseln (Japan)
Vulkaninseln (Japan)
Nördlicher Wendekreis
N
Pazifischer Ozean
Marianen
Nördliche Marianen (USA)
Saipan
Hagatna
Guam (USA)
10916
11034
7559
10540
Ulithi-Atoll
Yap-Inseln
Mikronesien
Magur-Inseln
Hall-Inseln
Lamotrek-Atoll
Chuuk-Inseln
Karolinen
Kosrae
Mindanao
Ngerulmud
Palau
Talaud-Inseln
Morotai
1635
Ibu
Halmahera
Ternate
Waigeo
6920
Melanesien
Sorong
Manokwari
Biak
2955
Vogelkopf
Teba
Yapen
Admiralitäts-Inseln
Jayapura
Papua-Neuguinea
Kavieng
Neuirland
Molukken
Seram
Seramsee
Nabire
Wewak
Bismarck-Archipel
Bismarcksee
Rabaul
Ambon
Buru
Maokegebirge
4884
Puncak Jaya
Neuguinea
Papua (Irian Jaya)
Sepik
Madang
Mt. Wilhelm 4508
Kimbe
Bougainville
Arawa
Choiseul
Salomonen
Santa Isabel
Neubritannien
9142
Bandasee
Aru-Inseln
Kai-Inseln
Tanimbar-Inseln
Agats
Mendi
Lae
Salomonsee
Damar
Wetar
Babar
Yamdena
Digul
Fly
Yos Sudarso
Kap Vals
Merauke
Papuagolf
Mt. Victoria 4038
Popondetta
Trobriand-Inseln
Port Moresby
Malaita
Honiara
Salomon-Inseln
Guadalcanal
Rennel
Timor-Leste (Osttimor)
Arafurasee
Torresstraße
Kap York
Timorsee
Melville-Insel
Darwin
Weipa
Kap-York-Halbinsel
Joseph-Bonaparte-Golf
Arnhemland
Carpentaria-golf
Groote Eylandt
Korallensee
Katherine
Roper
Wyndham
Kimberley-plateau
Victoria
Ord
Mitchell
Cooktown
Cairns
1611
Normanton
Australien
© Westermann

1 Südostasien **Wirtschaft** Maßstab 1:18 000 000

ERDE
LUXEMBURG
EUROPA
ASIEN
AFRIKA
OZEANIEN
POLARGEBIETE
AMERIKA
REGISTER

2 Borneo Wirtschaft 1980

Maßstab 1 : 18 000 000

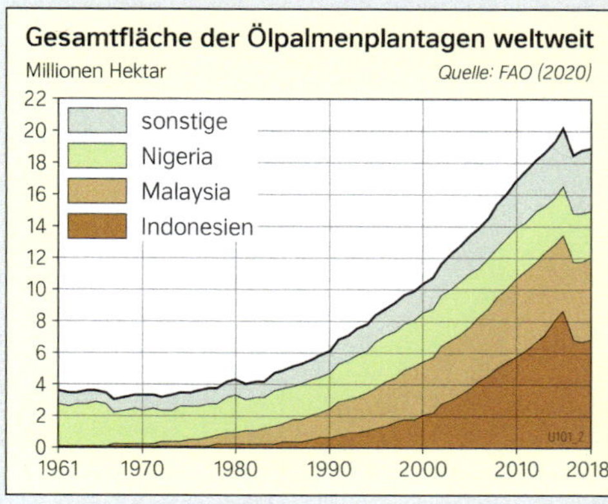

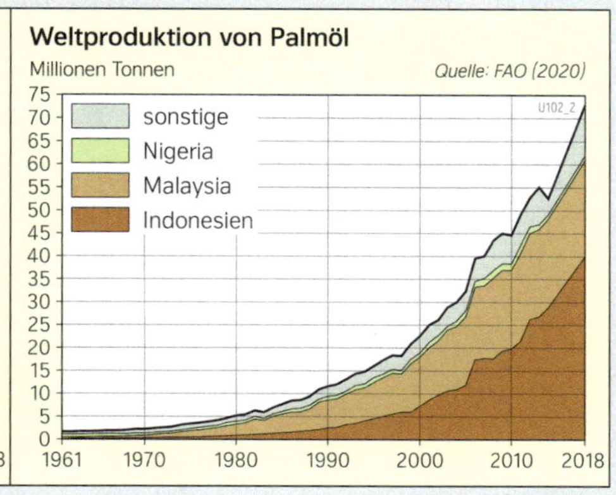

Waldlandschaften
- sommergrüner Laub- und Mischwald, Gebirgsnadelwald
- Monsun- und Regenwald
- sumpfiger Regenwald
- Sekundär- und Buschwald, z. T. Weide
- Mangrove

Offene Landschaften
- Steppe und Hochgebirgsgrasland
- Trockensavanne
- Feuchtsavanne
- Halbwüste

Kulturlandschaften
- Ackerbau
- Bewässerungsland
- Weide, z. T. Wiese
- Plantagenwirtschaft (Ölpalmen, Kokospalmen, Kaffee)

Bergbau
- Erdöl
- Erdgas
- Steinkohle
- Braunkohle
- Eisen
- Stahlveredler
- Blei, Zink
- Kupfer
- Zinn
- Gold
- Silber
- Uran
- Bauxit
- Phosphat
- Diamanten

Stromerzeugung
- Wasserkraftwerk
- Wärmekraftwerk
- Kernkraftwerk

Industrie
- Eisen- und Stahlerzeugung
- Buntmetallverhüttung
- Aluminiumverhüttung
- Eisen- und Metallverarbeitung, Maschinenbau
- Schiffbau
- Kraftfahrzeugbau
- Luft- und Raumfahrttechnik
- Elektroindustrie, Optik
- Chemie, Biotechnologie
- Erdölraffinerie
- Textilien, Bekleidung, Leder
- Holz, Papier
- Nahrungs- und Genussmittel
- Fischverarbeitung

Dienstleistungen
Dienstleistungszentrum
- mit internationaler Bedeutung
- mit überregionaler Bedeutung
- mit regionaler Bedeutung
- Tourismusregion

Verkehr und Transport
- wichtige Eisenbahn
- Fernstraße
- Erdölleitung
- Erdgasleitung

Grenzen
- Staatsgrenze

1 Westasien (Naher und Mittlerer Osten) **Physische Karte**

Maßstab 1 : 18 000 000 (0 – 100 – 200 – 300 – 400 – 500 km)

Landhöhen und Meerestiefen (in Meter)

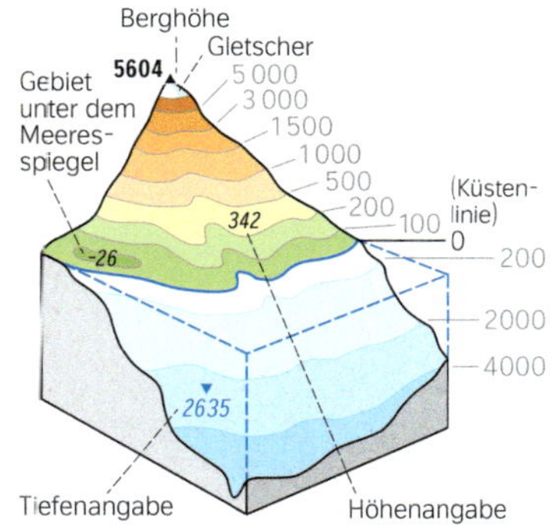

Gewässer

- Fluss
- Fluss, jahreszeitlich Wasser führend
- Wadi, Trockental
- Kanal
- Stromschnelle, Wasserfall
- See; Salzsee
- Salzpfanne
- Stausee, Staumauer
- Sumpf, Moor
- Korallen

Orte (Einwohner)

- über 5 000 000
- 1 000 000 – 5 000 000
- 500 000 – 1 000 000
- 100 000 – 500 000
- 20 000 – 100 000
- unter 20 000
- Oase

Kulturdenkmäler

- Ruinenstätte, geschichtlich bedeutsamer Ort

Verkehr

- Eisenbahn
- wichtige Fernstraße

Verwaltung

- Staatsgrenze
- umstrittene Grenze
- **Riad** Hauptstadt eines Staates

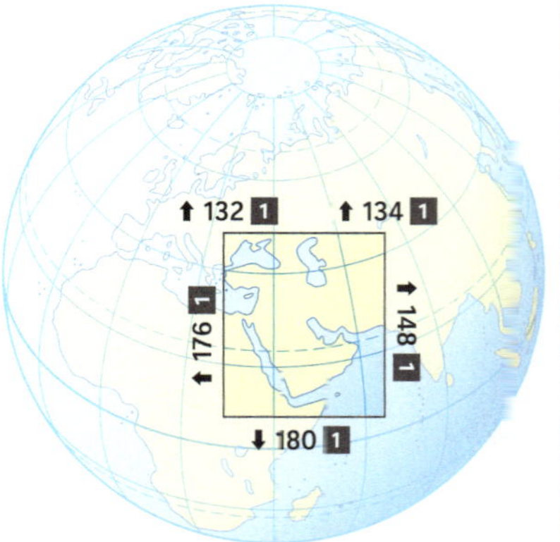

2 Dubai Ausbau zur Tourismusmetropole

Maßstab 1:250 000 (0 – 2 – 4 – 6 km)

1990

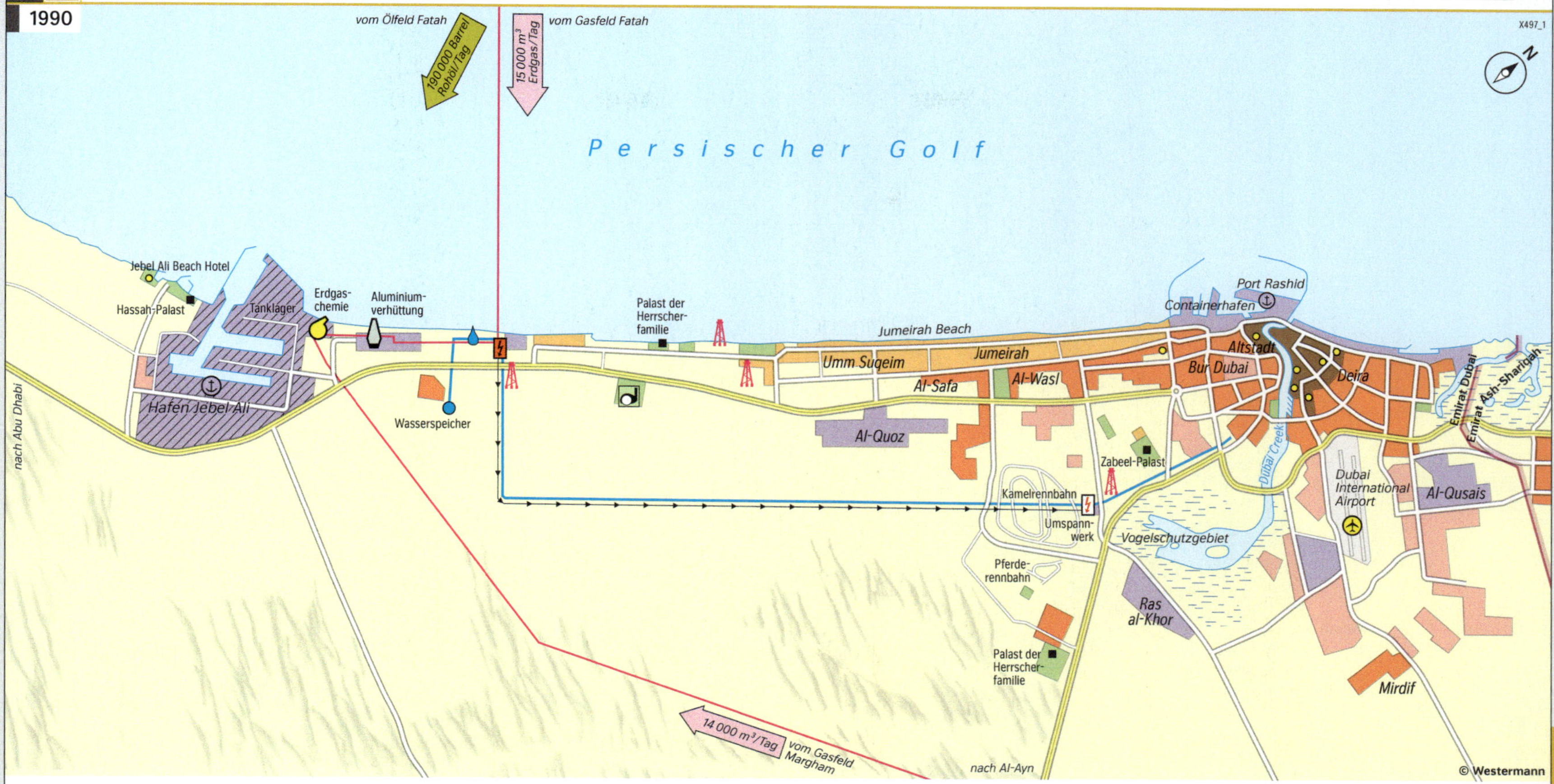

Bebauung
- luxuriöser/hoher Wohnkomfort
- mittlerer Wohnkomfort
- einfacher/niedriger Wohnkomfort
- bewachtes Wohnviertel (Gated community, private Großinvestition)
- Hochhaus über 200 m Höhe

Tourismus
- bewässerte Grünanlage
- Wüste
- Golfplatz
- Luxushotel
- Einkaufs-/Vergnügungszentrum

Wirtschaft
- Geschäfts-/Einkaufsviertel
- Industrie-/Gewerbegebiet
- Freihandelszone
- Camp für Wanderarbeiter
- Erdgas (erschöpftes Vorkommen)
- Wärmekraftwerk
- Erdgasleitung
- tägliche Fördermenge
- Meerwasser-entsalzungsanlage
- Hauptwasserleitung
- Hochspannungs-leitung

Verkehr
- Autobahn
- sonstige Straße
- Hochbahn/U-Bahn

Grenzen
- Emiratsgrenze

2020

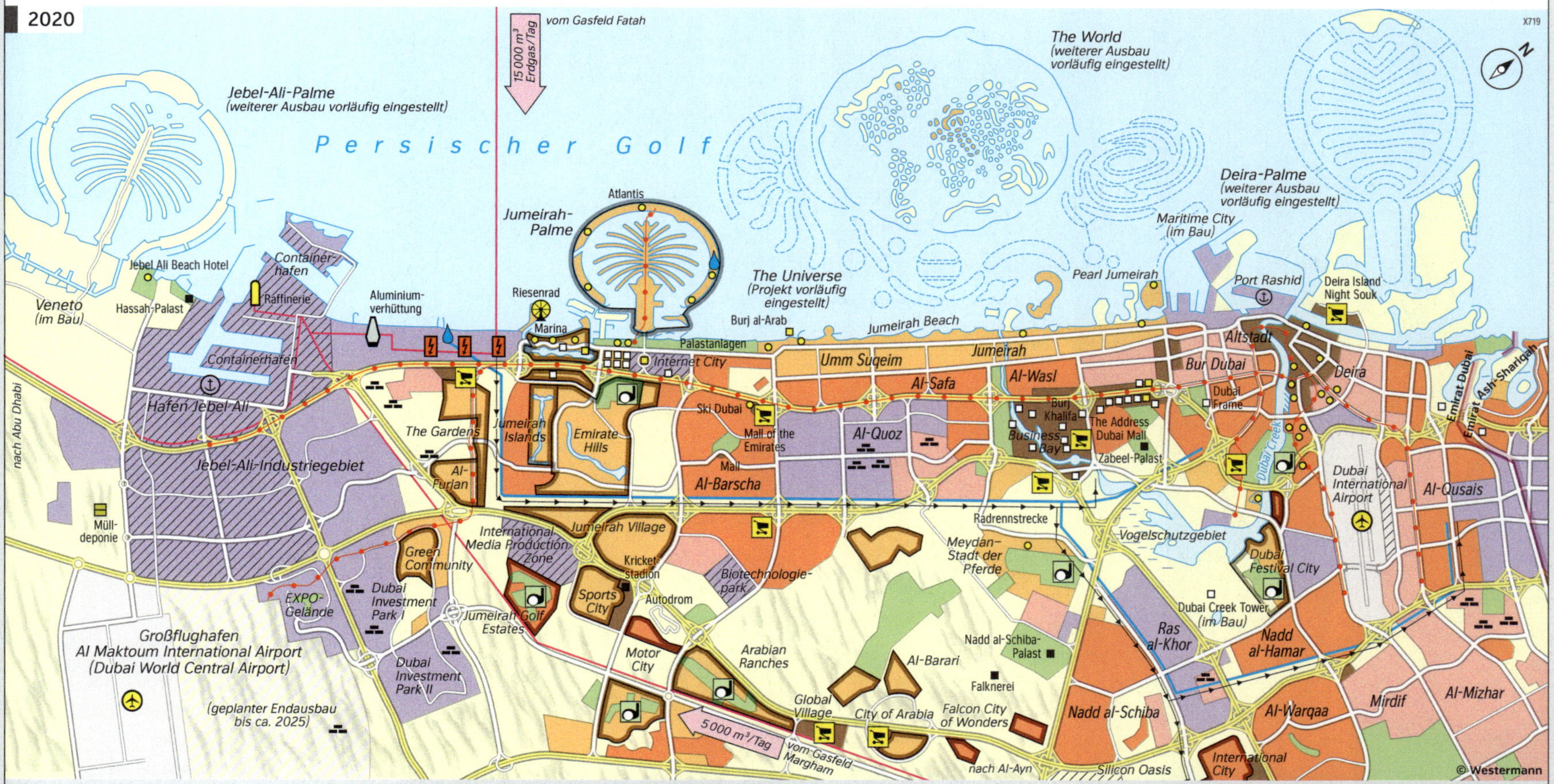

Am Dubai Creek 1990

Luxushotel Burj al-Arab (seit 1999)

Dubai-Marina (Hochhäuser seit 2003)

Burj Khalifa (2010): höchstes Haus der Welt

ERDE LUXEMBURG EUROPA ASIEN AFRIKA OZEANIEN POLARGEBIETE AMERIKA REGISTER

Maßstab 1:1500000 (1cm ≙ 15 km) 0 10 20 30 km

1 Palästina zur Zeit Jesu

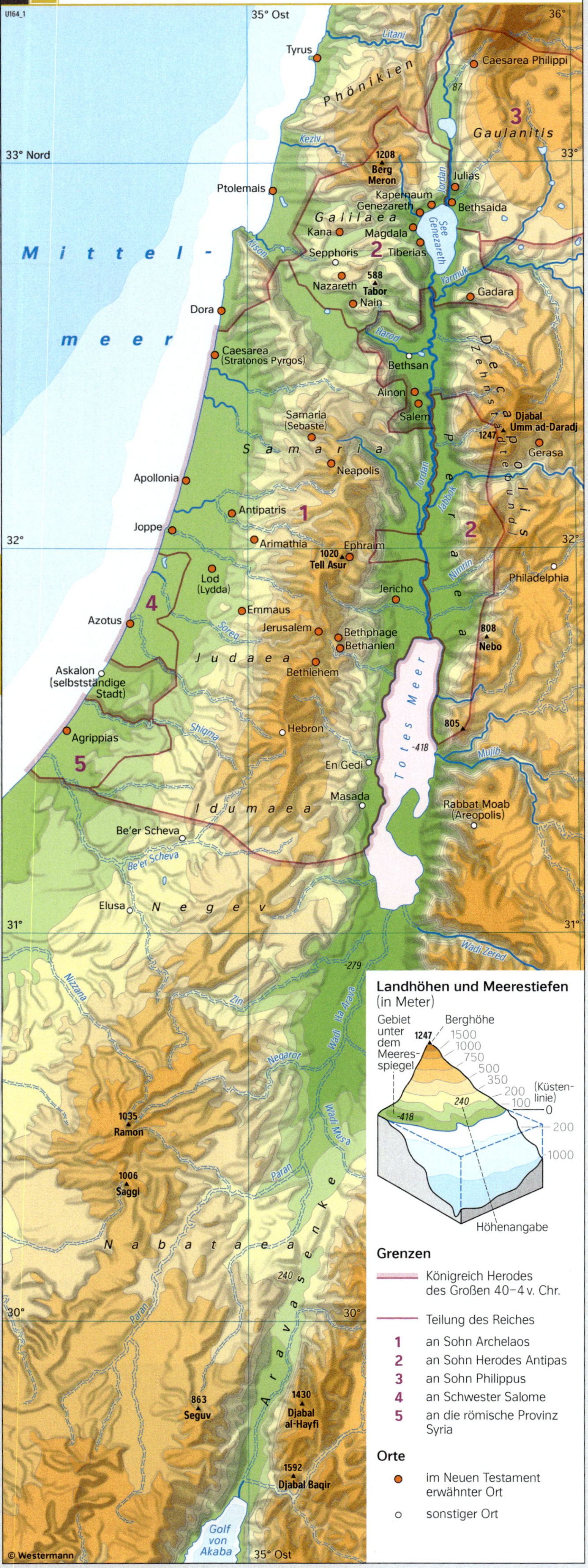

2 Israel/Palästina Lebensgrundlage Wasser

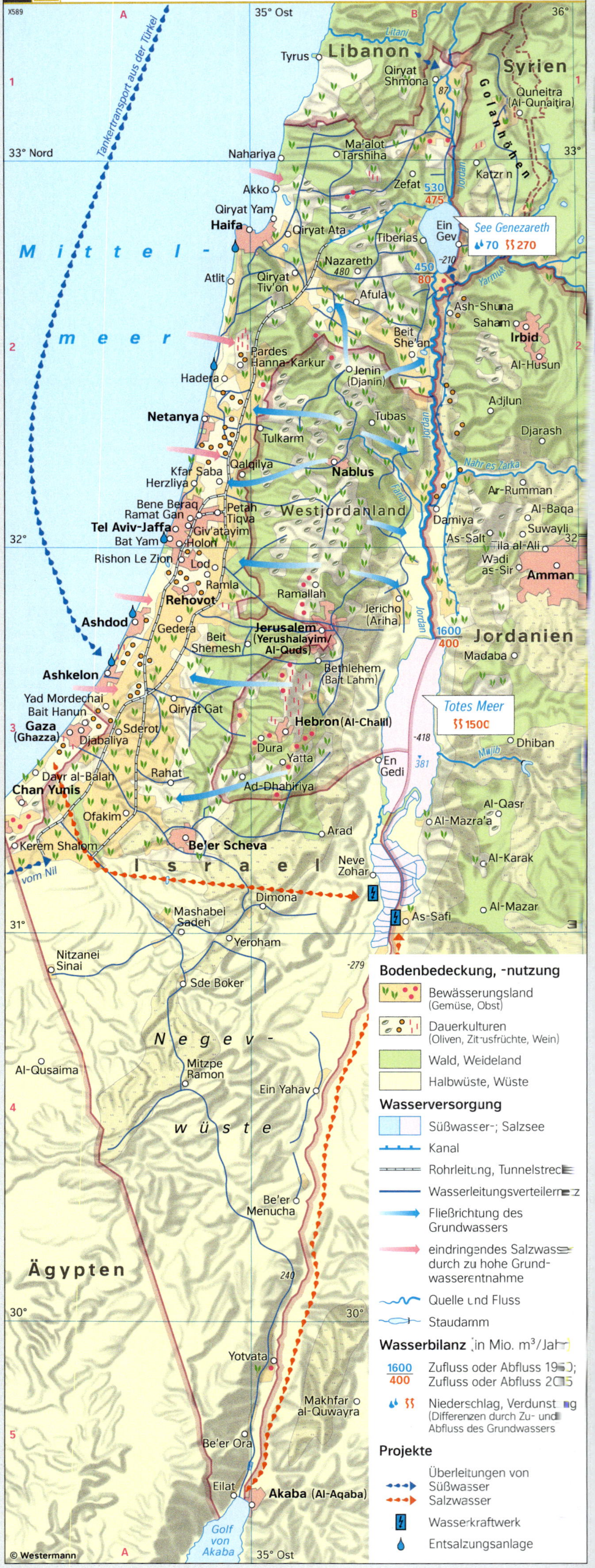

3 Israel Staatliche Entwicklung

Maßstab 1:4 000 000

UN-Teilungsplan (November 1947)
- vorgesehener jüdischer Staat
- vorgesehener arabischer Staat
- international verwaltetes Gebiet
- britisches Mandat Palästina (1948)

Waffenstillstand (1949)
- Israel (Staatsgründung am 13.5.1948)
- Syrien Kriegserklärung an Israel (14.5.1948)
- von Israel bis Januar 1949 erobertes Gebiet
- Waffenstillstandslinie

Folgen des Sechstagekrieges (1967)
- Israel
- von Israel besetztes Gebiet
- UN-Sicherheitszone (seit 1974)
- faktische Staatsgrenze Israels

4 Israel / Palästinensische Gebiete Siedlung

Maßstab 1:1 000 000

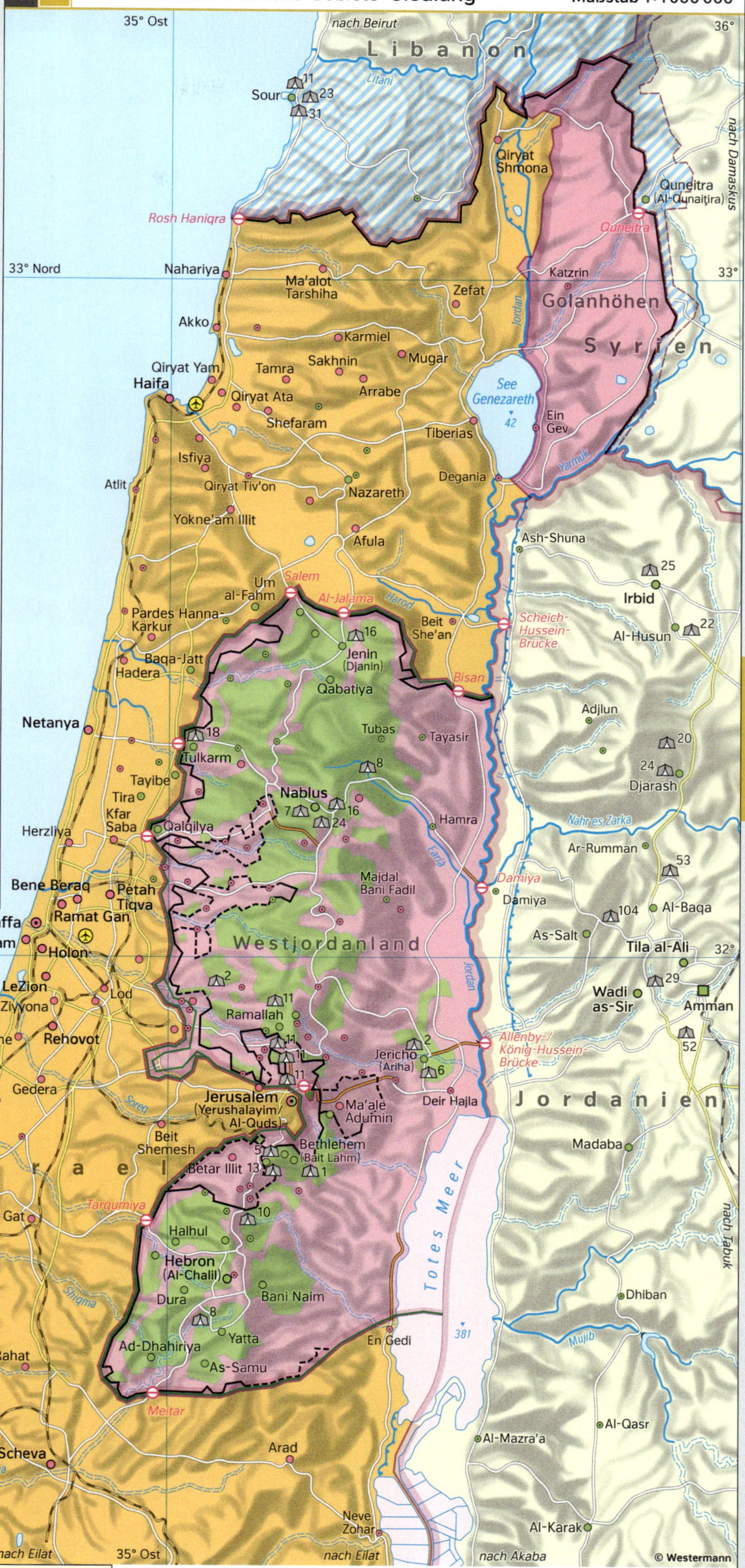

Bevölkerungsgruppen

- jüdische Israelis
- Palästinenser
- sonstige

1 Kästchen ≙ 100 000 Einwohnern

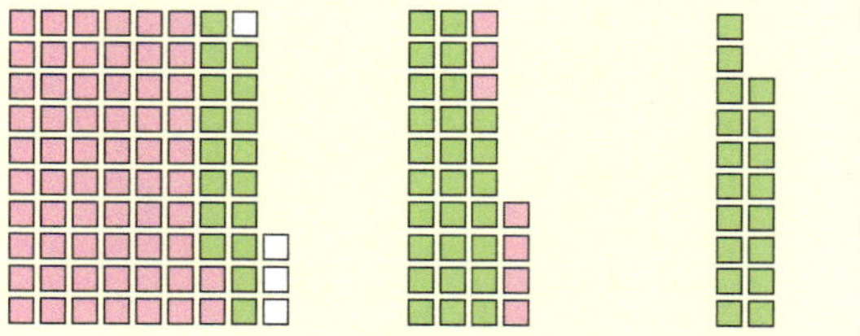

Quelle: OCHA (2018)

Orte und Siedlungen

Bevölkerungsmehrheit
- jüdisch
- palästinensisch/arabisch

Einwohner
- über 1 000 000
- 500 000 – 1 000 000
- 100 000 – 500 000
- 20 000 – 100 000
- unter 20 000

Flüchtlingslager (Flüchtlinge in 1000)

Gebiete

- israelisches Kernland
- von Israel kontrolliert
- palästinensische Autonomiegebiete (seit 1994)
- UN-Pufferzone

Jerusalem ➞ 38 2

Grenzen

- Waffenstillstandslinie von 1949
- Grenzzaun, -mauer
- Grenzzaun, -mauer im Bau/in Planung
- Staatsgrenze
- Grenzübergang, Checkpoint
- für Palästinenser gesperrte Straße

1 Afrika **Topographie und Rekorde**

- 1–12 Ballungsräume
- a–g Flüsse, Seen
- A–D Meere
- A–C Berge
- A–K Gebirge
- a–c Becken, Landschaften
- ①–② Inseln, Halbinseln

Höchste Berge:
Kilimandscharo (Kibo-Gipfel) .... 5895 m
Mount Kenia (Batian-Gipfel) .... 5199 m
Ruwenzori (Mount Stanley) ... 5109 m

Höchste aktive Vulkane:
Kamerunberg (Fako) .... 4070 m
Nyiragongo .... 3470 m
Emi Koussi .... 3415 m

Längste Flüsse:
Nil .... 6671 km
Kongo .... 4375 km
Niger .... 4184 km

Größte Einzugsgebiete:
Kongo .... 3 730 500 km²
Nil .... 3 255 000 km²
Niger .... 2 260 750 km²

Größte Seen:
Victoriasee .... 68 870 km²
Tanganjikasee .... 32 900 km²
Malawisee (Njassasee) .. 29 600 km²

Größte Ballungsräume:
(Einwohner)
Kairo .... 20,1 Mio.
Kinshasa/Brazzaville .... 15,4 Mio.
Lagos .... 13,5 Mio.

Größte Wüste der Welt:
Sahara .... 9 Mio. km²
(Stand 2020)

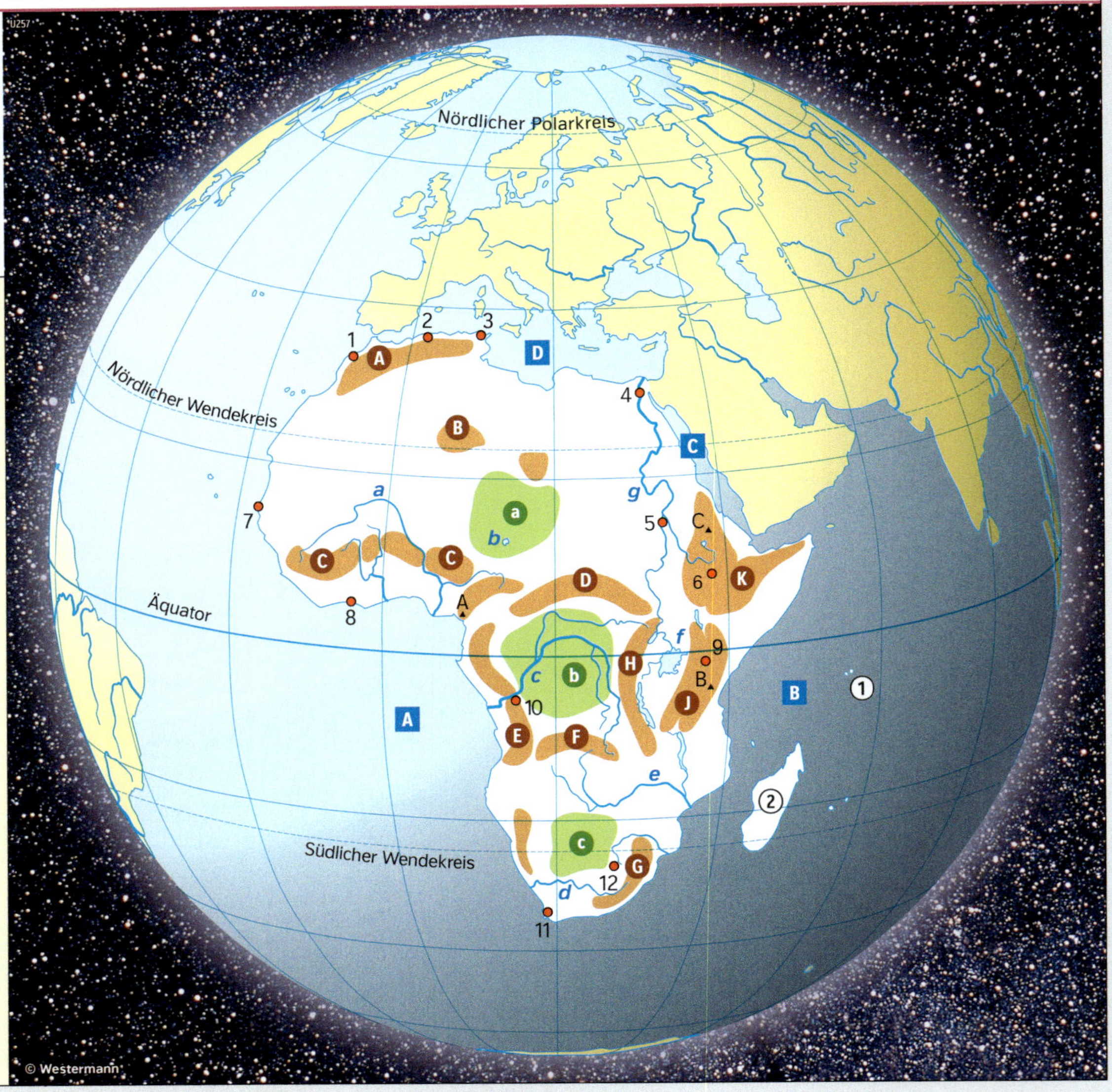

2 Kilimandscharo (Tansania) **Höchster Berg Afrikas**

Maßstab 1:500 000

Naturlandschaft
- Schnee- und Eisregion
- Eisregion 1976
- Fels- und Frostschuttregion
- Heide, alpines Grasland
- tropisch-feuchter Berg- und Nebelwald
- Trockensavanne, extensive Weide

Landnutzung
- kleinbäuerlicher Ackerbau (Hackfrüchte, Mais, Bananen, Kaffee)
- Staatsfarmen (Weizen, Viehhaltung) und Edelholz-Plantagen
- Kaffeeplantagen
- Sekundärwald, z. T. Forsten

Vulkane, Tourismus
- Höhenlinie in Metern
- 5895 Höhe in Metern
- Vulkankrater
- Aufstiegsrouten
- Nationalpark
- Hotel
- Schutzhütte; Zeltcamp
- internationaler Flughafen
- Flugplatz, Landeplatz

Siedlungen und Verkehr
- Siedlungsfläche; Dorf
- Eisenbahn
- Hauptstraße
- sonstige Straße, Piste

Grenzen
- Staatsgrenze

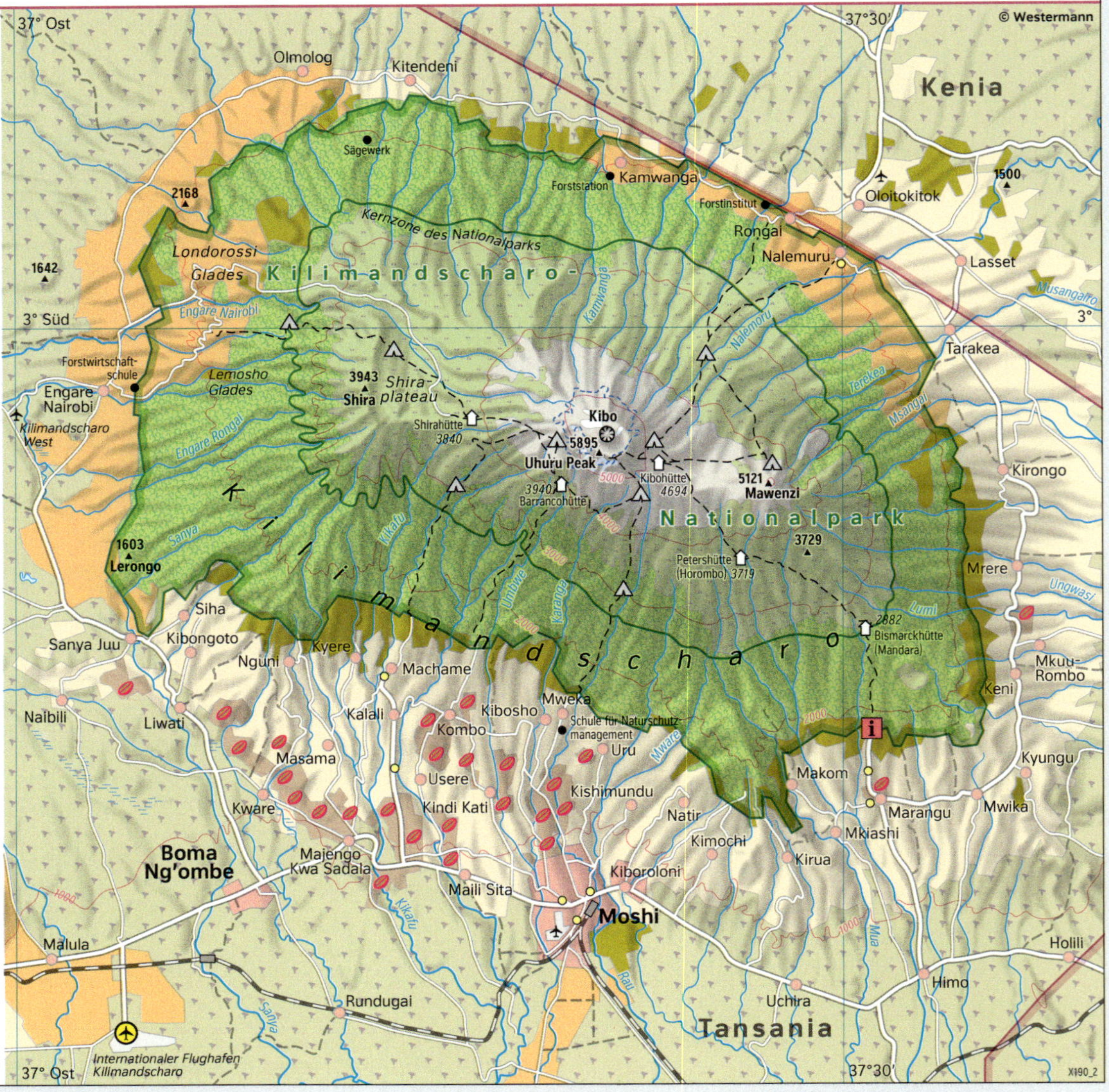

3 Afrika

Gewässer
- Fluss
- Fluss, jahreszeitlich Wasser führend
- Wadi, Trockental
- Kanal
- Stromschnelle, Wasserf
- See, Salzsee
- Salzpfanne
- Stausee, Staumauer
- Sumpf, Moor

Ballungsräume, Orte
Einwohner
- über 10 000 000
- 5 000 000 – 10 000 000
- 1 000 000 – 5 000 000
- Oase

Physische Übersicht

Maßstab 1 : 36 000 000 — 0 200 400 600 800 1000 km

1 Afrika Staaten im 15.–17. Jahrhundert

Maßstab 1:54 000 000

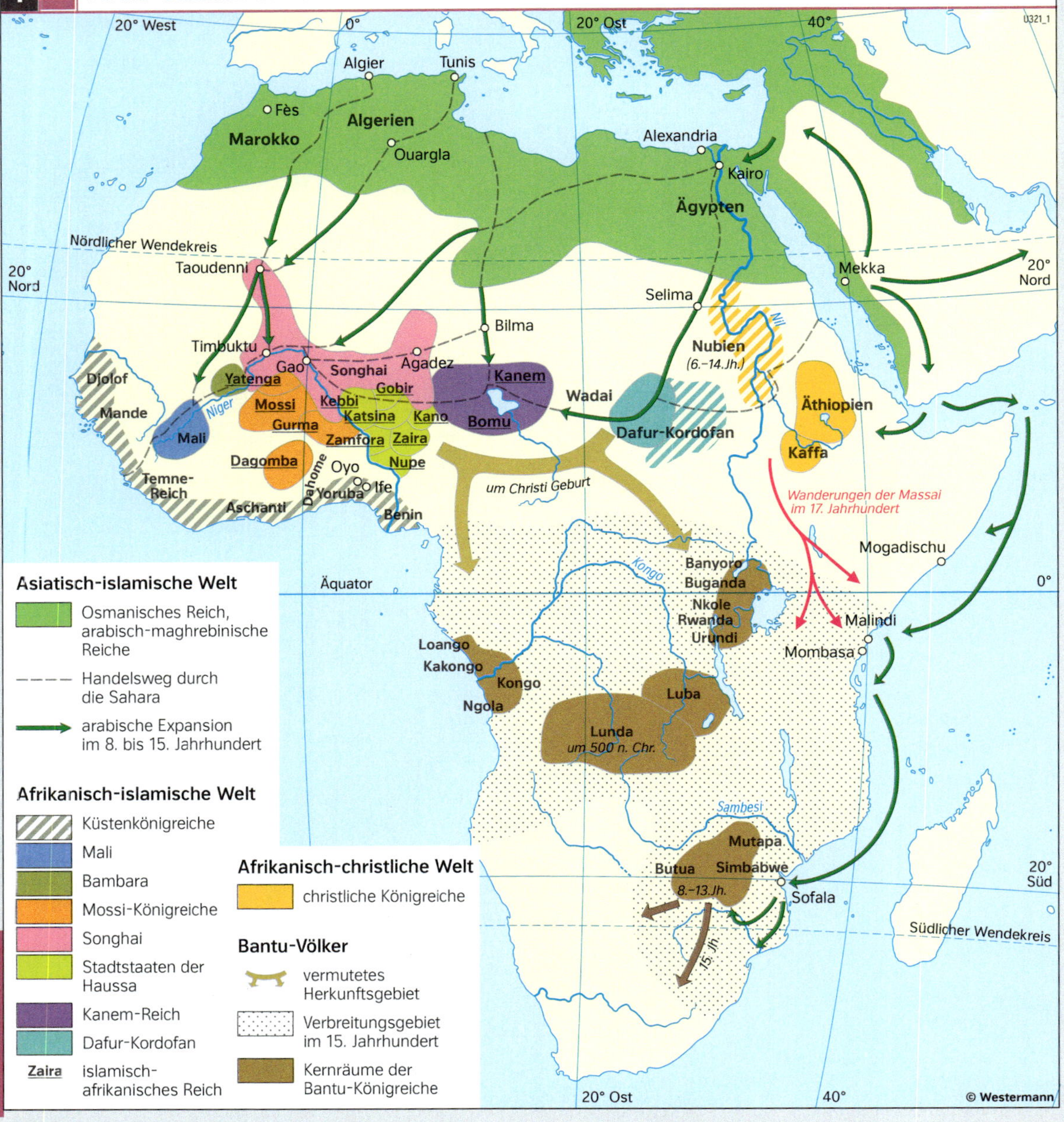

2 Afrika 1914/1918

4 Burenstaaten Entwicklung bis 1902

Maßstab 1:16 000 000

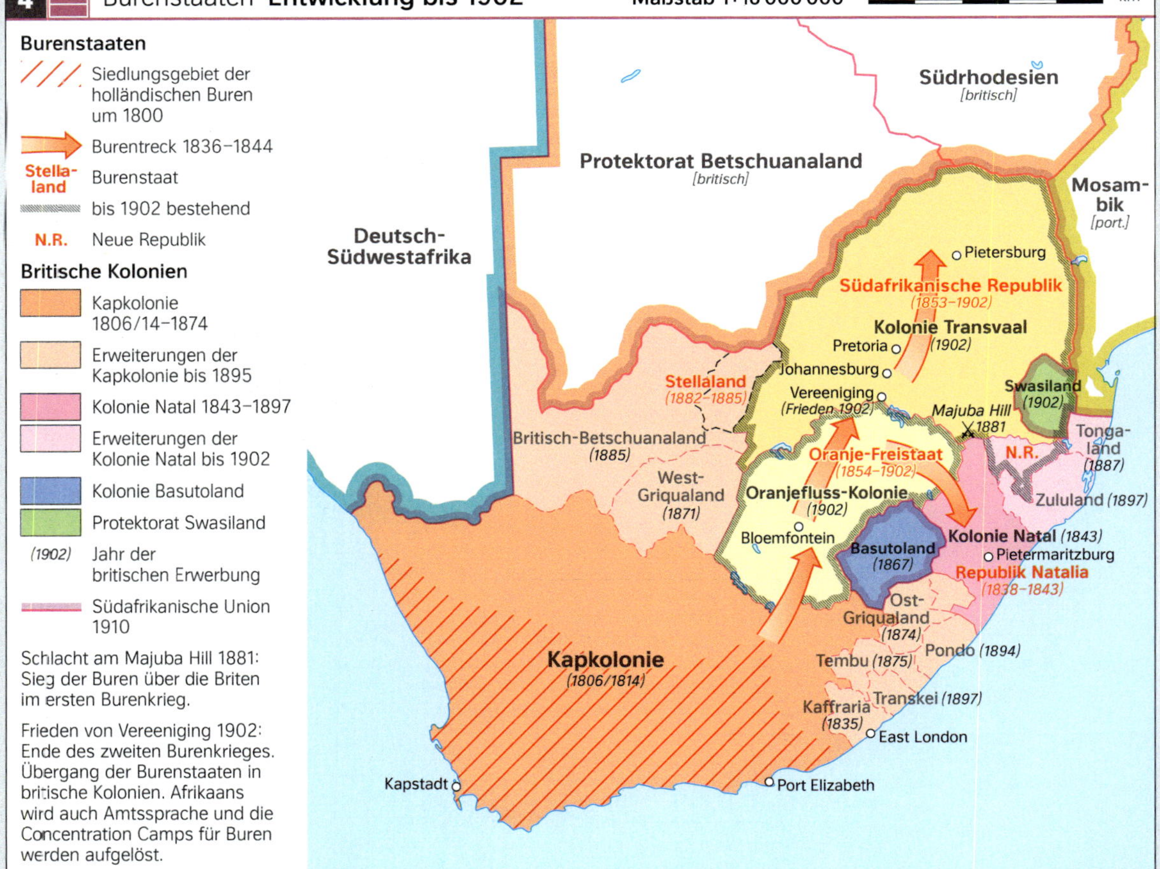

5 Südafrika Erbe der Apartheid 1994

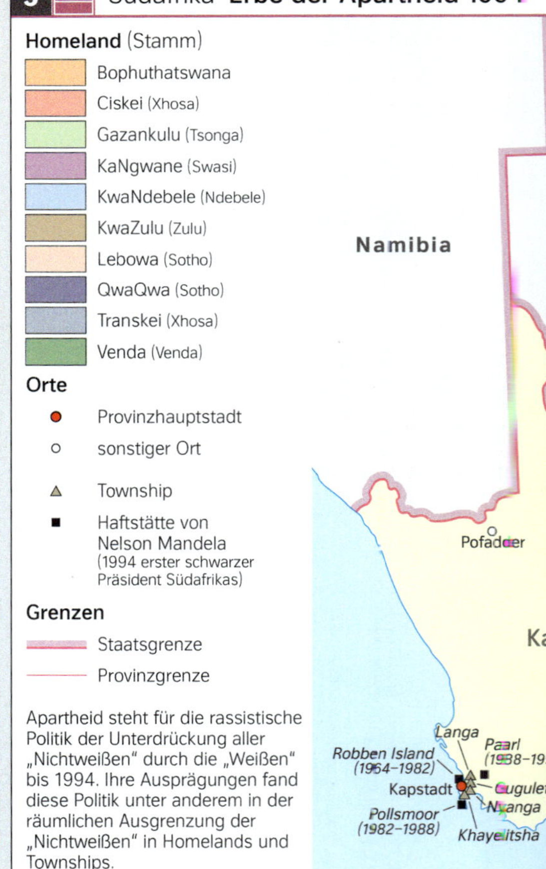

1415 – Portugal erobert die Zitadelle von Ceuta

1488 – Bartolomeu Diaz (Portugal) erreicht das Kap der Guten Hoffnung

1591 – Timbuktu wird islamisiert

1652 – Holländer und Hugenotten gründen Kapstadt

1400 | 1500 | 1600 | 1700 — 1

ERDE
LUXEMBURG
EUROPA
ASIEN
AFRIKA
OZEANIEN
POLARGEBIETE
AMERIKA
REGISTER

Maßstab 1:54 000 000 0 500 1000 1500 km

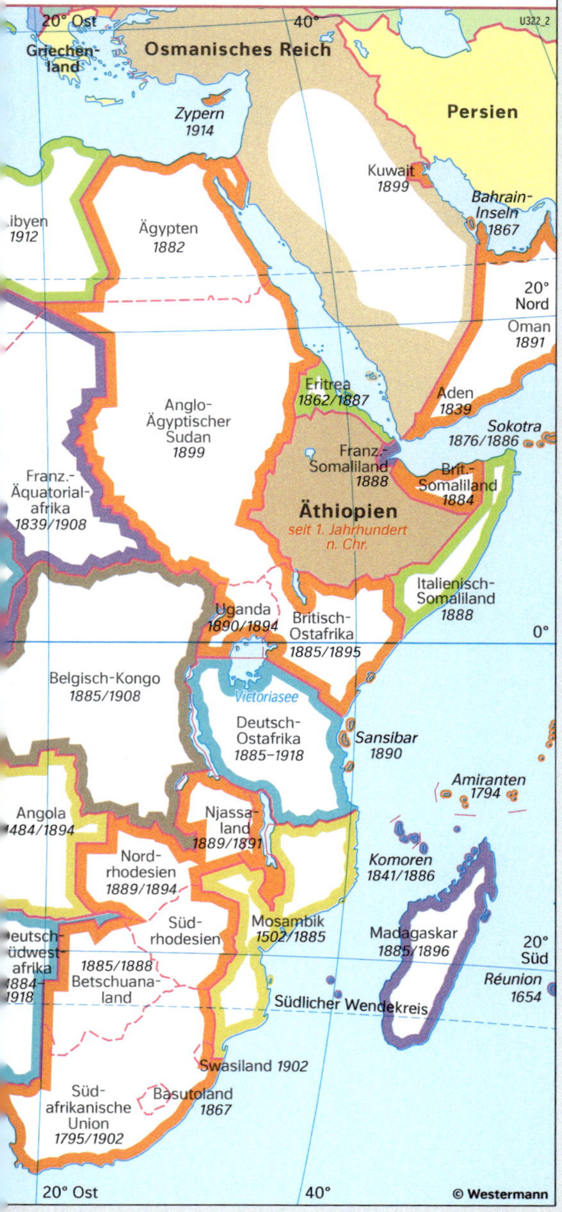

3 Afrika Staaten heute

Maßstab 1:54 000 000 0 500 1000 1500 km

Selbstständige Staaten
- 1960 Jahr der Unabhängigkeit
- Hauptstadt
- selbstständiges Mitglied des Commonwealth of Nations

Abkürzungen
- [Fr.] = Frankreich
- [VK] = Vereinigtes Königreich
- [Port.] = Portugal
- Ba. = Banjul
- Bi. = Bissau
- C. = Conakry
- Lo. = Lomé
- Ou. = Ouagadougou
- P. = Porto Novo

Maßstab 1:16 000 000 0 100 200 300 400 500 km

6 Südafrika Bevölkerung 2019

Maßstab 1:16 000 000 0 100 200 300 400 500 km

Bevölkerungsgruppen 2019
- 20 mm² Kreisfläche ≙ 1 000 000 Einwohnern
- Schwarze (Black African)
- Weiße (White)
- Farbige (Coloured)
- Asiaten, vor allem Inder (Asian or Indian)

Bevölkerungszuwachs durch Wanderungen 2016–2021
- 10 000–50 000 Migranten
- 50 000–100 000 Migranten
- 100 000–250 000 Migranten

Bevölkerungsdichte
Einwohner/km²
- über 250
- 50 – 250
- 25 – 50
- unter 25

Wirtschaftszentren
- Bergbau, Industriezentrum
- Industriezone
- sonstiger Ort

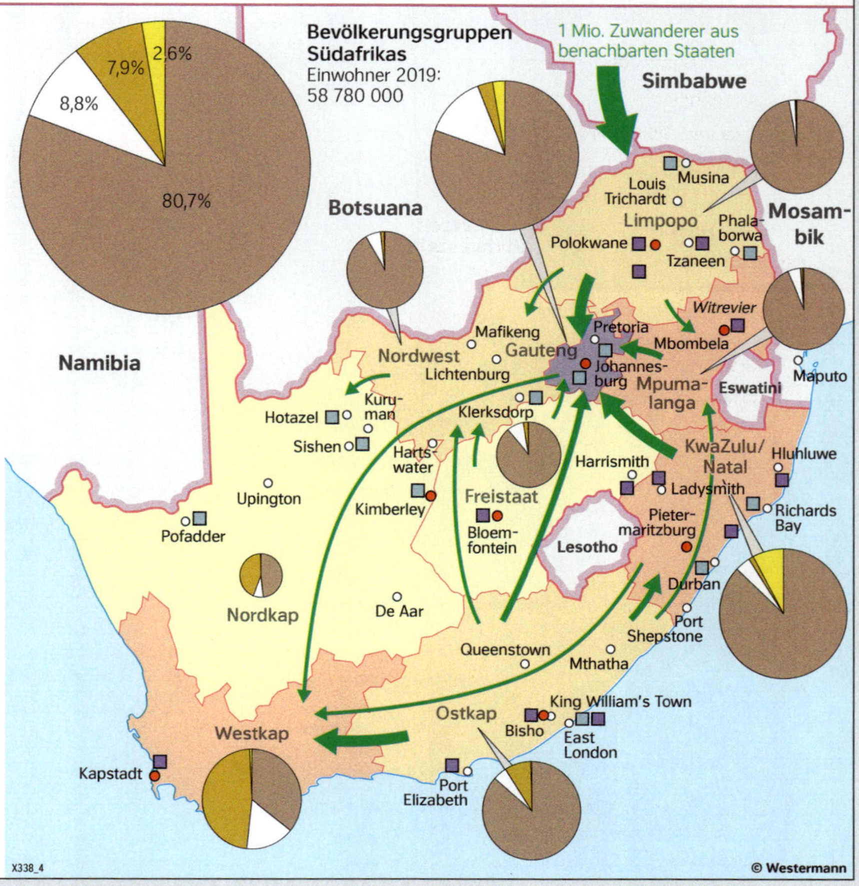

- 1740 — Algier und Tunis sind Zentren des Handels mit christlichen Sklaven
- 1884 1885 — Berliner Konferenz teilt Afrika in europäische Interessengebiete auf (4)
- 1904 — Aufstand der Herero und Nama in Deutsch-Südwestafrika (2)
- 1952 1956 — Mau-Mau-Aufstand in Kenia
- 1994 — Ende der Apartheid (Rassentrennung) in Südafrika (5)
- 3 6

1800 1900 2000

Die Flussoase Nil

Maßstab 1 : 9 000 000 (1 cm ≙ 90 km) 0 50 100 150 200 250 km

ERDE · LUXEMBURG · EUROPA · ASIEN · AFRIKA · OZEANIEN · POLARGEBIETE · AMERIKA · REGISTER

Die Pyramiden von Gizeh

Tempel von Abu Simbel am Nassersee

Früher wie heute: der Nil als Lebensader

Antike Feldbewässerung mit Schaduff

1 Ägypten Antike Stromkultur

Das Alte Ägypten
- ○ Stadt, Palast, Grabanlage (bedeutender Fund)
- Gizeh – heutiger Name
- △ Pyramide
- * Fundort vom Nassersee überflutet

Bodenschätze und Handelsgüter
- Gold
- Kupfer
- Edelsteine
- Steinbruch
- Elfenbein

Bodenbedeckung
- Wüste
- Halbwüste
- Dornstrauchsavanne
- Bewässerungsland (vermutete Bevölkerungsdichte über 100 Einw./km²)

Handelsrouten
- Karawanenweg
- Oase
- Fluss; Stromschnelle (Katarakt)

2 Ägypten und Sudan Niltal heute

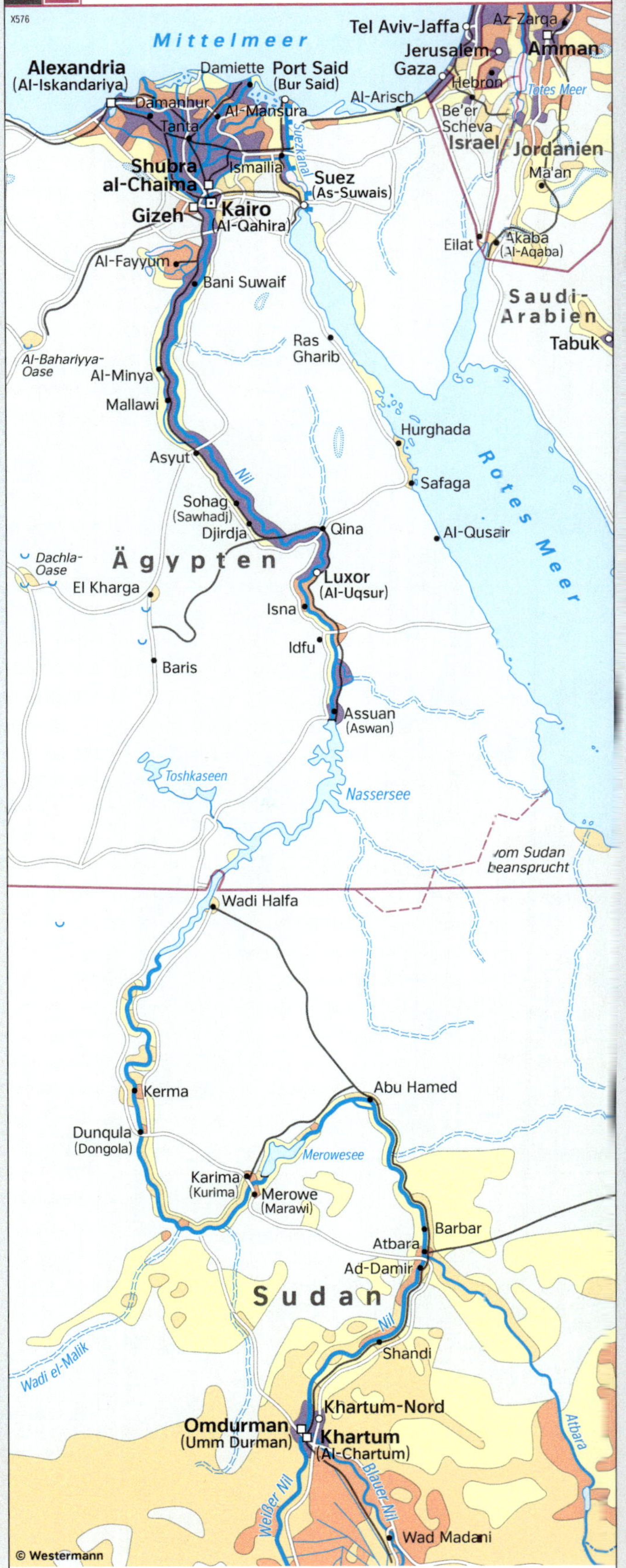

Bevölkerungsdichte (Einwohner pro km²)

über 500	überwiegend Bewässerungsland
50 – 500	überwiegend Bewässerungsland
25 – 50	
2 – 25	
0 – 2	

Großstädte

Einwohner
- ⊡ 5 000 000 – 10 000 000
- □ 1 000 000 – 5 000 000
- ○ 500 000 – 1 000 000
- • unter 500 000

Verkehr
- Eisenbahn
- Fernstraße

Gewässer
- Fluss
- Kanal
- Oase
- Staudamm

Grenzen
- Staatsgrenze

3200	Früheste Funde von ägyptischen Hieroglyphen
3000	
2620 – 2500	Bau der Pyramiden von Gizeh
2300	Bewässerungstechniken kommen aus Mesopotamien (z.B. Schaduff)
2000	Baubeginn des Tempels von Karnak
1792 – 1750	König Hammurabi von Babylon
1500 – 1468	Pharaonin Hatschepsut
1332 – 1323	Pharao Tutenchamun
1260	Pharao Ramses II. befiehlt den Bau des Felsentempels Abu Simbel
1000	
um 680	Gründung der griechischen Handelsstadt Naukratis

1

3 Der Nil Ein Fremdlingsfluss

Bodenbedeckung
- Wüste
- Halbwüste
- Dornstrauchsavanne
- Trockensavanne (schwach genutztes Weideland)
- Feuchtsavanne (stark genutztes Weideland)
- Regenwald
- bewässertes Kulturland (heute vorwiegend Baumwoll- und Zuckerrohranbau)
- Ackerbau

Grenzen
- Staatsgrenze

Gewässer und Flussregulierung
- Fluss
- Fluss (ganzjährig schiffbar)
- Staudamm
- Schleuse; Stromschnelle (Katarakt)
- Wasserkraftwerk
- Wadi
- zeitweilig überschwemmtes Gebiet
- -116 Höhenangabe (Meter)
- Ablagerung von fruchtbarem Nilschlamm

4 Der Nil Strombaum und Abfluss

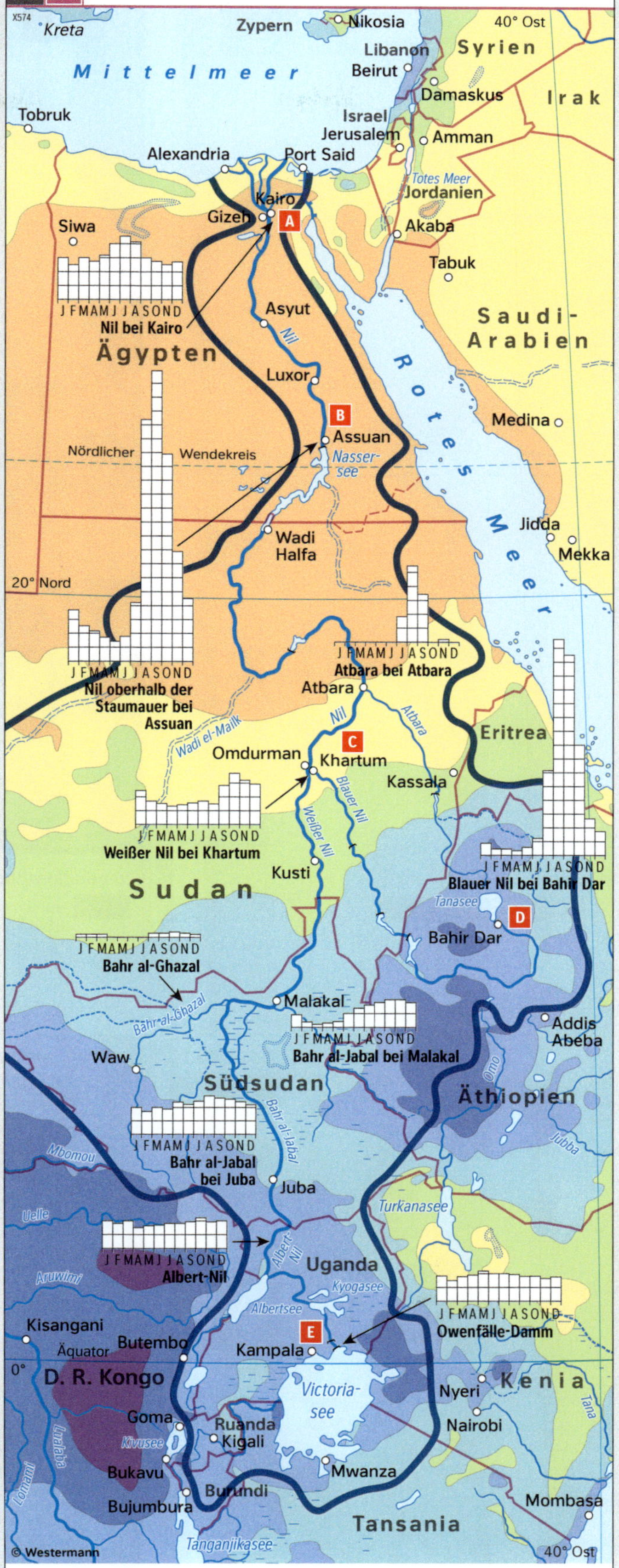

Niederschläge (langjährige Mittelwerte in Millimetern)
- über 2000 mm
- 1500 – 2000 mm
- 1000 – 1500 mm
- 500 – 1000 mm
- 200 – 500 mm
- 50 – 200 mm
- unter 50 mm

Saisonale Temperaturen und Niederschläge
- A Nummer einer Klimastation mit Klimadiagramm

Strombaum
- Strom mit Quellflüssen (Strombaum)
- Grenze des Nil-Einzugsgebiets

Wasserabfluss (pro Monat)
J F M A M J J A S O N D
1 Kästchen ≙ 1 Mrd. m³ Wasser

Grenzen
- Staatsgrenze

5 Klima am Nil

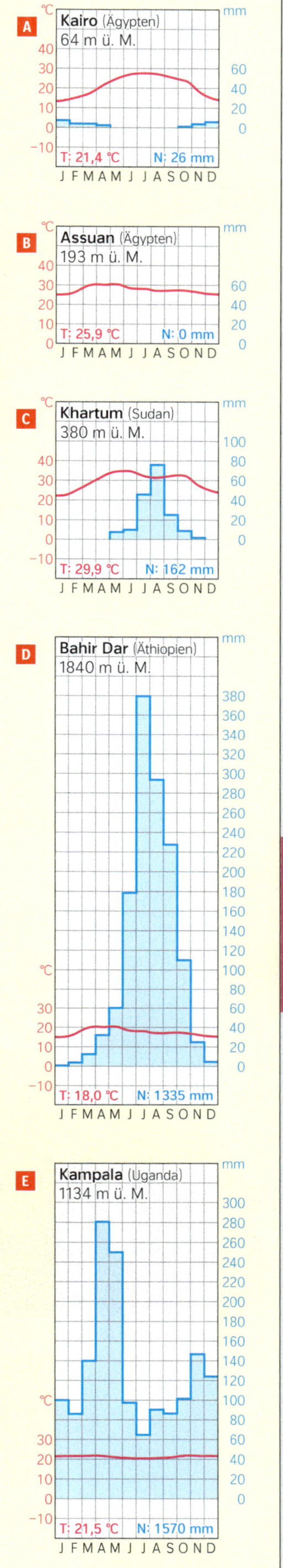

- Temperaturen im Monatsmittel
- Niederschläge im Monat insgesamt
- T: 29,9 °C Jahresdurchschnittstemperatur
- N: 162 mm Jahressumme Niederschlag
- 64 m ü. M. Höhenangabe in Meter über dem Meeresspiegel

322	Alexander der Große erobert Ägypten
31	Schlacht von Actium: Das Ptolemäerreich unter Kleopatra wird römische Provinz
395	Ägypten kommt an Ostrom, das Christentum wird Staatsreligion
632 641	Ägypten wird von muslimischen Arabern erobert
968	Gründung der neuen Hauptstadt Kairo
1365	Christlicher Kreuzzug gegen Alexandria
1517	Ägypten wird Teil des Osmanischen Reiches
1798	Ägypten-Feldzug von Napoleon
1869	Eröffnung des Suezkanals

500 v. Chr. · 0 · 500 n. Chr. · 1000 · 1500 · 2000 — 2 3 4

1 Temperaturen im Januar

Maßstab 1:72 000 000

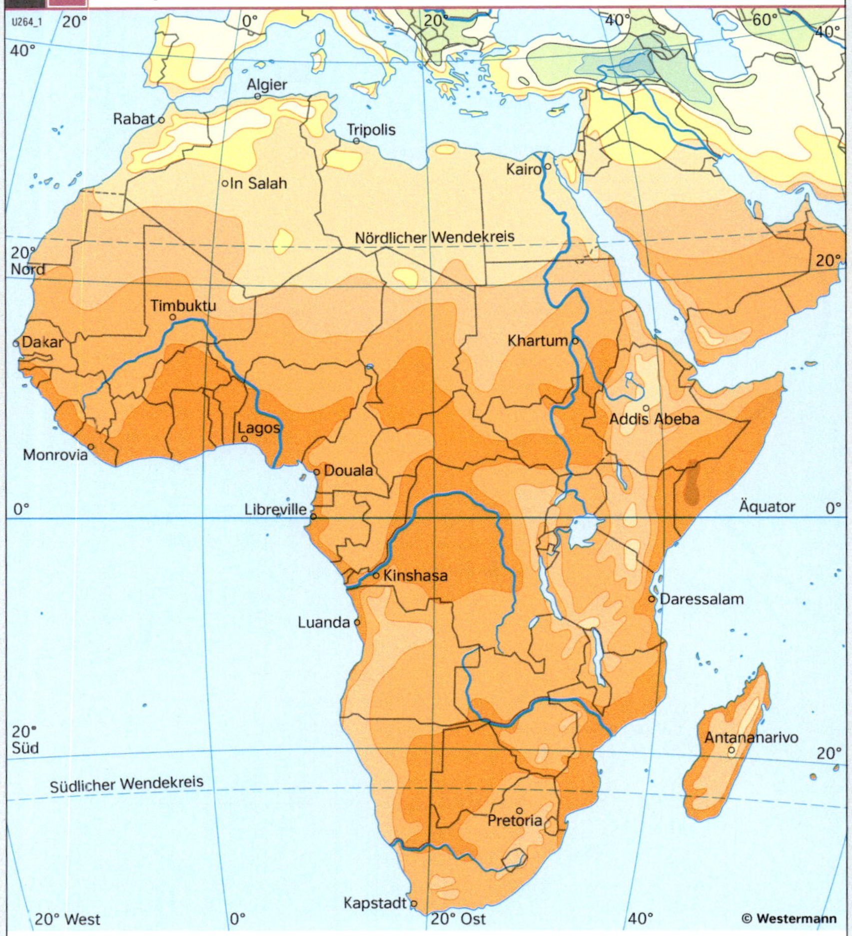

Temperaturen (Monatsmittel in Grad Celsius)

-10 -5 0 5 10 15 20 25 30 °C

Grenzen

Staatsgrenze

2 Temperaturen im Juli

Maßstab 1:72 000 000

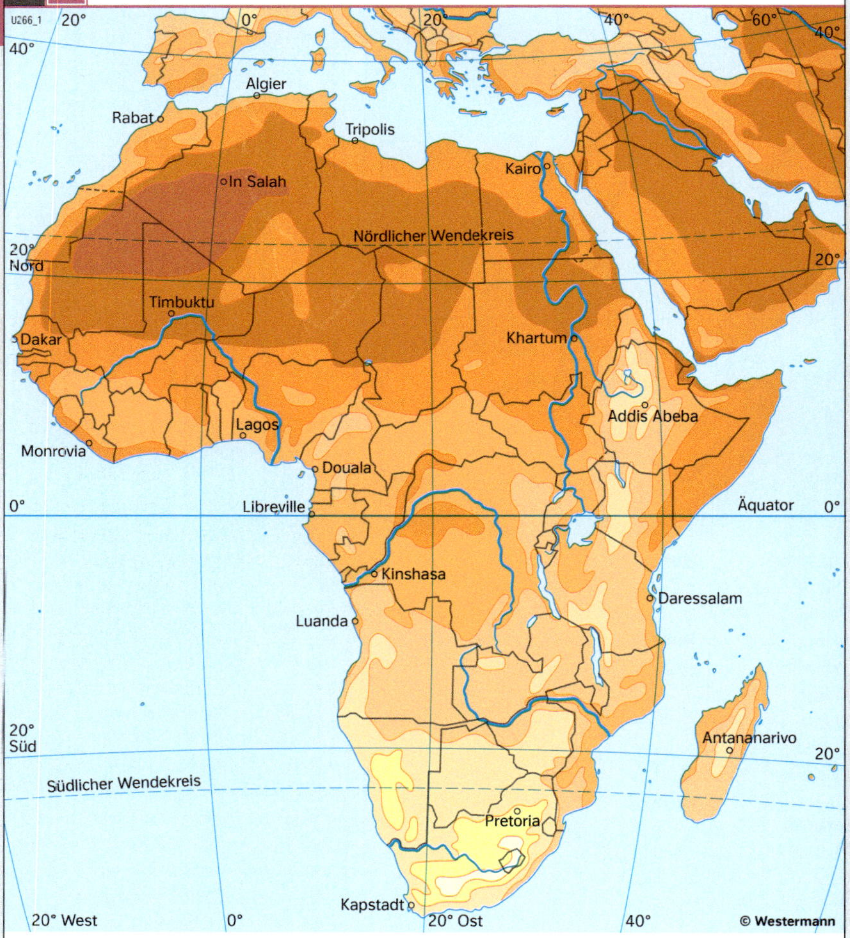

Temperaturen (Monatsmittel in Grad Celsius)

5 10 15 20 25 30 35 °C

Grenzen

Staatsgrenze

3 Vegetationsbedeckung im Januar

Maßstab 1:72 000 000

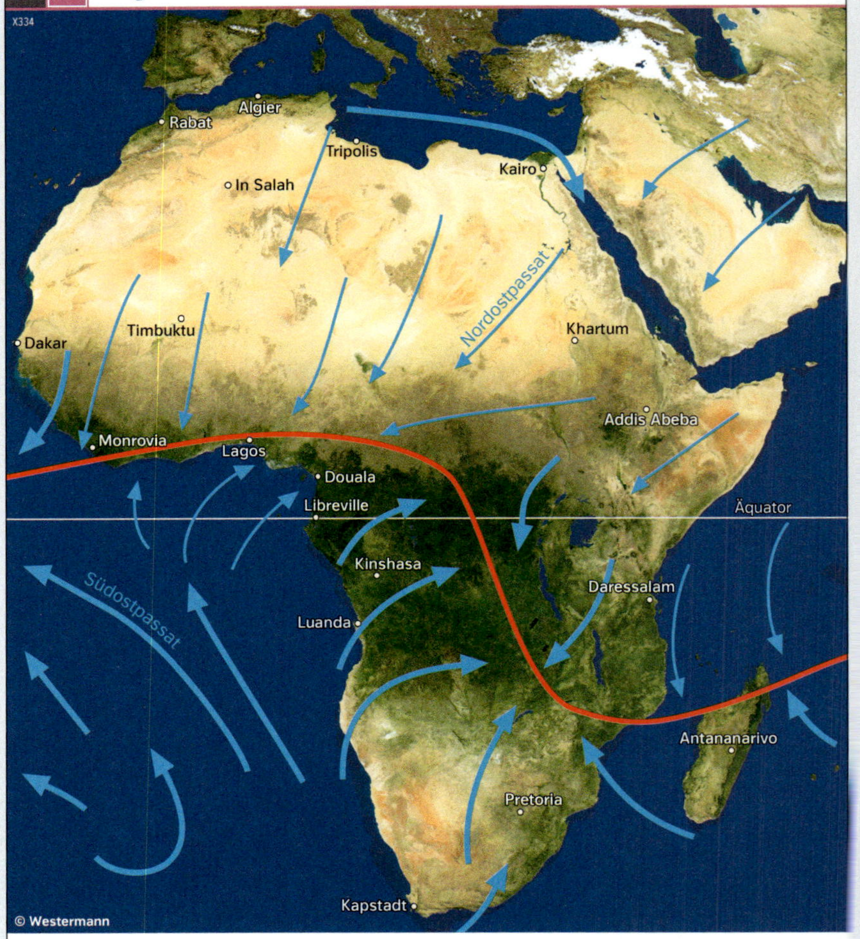

Vegetationsbedeckung

- immergrüner tropischer Regenwald
- Vegetation wechselfeuchter Klimazonen zur Trockenzeit
- Wüste, Halbwüste

Tiefdruckrinne, Winde

- Lage der äquatorialen Tiefdruckrinne (ITC)
- mäßiger bis starker Wind
- schwacher Wind

4 Vegetationsbedeckung im Juli

Maßstab 1:72 000 000

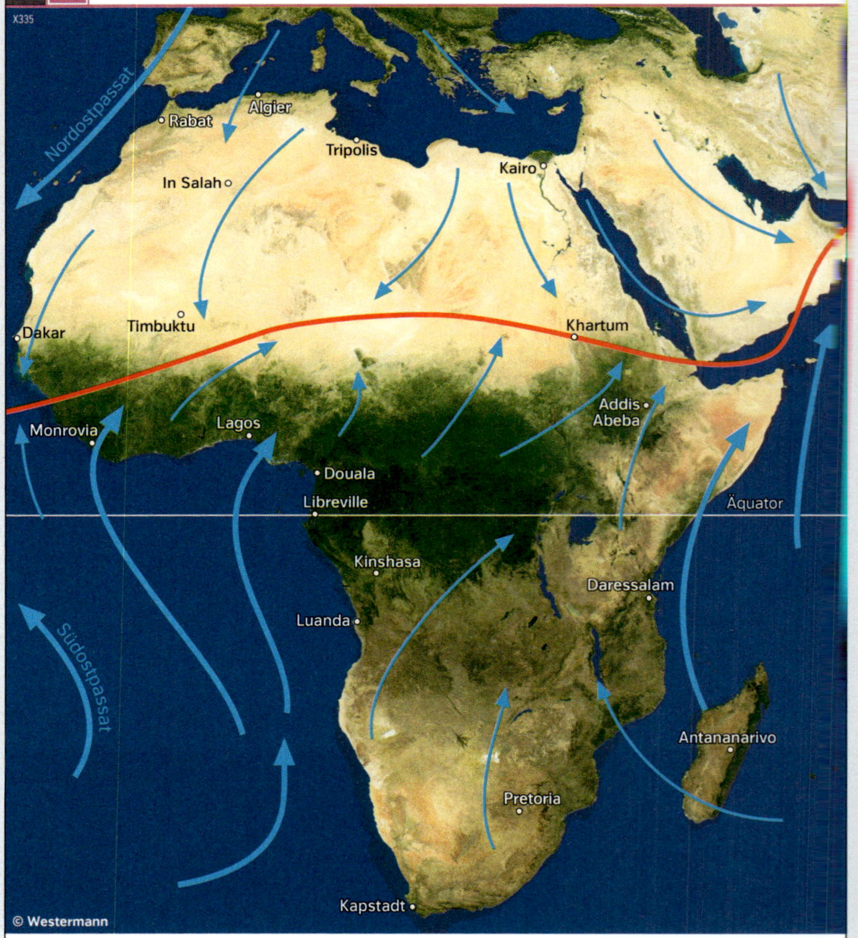

Vegetationsbedeckung

- immergrüner tropischer Regenwald
- Vegetation wechselfeuchter Klimazonen zur Regenzeit
- Wüste, Halbwüste

Tiefdruckrinne, Winde

- Lage der äquatorialen Tiefdruckrinne (ITC)
- mäßiger bis starker Wind
- schwacher Wind

5 Niederschläge im Januar

Maßstab 1:72 000 000

Monatsniederschlag (langjährige Mittelwerte in mm)

25 50 100 200 300 400 mm

Grenzen

—— Staatsgrenze

7 Passatkreislauf

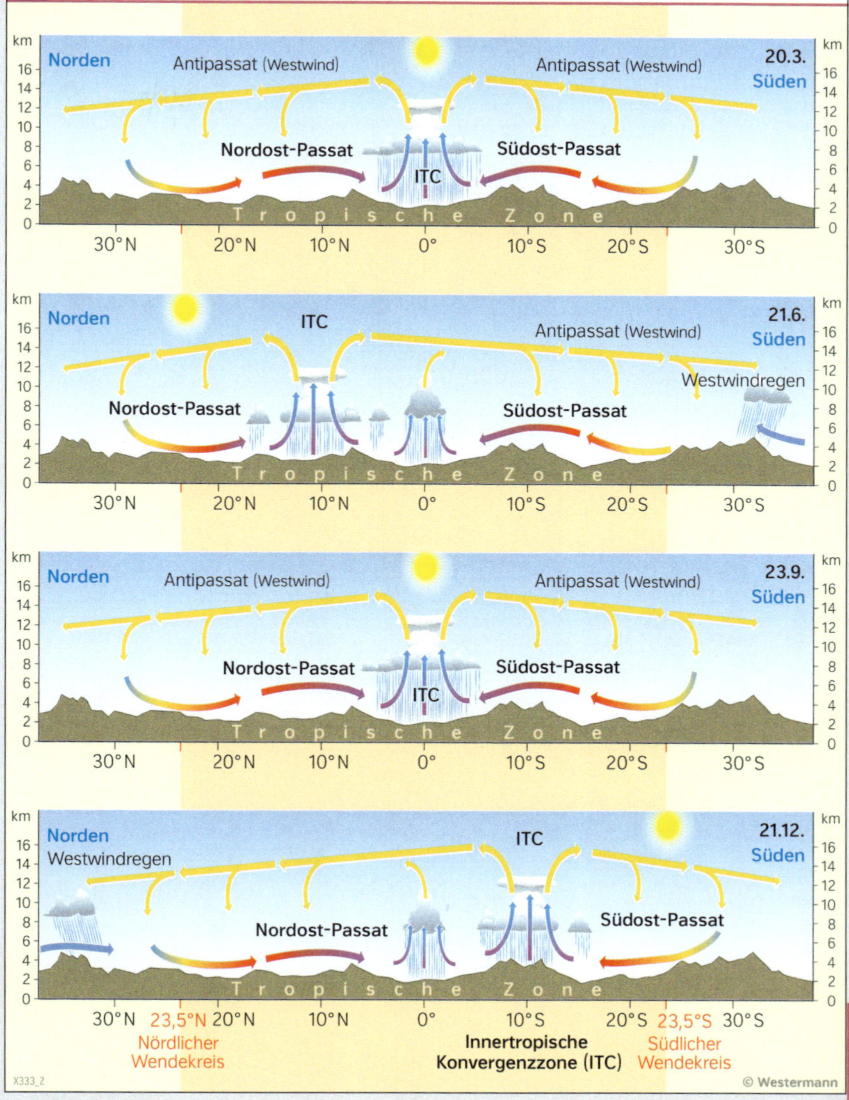

6 Niederschläge im Juli

Maßstab 1:72 000 000

Monatsniederschlag (langjährige Mittelwerte in mm)

25 50 100 200 300 400 mm

Grenzen

—— Staatsgrenze

8 Schema der globalen Windzirkulation

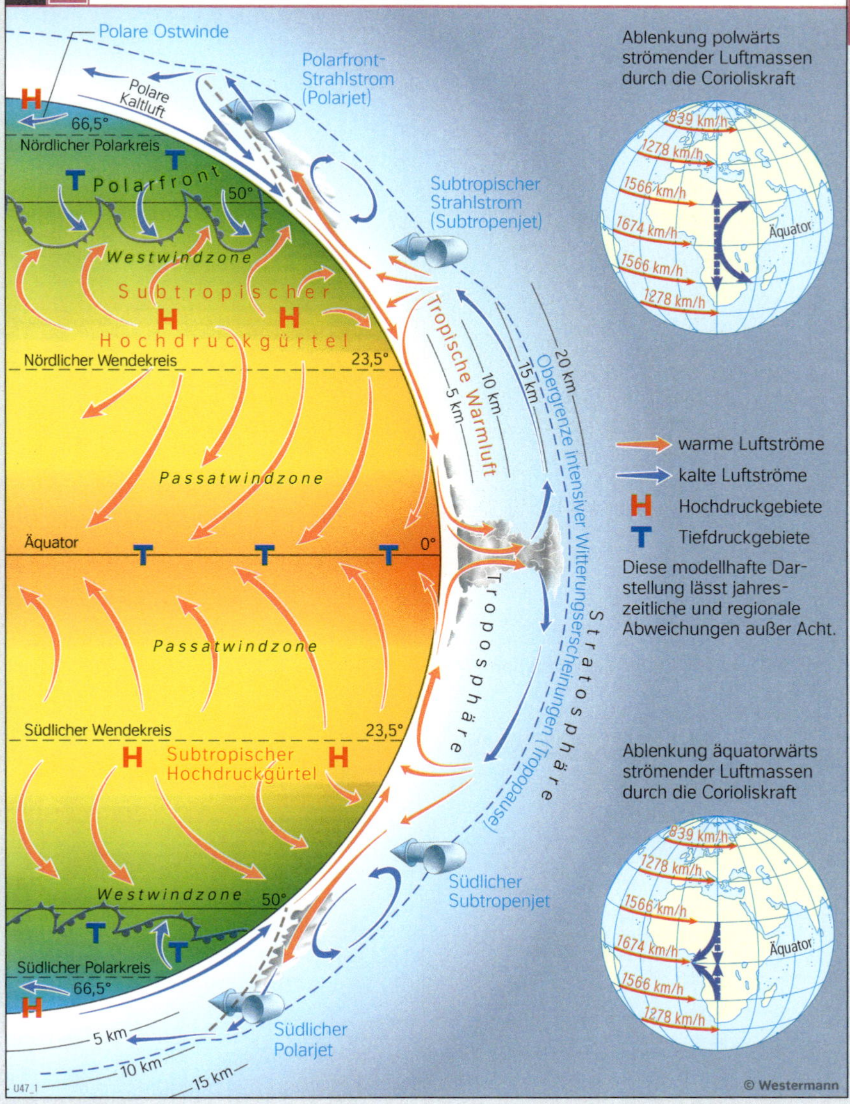

ERDE LUXEMBURG EUROPA ASIEN AFRIKA OZEANIEN POLARGEBIETE AMERIKA REGISTER

1 Afrika Landwirtschaft

Maßstab 1 : 36 000 000

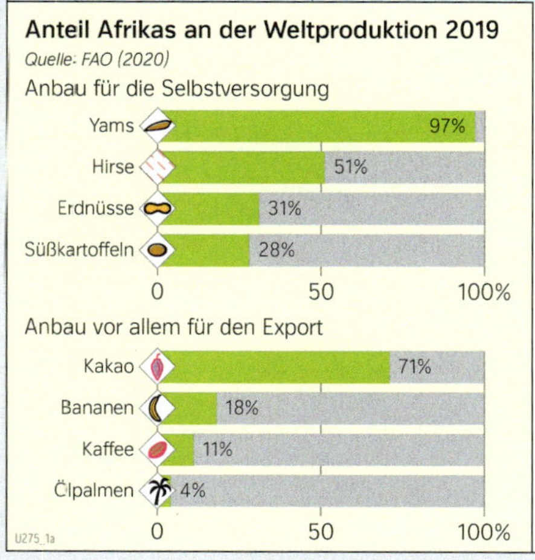

Waldlandschaften
- sommergrüner Laub- und Mischwald
- Hartlaubgehölz
- Monsun- und Regenwald

Offene Landschaften
- Steppe, Hochgebirgsgrasland
- Feuchtsavanne
- Trockensavanne
- Dornstrauchsavanne
- Halbwüste und Wüste

Grenzen
- Staatsgrenze

Kulturland
- Ackerbau; Bewässerungsland
- Weide, z. T. Wiese
- durch Dürre gefährdete Zone

Nutzpflanzen
- Weizen
- Mais
- Reis
- Hirse
- Zuckerrohr
- Bananen
- Dattelpalmen
- Zitrusfrüchte
- Kaffee
- Kakao
- Tabak
- Tee
- Wein
- Schnittblumen
- Erdnüsse
- Kokospalmen
- Ölpalmen
- Baumwolle
- Jute
- Sisal
- Kautschuk

Viehhaltung
- Kamele (1 Zeichen ≙ 1 Mio. Tieren)
- Rinder (1 Zeichen ≙ 2 Mio. Tieren)
- Schweine (1 Zeichen ≙ 2 Mio. Tieren)

Kleinvieh (oft allein für den Eigenbedarf)
- Schafe (1 Zeichen ≙ 5 Mio. Tieren)
- Ziegen (1 Zeichen ≙ 5 Mio. Tieren)
- Hühner (1 Zeichen ≙ 200 Mio. Tieren)

2 Sahara und Sahel **Wüstenarten und Wüstenausbreitung**

Maßstab 1 : 36 000 000 (0 200 400 600 800 1000 km)

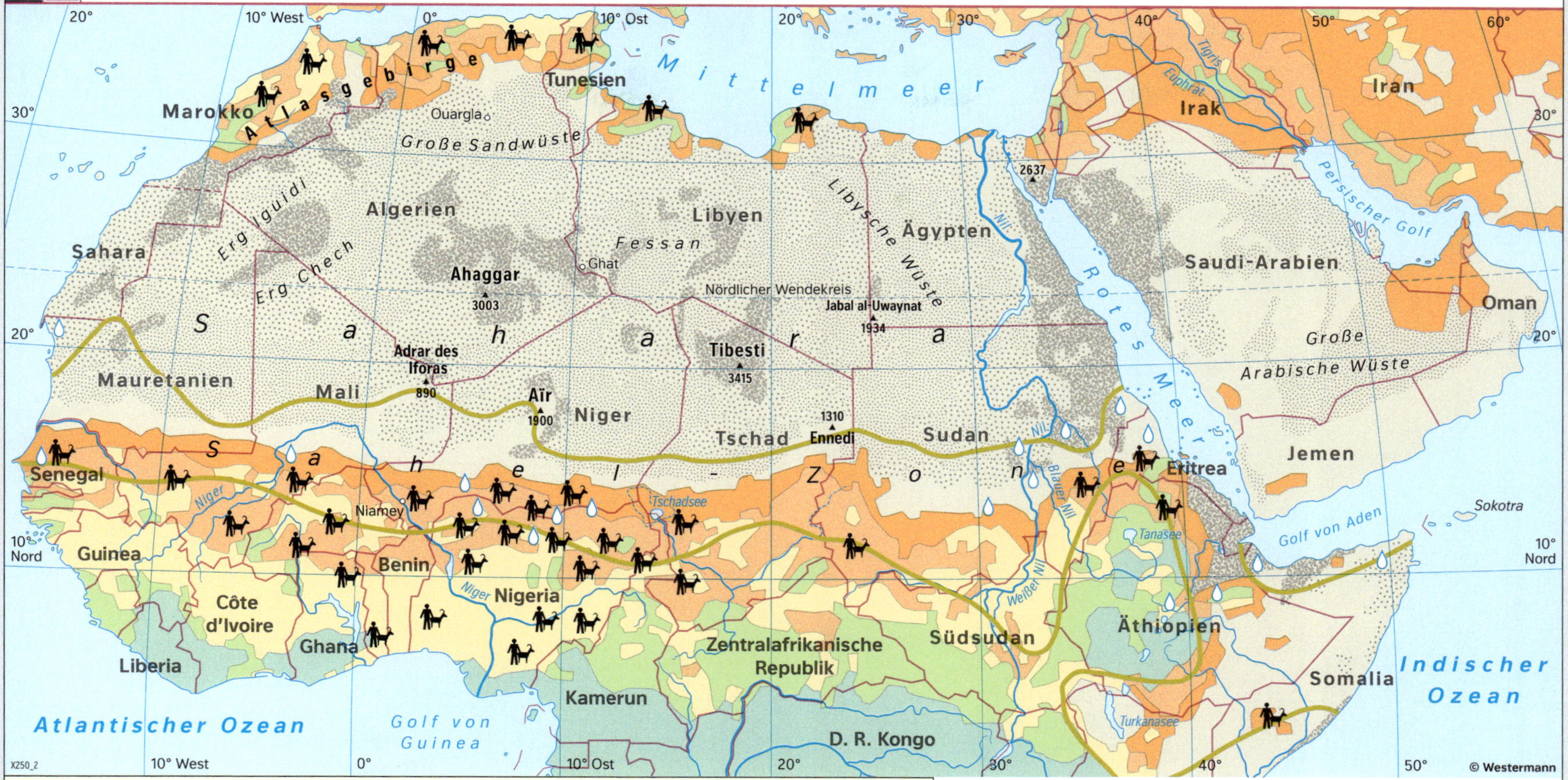

Die Entstehung der verschiedenen Wüstenarten

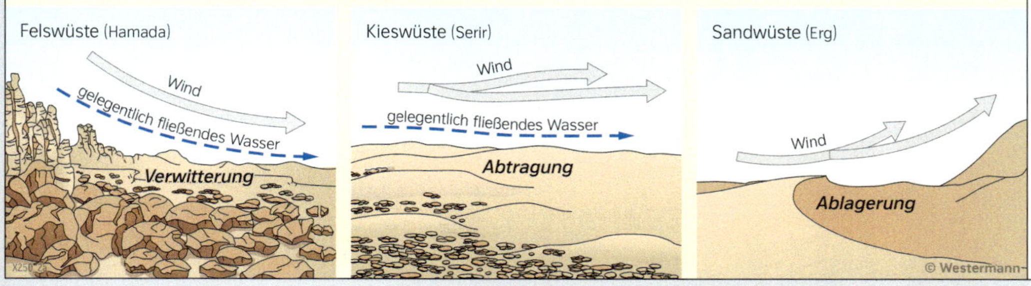

Wüstenarten
- Felswüste, Blockwüste, Schuttwüste
- Kieswüste
- Sandwüste
- Halbwüste

Desertifikation

Empfindlichkeit der Landschaft für fortschreitende Wüstenbildung
- sehr hoch
- hoch
- mäßig
- gering
- keine (humide Zone)
- dürregefährdete Zone

Ursachen der Desertifikation
- beschleunigte Wüstenbildung durch Ausdehnung der Ackerfläche und verstärkte Beweidung
- Wassermangel

3 Ouargla (Algerien) **Wandel einer Brunnenoase**

Maßstab 1 : 100 000 (0 1 2 3 4 5 km)

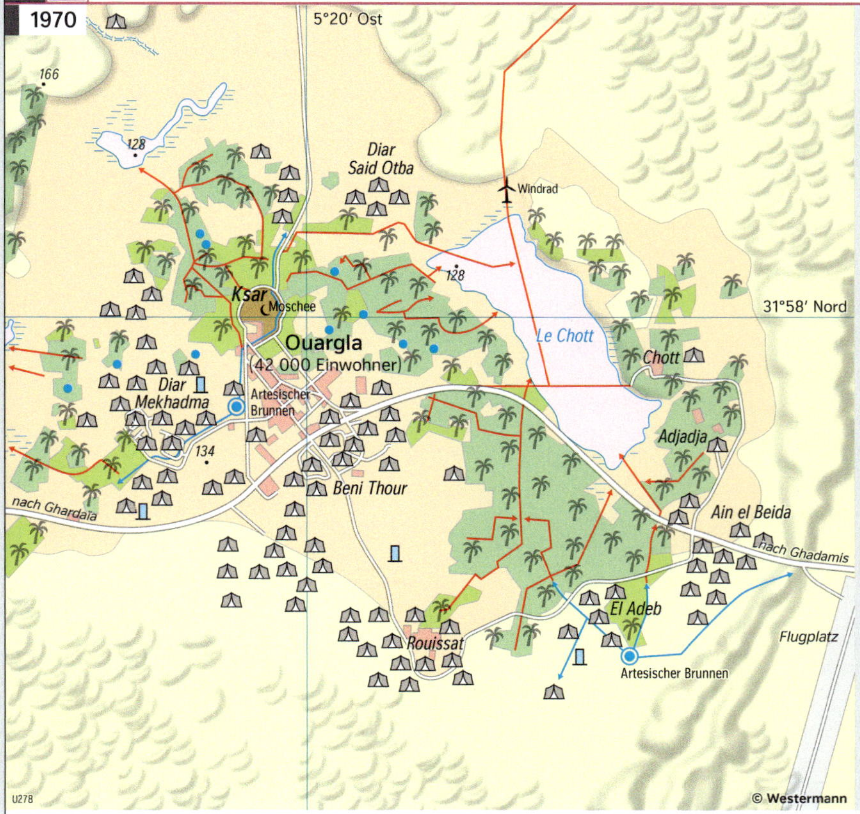

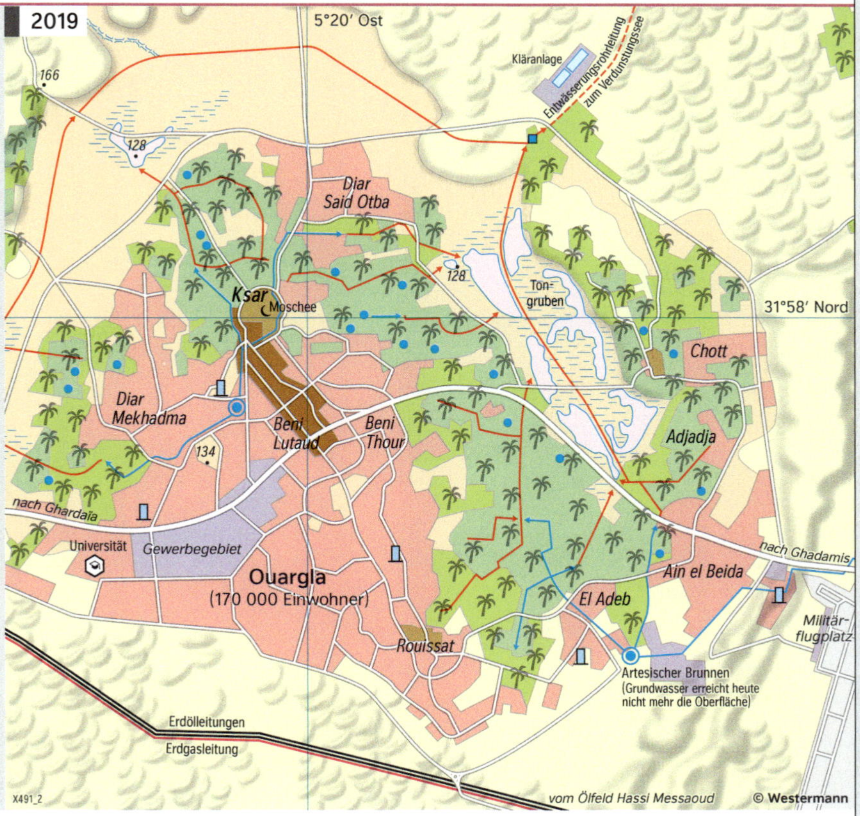

Wüste
- Sandwüste (Erg)
- Salztonebene (Schott)
- Verdunstungssee
- Wadi (selten Wasser führend)
- Sumpf

Siedlung
- Orientalische Altstadt (Medina) mit Märkten (Souks) und Wohngassen
- modernes Geschäftsviertel
- Wohnviertel mit Handwerk
- nicht dauerhafte Zeltsiedlung der Nomaden

Landwirtschaft in der Oase
- ältere Dattelpalmenhaine (Unterkultur: Getreide, Gemüse, Luzerne)
- junge Dattelpalmenhaine (z.T. mit Gemüse-/Obstgärten)
- Bewässerungskanal
- Entwässerungskanal
- Artesischer Brunnen
- Brunnen/Pumpstation
- Wasserturm (Trinkwasserspeicher)

1 Afrika Wirtschaft

Maßstab 1:36 000 000

Wirtschaftsräume
Kulturlandschaft
dicht besiedelt (Verdichtungsraum mit intensiver Nutzung)
intensiv genutzt (meist landwirtschaftlich geprägt)
weniger intensiv genutzt
Naturnahe Landschaft
vereinzelte/einseitige menschliche Eingriffe

Verkehr

Eisenbahn — Fernstraße

Wirtschaftszentren

Ausstrahlung (Bedeutung im Städtevergleich)
- kontinental bedeutendes Zentrum
- für mehrere Staaten bedeutendes Zentrum

Ausrichtung
- politisch-kulturelles Zentrum
- Finanzzentrum (Banken, Handel, Börse)
- Innovationszentrum (Hightech, Forschung)
- Ort mit nationaler wirtschaftlicher Bedeutung (in Auswahl)
- sonstiger Ort
- bedeutende Tourismusregion

Ökologischer Fußabdruck

Flächenbedarf in Hektar pro Person 2016, errechnet aus dem Verbrauch natürlicher Ressourcen und dem nötigen Ausgleich dafür. Quelle: GFN (2020)

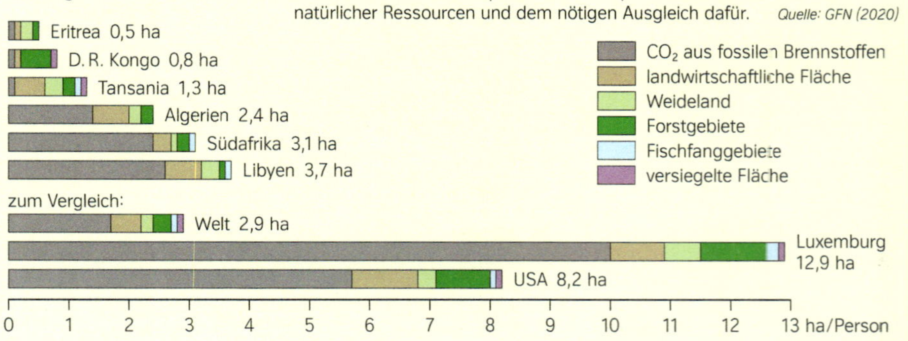

2 Nigerdelta Erdölwirtschaft

Maßstab 1:2 250 000

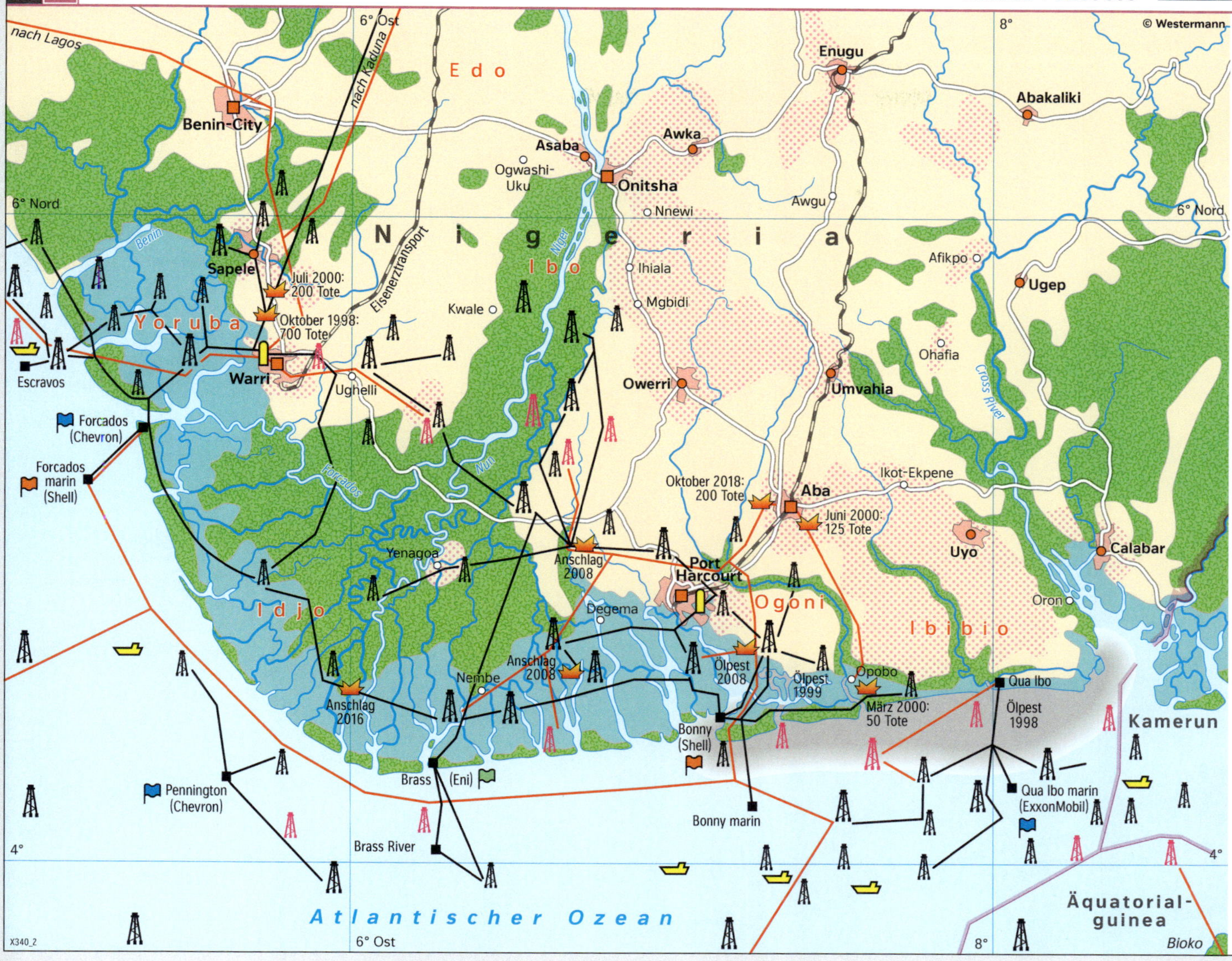

Bodenbedeckung
- Anbauflächen (Ölpalmen, Maniok, Yams, Mais)
- Monsun- und Regenwald
- Mangrove (Fischgründe)

Erdöl-/Erdgaswirtschaft
- Erdölförderung
- Erdgasförderung
- Erdölleitung
- Erdgasleitung
- Erdölraffinerie
- Rohölverarbeitungsschiff (vor Anker liegend)
- Verladeterminal

Herkunft der Betreiber der Verladeterminals/Unternehmen
- USA
- Vereinigtes Königreich/Niederlande
- Italien

Orte (Einwohner)
- über 1 000 000
- 100 000 – 1 000 000
- unter 100 000

Bevölkerung
- dicht besiedelter ländlicher Raum
- Ibo Stammesgebiet

Umweltverschmutzung
- Ölpest
- größere Explosion durch illegales Anzapfen

Grenzen
- Staatsgrenze

3 Afrika Bergbau

Maßstab 1:72 000 000

Bodenschätze

Erdöl	Phosphat	Gold
Erdgas	Eisenerz	Silber
Steinkohle	Stahlveredler	Platin
Uran	Kupfer	Diamanten
Bauxit	Blei, Zink	Coltan

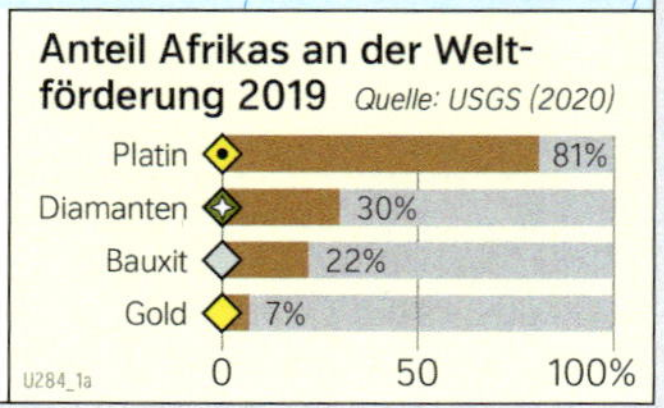

4 Afrika Industrie

Maßstab 1:72 000 000

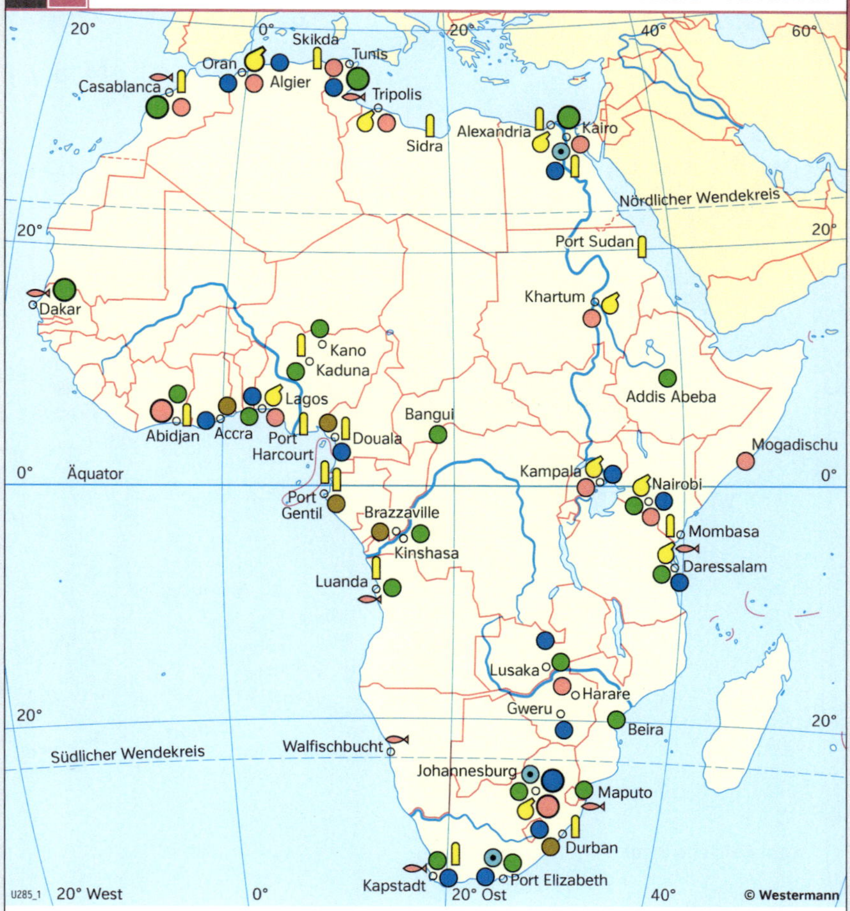

Industrie
- Eisen- und Metallverarbeitung, Maschinenbau
- Veredelungsindustrie (Elektrotechnik, Feinmechanik, Optik)
- Chemie, Kunststoffe
- Erdölraffinerie
- Textilien, Bekleidung, Leder
- Holz, Holzverarbeitung
- Nahrungsmittel
- Fischverarbeitung

Grenzen
- Staatsgrenze
- umstrittene Grenze

ERDE LUXEMBURG EUROPA ASIEN AFRIKA OZEANIEN POLARGEBIETE AMERIKA REGISTER

1
30°
A
20°
B
10° West
C
0°
D
10° Ost
E
Atlantischer Ozean
Azoren (Portugal)
Terceira
Pico
São Miguel
Ponta Delgada
A Coruña
Kap Finisterre
Golf von Biskaya
5340
Bordeaux
Frankreich
Lyon
Zentral-massiv
Mt. Blanc
4810
Alpen
Mailand
Turin
Genua
Ljubljana
Slowenien
Ungarn
Venedig
Zagreb
Kroatien
Bosn. und Herz.
Sarajevo
Dinar. Gebirge
Montenegro
Podgorica
Bilbao
Toulouse
Pyrenäen
Andorra
3404
Saragossa
Marseille
Monaco
Nizza
Florenz
San Marino
Adriatisches Meer
Apennin
Italien
2914
Porto
Iberische Halbinsel
Portugal
Tajo
Ebro
2417
Madrid
Barcelona
Korsika
2710
Rom
Bari
Tiran
Lissabon
Spanien
Mallorca
Valencia
Balearen
Sardinien
1834
Neapel
Kap São Vicente
Sevilla
3478
Cagliari
Tyrrhenisches Meer
Palermo
Ionisches Meer
Ätna 3350
Catania
Sizilien
Straße von Gibraltar
Málaga
Tanger
Algier (Al-Djazair)
Mostaganem
Oran
Skikda
Constantine
Tunis
Kap Blanc
Kap Bon
Valletta
Malta
Mittelmeer
Madeira (Portugal)
Funchal
Rabat (Ar-Ribat)
Casablanca
Er Rif
Oujda
Meknès
Fès
Tellatlas
Hochland der Schotts
Biskra
2328
Tunesien
Sfax
Golf von Gabès
Marokko
Djelfa
Saharaatlas
-30
Schott Melghir
Schott el Djerid
16
Marrakech (Murrakush)
3737
Hoher Atlas
2236
Tripolis (Tarabulus)
Misrata
Kanarische Inseln (Spanien)
La Palma
Teneriffa
3718
Las Palmas
Gran Canaria
Lanzarote
Fuerteventura
Agadir
4167 Toubkal
Antiatlas
Béchar
Ghardaïa
Ouargla
Westlicher Großer Erg
Östlicher Großer Erg
Djabal Nafusa
968
Große Syrte
Wadi Draa
Wadi Saoura
El Aaiún
Tindouf
Ghadamis
Tripolitanien
Tademaït-Plateau
Adrar
In Salah
Hamada von Tinghert
Iguidi
Erg
Eglab
738
Reggane
137
Wadi Igharghar
Dakhla (Ad-Dachila)
Sahara (von Marokko besetzt)
Bir Mogrein
Erg Chech
Sabha
1200
Nördlicher Wendekreis
Tassili der Adjer
Djabal Azao 2158
Libyen
Fessan
Ghat
Nouadhibou (Nawadibu)
Ras Nouadhibou (Kap Blanc)
Zouérat (Azawirat)
Westsaharisches Becken
Algerien
Ahaggar
3003 Tahat
Tamanrasset
Tanezrouft
170
Wadi Tafassasset
Atar
Al-Djawf
Sahara
Djado-plateau
Djado
Nouakchott (Nawakshut)
Trarza
Mauretanien
Tagant
Adrar des Iforas
890
Tassili der Ahaggar
Mittelsahara
Sahel
1944
3265
Tibesti
Ténéré
Kaouar
Al-Mrayyah
Mali
Saint-Louis
Rosso
Kaédi
Aïr
Arlit
2022 Monts Bagzane
Emi Koussi
Borkou
Faya
Kap Verde
Dakar
Senegal
Touba
Kaolack
Timbuktu (Tombouctou)
Timbédra
Wadi Azaouak
Tschadbecken
Agadez
Banjul
Gambia
Kayes
Gao
Niger
Djourab
Ziguinchor
Bodélé
Tschad
Bissau
Guinea-Bissau
1537
Fouta Djalon
Bamako
Niger
Bani
271
Mopti
Nigerbecken
Dori
Niamey
180
Dosso
Damergou
Maradi
Zinder
N'Guigmi
Bissagos-Inseln
Boké
Guinea
Kindia
Ouagadougou
Burkina Faso
Sokoto
Katsina
Nguru
Tschadsee
240
Conakry
Oberguinea
Sikasso
Bobo-Dioulasso
Schwarzer Volta
Weißer Volta
Kano
Maiduguri
N'Djamena
Freetown
Lomaberge 1948
Sierra Leone
Kankan
Kissidougou
Korhogo
Côte d'Ivoire (Elfenbeinküste)
Tamale
Benin
Kainji-Stausee
Zaria
Kaduna
Jos-Plateau
Jos
1494
Gombe
Guéra 1790
Chari
Sherbro
Bo
Nimbaberge 1752
Bouaké
Ghana
Volta-Stausee
Togo
Sokodé
Parakou
Abuja
Nigeria
Benue
Garoua
Moundou
Monrovia
Buchanan
Liberia
Daloa
Bandama
Yamoussoukro
Kumasi
Oyo
Ilorin
Oshogbo
Abeokuta
Ibadan
Makurdi
2042
Adamaua
2418
Ngaoundéré
Soubré
Elfenbeinküste
Goldküste
Obuasi
Porto Novo
Lagos
Lomé
Cotonou
Benin-Stadt
Warri
Enugu
Abidjan
Accra
Uyo
Calabar
Bamenda
Kamerun
Kap Palmas
Sekondi-Takoradi
Port Harcourt
Kamerunberg 4070
Malabo
Douala
Sanaga
Jaunde (Yaoundé)
Bertoua
Bangui
5207
Golf von Guinea
Bioko
3008
Edéa
Bata
Äquatorialguinea
Principe
São Tomé und Principe
São Tomé
Libreville
Gabun
Oyem
Ouesso
Kongo
Mbancaka
Äquator
Port Gentil
Lambaréné
Owando
Kapverdische Inseln
Santo Antão
São Nicolau
Boa Vista
Kap Verde
Santiago
Fogo
2829
Praia
15° Nord
25° West
L
M
X449a
© Westermann
10° Nord
20°
30°
C
0°
D
10° Ost
E
1
2
3
4
5
6
7

ERDE LUXEMBURG EUROPA ASIEN AFRIKA OZEANIEN POLARGEBIETE AMERIKA REGISTER

Maßstab 1 : 18 000 000 (1 cm ≙ 180 km) 0 100 200 300 400 500 km

ERDE
LUXEMBURG
EUROPA
ASIEN
AFRIKA
OZEANIEN
POLARGEBIETE
AMERIKA
REGISTER

Moldau
Kischinau
Ukraine
Cherson
Odessa
Rumänien
Ploiești
Bukarest
Konstanza
Warna
Bulgarien
Sofia
Plowdiw
Burgas
Sewastopol
Krim
Noworossijsk
Krasnodar
Stawropol
Russland
Sotschi
Kaukasus
Georgien
Kutaissi
Tiflis
Batumi
Machatschkala
Aktau
Schwarzes Meer
Kaspisches Meer
Nordmazedonien
Saloniki
İstanbul
Bursa
İzmit
Eregli
Ankara
Samsun
Trabzon
Gjumri
Armenien
Jerewan
Baku
Aserbaidschan
Kayseri
Türkei
Konya
Adana
Mersin
İskenderun
Izmir
Antalya
Athen
Griechenland
Rhodos
Kreta
Zypern
Vansee
Van
Täbris
Rasht
Urmiasee
Mossul
Kirkuk
Aleppo
Syrien
Dair az-Zur
Banias
Homs
Libanon
Beirut
Damaskus
Haifa
Israel
Tel Aviv-Jaffa
Amman
Jerusalem
Jordanien
Irak
Bagdad
Hamadan
Kermanshah
Arak
Teheran
Qom
Elburs
Kashan
Isfahan
Yazd
Iran
Kerman
Zahedan
Ahvaz
Basra
Abadan
Kuwait
Kuwait-Stadt
Shiraz
Bushehr
Bandar Abbas
Usbekistan
Nukus
Urgentsch
Samarkand
Duschanbe
Turkmenistan
Türkmenbașy
Türkmenabat
Karakum
Aşgabat
Mary
Maimana
Meschhed
Gorgan
Herat
Afghanistan
Große Salzwüste (Dasht-e Kavir)
Tobruk
As-Sallum
Marsa Matruh
Alexandria
Port Said
Kairo
Suez
Al-Fayyum
Al-Djaghbub
Siwa
Al-Bahariyya
Libysche Wüste
Ägypten
Asyut
Qina
El Kharga
Safaga
Assuan
Nassersee
Toshka-Seen
Al-Djauf
Akaba
Al-Djawf
Nefud
Buraida
Persischer Golf
Ad-Dammam
Bahrain
Katar
Doha
Al-Hufuf
Ruwais
Abu Dhabi
Dubai
Vereinigte Arab. Emirate
Golf von Oman
Suhar
Maskat
Gwadar
Sur
Oman
Riad
Medina
Yanbu
Rabigh
Jidda
Mekka
Saudi-Arabien
Große Arabische Wüste
Rotes Meer
Wadi Halfa
Nubische Wüste
Port Sudan
Salalah
Erdi-plateau
Fada
Merowesee
Karima
Atbara
Sudan
Khartum
Kassala
Eritrea
Massawa
Asmara
Wad Madani
Sannar
Jemen
Tarim
Sanaa
Al-Mukalla
Ta'izz
Aden
Sokotra (Jemen)
Abd-al-Kuri
Golf von Aden
Tigre
Danakil
Assab
Dschibuti
Gonder
Tanasee
Bahir Dar
Dese
El Fasher
El Geneina
Darfur
Kordofan
El Obeid
Nyala
Nuba-Berge
Ad-Damazin
Kaduqli
Birao
Malakal
Dire Dawa
Harar
Berbera
Burco
Hargeysa
Boosaaso
Xaafun
Garoowe
Addis Abeba
Nazret
Jimma
Äthiopien
Awasa
Degeh Bur
Ogaden
Somalia
Hobyo
Beled Weyne
Quadda
Zentralafrikanische Republik
Waw
Südsudan
Bor
Obo
Bangassou
Mongalla
Yambio
Juba
Dolo Odo
Baydhabo
Bondo
Niangara
Watsa
Arua
Gulu
Lodwar
Moyale
Turkanasee (Rudolfsee)
Baardheere
Mogadischu
Marka
Bumba
Buta
Isiro
Mungbere
Bunia
Uganda
Kenia
D. R. Kongo
Kisangani
Butembo
Kasese
Kampala
Jinja
Tororo
Eldoret
Nanyuki
Nakuru
Kisumu
Naivasha
Nairobi
Victoriasee
Musoma
Magadi
Kabale
Ubundu
Punia
Kismaayo
Indischer Ozean
© Westermann

ERDE
LUXEMBURG
EUROPA
ASIEN
AFRIKA
OZEANIEN
POLARGEBIETE
AMERIKA
REGISTER

Landhöhen und Meerestiefen
(in Meter)

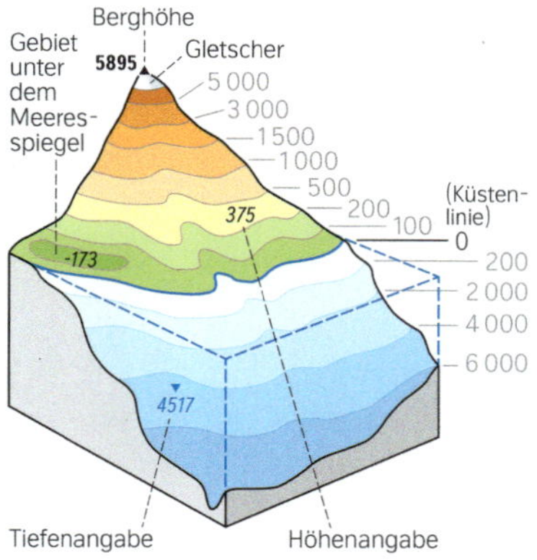

Gewässer
- Fluss
- Fluss, jahreszeitlich Wasser führend
- Wadi, Trockental, selten Wasser führend
- Kanal
- Stromschnelle, Wasserfall
- See
- Salzsee
- Salzpfanne
- Stausee, Staumauer
- Sumpf, Moor
- Korallen

Orte (Einwohner)
- über 5 000 000
- 1 000 000 – 5 000 000
- 500 000 – 1 000 000
- 100 000 – 500 000
- 20 000 – 100 000
- unter 20 000
- Oase

Kulturdenkmäler
- Ruinenstätte, geschichtlich bedeutsamer Ort

Verkehr
- Eisenbahn
- wichtige Fernstraße

Verwaltung
- Staatsgrenze

Nairobi Hauptstadt eines Staates
Abidjan Regierungssitz eines Staates
Kapstadt Parlamentssitz eines Staates

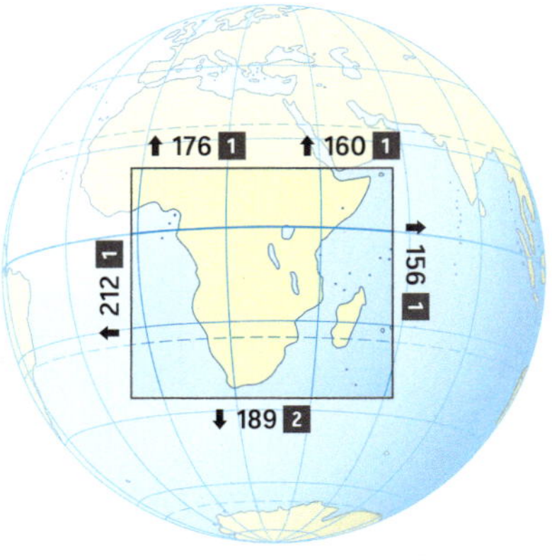

Maßstab 1 : 18 000 000 (1 cm ≙ 180 km) 0 100 200 300 400 500 km

ERDE
LUXEMBURG
EUROPA
ASIEN
AFRIKA
OZEANIEN
POLARGEBIETE
AMERIKA
REGISTER

1 Australien/Ozeanien **Physische Übersicht**

Maßstab 1 : 36 000 000 — 0 200 400 600 800 1000 km

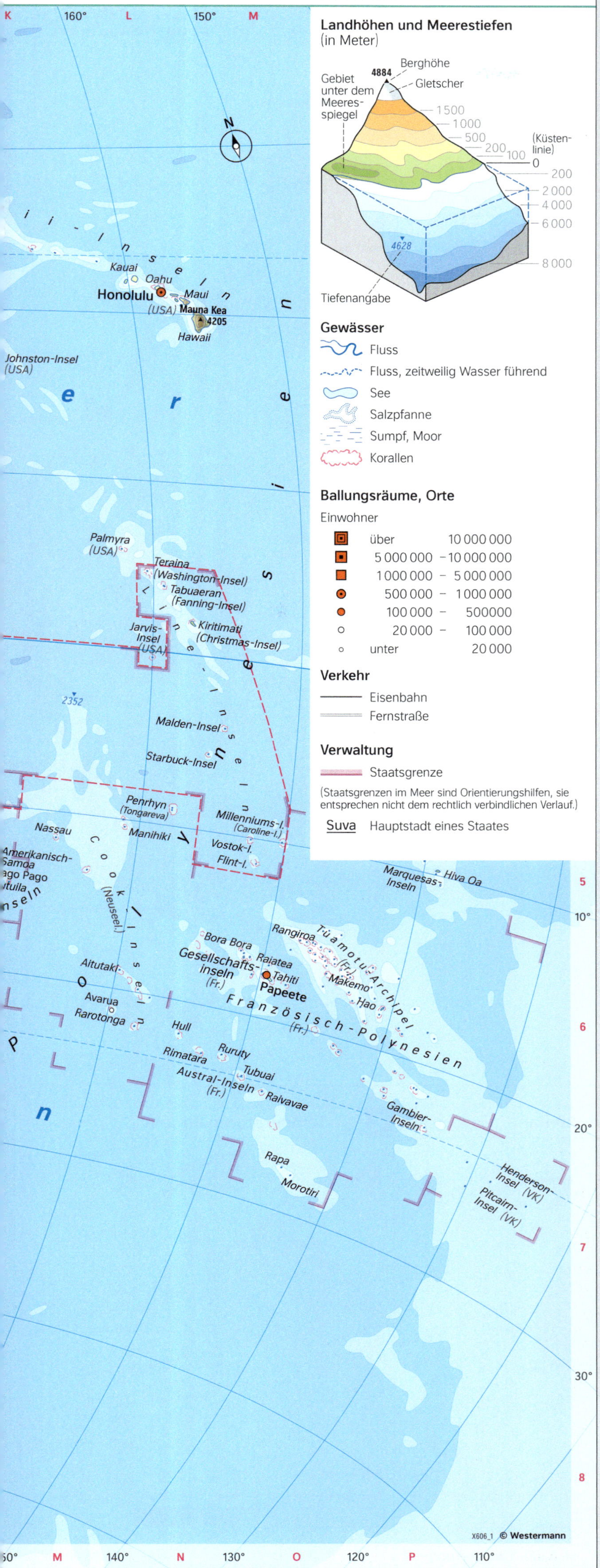

Landhöhen und Meerestiefen
(in Meter)

Gewässer
- Fluss
- Fluss, zeitweilig Wasser führend
- See
- Salzpfanne
- Sumpf, Moor
- Korallen

Ballungsräume, Orte
Einwohner

über	10 000 000
5 000 000	– 10 000 000
1 000 000	– 5 000 000
500 000	– 1 000 000
100 000	– 500 000
20 000	– 100 000
unter	20 000

Verkehr
- Eisenbahn
- Fernstraße

Verwaltung
- Staatsgrenze

(Staatsgrenzen im Meer sind Orientierungshilfen, sie entsprechen nicht dem rechtlich verbindlichen Verlauf.)

Suva — Hauptstadt eines Staates

2 Australien/Ozeanien **Topographie und Rekorde**

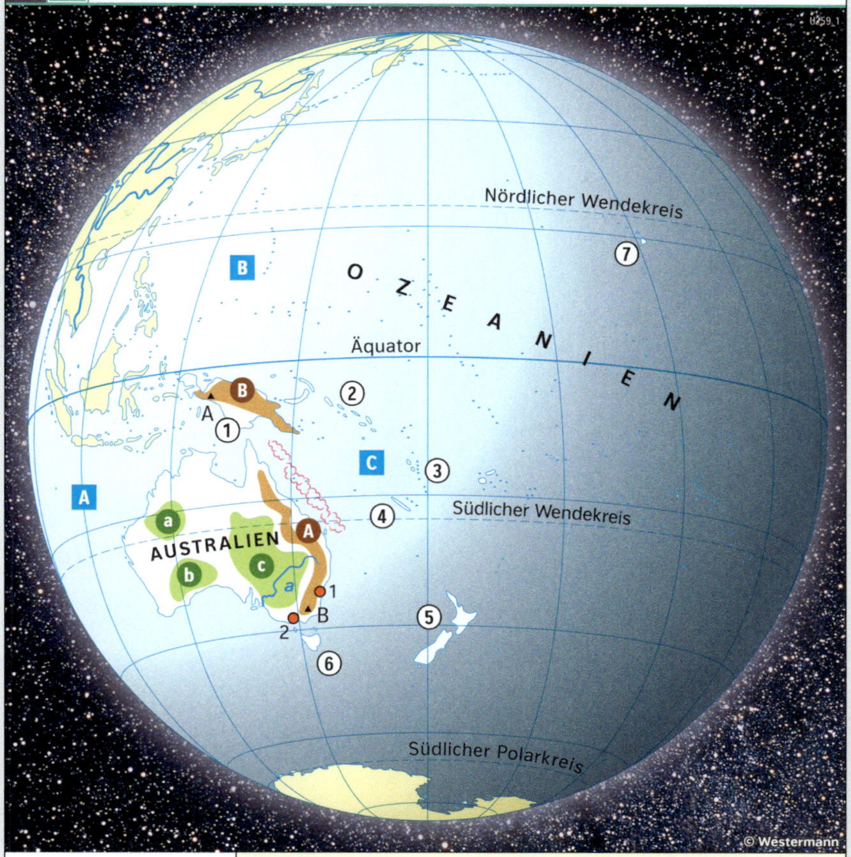

- 1–2 Ballungsräume
- a Flüsse
- A–C Meere
- A–B Berge
- A–B Gebirge
- a–c Becken, Landschaften
- 1–7 Inseln, Halbinseln

Höchste Berge:

Puncak Jaya	4884 m
Mt. Wilhelm	4508 m
Mauna Kea (Hawaii)	4205 m
Mauna Loa (Hawaii)	4170 m

Längste Flüsse:

Darling	2735 km
Murray	2590 km

Größte Salzseen:

Eyresee	9690 km²
Torrenssee	5700 km²

Größte Ballungsräume: (Einwohner)

Sydney	4,8 Mio.
Melbourne	4,8 Mio.

Tiefster Punkt:

Ufer des Eyresees	–15 m

Größte Monolithen der Welt:

Mount Augustus	7 x 3 km
Uluru (Ayers Rock)	3 x 2 km

Größtes Korallenriff der Welt:

Great Barrier Reef	347 800 km²

(Stand 2020)

3 Hawaii **Vulkaninsel**

Maßstab 1 : 2 000 000 — 0 10 20 30 40 50 km

Bodennutzung und Vegetation
- Ackerbau, z.T. bewässert
- Zuckerrohrplantage
- Kaffeeanbau
- Nussanbau
- Weideland
- offener Wald, Gebüsch, Gräser
- Regenwald
- Felsregion, Ödland
- Lavastrom, Basalt-, Lavadecke

Vulkanismus
- Hualalai — Schildvulkan
- Vulkankrater, Gipfel
- Gipfelcaldera
- 4205 — Höhe (in Meter)
- Eruptionsspalten, Riftzone

Meer
- Korallenriff

weitere Erläuterungen ➞ 184 1

Hotspot Hawaii – Entstehung einer Inselkette

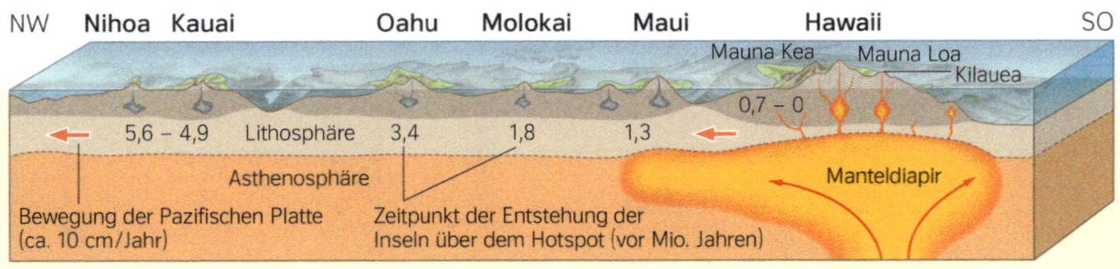

1 Wirtschaft

2 Niederschläge im Jahr

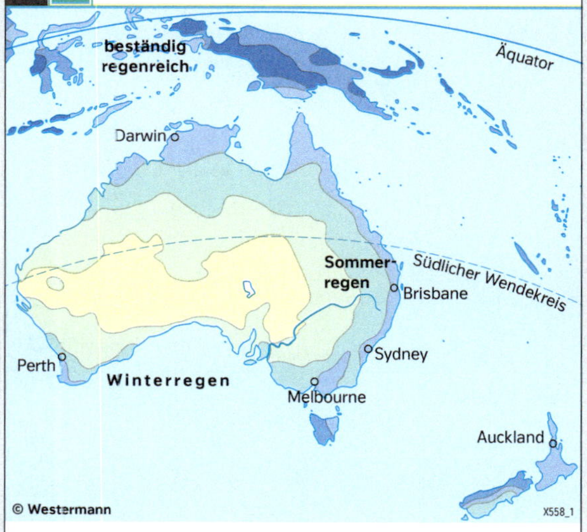

Niederschläge im Jahr (langjähriges Mittel in mm/Jahr)

250 500 1000 2000 3000 mm

Maßstab 1 : 84 000 000

3 Temperaturen im Januar

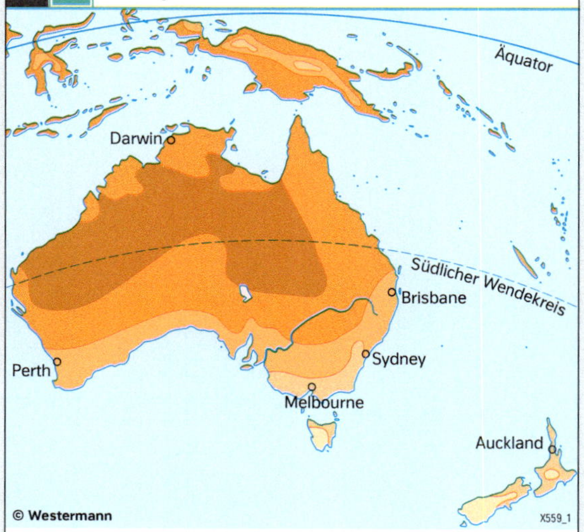

Temperaturen (langjähriges Monatsmittel in Grad Celsius)

15 20 25 30 °C

Maßstab 1 : 84 000 000

4 Temperaturen im Juli

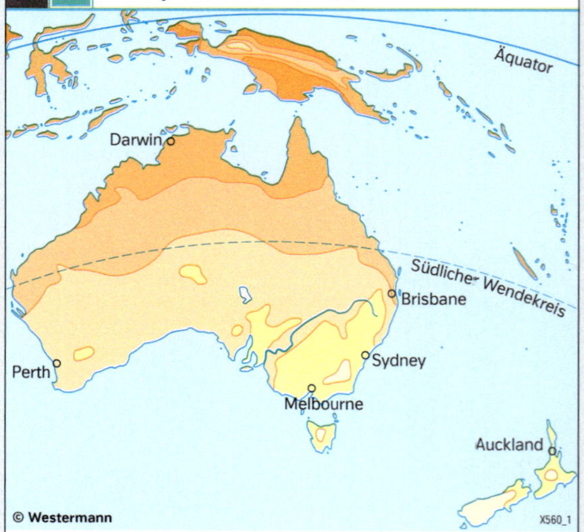

Temperaturen (langjähriges Monatsmittel in Grad Celsius)

5 10 15 20 25 °C

Maßstab 1 : 84 000 000

Maßstab 1:18 000 000

5 Australien Aborigines

Maßstab 1:54 000 000

Aborigines (indigene Bevölkerung)
- ursprüngliches Wohngebiet bei Ankunft der Europäer 1788
- heutiges Wohngebiet
- Stadt oder Ort mit mehr als 1000 Aborigines

In Australien lebten 2019 25 Mio. Einwohner, davon ca. 800 000 Aborigines.

Grenzen
- Bundesstaatengrenze

6 Australien Einwanderung

Maßstab 1:54 000 000

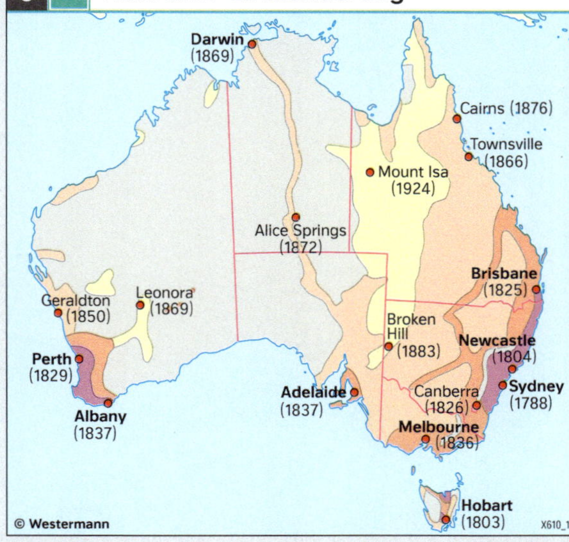

Besiedlung
- bis 1830
- 1830 – 1850
- 1850 – 1875
- 1875 – 1900
- nach 1900 bzw. unbewohnt

Sydney (1788) Jahr der ersten dauerhaften europäischen Besiedlung

Grenzen
- Bundesstaatengrenze

Waldlandschaften
- Feucht- und Trockenwald der gemäßigten Zone
- tropischer Feucht- und Regenwald

Offene Landschaften
- Trockenwald (Eukalyptus)
- Trockensavanne (Akazie)
- Halbwüste; Wüste
- Feuchtsavanne
- Mangrove

Kulturland
- Ackerbau
- Bewässerungsland
- Weide, z. T. Wiese

Nutzpflanzen
- Weizen
- Reis
- Zuckerrohr
- Bananen
- Zitrusfrüchte
- Wein
- Baumwolle

Viehhaltung
- Rinder
- Schafe

1 Zeichen ≙ 5 Millionen Tieren

Bergbau
- Erdöl
- Erdgas
- Steinkohle
- Braunkohle
- Eisen
- Stahlveredler (Kobalt, Mangan, Nickel)
- Blei, Zink
- Kupfer
- Zinn
- Gold
- Silber
- Uran
- Bauxit (Aluminiumrohstoff)
- Diamanten

Stromerzeugung und Industrie
- Wasserkraftwerk
- Wärmekraftwerk
- Eisen- und Stahlerzeugung
- Buntmetallverhüttung
- Aluminiumverhüttung
- Eisen- und Metallverarbeitung, Maschinenbau
- Elektronik, Elektrotechnik, IT
- Chemie, Kunststoffe
- Erdölraffinerie
- Textilien, Bekleidung, Leder
- Holz, Papier
- Nahrungs- und Genussmittel

Dienstleistungen

Dienstleistungszentrum
- mit internationaler Bedeutung
- mit überregionaler Bedeutung
- mit regionaler Bedeutung
- Tourismusregion

Verkehr und Transport
- wichtige Eisenbahn
- Fernstraße
- Erdölleitung
- Erdgasleitung

Grenzen
- Grenze der Bundesstaaten in Australien

1 Nordpolargebiet (Arktis) **Naturraum**

Maßstab 1 : 36 000 000 — 0 200 400 600 300 1000 km

Eisverhältnisse

- Inlandeis
- tätiger Vulkan
- durchschnittliche Packeisgrenze
- äußerste Treibeisgrenze
- 3231 / 3000 Höhe über dem Meeresspiegel, Eisdicke (in Meter)
- 10 °C-Juli-Isotherme (Grenze der Arktis)

Meeresströmungen

- kalte Strömung
- warme Strömung

Dauerfrostboden (Permafrost)

- geschlossene Verbreitung
- inselartiges Vorkommen

Landschaften und Lebensräume

- Tundra
- nördlicher Nadelwald
- sommergrüner Laub- und Mischwald
- Steppe (Prärie), Hochgebirgssteppe
- Halbwüste und Wüste
- landwirtschaftliche Nutzfläche
- Eisbärenpopulation

Bergbau

- Erdöl
- Erdgas
- Kohle
- Eisen
- Stahlveredler
- Buntmetalle
- Edelmetalle
- radioaktive Verseuchung des Meeres durch Atommüll

Ballungsräume (Einwohner)

über	10 000 000
5 000 000 –	10 000 000
1 000 000 –	5 000 000
500 000 –	1 000 000
100 000 –	500 000
unter	100 000

Klimadiagramm

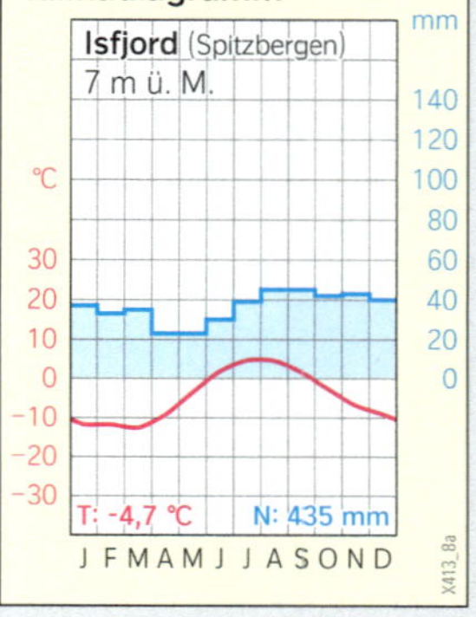

2 Südpolargebiet (Antarktis) **Naturraum**

Maßstab 1 : 36 000 000 0 200 400 600 800 1000 km

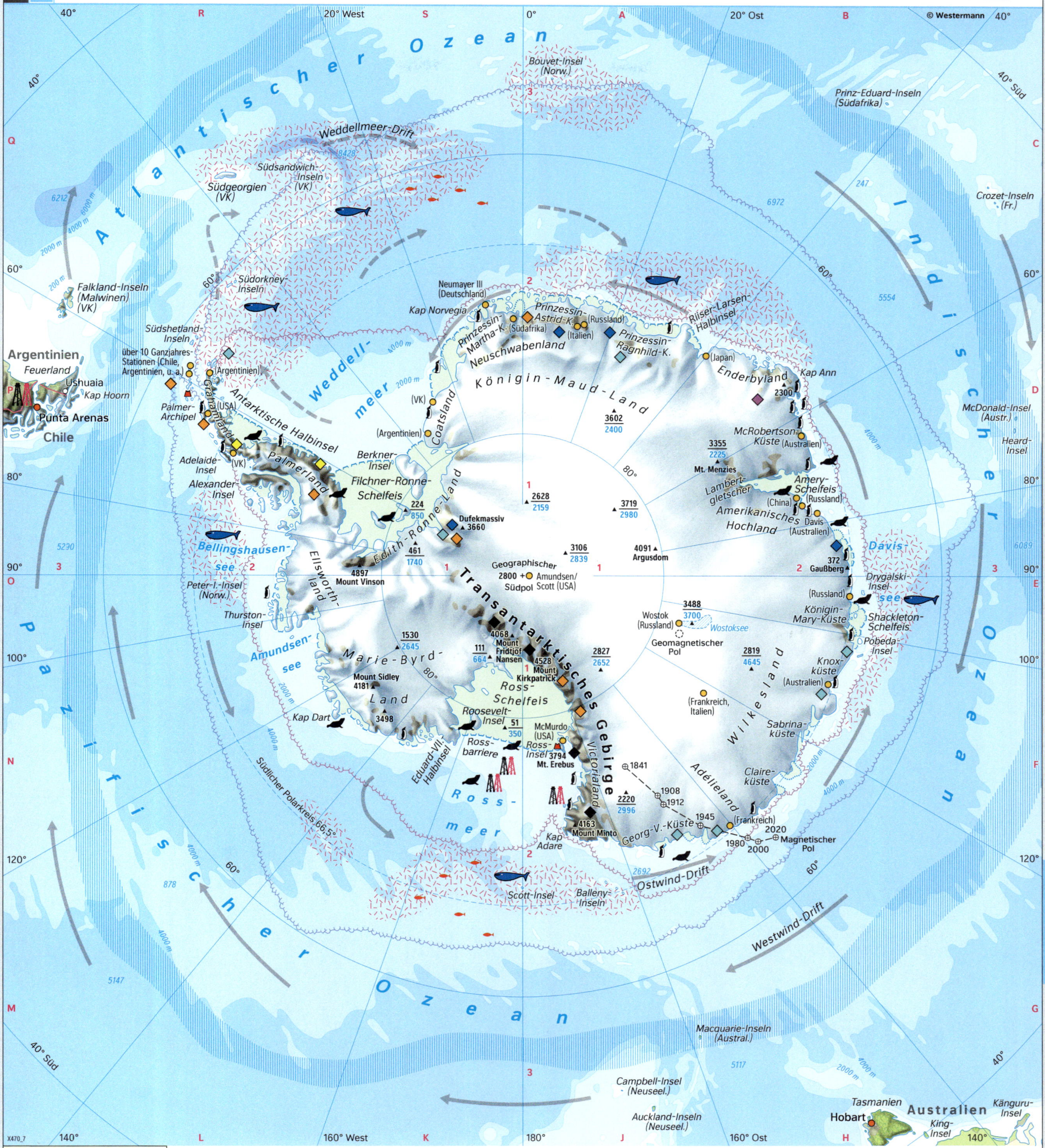

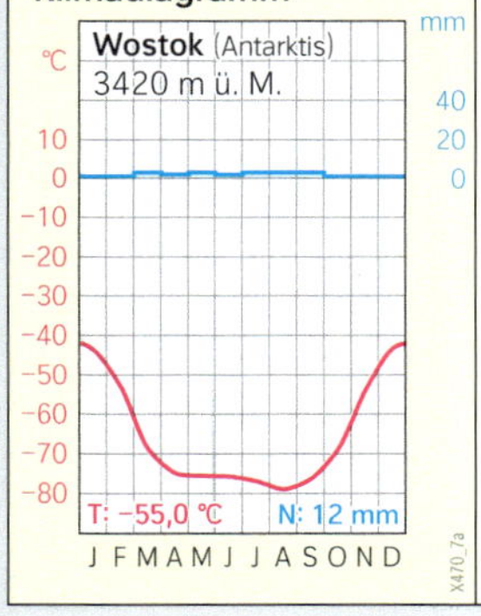

Eisverhältnisse
- Inlandeis
- Gebiete mit eisfreien Arealen
- Schelfeis
- Gletscher
- durchschnittliche Packeisgrenze
- äußerste Treibeisgrenze
- tätiger Vulkan
- Antarktische Konvergenz (Aufeinandertreffen kalter und warmer Oberflächenströmungen, Grenze der Antarktis)
- Winddrift
- 3719 / 2980 Höhe über dem Meeresspiegel, Eisdicke (in Meter)
- Unter-Eis-See (bisher erkundet)

Lebensräume
- Krill (Hauptverbreitungsgebiet)
- Wal
- ganzjährig besetzte Polarstation (Forschungsnation)
- Robbe
- Pinguine (bedeutende Kolonien)
- Fischgründe

Fundorte von Erzen und Energierohstoffen
- Eisen
- Stahlveredler
- Buntmetalle
- Edelmetalle
- Kohle
- Erdöl, Erdgas (fündige Bohrungen)
- Uran

Meerestiefen (in Meter)
- 0 – 200
- 200 – 2 000
- 2 000 – 4 000
- 4 000 – 6 000
- 6 000 – 8 000
- über 8 000 m

1
Physische Übersicht
Maßstab 1 : 36 000 000
0 200 400 600 800 1000 km
Landhöhen und Meerestiefen (in Meter)
Gebiet unter dem Meeresspiegel
Berghöhe
Gletscher
Tiefenangabe
Höhenangabe
Gewässer
Fluss
periodischer Fluss
Kanal
See
Salzsee
Salzpfanne
Sumpf, Moor
Ballungsräume, Orte
Einwohner
über 10 000 000
5 000 000 – 10 000 000
1 000 000 – 5 000 000
Atlantischer Ozean
Pazifischer Ozean
Nordpolarmeer
Grönland
Grönlandsee
Dänemarkstraße
Island
Nördlicher Polarkreis
Färöer
Jan Mayen
Britische Inseln
Nordsee
London
Randstad
Brüssel
Birmingham
Manchester
Dublin
Glasgow
Newcastle upon Tyne
Kap Farvel
Kap Morris Jesup
Labradorsee
Davisstraße
Baffin Bay
Baffin-Insel
Ellesmere-Insel
Devon-Insel
Hudsonstraße
Foxebecken
Southampton-Insel
Hudson Bay
Labrador
Neufundland
Kap Race
St. Pierre u. Miquelon
Sankt-Lorenz-Golf
Nova Scotia
Kanadischer Schild
Barren Grounds
Großer Bärensee
Großer Sklavensee
Athabascasee
Winnipegsee
Oberer See
Michigansee
Huronsee
Eriesee
Ontariosee
Beaufortsee
Point Barrow
Banks-Insel
Victoria-Insel
McClure-Straße
Parry-Inseln
Mackenzie
Brookskette
Mount Chamberlin
Mackenziegebirge
Rocky Mountains (Felsengebirge)
Alaska
Alaskakette
Denali (Mount McKinley) 6190
Mount Logan 5959
Küstengebirge
Mount Robson 3954
Golf von Alaska
Beringmeer
Aleuten
Vancouver
Seattle
Mount Rainier 4392
Portland
Mount Shasta 4317
Sierra Nevada
Mount Whitney 4421
Küstenkette
Kap Mendocino
Sacramento
San Francisco
Los Angeles
San Diego
Tijuana
Las Vegas
Großes Becken
Salt Lake City
Colorado-Plateau
Grand Canyon
Phoenix
Gannett Peak 4209
Black Hills 2207
Mount Elbert 4401
Denver
Great Plains
Minneapolis
Milwaukee
Chicago
Detroit
Toronto
Ottawa
Montréal
Boston
Kap Cod
Hartford
New York
Philadelphia
Washington
Norfolk
Buffalo
Pittsburgh
Cleveland
Columbus
Cincinnati
Indianapolis
Louisville
Nashville
St. Louis
Kansas City
Memphis
Charlotte
Atlanta
Appalachen
Mount Mitchell 2037
Atlantische Küstenebene
Jacksonville
Orlando
Kap Canaveral
Tampa
West Palm Beach
Miami
Florida
Floridastraße
Golfküstenebene
New Orleans
Houston
Dallas
Austin
San Antonio
Oklahoma City
Mississippi
Missouri
Arkansas
Red River
Ohio
Rio Grande
Ciudad Juárez
Monterrey
Torreón
Hochland von Mexiko
Östliche Sierra Madre
Westliche Sierra Madre
León
Guadalajara
Mexiko-Stadt
Puebla
Popocatepetl
Citlaltepetl (Pico de Orizaba)
Golf von Kalifornien
Niederkalifornien
Guadalupe
Revillagigedo-Inseln
Golf von Mexiko
Yucatán
Straße von Yucatán
Havanna
Kuba
Große Antillen
Hispaniola
Port-au-Prince
Santo Domingo
San Juan
Puerto Rico
Jamaika
Guadeloupe
Bahama-Inseln
Bermuda
Sargassosee
Nördlicher Wendekreis
Milwaukeetief
nach Hawaii 1800 km

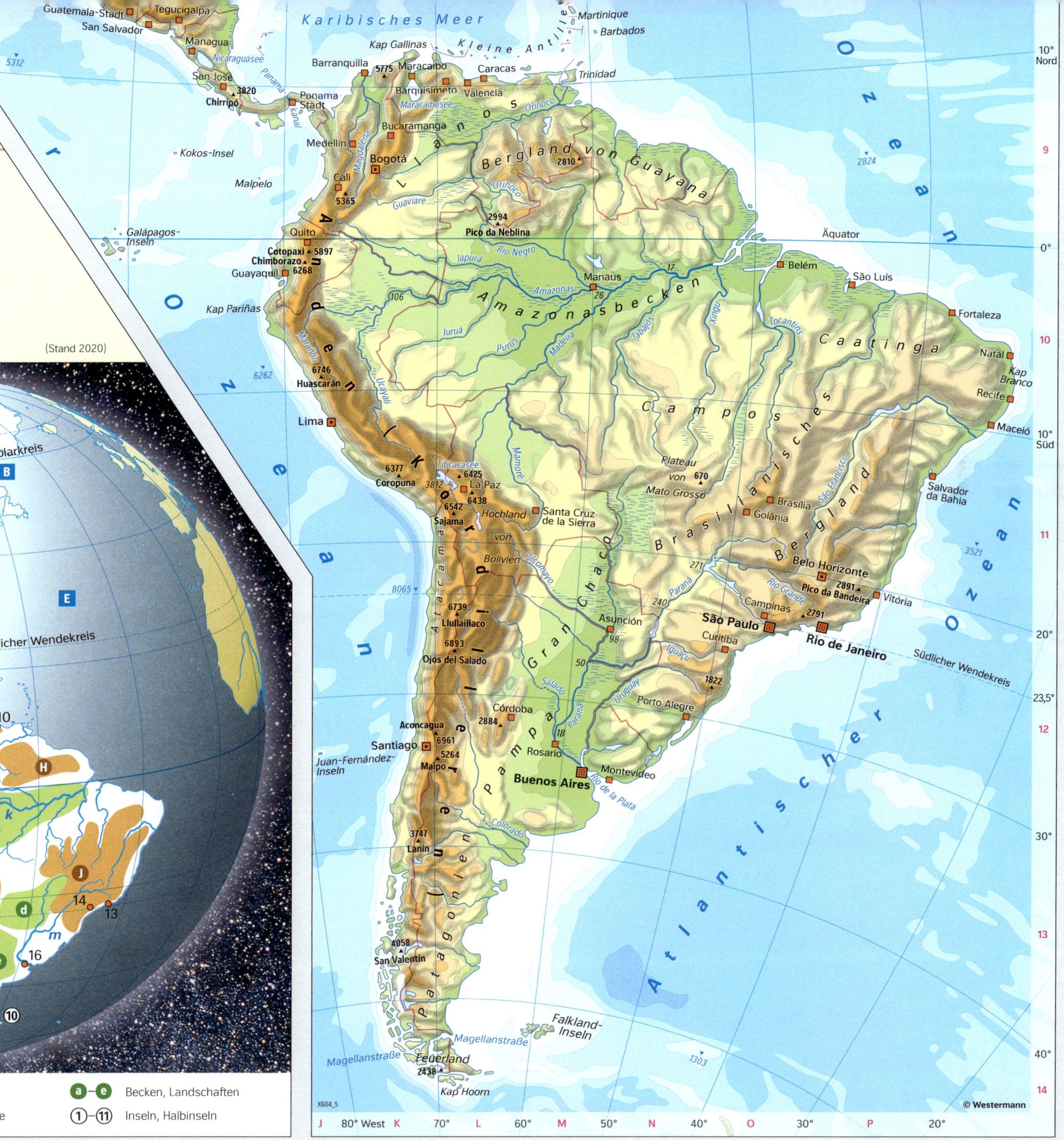

2 Topographie und Rekorde

Nordamerikas höchste Berge:
Denali (Mount McKinley) .... 6190 m
Mount Logan .... 5959 m
Citlaltépetl (Pico de Orizaba) .... 5636 m

Südamerikas höchste Berge:
Aconcagua .... 6961 m
Ojos del Salado .... 6893 m
Monte Pissis .... 6795 m

Längste Flüsse:
Amazonas .... 6448 km
Paraná/Rio Grande .... 3998 km
Mississippi .... 3778 km

Größte Ballungsräume: (Einwohner)
São Paulo .... 21,7 Mio.
Mexiko-Stadt .... 21,6 Mio.
New York .... 20,0 Mio.
Los Angeles .... 18,8 Mio.
Buenos Aires .... 15,0 Mio.

Größte Seen:
Oberer See .... 82 100 km²
Huronsee .... 59 600 km²
Michigansee .... 58 000 km²

Tiefster Punkt:
Tal des Todes (Death Valley) .... –86 m

(Stand 2020)

● 1–16 Ballungsräume
a–m Flüsse, Seen
▲ A–D Berge
a–e Becken, Landschaften
A–G Meere
A–J Gebirge
1–11 Inseln, Halbinseln

Maßstab 1 : 64 000 000 (1 cm ≙ 640 km) 0 500 1000 1500 km

1 Urbevölkerung Anfang 16. Jahrhundert

2 Europäisierung Mitte 18. Jahrhundert

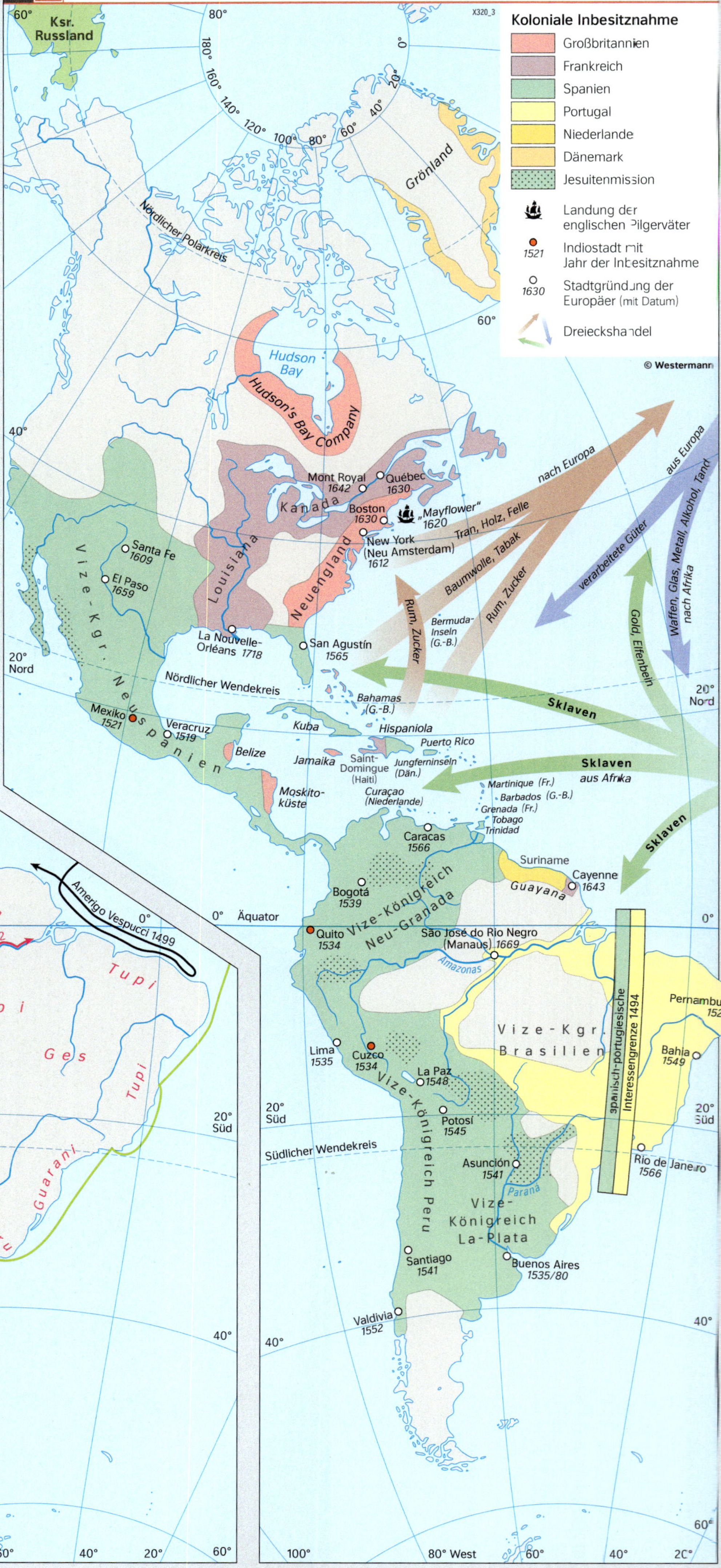

987	Tolteken erobern Chichén Itzá
1100	Mississippi-Kultur erreicht Höhepunkt: Gründung von Cahokia (30 000 Einwohner)
1200	Pueblo-Kultur (Anasazi) auf dem Höhepunkt
um 1320	Aztekenreich entsteht
um 1400	Quipu erfunden: Knotenschrift der Inka

1000 1300

ERDE LUXEMBURG EUROPA ASIEN AFRIKA OZEANIEN POLARGEBIETE AMERIKA REGISTER

3 Nationenbildung um 1825

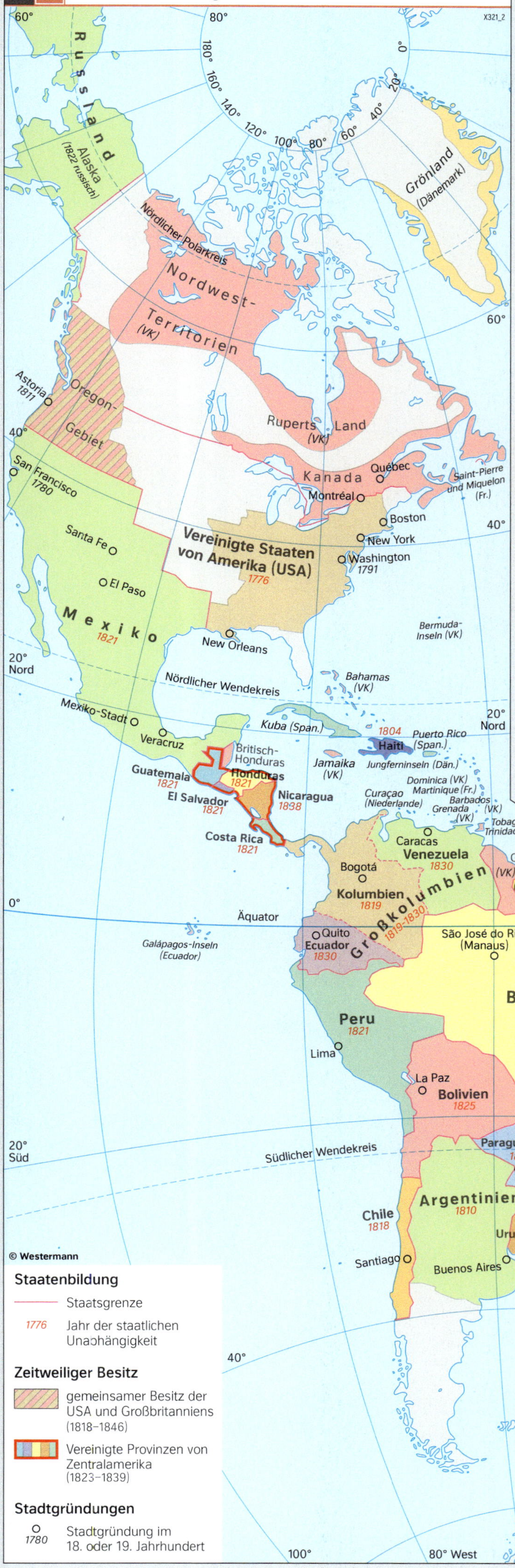

4 Politische Übersicht

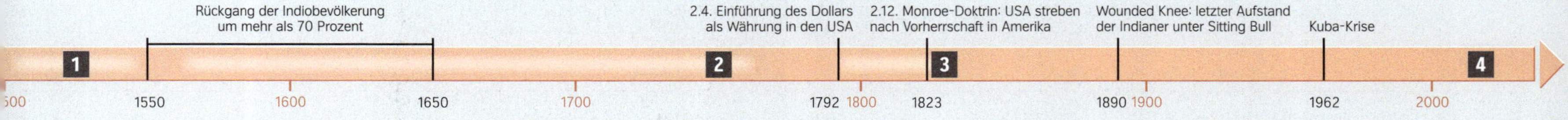

ERDE
LUXEMBURG
EUROPA
ASIEN
AFRIKA
POLARGEBIETE
AMERIKA
REGISTER

1 Temperaturen im Januar
Maßstab 1:64 000 000

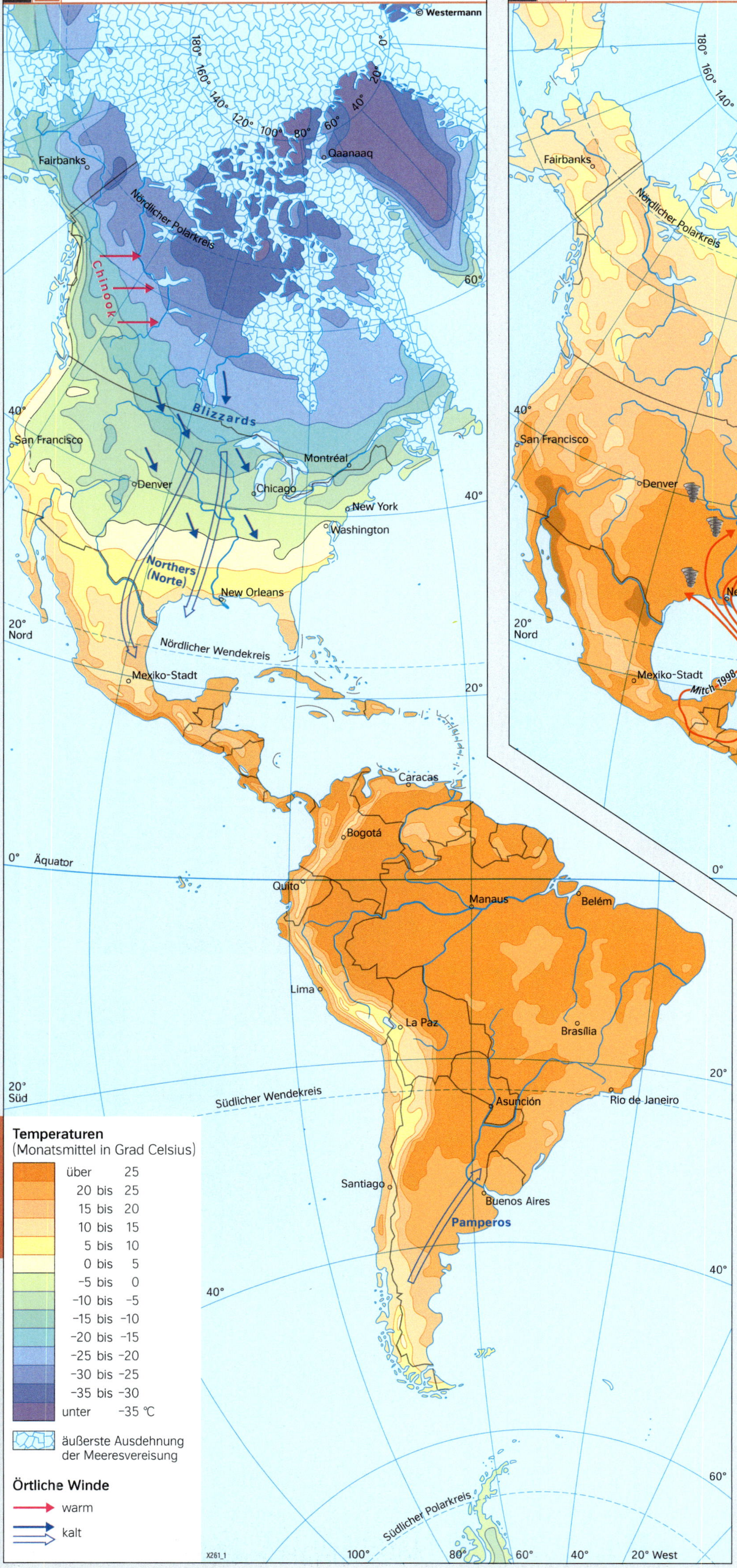

2 Temperaturen im Juli
Maßstab 1:64 000 000

3 Niederschläge im Jahr

Maßstab 1 : 64 000 000

4 Hurrikan Katrina

Maßstab 1 : 24 000 000

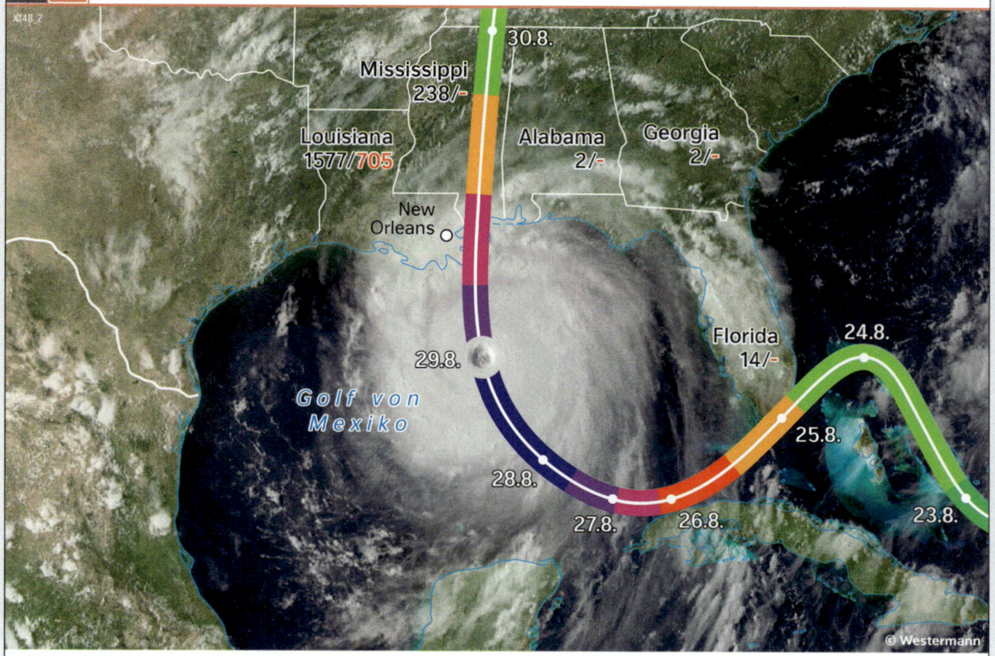

Sturmkategorien (Windgeschwindigkeit in km/h)

tropisches Tiefdruckgebiet	tropischer Sturm	Hurrikan Kategorie 1	Kategorie 2	Kategorie 3	Kategorie 4	Kategorie 5
	63	119	154	178	210	250 km/h

Zugbahn des Hurrikans Ende August 2005

27.8. Lage des Hurrikans um 0 Uhr Greenwichzeit

1577/705 Tote/Vermisste in den Bundesstaaten

5 Entstehung eines Hurrikans

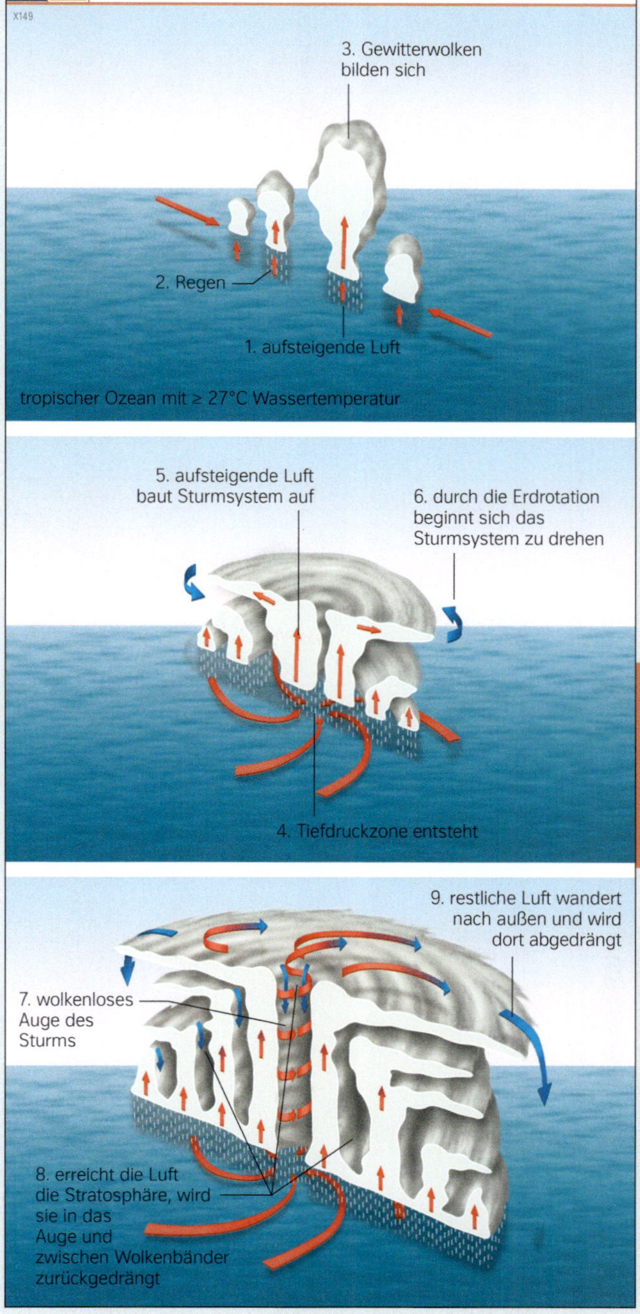

REGISTER POLARGEBIETE AMERIKA OZEANIEN AFRIKA ASIEN EUROPA LUXEMBURG ERDE

1 Amerika Landwirtschaft

2 Anbau und Weg von Bananen

Karibisches Meer
Kleine Antillen
Trinidad
Caracas
Georgetown
Bergland von Guayana
Orinoco
Bogotá
Cali
Quito
Panama-Stadt
San José
Managua
Guatemala
Äquator
Manaus
Rio Negro
Amazonas
Belém
Hochland von Mato Grosso
Caatinga
Recife
Salvador
Campos
Brasília
Brasilianisches Bergland
Rio de Janeiro
São Paulo
Südlicher Wendekreis
Porto Alegre
Paraná
Asunción
Gran Chaco
Montevideo
Rio de la Plata
Buenos Aires
Pampa
Córdoba
Salta
Hochland von Bolivien
La Paz
Lima
Atacama
Anden
Santiago
Valdivia
Patagonien
Feuerland
Falkland-Inseln
Südgeorgien
Ozean
10° Nord
0°
10° Süd
20°
30°
40°
50°
60°
70°
80°
90°

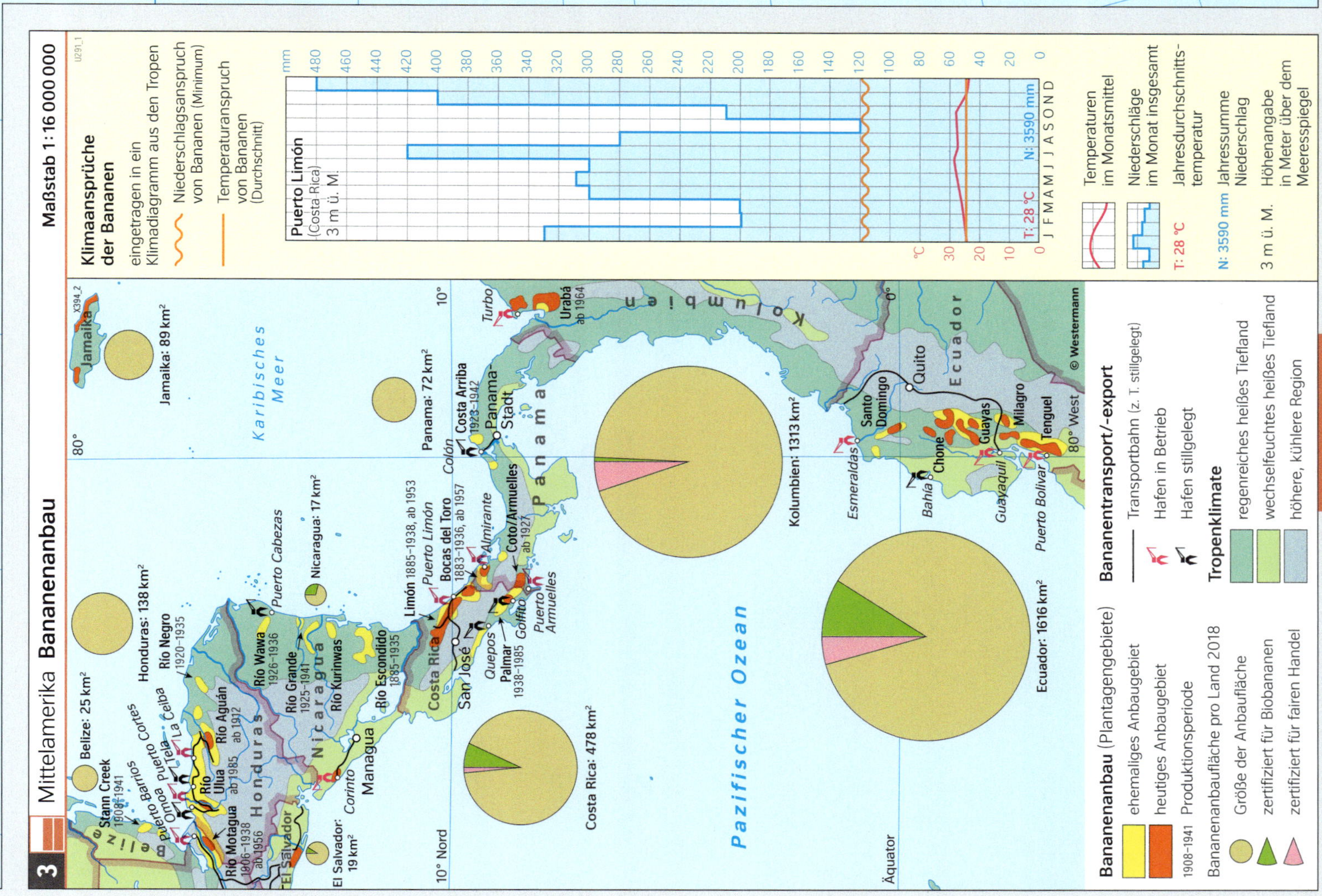
3 Mittelamerika Bananenanbau
Belize: 25 km²
Honduras: 138 km²
Jamaika: 89 km²
Nicaragua: 17 km²
El Salvador: 19 km²
Costa Rica: 478 km²
Panama: 72 km²
Kolumbien: 1313 km²
Ecuador: 1616 km²
Karibisches Meer
Pazifischer Ozean
Honduras
Nicaragua
Costa Rica
Panama
Kolumbien
Ecuador
Managua
San José
Quito
Guayaquil
Puerto Barrios
Puerto Cortés
La Ceiba
Tela
Puerto Cabezas
Puerto Limón
Bocas del Toro
Almirante
Colón
Panama-Stadt
Turbo
Urabá ab 1964
Quepos
Golfito
Puerto Armuelles
Esmeraldas
Santo Domingo
Bahía
Chone
Guayas
Milagro
Puerto Bolívar
Tenguel
Corinto
Maßstab 1:16 000 000
Klimaansprüche der Bananen
eingetragen in ein Klimadiagramm aus den Tropen
Niederschlagsanspruch von Bananen (Minimum)
Temperaturanspruch von Bananen (Durchschnitt)
Puerto Limón (Costa Rica) 3 m ü. M.
T: 28 °C
N: 3590 mm
J F M A M J J A S O N D
Temperaturen im Monatsmittel
Niederschläge im Monat insgesamt
T: 28 °C Jahresdurchschnittstemperatur
N: 3590 mm Jahressumme Niederschlag
3 m ü. M. Höhenangabe in Meter über dem Meeresspiegel
Bananenanbau (Plantagengebiete)
ehemaliges Anbaugebiet
heutiges Anbaugebiet
1908–1941 Produktionsperiode
Bananenanbaufläche pro Land 2018
Größe der Anbaufläche
zertifiziert für Biobananen
zertifiziert für fairen Handel
Bananentransport/-export
Transportbahn (z. T. stillgelegt)
Hafen in Betrieb
Hafen stillgelegt
Tropenklimate
regenreiches heißes Tiefland
wechselfeuchtes heißes Tiefland
höhere, kühlere Region
© Westermann

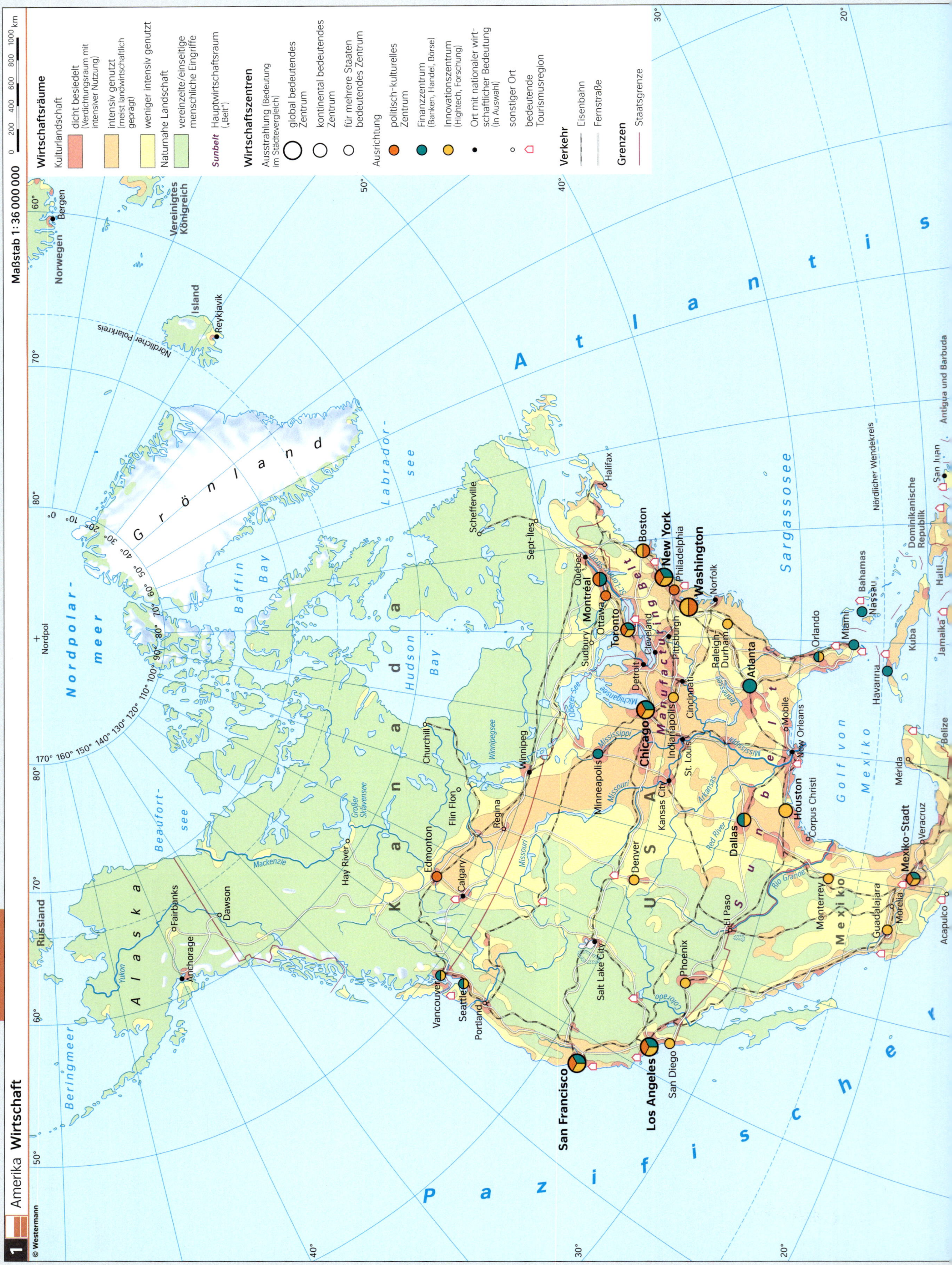
1 Amerika Wirtschaft
Maßstab 1:36 000 000
0 200 400 600 800 1000 km
Wirtschaftsräume
Kulturlandschaft
dicht besiedelt (Verdichtungsraum mit intensiver Nutzung)
intensiv genutzt (meist landwirtschaftlich geprägt)
weniger intensiv genutzt
Naturnahe Landschaft
vereinzelte/einseitige menschliche Eingriffe
Sunbelt Hauptwirtschaftsraum („Belt")
Wirtschaftszentren
Ausstrahlung (Bedeutung im Städtevergleich)
global bedeutendes Zentrum
kontinental bedeutendes Zentrum
für mehrere Staaten bedeutendes Zentrum
Ausrichtung
politisch-kulturelles Zentrum
Finanzzentrum (Banken, Handel, Börse)
Innovationszentrum (Hightech, Forschung)
Ort mit nationaler wirtschaftlicher Bedeutung (in Auswahl)
sonstiger Ort
bedeutende Tourismusregion
Verkehr
Eisenbahn
Fernstraße
Grenzen
Staatsgrenze
Nordpolarmeer
Grönland
Atlantis
Pazifischer
Kanada
USA
Alaska
Mexiko
Hudson Bay
Baffin Bay
Labradorsee
Beaufortsee
Beringmeer
Golf von Mexiko
Sargassosee
Manufacturing Belt
Sunbelt
Nordpol
Nördlicher Polarkreis
Nördlicher Wendekreis
Island
Reykjavik
Norwegen
Bergen
Vereinigtes Königreich
Russland
Anchorage
Fairbanks
Dawson
Vancouver
Seattle
Portland
San Francisco
Los Angeles
San Diego
Phoenix
Salt Lake City
Denver
El Paso
Dallas
Houston
Corpus Christi
Monterrey
Guadalajara
Morelia
Mexiko-Stadt
Veracruz
Acapulco
Mérida
Belize
Havanna
Kuba
Jamaika
Haiti
Dominikanische Republik
San Juan
Antigua und Barbuda
Bahamas
Nassau
Miami
Orlando
Atlanta
New Orleans
Mobile
Kansas City
St. Louis
Minneapolis
Chicago
Indianapolis
Cincinnati
Detroit
Cleveland
Pittsburgh
Raleigh
Durham
Norfolk
Washington
Philadelphia
New York
Boston
Toronto
Ottawa
Montréal
Québec
Halifax
Sept-Îles
Schefferville
Sudbury
Winnipeg
Regina
Flin Flon
Churchill
Edmonton
Calgary
Hay River
Großer Sklavensee
Winnipegsee
Oberer See
Michigansee
Mackenzie
Yukon
Missouri
Mississippi
Arkansas
Red River
Rio Grande
Colorado
Tennessee
St.-Lorenz-Strom
© Westermann

2 Panamakanal Verbindung der Weltmeere

Maßstab 1:750 000

Flächennutzung

- Siedlungsfläche
- Industrie, Hafen, z.T. Militäreinrichtungen
- vorwiegend Ackerbau
- tropischer Regenwald
- Nationalpark

Kanalzone

- Grenze der Kanalzone (Die zwischen 1903 und 1979 von den USA betriebene Kanalzone wurde 1992 ganz an Panama zurückgegeben.)
- Kanaleinschnitt
- Fahrrinne für Containerschiffe mit Schleuse
- Hafen

Wirtschaft

- Freihandelszone
- Finanzzentrum
- Tourismusort

Verkehr

- Eisenbahn
- Autobahn; Straße
- Flughafen; Flugplatz

Schiffspassagen im Vergleich

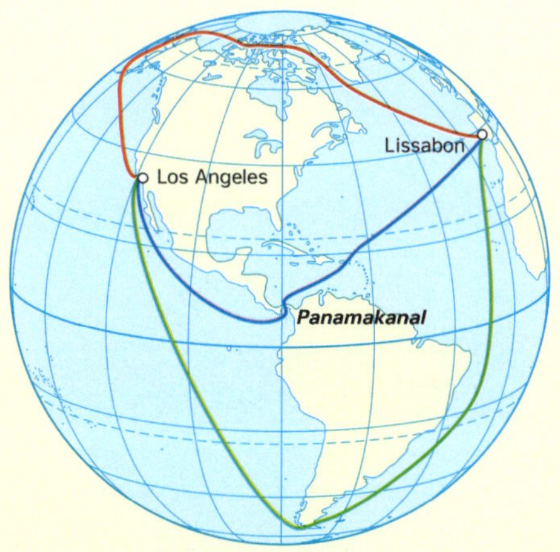

Dauer und Strecke der Schiffspassagen von Lissabon nach Los Angeles

- durch die Nordwestpassage (18 Tage, 14 900 km)
- um Kap Hoorn (26 Tage, 23 000 km)
- durch den Panamakanal (16 Tage, 13 400 km)

ERDE
LUXEMBURG
EUROPA
ASIEN
AFRIKA
OZEANIEN
POLARGEBIETE
AMERIKA
REGISTER

Erläuterungen ➡ 202 1

Landhöhen und Meerestiefen
(in Meter)

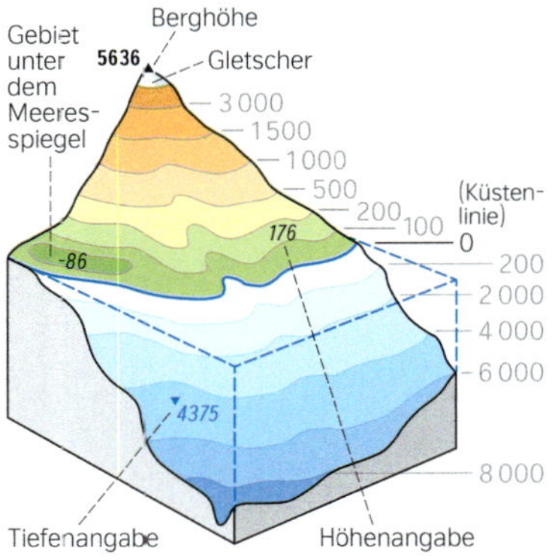

Gewässer
- Fluss
- Fluss, jahreszeitlich Wasser führend
- Wadi, Trockental, selten Wasser führend
- Kanal
- See
- Salzsee
- Salzpfanne
- Stausee, Staumauer
- Sumpf, Moor
- Korallen

Orte (Einwohner)
- über 5 000 000
- 1 000 000 – 5 000 000
- 500 000 – 1 000 000
- 100 000 – 500 000
- 20 000 – 100 000
- unter 20 000

Kulturdenkmäler
- Ruinenstätte, geschichtlich bedeutsamer Ort

Verkehr
- Eisenbahn
- wichtige Fernstraße
- Pass

Verwaltung
- Staatsgrenze
- Grenze eines Bundesstaates in den USA, Provinzgrenze in Kanada

Caracas Hauptstadt eines Staates

Atlanta Hauptstadt eines Bundesstaates in den USA, einer Provinz in Kanada

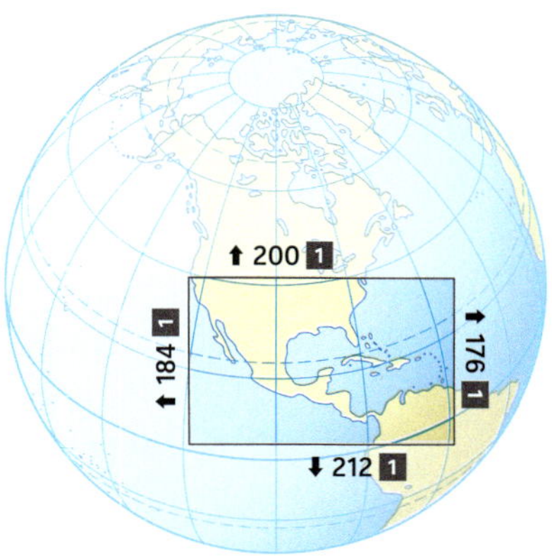

Kanadischer Schild
Hudsontiefland
Akimiski-I.
Eastmain
Mistassinisee
Moosonee
Red Lake
Seulsee
Kenora
Lake of the Woods
Nipigonsee
Thunder Bay
Kapuskasing
Amos
Marathon
Timmins
Saguenay
Québec
Sept-Îles
Natashquan
Anticosti
Gaspé
St.-Lorenz-Golf
Corner Brook
Neufundland
Channel-Port aux Basques
St.-Pierre u. Miquelon (Frankreich)
Kap Race
Sydney
Kap Breton-Insel
Rimouski
Charlottetown
Fredericton
Halifax
Neuschottland
Kap Sable
Sable-Insel
Fundy Bay
Maine
Augusta
Trois-Rivières
Montréal
Ottawa
North Bay
Sault Ste. Marie
Sudbury
Minnesota
Duluth
Oberer See
Michigan
Michigansee
Huronsee
Minneapolis
St. Paul
Green Bay
Wisconsin
Milwaukee
Madison
Chicago
Grand Rapids
Lansing
Detroit
Barrie
Toronto
Kingston
Ontariosee
Hamilton
Rochester
Buffalo
Eriesee
Montpelier
Vermont
New Hampshire
Mt. Washington
Concord
Massachusetts
Boston
Kap Cod
Providence
Rhode Island
Hartford
Connecticut
Bridgeport
New York
Albany
Newark
Trenton
New Jersey
Philadelphia
Pennsylvania
Harrisburg
Dover
Delaware
Annapolis
Baltimore
Washington
Maryland
Richmond
Virginia Beach
Virginia
West Virginia
Charleston
Allegheny-Gebirge
Appalachen
Cleveland
Pittsburgh
Ohio
Columbus
Cincinnati
Indiana
Indianapolis
Illinois
Springfield
Peoria
Cedar Rapids
Des Moines
Iowa
Kansas City
Missouri
Saint Louis
Jefferson City
Louisville
Frankfort
Lexington
Kentucky
Knoxville
Nashville
Tennessee
Mt. Mitchell
Greensboro
Raleigh
Charlotte
Fayetteville
North Carolina
Kap Hatteras
South Carolina
Columbia
Charleston
Atlanta
Georgia
Savannah
Atlantische Küstenebene
Springfield
Ozark-Plateau
Arkansas
Little Rock
Memphis
Zentrales Tiefland
Mississippi
Birmingham
Alabama
Jackson
Montgomery
Shreveport
Louisiana
Baton Rouge
Beaumont
Mobile
New Orleans
Tallahassee
Jacksonville
Florida
Orlando
Kap Canaveral
Tampa
Okeechobeesee
Fort Lauderdale
Everglades
Miami
Kap Sable
Key West
Vereinigte Staaten
Bermuda-Inseln (Vereinigtes Königr.)
Atlantischer Ozean
Grand Bahama
Great Abaco
Bahamas
Nassau
Eleuthera
Andros
Cat
San Salvador
Long
Acklins
Inagua-In.
Caicos-In. (Vereinigtes Königreich)
Turks-In. (Vereinigtes Königreich)
Golf von Mexiko
Havanna (La Habana)
Matanzas
Pinar del Rio
Santa Clara
Kuba
Camagüey
Santiago de Cuba
Große Antillen
Straße von Yucatán
Floridastraße
Kap Catoche
Cancún
Mérida
Chichén Itza
Yucatán
Golf von Campeche
Ciudad del Carmen
Villahermosa
Chetumal
Golf von Honduras
Tikal
Belmopan
Belize
Roatan
Tuxtla Gutiérrez
Guatemala
Tajumulco
Copán
San Pedro Sula
Honduras
Tegucigalpa
Quezaltenango
Guatemala-Stadt
San Salvador
El Salvador
Nicaragua
Matagalpa
León
Managua
Nicaraguasee
Corn-Inseln
Moskitogolf
Providencia (Kolumbien)
San Andrés (Kolumbien)
Puntarenas
San José
Costa Rica
Chirripó
David
Panamakanal
Colón
Panama-Stadt
Panama
Kap Mala
Cayman-In. (Vereinigtes Königr.)
Montego Bay
Jamaika
Kingston
Hispaniola
Cap-Haïtien
Haiti
Port-au-Prince
Santiago
Santo Domingo
Dominikanische Republik
San Juan
Puerto Rico (USA)
Jungferninseln (VK) (USA)
Anguilla (Vereinigtes Kgr.)
St-Martin (Frankr./Niederl.)
Antigua u. Barbuda
St. John's
St. Kitts u. Nevis
Basseterre
Guadeloupe (Frankreich)
Montserrat (Vereinigtes Kgr.)
Roseau
Dominica
Martinique (Frankreich)
Fort-de-France
Castries
St. Lucia
St. Vincent u. die Grenadinen
Kingstown
Barbados
Bridgetown
Grenada
St. George's
Kleine Antillen
Karibisches Meer
Aruba (Niederlande)
Curaçao
Bonaire
Margarita
Port of Spain
Trinidad und Tobago
Kap Gallinas
Coro
Maracaibo
Valencia
Caracas
Cumaná
Carúpano
Turumiquire
El Tigre
Santa Marta
Barranquilla
Cartagena
Golf v. Darién
Maracaibosee
Barquisimeto
Guanare
Calabozo
Llanos
Orinoco
Ciudad Guayana
Ciudad Bolívar
Georgetown
Linden
Guyana
Montería
Cúcuta
Pico Bolívar
Kord. v. Mérida
Puerto Carreño
Venezuela
Bergland von Guayana
Auyán-Tepui
Roraima
Serra Pacaraima
Medellín
Bucaramanga
Sogamoso
Bogotá
Pereira
Kolumbien
Meta
Marahuaca
Boa Vista
Brasilien
Zum Vergleich
Brüssel
Reims
Luxemburg
Stuttgart
250 km

1
Vancouver-Insel
Vancouver
Seattle
Portland
Williams Lake
Trail
Edmonton
Calgary
Meadow
Prince Albert
Saskatchewan
Winnipegsee
Regina
Red Lake
Winnipeg
Manitouwadge
Thunder Bay
Oberer See
Mesabi
Duluth
Fargo
Bismarck
Minneapolis
St. Paul
Milwaukee
Chicago
Michigansee
Sioux Falls
Rapid City
Missouri
Omaha
Peoria
Indianapolis
Louisville
Evansville
St. Louis
Kansas City
Topeka
Wichita
Dodge City
Hugoton
Panhandle
Amarillo
Oklahoma City
Tulsa
Arkansas
Memphis
Chattanooga
Huntsville
Birmingham
Red River
East Texas
Dallas
Fort Worth
Houston
San Antonio
Port Arthur
Mobile
New Orleans
Corpus Christi
Nuevo Laredo
Monterrey
Golf von Mexiko
Tampico
Mérida
Cancún
Yucatán
Veracruz
Minatitlán
Belize
Guatemala
Guatemala-Stadt
San Salvador
El Salvador
Tegucigalpa
Salina Cruz
Puebla
Mexiko-Stadt
Lázaro Cárdenas
Acapulco
Guadalajara
León
San Luis Potosí
Zacatecas
Mexiko
Sierra Madre
Torreón
Monclova
Chihuahua
Hochland von Mexiko
Östliche Sierra Madre
Westliche Sierra Madre
Santa Barbara
Ciudad Obregon
Golf von Kalifornien
Nördlicher Wendekreis
Rio Bravo del Norte
Rio Grande
Ciudad Juárez
El Paso
Tucson
Phoenix
Albuquerque
Los Alamos
Santa Fe
Denver
Colorado Springs
Colorado
Las Vegas
Los Angeles
San Diego
Tijuana
San Francisco
Sacramento
Salt Lake City
Großes Becken
Boise
Idaho Falls
Snake
Butte
Yellowstone
Casper
Eureka
Columbia
Rocky Mountains
Great Plains
Kanada
Vereinigte Staaten
Pazifischer Ozean
130° 120° 110° 100° 90° West
40° 30° 20° 10°
A B C D E F
1 2 3 4 5 6
© Westermann

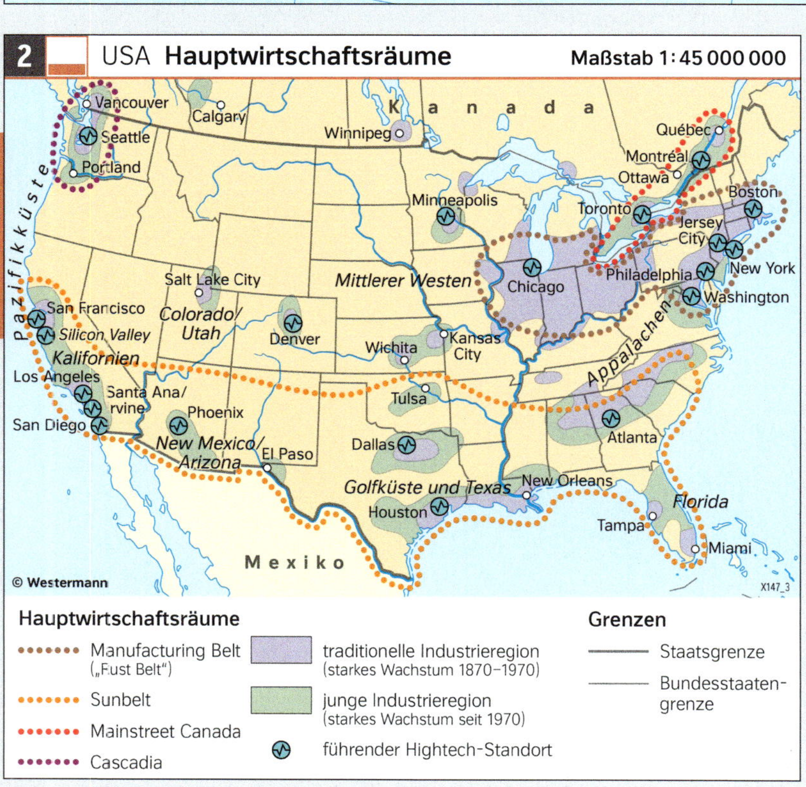
2 USA Hauptwirtschaftsräume Maßstab 1 : 45 000 000
Kanada
Vancouver
Seattle
Portland
Calgary
Winnipeg
Québec
Montréal
Ottawa
Toronto
Boston
Jersey City
New York
Philadelphia
Washington
Minneapolis
Chicago
Mittlerer Westen
Appalachen
Salt Lake City
Colorado/Utah
Denver
San Francisco
Silicon Valley
Kalifornien
Los Angeles
Santa Ana/Irvine
San Diego
Phoenix
New Mexico/Arizona
El Paso
Wichita
Kansas City
Tulsa
Dallas
Atlanta
Golfküste und Texas
Houston
New Orleans
Tampa
Florida
Miami
Mexiko
Pazifikküste
© Westermann
Hauptwirtschaftsräume
Manufacturing Belt („Fust Belt“)
Sunbelt
Mainstreet Canada
Cascadia
traditionelle Industrieregion (starkes Wachstum 1870–1970)
junge Industrieregion (starkes Wachstum seit 1970)
führender Hightech-Standort
Grenzen
Staatsgrenze
Bundesstaatengrenze

Waldlandschaften
- nördlicher Nadelwald
- sommergrüner Laub- und Mischwald, Gebirgsnadelwald
- Monsun- und Regenwald
- Mangrove

Offene Landschaften
- Tundra
- Steppe und Hochgebirgsgrasland
- Trocken- und Dornstrauchsavanne
- Halbwüste und Wüste
- Sumpfgebiet

Kulturland
- Ackerbau
- Bewässerungsland
- Weide, z. T. Wiese

Bergbau
- Erdöl
- Erdgas
- Steinkohle
- Braunkohle
- Eisen
- Stahlveredler (Chrom, Kobalt, Molybdän, Nickel)
- Blei, Zink
- Kupfer
- Gold
- Silber
- Platin
- Uran
- Bauxit (Aluminiumrohstoff)
- Phosphat
- Steinsalz
- Diamanten
- Graphit

Stromerzeugung
- Wasserkraftwerk
- Wärmekraftwerk
- Kernkraftwerk
- Geothermiekraftwerk

Industrie
- Eisen- und Stahlerzeugung
- Buntmetallverhüttung
- Aluminiumverhüttung
- Eisen- und Metallverarbeitung, Maschinenbau
- Schiffbau
- Kraftfahrzeugbau
- Luft- und Raumfahrttechnik
- Elektroindustrie, Elektronik (Hightech), Optik
- Chemie, Kunststoffe
- Biotechnologie, Pharmazie
- Erdölraffinerie
- Atomindustrie
- Textilien, Bekleidung, Leder
- Holz, Papier
- Nahrungs- und Genussmittel
- Fischverarbeitung

Dienstleistungen
Dienstleistungszentrum
- mit internationaler Bedeutung
- mit überregionaler Bedeutung
- mit regionaler Bedeutung
- Tourismus

Verkehr und Transport
- Eisenbahn
- Fernstraße
- Erdölleitung
- Erdgasleitung

Grenzen
- Staatsgrenze

1 Europäische Siedlungsgrenze (Frontier)

um 1840

um 1860

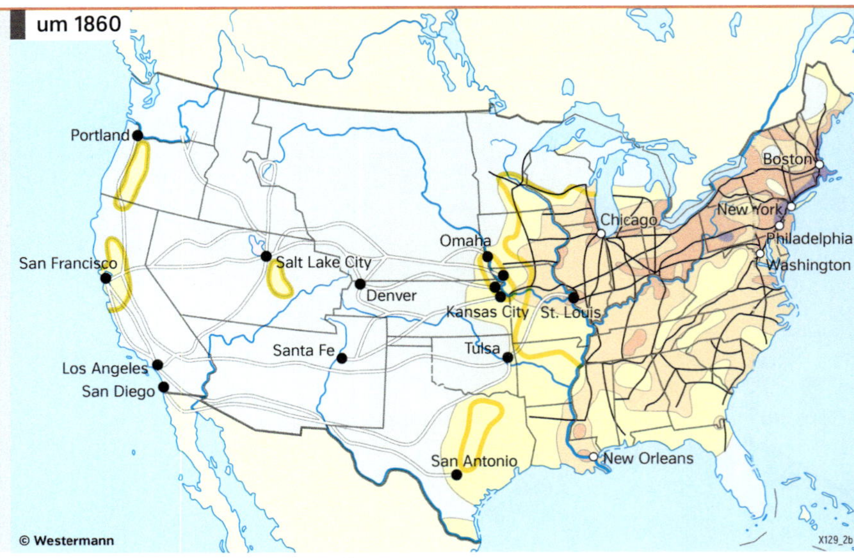

Bevölkerungsdichte von Eingewanderten aus Europa (Einwohnerinnen und Einwohner pro km²)

1 · 5 · 15 · 35

- von europäischer Einwanderung noch nicht erfasstes Territorium der USA
- Gebiet außerhalb der USA

Indigene Bevölkerung

Navajo große Stammesgesellschaft

Grenzen

- Staatsgrenze
- nicht festgelegte Grenze
- Siedlungsgrenze („Frontier")

2 Politische Entwicklung

Maßstab 1:30 000 000 (0 – 250 – 500 – 750 km)

Erweiterung des US-Territoriums

- Gebiet der 13 Gründerstaaten („Neu-England")
- 1783 von England abgetreten
- 1803 von Frankreich verkauft
- 1818 von England abgetreten
- 1819/22 von Spanien gekauft
- 1845 zur Union beigetreten
- 1846 von England abgetreten
- 1848 von Mexiko abgetreten
- 1853 von Mexiko gekauft

Alaska 1867 von Russland gekauft, 1959 Bundesstaat

Hawaii 1898 besetzt, 1960 Bundesstaat

US-Bundesstaaten

Ohio 1803 Name und Jahr des Beitritts zur Union oder der Anerkennung als Bundesstaat

Grenze der Bundesstaaten

Reservationen indigener Stammesgesellschaften

- um 1880
- heute

Grenzen

- heutige Staatsgrenze

4 Bevölkerungsgruppen

Europäische Herkunft

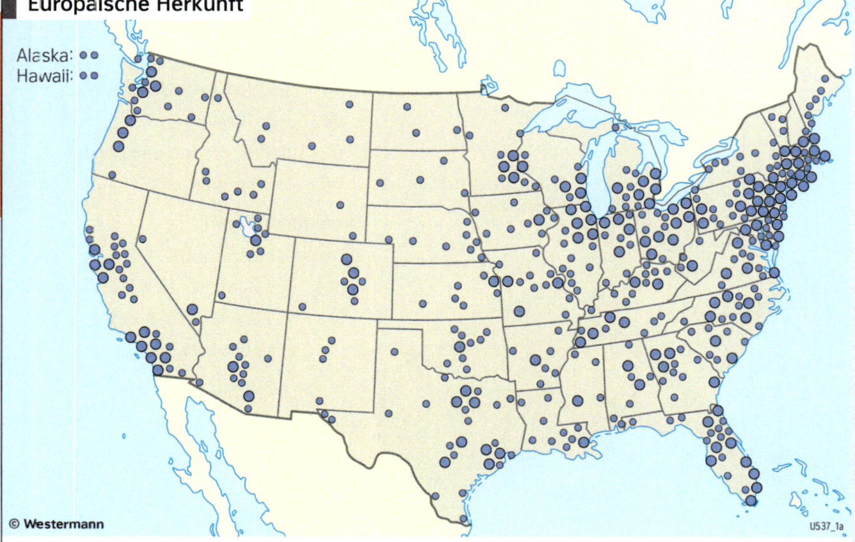

Einwohnerinnen und Einwohner europäischer Abstammung 2018

- 1 großes Zeichen ≙ 1 000 000 Personen
- 1 kleines Zeichen ≙ 200 000 Personen

Quelle: US Census (2018)

Afroamerikanische Herkunft

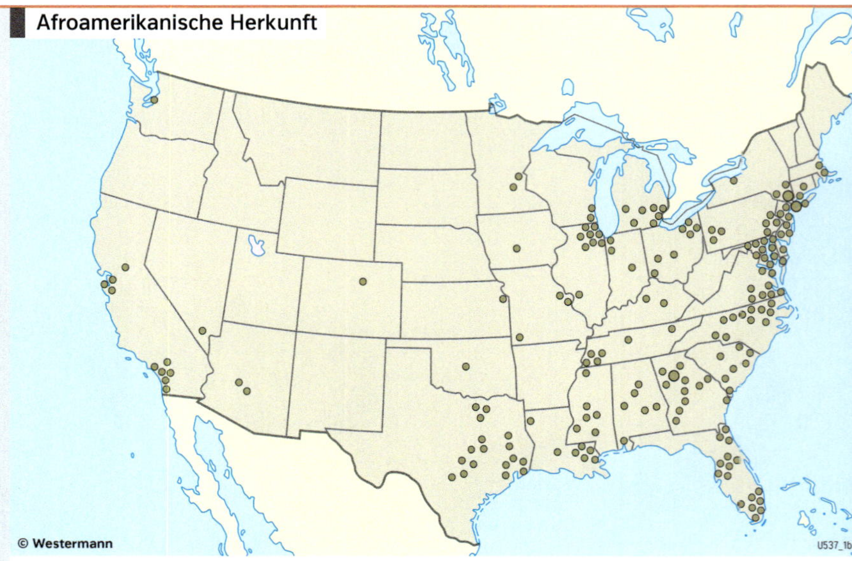

Einwohnerinnen und Einwohner afrikanischer Abstammung 2018

- 1 großes Zeichen ≙ 1 000 000 Personen
- 1 kleines Zeichen ≙ 200 000 Personen

Quelle: US Census (2018)

Maßstab 1 : 45 000 000 (0 200 400 600 800 1000 km)

um 1890

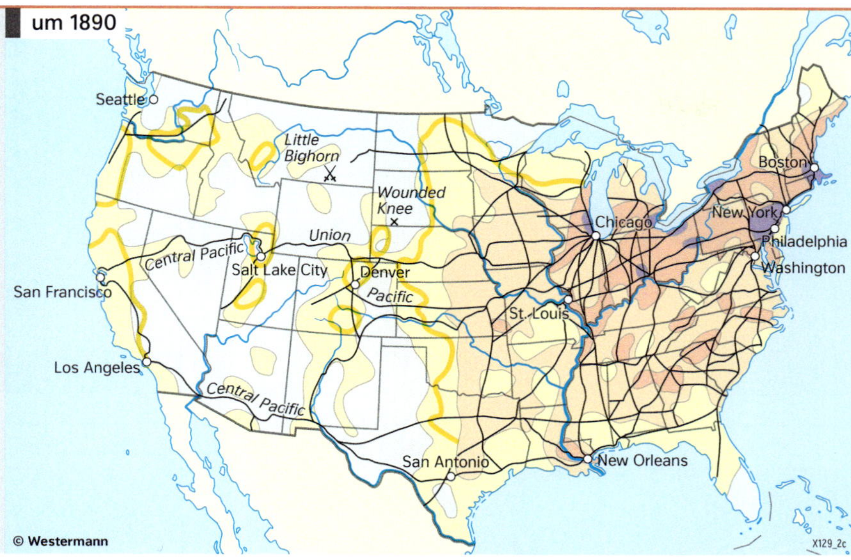

um 1910

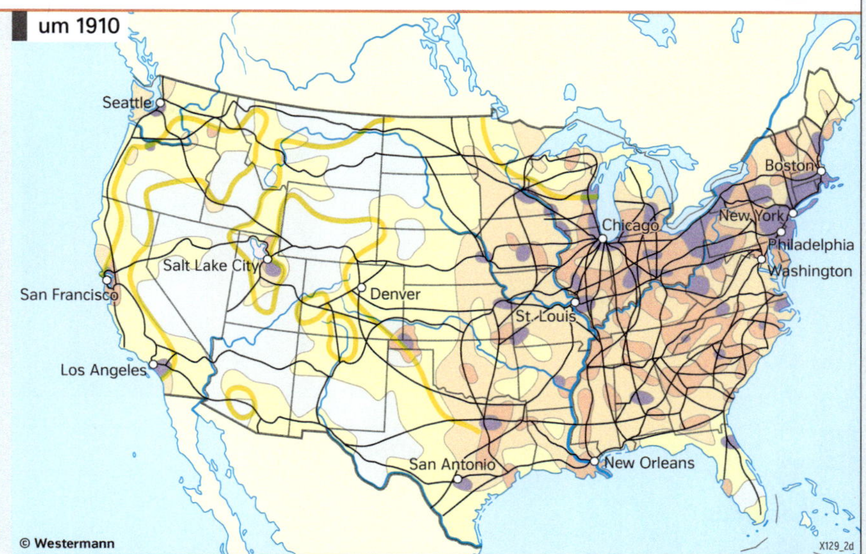

Verkehr
- Eisenbahn
- Postkutschenverkehr mit Endstation

Konflikte zwischen indigener Bevölkerung und europäischen Einwanderden
- × Massaker am Lakota-Stamm 1890
- ⚔ Sieg mehrerer Stämme über US-Streitkräfte 1876

Bevölkerungsentwicklung in den USA

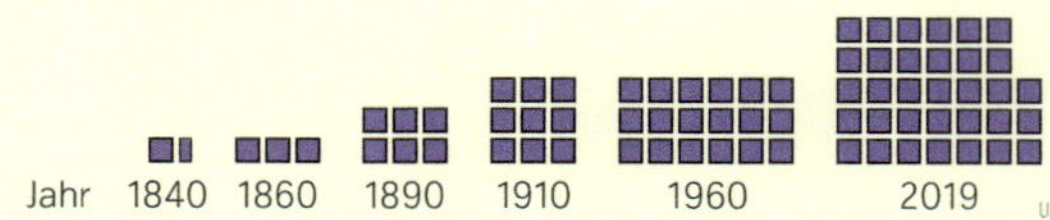

1 Kästchen ≙ 10 000 000 Personen

3 Einwanderung (Immigration) in die USA seit 1820

Herkunft der Eingewanderten *Quelle: US Census (2017)*

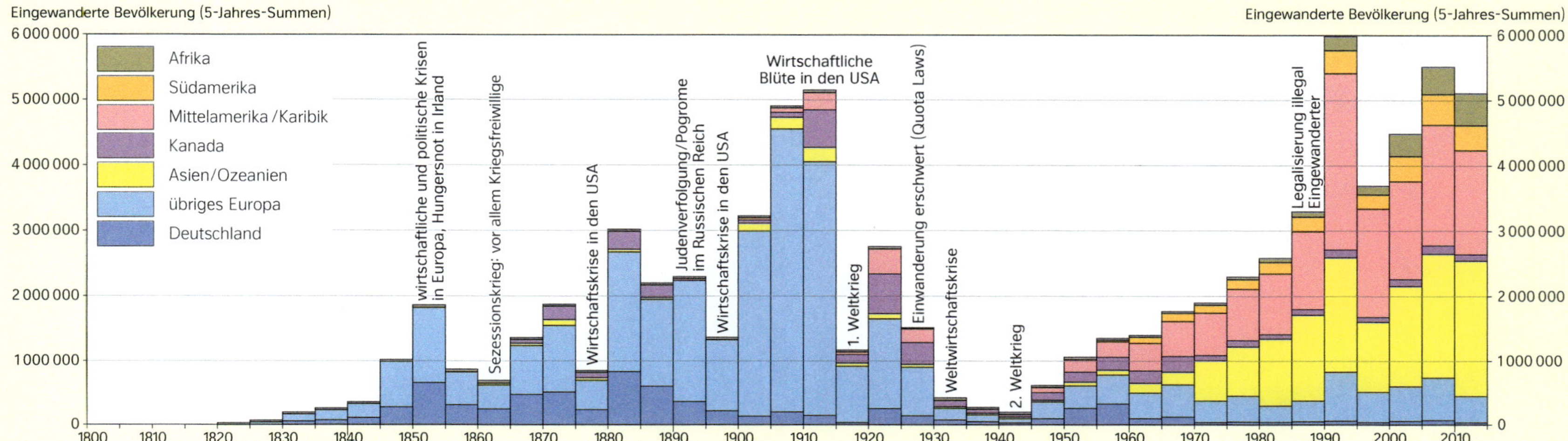

Verteilung der Bevölkerungsgruppen in der US-Bevölkerung

Quelle: US Census (2017)

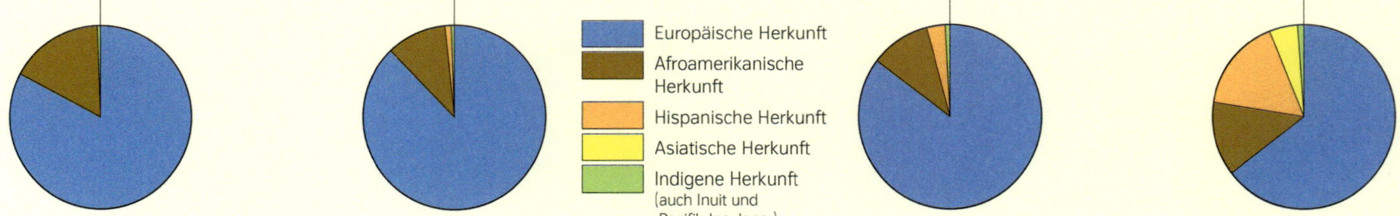

© Westermann

Maßstab 1 : 45 000 000 (0 200 400 600 800 1000 km)

Hispanische Herkunft

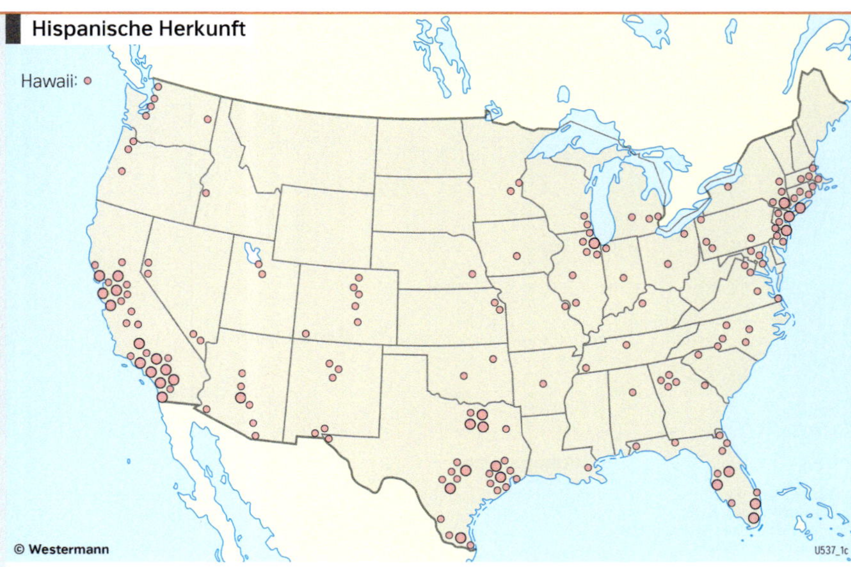

Einwohnerinnen und Einwohner lateinamerikanischer Abstammung 2018
- 1 großes Zeichen ≙ 1 000 000 Personen
- 1 kleines Zeichen ≙ 200 000 Personen

Quelle: US Census (2018)

Asiatische und indigene Herkunft

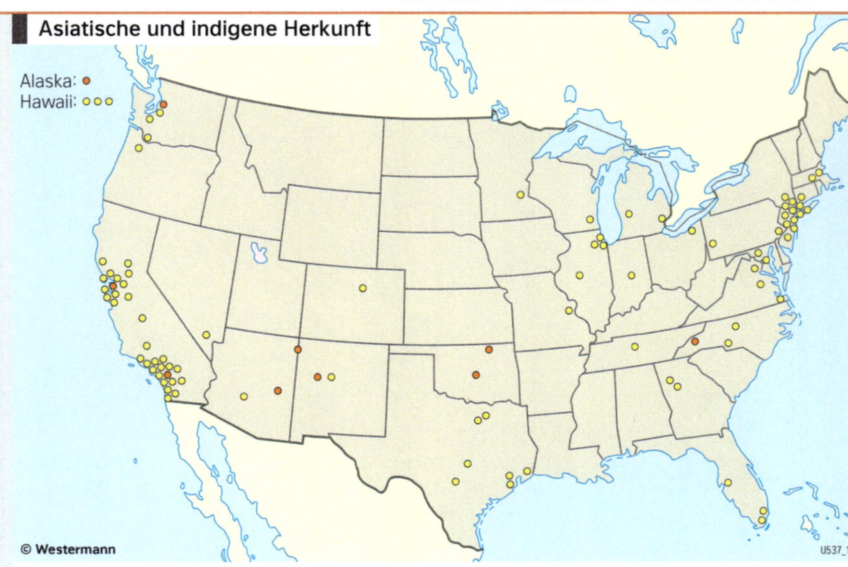

Einwohnerinnen und Einwohner asiatischer Abstammung und indigener Herkunft 2018
- 1 Zeichen ≙ 200 000 Personen asiatischer Abstammung
- 1 Zeichen ≙ 200 000 Personen indigener Herkunft

Quelle: US Census (2018)

1 Manhattan-Downtown **Skyline im Wandel**

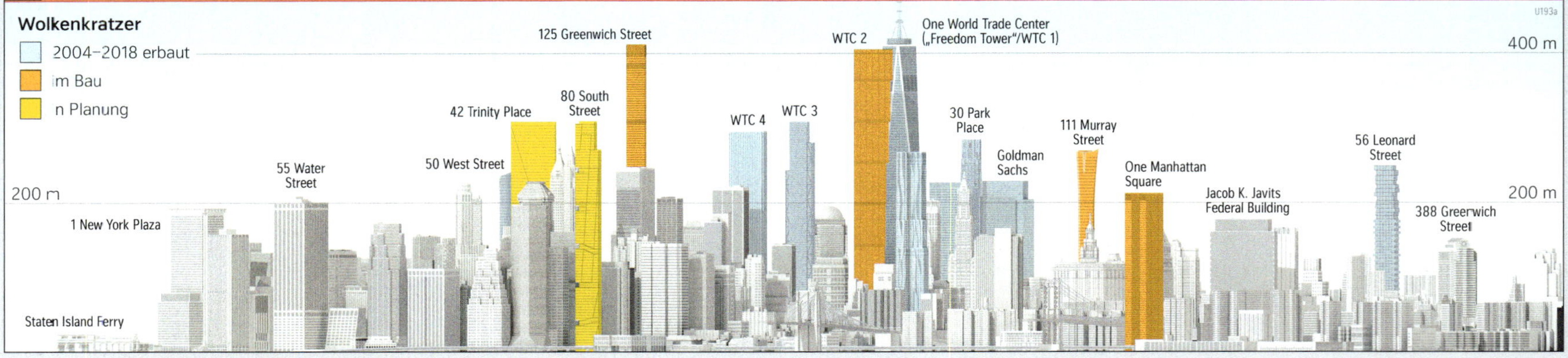

3 Manhattan (New York) **Geschäftszentren**

Maßstab 1:50 000

Geschäftszentren
- Hauptgeschäftszentrum (Central Business District, CDB: Wolkenkratzerviertel mit Dienstleistungen, Verwaltung und Einzelhandel)
- Finanzzentrum (Banken, Fonds, Versicherungen, Anwaltskanzleien)
- Nebenzentrum (vorwiegend Einzelhandel des kurzfristigen Bedarfs, Gastronomie)

Wohngebiete
- durchsetzt von Einzelhandel und Büros, viele Hochhäuser, sehr hohe Wohndichte
- vorwiegend mehrgeschossige Wohnhäuser, hohe Wohndichte

Grenzen
- Bundesstaatengrenze
- Stadtgrenze
- Borough-Grenze

weitere Erläuterungen ➡ 209 6

ERDE LUXEMBURG EUROPA ASIEN AFRIKA OZEANIEN POLARGEBIETE AMERIKA REGISTER

2 Manhattan-Midtown **Skyline im Wandel**

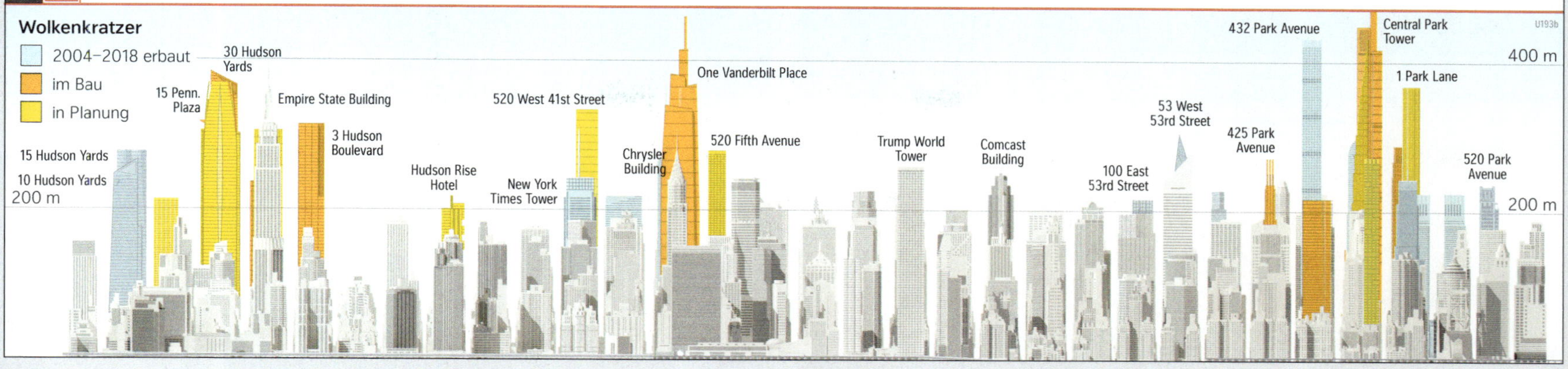

4 New York **Kulturgeprägte Wohngebiete** Maßstab 1:200 000

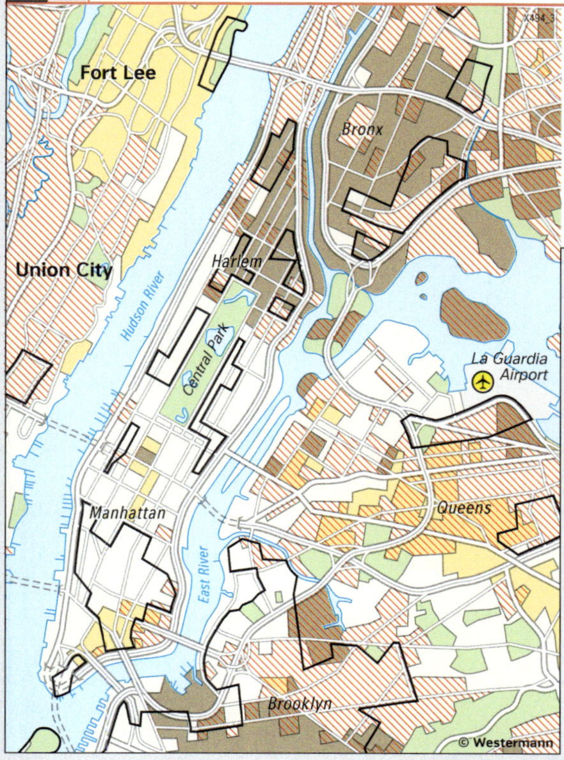

Bevölkerungsanteile

über 25% der Wohnbevölkerung

- Afroamerikaner
- Hispanics/Latinos
- Asiaten
- Wohngebiete mit älterer Bausubstanz (vor 1900)

5 New York **Bevölkerungsdichte** Maßstab 1:500 000

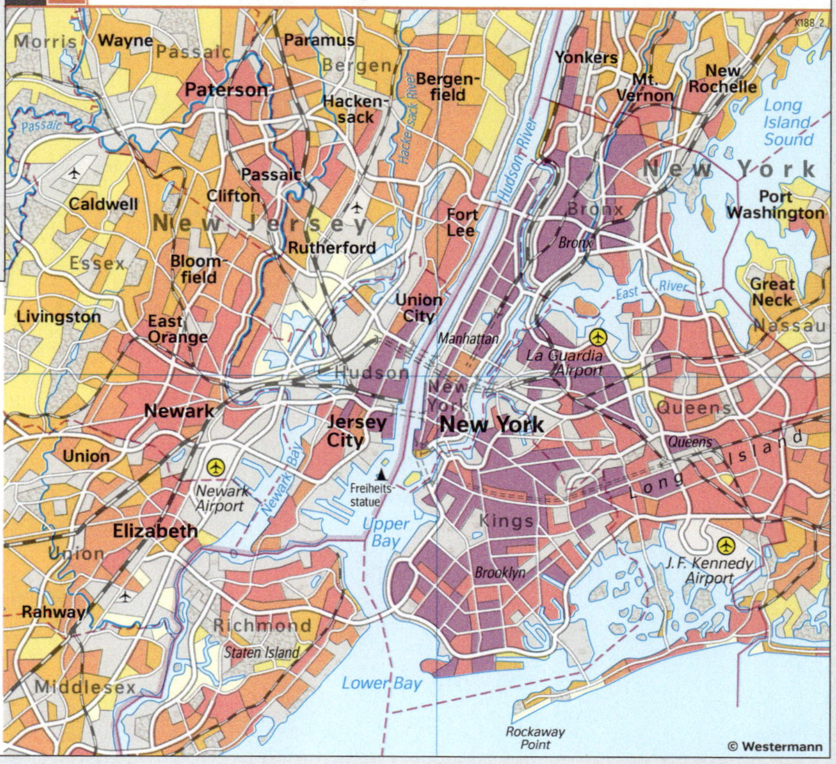

Wohngebiete

Bevölkerungsdichte in Einw./km²

- über 15 000
- 5 000 – 15 000
- 2 500 – 5 000
- 1 500 – 2 500
- unter 1000

Unbewohnte Gebiete

- Industriegebiet
- Wald; Grünanlage

Grenzen

- Bundesstaatengrenze
- Stadtgrenze New Yorks
- Borough-, County-Grenze

6 Washington D.C. **Politisches Machtzentrum der USA** Maßstab 1:50 000

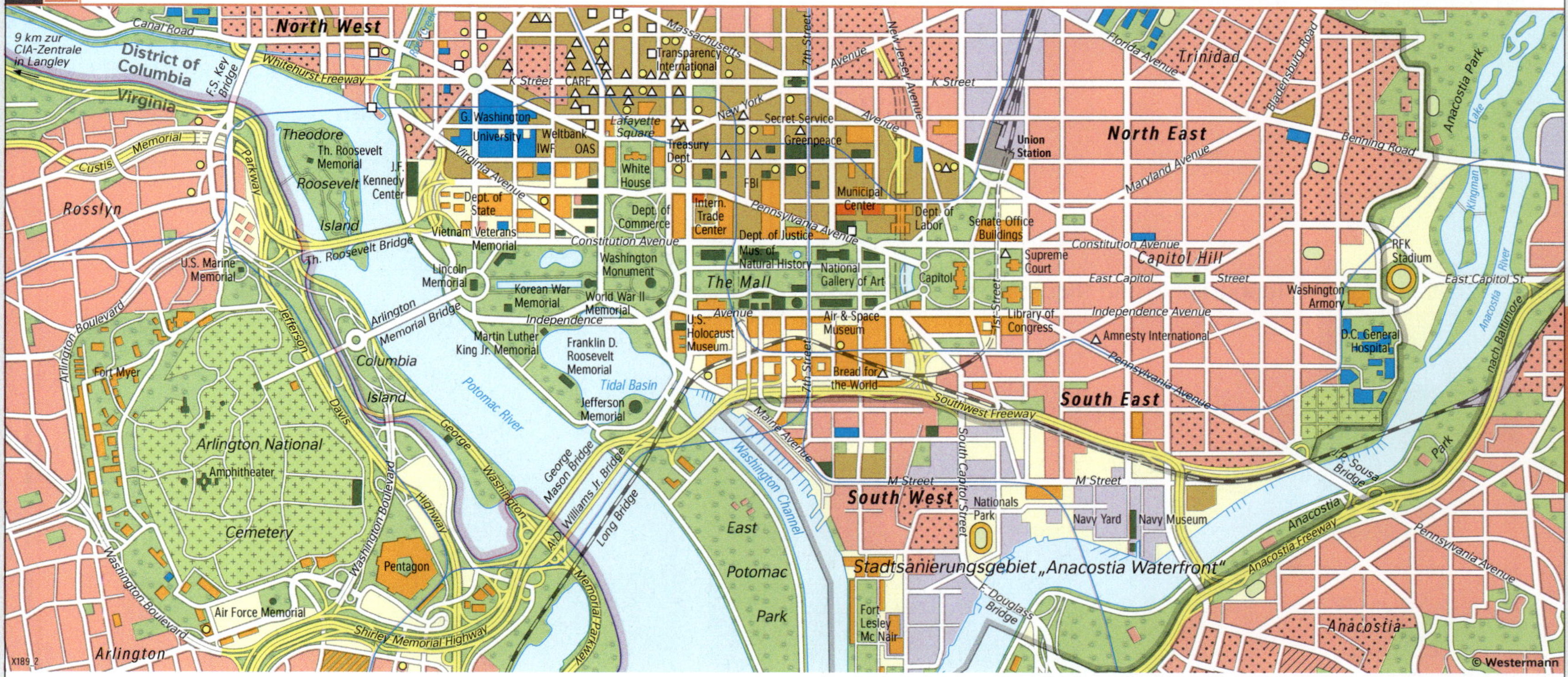

Flächennutzung, Bebauung

- Regierungsgebäude (Federal Government Building)
- Stadtverwaltung (District Government Building)
- Universität, Klinik, Forschungsinstitut
- kulturelle Einrichtung
- Hauptgeschäftszentrum
- vorwiegend Wohngebiete
- Industrie, Gewerbe- und Lagerhäuser, Großmärkte, Verkehrs- und Hafenflächen
- Park, Grünanlage
- Friedhof
- Freifläche
- Großhotel
- diplomatische Vertretung
- internationale Nichtregierungsorganisation (NGO)

Verkehr und Grenzen

- Hauptbahn mit Bahnhof
- Neben- und Industriebahn
- Eisenbahntunnel
- Untergrundbahn
- Fähre
- Bundesstaatengrenze

Bevölkerungsanteil unterhalb der Armutsgrenze

- über 50 %
- 20 – 50 %

ERDE LUXEMBURG EUROPA ASIEN AFRIKA OZEANIEN POLARGEBIETE AMERIKA REGISTER

ERDE
LUXEMBURG
EUROPA
ASIEN
AFRIKA
OZEANIEN
POLARGEBIETE
AMERIKA
REGISTER

1 Kalifornien **Erschließung und Besiedlung bis 1850**

Bodenbedeckung
- Weide
- Waldweide (z. T. Ranching)
- Strauch- und Wüstensteppe
- Hartlaubgehölze
- Halbwüste, Wüste

Besiedlung

Spanisch-mexikanische Besiedlung (1769–1823)
- Kirchenmission (Misión)
- Fort (Presidio)
- Ort (Pueblo)

Goldrausch (ab 1848 starke Zuwanderung aus dem Osten der USA)
- Goldfeld mit vielen Minen

Wege (teilweise vermutet)
- befestigter Weg (spanischer Königsweg „El Camino Real", „Old Spanish Trail")
- Trapperpfad
- indianischer Handelsweg

Maßstab 1 : 6 000 000

0 50 100 150 km

2 Kalifornien **Intensivlandwirtschaft** Maßstab 1 : 6 000 000

Bodenbedeckung
- Weide
- Wald
- Strauch- und Wüstensteppe
- Hartlaubgehölze
- Halbwüste, Wüste

Verkehr
- wichtige Autobahn

Landwirtschaft
- Bewässerungsland mit Anbau von Getreide (Weizen, Gerste, Mais), Luzerne und Gemüse
- Reis

Sonderkulturen
- Wein
- Zitrusfrüchte
- Mandeln, Walnüsse, Pistazien
- Tomaten
- Salat
- Erdbeeren
- sonstiges Obst (Pfirsiche, Aprikosen, Pflaumen)
- Baumwolle

Wasserwirtschaft
- Stausee
- Trinkwasser-Fernleitung
- Bewässerungskanal

3 Zentralkalifornien **Topographie und Niederschlagsverhältnisse (Panoramabild)**

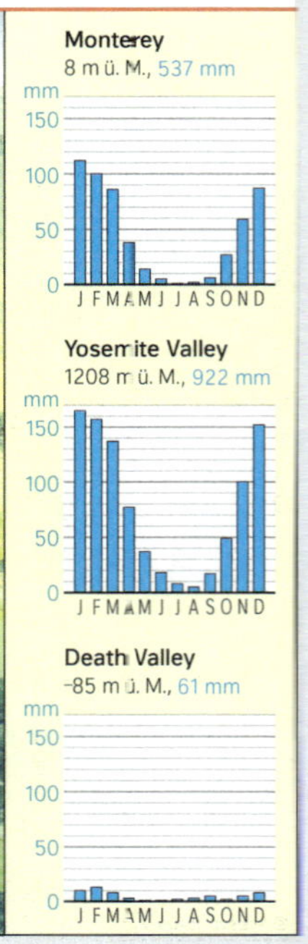

4 Hochtal von Mexiko **Tenochtitlán und Umgebung um 1500**

Maßstab 1:500 000 0 2 4 6 8 10 km

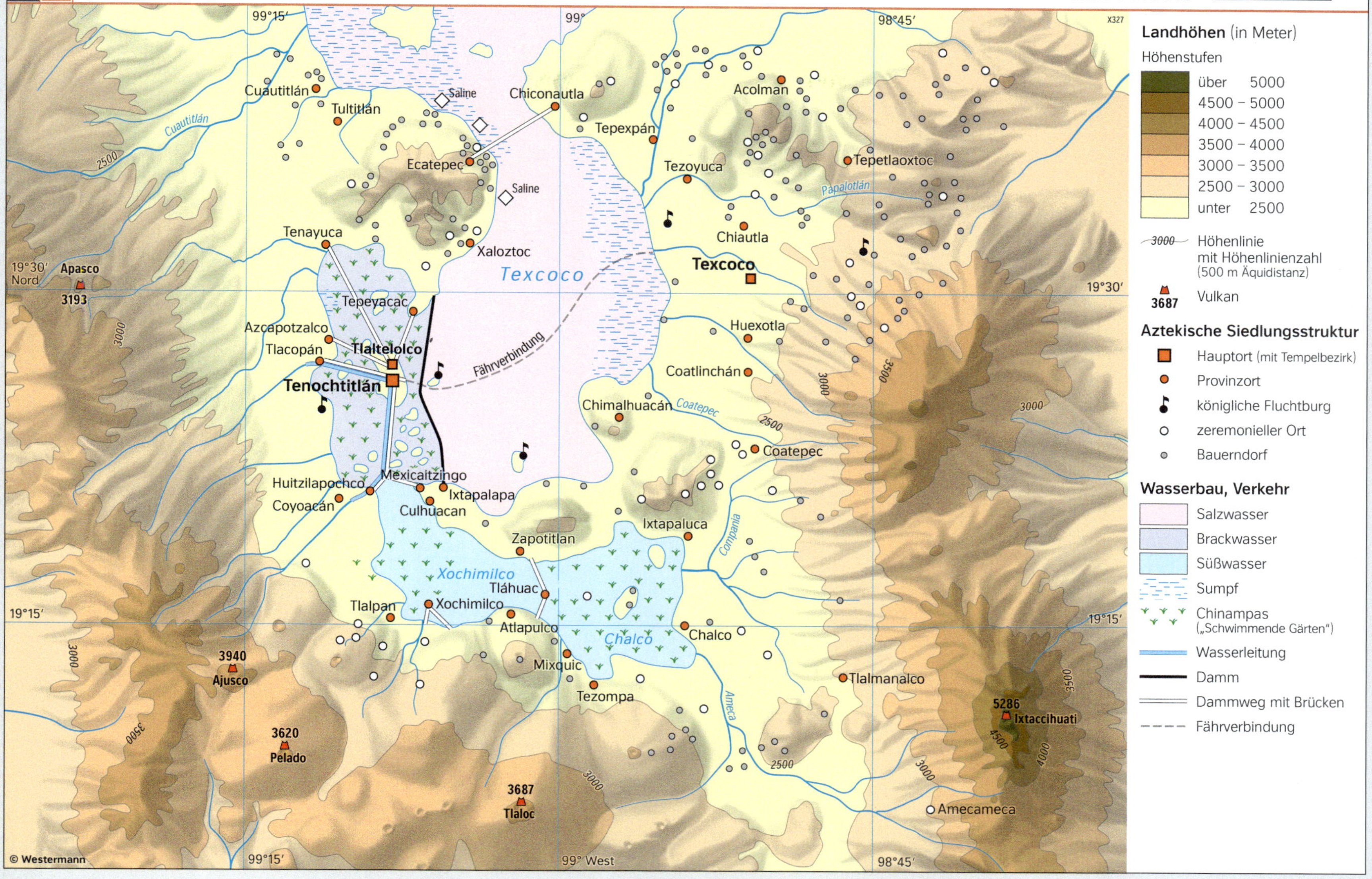

5 Hochtal von Mexiko **Mexiko-Stadt 2019**

Maßstab 1:500 000 0 2 4 6 8 10 km

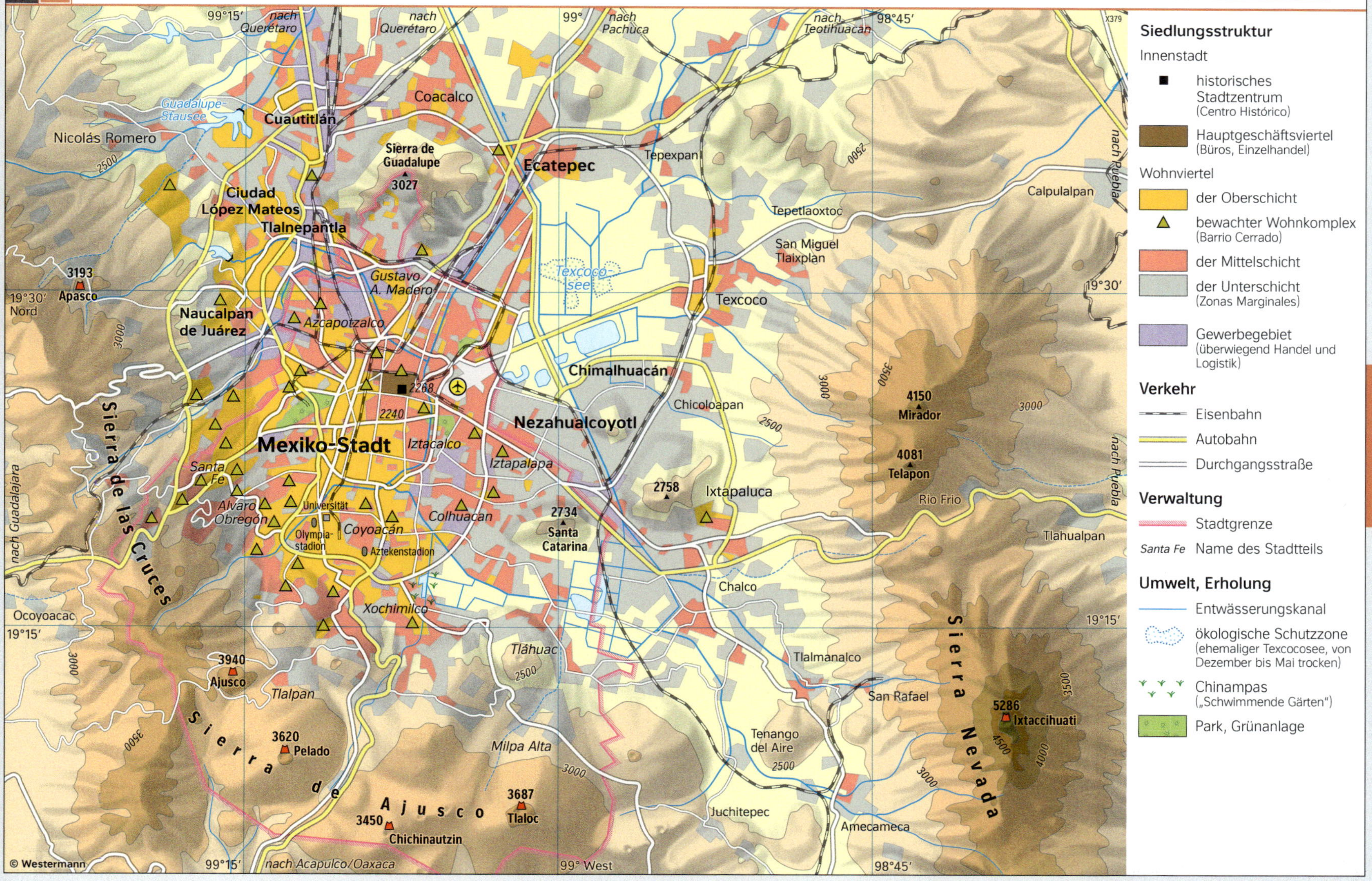

ERDE LUXEMBURG EUROPA ASIEN AFRIKA OZEANIEN POLARGEBIETE AMERIKA REGISTER

Physische Karte

Maßstab 1 : 18 000 000 (1 cm ≙ 180 km) 0 100 200 300 400 500 km

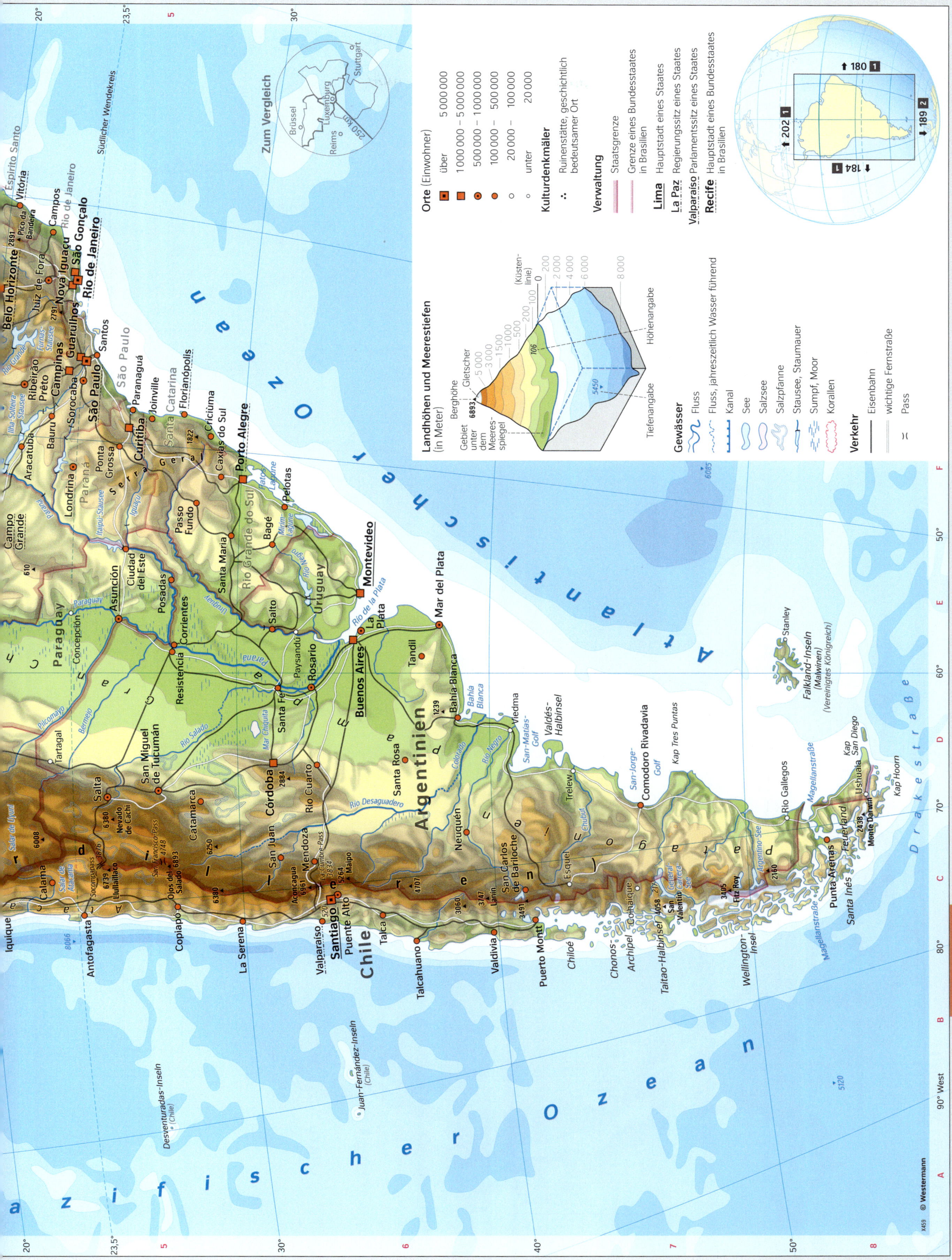

ERDE
LUXEMBURG
EUROPA
ASIEN
AFRIKA
OZEANIEN
POLARGEBIETE
AMERIKA
REGISTER

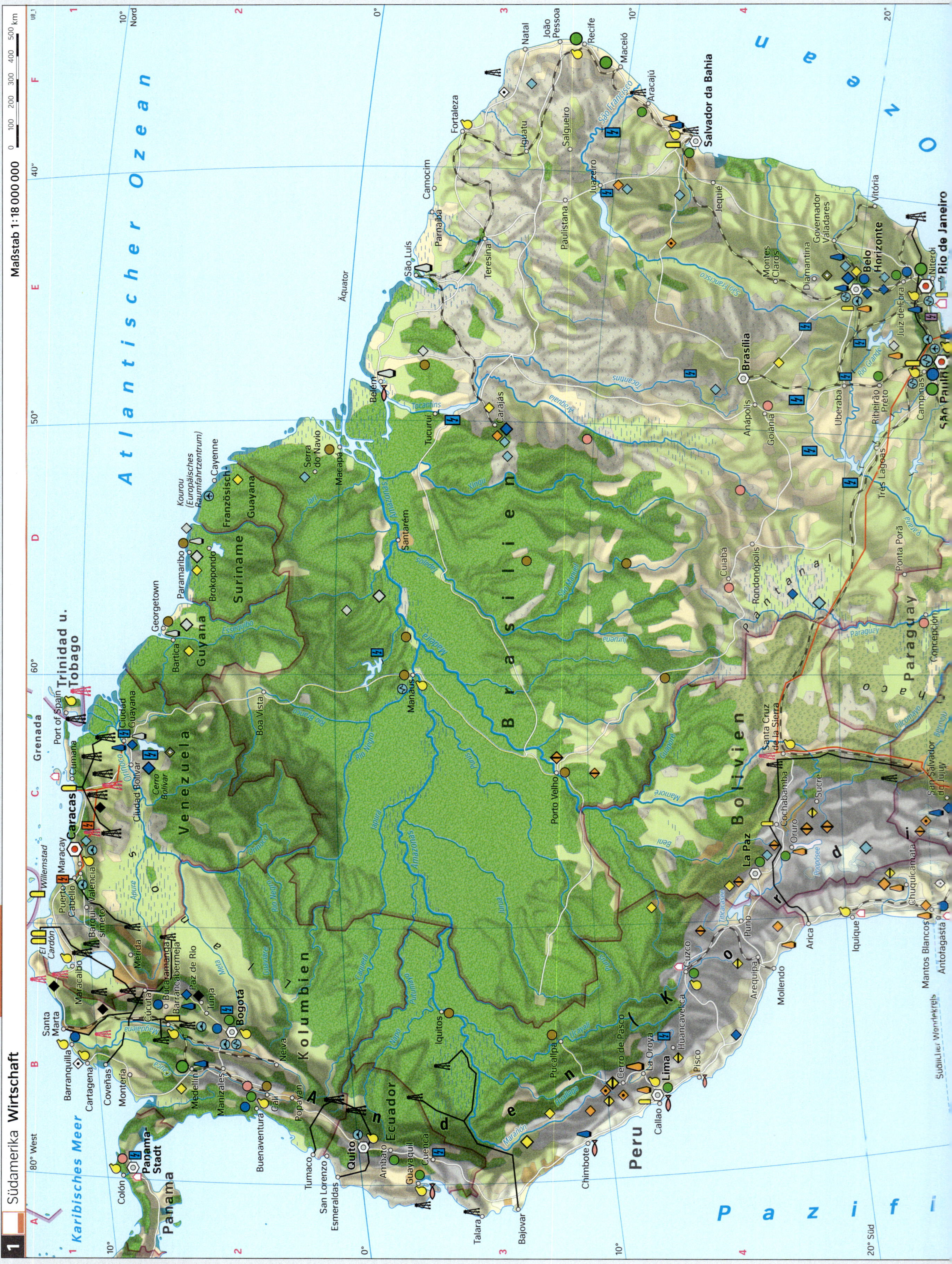

Südamerika Wirtschaft
Maßstab 1:18 000 000
0 100 200 300 400 500 km
Atlantischer Ozean
Karibisches Meer
Ozean
Pazifi
Äquator
Südlicher Wendekreis
Venezuela
Kolumbien
Ecuador
Peru
Brasilien
Bolivien
Paraguay
Guyana
Suriname
Französisch-Guyana
Trinidad u. Tobago
Grenada
Panama
Pantanal
Caracas
Bogotá
Quito
Lima
La Paz
Brasília
Salvador da Bahia
Rio de Janeiro
São Paulo
Belo Horizonte
Manaus
Belém
Recife
Fortaleza
Natal
João Pessoa
Maceió
Aracajú
São Luís
Teresina
Santarém
Macapá
Cayenne
Paramaribo
Georgetown
Boa Vista
Porto Velho
Iquitos
Cuzco
Arequipa
Arica
Iquique
Antofagasta
Santa Cruz de la Sierra
Cochabamba
Sucre
Oruro
Potosí
Goiânia
Anápolis
Cuiabá
Campinas
Uberaba
Ribeirão Preto
Vitória
Guayaquil
Cuenca
Medellín
Cali
Cartagena
Barranquilla
Maracaibo
Valencia
Ciudad Guayana
Ciudad Bolívar
Panama-Stadt
Colón

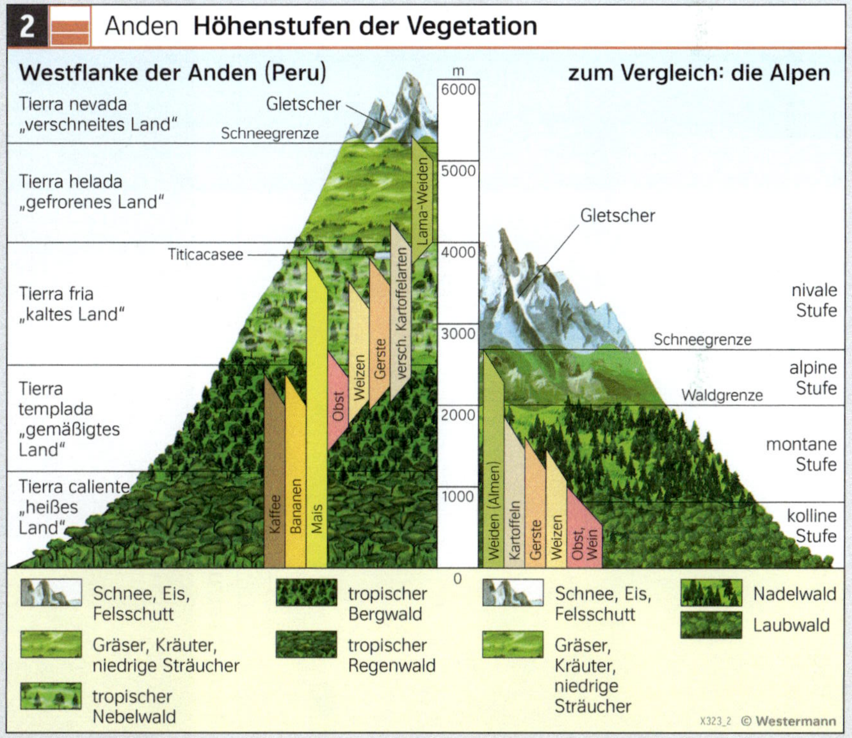

Waldlandschaften
- Feuchtwald
- Monsun- und Regenwald
- Moor, Sumpf
- Trockenwald
- Mangrove

Offene Landschaften
- antarktische Tundra
- Steppe- und Hochgebirgsgrasland
- Trocken- und Dornstrauchsavanne
- Halbwüste
- Wüste
- Fels- und Gletscherregion

Kulturlandschaften
- Ackerbau
- Bewässerungsland
- Weide

Bergbau
- Erdöl
- Erdgas
- Steinkohle
- Eisen
- Stahlveredler (Chrom, Mangan, Kobalt, Nickel)
- Blei, Zink
- Kupfer
- Zinn
- Gold
- Silber
- Uran
- Bauxit (Aluminiumrohstoff)
- Phosphat
- Salz
- Diamanten

Stromerzeugung
- Wasserkraftwerk
- Kernkraftwerk

Industrie
- Eisen- und Stahlerzeugung
- Buntmetallverhüttung
- Aluminiumverhüttung
- Eisen- und Metallverarbeitung
- Schiffbau
- Kraftfahrzeugbau
- Luft- und Raumfahrttechnik
- Elektroindustrie, Optik
- Chemie, Kunststoffe
- Erdölraffinerie
- Textilien, Bekleidung, Leder
- Holz, Papier
- Nahrungs- und Genussmittel
- Fischverarbeitung

Dienstleistungen

Dienstleistungszentrum
- mit internationaler Bedeutung
- mit überregionaler Bedeutung
- mit regionaler Bedeutung
- Tourismusregion

Verkehr und Transport
- Eisenbahn
- Fernstraße
- Erdölleitung
- Erdgasleitung

Grenzen
- Staatsgrenze

1 Tropen Rückgang der Regenwälder

Maßstab 1 : 120 000 000

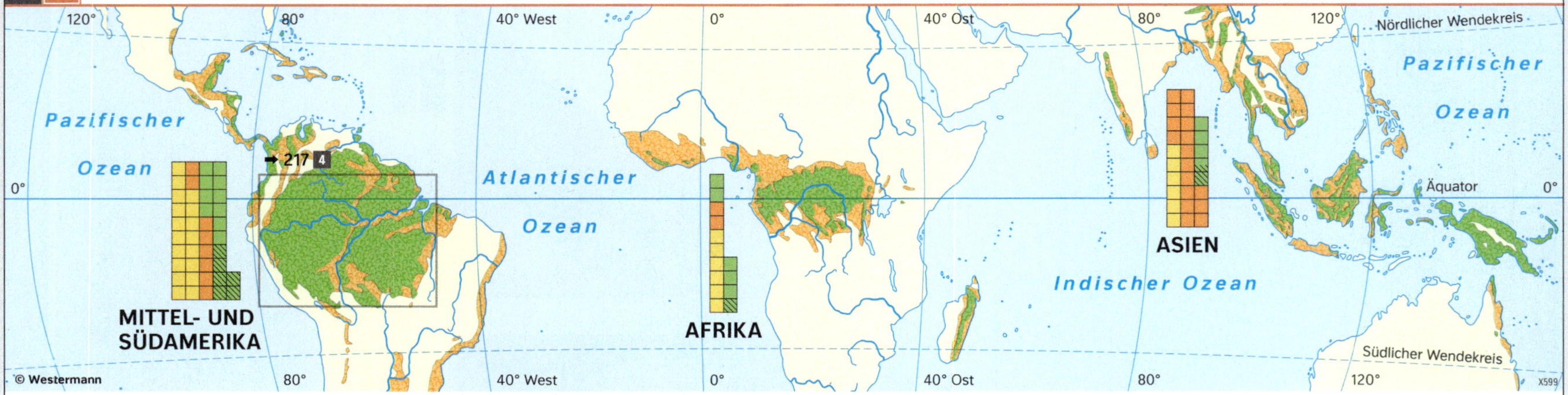

Tropischer Regenwald

- in den letzten 100 Jahren gerodete Fläche
- gegenwärtige Ausdehnung

Rückgang des tropischen Regenwaldes nach Kontinenten

- zwischen 1910 und 1985
- zwischen 1985 und 2019
- tropischer Regenwald heute
- davon geschützte Fläche

1 Kästchen ≙ 500 000 km²

2 Rondônia (Brasilien) Rodungsstrukturen

Maßstab 1 : 4 000 000 — 0 20 40 60 80 100 km

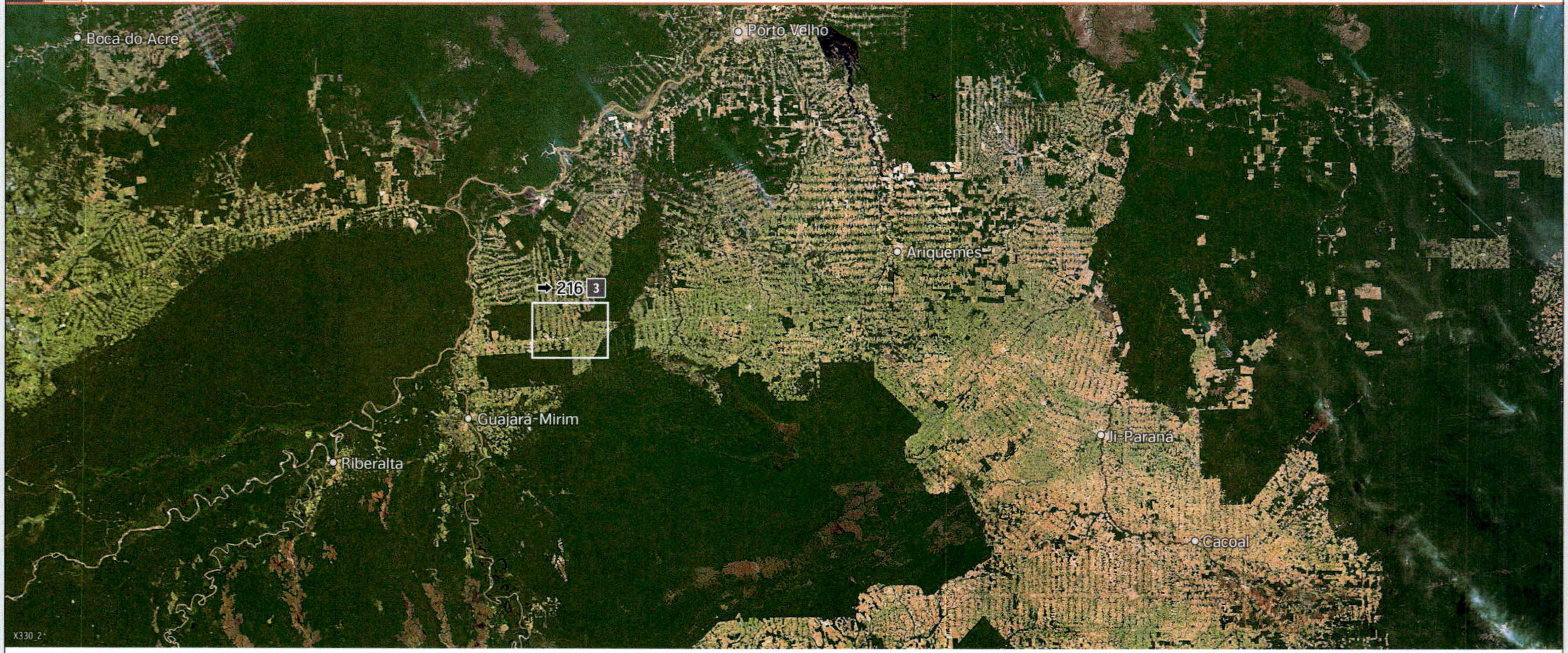

Bodenbedeckung

- tropischer Regenwald
- Savanne (z. T. beweidet)
- Rodungsstreifen (Weiden, Äcker)
- Weiden auf Rodungsland
- Wolken

3 Rondônia (Brasilien) Landschaftswandel durch Rodungen

Maßstab 1 : 400 000 — 0 2 4 6 8 10 km

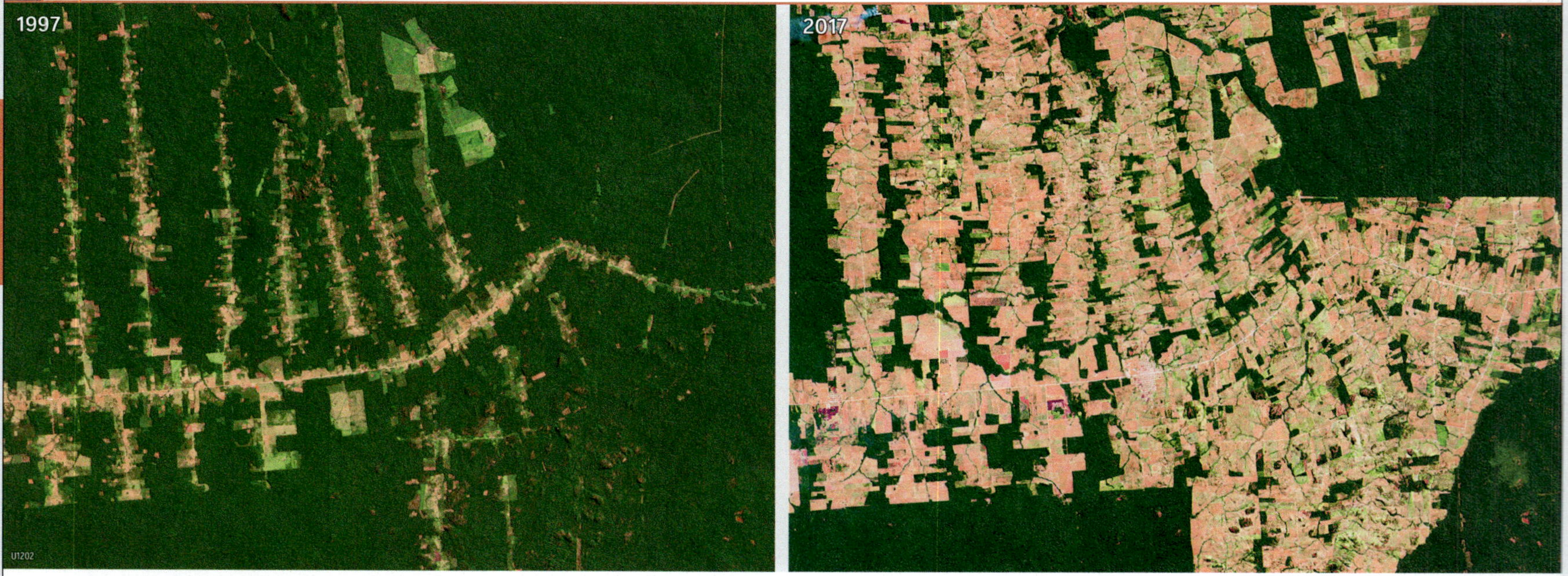

Landnutzung im Satellitenbild

- Regenwald
- Rodungen
- Weideland
- Siedlung

ERDE LUXEMBURG EUROPA ASIEN AFRIKA OZEANIEN POLARGEBIETE AMERIKA REGISTER

4 Amazonien Eingriffe in den tropischen Regenwald

Maßstab 1:15 000 000

Wald-, offene Landschaften
- tropischer Regenwald z.T. subtropischer Wald
- Sumpf
- Baum- und Strauchsavanne
- hochandine Steppe
- Halbwüste
- Wüste

Naturschutzgebiete
- Waldschutzgebiet
- Begrenzung eines Indio-Schutzgebiets

Agrarkolonisation
- starke Rodungen
- landwirtschaftliches Kolonisationsgebiet

Landwirtschaft
- Ackerland
- Kaffee; Kakao (Plantagen)
- Sojabohnen
- Baumwolle
- Weideland
- Rinderhaltung in Großbetrieben

Bergbau
- Erdöl; Erdgas
- Eisen
- Nickel
- Niob, Tantal
- sonstige Stahlveredler
- Blei, Zink
- Kupfer
- Zinn
- Gold
- Silber
- Bauxit
- Asbest

Stromerzeugung
- Stausee, Staumauer
- Wasserkraftwerk

Industrie
- Verhüttung von Eisen, Buntmetall, Aluminium
- Petrochemie
- Holzverarbeitung
- Fischverarbeitung
- Fleischverarbeitung
- Freihandelszone

Verkehr
- Eisenbahn
- Fernstraße
- Piste

Grenzen
- Staatsgrenze
- Grenze der Bundesstaaten

5 Stoffkreisläufe im tropischen Regenwald und Folgen der Abholzung

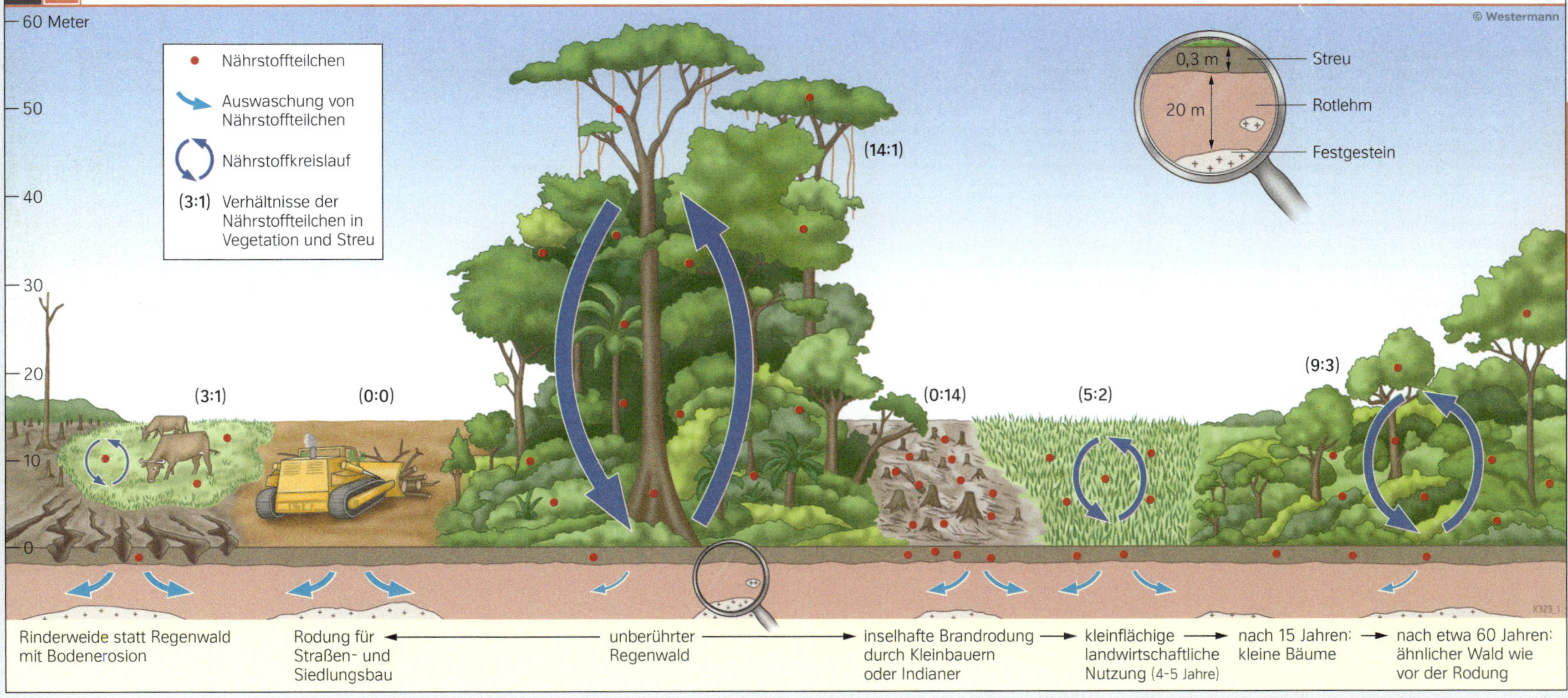

A

Abflussdiagramm: 169.4 (Nil)
Abholzung: 159.2 (Borneo), 216.1 (Tropen), 216.3 (Rondônia)
Aborigines: 187.5 (Australien)
Absolutismus: 88.2 (Europa)
Achsenmächte: 32.1 (Erde), 90.1 (Europa)
Agglomeration ➡ Ballungsraum
Agrarkolonisation: 216.2–3 (Rondônia), 217.4 (Amazonien)
Alexander der Große: 142.1 (Persien)
Alliierte Mächte: 32.1 (Erde), 90.1 (Europa)
Alpentransit: 120.1 (Alpen)
Alpidische Gebirge: 10.1 (Erde), 12.1 (Alpen)
Ältere Bevölkerung: 74.3 (Luxemburg), 96.1 (Europa)
Alternative Energien ➡ Erneuerbare Energien
Altersaufbau: 40.1 (Erde), 74.3 (Luxemburg), 96.1 (Europa)
Altmensch: 26.1 (Erde), 101.2 (Europa)
Amtssprachen: 48.2 (Erde)
Analphabetismus: 43.4 (Erde)
Anbauflächen, Anbaugrenzen: 100.1 (Europa), 144.1 (Asien), 196.1 (Amerika)
Antike: 64.1 (Germanien und Raetien), 65.2 (Belgica und Germanien), 168.1 (Ägypten)
Apartheid: 166.5 (Südafrika)
Aquakultur: 24.1 (Weltmeere)
Arbeitslosigkeit: 95.5 (Europ. Wirtschaftsraum)
Armut: 34.2, 43.3, 43.5 (Erde)
Astronomie: 6.1 (Milchstraße), 7.9 (Erde und Sonne) 7.10 (Erde), 18.1 (Himmel)
Atmosphäre: 6.2 (Erde, Mond und Sonne), 18.1 (Himmel)
Atoll: 19.6 (Maloelap)
Atomkraftwerk ➡ Kernkraftwerk
Atommacht, Atomtest: 32.2 (Erde)
Ausländische Bevölkerung: 73.5 (Luxemburg-Stadt), 75.5 (Luxemburg)
Außenhandel: 44.2–45.3 (Erde)
Auswanderung ➡ Migration
Azteken: 192.1 (Amerika), 211.4 (Hochtal von Mexiko)

B

Bahnverkehr ➡ Eisenbahn
Ballungsraum: 40.2, 41.4 (Erde), 153.2 (Süd-, Ost- und Südostasien), 154.3 (Tokio)
Bananenanbau: 196.1 (Amerika), 196.2 (Schema), 197.3 (Mittelamerika)
Befestigungsanlage: 70.1–2 (Luxemburg-Stadt)
Bergbau: 44.2 (Erde), 136.1 (Russland und Zentralasien), 175.3 (Afrika), 182.1 (Südl. Afrika), 186.1 (Australien und Neuseeland), 204.1 (USA und Mittelamerika), 217.4 (Amazonien)
Besiedlung: 206.1 (USA), 210.1 (Kalifornien)
Bevölkerungsabnahme ➡ Bevölkerungsentwicklung
Bevölkerungsdichte: 40.2 (Erde), 74.1 (Luxemburg), 96.2 (Europa), 153.2 (Süd-, Ost- und Südostasien), 154.1 (Japan), 168.2 (Ägypten und Sudan), 209.5 (New York)
Bevölkerungsentwicklung: 40.3 (Erde), 73.5 (Luxemburg-Stadt), 74.2, 75.4 (Luxemburg), 81.2 (Großregion), 96.3 (Europa), 153.2 (Süd-, Ost- und Südostasien)
Bevölkerungsgruppen: 75.5 (Luxemburg), 91.4 (Jugoslawien), 167.6 (Südafrika)
Bevölkerungspyramide ➡ Altersaufbau
Bevölkerungsverteilung: 96.2 (Europa), 154.1 (Japan), 168.2 (Ägypten und Sudan)
Bevölkerungswachstum: 40.2 (Erde), 153.2 (Süd-, Ost- und Südostasien)
Bevölkerungszahl: 96.3 (Europa), 240.1 (Erde)
Bevölkerungszunahme ➡ Bevölkerungsentwicklung
Bewässerung: 21.4 (Aralsee), 162.2 (Israel/ Palästina), 169.3 (Nil), 210.2 (Kalifornien)
Bildung: 43.4 (Erde)
Binnenschifffahrt: 119.5 (Westeuropa)
Binnenwanderung: 167.6 (Südafrika)
Biogasanlage: 62.3 (Beckerich)
Biomasse: 62.2 (Luxemburg)
Blaue Banane: 118.1 (Nordsee und Ärmelkanal)
Blockbild: 10.3 (Erde), 12.2 (Schema), 12.3 (Atlantik), 13.4 (Ostafrika), 13.5 (Südamerika)
Bodenbedeckung: 22.1 (Erde), 60.1–61.2 (Luxemburg), 100.1 (Europa)
Bodenschätze ➡ Rohstoffe
Bodenversalzung: 21.3 (Erde), 21.4 (Aralsee)
Börde: 100.1 (Europa)
Borealer Nadelwald ➡ Nördlicher Nadelwald
Braunkohle: 44.2 (Erde), 139.5 (Europa)
Britisches Weltreich (British Empire): 30.1 (Erde), 166.2 (Afrika), 166.4 (Burenstaaten)
Bruttonationaleinkommen (BNE): 44.1 (Erde)
Bruttoregionalprodukt (BRP): 95.4 (Europ. Wirtschaftsraum), 147.2 (Südasien), 147.3 (China)
Buddhisten: 38.1 (Erde), 140.2 (Mount Everest)
Bündnisse: 35.4 (Erde), 94.2 (Europa)

C

Caldera: 154.3 (Tokio)
Capitol: 209.6 (Washington D.C.)
Central Business District (CBD) ➡ Hauptgeschäftszentrum
Chinesische Mauer: 85.3 (Eurasien), 148.1 (Süd- und Ostasien)
Christen: 38.1 (Erde), 38.2 (Jerusalem), 39.3 (Römisches Reich)
City ➡ Hauptgeschäftszentrum
CO_2 ➡ Treibhausgase
Coltan: 175.3 (Afrika)
Commonwealth of Nations: 167.3 (Afrika)
Containerhafen: 97.5 (Europa), 118.2 (Rotterdam)
Cro-Magnon-Mensch ➡ Jetztmensch

D

Datumsgrenze: 46.2 (Erde), 184.1 (Australien/ Ozeanien)
Dauerfrostboden: 21.3 (Erde), 100.1 (Europa), 139.4 (Jamal-Halbinsel)
Deichringe: 117.4 (Schema), 117.5 (Niederlande)
Delta: 175.2 (Nigerdelta)
Demographischer Wandel: 40.1 (Erde), 74.2–3 (Luxemburg), 96.1 (Europa)
Depression: 132.1 (Osteuropa), 160.1 (Westasien)
Desertifikation ➡ Wüstenbildung
Deutscher Bund: 89.4 (Europa)
Dienstleistungszentrum: 71.3 (Luxemburg-Stadt), 76.1 (Luxemburg), 77.2 (Esch-sur-Alzette), 79.2 (Saar-Lor-Lux), 114.2 (London), 115.6 (Paris), 208.3 (Manhattan)
Diktatur: 92.3 (Europa)
Dominien: 30.1 (Erde)
Dreieckshandel: 192.2 (Amerika)
Dürre: 169.5 (Nil), 172.1 (Afrika), 173.2 (Sahara und Sahel)

E

Einparteiensystem: 35.3 (Erde)
Einwanderung ➡ Migration
Eisenbahn: 97.5, 103.2–3 (Europa), 119.3 (Westeuropa), 147.3 (China), 155.5 (Japan)
Eisen- und Stahlerzeugung: 77.2 (Esch-sur-Alzette), 78.1 (Saar-Lor-Lux)
Eiserner Vorhang: 91.2, 92.4 (Europa)
Eiszeit: 26.1 (Erde), 101.2 (Europa)
Emigration ➡ Migration
Energie ➡ Stromerzeugung
Energiewende: 62.1 (Luxemburg), 62.3 (Beckerich), 112.1 (West- und Mitteleuropa)
Entdeckungsreisen: 28.2 (Erde), 192.1 (Amerika)
Entente: 31.3 (Erde)
Entwässerung: 117.4 (Schema), 117.5 (Niederlande)
Entwicklungshilfe: 34.2 (Erde)
Entwicklungsländer: 43.5 (Erde)
Erdachse, Rotationsachse: 7.11 (Erde)
Erdaltertum: 10.1 (Erde), 56.1 (Westeuropa)
Erdbahn: 6.3 (Erde und Sonne)
Erdbeben: 10.1, 10.3, 20.1–2 (Erde), 13.5 (Südamerika), 154.2 (Japan), 155.4 (Honshu)
Erdmantel, Erdkruste: 10.2–3 (Erde)
Erdmittelalter, -neuzeit: 10.1 (Erde), 12.3 (Atlantik), 56.1 (Westeuropa), 56.2 (Pariser Becken)
Erdöl, Erdgas: 44.2 (Erde), 108.1 (Nord- und Ostseeraum), 118.2 (Rotterdam), 124.1 (Südwesteuropa), 136.1 (Russland und Zentralasien), 139.3 (Schema), 139.4 (Jamal-Halbinsel), 139.5 (Europa), 158.1 (Südostasien), 178.1 (Nördl. Afrika)
Erneuerbare Energien: 62.1 (Luxemburg), 62.3 (Beckerich), 155.5 (Japan)
Erschließung: 138.1 (Russland), 210.1 (Kalifornien)
Erster Weltkrieg: 31.3 (Erde)
Erwerbsstruktur: 77.2 (Esch-sur-Alzette)
Erwerbstätigkeit: 76.1 (Luxemburg), 81.2 (Großregion)
Ethnischer Konflikt: 91.4 (Jugoslawien), 166.5 (Südafrika)
EU (Europäische Union): 94.1 (Schema), 94.2 (Europa), 94.3 (Brüssel)
Europaregion (Euregio): 81.2 (Großregion)
EWR (Europäischer Wirtschaftsraum): 95.4 (Europ. Wirtschaftsraum), 112.1 (West- und Mitteleuropa)

F

Fair Trade: 197.3 (Mittelamerika)
Ferntourismus: 46.2, 48.1 (Erde)
Fernwasserversorgung: 210.2 (Kalifornien)
Feuchtsavanne: 172.1 (Afrika)
Finanzzentrum: 79.2 (Saar-Lor-Lux), 146.1 (Asien), 208.1, 208.3 (Manhattan)
Fischereigrenze ➡ Wirtschaftszone
Fischereikonflikte: 25.3 (Erde)
Fischfang: 24.1 (Weltmeere), 25.3 (Erde)
Fischverzehr: 25.3 (Erde)
Fjordküste: 106.2 (Skandinavien und Baltikum)
Flächenverbrauch: 105.3 (S'Arenal), 152.1 (Perlflussdelta), 216.2–3 (Rondônia)
Flüchtlinge: 36.2 (Erde), 207.3 (USA)
Flughafen: 97.5 (Europa), 105.2 (Balearen), 119.6 (Westeuropa), 161.2 (Dubai)
Flüsse: 8.2 (Kontinente), 52.1 (Luxemburg), 110.1 (West- und Mitteleuropa), 164.3 (Afrika), 176.1 (Nördl. Afrika), 180.1 (Südl. Afrika), 202.1 (USA und Mittelamerika), 212.1 (Südamerika)
Flusseinzugsgebiete: 63.5 (Luxemburg), 169.3–4 (Nil)
Flussoase: 168.1 (Ägypten)
Flut: 6.6 (Erde, Mond und Sonne)
Föhn: 98.1–2 (Europa)
Franken: 39.4 (Orient), 86.1 (Europa)
Frauen: 40.1 (Erde)
Freihandelszone ➡ Sonderwirtschaftszone
Fremdenverkehr ➡ Tourismus
Fremdlingsfluss: 22.1 (Erde), 169.3 (Nil)
Frieden, Friedenssicherung: 34.1, 240.1 (Erde)
Frühgeschichte ➡ Ur- und Frühgeschichte
Frühmensch: 26.1 (Erde)
Funktionale Gliederung: 71.3, 72.1–73.2 (Luxemburg-Stadt)

G

Galaxie: 6.1 (Milchstraße)
Gated Community: 161.2 (Dubai), 211.5 (Hochtal von Mexiko)
Geburtenrate, -defizit, -überschuss: 40.3 (Erde), 74.2 (Luxemburg)
Gemäßigte Zone: 18.2 (Erde), 99.5 (Europa)
Geologie: 54.1 (Luxemburg), 56.2 (Pariser Becken)
Geothermie: 106.1 (Island), 155.5 (Japan)
Germanen: 39.3 (Römisches Reich), 64.1 (Germanien und Raetien)
Geschichtskarte: 84.1 (Europa)
Geteilte Stadt: 38.2 (Jerusalem)
Gewässergüte: 63.5 (Luxemburg)
Geysir: 106.1 (Island)
Gezeitenkräfte: 6.6 (Erde, Mond und Sonne)
Gletscher: 21.3 (Erde), 140.2 (Mount Everest)
Global City: 46.1 (Erde)
Globalisierte Wirtschaft: 45.4 (Erde)
Globalisierung: 44.2, 46.1–2 (Erde), 126.2 (Lissabon)
Globalstrahlung: 18.2 (Erde), 62.2 (Luxemburg)
Gold: 85.2 (Europa), 175.3 (Afrika), 210.1 (Kalifornien), 217.4 (Amazonien)
Golfstrom: 24.1–2 (Weltmeere), 98.1–2 (Europa)
Grabenbruch: 13.4 (Ostafrika), 180.1 (Südl. Afrika)
Grenze: 36.2 (Erde), 68.2 (Luxemburg), 91.2–3, 92.1–93.5 (Europa), 132.1 (Osteuropa), 138.1 (Russland), 163.4 (Israel / Palästin. Gebiete)
Griechen (Antike): 39.3 (Römisches Reich), 84.1 (Europa), 142.1 (Persien)
Grundwasser: 63.4 (Luxemburg), 162.2 (Israel/ Palästina)
GUS (Gemeinschaft Unabhängiger Staaten): 33.3 (Erde), 94.2 (Europa)

H

Habsburger: 67.2 (Mitteleuropa), 68.1 (Luxemburg)
Hafen: 97.5 (Europa), 118.1 (Nordsee und Ärmelkanal), 118.2 (Rotterdam), 119.5 (Westeuropa), 152.1 (Perlflussdelta), 161.2 (Dubai)
Halbwüste: 186.1 (Australien und Neuseeland)
Handel: 44.2–45.3 (Erde), 84.1–85.2 (Europa), 87.3 (Europa und Orient)
Handelswege: 84.1–85.2 (Europa), 87.3 (Europa und Orient), 143.3 (Zentralasien), 166.1 (Afrika), 168.1 (Ägypten), 210.1 (Kalifornien)
Hanse: 87.3 (Europa und Orient)
Hauptgeschäftszentrum: 94.3 (Brüssel), 114.2 (London), 115.6 (Paris), 208.3 (Manhattan)
Hauptstadt: 93.5 (Europa), 94.3 (Brüssel), 114.2 (London), 115.6 (Paris), 138.2 (Moskau), 209.6 (Washington D.C.), 211.5 (Hochtal von Mexiko)
HDI ➡ Human Development Index (HDI)
Heiliges Römisches Reich: 65.3 (Heiliges Römisches Reich), 66.1 (Mitteleuropa)
Hightech: 204.2 (USA)
Himmelsrichtungen: 28.1 (Modell)
Hindus: 38.1 (Erde)
Historische Stadtentwicklung ➡ Stadtwachstum
Hochdruckgebiet: 16.1, 16.3, 171.8 (Erde), 16.5 (Europa), 145.3 (Asien)
Hochhaus: 138.2 (Moskau), 161.2 (Dubai), 208.1–209.2 (Manhattan)
Hochkultur: 26.2 (Erde), 168.1 (Ägypten), 211.4 (Hochtal von Mexiko)
Höhenstufen der Vegetation: 215.2 (Anden)
Höhlenmalerei: 26.1 (Erde), 101.2 (Europa)
Homo sapiens ➡ Jetztmensch
Hotspot: 185.3 (Hawaii)
Human Development Index (HDI): 42.1 (Erde)
Hurrikan: 20.1–2 (Erde), 194.2 (Amerika), 195.4 (Golf von Mexiko), 195.5 (Modell)

I

Immigration ➡ Migration
Imperialismus: 89.3 (Europa), 166.2 (Afrika), 193.3 (Amerika)
Indianer: 192.1 (Amerika)
Indigene ➡ Urbevölkerung
Industrialisierung: 103.2–3 (Europa)
Industrie: 76.1 (Luxemburg), 78.1 (Saar-Lor-Lux), 150.1 (Süd- und Ostasien)
Informationstechnologie: 46.1 (Erde)
Inka: 192.1 (Amerika)
Inlandeis: 21.3 (Erde), 188.1 (Nordpolargebiet), 200.1 (Nördliches Nordamerika)
Innenstadt: 71.3 (Luxemburg-Stadt), 114.2 (London), 115.6 (Paris), 126.1–2 (Lissabon), 138.2 (Moskau)
Innertropische Konvergenz (ITC): 170.3–4 (Afrika), 171.7 (Modell), 171.8 (Erde)
Innovationszentrum: 146.1 (Asien), 147.2 (Südasien), 174.1 (Afrika), 198.1 (Amerika)
Intensivlandwirtschaft: 210.2 (Kalifornien)
Internet: 46.1 (Erde)
Islam: 38.1 (Erde), 38.2 (Jerusalem), 39.4 (Orient), 86.1–2, 88.1 (Europa), 163.4 (Israel / Palästin. Gebiete)

J

Jahresniederschlag: 53.5 (Luxemburg), 99.4 (Europa), 186.2 (Australien und Neuseeland), 195.3 (Amerika)
Jahreszeiten: 6.3 (Erde und Sonne), 6.4, 7.10 (Erde), 53.2–3 (Luxemburg)
Jahreszeitenklima: 14.1 (Erde)
Jetstream ➡ Winde, Windsysteme
Jetztmensch: 101.2 (Europa)
Juden: 38.1 (Erde), 38.2 (Jerusalem), 162.1 (Palästina)
Junge Bevölkerung: 74.3 (Luxemburg), 96.1 (Europa)

K

Kaffee: 30.2 (Erde), 144.1 (Asien), 164.2 (Kilimandscharo), 172.1 (Afrika), 196.1 (Amerika), 215.2 (Anden)
Kaiser, Kaiserreich: 30.1 (Erde), 66.1 (Mitteleuropa), 85.2, 86.1–2 (Europa)
Kalter Krieg: 32.2 (Erde), 91.2, 92.4 (Europa)
Kaltzeit ➡ Eiszeit
Karl der Große: 86.1 (Europa)
Kernkraftwerk: 155.4 (Honshu), 155.5 (Japan)
Kinderarbeit: 37.3 (Erde)
Kleinstaaten: 67.2 (Mitteleuropa), 88.2 (Europa)
Klimadiagramm: 14.1 (Erde), 53.4 (Luxemburg), 98.3 (Europa), 188.1 (Nordpolargebiet), 189.2 (Südpolargebiet), 197.3 (Mittelamerika)
Klimakarte: 14.2 (Erde), 53.2–3, 53.5 (Luxemburg), 99.5 (Europa)
Klimawandel: 18.3, 21.3 (Erde), 18.4 (Weltmeere), 19.6 (Maloelap)
Klimazonen, Klimatypen: 14.1–2, 18.2, 171.8 (Erde), 99.5 (Europa)
Kohle ➡ Braunkohle; Steinkohle
Kohlenstoffdioxid ➡ Treibhausgase
Kolonialismus, Kolonien: 28.2, 30.1–2 (Erde), 166.2 (Afrika), 166.4 (Burenstaaten), 192.2 (Amerika)
Kolumbus: 28.2 (Erde), 192.1 (Amerika)
Kommunikation: 46.1, 48.2–49.3 (Erde), 97.6 (Europa)
Konflikte: 32.2, 36.2 (Erde), 91.4 (Jugoslawien), 142.1 (Persien), 163.3 (Israel), 166.4 (Burenstaaten), 166.5 (Südafrika), 175.2 (Nigerdelta)
Kontinentalsperre: 89.3 (Europa)
Kontinente: 8.2–9.4 (Kontinente), 82.1 (Europa), 242.1 (Erde)
Korallenriffe: 19.6 (Maloelap), 24.1 (Weltmeere)
Korruption: 35.5 (Erde)
Kraftwerke ➡ Stromerzeugung
Krater: 154.3 (Tokio), 164.2 (Kilimandscharo), 185.3 (Hawaii)
Kreml: 138.2 (Moskau)
Kreuzfahrten: 104.1 (Europa), 105.2 (Balearen)
Kreuzzüge: 86.2 (Europa)
Krieg ➡ Konflikte
Krill: 189.2 (Südpolargebiet)
Kulturlandschaft: 64.1 (Germanien und Raetien), 65.4 (Echternach), 80.1 (Großregion), 117.2 (Niederlande)
Kulturtourismus: 114.3 (London), 115.7 (Paris)
Küstenformen: 118.1 (Nordsee und Ärmelkanal), 122.1 (Südwesteuropa), 127.3 (Portugal)
Küstenschutz: 117.2–3, 117.5 (Niederlande)

L

Landgewinnung: 117.3 (Niederlande), 152.1 (Perlflussdelta), 154.3 (Tokio), 161.2 (Dubai)
Landschaften: 50.1 (Luxemburg), 82.2 (Europa), 116.1 (Benelux-Länder), 210.3 (Zentralkalifornien)
Landschaftswandel: 21.3 (Erde), 21.4 (Aralsee), 72.4 (Luxemburg-Stadt), 101.3 (Europa), 105.3 (S'Arenal), 152.1 (Perlflussdelta), 216.3 (Rondônia)
Landschaftszonen: 22.1 (Erde), 136.1 (Russland und Zentralasien), 169.3, 169.5 (Nil)
Landwirtschaft: 26.1, 30.2 (Erde), 100.1 (Europa), 144.1 (Asien), 164.2 (Kilimandscharo)
Lateinamerika (Kulturerdteil): 192.2 (Amerika)
Lava: 154.3 (Tokio), 185.3 (Hawaii)
Lebenserwartung: 43.3 (Erde)
Limes: 64.1 (Germanien und Raetien), 85.2 (Europa)
Logistik: 118.2 (Rotterdam)
Luftbild: 58.2 (Barrage d'Esch-sur-Sûre), 58.3 (Lac de la Haute-Sûre)
Luftdruck: 16.1–17.4 (Erde), 16.5 (Europa)
Luftfracht, Luftverkehr: 119.6 (Westeuropa)

M

Magnetfeld: 7.11 (Erde)
Magnetische Pole: 188.1 (Nordpolargebiet), 189.2 (Südpolargebiet)
Mangrove: 175.2 (Nigerdelta)

Marco Polo: 143.3 (Zentralasien)
Maßstab: 58.1 (Methode), 58.2 (Barrage d'Esch-sur-Sûre), 58.3–4 (Lac de la Haute-Sûre)
Maya: 192.1 (Amerika)
Medien → Kommunikation
Meer: 18.4, 24.1–2 (Weltmeere), 122.1 (Südwesteuropa), 156.1 (Südostasien)
Meeresspiegelanstieg: 18.4 (Weltmeere), 19.6 (Maloelap)
Meeresströme: 24.1–2 (Weltmeere)
Meerwasserentsalzung: 162.2 (Israel/Palästina)
Megastadt: 40.2, 41.4 (Erde), 153.2 (Süd-, Ost- und Südostasien), 211.5 (Hochtal von Mexiko)
Menschenrechte: 36.1, 37.3 (Erde)
Metropole: 114.1 (London), 115.5 (Paris), 161.2 (Dubai), 211.4–5 (Hochtal von Mexiko)
Migration: 36.2 (Erde), 75.5 (Luxemburg), 187.5–6 (Australien), 207.3 (USA)
Milchstraßensystem: 6.1 (Milchstraße)
Militärische Bündnisse: 33.3 (Erde), 91.3 (Europa)
Minderheiten: 97.4, 97.6 (Europa), 187.6 (Australien), 206.4 (USA), 209.4 (New York)
Mittelalter: 65.3 (Heiliges Römisches Reich), 65.4 (Echternach), 66.1 (Mitteleuropa), 85.3 (Eurasien), 117.2 (Niederlande), 142.2 (Asien)
Mittelmächte: 31.3 (Erde)
Mittelozeanischer Rücken: 10.1 (Erde), 12.3 (Atlantik)
Monarchie: 35.3 (Erde), 89.4 (Europa)
Mond: 6.2, 6.6–7 (Erde, Mond und Sonne)
Mondphasen: 6.5 (Erde, Mond und Sonne)
Mongolen: 142.2 (Asien)
Monsun: 14.3–15.4 (Erde), 145.3 (Asien), 171.6 (Afrika)
Monsunwald → Regenwald
Montanindustrie: 77.2 (Esch-sur-Alzette), 78.1 (Saar-Lor-Lux)
Multikulturelle Gesellschaft: 75.5 (Luxemburg), 206.4 (USA), 209.4 (New York)
Muslime → Islam

N

Nachhaltigkeit: 21.3, 42.2 (Erde), 24.1 (Weltmeere), 97.5 (Europa), 105.2 (Balearen), 105.3 (S'Arenal)
Nährstoffkreislauf: 217.5 (Modell)
Napoleon: 89.3 (Europa)
Nationalpark: 140.2 (Mount Everest), 164.2 (Kilimandscharo), 199.2 (Panamakanal)
Nationalsozialismus: 90.1 (Europa)
Nationenbildung: 167.3 (Afrika), 193.3–4 (Amerika)
NATO (Nordatlantikpakt): 32.2–33.3 (Erde), 91.3 (Europa)
Naturkatastrophe: 10.1, 20.1 (Erde), 155.4 (Honshu)
Naturlandschaft: 60.1 (Luxemburg), 117.2 (Niederlande), 139.4 (Jamal-Halbinsel)
Naturpark: 58.4 (Lac de la Haute-Sûre), 61.2 (Luxemburg)
Naturrisiken, Naturgefahren: 20.1–2 (Erde), 55.2 (Luxemburg), 173.2 (Sahara und Sahel)
Neandertaler → Altmensch
Neolithikum: 26.2 (Erde), 101.2 (Europa)
Neulandgewinnung → Landgewinnung
Niederschlag: 18.3 (Erde), 53.4 (Luxemburg), 98.3 (Europa), 145.3 (Asien), 169.4–5 (Nil), 171.5–6 (Afrika), 195.3 (Amerika)
Niederschlagsdiagramm: 210.3 (Zentralkalifornien)
Nomaden: 173.3 (Ouargla)
Nördlicher Nadelwald: 22.1 (Erde), 144.1 (Asien)
Nord-Süd-Gefälle: 42.1, 45.3 (Erde)
Nordwestpassage: 188.1 (Nordpolargebiet)
Nuklearmacht → Atommacht, Atomtest
Nutzpflanzen: 26.2 (Erde)
Nutzungskonflikt: 38.2 (Jerusalem), 105.2 (Balearen), 105.3 (S'Arenal), 175.2 (Nigerdelta)

O

Oase: 173.3 (Ouargla)
Obstanbau: 210.2 (Kalifornien)
Offshoreförderung: 175.2 (Nigerdelta)
Ökologie: 162.2 (Israel/Palästina), 175.2 (Nigerdelta)
Ökologischer Fußabdruck: 42.2 (Erde), 146.1 (Asien), 174.1 (Afrika), 198.1 (Amerika)
Ökologischer Landbau: 197.3 (Mittelamerika)
Ökologischer Rucksack: 196.2 (Schema)
Ölpest: 175.2 (Nigerdelta)
OPEC (Organisation Erdöl exportierender Länder): 35.4 (Erde)
Orientalische Stadt: 38.2 (Jerusalem), 161.2 (Dubai), 173.3 (Ouargla)
Orientierung: 52.1 (Luxemburg), 82.2 (Europa)
Orient (Kulturerdteil): 26.2 (Erde), 39.4 (Orient)
Ozeanischer Rücken: 8.1 (Erde)

P

Packeis: 188.1 (Nordpolargebiet)
Panorama: 208.1–209.2 (Manhattan), 210.3 (Zentralkalifornien)
Parlamentarisches Regierungssystem: 35.3 (Erde), 94.1 (Schema)
Pass: 120.1 (Alpen), 140.2 (Mount Everest)
Paulus (Apostel): 39.3 (Römisches Reich)
Pendler: 76.1 (Luxemburg), 78.3–79.4 (Großregion)
Permafrost → Dauerfrostboden
Pflanzenreich → Vegetation
Pflanzliche Primärproduktion: 217.5 (Modell)
Photovoltaik → Sonnenenergie
Pilger, Pilgertourismus: 65.4 (Echternach), 104.1 (Europa)
Pilgerväter (Pilgrim Fathers): 192.2 (Amerika)
Pipeline (Erdöl, Erdgas): 133.2 (Osteuropa), 136.1 (Russland und Zentralasien), 139.5 (Europa), 204.1 (USA und Mittelamerika)
Planeten: 7.8 (Sonnensystem), 7.9 (Erde und Sonne)
Plantagenwirtschaft: 158.1 (Südostasien), 164.2 (Kilimandscharo), 197.3 (Mittelamerika)
Plattentektonik: 12.1 (Alpen), 12.2 (Schema), 12.3 (Atlantik), 13.4 (Ostafrika), 13.5 (Südamerika), 154.2 (Japan), 154.3 (Tokio), 155.4 (Honshu)
Polare Zone, Polarklima: 18.2–3, 21.3, 171.8 (Erde)
Polarregion: 7.11 (Erde), 188.1 (Nordpolargebiet), 189.2 (Südpolargebiet)
Polder: 117.3, 117.5 (Niederlande), 117.4 (Schema)
Politik: 35.4, 42.2, 240.1 (Erde), 94.1 (Schema)
Politische Entwicklung: 92.1–4, 94.2 (Europa)
Politische Gliederung: 69.3 (Luxemburg), 143.4 (Asien), 167.3 (Afrika), 193.4 (Amerika), 202.1 (USA und Mittelamerika)
Politische Situation: 35.5 (Erde)
Politische Systeme: 35.3 (Erde)
Präsidentielles Regierungssystem: 35.3 (Erde), 209.6 (Washington D.C.)
Pressefreiheit: 35.5 (Erde)
Primärer Sektor → Wirtschaftssektoren, -abteilungen
Primärproduktion: 217.5 (Modell)
Profil: 10.3 (Erde), 54.1 (Luxemburg), 56.2 (Pariser Becken), 107.3 (Skandinavien), 185.3 (Hawaii)
Pumpbrunnen: 173.3 (Ouargla)

R

Reaktion: 68.2 (Luxemburg), 89.4 (Europa)
Reformation: 88.1 (Europa)
Regenerative Energien → Erneuerbare Energien
Regenwald: 22.1 (Erde), 158.1 (Südostasien), 159.2 (Borneo), 164.2 (Kilimandscharo), 175.2 (Nigerdelta), 182.1 (Südl. Afrika), 196.1 (Amerika), 199.2 (Panamakanal), 214.1 (Südamerika), 216.1 (Tropen)
Regenzeit: 145.3 (Asien), 171.5–6 (Afrika)
Regierungsviertel: 38.2 (Jerusalem), 94.3 (Brüssel), 209.6 (Washington D.C.)
Regionale Entwicklungsunterschiede: 81.2 (Großregion), 95.4–5 (Europ. Wirtschaftsraum), 147.2 (Südasien), 147.3 (China)
Rekorde: 8.2–9.4 (Kontinente), 82.1 (Europa), 140.1 (Asien), 164.1 (Afrika), 191.2 (Amerika)
Relief: 8.1 (Erde), 50.1, 52.1, 54.1–55.2 (Luxemburg), 107.3 (Skandinavien), 116.1 (Benelux-Länder)
Religionen: 28.1 (Modell), 38.1 (Erde), 38.2 (Jerusalem), 39.3 (Römisches Reich), 88.1 (Europa), 162.1 (Palästina), 163.4 (Israel / Palästin. Gebiete)
Republik: 209.6 (Washington D.C.)
Reservation: 206.2 (USA), 217.4 (Amazonien)
Rodung: 21.3 (Erde), 101.3 (Europa), 217.4 (Amazonien)
Rohstoffe: 44.2 (Erde), 144.1 (Asien), 217.4 (Amazonien)
Römerzeit: 64.1 (Germanien und Raetien), 65.2 (Belgica und Germanien), 162.1 (Palästina)
Römisches Reich: 39.3 (Römisches Reich), 85.2 (Europa), 85.3 (Eurasien)

S

Sahelzone: 172.1 (Afrika), 173.2 (Sahara und Sahel), 178.1 (Nördl. Afrika)
Salzsee, Salzpfanne, Salzwüste: 21.4 (Aralsee), 211.4 (Hochtal von Mexiko)
Satellitenbild: 58.4 (Lac de la Haute-Sûre), 60.1 (Luxemburg), 166.2 (Afrika), 195.4 (Golf von Mexiko), 216.2–3 (Rondônia)
Säuglingssterblichkeit: 43.3 (Erde)
Savanne: 22.1 (Erde), 178.1 (Nördl. Afrika), 182.1 (Südl. Afrika)
Schengen-Staaten: 91.3 (Europa)
Schichtstufenland: 55.2 (Luxemburg), 56.2 (Pariser Becken)
Schiffspassagen: 199.2 (Panamakanal)
Schiiten: 38.1 (Erde)
Schleuse: 50.1 (Luxemburg), 199.2 (Panamakanal)
Schrift: 49.3 (Erde)
Schutzstaaten: 30.1 (Erde)
Schwellenland: 42.1 (Erde)
Schwerindustrie → Eisen- und Stahlerzeugung
Seebad: 104.1 (Europa), 105.2 (Balearen), 105.3 (S'Arenal)
Seehandel: 44.2 (Erde)
Seekabel: 46.1 (Erde)
Segregation: 166.5 (Südafrika)
Seidenstraße: 143.3 (Zentralasien)
Sekundärer Sektor → Wirtschaftssektoren, -abteilungen
Siedlung: 50.1 (Luxemburg), 148.1 (Süd- und Ostasien), 173.3 (Ouargla)
Sklaven: 84.1 (Europa), 192.2 (Amerika)
Slawen: 84.1, 86.1 (Europa)
Soja, Sojaanbau: 214.1 (Südamerika), 217.4 (Amazonien)
Solarenergie → Sonnenenergie
Sonderkulturen: 100.1 (Europa)
Sonderwirtschaftszone: 147.3 (China), 199.2 (Panamakanal), 217.4 (Amazonien)
Sonne: 6.4, 18.2 (Erde), 6.5, 6.7 (Erde, Mond und Sonne)
Sonnenenergie: 18.2 (Erde), 62.2 (Luxemburg), 62.3 (Beckerich), 124.1 (Südwesteuropa)
Sonnenscheindauer: 6.3 (Erde und Sonne)
Sonnensystem: 7.8 (Sonnensystem), 7.9 (Erde und Sonne)
Sowjetunion (UdSSR): 32.1–2 (Erde), 92.2–4 (Europa)
Sprachen: 48.2–49.3 (Erde), 97.4, 97.6 (Europa)
Staaten: 240.1, 242.1 (Erde)
Stadtentwicklung: 77.2 (Esch-sur-Alzette), 161.2 (Dubai)
Städtetourismus: 71.3 (Luxemburg-Stadt), 114.2–3 (London), 114.4 (Europa), 115.6–7 (Paris), 126.1–2 (Lissabon), 138.2 (Moskau)
Stadtlandschaft: 154.3 (Tokio), 161.2 (Dubai)
Stadtstruktur: 71.3 (Luxemburg-Stadt), 126.1 (Lissabon)
Stadtviertel, Stadtteil: 72.1–73.2 (Luxemburg-Stadt), 208.3 (Manhattan), 209.4–5 (New York)
Stadtwachstum: 70.1–2, 72.1–73.2 (Luxemburg-Stadt), 114.1 (London), 115.5 (Paris)
Stahlerzeugung → Eisen- und Stahlerzeugung
Stausee, Staudamm: 21.4 (Aralsee), 58.2 (Barrage d'Esch-sur-Sûre), 58.3 (Lac de la Haute-Sûre), 63.6 (Vianden), 128.1 (Südosteuropa, Türkei), 132.1 (Osteuropa), 168.2 (Ägypten und Sudan), 199.2 (Panamakanal), 217.4 (Amazonien)
Steinkohle: 44.2 (Erde), 78.1 (Saar-Lor-Lux), 139.5 (Europa)
Steinzeit: 101.2 (Europa)
Steppe: 21.4 (Aralsee), 22.1 (Erde), 101.2–3 (Europa)
Sterbeüberschuss: 40.3 (Erde), 74.2 (Luxemburg)
Sternenhimmel: 7.10 (Erde)
Straßenverkehr: 97.5 (Europa), 119.4 (Westeuropa)
Stratosphäre, Stratopause: 18.1 (Himmel)
Stromerzeugung: 19.5 (Erde), 62.1–2, 63.4 (Luxemburg), 63.6 (Vianden), 155.4 (Honshu), 155.5 (Japan), 217.4 (Amazonien)
Stromkultur: 168.1 (Ägypten)
Strukturwandel: 72.4 (Luxemburg-Stadt), 77.2 (Esch-sur-Alzette), 78.1–79.2 (Saar-Lor-Lux), 105.3 (S'Arenal), 152.1 (Perlflussdelta)
Stumme Karte: 82.1 (Europa), 140.1 (Asien), 164.1 (Afrika), 191.2 (Amerika)
Sturmflut: 20.1–2 (Erde)
Subduktion: 12.2 (Schema), 13.5 (Südamerika)
Subpolare Zone: 139.4 (Jamal-Halbinsel)
Subtropen: 18.2 (Erde), 99.5 (Europa)
Sunniten: 38.1 (Erde)

T

Tageslänge: 6.4, 14.3–15.4 (Erde)
Tektonik → Plattentektonik
Temperatur: 53.2–4 (Luxemburg), 98.3 (Europa), 145.2 (Asien), 170.1–2 (Afrika), 186.3–4 (Australien und Neuseeland), 194.1–2 (Amerika)
Territorium: 65.3 (Heiliges Römisches Reich), 68.1–2 (Luxemburg), 88.2 (Europa), 206.2 (USA)
Tertiärer Sektor → Wirtschaftssektoren, -abteilungen
Thermalquelle: 106.1 (Island)
Tiefdruckgebiet: 16.1, 17.4, 171.8 (Erde), 16.5 (Europa), 145.3 (Asien), 171.7 (Modell)
Tiefseebecken, Tiefseegraben: 8.1 (Erde), 156.1 (Südostasien), 184.1 (Australien/Ozeanien)
Todesstrafe: 36.1 (Erde)
Topographie: 82.2, 93.5 (Europa), 140.3 (Eurasien), 164.3 (Afrika), 190.1 (Amerika)
Topographisches Lernen: 8.1 (Erde), 52.1 (Luxemburg), 82.1 (Europa), 140.1 (Asien), 164.1 (Afrika), 185.2 (Australien/Ozeanien), 191.2 (Amerika)
Tornado: 194.2 (Amerika)
Tourismus: 61.2 (Luxemburg), 102.1, 104.1, 114.4 (Europa), 105.2 (Balearen), 105.3 (S'Arenal), 114.3 (London), 115.7 (Paris), 124.1 (Südwesteuropa), 126.2 (Lissabon), 130.1 (Südosteuropa, Türkei), 161.2 (Dubai)
Tourismusformen: 48.1 (Erde)
Transsibirische Eisenbahn: 134.1 (Russland und Zentralasien)
Treibeisgrenze: 20.2 (Erde), 188.1 (Nordpolargebiet)
Treibhauseffekt: 18.1 (Himmel), 19.5, 21.3 (Erde)
Treibhausgase: 19.5 (Erde), 19.6 (Maloelap)
Trinkwasser: 43.5 (Erde)
Trockengebiet, Trockenklima: 14.2 (Erde)
Trockenzeit: 170.3–4 (Afrika)
Tropen: 14.2, 18.2 (Erde)
Tropischer Regenwald → Regenwald
Tsunami: 10.1, 20.1 (Erde), 154.2 (Japan), 155.4 (Honshu)
Tundra: 139.4 (Jamal-Halbinsel)

U

Überschwemmung: 20.2 (Erde)
Umweltbelastung: 21.3 (Erde), 21.4 (Aralsee), 24.1 (Weltmeere), 175.2 (Nigerdelta)
Unabhängigkeit: 143.4 (Asien), 167.3 (Afrika)
UN-Friedensmission: 34.1 (Erde)
UN (Vereinte Nationen): 34.1, 36.1, 37.3 (Erde)
Urbanisierung: 41.4 (Erde)
Urbevölkerung: 26.1 (Erde), 166.1 (Afrika), 187.5 (Australien), 192.1 (Amerika), 206.1–2 (USA)
Ur- und Frühgeschichte: 101.2 (Europa)

V

Vegetation: 22.1 (Erde), 172.1 (Afrika), 215.2 (Anden), 216.1 (Tropen)
Vegetationsstufen → Höhenstufen der Vegetation
Verdichtungsraum → Ballungsraum
Vereinte Nationen → UN (Vereinte Nationen)
Verkehr: 97.5 (Europa), 118.1 (Nordsee und Ärmelkanal), 119.3, 119.5–6 (Westeuropa)
Verkehrsbelastung: 119.4 (Westeuropa)
Versailler Vertrag: 92.1–2 (Europa)
Versalzung: 21.4 (Aralsee), 162.2 (Israel/Palästina)
Versorgung (Wasser, Strom): 63.4 (Luxemburg), 63.6 (Vianden), 80.1 (Großregion), 124.1 (Südwesteuropa), 139.3 (Schema), 139.5 (Europa), 162.2 (Israel/Palästina)
Verstädterung: 152.1 (Perlflussdelta), 154.3 (Tokio), 161.2 (Dubai), 173.3 (Ouargla)
Verwaltung: 69.3, 74.1 (Luxemburg), 167.6 (Südafrika), 206.2 (USA)
Verwundbarkeit: 10.1, 20.1–2 (Erde), 19.6 (Maloelap), 21.4 (Aralsee), 154.3 (Tokio), 173.2 (Sahara und Sahel)
Viehwirtschaft: 186.1 (Australien und Neuseeland), 214.1 (Südamerika)
Völkerwanderung: 85.3 (Eurasien)
Vorgeschichte → Ur- und Frühgeschichte
Vormensch: 26.1 (Erde)
Vulkanismus: 20.1–2 (Erde), 106.1 (Island), 164.2 (Kilimandscharo), 185.3 (Hawaii)

W

Waldrückgang: 21.3 (Erde), 101.3 (Europa)
Wale: 24.1 (Weltmeere), 189.2 (Südpolargebiet)
Warenkette, Warenströme: 45.3–4 (Erde)
Warmzeit: 101.3 (Europa)
Warschauer Pakt: 91.2, 92.4 (Europa)
Wasserbilanz: 162.2 (Israel/Palästina)
Wasserferntransport → Fernwasserversorgung
Wasserkraft: 63.4 (Luxemburg), 63.6 (Vianden), 130.1 (Südosteuropa, Türkei), 133.2 (Osteuropa), 136.1 (Russland und Zentralasien), 150.1 (Süd- und Ostasien), 169.3 (Nil), 214.1 (Südamerika)
Wasserkraftwerk: 217.4 (Amazonien)
Wasserwirtschaft: 162.2 (Israel/Palästina)
Wasserzirkulation: 24.2 (Weltmeere)
Weichsel-Kaltzeit → Eiszeit
Weinbau: 61.2 (Luxemburg), 210.2 (Kalifornien)
Weißes Haus: 209.6 (Washington D.C.)
Weltall: 6.1 (Milchstraße), 6.2, 6.5, 6.7 (Erde, Mond und Sonne), 7.8 (Sonnensystem), 7.9 (Erde und Sonne), 7.10 (Erde), 18.1 (Himmel)
Weltbild: 28.1 (Modell), 242.1 (Erde)
Weltkriege: 31.3, 32.1 (Erde)
Weltkulturerbe: 38.2 (Jerusalem), 71.3 (Luxemburg-Stadt), 94.3 (Brüssel), 114.2 (London), 115.6 (Paris), 126.1 (Lissabon), 138.2 (Moskau)
Weltstadt → Global City
Wendekreis: 14.3–15.4 (Erde)
Westfälischer Frieden: 67.2 (Mitteleuropa)
Wetter: 16.5 (Europa), 17.4 (Erde), 195.4 (Golf von Mexiko), 195.5 (Modell)
Wikinger: 86.1 (Europa)
Winde, Windsysteme: 14.3–15.4, 16.1–3, 171.8 (Erde), 98.1–2 (Europa), 145.2–3 (Asien), 170.1–2 (Afrika), 171.7 (Modell)
Windgeschwindigkeit: 62.1 (Luxemburg)
Windkraft, Windkraftanlage, Windpark: 62.1 (Luxemburg), 108.1 (Nord- und Ostseeraum), 112.1 (West- und Mitteleuropa), 155.5 (Japan)
Wirbelstürme: 20.1–2 (Erde), 145.2 (Asien), 154.2 (Japan), 194.2 (Amerika), 195.4 (Golf von Mexiko), 195.5 (Modell)
Wirtschaftsentwicklung: 103.2–3 (Europa)
Wirtschaftskraft: 44.1 (Erde), 81.2 (Großregion), 95.4 (Europ. Wirtschaftsraum), 147.2 (Südasien), 147.3 (China)
Wirtschaftsraum: 46.1 (Erde), 79.2 (Saar-Lor-Lux), 80.1–81.2 (Großregion), 102.1 (Europa), 118.1 (Nordsee und Ärmelkanal), 150.1 (Süd- und Ostasien), 175.4 (Afrika), 204.1 (USA und Mittelamerika), 204.2 (USA)
Wirtschaftssektoren, -abteilungen: 44.1 (Erde), 152.1 (Perlflussdelta)
Wirtschaftszentrum: 102.1–103.3 (Europa)
Wirtschaftszone: 108.1 (Nord- und Ostseeraum), 112.1 (West- und Mitteleuropa)
Wolkenbildung: 171.7, 195.5 (Modell), 171.8 (Erde)
Wolkenkratzer → Hochhaus
Würm-Kaltzeit → Eiszeit
Wüste: 21.4 (Aralsee), 22.1 (Erde), 143.3 (Zentralasien), 144.1 (Asien), 150.1 (Süd- und Ostasien), 162.2 (Israel/Palästina), 176.1, 178.1 (Nördl. Afrika)
Wüstenbildung: 21.3 (Erde), 21.4 (Aralsee), 173.2 (Sahara und Sahel)

Z

Zenitstand der Sonne: 14.3–15.4 (Erde), 171.7 (Modell)
Zuwanderung → Migration
Zweiter Weltkrieg: 32.1 (Erde), 90.1 (Europa)

Das Register enthält Informationen über die Lage der Objekte in der Karte. Verzeichnet sind alle Namen aus den physischen und politischen Atlaskarten. Jeder Name erscheint im Register einmal.

Sämtliche Namen sind alphabetisch geordnet. Die Umlaute ä, ö, ü sind wie die Selbstlaute a, o, u behandelt. Buchstaben mit besonderen Zeichen aus fremden Schriften werden wie einfache lateinische Buchstaben sortiert.

Die Namen im Diercke Universalatlas Luxemburg werden durchgehend in Deutsch geschrieben, sofern eine deutsche Namensform gebräuchlich ist. In den Karten größerer Maßstäbe ist der landesübliche Name in Klammern dazugesetzt, z. B.: Mailand (Milano). Im Register ist an entsprechender Stelle der landesübliche Name mit Verweis auf den deutschen Namen aufgenommen, z. B.: Milano ➡ Mailand.
In wenigen Fällen erscheint in den Karten ein früherer Name als historischer Name in Klammern, z. B. Nur-Sultan (Astana).

Vor jedem Namen ist ein Symbol angebracht, das besagt, welcher Kategorie das genannte Objekt zuzuordnen ist. Die Symbole werden jeweils am oberen Rand der linken Seite erläutert.

Zum einfachen Auffinden eines Namens im Atlas dient ein Orientierungssystem. Es besteht aus
- Seitenzahlen für die Atlasseiten
- arabischen Ziffern für die Kartennummern
- Suchangaben (Buchstaben im oberen und unteren und Zahlen im rechten und linken Kartenrand).

In dieser Reihenfolge ist die Lage der Namen nach Atlasseite, Karte und Gradnetzfeld im Register ausgewiesen.

Staatennamen und andere Verwaltungsbegriffe (z. B. der Name eines Kantons) verweisen auf politische Karten. Bei allen anderen Objektarten wird in der Regel auf physische Karten verwiesen.

Bei punkthaften Objekten (z. B. Orten, Bergen oder Pässen) wird auf das Zentrum der Punktsignatur verwiesen, z. B. ⊙ Luxemburg **52.1**, C3.

Bei Flüssen ist in der Regel die Lage des quellnächsten Namens angegeben, z. B. Wark **52.1**, C2.

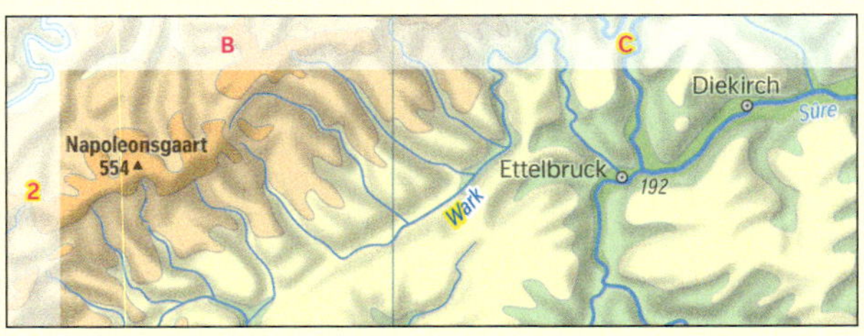

Für weit gespannte Namenszüge (z. B. Namen von Inseln, Landschaften, Gebirgen oder Meeren) werden mehrere Gradfelder genannt, z. B. Oesling **52.1**, B2–C2.

Namensteile wie etwa Aïn, Bad, Djabal, Golf, Groß, Kap, Klein, Mount, Oase, Pass, Puerto, Punta, Rio, Saint oder Wadi bleiben in ihrer Stellung erhalten und sind bei der Alphabetisierung berücksichtigt.

Abkürzungen der Staatsformen

Bm.	Bistum	Kfsm.	Kurfürstentum
Ebm.	Erzbistum	Kgr.	Königreich
Ehzm.	Erzherzogtum	Ksr.	Kaiserreich
Fsm.	Fürstentum	Lgft.	Landgrafschaft
FVR	Föderative Volksrepublik	Mgft.	Markgrafschaft
Gfsm.	Großfürstentum	Rep.	Republik
Gft.	Grafschaft	SSR	Sozialistische Sowjetrepublik
Ghzm.	Großherzogtum	VR	Volksrepublik
Hft.	Herrschaft		
Hzm.	Herzogtum		

A

Aachen **110.1**, E3
Aalborg **107.2**, D5
Aalen **120.1**, H2
Aalst **116.1**, C4/D4
Aarau **120.1**, E3/F3
Aare **120.1**, E4
Aarhus **107.2**, D5
Abakan **134.1**, J4
Abayasee **177.1**, G5
Abbesee **165.3**, K4
Abbeville **116.1**, A4
Abbotsford **200.1**, H5
Abd al-Kuri **160.1**, D4
Abéché **177.1**, F4
Abeokuta **176.1**, D5
Aberdeen **110.1**, C1
Abha **160.1**, C4
Abidjan **165.3**, E5
Abisko **106.2**, F2
Åbo ➡ Turku **106.2**, G4
Abrantes **127.3**, A3
Abruzzen **123.1**, G3
Abu Dhabi **160.1**, D3
Abuja **176.1**, D5
Abu Kamal **129.1**, H5
Abu Simbel **177.1**, F3/G3
Abweiler **51.1**, C3
Acapulco **202.1**, D5/E5
Accra **165.3**, E5
Acklins **203.1**, G4
Aconcagua **8.1**, F7
A Coruña **122.1**, A3
Acre **212.1**, C3
Adak **200.1**, C4
Adamaua **165.3**, F5–G5
Adamello **120.1**, H4
Adana **140.3**, C4
Adapazarı **128.1**, E3
Adda **120.1**, G4
Ad-Dachila ➡ Dakhla **176.1**, B3
Ad-Damazin **177.1**, G4
Ad-Dammam **160.1**, C3/D3
Ad-Dar al-Bayda ➡ Casablanca **122.1**, B5
Ad-Dauha ➡ Doha **160.1**, D3
Addis Abeba **165.3**, J5
Ad-Diwaniya **129.1**, J5/J6
Adelaide **184.1**, D8
Adelaide-Insel **189.2**, P2
Adélieland **189.2**, G2
Aden **160.1**, C4
Adige ➡ Etsch **121.1**, H4
Adıyaman **129.1**, G4
Admiralitäts-Inseln **184.1**, E5
Adour **110.1**, C5
Adrar **176.1**, C3/D3
Adrar des Iforas **165.3**, F3–F4
Adria **121.1**, K5
Adriatisches Meer **83.2**, G4
Afar-Senke **177.1**, H4
Afghanistan **143.4**, E3
Afrika **9.1**, K5–L5
Afyon **128.1**, E4
Agadez **176.1**, D4
Agadir **176.1**, B2/C2
Ägadische Inseln **123.1**, F4–G4
Ägäisches Meer **128.1**, D4
Agalega-Inseln **165.3**, L6–L7
Agats **157.1**, F5
Agen **110.1**, D4
Agepsta **129.1**, H3
Agra **141.3**, E4
Ağrı **129.1**, H4
Agrigento **123.1**, G4
Agrinion **128.1**, C4
A Guarda **127.3**, A2
Aguascalientes **202.1**, D4
Águeda **127.3**, A2
Agulhasbecken **9.1**, K8–L8
Ägypten **167.3**, D1
Ahaggar **9.1**, K4
Ahmedabad **141.3**, E4
Ahn **51.1**, D3
Ahr **116.1**, G4
Ahvaz **160.1**, C2
Ain **120.1**, C4
Aïn Oussara **122.1**, D5
Aion **135.1**, Q2
Aïr **165.3**, F3–F4
Aire **116.1**, B4
Airolo **120.1**, F4
Aisne **116.1**, D5
Aitutaki **185.1**, K6–L6
Aix-en-Provence **110.1**, E5
Aix-les-Bains **120.1**, C5
Ajagus **134.1**, H5
Ajmer **148.1**, C4
Akaba **160.1**, B3
Ak Dağ **129.1**, F4
Akhisar **128.1**, D4
Akimiski-Insel **201.1**, M4–N4
Akita **149.1**, J3/K3
Akkajaure **106.2**, F3
Aksaray **129.1**, F4
Aksoran **134.1**, G5
Aktau **134.1**, E5
Aktöbe **134.1**, E4
Akureyri **106.1**, C1
Alabama **203.1**, F3
Alacant ➡ Alicante **122.1**, C4/D4
Alagdağ **129.1**, F4
Alagoas **212.1**, G3
Alagón **127.3**, B2
Åland-Inseln **93.5**, G2–H2
Åland-Inseln **83.2**, G2–H3
Alanya **129.1**, E4/F4
Alasani **129.1**, J3
Alaska **193.4**, A2–C2
Alaska **8.1**, A2–B2
Alaska-Halbinsel **200.1**, D4–E4
Alaskakette **190.1**, B3–C3
Alassio **120.1**, F6/F7
Alba **120.1**, F6
Alba **127.3**, C2
Al-Bab **129.1**, G4
Albacete **122.1**, C4
Albanien **93.5**, G4–H4
Albany (Australien) **184.1**, B8
Albany (USA) **203.1**, G2
Albany **190.1**, J4
Albenga **120.1**, F6
Albergaria-a-Velha **127.3**, A2
Albert **116.1**, B4
Alberta **200.1**, J4
Albert-Kanal **116.1**, D3
Albertsee **180.1**, D2–E2
Albertville **120.1**, D5
Albuquerque **202.1**, D3
Alburquerque **127.3**, B3
Alcácer do Sal **127.3**, A3
Alcañices **127.3**, B2
Alcántara **127.3**, B3
Alcántara-Stausee **127.3**, B3
Alcázar de San Juan **122.1**, C4
Al-Chardj **160.1**, C3
Al-Chartum ➡ Khartum **177.1**, G4
Alcobaca **127.3**, A3
Alcuéscar **127.3**, B3
Aldabra **165.3**, K6
Aldabragruppe **181.1**, F3
Aldan **135.1**, M4
Aldan **141.3**, H2–H3
Al-Djawf **176.1**, C3
Al-Djazair ➡ Algier **176.1**, D2
Al-Djunaina ➡ El-Geneina **177.1**, F4
Alentejo **122.1**, A4–B4
Aleppo **140.3**, C4
Alert **201.1**, O1
Alessandria **123.1**, F2
Ålesund **106.2**, C4
Aleuten **8.1**, A3–B3
Aleutengraben **8.1**, A3–B3
Aleutenkette **200.1**, D4–E4
Alexander-Archipel **200.1**, G4
Alexander-Insel **189.2**, P2
Alexandria **165.3**, H2/J2
Alexandrowsk-Sachalinski **135.1**, O4
Al-Falludja ➡ Falludja **129.1**, H5
Al-Fashir ➡ El Fasher **177.1**, F4
Algarve **122.1**, A4–B4
Algeciras **122.1**, B4
Algerien **167.3**, B1–C1
Algier **165.3**, F2
Al-Hilla ➡ Hilla **129.1**, J5
Al-Hudaida **160.1**, C4
Alicante **122.1**, C4
Alice Springs **184.1**, D7
Aljezur **127.3**, A4
Aljustrel **127.3**, A4
Alkmaar **116.1**, D2
Al-Kuwait ➡ Kuwait-Stadt **160.1**, C3
Al-Ladhiqiya ➡ Latakia **129.1**, F5
Allahabad ➡ Prayagraj **148.1**, C4/D4
Alleghenygebirge **203.1**, F3–G3
Allenstein **111.1**, J2
Allerborn **50.1**, B1
Allgäu **120.1**, H3
Allgäuer Alpen **120.1**, G3–H3
Almada **127.3**, A3
Al-Madina ➡ Medina **160.1**, B3/C3
Almaty **141.3**, E3
Almelo **116.1**, F2
Almendralejo **127.3**, B3
Almendra-Stausee **127.3**, B2
Almere **116.1**, E2
Almería **122.1**, C4
Al-Milh-See **129.1**, H5
Almodôvar **127.3**, A4
Almonte **127.3**, B4
Al-Mrayyah **176.1**, C4
Al-Musayib **129.1**, J5
Alpen **9.1**, K3
Alpenvorland **120/121.1**, G2–K2
Alphen **116.1**, D2
Alphonsegruppe **181.1**, G3
Al-Qahira ➡ Kairo **177.1**, G2/G3
Al-Qaim **129.1**, H5
Al-Qamischli **129.1**, H4
Alqueva-Stausee **127.3**, B3
Al-Qunfudha **160.1**, C4
Alscheid **50.1**, B2/C2
Alsdorf **50.1**, D2
Alta **106.2**, G2
Alta Floresta **212.1**, E3/E4
Altai **9.1**, O3
Altay **148.1**, D2
Altdorf **120.1**, F4
Altiplano **212.1**, D4
Altkastilien **122.1**, B3–C3
Altlinster **51.1**, C3
Altmühl **121.1**, J2
Altrier **51.1**, D2/D3
Altun Shan **148.1**, D3–E3
Altwies **51.1**, C3/D3
Al-Uqsur ➡ Luxor **177.1**, G3
Alzette **52.1**, C3
Alzingen **51.1**, C3
Amadeussee **184.1**, C7–D7
Amadora **127.3**, A3
Amami-Inseln **149.1**, H4–J4
Amapá **212.1**, E2
Amapá **212.1**, E2
Amarante **127.3**, A2
Amarillo **202.1**, D3
Amasya **129.1**, F3
Amazonas **212.1**, D3
Amazonas **8.1**, G5–G6
Amazonasbecken **8.1**, F6–G6
Ambon **157.1**, E5
Ameland **116.1**, E1
Amerikanisches Hochland **189.2**, D2–E2
Amerikanisch-Samoa **242.1**, A6–B6
Amerikanisch-Samoa **185.1**, K6
Amersfoort **116.1**, E2
Amery-Schelfeis **189.2**, D2
Amiens **110.1**, D3
Amiranten **165.3**, L6
Amman **140.3**, C4
Ammassalik ➡ Tasiilaq **201.1**, R3
Ammeldingen **50.1**, D1
Ammersee **121.1**, J2
Amos **201.1**, N5
Amper **121.1**, J2
Amravati **148.1**, C4

Amritsar **148.1**, C3
Amsterdam **140.3**, B3
Amsterdam-Insel **243.1**, N7
Amstetten **121.1**, M2
Amudarja **141.3**, E4
Amundsengolf **200.1**, H2–J2
Amundsensee **189.2**, N2
Amur **9.1**, Q3
Anadyr **135.1**, R3
Anadyr **135.1**, R3
Anadyrgebirge **135.1**, R3
Anadyrgolf **141.3**, L2
Anai Mudi **141.3**, E5
Anambas-Inseln **156.1**, C4
Anamur **129.1**, F4
Anatolien **140.3**, C4
Anchorage **200.1**, E3/F3
Ancohuma **212.1**, D4
Ancona **123.1**, G3
Andalusien **122.1**, B4–C4
Andamanen **143.4**, F4
Andamanen **9.1**, O5
Andamanisches Meer **141.3**, F5
Anden **8.1**, F5–F7
Andenne **116.1**, D4/E4
Anderlecht **116.1**, C4/D4
Andermatt **120.1**, F4
Andernach **116.1**, G4
Andorra **93.5**, F4
Andorra la Vella **110.1**, D5
Andros (Bahamas) **203.1**, G4
Andros (Griechenland) **128.1**, D4
Aneto **122.1**, D3
Angara **141.3**, F3
Angarsk **135.1**, K4
Angelsberg **51.1**, C2
Ångermanälven **106.2**, F4–F3
Angers **110.1**, C4
Angkor **156.1**, C3
Anglesey **110.1**, B2
Angola **167.3**, C3
Angolabecken **9.1**, K6
Angoulême **110.1**, D4
Anguilla **203.1**, H5
Anjuigebirge **135.1**, Q3–R3
Ankara **140.3**, C3
Annaba **123.1**, E4
An-Nadjaf **160.1**, C2
Annapolis **203.1**, G3
Annecy **120.1**, C5/D5
Annobón **180.1**, B3
Annonay **120.1**, B5
Ansembourg **51.1**, C3
Anshan **141.3**, H3
Antakya **129.1**, F4
Antalya **160.1**, B2
Antananarivo **165.3**, K7
Antarktika **8/9.1**, F10–Q10
Antarktis **243.1**, H10–N10
Antarktische Halbinsel **189.2**, Q2
Antiatlas **176.1**, C3–C2
Antibes **120.1**, E7
Anticosti **201.1**, O5
Antigua und Barbuda **193.4**, F5–G5
Antipoden-Inseln **184.1**, H9
Antofagasta **213.1**, C5
Antsirabe **181.1**, F4
Antsiranana **181.1**, F4
Antwerpen **82.2**, F3
Anyang **149.1**, G3
Aomen ➡ Macau **149.1**, G4
Aomori **149.1**, K2
Aoraki ➡ Mount Cook **184.1**, G9/H9
Aosta **123.1**, E2
Apach **51.1**, D4
Aparecida **212.1**, F4
Apatity **132.1**, E1
Apeldoorn **116.1**, E2
Apenninen **83.2**, F4–G4
Apia **184.1**, J6
Apo **156.1**, E4
Appalachen **8.1**, E4–F3
Appenzeller Alpen **120.1**, G3
Apuanische Alpen **120.1**, H6–H7
Apulien **123.1**, H3
Apure **212.1**, C2
Aqtau ➡ Aktau **132.1**, H6
Aqtöbe ➡ Aktöbe **134.1**, E4/E5
Äquatorialguinea **167.3**, C2
Arabien **9.1**, L4–M4
Arabisches Becken **9.1**, N5
Arabisches Meer **9.1**, M5–N5
Arabisch-Indischer Rücken **9.1**, M5–N5
Aracajú **212.1**, G4
Aracatuba **213.1**, E5
Aracena **127.3**, B4
Arad **128.1**, C2
Arafurasee **184.1**, D5
Aragaz **129.1**, J3
Aragonien **122.1**, C3–D3
Araguaia **212.1**, E3–F3
Araguaiabecken **212.1**, E4–F4
Araguaina **212.1**, F3
Arak **160.1**, C2
Arakangebirge **156.1**, B2–B3
Aralsee **141.3**, D3
Aralsk **134.1**, F5
Aran-Inseln **110.1**, A2
Aranjuez **122.1**, C3/C4
Arar **160.1**, C2
Ararat **140.3**, D4
Arawa **184.1**, F5
Arax **160.1**, C2
Arbil **129.1**, H4/J4
Arc **120.1**, D5
Arcachon **110.1**, C4
Archangelsk **134.1**, D3
Ardennen **110.1**, E3
Ardila **127.3**, B3
Arendal **107.2**, D5
Arequipa **212.1**, C4
Arezzo **123.1**, F3
Argens **120.1**, D7
Argenta **121.1**, J6
Argentera **120.1**, E6
Argenteuil **116.1**, A6/B6
Argentinien **193.4**, F7–G7
Argentinische Antarktis **242.1**, F8–H9
Argentinisches Becken **8.1**, G7–G8
Argentino-See **213.1**, C8–D8
Argonnen **116.1**, D5–E5
Argun **141.3**, G3
Argusdom **189.2**, D1
Arkalyk **134.1**, F4
Arkansas **190.1**, H6
Arktisches Kap **135.1**, H1
Arlberg **120.1**, H3
Arles **110.1**, E5
Arlit **176.1**, D4
Arlon **116.1**, E5
Arloncourt **50.1**, B1
Armançon **120.1**, B3
Armawir **134.1**, C5/D5
Ärmelkanal **82.2**, E3–E4
Armenien **143.4**, C2–D2
Armentières **116.1**, B4
Arnas **129.1**, H4
Arnheim **116.1**, E2/E3
Arnhem ➡ Arnheim **116.1**, E2/E3
Arnhemland **184.1**, D6
Arno **123.1**, F3
Ar-Ramadi **129.1**, H5
Ar-Raqqa **129.1**, G4/G5
Arras **116.1**, B4
Ar-Ribat ➡ Rabat **176.1**, C2
Ar-Riyad ➡ Riad **160.1**, C3
Ar-Rutba **129.1**, H5
Arsamas **132.1**, G3
Arsdorf **50.1**, B2
Artois **116.1**, A4–B4
Artvin **129.1**, H3
Aruba **203.1**, G5–H5
Aru-Inseln **184.1**, D5
Aruwimi **165.3**, H5
Arve **120.1**, D4
Arzfeld **50.1**, D1
Asahikawa **149.1**, K2
Asandeschwelle **9.1**, K5–L5
Asansol **141.3**, F4
Ascension **242.1**, J6
Ascension **8.1**, H6–J6
Aserbaidschan **143.4**, D2–D3
Aşgabat **160.1**, D2
Ashburton **184.1**, B7
Ash-Shamiya **129.1**, J6
Asi **129.1**, G5
Asien **9.1**, M3–P3
Askja **106.1**, C1
Asku **148.1**, D2
Asmara **177.1**, G4
Asowsches Meer **83.2**, J4
Aspelt **51.1**, C3
Assad-Stausee **129.1**, G4
Assel **51.1**, D3
Asselborn **50.1**, B1
Asselscheuer **51.1**, C3
Assen **116.1**, F1/F2
Assuan **177.1**, G3
As-Sulaimaniyya **129.1**, J5
Assur **160.1**, C2
Astana ➡ Nur-Sultan **134.1**, G4
Asti **120.1**, F6
Astorga **127.3**, B1
Astrachan **134.1**, D5
Asunción **191.1**, M12
Aswan ➡ Assuan **177.1**, G3
Asyut **177.1**, G3
Atacama **191.1**, K12–L11
Atacamagraben **8.1**, F6–F7
Atar **176.1**, B3
Atatürk-Stausee **129.1**, G4
Atbara **177.1**, G4
Atbara **165.3**, J4
Ath **116.1**, C4
Athabasca **190.1**, F4
Athabascasee **190.1**, G4
Athen **83.2**, H5
Athinai ➡ Athen **128.1**, C4
Äthiopien **167.3**, D2–E2
Athos **128.1**, D3
Athus **52.1**, B3
Atka **200.1**, C4
Atlanta **190.1**, J6
Atlantische Küstenebene **190.1**, J6–K6
Atlantischer Ozean **8.1**, G4–J6
Atlantisch-Indischer Rücken **9.1**, J8–L8
Atlantisch-Indisches Südpolarbecken **8/9.1**, H9–M8
Atlas **9.1**, J4–K4
Atlasgebirge **165.3**, E3–F2
Ätna **83.2**, G5
Atschinsk **134.1**, H4/J4
Atschkassar **129.1**, H3
Attersee **121.1**, L3
Attert **51.1**, B2/C2
Attert **52.1**, B2
Atyrau **134.1**, E5
Auasberge **180.1**, C5
Aubange **52.1**, B3
Aube **120.1**, B2
Aubenas **120.1**, B6
Auckland **184.1**, G8/H8
Auckland-Inseln **243.1**, R8–S8
Auckland-Inseln **9.1**, S8
Audun-le-Tiche **52.1**, B4
Augsburg **111.1**, F3
Augusta **203.1**, H2
Aurangabad **148.1**, C4/C5
Aurich **116.1**, G1
Auron **120.1**, D6
Ausangate **212.1**, C4
Auschwitz **111.1**, H3
Aussig **111.1**, G3
Austin **190.1**, H6
Australien **243.1**, Q7–R7
Australien **9.1**, P7–R7
Austral-Inseln **185.1**, L7–M7
Australisches Antarktis-Territorium **243.1**, N9–P9
Australisches Bergland **9.1**, R6–R7
Australisches Tiefland **9.1**, Q7–R7
Autelbas **51.1**, B3
Authie **116.1**, B4
Autun **120.1**, B4
Auvergne **110.1**, D4
Auyán-Tepui **212.1**, D2
Avarua **185.1**, K7
Aveiro **127.3**, A2
Avesnes **116.1**, C4
Avignon **110.1**, E4/E5
Ávila **122.1**, B3
Avilés **122.1**, B3
Awasa **177.1**, G5
Awash **177.1**, H4
Axel-Heiberg-Insel **201.1**, K1–L1
Axios **128.1**, C3
Ayamonte **127.3**, B4
Aydın **128.1**, D4
Ayers Rock ➡ Uluru **184.1**, C7/D7
Aygues **120.1**, B6–C6
Azawirat ➡ Zouérat **176.1**, B3
Azoren **242.1**, H4
Azoren **8.1**, H4
Azorenschwelle **8.1**, H3–J4
Azuaga **127.3**, C3

B

Baalbek **129.1**, G5
Babajewo **106.2**, K5
Bab al-Mandab **140.3**, D5
Babar **157.1**, E5
Babrujsk **132.1**, D4
Babylon **129.1**, H5/J5
Bacău **128.1**, D2
Bachergebirge **121.1**, N4
Back **200.1**, K3
Bacolod **156.1**, E3
Badajoz **122.1**, B4
Baden (Österreich) **121.1**, O2
Baden (Schweiz) **120.1**, F3
Baden-Baden **120.1**, F2
Bad Gastein **121.1**, L3
Bad Honnef **116.1**, G4
Bad Ischl **121.1**, L3
Bad Kleinkirchheim **121.1**, L4
Bad Radkersburg **121.1**, N4
Bad Reichenhall **121.1**, K3
Bad Tölz **121.1**, J3
Baffin Bay **8.1**, F2
Baffin-Insel **8.1**, F2
Bagdad **140.3**, D4
Bagé **213.1**, E6
Baghdad ➡ Bagdad **129.1**, J5
Baghlan **160.1**, E2
Bagnols-sur-Cèze **120.1**, B6
Bago **156.1**, B3
Baguio **156.1**, D3/E3
Bahama-Inseln **190.1**, K7
Bahamas **193.4**, F4
Bahamas **203.1**, G4
Bahawalpur **148.1**, B4/C4
Bahia **212.1**, F4
Bahía Blanca **213.1**, D6
Bahía Blanca **213.1**, D6
Bahrain **143.4**, D3
Bahr al-Arab **165.3**, H4–H5
Bahr al-Ghazal **177.1**, F5
Bahr al-Jabal **177.1**, G5
Baia Mare **128.1**, C2
Baicheng **149.1**, H2
Baidoa ➡ Baydhabo **177.1**, H5
Baikalgebirge **135.1**, K4
Baikalsee **9.1**, P3
Baikonur **134.1**, F5
Baile Atha Cliath ➡ Dublin **110.1**, B2
Baiona **127.3**, A1
Baiqongyr ➡ Baikonur **134.1**, F5
Bajanchongor **135.1**, J5/K5
Baker-Insel **184.1**, J4
Baker Lake **201.1**, L3
Bakersfield **202.1**, C3
Bakhtaran ➡ Kermanshah **160.1**, C2
Bakı ➡ Baku **160.1**, C1/D1
Bakkabucht **106.1**, D1
Baku **140/141.3**, D3
Balad **129.1**, J5
Balakowo **132.1**, H4
Balaton ➡ Plattensee **128.1**, B2
Balbina-Stausee **212.1**, E3
Balchasch **134.1**, G5
Balchaschsee **141.3**, E3
Balearen **93.5**, F4
Balearen **82.2**, F5–F4
Balesfeld **50.1**, E1
Bali **141.3**, G6
Balıkesir **128.1**, D4
Balkan **83.2**, H4
Ballarat **184.1**, E8
Balleny-Inseln **189.2**, J2
Balsas **202.1**, D5
Bălţi **128.1**, D2
Baltimore **203.1**, G3
Baltischer Landrücken **83.2**, G3–H3
Baltisk ➡ Pillau **111.1**, J2
Baltrum **116.1**, G1
Bamako **176.1**, C4
Bambari **177.1**, F5
Bambësch **52.1**, C3
Bamenda **176.1**, E5
Banaba ➡ Ocean-Insel **184.1**, G5–H5
Banat **128.1**, C2
Banda Aceh **156.1**, B4
Bandama **176.1**, C5
Bandar Abbas **160.1**, D3
Bandar Lampung **141.3**, G6
Bandar Seri Begawan **156.1**, D4
Bandasee **184.1**, C5
Bandırma **128.1**, D3
Bandundu **180.1**, C3
Bandung **141.3**, G6
Bangalore ➡ Bengaluru **141.3**, E5
Bangassou **177.1**, F5
Bangka **156.1**, C5
Bangkok ➡ Krung Thep **141.3**, F5/G5
Bangladesch **143.4**, F3
Bangui **176.1**, E5
Bangweulusee **180.1**, D4–E4
Bani **165.3**, E4
Banja Luka **128.1**, B2
Banjarmasin **141.3**, G6
Banjul **176.1**, B4
Banks-Insel **190.1**, E2–F2
Baoding **149.1**, G3
Baoji **149.1**, F3
Baoshan **148.1**, E4
Baotou **141.3**, G3
Bapaume **116.1**, B4
Baquba **129.1**, J5
Bar **128.1**, B3
Barabaebene **134.1**, G4–H4
Baraque de Fraiture **116.1**, E4
Barbados **193.4**, G5
Barbados **191.1**, M8
Barbeau Peak **201.1**, N1
Barcelona **82.2**, F4
Barcelonnette **120.1**, D6
Barcelos **127.3**, A2
Bareilly **148.1**, C4
Bäreninsel **83.2**, G1
Barentsburg **188.1**, H2
Barentssee **9.1**, L2–M2
Bari **123.1**, H3
Barito **156.1**, D5
Barklytafelland **184.1**, D6–D7
Bar-le-Duc **120.1**, C2
Barletta **123.1**, H3
Barnaul **134.1**, H4
Barotse **180.1**, D4
Barquisimeto **191.1**, K9/L8
Barranquilla **191.1**, K8
Barre des Écrins **120.1**, D6
Barreiras **212.1**, F4
Barreiro **127.3**, A3
Barren Grounds **8.1**, C2–E2
Barrie **201.1**, M5/N5
Barrow **200.1**, E2
Barrow-Insel **184.1**, B7
Bar-sur-Aube **120.1**, B2
Baryssau **111.1**, K2/L2
Basbellain **50.1**, B1
Bascharage **52.1**, B3
Baschleiden **50.1**, B2
Basel **110.1**, E4
Baskenland **122.1**, C3

Basoko **180.1**, D2
Basra **160.1**, C2
Bassano del Grappa **121.1**, J5
Bassas da India **243.1**, L6–M7
Bassas da India **181.1**, E5–F5
Basseterre **203.1**, H5
Basso **177.1**, F4
Bass-Straße **184.1**, E8–F9
Bastendorf **50.1**, C2
Bastogne **116.1**, E4/E5
Bata **180.1**, B2
Batalha **127.3**, A3
Batang **148.1**, E3/E4
Batangas **156.1**, D3/E3
Bathurst-Insel **201.1**, K2–L2
Batman **129.1**, H4
Batna **123.1**, E5
Baton Rouge **203.1**, E3
Battambang **156.1**, C3
Battincourt **51.1**, B3
Batum **129.1**, H3
Baubau **156.1**, E5
Bauru **213.1**, E5/F5
Baustert **50.1**, D2
Bavigne **50.1**, B2
Bayburt **129.1**, H3
Baydhabo **177.1**, H5
Bayerische Alpen **121.1**, H3–K3
Bayerischer Wald **121.1**, L1–L2
Bayonne **110.1**, C5
Bayrut ➡ Beirut **129.1**, F5
Bayuda **177.1**, G4
Beaucaire **120.1**, B7
Beaufort **69.3**, D2
Beaufort **50.1**, D2
Beaufortsee **8.1**, B2
Beaujolais **120.1**, B4
Beaumont **203.1**, E3
Beaune **120.1**, B3
Beauvais **116.1**, B5
Bech **69.3**, D2/D3
Bech **51.1**, D2
Béchar **176.1**, C2
Bech-Kleinmacher **51.1**, D3
Bechuanaland **180.1**, D5
Beckerich **69.3**, B3
Beckerich **51.1**, B3
Bei'an **149.1**, H2
Beidweiler **51.1**, D3
Beihai **149.1**, F4
Beijing ➡ Peking **141.3**, G3/G4
Beiler **50.1**, C1
Beira **181.1**, E4/E5
Beiras **127.3**, A2–B3
Beirut **140.3**, C4
Beja **122.1**, B4
Béja **123.1**, F4
Bejaia **122.1**, E4
Béjar **127.3**, C2
Bekasi **156.1**, C5
Belaja **83.2**, L3
Belarus ➡ Weißrussland **93.5**, H3–J3
Belcher-Inseln **201.1**, M4–N4
Belém **191.1**, N10
Belfast **110.1**, B2
Belfort **120.1**, D3
Belgien **93.5**, F3
Belgrad **83.2**, G4/H4
Belikh **129.1**, G4
Belitung **156.1**, C5
Belize **193.4**, E5
Bellegarde **120.1**, C4
Bellingshausensee **189.2**, O2
Bellinzona **120.1**, G4
Belluno **121.1**, K4
Belmonte **127.3**, B2
Belmopan **203.1**, F5
Belogorsk **135.1**, M4
Belo Horizonte **191.1**, N11/N12
Belomorsk **106.2**, K3
Belucha **141.3**, F3
Belutschistan **160.1**, E3
Belvaux **52.1**, B3
Bely-Insel **134.1**, F2–G2
Benadir **177.1**, H5
Benavente **127.3**, C1/C2
Benevento **123.1**, G3
Bengalen **141.3**, F4
Bengalischer Rücken **9.1**, O7–O5
Bengaluru ➡ Bangalore **141.3**, E5
Bengasi **177.1**, E2/F2
Bengbu **149.1**, G3
Bengkulu **156.1**, C5
Beni **212.1**, D4
Benidorm **122.1**, C4
Benin **167.3**, C2
Benin-Stadt **176.1**, D5
Ben Nevis **110.1**, B1
Benonchamps **50.1**, B1
Benue **165.3**, F5–G5
Beograd ➡ Belgrad **128.1**, C2
Berbera **177.1**, H4
Berbourg **51.1**, D3
Berchem **51.1**, C3
Berdjansk **129.1**, G2
Berdorf **69.3**, D2
Berdorf **50.1**, D2
Bereldange **52.1**, C3
Beresniki **132.1**, J3/K3
Beresowo **132.1**, L2/M2
Berg **51.1**, D3
Bergamasker Alpen **120.1**, G4–H5
Bergamo **123.1**, F2
Bergem **51.1**, C3
Bergen **106.2**, C4
Bergen op Zoom **116.1**, D3
Bergisches Land **116.1**, G3–G4
Bergisch Gladbach **116.1**, G3/G4
Bergland von Guayana **8.1**, F5–G5
Bergse Maas **116.1**, D3–E3
Beringen **116.1**, E3
Bering-Insel **135.1**, Q4
Beringmeer **9.1**, S3
Beringowski **135.1**, R3
Berkel **116.1**, F2
Berkner-Insel **189.2**, Q2
Berlé **50.1**, B2
Berlenga-Inseln **127.3**, A3
Berlin **83.2**, G3
Bermejo **213.1**, D5
Bermillo de Sayago **127.3**, B2
Bermuda-Inseln **193.4**, F4
Bermuda-Inseln **8.1**, F4–G4
Bern **110.1**, E4
Berner Alpen **120.1**, E4–F4
Bertoua **176.1**, E5
Bertrange **69.3**, C3
Bertrange **52.1**, C3
Besançon **110.1**, E4
Besch **51.1**, D3
Beshta **129.1**, J3
Beskiden **111.1**, H3–J3
Beth **122.1**, B5
Bethel **200.1**, D3
Béthune **116.1**, B4
Betische Kordillere **82.2**, E5
Betpak-Dala **134.1**, F5–G5
Bettange-sur-Mess **51.1**, B3–C3
Bettborn **50.1**, B2
Bettel **50.1**, C2
Bettembourg **69.3**, C3
Bettembourg **52.1**, C3
Bettendorf **69.3**, C2
Bettendorf **50.1**, C2
Bettingen **50.1**, D2
Betzdorf **69.3**, D3
Betzdorf **51.1**, D3
Beuthen **111.1**, H3
Beveren **116.1**, C3/D3
Bey Dağı **128.1**, E4
Beyren **51.1**, D3
Béziers **110.1**, D5
Bhavnagar **148.1**, B4/C4
Bhopal **141.3**, E4
Bhubaneshwar **148.1**, D4/D5
Bhutan **143.4**, F3
Biak **184.1**, D5
Białystok **111.1**, J2
Biarritz **110.1**, C5
Biberach **120.1**, G2
Bibione **121.1**, L5
Bickendorf **50.1**, D1/E1
Biel/Bienne **120.1**, E3
Bielefeld **110.1**, F2/F3
Bieler See **120.1**, E3–E4
Biella **120.1**, F5
Biersdorf **50.1**, D1
Biesdorf **50.1**, D2
Bigelbach **50.1**, D2
Bigonville **50.1**, B2
Bikaner **148.1**, C4
Bikini-Atoll **184.1**, G3–G4
Bilbao **82.2**, E4
Bilibino **135.1**, Q3
Billings **202.1**, D2
Bilsdorf **50.1**, B2
Bingöl **129.1**, H4
Binsfeld **50.1**, C1
Bintulu **156.1**, D4
Biograd **121.1**, N7
Bioko **165.3**, F5
Birjand **160.1**, D2
Birmingham (USA) **203.1**, F3
Birmingham (Vereinigtes Königreich) **82.2**, E3
Bir Mogreïn **176.1**, B3
Birougouberge **180.1**, C3
Bischkek **148.1**, C2
Bischofshofen **121.1**, L3
Bisk **134.1**, H4
Biskra **176.1**, D2
Bismarck **202.1**, D2
Bismarck-Archipel **184.1**, E5–F5
Bismarcksee **157.1**, G5
Bissagos-Inseln **176.1**, B4
Bissau **176.1**, B4
Bissen **69.3**, C2
Bissen **52.1**, C2
Bitburg **116.1**, F5
Bitburger Land **52.1**, D2–D1
Bitola **128.1**, C3
Bitterrootkette **202.1**, C2
Bivange **51.1**, C3
Bivels **50.1**, C2
Biwer **69.3**, D3
Biwer **51.1**, D3
Biwisch **50.1**, B1
Bizerte **123.1**, F4
Bjaresina **111.1**, L2
Björneborg ➡ Pori **106.2**, G4
Black Hills **190.1**, G5
Blagoweschtschensk **135.1**, M4
Blangy **116.1**, A5
Blantyre **181.1**, E4
Blaschette **51.1**, C3
Blauer Nil **165.3**, J4
Blåvands Huk **107.2**, C6
Blees **50.1**, C2
Blida **122.1**, D4
Bloemfontein **180.1**, D5
Blois **110.1**, D4
Bludenz **120.1**, G3
Blue Mountains **202.1**, B2–C2
Blumenthal **51.1**, D3
Bo **176.1**, B5
Boa Vista **212.1**, D2
Bobigny **116.1**, B6
Bobo-Dioulasso **176.1**, C4
Bobotov Kuk **128.1**, B3
Bocholt **116.1**, F3
Bochum **116.1**, G3
Bockholtz (Goesdorf) **50.1**, B2
Bockholtz (Parc Hosingen) **50.1**, C1
Bodaibo **135.1**, L4
Bodélé **176.1**, E4
Boden **106.2**, G3
Bodensee **111.1**, F4
Bodø **106.2**, E3
Bodrum **128.1**, D4
Bœur **50.1**, B1
Boevange **50.1**, B1
Boevange-sur-Attert **51.1**, C2
Bofferdange **51.1**, C3
Bogotá **191.1**, K9
Böhmen **111.1**, G3
Böhmerwald **111.1**, G3
Boise **202.1**, C2
Boké **176.1**, B4
Boknafjord **107.2**, C5
Bolivien **193.4**, F6
Bollendorf **50.1**, D2
Bollendorf-Pont **50.1**, D2
Bologna **123.1**, F2
Bolu **129.1**, E3
Bolzano ➡ Bozen **123.1**, F2
Bombay ➡ Mumbai **141.3**, E5
Bonaire **203.1**, H5
Bongoberge **177.1**, F5
Bonifacio **123.1**, F3
Bonin-Inseln **143.4**, H3–J3
Bonin-Inseln **184.1**, E2
Bonn **110.1**, E3
Bonnal **50.1**, B2
Bonnert **52.1**, B3
Bontang **156.1**, D4
Bor **128.1**, C2
Bora Bora **185.1**, L6
Borås **107.2**, E5
Bordeaux **82.2**, E4
Borden-Halbinsel **201.1**, M2–N2
Borðeyri **106.1**, B1
Borg **51.1**, D4
Borgarnes **106.1**, B1
Børgefjell **106.2**, E3
Borissoglebsk **132.1**, G4
Borkou **176.1**, E4
Borkum **116.1**, F1
Bormida **120.1**, F6
Bormio **120.1**, H4
Born **51.1**, E2
Borneo **9.1**, P6
Bornholm **107.2**, E6
Borowitschi **132.1**, E3
Borsja **135.1**, L4
Bosnien und Herzegowina **93.5**, G4
Bosporus **83.2**, H4–J4
Bosten Hu **148.1**, D2
Boston **190.1**, K5
Botew **132.1**, C6/D6
Botlich **129.1**, J3
Botoşani **128.1**, D2
Botsuana **167.3**, D4
Bottnischer Meerbusen **83.2**, G2–H2
Bouaké **176.1**, C5
Bouar **176.1**, E5
Boudler **51.1**, D3
Boudlerbach **51.1**, D3
Bougainville **184.1**, F5
Bougtob **122.1**, D5
Boulaide **69.3**, B2
Boulaide **50.1**, B2
Boulogne-sur-Mer **116.1**, A4
Bounty-Inseln **243.1**, S8
Bounty-Inseln **184.1**, H9
Bour **51.1**, B3/C3
Bourcy **50.1**, B1
Bourg-en-Bresse **120.1**, C4
Bourges **110.1**, D4
Bourglinster **51.1**, C3
Bourgoin-Jallieu **120.1**, C5
Bourke **184.1**, E8
Bournemouth **110.1**, C3
Bourscheid **69.3**, C2
Bourscheid **50.1**, C2
Boursdorf **51.1**, D2
Bous **69.3**, D3
Bous **51.1**, D3
Bou Saâda **122.1**, D5/E5
Bouvet-Insel **242.1**, J8–K8
Bouvet-Insel **9.1**, K8
Bowanenkowo **134.1**, F2
Boxhorn **50.1**, B1
Boxtel **116.1**, E3
Boyomafälle **180.1**, D2
Bozen **123.1**, F2
Brabant **116.1**, D4–E4
Brachtenbach **50.1**, B1
Bräcke **106.2**, E4
Braga **122.1**, A3
Bragança (Brasilien) **212.1**, F3
Bragança (Portugal) **127.3**, B2
Brahmaputra **141.3**, F4
Brăila **128.1**, D2
Brandberg **165.3**, G8
Brandenbourg **50.1**, C2
Bras **50.1**, B2
Brasília **191.1**, N11
Brasilianisches Becken **8.1**, H6
Brasilianisches Bergland **8.1**, G7–G6
Brasilien **193.4**, G6
Braşov ➡ Kronstadt **132.1**, D5
Bratislava **111.1**, H3
Bratsk **135.1**, J4/K4
Bratsker Stausee **135.1**, K4
Brattert **50.1**, B2
Braunau **121.1**, L2
Braunschweig **111.1**, F2
Brazos **202.1**, E3
Brazzaville **165.3**, G6
Brecht **50.1**, D2
Břeclav ➡ Lundenburg **121.1**, O2
Breda **116.1**, D3
Breg **120.1**, F2–F3
Bregenz **120.1**, G3
Bregenzerwald **120.1**, G3–H3
Breiðafjord **106.1**, B1
Breidfeld **50.1**, C1
Breidweiler **51.1**, D2
Breinert **51.1**, D3
Breistroff-la-Grande **51.1**, C4
Bremen **110.1**, F2
Bremerhaven **110.1**, F2
Brenner **111.1**, F4
Brenta **121.1**, J5
Brescia **123.1**, F2
Breslau **134.1**, A4
Bressanone ➡ Brixen **121.1**, J4
Brest (Frankreich) **110.1**, B3
Brest (Weißrussland) **132.1**, C4
Bretagne **82.2**, E4
Briançon **120.1**, D6
Bridel **52.1**, C3
Bridgeport **203.1**, G2
Bridgetown **203.1**, J5
Brienz **120.1**, F4
Brienzer See **120.1**, E4–F4
Briey **116.1**, E5
Brigach **120.1**, F2
Brig-Glis **120.1**, E4
Brighton **110.1**, C3
Brignoles **120.1**, D7
Brijuni **121.1**, L6
Brindisi **123.1**, H3
Brisbane **184.1**, F7
Bristol **110.1**, C3
Bristol Bay **200.1**, D4–E4
Bristolkanal **110.1**, B3–C3
Britische Inseln **9.1**, J3–K3
Britisches Antarktis-Territorium **242.1**, E9–H9
British Columbia **200.1**, H4
Brive **110.1**, D4
Brixen **121.1**, J4
Brjansk **134.1**, C4
Brno ➡ Brünn **111.1**, H3
Broderbour **50.1**, C2
Broken Hill **184.1**, D8/E8
Bromberg **111.1**, H2
Brookskette **190.1**, A3–C3
Broome **184.1**, B6/C6
Brouch (Biwer) **51.1**, D3
Brouch (Helperknapp) **51.1**, C3
Bruay **116.1**, B4
Bruck **121.1**, N3
Brügge **110.1**, D3
Brugge ➡ Brügge **116.1**, C3
Brunei **143.4**, G4
Brünn **111.1**, H3
Brüssel **82.2**, F3
Bruxelles ➡ Brüssel **110.1**, E3
Bucaramanga **191.1**, K9
Buchanan **176.1**, B5/C5
Buchara **160.1**, E1/E2
Buchtarma-Stausee **134.1**, H5
Bucureşti ➡ Bukarest **132.1**, D6
Budapest **83.2**, G4
Budweis **111.1**, G3
Buederscheid **50.1**, B2
Buenos Aires **191.1**, L13/M13
Buffalo **190.1**, K5
Bug **132.1**, C4
Bugulma **132.1**, J4
Buinakst **129.1**, J3

Bujumbura **180.1**, D3
Bukarest **83.2**, H4
Bukavu **180.1**, D3
Bulawayo **180.1**, D4/D5
Bulgarien **93.5**, H4
Bumba **180.1**, D2
Bundesdistrikt **212.1**, F4
Bunia **180.1**, D2/E2
Buraida **160.1**, C3
Burbach **50.1**, E1
Burden **50.1**, C2
Burejagebirge **135.1**, N4
Buret **50.1**, B1
Burgas **128.1**, D3
Burgenland **121.1**, O3
Burgos **122.1**, B3/C3
Burgplatz **52.1**, B1/C1
Burgund **110.1**, D4–E4
Burgundische Pforte **120.1**, D3–E3
Burkina Faso **167.3**, B2–C2
Burmerange **51.1**, D4
Bursa **140.3**, C3/C4
Bur Sudan ➡ Port Sudan **177.1**, G4
Buru **141.3**, H6
Burundi **167.3**, D3
Busan **141.3**, H4
Buschdorf **51.1**, C2/C3
Büschdorf **51.1**, D4
Buschrodt **50.1**, B2
Bushehr **160.1**, D3
Busto Arsizio **120.1**, F5
Butembo **180.1**, D2
Butuan **156.1**, E4
Butung **156.1**, E5
Buvange **51.1**, B3
Buxoro ➡ Buchara **160.1**, E1/E2
Büyük Menderes **128.1**, D4–E4
Buzău **128.1**, D2
Bydgoszcz ➡ Bromberg **111.1**, H2
Byrrangagebirge **135.1**, J2–L2
Bytom ➡ Beuthen **111.1**, H3

C

Caatinga **191.1**, N10–O10
Cabinda **167.3**, C3
Cabinda **180.1**, C3
Cabora Bassa **180/181.1**, E4
Cáceres **122.1**, B4
Cádiz **122.1**, B4
Caen **110.1**, C3
Cagayan de Oro **156.1**, E4
Cagliari **123.1**, F4
Caicos-Inseln **203.1**, G4
Cairns **184.1**, E6
Cala **127.3**, B4
Calabar **176.1**, D5
Calabozo **212.1**, D2
Calais **110.1**, D3
Calama **213.1**, D5
Caldas da Rainha **127.3**, A3
Calgary **200.1**, J4
Cali **191.1**, K9
Calmus **51.1**, B3
Camagüey **203.1**, G4
Camargue **120.1**, B7
Cambrai **116.1**, C4
Cambrian Mountains **110.1**, B3–C2
Cambridge **110.1**, D2
Cambridge Bay **188.1**, P2
Cametá **212.1**, E3/F3
Caminha **127.3**, A2
Campbell-Insel **243.1**, S8
Campbell-Inseln **184.1**, G10
Campinas **191.1**, N12
Campobasso **123.1**, G3
Campo Grande **213.1**, E5
Campo Maior **127.3**, B3
Campos **213.1**, F5
Campos **191.1**, M11–N11
Canach **51.1**, D3
Çanakkale **128.1**, D3
Canal des Vosges **120.1**, C3–D2
Canal du Centre **120.1**, B4
Canberra **184.1**, E8/F8
Canche **116.1**, B4
Cancún **203.1**, F4
Caniapiscau **201.1**, N4–O4
Cannae **123.1**, H3
Cannes **110.1**, E5
Canossa **120.1**, H6
Cantanhede **127.3**, A2
Can Tho **156.1**, C3/C4
Cantillana **127.3**, C4
Cáorle **121.1**, K5
Cape Dorset **201.1**, N3
Capellen **69.3**, B3–C3
Capellen **52.1**, B3
Cape Town ➡ Kapstadt **180.1**, C6
Cap-Haïtien **203.1**, G5
Capri **123.1**, G3
Caquetá **212.1**, C3
Caracas **191.1**, L8
Carajás **212.1**, E3
Carapinheira **127.3**, A2
Carcais **127.3**, A3
Carcassonne **110.1**, D5
Cardiff **110.1**, C3
Cargados-Carajos-Inseln **165.3**, L7–M7
Carlisle **110.1**, C2
Carmona **127.3**, C4
Carnarvon **184.1**, 7/B7
Caroline-Insel ➡ Millenniums-Insel **185.1**, L5
Carpentariagolf **184.1**, D6–E6
Carpentras **120.1**, C6
Carrara **120.1**, H6
Carrauntoohil **110.1**, A2/A3
Carson City **202.1**, C3
Cartagena (Kolumbien) **212.1**, C1
Cartagena (Spanien) **122.1**, C4
Cartaxo **127.3**, A3
Carúpano **212.1**, D1
Casablanca **165.3**, D2/E2
Casale Monferrato **120.1**, F5
Casper **202.1**, D2
Cassai **180.1**, D3
Castellane **120.1**, D7
Castellón de la Plana **122.1**, C4–D4
Castelo Branco **127.3**, B3
Castelo do Bode-Stausee **127.3**, A3–B3
Castries **203.1**, H5
Castro Daire **127.3**, B2
Castro Verde **127.3**, A4
Castuera **127.3**, C3
Cat **203.1**, G4
Catamarca **213.1**, D5
Catania **123.1**, G4
Catanzaro **123.1**, H4
Cauca **212.1**, C2
Cauvery **148.1**, C5
Cavalese **121.1**, J4
Cavally **176.1**, C5
Caxias **212.1**, F3
Caxias do Sul **213.1**, E5
Cayenne **212.1**, E2
Cayman-Inseln **193.4**, E4–F5
Cayman-Inseln **203.1**, F5
Ceará **212.1**, F3–G3
Cebu **141.3**, H5
Cecina **120.1**, H7
Cedar Rapids **203.1**, E2
Cedros **202.1**, C4
Celanova **127.3**, B1
Celebes ➡ Sulawesi **156.1**, D5–E5
Celebessee **184.1**, C4
Celje **121.1**, N4
Cesena **121.1**, K6
Cesenatico **121.1**, K6
České Budějovice ➡ Budweis **111.1**, G3
Çeşme **128.1**, D4
Cetturu **50.1**, B1
Ceuta **93.5**, E5
Ceuta **122.1**, B5
Cevennen **110.1**, D5–E4
Ceyhan **129.1**, G4
Chabarowsk **135.1**, N5
Chablais **120.1**, D4
Chagos-Archipel **143.4**, E5
Chagos-Archipel **9.1**, N6–O6
Chalkidike **128.1**, C3
Chalkis **128.1**, C4
Challengertief **184.1**, D3
Châlons-en-Champagne **116.1**, D6
Chalon-sur-Saône **110.1**, E4
Chambal **148.1**, C4
Chambéry **120.1**, C5
Chamonix-Mont-Blanc **120.1**, D4
Champagne **110.1**, D3–E3
Chança **127.3**, B4
Chandigarh **148.1**, C3
Chandyga **135.1**, N3
Changaigebirge **141.3**, F3–G3
Changchun **141.3**, H3
Changsha **141.3**, G4
Changzhou **149.1**, G3/H3
Chania **128.1**, C5/D5
Chankasee **135.1**, N5
Channel-Port aux Basques **201.1**, P5
Chanty-Mansisk **134.1**, F3
Chara-Choto **148.1**, F2
Chari **165.3**, G4
Charkiw **140.3**, C3
Charleroi **116.1**, D4
Charleston (USA, South Carolina) **203.1**, F3/G3
Charleston (USA, West Virginia) **203.1**, F3
Charleville-Mézières **116.1**, D5
Charlotte **190.1**, J6
Charlottetown **201.1**, O5
Charolais **120.1**, B4
Chassawjurt **129.1**, J3
Chasseral **120.1**, D3/E3
Chasseron **120.1**, D4
Chatanga **135.1**, K2
Châteauroux **110.1**, D4
Château-Salins **120.1**, D2
Châtelet **116.1**, D4
Chatham-Inseln **243.1**, S8
Chatham-Inseln **9.1**, S8
Châtillon-sur-Seine **120.1**, B3
Chattagam ➡ Chittagong **148.1**, E4
Chaumont **120.1**, C2
Chauny **116.1**, C5
Chaves **127.3**, B2
Cheliff **122.1**, D4
Chelles **116.1**, B6
Chemnitz **111.1**, G3
Chengdu **141.3**, G4
Chenières **51.1**, A4/B4
Chennai ➡ Madras **141.3**, F5
Cherain **50.1**, B1
Cherbourg-Octeville **110.1**, C3
Cherlen **135.1**, L5
Cherson **132.1**, E5
Chesterfield Inlet **201.1**, L3
Chesterfield-Inseln **184.1**, F6–G7
Chetumal **203.1**, F5
Cheyenne **202.1**, D2
Chiang Mai **156.1**, B3
Chiavari **120.1**, G6
Chiavenna **120.1**, G4
Chibiny **106.2**, K3
Chicago **190.1**, H5/J5
Chichén Itza **203.1**, F4
Chiclayo **212.1**, B3/C3
Chiemsee **121.1**, K3
Chienti **121.1**, L7
Chiers **52.1**, A4–B4
Chiese **120.1**, H5
Chifeng **149.1**, G2
Chihuahua **202.1**, D4
Chile **193.4**, F7
Chilebecken **8.1**, E7–F7
Chilenische Antarktis **242.1**, E9–G9
Chilenische Schwelle **8.1**, D7–E8
Chiloé **213.1**, C7
Chilpancingo **202.1**, E5
Chilwa-See **181.1**, E4
Chimay **116.1**, D4
Chimborazo **191.1**, J10/K10
Chimbote **212.1**, B3/C3
China **143.4**, F3–G3
Chingola **180.1**, D4
Chioggia **121.1**, K5
Chios **128.1**, D4
Chirripó **191.1**, J9
Chişinău ➡ Kischinau **132.1**, D5
Chittagong **141.3**, F4
Chlef **122.1**, D4
Choiseul **184.1**, F5
Chongjin **149.1**, H2/J2
Chongqing **141.3**, G4
Chonos-Archipel **213.1**, C7
Chöwsgöl Nuur **135.1**, K4
Christchurch **184.1**, H9
Christmas-Insel **243.1**, P6
Christmas-Insel (Australien) **156.1**, C6
Christmas-Insel (Kiribati) ➡ Kiritimati **8.1**, A5
Christnach **50.1**, D2
Chubut **213.1**, D7
Chudschand **160.1**, E1
Chur **120.1**, G4
Churchill **201.1**, L4
Churchill (Fluss zum Atlantik) **201.1**, O4
Churchill (Fluss zur Hudson Bay) **200.1**, K4
Chuuk-Inseln **184.1**, F4
Cıldırsee **129.1**, H3
Cima Presanella **120/121.1**, H4
Cincinnati **190.1**, J6
Ciney **116.1**, E4
Cinqfontaines **50.1**, C1
Citlaltépetl **8.1**, E5
Ciudad Bolivar **212.1**, D2
Ciudad del Carmen **203.1**, E5
Ciudad del Este **213.1**, E5
Ciudad Guayana **212.1**, D2
Ciudad Juárez **190.1**, F6/G6
Ciudad Real **122.1**, B4/C4
Ciudad Rodrigo **127.3**, B2
Ciudad Victoria **202.1**, E4
Civitavecchia **123.1**, F3
Cizre **129.1**, H4
Clairefontaine **51.1**, B3
Claireküste **189.2**, G2
Clairvaux **120.1**, B2
Clarión **202.1**, C5
Clarionstufe **8.1**, C5–D5
Clearwatersee **201.1**, N4
Clemency **51.1**, B3
Clermont **116.1**, B5
Clermont-Ferrand **110.1**, D4
Clervaux **69.3**, B1–C1
Clervaux **52.1**, C1
Clerve **52.1**, B1–C1
Cleveland **190.1**, J5
Clipperton-Insel **242.1**, D5
Clipperton-Insel **8.1**, D5
Clippertonstufe **8.1**, C5–D5
Cloncurry **184.1**, D7/E7
Cluj-Napoca ➡ Klausenburg **132.1**, C5
Cluny **120.1**, B4
Côa **127.3**, B2
Coari **212.1**, D3
Coats-Insel **201.1**, M3
Coatsland **189.2**, R2
Cochabamba **212.1**, D4
Cochem **116.1**, F4/G4
Coco **203.1**, F5
Coëtivy **181.1**, G3
Coevorden **116.1**, F2
Cognac **110.1**, C4
Coihaique **213.1**, C7
Coimbatore **141.3**, E5
Coimbra **122.1**, A3
Colbette **51.1**, D2
Col de l'Iseran **120.1**, E5
Col de la Bonette **120.1**, D6
Col de Larche **120.1**, D6
Col de Montgenèvre **120.1**, D5
Col du Lautaret **120.1**, D5
Col du Mont Cenis **120.1**, D5
Colline Kneiff **52.1**, C1
Colmar **120.1**, E2
Colmar-Berg **69.3**, C2
Colmar-Berg **50.1**, C2
Colombo **141.3**, E5
Colón **203.1**, G6
Colonia **184.1**, D4
Colorado (Argentinien) **191.1**, L13
Colorado (USA, Colorado) **190.1**, F6
Colorado (USA, Texas) **202.1**, D3–E3
Colorado-Plateau **190.1**, F6–G6
Colorado Springs **202.1**, D3
Colpach-Bas **51.1**, B2
Colpach-Haut **51.1**, B2
Columbia **203.1**, F3
Columbia **190.1**, F4
Columbia-Plateau **202.1**, C2
Columbus **190.1**, J6
Comacchio **121.1**, K6
Comer See **120.1**, G4
Como **123.1**, F2
Comodoro Rivadavia **213.1**, D7
Compiègne **116.1**, B5
Conakry **165.3**, D4
Concepción **213.1**, E5
Conchos **202.1**, D4
Concord **203.1**, G2
Consdorf **69.3**, D2
Consdorf **51.1**, D2
Constanța ➡ Konstanza **132.1**, D6
Constantina **127.3**, C4
Constantine **176.1**, D2
Consthum **50.1**, C2
Contern **69.3**, C3–D3
Contern **51.1**, C3
Contz-les-Bains **51.1**, D4
Cook-Inseln **242.1**, A6–B6
Cook-Inseln **185.1**, K6–L7
Cook-Straße **184.1**, H8–H9
Cooktown **184.1**, E6
Cooper Creek **184.1**, E7
Copán **203.1**, F5
Copiapó **213.1**, C5
Corbie **116.1**, B5
Corcaigh ➡ Cork **110.1**, A3
Córdoba (Argentinien) **191.1**, L13
Córdoba (Spanien) **122.1**, B4
Coria **127.3**, B2/B3
Coria del Río **127.3**, B4
Cork **110.1**, A3
Çorlu **128.1**, D3
Corner Brook **201.1**, O5/P5
Corn-Inseln **203.1**, F5
Cornwall **110.1**, B3
Coro **212.1**, D1
Coropuna **191.1**, K11
Corpus Christi **202.1**, E4
Corrientes **213.1**, E5
Cortegana **127.3**, B4
Cortina d'Ampezzo **121.1**, K4
Coruche **127.3**, A3
Çoruh **129.1**, H3
Çorum **129.1**, F3
Corumbá **212.1**, E4
Cosenza **123.1**, G4/H4
Costa Blanca **122.1**, C4–D4
Costa Brava **122.1**, D3
Costa de la Luz **127.3**, B4
Costa del Sol **122.1**, B4–C4
Costa Rica **193.4**, E5
Côte d'Azur **110.1**, E5
Côte d'Ivoire **167.3**, B2
Côte d'Or **120.1**, B4–B3
Cotonou **176.1**, D5
Cotopaxi **8.1**, E6/F6
Cottbus **111.1**, G3
Cottische Alpen **120.1**, D6–E6
Courcelles **116.1**, D4
Couvin **116.1**, D4
Coventry **110.1**, C2
Covilhã **127.3**, B2
Craiova **132.1**, C6
Crau **120.1**, B7–C7
Crauthem **51.1**, C3
Crécy-la-Chapelle **116.1**, B6
Creil **116.1**, B5

Staat, Verwaltungseinheit · Siedlung · Berg, Gebirge · Landschaft, Insel · Gewässer · Verkehr, Transport · Wirtschaft · Tourismus

Cremona **120.1**, H5
Crendal **50.1**, B1
Cres **121.1**, M6
Crêt de la Neige **120.1**, C4
Criciùma **213.1**, F5
Crikvenica **121.1**, M5
Crotone **123.1**, H4
Crozet-Inseln **243.1**, M8
Crozet-Inseln **189.2**, C3
Cruchten **50.1**, C2
Cruzeiro do Sul **212.1**, C3
Cuamba **181.1**, E4
Cuando **180.1**, D4
Cuango **165.3**, G6
Cuanza **165.3**, G6–G7
Cubango **165.3**, G7
Cúcuta **212.1**, C2
Cuenca (Ecuador) **212.1**, C3
Cuenca (Spanien) **122.1**, C3
Cuiabá **212.1**, E4
Cuito **180.1**, C4–D4
Culiacán **202.1**, D4
Cumaná **212.1**, D1
Cunene **165.3**, G7
Cuneo **120.1**, E6
Curaçao **203.1**, H5
Curcubăta Mare **128.1**, C2
Curitiba **191.1**, M12/N12
Cutry **52.1**, A4
Cuttack **148.1**, D4
Cuxhaven **110.1**, F2
Cuzco **212.1**, C4
Częstochowa ➡ Tschenstochau **111.1**, H3

D

Daba Shan **149.1**, F3–G3
Dachstein **121.1**, L3
Dackscheid **50.1**, D1
Daegu **141.3**, H4
Daejeon **141.3**, H4
Dagö ➡ Hiiumaa **107.2**, G5
Dahl **50.1**, B2
Dahlak-Archipel **177.1**, H4
Dahlem **51.1**, B3
Dahnen **50.1**, C1
Dahuk ➡ Dohuk **129.1**, H4
Dair az-Zour **129.1**, H5
Daito-Inseln **141.3**, H4
Dakar **164.3**, D4
Dakhla **176.1**, B3
Dalälven **106.2**, F4
Dalandsadgad **135.1**, K5
Dalarna **106.2**, E4
Daleiden **50.1**, C1
Dalheim **69.3**, C3/D3
Dalheim **51.1**, D3
Dali **148.1**, F4
Dalian **141.3**, H4
Dallas **190.1**, H6
Dalmatien **121.1**, N6
Dalmatinische Inseln **128.1**, A2–A3
Dalnegorsk **135.1**, N5
Daloa **176.1**, C5
Damar **157.1**, E5
Damaskus **140.3**, C4
Damergou **176.1**, D4
Dammastock **120.1**, F4
Dampier **184.1**, B7
Da Nang **156.1**, C3
Dandong **149.1**, H2
Dänemark **93.5**, F3–G3
Dänemarkstraße **188.1**, K2–L2
Danzig **111.1**, H2
Daqing **149.1**, H2
Daraa **129.1**, G5
Dar as-Salam ➡ Daressalam **181.1**, E3
Darchan **135.1**, K5
Dardanellen **128.1**, D3–D4
Daressalam **165.3**, J6
Darfur **177.1**, F4
Darfurschwelle **177.1**, F4–F5
Darling **9.1**, R7
Darlingebene **184.1**, E7
Darlingkette **184.1**, B7–B8
Dar Rounga **177.1**, F4–F5
Darwin **184.1**, D6
Dasburg **50.1**, C1
Daşoguz **160.1**, D1/E1
Datong **141.3**, G3/G4
Daugavpils **107.2**, H5/H6
Dauphiné-Alpen **120.1**, C5–D6
Davao **141.3**, H5
David **203.1**, F6
Davissee **189.2**, E2
Davisstraße **8.1**, G2
Davos **120.1**, G4
Dawei **156.1**, B3
Dawson **200.1**, G3
Dawson Creek **200.1**, H4
Debrecen **128.1**, C2
Deception **180.1**, D5
Deggendorf **121.1**, K2
Deiffelt **50.1**, B1
Deinze **116.1**, C4
Dekkan **141.3**, E5
Delémont **120.1**, E3
Delft **116.1**, D2/D3
Delfzijl **116.1**, F1
Delhi **141.3**, E4
Dellen **50.1**, B2
Delphi **128.1**, C4
Demer **116.1**, D3–D4
Demokratische Republik Kongo **167.3**, C3–D3
Denain **116.1**, C4
Denali **8.1**, B2
Den Burg **116.1**, D1
Dendermonde **116.1**, D3
Den Haag **110.1**, D2/E2
Den Helder **116.1**, D2
Denizli **128.1**, E4
Denpasar **156.1**, D5
Denver **190.1**, G5
De Panne **116.1**, B3
Derby **184.1**, C6
Derenbach **50.1**, B1
Derry **110.1**, B2
Dese **177.1**, G4
Des Moines **203.1**, E2
Desna **132.1**, E4
Desventuradas-Inseln **193.4**, E7–F7
Desventuradas-Inseln **213.1**, B5–C5
Detroit **190.1**, J5
Deutsche Bucht **110.1**, E2
Deutsche Mittelgebirge **83.2**, F3–G3
Deutschland **93.5**, F3–G3
Deva **128.1**, C2
Deventer **116.1**, F2
Devon-Insel **190.1**, H2–K2
Dezful **160.1**, C2
Dhaka **141.3**, F4
Dhaulagiri **148.1**, D4
Dhofar **160.1**, D4
Diamantina **184.1**, E7
Dibrugarh **148.1**, E4
Dickweiler **50.1**, D2
Diedenhofen **116.1**, F5
Diego Garcia **243.1**, N6
Diekirch **69.3**, C2
Diekirch **52.1**, C2
Dieppe **110.1**, D3
Diest **116.1**, E3/E4
Differdange **69.3**, B3
Differdange **52.1**, B3
Digne-les-Bains **120.1**, D6
Digul **157.1**, F5
Dijon **110.1**, E4
Diksmuide **116.1**, B3
Dikson **134.1**, G2
Dili **156.1**, E5
Dilli ➡ Delhi **141.3**, E4
Dillingen **50.1**, D2
Dilolo **180.1**, D4
Dimashq ➡ Damaskus **160.1**, B2
Dinant **116.1**, D4
Dinarisches Gebirge **83.2**, G4
Dippach **69.3**, B3
Dippach **51.1**, B3
Dirbach **50.1**, C2
Dirschau **111.1**, H2
Diskoinsel **201.1**, P2
Diyala **129.1**, J5
Diyarbakır **160.1**, C2
Dja **176.1**, E5
Djabal Abu Rujmayn **129.1**, G5
Djabal al-Achdar **177.1**, F2
Djabal al-Uwainat **165.3**, H3
Djabal Azao **176.1**, D3
Djabal Hamayal **177.1**, G4
Djabal Marra **165.3**, H4
Djabal Nafusa **176.1**, E2
Djabal Sindjar **129.1**, H4
Djabal Tahat **165.3**, F3
Djado **176.1**, E3
Djadoplateau **176.1**, E3
Djelfa **176.1**, D2
Djerba **123.1**, F5
Djidda ➡ Jidda **160.1**, B3
Djourab **176.1**, E4
Djultydag **129.1**, J3
Dnipro **83.2**, J4
Dnipro **83.2**, J3–J4
Dnister **83.2**, H4
Dobbiaco ➡ Toblach **121.1**, K4
Dobritsch **128.1**, D3
Dobrudscha **132.1**, D5–D6
Dockendorf **50.1**, D2
Dodge City **202.1**, D3/E3
Dodoma **181.1**, E3
Doennange **50.1**, B1
Doetinchem **116.1**, F2/F3
Doggerbank **110.1**, D2–E2
Doha **160.1**, D3
Dohuk **129.1**, H4
Dokkum **116.1**, E1/F1
Dole **120.1**, C3
Dolisie **180.1**, C3
Dollart **116.1**, G1
Dolomiten **121.1**, J4–K4
Dombes **120.1**, B4–C4
Dominica **193.4**, F5
Dominikanische Republik **193.4**, F4–F5
Domodossola **120.1**, F4
Domrémy-la-Pucelle **120.1**, C2
Don **141.3**, C3–D3
Donau **9.1**, K3–L3
Donaudelta **132.1**, D6–E5
Donaueschingen **120.1**, F3
Donauwörth **121.1**, H2
Don Benito **127.3**, C3
Doncols **50.1**, B2
Dondelange **51.1**, C3
Donegal Bay **110.1**, A2
Donezk **140.3**, C3
Donezplatte **134.1**, C5–D5
Dongting-Hu **149.1**, G4
Donnerpass **202.1**, B2
Donon **120.1**, E2
Donostia **122.1**, C3
Dora Baltea **120.1**, E5
Dora Riparia **120.1**, E5
Dordogne **110.1**, D4
Dordrecht **116.1**, D3
Dori **176.1**, C4/D4
Dornbirn **120.1**, G3
Dorscheid **50.1**, C1
Dortmund **110.1**, E3
Dortmund-Ems-Kanal **116.1**, G2
Dos Hermanas **127.3**, C4
Dosso **176.1**, D4
Douai **116.1**, C4
Douala **165.3**, F5
Doubs **120.1**, E3
Douglas **110.1**, B2
Douro **122.1**, A3–B3
Dover (USA) **203.1**, G3
Dover (Vereinigtes Königreich) **110.1**, D3
Dovrefjell **106.2**, D4
Drachten **116.1**, F1
Draguignan **120.1**, D7
Drakensberge **9.1**, L7
Drakestraße **213.1**, C8–D8
Drammen **107.2**, D5
Drau **128.1**, B2
Drauffelt **50.1**, B1/C1
Dreiborn **51.1**, D3
Drei Zinnen **121.1**, K4
Dresden **111.1**, G3
Drin **128.1**, C3
Drina **128.1**, B2
Drinklange **50.1**, C1
Drobeta Turnu Severin **128.1**, C2
Drogheda **110.1**, B2
Drôme **120.1**, C6
Drygalski-Insel **189.2**, E2
Dschankoi **129.1**, F2
Dschibuti **167.3**, E2
Dschibuti **177.1**, H4
Dsungarei **141.3**, F3
Dubai **140.3**, D4
Dubăsări **128.1**, E2
Dublin **82.2**, E3
Dubrovnik **128.1**, B3
Dudelange **69.3**, C4
Dudelange **52.1**, C4
Duero **122.1**, C3
Dufekmassiv **189.2**, Q1
Dufourspitze **110.1**, E4
Dugi Otok **121.1**, M7–N7
Duisburg **116.1**, F3
Duluth **203.1**, E2
Düna **83.2**, H3
Dundee **110.1**, C1
Dunderland **106.2**, E3
Dunedin **184.1**, H9
Dunkerque ➡ Dünkirchen **116.1**, B3
Dünkirchen **116.1**, B3
Durance **120.1**, C6–D6
Durban **165.3**, J8/J9
Düren **116.1**, F4
Durgapur **148.1**, D4
Dürler **50.1**, C1
Durrës **128.1**, B3
Duschanbe **160.1**, E2
Düsseldorf **110.1**, E3
Dychtau **129.1**, H3

E

East London **180.1**, D6
Eastmain **201.1**, N4
Eau de Martin Moulin **52.1**, A1–B1
Ebro **82.2**, E4
Echternach **69.3**, D2
Echternach **52.1**, D2
Echternacherbrück **50.1**, D2
Echtershausen **50.1**, D1
Ecuador **193.4**, E6–F6
Edam-Volendam **116.1**, E2
Ede **116.1**, E2
Edéa **176.1**, D5/E5
Edinburgh **110.1**, C2
Edirne **128.1**, D3
Edith-Ronne-Land **189.2**, O2–R1
Edmonton **200.1**, J4
Edolo **120.1**, H4
Eduardsee **180.1**, D3–E3
Eduard-VII.-Halbinsel **189.2**, L2
Edwards-Plateau **202.1**, D3–E3
Eemshaven **116.1**, F1
Eft **51.1**, D4
Eger **111.1**, J4
Egilsstaðir **106.1**, D1
Eğirdirsee **129.1**, E4
Eglab **176.1**, C3
Ehlange **51.1**, C3
Ehlenz **50.1**, D1
Ehlerange **51.1**, B3
Ehnen **51.1**, D3
Ehner **51.1**, B3
Eifel **116.1**, F4–G4
Eindhoven **110.1**, E3
Einödriegel **121.1**, K2/L2
Einsiedeln **120.1**, F3
Eisack ➡ Isarco **121.1**, J4
Eisch **52.1**, B3
Eischen **51.1**, B3
Eisenach **50.1**, E2
Eisenbach **50.1**, C1
Eisenborn **51.1**, C3
Eisenerz **121.1**, M3
Eisenerzer Alpen **121.1**, M3
Eisenstadt **121.1**, O3
Eisernes Tor **128.1**, C2
Ekibastus **134.1**, G4
Ektag ➡ Mongolischer Altai **134.1**, J5
El Aaiún **176.1**, B3
Elâzığ **129.1**, G4
Elba **123.1**, F3
Elbasan **128.1**, C3
Elbe **83.2**, G3
Elbing **111.1**, H2
Elbląg ➡ Elbing **111.1**, H2
Elbrus **9.1**, M3
Elburs **141.3**, D4
Elche **122.1**, C4
Eldoret **181.1**, E2
El Eulma **122.1**, E4/E5
Eleuthera **203.1**, G4
El Fasher **177.1**, F4
Elfenbeinküste **176.1**, C5
Elfenbeinküste ➡ Côte d' voire **167.3**, B2
El Geneina **177.1**, F4
Elgon **181.1**, E2
Elista **129.1**, J2
El Jadida **122.1**, A5
Ell **69.3**, B2
Ell **51.1**, B2
Ellange **51.1**, D3
Ellef-Ringnes-Insel **200.1** J1–K2
Ellesmere-Insel **190.1**, J2–L1
Ellice-Inseln **184.1**, H5–J5
Ellsworthland **189.2**, O2
El Paso **202.1**, D3
El Salvador **193.4**, E5
El Tigre **212.1**, D2
Elvange (Beckerich) **51.1**, B3
Elvange (Schengen) **51.1** D3
Elvas **127.3**, B3
Elx ➡ Elche **122.1**, C4
Emba **83.2**, L4
Embrun **120.1**, D6
Emden **110.1**, E2
Emdentief **184.1**, C4
Emerange **51.1**, D4
Emi Koussi **176.1**, E4
Emilia-Romagna **120/121.1**, G6–K6
Emmen **116.1**, F2
Emmental **120.1**, E3–E4
Emmerich **116.1**, F3
Ems **116.1**, G1
Emsland **116.1**, G2
Ende **156.1**, E5
Enderbyland **189.2**, C2
Engadin **120.1**, G4–H4
Engels **132.1**, H4
Enggano **156.1**, C5
England **82.2**, E3–F3
Eniwetok-Atoll **184.1**, G3
Enkhuizen **116.1**, E2
Ennedi **165.3**, H4
Enns **121.1**, M2
Enns **121.1**, M3
Enschede **110.1**, E2
Enscherange **50.1**, B2
Entroncamento **127.3**, A3
Enugu **176.1**, D5
Enz (Eifel) **52.1**, D2
Enz (Schwarzwald) **120.1** F2
Epe **116.1**, E2
Épernay **116.1**, C5
Ephesos **128.1**, D4
Épinal **120.1**, D2
Eppeldorf **50.1**, C2–D2
Erbeskopf **116.1**, G5
Erciyes Dağı **129.1**, F4
Erding **121.1**, J2
Erdi-Plateau **177.1**, F4
Ereğli **129.1**, F4
Erft **116.1**, F4
Erfurt **111.1**, F3
Erg Chech **165.3**, E3
Ergene **128.1**, D3
Erg Iguidi **165.3**, E3
Ericeira **127.3**, A3

ERDE · LUXEMBURG · EUROPA · ASIEN · AFRIKA · OZEANIEN · POLARGEBIETE · AMERIKA · REGISTER

Eriesee **190.1**, J5–K5
Eritrea **167.3**, D2–E2
Ermezinde **127.3**, A2
Ermsdorf **50.1**, C2–D2
Ernster **51.1**, C3
Ernzen **51.1**, C2
Erpeldange (Bous) **51.1**, D3
Erpeldange-sur-Sûre **69.3**, C2
Erpeldange-sur-Sûre **50.1**, C2
Erpeldange (Wiltz) **50.1**, B2
Er Rif **176.1**, C2
Ersange **51.1**, D3
Ertis **141.3**, E3
Erzgebirge **111.1**, G3
Erzincan **129.1**, G4
Erzurum **160.1**, C1/C2
Esbjerg **107.2**, C6/D6
Eschdorf **50.1**, B2
Eschette **50.1**, B2
Eschfeld **50.1**, C1
Esch-sur-Alzette **69.3**, B3–C3
Esch-sur-Alzette **52.1**, B3/B4
Esch-sur-Sûre **69.3**, B2
Esch-sur-Sûre **50.1**, B2
Eschweiler (Junglinster) **51.1**, D3
Eschweiler (Wiltz) **50.1**, B2
Eselborn **50.1**, B1/C1
Esino **121.1**, L7
Eskilstuna **107.2**, F5
Eskişehir **128.1**, E4
Esla **122.1**, B3
Esperance **184.1**, C8
Espinho **127.3**, A2
Espirito Santo **213.1**, G4–G5
Espiritu Santo **184.1**, G6
Espoo **106.2**, H4
Esposende **127.3**, A2
Esquel **213.1**, C7
Essen **110.1**, E3
Essequibo **212.1**, E2
Essingen **51.1**, C2
Esslingen **120.1**, G2
Estland **93.5**, H3
Estremadura **127.3**, A3
Estremoz **127.3**, B3
Eswatini **167.3**, D4
Étang de Berre **120.1**, C7
Étaples **116.1**, A4
Etbaigebirge **177.1**, G3–G4
Etorofu **149.1**, K2
Etoschapfanne **180.1**, C4
Etsch **123.1**, F2
Ettelbruck **69.3**, C2
Ettelbruck **52.1**, C2
Euböa **128.1**, C4
Eugene **202.1**, B2
Eupen **116.1**, F4
Euphrat **140.3**, C4–D4
Eureka **202.1**, B2
Europa **9.1**, K3–M3
Europa-Insel **243.1**, L7–M7
Europa-Insel **181.1**, F5
Europäisches Nordmeer **9.1**, J2–K2
Euscheid **50.1**, D1
Euskirchen **116.1**, F4
Everglades **203.1**, F4
Everlange **51.1**, B2
Évora **122.1**, B4
Évrange **51.1**, C3/C4
Exeter **110.1**, C3
Extremadura **122.1**, B4
Eyresee **184.1**, D7

F

Fabriano **121.1**, K7
Faenza **121.1**, J6
Faha **51.1**, D3
Fairbanks **200.1**, F3
Faisalabad **148.1**, B3/C3
Falkland-Inseln **193.4**, G8
Falkland-Inseln **8.1**, G8
Falludja **129.1**, H5
Falun **106.2**, E4
Famagusta **129.1**, F5
Fanning-Insel ➡ Tabuaeran **185.1**, L4
Fano **121.1**, L7
Fan Si Pan **156.1**, C2
Farasan-Inseln **160.1**, C4
Fargo **202.1**, E2
Fargona ➡ Fergana **148.1**, C2/C3
Faridabad **148.1**, C4
Faro **122.1**, B4
Färöer **93.5**, E2
Färöer **82.2**, E2
Farquhargruppe **181.1**, G3
Fas ➡ Fès **122.1**, B5
Fátima **127.3**, A3
Fauske **106.2**, E3
Faxabucht **106.1**, B1
Faya **176.1**, E4
Fayetteville **203.1**, F3
Feira de Santana **212.1**, F4/G4
Felbertauerntunnel **121.1**, K3
Feldbach **121.1**, N4
Feldberg **120.1**, E3/F3
Feldkirch **120.1**, G3
Felsengebirge ➡ Rocky Mountains **8.1**, D3–D4
Femundsee **106.2**, D4
Fennange **51.1**, C3
Fentange **51.1**, C3
Fère-Champenoise **120.1**, A2
Fergana **160.1**, F1
Fermo **121.1**, L7
Fernando de Noronha **242.1**, H6
Ferrara **123.1**, F2
Ferreira do Alentejo **127.3**, A3
Ferschweiler **50.1**, D2
Fès **176.1**, C2
Fessan **165.3**, G3
Feuerland **8.1**, F8–G8
Feuerscheid **50.1**, D1
Feuilles **201.1**, N4
Feulen **69.3**, C2
Fianarantsoa **181.1**, F5
Fidenza **120.1**, G6/H6
Fidschi **243.1**, S6
Fidschi **9.1**, S6
Figueira da Foz **127.3**, A2
Figueira de Castelo Rodrigo **127.3**, B2
Filchner-Ronne-Schelfeis **189.2**, P2–Q1
Filsdorf **51.1**, C3
Filyos Cayı **129.1**, F3
Finale Ligure **120.1**, F6
Findel **51.1**, C3
Fingig **51.1**, B3
Finnischer Meerbusen **83.2**, H3–H2
Finnische Seenplatte **83.2**, H2–J2
Finnland **93.5**, H2
Finnmark **106.2**, G2–H2
Finsteraarhorn **110.1**, E4/F4
Finsterthal **51.1**, C2
Firenze ➡ Florenz **123.1**, F3
Firminy **120.1**, B5
Firth of Clyde **110.1**, B2
Firth of Forth **110.1**, C1
Firth of Lorne **110.1**, B1
Fisch **51.1**, D3
Fischbach **69.3**, C2/C3
Fischbach (Clervaux) **50.1**, C1
Fischbach (Mersch) **51.1**, C3
Fischerhalbinsel **106.2**, K2
Fischt **129.1**, G3
Fishguard **110.1**, B2/B3
Fitz Roy **213.1**, C7
Fitzroy **184.1**, C6
Fixem **51.1**, D4
Flandern **116.1**, B4–C3
Flaxweiler **69.3**, D3
Flaxweiler **51.1**, D3
Flensburg **110/111.1**, F2
Fleurus **116.1**, D4
Flevoland **116.1**, E2
Fließem **50.1**, E1
Flims **120.1**, G4
Flinders **184.1**, E6
Flin Flon **200.1**, K4
Flint-Insel **185.1**, L6
Florenz **123.1**, F2
Flores **141.3**, H6
Floressee **156.1**, D5
Florianópolis **213.1**, F5
Florida **190.1**, J6–J7
Floridastraße **190.1**, J7–K7
Florø **106.2**, C4
Fly **184.1**, E5
Foetz **51.1**, C3
Foggia **123.1**, G3
Folkendange **50.1**, C2
Folkestone **110.1**, D3
Folschette **50.1**, B2
Fontainebleau **110.1**, D3
Forêt d'Anlier **52.1**, A2–B2
Forlì **123.1**, F2/G2
Formentera **122.1**, D4
Fortaleza **191.1**, O10
Fort Chimo ➡ Kuujjuaq **201.1**, O4
Fort-de-France **203.1**, H5
Fort Good Hope **200.1**, H3
Fort Lauderdale **203.1**, F4
Fort McMurray **200.1**, J4
Fort Nelson **200.1**, H4
Fort-Peck-Stausee **202.1**, D2
Fort-Schewtschenko **132.1**, H6/J6
Fort Severn **201.1**, M4
Fort Simpson **200.1**, H3
Fort Worth **202.1**, E3
Fort Yukon **200.1**, F3
Fossano **120.1**, E6
Fos-sur-Mer **120.1**, B7
Fouhren **50.1**, C2
Fourmies **116.1**, C4/D4
Fouta Djalon **176.1**, B4
Foxebecken **190.1**, J3–K3
Foxe-Halbinsel **201.1**, N3
Foy **50.1**, A1
Franceville ➡ Masuku **180.1**, C3
Francis-Case-Stausee **202.1**, E2
Francistown **180.1**, D5
Frankfort **203.1**, F3
Frankfurt am Main **83.2**, F3
Frankfurt (Oder) **111.1**, G2
Frankreich **93.5**, E4–F4
Franz-Josef-Land **9.1**, M1–N1
Französische Kalkalpen **120.1**, C6
Französischer Jura **120.1**, C4–D4
Französisches Antarktisgebiet **243.1**, Q9–R9
Französisches Tiefland **82.2**, E4–F4
Französisch-Guayana **193.4**, G5
Französisch-Polynesien **242.1**, B6–B7
Französisch-Polynesien **185.1**, L6–N6
Fraser **190.1**, E4
Frassem **51.1**, B3
Freckeisen **50.1**, C2/D2
Fredericton **201.1**, O5
Frederikshavn **107.2**, D5
Fredrikstad **107.2**, D5
Freetown **165.3**, D5
Fregenal de la Sierra **127.3**, B3
Freiburg (Deutschland) **110.1**, E3
Freiburg (Schweiz) ➡ Fribourg **120.1**, E4
Freising **121.1**, J2
Freistadt **121.1**, M2
Fréjus **120.1**, D7
Fremantle **184.1**, B8
Fresno **202.1**, B3/C3
Freudenburg **51.1**, E3
Freundschafts-Inseln **184.1**, J6–J7
Freylange **51.1**, B3
Friaul **121.1**, K4–L4
Fribourg ➡ Freiburg (Schweiz) **120.1**, E4
Friedrichshafen **120.1**, G3
Friesland **116.1**, E2–F1
Frisange **69.3**, C3
Frisange **51.1**, C3
Frobisher Bay ➡ Iqaluit **201.1**, N3/O3
Fuente de Cantos **127.3**, B3
Fuentesaúco **127.3**, C2
Fuerteventura **176.1**, B3
Fuji **141.3**, H4
Fukuoka **141.3**, H4
Fulda **111.1**, F3
Funafuti **184.1**, H5
Funchal **176.1**, B2
Fundão **127.3**, B2
Fundy Bay **201.1**, O5
Fünen **107.2**, D6
Furka **120.1**, F4
Furnas-Stausee **213.1**, F5
Fürstenfeld **121.1**, N3/O3
Fushun **149.1**, H2
Füssen **120/121.1**, H3
Futapass **121.1**, J6
Futuna **184.1**, H6–J6
Fuzhou **141.3**, G4

G

Gaalkacyo **177.1**, H5
Gabès **123.1**, F5
Gaborone **180.1**, D5
Gabun **167.3**, C3
Gafsa **123.1**, F5
Gaichel **51.1**, B3
Gail **121.1**, L4
Gailtaler Alpen **121.1**, K4–L4
Galápagos-Inseln **193.4**, E6
Galápagos-Inseln **8.1**, E5
Galathea-Tief **184.1**, C3
Galați **128.1**, D2/E2
Galdhøpiggen **83.2**, F2
Galicien **122.1**, A3–B3
Galizien **111.1**, J3
Gällivare **106.2**, G3
Galway **110.1**, A2
Gambia **167.3**, A2–B2
Gambia **176.1**, B4
Gambier-Inseln **185.1**, N7
Gamışdağ **129.1**, J3
Gäncä **129.1**, J3
Gander **201.1**, P5
Gander **52.1**, C3
Gandia **122.1**, C4
Ganges **9.1**, O4
Gangesdelta **148.1**, D4–E4
Gannett Peak **190.1**, F5/G5
Ganzhou **149.1**, G4
Gao **176.1**, C4/D4
Gap **120.1**, D6
Gardasee **123.1**, F2
Gargano **123.1**, G3–H3
Garissa **181.1**, E3
Garmisch-Partenkirchen **121.1**, J3
Garnich **69.3**, B3
Garnich **51.1**, B3
Garonne **110.1**, C4–D4
Garoua **176.1**, E5
Gascogne **110.1**, C4–D5
Gaspé **201.1**, O5
Gattschina **107.2**, J5
Gaußberg **189.2**, E2
Gävle **106.2**, F4
Gaxun Nur **148.1**, E2–F2
Gaybach **52.1**, D2
Gaza **140.3**, C4
Gaziantep **160.1**, B2
Gdańsk ➡ Danzig **111.1**, H2
Gdingen **111.1**, H2
Gdynia ➡ Gdingen **111.1**, H2
Gediz **128.1**, E4
Geelong **184.1**, E8
Geichlingen **50.1**, D2
Geilo **106.2**, C4
Geiranger **106.2**, C4
Gelbes Meer **141.3**, H4
Gelderland **116.1**, E2–F2
Gelsenkirchen **116.1**, F3/G3
Gemena **180.1**, C2
Gemona del Friuli **121.1**, L4
General-Carrera-See **213.1**, C7
General Santos **156.1**, E4
Genève ➡ Genf **110.1**, E4
Genf **110.1**, E4
Genfer See **110.1**, E4
Genil **122.1**, B4–C4
Genk **116.1**, E4
Genova ➡ Genua **123.1**, F2
Gent **110.1**, D3
Genua **123.1**, F2
George **180.1**, D6
George **201.1**, O4
Georgetown **212.1**, E2
George Town **141.3**, F5/G5
Georgien **143.4**, D2
Georg-V.-Küste **189.2**, H2
Geraldton **184.1**, B7
Gérardmer **120.1**, D2
Gerolstein **116.1**, F4
Gesäuse **121.1**, M3
Gesellschaftsinseln **8.1**, A6–B6
Getafe **122.1**, B3/C3
Geyershof **51.1**, D2
Ghadamis **176.1**, D2
Ghana **167.3**, B2–C2
Ghardaïa **176.1**, D2
Ghat **176.1**, E3
Ghazni **160.1**, E2
Gibraltar **93.5**, E5
Gibraltar **122.1**, B4
Gibsonwüste **184.1**, C7
Giesdorf **50.1**, D1
Gijón **122.1**, B3
Gila **202.1**, C3–D3
Gilbert-Inseln **184.1**, H4–H5
Gilsdorf **50.1**, C2
Gilzem **50.1**, E2
Ginzebierg **52.1**, C4
Giovipass **120.1**, F6
Girona **122.1**, D3
Girst **51.1**, D2
Girsterklaus **50.1**, D2/E2
Gisors **116.1**, A5
Gitega **180.1**, D3
Giurgiu **128.1**, D3
Givenich **51.1**, D3
Givet **116.1**, D4
Givors **120.1**, B5
Gizeh **177.1**, F2/G2
Gjøvik **106.2**, D4
Gjumri **129.1**, H3
Glabach **50.1**, C2
Glarner Alpen **120.1**, F4–G4
Glärnisch **120.1**, F3/F4
Glarus **120.1**, G3
Glasgow **82.2**, E3
Glasow **132.1**, J3
Gleinalpe **121.1**, M3–N3
Gleiwitz **111.1**, H3
Glittertind **106.2**, D4
Gliwice ➡ Gleiwitz **111.1**, H3
Gloggnitz **121.1**, N3
Glomma **106.2**, D4
Gmünd **121.1**, M1/N1
Gmunden **121.1**, L3
Gobi **9.1**, P3
Gobialtai **135.1**, J5–K5
Godavari **141.3**, E4–E5
Godbrange **51.1**, C3
Godendorf **50.1**, D2/E2
Godhavn ➡ Qeqertarsuaq **201.1**, P3
Godthåb ➡ Nuuk **201.1**, P3
Goebelsmuehle **50.1**, C2
Goeblange **51.1**, B3
Goedange **50.1**, B1/C1
Goes **116.1**, C3
Goesdorf **69.3**, B2
Goesdorf **50.1**, B2
Goetzingen **51.1**, B3
Goiânia **191.1**, N11
Goiás **212.1**, E4
Gökçeada **128.1**, D3
Göksu **129.1**, F4
Gold Coast **184.1**, F7
Goldküste **176.1**, C5–D5
Goldstrand **128.1**, E3
Golfe du Lion **82.2**, F4
Golfküstenebene **190.1**, H7–J6
Golf von Aden **140.3**, D5
Golf von Alaska **190.1**, C4
Golf von Antalya **129.1**, E4
Golf von Bengalen **9.1**, O5

Golf von Biskaya **82.2**, E4
Golf von Boothia **201.1**, L2–M3
Golf von Cádiz **122.1**, A4–B4
Golf von Campeche **203.1**, E4
Golf von Darién **203.1**, G6
Golf von Gabès **176.1**, E2
Golf von Genua **120.1**, F7–G7
Golf von Guinea **9.1**, J5–K5
Golf von Honduras **203.1**, F5
Golf von İskenderun **129.1**, F4–G4
Golf von Kalifornien **190.1**, F6–G7
Golf von Kambhar **148.1**, C4–C5
Golf von Mannar **148.1**, C6
Golf von Mexiko **8.1**, E4
Golf von Oman **141.3**, D4–E4
Golf von Saros **128.1**, D3
Golf von Tarent **123.1**, H3–H4
Golf von Tehuantepec **203.1**, E5
Golf von Thailand **141.3**, G5
Golf von Tonkin **149.1**, F4–F5
Golf von Triest **121.1**, L5
Goljam Perelik **128.1**, D3
Golmud **148.1**, E3
Goma **180.1**, D3
Gombe **176.1**, E4
Gonder **177.1**, G4
Gonderange **51.1**, C3/D3
Gongga Shan **141.3**, F4/G4
Göppingen **120.1**, G2
Gorakhpur **148.1**, D4
Gorçan **160.1**, D2
Gorgona **120.1**, G7
Gorinchem **116.1**, D3
Gorizia **121.1**, L5
Gorjanci **121.1**, N5
Gorkier Stausee **83.2**, K3
Goroka **184.1**, E5
Gorontalo **156.1**, E4
Gorzów Wielkopolski ➡ Landsberg **111.1**, G2
Gospić **121.1**, N6
Gosseldange **51.1**, C3
Gostingen **51.1**, D3
Göta Älv **107.2**, D5–E5
Götaland **107.2**, E5
Göteborg **107.2**, D5
Gotland **83.2**, G3–H3
Gotthardpass **120.1**, F4
Göttingen **111.1**, F3
Gouda **116.1**, D2/D3
Gough-Insel **242.1**, J8
Gournay-en-Bray **116.1**, A5
Gouvy **52.1**, B1
Governador Valadares **212.1**, F4
Grado **121.1**, L5
Grahamland **189.2**, Q2–P2
Grajische Alpen **120.1**, D5–E5
Gralingen **50.1**, C2
Grampian Mountains **110.1**, B1–C1
Granada **122.1**, C4
Gran Canaria **176.1**, B3
Gran Chaco **8.1**, F7–G6
Grand Bahama **203.1**, G4
Grand Canyon **190.1**, F6
Grande Chartreuse **120.1**, C5
Grande-Synthe **116.1**, A3/B3
Grândola **127.3**, A3
Grand Rapids **203.1**, F2
Gran Paradiso **120.1**, E5
Gran Sasso **83.2**, G4
Grass **51.1**, B3
Grasse **120.1**, D7
Graudenz **111.1**, H2
Graulinster **51.1**, D3
Gray **120.1**, C3
Graz **111.1**, G4
Great Abaco **203.1**, G4
Great Barrier Reef **9.1**, R6–R7
Great Falls **202.1**, C2
Great Plains **8.1**, D4–E3
Great Yarmouth **110.1**, D2
Green Bay **203.1**, E2/F2
Green River **202.1**, C3
Greensboro **203.1**, G3
Greenwich **110.1**, C3/D3
Greimelscheid **50.1**, D1
Greisch **51.1**, B3
Greiveldange **51.1**, D3
Grenada **193.4**, F5
Grenen **107.2**, D5
Gréngewald **52.1**, C3
Grenoble **110.1**, E4
Grevels **50.1**, B2
Greven **116.1**, G2
Grevenknapp **51.1**, C2
Grevenmacher **69.3**, D3
Grevenmacher **52.1**, D3
Griechenland **93.5**, H5
Grimsby **110.1**, C2
Grimsel **120.1**, F4
Grímsey **106.1**, C1
Grindelwald **120.1**, E4/F4
Grindhausen **50.1**, C1
Gronau **116.1**, F2/G2
Groningen **110.1**, E2
Grönland **193.4**, G2–H2
Grönland **8.1**, G2–H2
Grönlandsee **188.1**, K2
Groote Eylandt **157.1**, F6
Grootfontein **180.1**, C4
Grosbous **69.3**, B2
Grosbous **50.1**, B2
Grosne **120.1**, B4
Grosny **134.1**, D5
Großbritannien **110.1**, C2–D2
Großbritannien und Nordirland ➡ Vereinigtes Königreich Großbritannien und Nordirland **93.5**, E3–F3
Große Antillen **8.1**, E4–F5
Große Arabische Wüste **9.1**, M4–M5
Große Australische Bucht **9.1**, Q7
Große Ebene **141.3**, G4
Großer Bärensee **190.1**, F3
Großer Belchen **120.1**, E3
Großer Chingan **141.3**, G3–H3
Großer Geysir **106.1**, B1
Großer Kanal **149.1**, G3
Großer Peilstein **121.1**, N2
Großer Priel **121.1**, L3/M3
Großer Salzsee **190.1**, F5–G5
Großer Sankt Bernhard **120.1**, E5
Großer Sklavensee **190.1**, F3
Großer Zab **129.1**, H4–J4
Große Salzwüste **160.1**, D2
Große Sandwüste (Afrika) **165.3**, F2–G2
Große Sandwüste (Australien) **9.1**, Q6–Q7
Großes Becken **190.1**, F5–F6
Große Sunda-Inseln **141.3**, G6–H6
Große Syrte **176.1**, E2
Grosseto **123.1**, F3
Große Victoriawüste **9.1**, P7–Q7
Großglockner **83.2**, G4
Großkampenberg **50.1**, C1
Groß-Simbabwe **180.1**, D5/E5
Großvenediger **121.1**, K3
Großwardein **128.1**, C2
Grou **122.1**, B5
Grousseboesch **52.1**, B3
Grudziądz ➡ Graudenz **111.1**, H2
Gruemelscheid **50.1**, B2
Grünberg **111.1**, G3
Grundhof **50.1**, D2
Grüner Fluss ➡ Yeşilırmak **129.1**, G3
Guadalajara (Mexiko) **190.1**, G7
Guadalajara (Spanien) **122.1**, C3
Guadalcanal **184.1**, G5–G6
Guadalquivir **122.1**, B4–C4
Guadalupe **242.1**, C4–D4
Guadalupe **190.1**, E7–F7
Guadeloupe **193.4**, F5–G5
Guadeloupe **190.1**, L8–M8
Guadiana **122.1**, B4
Guam **243.1**, R5
Guam **184.1**, E3
Guanare **212.1**, D2
Guangdong **149.1**, G4
Guangzhou ➡ Kanton **141.3**, G4
Guaporé **212.1**, D4
Guarulhos **213.1**, F5
Guatemala **193.4**, E5
Guatemala-Stadt **191.1**, H8
Guaviare **191.1**, K9
Guayanabecken **8.1**, G5
Guayaquil **191.1**, J10/K10
Gubbio **121.1**, K7
Gudbrandsdal **106.2**, D4
Gudermes **129.1**, J3
Guéraberg **176.1**, E4
Guernsey **110.1**, C3
Guijuelo **127.3**, C2
Guilin **141.3**, G4
Guimarães **127.3**, A2
Guinea **167.3**, B2
Guineabecken **9.1**, J6–K6
Guinea-Bissau **167.3**, A2–B2
Guineaschwelle **9.1**, J6–K6
Guirsch **51.1**, B3
Guise **116.1**, C5
Guiyang **141.3**, G4
Gujranwala **141.3**, E4
Gulja ➡ Yining **148.1**, D2
Gulu **177.1**, G5
Gunnbjörnfjeld **201.1**, R3/S3
Guntur **148.1**, D5
Gurk (Fluss zur Drau) **121.1**, M4
Gurk (Fluss zur Save) **121.1**, M5–N5
Gurk **121.1**, M4
Gurktaler Alpen **121.1**, L4–M3
Güssing **121.1**, O3
Gutland **52.1**, B3–D3
Guwahati **148.1**, E3/E4
Guyana **193.4**, G5
Gwalior **148.1**, C4
Gwangju **141.3**, H4
Gweru **180.1**, D4/E4
Gydan **134.1**, G2–H3
Györ ➡ Raab **111.1**, H4

H

Haarlem **116.1**, D2
Haarlemmermeer **116.1**, D2
Habscheid **50.1**, D1
Habscht **69.3**, B3
Hachiville **50.1**, B1
Hadramaut **140.3**, D5
Hafnarfjörður **106.1**, B1
Hagatna **184.1**, E3
Hagelsdorf **51.1**, D3
Hagen (Deutschland) **116.1**, G3
Hagen (Luxemburg) **51.1**, B3
Hagenau **120.1**, E2
Haguenau ➡ Hagenau **120.1**, E2
Haida Gwaii **200.1**, G4
Haifa **129.1**, F5
Haikou **141.3**, G4
Hailuoto **106.2**, H3
Hainan **141.3**, G5
Haiphong **156.1**, C2
Haiti **193.4**, F5
Hakodate **149.1**, K2
Halab ➡ Aleppo **160.1**, B2
Halanzy **51.1**, A3
Halifax **201.1**, O5
Halikarnassos **128.1**, D4
Halland **107.2**, E5
Hall Beach **201.1**, M3
Halle (Belgien) **116.1**, D4
Halle (Deutschland) **111.1**, F3/G3
Haller **50.1**, D2
Hall-Inseln **157.1**, H4
Halmahera **141.3**, H5
Haltiatunturi **106.2**, G2
Ham **116.1**, C5
Hama **129.1**, G5
Hamadan **160.1**, C2
Hamada von Tinghert **176.1**, D3–E3
Hamar **106.2**, D4
Hamburg **83.2**, F3/G3
Hämeenlinna **106.2**, G4/H4
Hamhung **149.1**, H2/H3
Hami **148.1**, E2
Hamilton (Australien) **184.1**, H8
Hamilton (Kanada) **201.1**, M5/N5
Hamiville **50.1**, B1
Hammerfest **106.2**, G2
Handan **141.3**, G4
Hangö ➡ Hanko **107.2**, G5
Hangzhou **141.3**, G4/H4
Hanko **107.2**, G5
Hannover **83.2**, F3
Hanoi **141.3**, G4
Hanzhong **149.1**, F3
Hao **185.1**, M6
Happy Valley-Goose Bay **201.1**, O4
Harar **177.1**, H5
Harare **165.3**, J7
Harbin **141.3**, H3
Hardangerfjord **106.2**, C4
Hardangervidda **106.2**, C4–D5
Hardenberg **116.1**, F2
Harderwijk **116.1**, E2
Hardigny **50.1**, B1
Hargeysa **177.1**, H5
Hari **156.1**, C5
Haringvliet **116.1**, C3–D3
Hari Rud **160.1**, E2
Harlange **50.1**, B2
Harlingen **116.1**, E1
Härnösand **106.2**, F4
Harrisburg **203.1**, G2
Harstad **106.2**, F2
Hartberg **121.1**, N3
Hartford **190.1**, K5
Harwich **110.1**, D3
Harz **111.1**, F3
Hassel **51.1**, C3
Hasselt **116.1**, E4
Hatra **129.1**, H5
Hattusa **129.1**, F3
Hat Yai **156.1**, C4
Haucourt-Moulaine **52.1**, B4
Haugesund **106.2**, C5
Hausruck **121.1**, L2
Hautbellain **50.1**, B1
Hautcharage **51.1**, B3
Haute-Kontz **51.1**, D4
Haut-Martelange **50.1**, A2/B2
Havanna **190.1**, J7
Hawaii **242.1**, B4–B5
Hawaii **185.1**, L3
Hawaii-Inseln **8.1**, B4
Hawaiirücken **8.1**, A4
Hay River **200.1**, J3
Hazebrouck **116.1**, B4
Heard-Insel **189.2**, D3
Heard und McDonald-Inseln **243.1**, N8
Hebriden **82.2**, E3
Heckhuscheid **50.1**, C1
Hedschas **160.1**, B3
Heerhugowaard **116.1**, D2
Heerlen **116.1**, E4
Hefei **141.3**, G4
Heffingen **69.3**, C2–D2
Heffingen **51.1**, C2–D2
Hegang **149.1**, H2/J2
Hegau **120.1**, F3
Heidelberg **110.1**, F3
Heidenheim **120.1**, H2
Heiderscheid **50.1**, B2
Heiderscheidergrund **50.1**, B2
Heilbach **50.1**, D1
Heilenbach **50.1**, D1
Heiligenblut **121.1**, K3
Heimaey **106.1**, B2–C2
Heinerscheid **50.1**, C1
Heinsch **51.1**, A3
Heisdorf (Deutschland) **50.1**, D1
Heisdorf (Luxemburg) **51.1**, C3
Heispelt **50.1**, B2
Hekla **106.1**, C2
Helena **202.1**, C2
Helfant **51.1**, D3
Helgeland **106.2**, E3
Helgoland **110.1**, E2
Hellange **51.1**, C3
Helmand **160.1**, E2
Helmdange **51.1**, C3
Helmond **116.1**, E3
Helmsange **52.1**, C3
Helperknapp **69.3**, B2–C3
Helperknapp **52.1**, C2
Helsingborg **107.2**, E5
Helsingør **107.2**, D5/E5
Helsinki **83.2**, H2
Hemsedalsfjella **106.2**, C4/D4
Hemstal **51.1**, D3
Henderson-Insel **185.1**, O7
Hengelo **116.1**, F2
Hengyang **149.1**, G4
Hennegau **116.1**, C4
Heraklion **128.1**, D5
Herat **160.1**, E2
Herborn **51.1**, D3
Herentals **116.1**, D3
Hermannstadt **128.1**, D2
Hermeskeil **116.1**, F5
Hermosillo **202.1**, C4
Herne **116.1**, G3
Hersberg **51.1**, D2
Herserange **52.1**, B3
Herstal **116.1**, E4
's-Hertogenbosch **116.1**, E3
Hesdin **116.1**, B4
Hesperange **69.3**, C3
Hesperange **52.1**, C3
Hetian **148.1**, C3/D3
Hierheck **50.1**, B2
Highlands **110.1**, B1–C1
High Willhays **110.1**, B3/C3
Hiiumaa **107.2**, G5
Hilla **129.1**, J5
Hilversum **116.1**, E2
Himalaya **9.1**, N4–O4
Hims ➡ Homs **160.1**, B2
Hindukusch **9.1**, N4
Hindustan **141.3**, E4–F4
Hinkel **50.1**, E2
Hinterrhein **120.1**, G4
Hinthada **156.1**, B3
Hirfanlıstausee **129.1**, F4
Hiroshima **141.3**, H4
Hirson **116.1**, D5
Hirtshals **107.2**, D5
Hispaniola **190.1**, K7–L8
Hitra **106.2**, D4
Hivange **51.1**, B3
Hiva Oa **185.1**, N5–N6
Hjälmarsee **107.2**, F5
HMRG-Tief **184.1**, E3
Hobart **184.1**, E9
Hobscheid **51.1**, B3
Hochalmspitze **121.1**, L3/L4
Hochfeiler **121.1**, J4
Hochgolling **121.1**, L3
Ho-Chi-Minh-Stadt ➡ Saigon **141.3**, G5
Hochkönig **121.1**, K3/L3
Hochland der Schotts **176.1**, C2–D2
Hochland von Anatolien **160.1**, B1–B2
Hochland von Äthiopien **9.1**, L5–M5
Hochland von Bié **180.1**, C4
Hochland von Bolivien **191.1**, L11–L12
Hochland von Iran **9.1**, M4–N4
Hochland von Iran und Afghanistan **141.3**, D4–E4
Hochland von Mexiko **8.1**, D4
Hochland von Tibet **9.1**, O4
Hochosterwitz **121.1**, M4
Hochschwab **121.1**, N3
Hoek van Holland **116.1**, C2/D3
Hoesdorf **50.1**, C2/D2
Hof **111.1**, F3
Hoffelt **50.1**, B1
Höfn **106.1**, D1
Hoggar ➡ Ahaggar **165.3**, F3
Hohe Acht **116.1**, F4/G4
Hoher Atlas **176.1**, C2
Hohes Venn **116.1**, E4–F4
Hohe Tatra **111.1**, H3–J3
Hohe Tauern **121.1**, K3
Hohe Warte **121.1**, K4
Hohhot **149.1**, G2

Hokkaido 141.3, J3
Hollabrunn 121.1, N2/O2
Holland 116.1, D2–E2
Hollenfels 51.1, C3
Holler 50.1, C1
Holsteinsborg ➡ Sisimiut 201.1, P3
Holsthum 50.1, D2
Holtz 50.1, B2
Holyhead 110.1, B2
Holzem 51.1, B3–C3
Holzthum 50.1, C2
Homburg 116.1, G5
Homel 134.1, B4/C4
Homs 160.1, B2
Hondelange 51.1, B3
Honduras 193.4, E5
Hønefoss 106.2, D4
Hongkong ➡ Xianggang 141.3, G4
Hongshui He 141.3, G4
Honiara 184.1, F5/G5
Honolulu 185.1, K2/L2
Honshu 9.1, R4
Hoogeveen 116.1, F2
Hoogezand-Sappemeer 116.1, F1
Hoorn 116.1, E2
Horizontief 184.1, J7
Horn 121.1, N2
Horn 106.1, B1
Hornavan 106.2, F3
Hornisgrinde 120.1, F2
Hoscheid 50.1, C2
Hoscheid-Dickt 50.1, C2
Hosingen 50.1, C1
Hostert (Niederanven) 51.1, C3
Hostert (Rambrouch) 50.1, B2
Hotan ➡ Hetian 148.1, C3/D3
Houffalize 52.1, B1
Houston 190.1, H6/H7
Houwald 52.1, D3
Hovelange 51.1, B3
Howald 51.1, C3
Howland-Insel 243.1, S5
Howland-Insel 184.1, J4
Hrodna 132.1, C4
Huainan 149.1, G3
Huallaga 212.1, C3
Huambo 180.1, C4
Huanganguling 149.1, G2
Huang He 9.1, P4
Huangshi 149.1, G3
Huánuco 212.1, C3/C4
Huascarán 191.1, K10
Hubli-Dharwad 148.1, C5
Hudiksvall 106.2, F4
Hudson Bay 8.1, E2–E3
Hudsonstraße 190.1, K3–L3
Hudsontiefland 201.1, L4–M4
Hue 156.1, C3
Huebra 127.3, B2
Huelva 122.1, B4
Huesca 122.1, C3
Huettermuehle 51.1, D3
Hughenden 184.1, E7
Huíla 180.1, C4
Huldange 50.1, B1/C1
Hull 185.1, L7
Hulun Buir 149.1, G2
Humaitá 212.1, D3
Humber 110.1, D2
Hümmling 116.1, G2
Humphreys Peak 202.1, C3
Húnabucht 106.1, B1
Huncherange 51.1, C3
Hungersteppe ➡ Betpak-Dala 134.1, F5–G5
Hunsdorf 51.1, C3
Hunsrück 116.1, F5–G5
Hupperdange 50.1, C1
Huronsee 190.1, J5
Húsavík 106.1, C1
Hussigny-Godbrange 52.1, B4
Huttange 51.1, B3
Hütterscheid 50.1, D2
Hüttingen 50.1, D2
Hvannadalshnúkur 82.2, D2
Hyderabad (Indien) 141.3, E5
Hyderabad (Pakistan) 141.3, E4
Hyères 120.1, D7

I

Ialomița 128.1, D2
Iași 132.1, D5
Ibadan 165.3, F5
Ibagué 212.1, C2
Ibarra 212.1, C2
Iberische Halbinsel 82.2, E4–E5
Iberisches Randgebirge 122.1, C3
Ibiza 122.1, D4
Ibu 157.1, E4
Ica 212.1, C4
İçel ➡ Mersin 129.1, F4
Ida 128.1, D5
Idaho Falls 202.1, C2
Idar-Oberstein 116.1, G5
Idlib 129.1, G5
Idrijca 121.1, L4–M4
Idrosee 120.1, H5
Ieper ➡ Ypern 116.1, B4
Iguaçu 191.1, M12
Iisalmi 106.2, H4
IJsselmeer 116.1, E2
Ikaria 128.1, D4
Ilebo 180.1, C3/D3
Île de France 116.1, A5–C6
Ilha-Solteira-Stausee 213.1, F5
Ilhéus 212.1, G4
Iliamnasee 200.1, E3–E4
Ilisu-Stausee 129.1, H4
Ill (Fluss zum Alpenrhein) 120.1, H3–H4
Ill (Fluss zum Oberrhein) 120.1, E2
Iller 120.1, H3
Ilmensee 132.1, D3–E3
Iloilo 156.1, E3
Ilorin 176.1, D5
Ilulissat 201.1, P3
Imandrasee 106.2, J3–K3
Imatra 106.2, J4
Imbringen 51.1, C3
Imola 121.1, J6
Imperatriz 212.1, F3
Imperia 120.1, F7
Imphal 148.1, E4
Inagua-Inseln 203.1, G4
Inari 106.2, H2
Inarisee 83.2, H2
Incheon 149.1, H3
Indalsälven 106.2, F4
Indianapolis 190.1, J5/J6
Indien 143.4, E3–F3
Indien 9.1, N4–O4
Indiga 132.1, H1
Indigirka 135.1, O3
Indisch-Antarktischer Rücken 9.1, O8–R8
Indisch-Antarktisches Becken 9.1, O8–Q9
Indischer Ozean 9.1, N6–O6
Indonesien 143.4, G5–H5
Indore 141.3, E4
Indus 9.1, N4
İnegöl 128.1, E3
Ingeldorf 50.1, C2
Ingendorf 50.1, D2
Ingermanland 107.2, J5
Ingolstadt 111.1, F3
Inhul 129.1, F2
Inhulez 129.1, F2
Inn 111.1, G3
Innere Hebriden 110.1, B1
Innerer Taurus 129.1, G4–H4
Innsbruck 111.1, F4
Innviertel 121.1, L2
In Salah 176.1, D3
Insenborn 50.1, B2
Inta 132.1, L1
Interior-Plateau 200.1, H4
Interlaken 120.1, E4
Inukjuak 201.1, N4
Inuvik 188.1, Q2
Invercargill 184.1, G9
Inverness 110.1, B1
Inyangani 181.1, E4
Ioannina 128.1, C4
Ionische Inseln 128.1, B4–C4
Ionisches Meer 83.2, G5–H5
Ipoh 156.1, B4
Ipswich 110.1, D2
Iqaluit 201.1, O3
Iquique 213.1, C5
Iquitos 212.1, C3
Irak 143.4, D3
Iraklion ➡ Heraklion 128.1, D5
Iran 143.4, D3
Iran-Gebirge 156.1, D4
Irawadi 141.3, F4
Irbid 129.1, F5
Irian Jaya ➡ Papua 184.1, D5–E5
Iringa 181.1, E3
Irische See 110.1, B2–C2
Irkutsk 135.1, K4
Irland 93.5, E3
Irland 82.2, E3
Irmingersee 201.1, R3–R4
Iron Range 184.1, E6
Irrel 50.1, D2
Irrhausen 50.1, C1
Irsen 52.1, C1
Irtysch 9.1, N3–O3
Iruña ➡ Pamplona 122.1, C3
Ísafjord 106.1, B1
Ísafjörður 106.1, A1/B1
Isar 121.1, J3
Isarco ➡ Eisack 121.1, J4
Ischewsk 132.1, J3
Ischgl 120.1, H3
Ischia 123.1, G3
Ischim 134.1, F4
Iseosee 120.1, H5
Isère 110.1, E4
Iserlohn 116.1, G3
Isfahan 140.3, D4
Isfjord 188.1, J2
Isiro 180.1, D2
Iskar 128.1, C3
İskenderun 129.1, G4
Islamabad 148.1, C3
Island 93.5, C2–D2
Island 8.1, H2–J2
Island Lake 201.1, L4
Islek 50.1, C1–D1
Isonzo ➡ Soča 121.1, L5
Isparta 128.1, E4
Israel 143.4, C3
Issel 116.1, F3
Issyk-Kul 148.1, C2
İstanbul 140.3, C3
Isthmus von Kra 141.3, F5–G5
Isthmus von Tehuantepec 203.1, E5
Istrien 128.1, A2
Itaipú-Stausee 213.1, E5
Itálica 127.3, B4
Italien 93.5, G4
Itambé 212.1, F4
Ithaka 128.1, C4
Ittoqqortoormiit 201.1, S2
Itzig 51.1, C3
Ivrea 120.1, E5
Iwanowo 132.1, G3
Iwdel 132.1, K2/L2
İzmir 140.3, C4
İzmit 128.1, E3

J

Jabalpur 141.3, E4/F4
Jablonowygebirge 9.1, P3
Jackson 203.1, E3
Jacksonville 190.1, J6
Jaén 122.1, B4/C4
Jaffna 148.1, C6/D6
Jaipur 141.3, E4
Jakarta 141.3, G6
Jakobshavn ➡ Ilulissat 201.1, P3
Jakutien 135.1, L3–P3
Jakutsk 135.1, M3
Jalta 129.1, F2
Jaluit 184.1, G4
Jalunkiang 148.1, E3–F3
Jamaame 177.1, H5
Jamaika 193.4, F5
Jamaika 190.1, J8–K8
Jamal 134.1, F2–G3
Jamal-Halbinsel 141.3, E2
Jamantau 134.1, E4
Jambi 156.1, C5
James Bay 201.1, M4–N4
Jamshedpur 141.3, F4
Jämtland 106.2, E4–F4
Jana 135.1, N3
Jangtsekiang 9.1, P4
Jan Mayen 93.5, E1
Jan Mayen 82.2, D1–E1
Japan 143.4, H3
Japangraben 9.1, R4
Japanisches Meer 9.1, Q3–Q4
Japurá 191.1, L10
Jaraíz de la Vera 127.3, C2
Jari 212.1, E2
Jaroslawl 134.1, C4
Jarvis-Insel 242.1, A5–B6
Jarvis-Insel 185.1, K4–L4
Jaunde 165.3, G5
Java 9.1, P6
Javasee 156.1, C5–D5
Jayapura 184.1, D5/E5
Jefferson City 203.1, E3
Jegorlyk 129.1, H2
Jeja 129.1, G2
Jejsk 129.1, G2
Jejudo 149.1, H3
Jekaterinburg 141.3, E3
Jelez 132.1, F4
Jelgava 107.2, G5
Jemen 143.4, D4
Jenissej 9.1, O2–O3
Jequié 212.1, F4/G4
Jerewan 140.3, D3
Jerez de la Frontera 122.1, B4
Jerez de los Caballeros 127.3, B3
Jergenihügel 129.1, J2
Jersey 110.1, C3
Jerusalem 160.1, B2
Jesenice 121.1, L4/M4
Jesi 121.1, L7
Jiamusi 149.1, J2
Jiayuguan 148.1, E2/E3
Jidda 140.3, C4
Jieyang 149.1, G4
Jilin 141.3, H3
Jimma 177.1, G5
Jinan 141.3, G4
Jingzhou 149.1, F3/G3
Jinhua 149.1, G4
Jinja 181.1, E2
Jinzhou 149.1, G2/H2
Ji-Paraná 212.1, D4
Jiu 128.1, C2
João Pessoa 212.1, G3
Jodhpur 148.1, C4
Joensuu 106.2, J4
Johannesburg 165.3, H8
Johnston-Atoll 242.1, A5
Johnston-Insel 185.1, K3
Joinville 213.1, F5
Jökulsa a Fjöllum 106.1, C1–D1
Jönköping 107.2, E5
Jordan 129.1, F5
Jordanien 143.4, C3–D3
Jos 176.1, D4/D5
Joschkar-Ola 132.1, H3
Joseph-Bonaparte-Golf 157.1, E6
Jos-Plateau 176.1, D4–E4
Jostedalsbreen 106.2, C4
Jotunheimen 106.2, C4–D4
Juan-Fernández-Inseln 193.4, E7–F7
Juan-Fernández-Inseln 191.1, K13
Juazeiro 212.1, F3
Juazeiro do Norte 212.1, F3/G3
Juba 177.1, G5
Jubba 165.3, K5
Júcar 122.1, C4
Jucken 50.1, C1
Jugorsk 132.1, L2
Juist 116.1, F1
Juiz de Fora 213.1, F5
Juliaca 212.1, C4
Julianehåb ➡ Qatortoq 201.1, Q3
Jülich 116.1, F4
Julierpass 120.1, G4
Julische Alpen 121.1, L4
Juneau 200.1, G4
Jungferninseln 203.1, H5
Jungfrau 120.1, E4
Junglinster 69.3, D3
Junglinster 52.1, D3
Jura 83.2, F4
Juruá 191.1, L10
Juruena 212.1, E4
Juschkosero 106.2, K3
Juschno-Sachalinsk 135.1, O5
Jütland 83.2, F3–G3
Jyväskylä 106.2, H4

K

K2 141.3, E4
Kabalo 180.1, D3
Kabul 141.3, E4
Kabwe 180.1, D4
Kachowkaer Stausee 129.1, F2
Kaçkar 129.1, H3
Kadoma 180.1, D4
Kaduna 176.1, D4
Kaédi 176.1, B4
Käerjeng 69.3, B3
Kafue 180.1, D4
Kagoshima 149.1, H3/J3
Kahler 51.1, B3
Kahramanmaraş 129.1, G4
Kai-Inseln 157.1, F5
Kainach 121.1, N3–N4
Kainji-Stausee 176.1, D4
Kainuunselkä 106.2, H3–J3
Kairo 165.3, H2/J3
Kairouan 123.1, F5
Kaiserstuhl 120.1, E2
Kajaani 106.2, H3
Kalaallit Nunaat ➡ Grönland 93.5, A2–B2
Kalabrien 123.1, G4–H4
Kalaharibecken 9.1, K6–L7
Kalamata 128.1, C4
Kalborn 50.1, C1
Kalemie 180.1, D3
Kalgoorlie-Boulder 184.1, C7
Kalimantan ➡ Borneo 156.1, D5
Kaliningrad ➡ Königsberg 132.1, C4
Kalisch 111.1, H3
Kalisz ➡ Kalisch 111.1, H3
Kalixälven 106.2, G3
Kalkesbach 50.1, D2
Kalkutta ➡ Kolkata 141.3, F4
Kallsee 106.2, E4
Kalmar 107.2, E5/F5
Kaluga 132.1, E4/F4
Kama 141.3, D3
Kamastausee 83.2, L3
Kambodscha 143.4, G4
Kamerun 167.3, C2
Kamerunberg 165.3, F5
Kamina 180.1, D3
Kamp 121.1, N2
Kampala 165.3, J5
Kampen 116.1, E2
Kampong Som ➡ Sihanoukville 156.1, C3
Kamtschatka 9.1, S3–R3
Kamyschin 132.1, G4/H4
Kanada 193.4, D3–E3
Kanadisch-arktischer Archipel 8.1, C2–E2
Kanadischer Schild 8.1, D2–F3
Kanalinseln 93.5, E4
Kanalinseln 110.1, C3
Kanal von Burgund 120.1, B3
Kananga 180.1, D3
Kanaren 8.1, H4–J4
Kanarische Inseln 242.1, H4–J4
Kanarische Inseln 165.3, D2–D3

Kanarisches Becken **8.1**, H4–J4
Kanazawa **149.1**, J3
Kandahar **160.1**, E2
Kandalakscha **106.2**, J3/K3
Kandalakschabucht **106.2**, K3
Kandy **148.1**, C6/D6
Kandyagasch **132.1**, K5
Känguru-Insel **184.1**, D8
Kanin **134.1**, D3
Kanin-Halbinsel **83.2**, K2
Kankan **176.1**, C4/C5
Kano **176.1**, D4
Kanpur **141.3**, E4/F4
Kansas City **190.1**, H6
Kansk **135.1**, J4
Kantabrisches Gebirge **82.2**, E4
Kanton ➡ Guangzhou **141.3**, G4
Kaohsiung **141.3**, G4/H4
Kaokoveld **180.1**, C4–C5
Kaolack **176.1**, B4
Kaouar **176.1**, E3–E4
Kap Adare **189.2**, J2
Kap Agulhas **165.3**, G9
Kap Akritas **128.1**, C4
Kap Anamur **129.1**, F4
Kap Ann **189.2**, C2
Kap Baba **128.1**, D4
Kap Barrow **8.1**, A1/B1
Kap Bathurst **200.1**, G2
Kap Blanc (Mauretanien) ➡ Ras Nouadhibou **176.1**, B3/B4
Kap Blanc (Tunesien) **165.3**, F2
Kap Bon **176.1**, E2
Kap Branco **8.1**, H6
Kap Breton-Insel **201.1**, O5–P5
Kap Ca Mau **141.3**, G5
Kap Canaveral **190.1**, J7
Kap Carvoeiro **127.3**, A3
Kap Catoche **203.1**, F4
Kap Chidley **201.1**, O3
Kap Cod **190.1**, L5
Kap Conception **202.1**, B3
Kap Corse **111.1**, F5
Kap d'Ambre ➡ Tanjona Bobaomby **181.1**, F4
Kap Dart **189.2**, M2
Kap Delgado **181.1**, F4
Kap der Guten Hoffnung **9.1**, K7
Kap Deschnew **141.3**, L2
Kap Dondra **141.3**, F5
Kapela **121.1**, M5–N6
Kap Espichel **127.3**, A3
Kap Farvel **8.1**, G3
Kapfenberg **121.1**, N3
Kap Finisterre **82.2**, D4
Kap Frio **180.1**, C4
Kap Gallinas **191.1**, K8
Kap Gelidonya **128.1**, E4
Kap Guardafui **9.1**, M5
Kap Hatteras **203.1**, G3
Kap Hoorn **8.1**, F8
Kapıdağı **128.1**, D3
Kap Kamenjak **121.1**, L6
Kap Komorin **9.1**, N5
Kapland **165.3**, G9–H9
Kap Land's End **200.1**, G2
Kap Leeuwin **184.1**, B8
Kap Lopatka **141.3**, J3
Kap Lopez **180.1**, B3
Kap Mala **203.1**, G6
Kap Malea **128.1**, C4
Kap Maria van Diemen **184.1**, G8
Kap Mendocino **190.1**, D5
Kap Mondego **127.3**, A2
Kap Morris Jesup **190.1**, M1
Kap Negrais **156.1**, B3
Kap Norvegia **189.2**, R2
Kap Oljutorski **135.1**, Q4
Kap Palmas **176.1**, C5
Kap Pariñas **8.1**, E6
Kap Passero **123.1**, G4
Kap Prince of Wales **200.1**, C3
Kap Race **190.1**, M5
Kap Roca **127.3**, A3
Kap Sable (Kanada) **201.1**, O5
Kap Sable (USA) **203.1**, F4
Kap Sainte Marie ➡ Tanjona Vohimena **181.1**, F5
Kap San Diego **213.1**, D8
Kap Sankt Andreas **129.1**, F5
Kap San Lucas **202.1**, C4
Kap São Roque **212.1**, G3
Kap São Vicente **122.1**, A4
Kapschwelle **9.1**, K8–K7
Kap Selatan **156.1**, D5
Kapstadt **165.3**, G9
Kap Tenaro **83.2**, H5
Kap Teulada **123.1**, F4
Kap Tres Puntas **213.1**, D7
Kap Tscheljuskin **9.1**, P2
Kapuas **156.1**, D4
Kapuskasing **201.1**, M5
Kapuvár **121.1**, P3
Kap Vals **157.1**, F5
Kap Verde **242.1**, H5
Kap Verde **8.1**, H5/J5
Kapverden **8.1**, H5
Kapverdenschwelle **8.1**, H4–H5
Kapverdische Inseln **164.3**, C4
Kapverdisches Becken **8.1**, H5
Kapweiler **51.1**, B3
Kap Wilson **184.1**, E8
Kap York **9.1**, Q6
Kap-York-Halbinsel **184.1**, E6
Kara-Bogas-Gol **160.1**, D1
Karabük **129.1**, F3
Karaca **129.1**, G4
Karachi **141.3**, E4
Karaganda **134.1**, G5
Karaginski-Insel **135.1**, Q4
Karagöl Dağı **129.1**, G3
Karakayastausee **129.1**, G4
Karakol **148.1**, C2
Karakorum **141.3**, E4
Karakorum **135.1**, K5
Karakorumpass **148.1**, C3
Karakum **160.1**, D2–E2
Karaman **129.1**, F4
Karamay **148.1**, D2
Karasberge **180.1**, C5
Karasee **9.1**, N2–O2
Karasjok **106.2**, H2
Karatepe **129.1**, F4/G4
Karatschajewsk **129.1**, H3
Karawanken **121.1**, L4–M4
Karbala **160.1**, C2
Karelien **134.1**, C3
Karibasee **180.1**, D4
Karibisches Meer **8.1**, E5–F5
Karleby ➡ Kokkola **106.2**, G3/G4
Karlobag **121.1**, M6/N6
Karlovac **128.1**, A2
Karlovy Vary ➡ Karlsbad **111.1**, G3
Karlsbad **111.1**, G3
Karlshausen **50.1**, C1
Karlskrona **107.2**, E5
Karlsruhe **110.1**, F3
Karlstad **107.2**, E5
Karnische Alpen **121.1**, K4–L4
Karolinen **9.1**, R5
Karpaten **140.3**, C3
Karpathos **128.1**, D5
Kars **129.1**, H3
Karst **121.1**, L5–M5
Karthago **123.1**, F4
Karwendel **121.1**, J3
Kasachische Schwelle **141.3**, E3
Kasachstan **143.4**, D2–E2
Kasai **180.1**, D3
Kasai **165.3**, G6
Kasan **141.3**, D3
Kasbek **129.1**, J3
Kaschmir **148.1**, C3
Kashi **148.1**, C2/C3
Kaskadenkette **202.1**, B2
Kaskinen **106.2**, G4
Kaskö ➡ Kaskinen **106.2**, G4
Kaspische Senke **9.1**, M3
Kaspisches Meer **9.1**, M3–M4
Kassala **177.1**, G4
Kassel **111.1**, F3
Kastamonu **129.1**, F3
Kastilisches Scheidegebirge **122.1**, B3–C3
Katalonien **122.1**, D3
Katanga **180.1**, D3
Katar **143.4**, D3
Katerini **128.1**, C3
Katherine **157.1**, F6
Kathmandu **141.3**, F4
Katowice ➡ Kattowitz **111.1**, H3
Katschberg **121.1**, L3
Katsina **176.1**, D4
Kattarasenke **177.1**, F3–F2
Kattegat **83.2**, G3
Kattowitz **83.2**, G3
Katwijk **116.1**, D2
Kauai **185.1**, K2–L2
Kaufbeuren **120.1**, H3
Kaukasus **9.1**, M3
Kaunas **107.2**, G6
Kaundorf **50.1**, B2
Kautenbach **50.1**, C2
Kavala **128.1**, D3
Kavieng **157.1**, H5
Kaxgar ➡ Kashi **148.1**, C2/C3
Kayes **176.1**, B4
Kayl **69.3**, C4
Kayl **52.1**, C4
Kayseri **160.1**, B2
Kaz Dağı **128.1**, D4
Kebanstausee **129.1**, G4
Kebnekajse **106.2**, F3
Kecskemét **128.1**, B2
Keele Peak **200.1**, G3
Keetmanshoop **180.1**, C5
Kefallinia **128.1**, C4
Kehl **120.1**, E2
Kehlen **69.3**, C3
Kehlen **51.1**, C3
Kehmen **50.1**, C2
Keispelt **51.1**, C3
Kelkit **129.1**, G3
Kelowna **200.1**, H4/J5
Kem **106.2**, K3
Kemerowo **134.1**, H4
Kemi **106.2**, H3
Kemijärvi **106.2**, H3
Kempen **116.1**, D3–E3
Kempten **120.1**, H3
Kenai **200.1**, E3
Kendari **156.1**, E5
Kenia **167.3**, D2
Kenitra **122.1**, B5
Kenora **201.1**, L5
Kerguelen **243.1**, N8–O8
Kerguelen **9.1**, N8
Kerguelen-Gaußberg-Rücken **9.1**, N8–O9
Kerinci **141.3**, G6
Kerkenna-Inseln **123.1**, F5
Kerkrade **116.1**, E4/F4
Kerkyra ➡ Korfu **128.1**, B4
Kerkyra ➡ Korfu **128.1**, B4
Kermadec-Inseln **184.1**, J7–J8
Kerman **160.1**, D2
Kermanshah **160.1**, C2
Kertsch **129.1**, G2
Kestenga **106.2**, J3
Keszthely **121.1**, O4/P4
Ketchikan **200.1**, G4
Key West **203.1**, F4
Khabur **129.1**, H5
Khaiberpass **148.1**, B3/C3
Khanaqin **129.1**, J5
Khartum **165.3**, H4/J4
Khon Kaen **156.1**, C3
Khulna **141.3**, F4
Khvoy **129.1**, J4
Kiel **111.1**, F2
Kielce **111.1**, J3
Kiew **140.3**, C3
Kigali **180.1**, D3/E3
Kigoma **180.1**, D3
Kiischpelt **69.3**, B2/C2
Kikwit **180.1**, C3
Kilimandscharo **9.1**, L6
Killarney **110.1**, A2
Kimbe **157.1**, G5/H5
Kimberley **180.1**, D5
Kimberleyplateau **184.1**, C6–D6
Kinabalu **141.3**, G5
Kindia **176.1**, B4/B5
Kindu **180.1**, D3
Kineschma **132.1**, G3
King-Insel **189.2**, H3–H4
Kingston (Jamaika) **203.1**, G5
Kingston (Kanada) **201.1**, N5
Kingston upon Hull **110.1**, C2
Kingstown **203.1**, H5
Kinshasa **165.3**, G6
Kinyeti **177.1**, G5
Kinzig **120.1**, F2
Kirensk **135.1**, K4
Kirf **51.1**, D3
Kirgisistan **143.4**, E2
Kiribati **243.1**, S6
Kiribati **9.1**, S5
Kırıkkale **129.1**, F4
Kiritimati **8.1**, A5
Kirkenes **106.2**, J2
Kirkuk **160.1**, C2
Kirow **134.1**, D4/E4
Kirowsk **106.2**, K3
Kiruna **106.2**, F3/G3
Kisalföld **121.1**, O3–P3
Kisangani **180.1**, D2
Kis-Balaton **121.1**, P4
Kischinau **134.1**, B5
Kisel **132.1**, K3
Kisiljurt **129.1**, J3
Kislowodsk **129.1**, H3
Kismaayo **177.1**, H6
Kissidougou **176.1**, B5
Kisumu **181.1**, E3
Kitakyushu **149.1**, H3/J3
Kitimat **200.1**, G4/H4
Kitzbüheler Alpen **121.1**, K3
Kivu **180.1**, D3
Kivusee **180.1**, D3
Kiyamaki **129.1**, J4
Kızıltepe **129.1**, H4
Klagenfurt **111.1**, G4
Klaipeda ➡ Memel **107.2**, G6
Klarälven **106.2**, E4
Klausenburg **132.1**, C5
Kleinasien **160.1**, A2–B2
Kleinbettingen **51.1**, B3
Kleine Antillen **191.1**, L8
Kleine Karpaten **121.1**, P2
Kleiner Aralsee **134.1**, E5–F5
Kleiner Chingan **149.1**, H1–H2
Kleiner Sankt Bernhard **120.1**, D5
Kleiner Zab **129.1**, J4–J5
Kleine Sunda-Inseln **141.3**, G6–H6
Kleve **116.1**, F3
Kljutschewskaja Sopka **141.3**, K3
Klosterneuburg **121.1**, N2/O2
Knaphoscheid **50.1**, B1
Knittelfeld **121.1**, M3
Knokke-Heist **116.1**, C3
Knossos **128.1**, D5
Knoxküste **189.2**, F2
Knoxville **203.1**, F3
Knud-Rasmussen-Land **201.1**, O1–R1
Kobe **149.1**, J3
Kobenbour **51.1**, D2–D3
København ➡ Kopenhagen **107.2**, D6
Koblenz **110.1**, E3
Kocher **120.1**, G2–H2
Kochi (Indien) **141.3**, E5
Kochi (Japan) **149.1**, J3
Kockelscheier **51.1**, C3
Kodiak **200.1**, E4
Kodiak-Insel **200.1**, E4
Koedange **51.1**, C3
Koerich **69.3**, B3
Koerich **51.1**, B3
Koetschette **50.1**, B2
Köflach **121.1**, M3/N3
Kohtla-Järve **107.2**, H5
Kokkola **106.2**, G3/G4
Kokosinsel **242.1**, E5
Kokos-Insel **191.1**, J9
Kokosinseln **243.1**, O6
Kokosinseln **9.1**, O6–P6
Kokschetau **134.1**, F4
Kola **9.1**, L2
Kolberg **111.1**, G2
Kolgujew **83.2**, K2
Kolhapur **148.1**, C5
Koli **106.2**, J4
Kolkata ➡ Kalkutta **141.3**, F4
Köln **83.2**, F3
Kołobrzeg ➡ Kolberg **111.1**, G2
Kolomna **132.1**, F3
Kolumbien **193.4**, F5
Kolwezi **180.1**, D4
Kolyma **141.3**, J2–K2
Kolymagebirge **141.3**, J2–K2
Komoren **167.3**, E3
Komoren **9.1**, M6
Komotini **128.1**, D3
Kompassberg **180.1**, D6
Komsomolsk **135.1**, N4
Kondopoga **106.2**, K4
Kongo **9.1**, L5
Kongobecken **9.1**, K5–L6
Kongo (Republik Kongo) **167.3**, C2
Kongsvinger **106.2**, D4/E4
Kongur Shan **148.1**, C3
König-Christian-IX.-Land **201.1**, R2–R3
König-Christian-X.-Land **201.1**, S2–R2
König-Frederik-VI.-Küste **201.1**, Q3
König-Frederik-VIII.-Land **201.1**, S2
Königin-Elisabeth-Inseln **200/201.1**, H2–N1
Königin-Mary-Küste **189.2**, E2–F2
Königin-Maud-Land **243.1**, K9–L9
Königin-Maud-Land **189.2**, S2–B2
Königsberg **134.1**, A4/B4
Konqi **148.1**, D2
Konschakowski Kamen **132.1**, K3
Konstanz **120.1**, F3/G3
Konstanza **132.1**, D6
Konya **129.1**, F4
Kopenhagen **83.2**, G3
Koper **121.1**, L5
Kopet-Dag **160.1**, D2
Kopstal **69.3**, C3
Kopstal **51.1**, C3
Korallenmeerinseln **243.1**, R6
Korallensee **9.1**, R6–S6
Koralpe **121.1**, M4–N4
Korana **121.1**, N5
Korçë **128.1**, C3
Kordilleren ➡ Anden **191.1**, K11–L14
Kordillere von Mérida **212.1**, C2–D2
Kordofan **165.3**, H4–J4
Korea **9.1**, Q4
Koreastraße **149.1**, H3
Korfu **128.1**, B4
Korfu **128.1**, B4
Korhogo **176.1**, C5
Korinth **128.1**, C4
Korinthos ➡ Korinth **128.1**, C4
Koriyama **149.1**, K3
Korjakengebirge **135.1**, Q3–R3
Korla **148.1**, D2
Körmend **121.1**, O3/O4
Korn **50.1**, B3
Korneuburg **121.1**, O2
Köroglugebirge **129.1**, E3–F3
Köroğlu Tepesi **129.1**, E3
Koromandelküste **148.1**, C5–D5
Körperich **50.1**, D2
Korsika **83.2**, F4
Kortrijk **116.1**, C4
Kos **128.1**, D4
Košice **111.1**, J3
Köslin **111.1**, H2
Kosovo **93.5**, H4
Kosrae **184.1**, G4
Kössdağı **129.1**, G3
Kostanai **134.1**, F4
Kostomuschka **106.2**, J3
Kostroma **132.1**, G3

Koszalin ➡ Köslin 111.1, H2
Kota 148.1, C4
Kota Bahru 156.1, C4
Kota Kinabalu 156.1, D4
Kotal-i Ashmir 160.1, E2
Kotelny-Insel 135.1, N2–O2
Kotka 106.2, H4
Kotlas 132.1, H2
Kotto 177.1, F5
Kotui 135.1, K3
Kotzebue 200.1, D3
Kowdor 106.2, J3
Koxhausen 50.1, C2
Koyukuk 200.1, E3
Kozhikode 141.3, E5
Kragujevac 128.1, C2/C3
Krakau 134.1, A4/B4
Kraków ➡ Krakau 111.1, H3/J3
Kranj 121.1, M4
Krasnodar 134.1, C5
Krasnodarer Stausee 129.1, G2–H2
Krasnojarsk 141.3, F3
Krasnojarsker Stausee 134.1, H4–J4
Krautscheid 50.1, D1
Kréckelsbierg 52.1, D3
Krefeld 116.1, F3
Krementschuk 132.1, E5
Krems 121.1, N2
Kreta 83.2, H5
Kreuzjoch 121.1, J3
Kreuzweiler 51.1, D3
Krim 93.5, J4
Krim 83.2, J4
Krimgebirge 129.1, F2
Krishna 148.1, C5
Kristiansand 107.2, C5/D5
Kristiansund 106.2, C4
Krk 121.1, M5
Kroatien 93.5, G4
Kronstadt 132.1, D5
Kröv 116.1, G4/G5
Krševa 128.1, B3
Kruchten 50.1, D2
Krung Thep ➡ Bangkok 141.3, F5/G5
Krywy Rih 134.1, C5
Kuala Lumpur 141.3, G5
Kuala Terengganu 156.1, C4
Kuantan 156.1, C4
Kuba 193.4, E4–F4
Kuba 8.1, F4
Kuban 132.1, F5–G5
Kuborn 50.1, B2
Kuching 156.1, C4
Kufra-Oasen 165.3, H3
Kufstein 121.1, K3
Kuh-e Lalehzar 160.1, D3
Kuibyschewer Stausee 83.2, K3–L3
Kujtoseen 106.2, J3
Kuma 132.1, H6
Kumamoto 149.1, J3
Kumanovo 128.1, C3
Kumasi 176.1, C5
Kumul ➡ Hami 148.1, E2
Kunashiri 149.1, K2
Kunduz 160.1, E2
Kungur 132.1, K3
Kunlun Shan 9.1, N4–O4
Kunming 141.3, G4
Kuopio 106.2, H4
Kupang 156.1, E5
Kura 160.1, C2
Kurdistan 129.1, H4–J4
Kuressaare 107.2, G5
Kurgan 134.1, F4
Kuria-Muria-Inseln 160.1, D4
Kurilen 141.3, J3
Kurland 107.2, G5–H5
Kursk 132.1, F4
Kushiro 149.1, K2
Kuskokwimberge 200.1, D3–E3
Küstengebirge 8.1, C3
Küstenkanal 116.1, G1
Küstenkette 190.1, E5–F6
Kusti 177.1, G4
Kütahya 128.1, E4
Kutaissi 129.1, H3
Kuujjuaq 201.1, O4
Kuwait 143.4, D3
Kuwait-Stadt 140.3, D4
Kvarner-Bucht 121.1, M5–M6
Kwilu 180.1, C3
Kyjiw ➡ Kiew 132.1, E4
Kykladen 128.1, D4
Kyll 52.1, E1
Kyllwald 50.1, E1
Kyogasee 181.1, E2
Kyoto 149.1, J3
Kyrenaika 177.1, F2
Kysyl 134.1, J4
Kysylkum 160.1, E1
Kysylorda 134.1, F5
Kythira 128.1, C4
Kyushu 141.3, H4

L

Laba 129.1, H2
La Bañeza 127.3, B1
Labrador 8.1, F3
Labradorbecken 8.1, G3
Labrador City 201.1, O4
Labradorsee 190.1, M4–N4
Labytnangi 132.1, L1/M1
Lac de la Haute-Sûre 69.3, B2
Lac de la Haute Sûre 52.1, B2
Lac de Vouglans 120.1, C4
Lac du Bourget 120.1, C5–D5
La Chapelle-Saint-Luc 120.1, B2
La Chaux-de-Fonds 120.1, D3
La Ciotat 120.1, C7
La Covacha 127.3, C2
La-Cumbre-Pass 213.1, D6
Ladogasee 9.1, L2
Lae 184.1, E5
La Fuente de San Esteban 127.3, B2
Lagan 107.2, E5
Lågen 106.2, D4
Lago Maggiore 123.1, F2
Lagos (Nigeria) 165.3, F5
Lagos (Portugal) 122.1, A4
La Habana ➡ Havanna 203.1, F4
Lahore 141.3, E4
Lahr 50.1, D2
Lahti 106.2, H4
Lake of the Woods 201.1, L5
Lakhnau 141.3, F4
Lakkadiven 141.3, E5
Laksefjord 106.2, H2
Lakshadweep 143.4, E4
La Línea de la Concepción 122.1, B4
La Louvière 116.1, D4
Lamadelaine 51.1, B3
La Mancha 122.1, C4
Lambaréné 180.1, C3
Lambertgletscher 189.2, D2
Lamego 127.3, B2
Lamia 128.1, C4
Lamotrek-Atoll 157.1, G4
Lampang 156.1, B3
Lampedusa 123.1, G5
Landeck 120.1, H3
Landsberg 111.1, G2
Landscheid 50.1, C2
Land's End 82.2, E4
Landshut 121.1, K2
Langanes 106.1, D1
Langeoog 116.1, G1
Langjökull 106.1, B1–C1
Langres 120.1, C3
Langsur 51.1, D3/E3
Languedoc 110.1, D5–E4
Lanín 191.1, K13/K14
Lannen 50.1, B2
Lansing 203.1, F2
Lanzarote 176.1, B3
Lanzhou 141.3, G4
Laoag 156.1, D3/E3
Lao Cai 148.1, F4
Laon 116.1, C5
Laos 143.4, G3
La Palma 176.1, B3
La Paz (Bolivien) 191.1, L11
La Paz (Mexiko) 202.1, C4/D4
La Plata 213.1, E6
Lappeenranta 106.2, H4/J4
Lappland 83.2, H2–J2
Laptewsee 9.1, P2–Q2
L'Aquila 123.1, G3
Larache 122.1, B5
Larisa 128.1, C4
Larnaka 129.1, F5
Larne 110.1, B2
La Rochelle 110.1, C4
Larochette 69.3, C2
Larochette 50.1, C2–D2
Lasauvage 51.1, B3
Lascheid 50.1, C1
Lasel 50.1, D1
La Serena 213.1, C5
Lashio 156.1, B2
Las Marismas 127.3, B4
Las Palmas 176.1, B3
La Spezia 123.1, F2
Las Vegas 190.1, F6
Latakia 129.1, F5
Latina 123.1, G3
Lau-Gruppe 184.1, J6–J7
Launceston 184.1, E9
Lausanne 110.1, E4
Laut 156.1, D5
Laval 110.1, C3
Lavant 121.1, M3–M4
Lebrija 127.3, B4
Le Cateau 116.1, C4
Lecce 123.1, H3
Lecco 120.1, G5
Lech 111.1, F4
Lechtaler Alpen 120.1, H3
Le Creusot 110.1, D4/E4
Ledesma 127.3, B2/C2
Ledjanaja 135.1, Q3/R3
Leeds 82.2, E3
Leer 116.1, G1
Leeuwarden 116.1, E1
Lefkas 128.1, C4
Lefkosía ➡ Nikosia 160.1, B2
Legaspi 156.1, E3
Legnica ➡ Liegnitz 111.1, G3/H3
Le Havre 110.1, D3
Leibnitz 121.1, N4
Leicester 110.1, C2
Leiden 116.1, D2
Leidenborn 50.1, C1
Leie 116.1, C4
Leipzig 111.1, G3
Leiria 127.3, A3
Leitha 121.1, O3
Leithagebirge 121.1, O2–O3
Leithum 50.1, C1
Lek 116.1, D2–D3
Lellig 51.1, D3
Lellingen 50.1, C2
Lelystad 116.1, E2
Le Mans 110.1, D3/D4
Lemberg 134.1, B5
Lemberg 120.1, F2
Lena 9.1, Q2
Lendery 106.2, J4
Lengeler 50.1, C1
Leninsk-Kusnezki 134.1, H4
Lenningen 69.3, D3
Lenningen 51.1, D3
Lens 116.1, B4
Lensk 135.1, L3
Leoben 121.1, M3/N3
León (Mexiko) 190.1, G7
León (Nicaragua) 203.1, F5
León (Spanien) 122.1, B3
León 127.3, B1–C2
Leonora 184.1, C7
Lepe 127.3, B4
Les Baux 120.1, B7
Lesbos 128.1, D4
Lesosibirsk 134.1, H4/J4
Lesotho 167.3, D4
Lethbridge 200.1, J5
Lettland 93.5, H3
Leudelange 69.3, C3
Leudelange 51.1, C3
Leuser 156.1, B4
Leuven ➡ Löwen 116.1, D4
Levelange 51.1, B3
Leverkusen 116.1, F3/G3
Lexington 203.1, F3
Lexy 52.1, A3/A4
Leyte 156.1, E3
Lhasa 148.1, E4
Lhokseumawe 156.1, B4
Liangpran 156.1, D4
Libanon 143.4, C3
Libanon 129.1, F5–G5
Liberec ➡ Reichenberg 111.1, G3
Liberia 167.3, B2
Libreville 180.1, B2
Libyen 167.3, C1
Libysche Wüste 165.3, H3
Lichinga 181.1, E4
Lichtenborn 50.1, D1
Lichtenborner Höhe 52.1, D1
Lida 111.1, K2
Lido di Jesolo 121.1, K5
Liechtenstein 93.5, F4–G4
Liefrange 50.1, B2
Liège ➡ Lüttich 110.1, E3
Liegnitz 111.1, G3/H3
Lieler 50.1, C1
Lienz 111.1, G4
Liepaja 107.2, G5
Lier 116.1, D3
Liévin 116.1, B4
Liezen 121.1, M3
Ligurische Alpen 120.1, E7–F6
Ligurischer Apennin 120.1, F6–G6
Ligurisches Meer 123.1, E3–F3
Lille 82.2, F3
Lillehammer 106.2, D4
Lillers 116.1, B4
Lilongwe 181.1, E4
Lima 191.1, K11
Limassol 129.1, F5
Limburg 116.1, E4–E3
Limerick 110.1, A2
Limerlé 50.1, B1
Limfjord 107.2, C5–D5
Limnos 128.1, D4
Limoges 110.1, D4
Limpach 51.1, B3
Limpopo 165.3, H8–J8
Linares 122.1, C4
Lincoln 202.1, E2
Lindau 111.1, F4
Linden 212.1, E2
Lindesnes 107.2, C5
Line-Inseln 185.1, K4–L5
Lingen 116.1, G2
Linger 51.1, B3
Lingga-Inseln 156.1, C5
Linköping 107.2, E5
Lintgen 69.3, C3
Lintgen 51.1, C3
Linz 111.1, G3
Liparische Inseln 123.1, G4
Lipezk 134.1, C4/D4
Lipno-Stausee 121.1, M2
Lipperscheid 50.1, C2
Lisboa ➡ Lissabon 122.1, A4
Lissabon 82.2, E5
Litauen 93.5, H3
Little Rock 203.1, E3
Liuzhou 149.1, F4
Livange 51.1, C3
Liverpool 110.1, C2
Livingstone 180.1, D4
Livingstonefälle 180.1, C3
Livland 107.2, H5
Livorno 123.1, F3
Ljubljana 128.1, A2
Ljusdal 106.2, E4/F4
Ljusnan 106.2, E4
Llano Estacado 202.1, D3
Llanos 8.1, F5
Lleida 122.1, D3
Llerena 127.3, B3
Llullaillaco 191.1, L12
Lobamba 180.1, D5/E5
Lobito 180.1, C4
Locarno 120.1, F4
Lodalskåpa 106.2, C4
Lodi 120.1, G5
Łódź 83.2, G3
Lofoten 83.2, G2
Logone 176.1, E5
Logroño 122.1, C3
Loiblpass 121.1, M4
Loire 82.2, F4
Loja 212.1, B3/C3
Lokka 106.2, H3
Lol 177.1, F5
Lomaberge 176.1, B5
Lomami 180.1, D3
Lombardei 120.1, F5–H5
Lombok 184.1, B5
Lomé 176.1, D5
Lomme 116.1, B4
Lommel 116.1, E3
Lomont 120.1, D3
London 82.2, E3/F3
Londonderry ➡ Derry 110.1, B2
Londrina 213.1, E5
Long 203.1, G4
Longeau 51.1, B3
Longlaville 51.1, B3
Longsdorf 50.1, C2
Longuyon 116.1, E5
Longvilly 50.1, B1
Longwy 116.1, E5
Longyearbyen 134.1, A2
Lons-le-Saunier 120.1, C4
Lop Nor 148.1, E2
Lora del Río 127.3, C4
Lorca 122.1, C4
Lord-Howe-Insel 184.1, F8–G8
Lord-Howe-Inseln 243.1, R7–S7
Lorentzweiler 69.3, C3
Lorentzweiler 51.1, C3
Loreto 123.1, G3
Lorient 110.1, C4
Los Angeles 190.1, E6/F6
Lošinj 121.1, M6
Los Mochis 202.1, C4/D4
Lot 110.1, D4
Lothringen 110.1, E3
Lötschberg-Basistunnel 120.1, E4
Lough Corrib 110.1, A2
Lough Neagh 110.1, B2
Lough Ree 110.1, B2
Louisiade-Archipel 184.1, F6
Louisville 190.1, J6
Loulé 127.3, A4/B4
Lourdes 110.1, C5
Loures 127.3, A3
Lourinhã 127.3, A3
Lousã 127.3, A2
Löwen 116.1, D4
Loyalty-Inseln 184.1, G7–H7
Lualaba 165.3, H6
Luanda 165.3, G6
Luang Prabang 148.1, F4/F5
Luangwa 181.1, E4
Lubango 180.1, C4
Lubbock 202.1, D3
Lübeck 111.1, F2
Lublin 111.1, J3
Lubumbashi 165.3, H7
Lucca 120.1, H7
Lüderitz 180.1, C5
Ludhiana 141.3, E4
Ludvika 106.2, E4
Ludwigsburg 120.1, G2
Luga 107.2, J5
Luganer See 120.1, F5
Lugano 120.1, F4/F5
Lugo 122.1, B3
Luhansk 132.1, F5
Lukenie 180.1, D3
Luleå 106.2, G3
Lule Älv 106.2, G3
Lüleburgaz 128.1, D3
Lullange 50.1, B1
Lultzhausen 50.1, B2
Lulua 180.1, D3
Lumbrales 127.3, B2

□ Staat, Verwaltungseinheit ⊙ Siedlung · Berg, Gebirge · Landschaft, Insel · Gewässer · Verkehr, Transport · Wirtschaft · Tourismus

Lunda 180.1, C3–D3
Lundaschwelle 9.1, K6–L6
Lundenburg 121.1, O2
Lünebach 50.1, D1
Lunéville 120.1, D2
Luoyang 141.3, G4
Lure 120.1, C6
Lusaka 165.3, H7
Lutrebois 50.1, A2
Lutremange 50.1, A2/B2
Lüttich 110.1, E3
Lützkampen 50.1, C1
Luvua 180.1, D3
Luxembourg ➡ Luxemburg 52.1, C3
Luxemburg 69.3, C3
Luxemburg 52.1, C3
Luxor 177.1, G3
Luzern 110.1, E4/F4
Luzon 141.3, H5
Luzonstraße 184.1, B3–C3
Lwiw ➡ Lemberg 132.1, C5
Lyon 82.2, F4
Lyonnais 120.1, B5
Lyswa 132.1, K3

M

Mäander ➡ Büyük Menderes 128.1, E4
Maanselkä 106.2, J2–J3
Maas 110.1, E3
Maastricht 116.1, E4
Mabompré 50.1, A1
Macapá 212.1, E2/E3
Macau 149.1, G4
MacDonnell-Kette 184.1, C7–D7
Macedo de Cavaleiros 127.3, B2
Maceió 191.1, O10
Macerata 121.1, L7
Machatschkala 134.1, D5
Machtum 51.1, D3
Machu Picchu 212.1, C4
Mackay 184.1, E7
Mackenzie 8.1, C2–D3
Mackenziegebirge 190.1, D3–E3
Mâcon 120.1, B4
Macquarie-Insel 243.1, R8
Macquarie-Insel 184.1, F10–G10
Macquarie-Inseln 189.2, H3
Madagaskar 167.3, E4
Madagaskar 9.1, M6
Madagaskarbecken 9.1, M7–N7
Madang 184.1, E5
Madeira 242.1, J4
Madeira 8.1, H4–J4
Madeira 191.1, L10
Mädelegabel 120.1, H3
Madison 203.1, E2/F2
Madras ➡ Chennai 141.3, F5
Madrid 82.2, E4
Madurai 141.3, E5
Mafia 181.1, F3
Magadan 135.1, P4
Magdalena 191.1, K9
Magdeburg 111.1, F2
Magellanstraße 191.1, J15–L15
Mageret 50.1, B1
Magerøya 106.2, G2–H2
Magnitogorsk 134.1, E4
Magur-Inseln 157.1, G4–H4
Magway 156.1, B2
Mahabad 129.1, J4
Mahajanga 181.1, F4
Mahanad 148.1, D4
Mahé 181.1, G3
Mahiljou 111.1, L2
Mähren 111.1, G3–H3
Maiduguri 176.1, E4
Maikop 129.1, H2
Mailand 83.2, F4
Mai-Munene-Fälle 180.1, B2
Main 111.1, F3
Mai Ndombe-See 180.1, C3–D3
Mainz 110.1, E3/F3
Maipo 191.1, K13/L13
Majuro 184.1, H4
Makassar 141.3, G6
Makassarstraße 156.1, D4–D5
Makat 132.1, J5
Makedonien 128.1, C3–D3
Makemo 185.1, M6
Makgadikgadi-Salzpfanne 180.1, D5
Makran 141.3, D4–E4
Makurdi 176.1, D5
Malabarküste 148.1, C5–C6
Malabo 176.1, D5
Málaga 122.1, B4
Malaiischer Archipel 9.1, P5–Q6
Malaita 157.1, J5
Malakal 177.1, G5
Malakka-Halbinsel 141.3, F5–G5
Malakkastraße 156.1, C4
Malang 156.1, D5
Malanje 180.1, C3
Mälarsee 83.2, G3
Malatya 129.1, G4
Malawi 167.3, D3
Malawisee 165.3, J7
Malaya 156.1, C4
Malaysia 143.4, G4
Malbork ➡ Marienburg 111.1, H2
Malden-Insel 185.1, L5
Malediven 143.4, E4
Malediven 9.1, N5–O5
Mali 167.3, B2–C2
Mali Lošinj 121.1, M6
Mallorca 82.2, F5
Malmedy 116.1, F4
Malmö 107.2, E6
Maloelap-Atoll 184.1, H4
Malojapass 120.1, G4
Maloschuika 106.2, L4
Malpelo 242.1, E5
Malpelo 191.1, J9
Malta 93.5, G5
Malta 83.2, G5
Malwinen ➡ Falkland-Inseln 8.1, G8
Malwinen ➡ Falkland-Inseln 193.4, G8
Mamer 69.3, B3/C3
Mamer 52.1, C3
Mamer 52.1, C3
Mamoré 191.1, L11
Man 93.5, E3
Man 110.1, B2
Manado 156.1, E4
Managua 191.1, J8
Manama 160.1, D3
Manaus 191.1, L10/M10
Manchester 82.2, E3
Mandalay 141.3, F4
Manderen 51.1, D4
Mandschurei 9.1, Q3
Mangalore 148.1, C5
Mangoky 181.1, F5
Manihiki 185.1, K6–L6
Manila 141.3, G5/H5
Manisa 128.1, D4
Manitoba 201.1, L4
Manitobasee 201.1, L4
Manjur 135.1, L5
Mannebach 51.1, D3/E3
Mannheim 110.1, F3
Manokwari 157.1, F5
Manosque 120.1, C7
Mansel-Insel 201.1, M3–N3
Manternach 69.3, D3
Manternach 51.1, D3
Mantes 116.1, A5/A6
Mantova ➡ Mantua 121.1, H5
Mantua 121.1, H5
Manytschniederung 132.1, G5–H5
Manytschsee 129.1, H2
Manzanillo 202.1, D5
Maokegebirge 184.1, D5–E5
Maoming 149.1, F4/G4
Maputo 165.3, J8
Maqat ➡ Makat 132.1, J5
Marabá 212.1, E3/F3
Maracá 212.1, E2–F2
Maracaibo 191.1, K8
Maracaibosee 191.1, K9–L9
Maradi 176.1, D4
Maragheh 129.1, J4
Marahuaca 212.1, D2
Marajó 212.1, E3–F3
Marajóbucht 212.1, F3
Maramba ➡ Livingstone 180.1, D4
Marand 129.1, J4
Maranhão 212.1, F3
Maranhão-Stausee 127.3, B3
Marañón 191.1, K10
Marathon 201.1, M5
Marathon 128.1, C4/D4
Marawi ➡ Merowe 177.1, G4
Marbella 122.1, B4
Marbuerg 50.1, C1
March 111.1, H3
Marche-en-Famenne 116.1, E4
Mar Chiquita 213.1, D6
Marcus-Insel 143.4, J3
Marcus-Insel 184.1, F2
Mar del Plata 213.1, E6
Margarita 212.1, D1
Marguareis 120.1, E6
Marianen 9.1, R4–R5
Marianengraben 9.1, R4–R5
Mariazell 121.1, N3
Maribor 128.1, A2
Marie-Byrd-Land 189.2, N2–M1
Marienburg 111.1, H2
Mariental 180.1, C5
Marienthal 51.1, C3
Marín 127.3, A1
Maringa 180.1, D2
Marinha Grande 127.3, A3
Mariupol 134.1, C5
Mariza 128.1, D3
Marken 121.1, K7–L7
Markermeer 116.1, E2
Marle 116.1, C5
Marmarameer 128.1, D3–E3
Marmaris 128.1, E4
Marmolada 123.1, F2
Marnach 50.1, C1
Marne 110.1, D3
Marne-Stausee 120.1, B2
Marokko 167.3, B1
Marquesas-Inseln 185.1, M5–N6
Marrakech 176.1, B2/C2
Marsala 123.1, F4/G4
Marscherwald 52.1, D2
Marseille 82.2, F4
Marshallinseln 243.1, S5
Marshallinseln 9.1, S5
Martelange 52.1, A2
Martigny 120.1, D4/E4
Martigues 120.1, C7
Martinique 193.4, F5–G5
Martinique 191.1, L8–M8
Mary 160.1, E2
Mascara 122.1, D5
Maseru 180.1, D5
Masira 160.1, D3–D4
Maskarenen 9.1, M7–N7
Maskarenenbecken 9.1, M6–N6
Maskat 160.1, D3
Masqat ➡ Maskat 160.1, D3
Massa 120.1, G6
Masseler 50.1, C2
Massif des Maures 120.1, D7
Masuku ➡ Franceville 180.1, C3
Masuren 111.1, J2
Matadi 180.1, C3
Matagalpa 203.1, F5
Matamoros 202.1, E4
Matanzas 203.1, F4
Mataram 156.1, D5
Mato Grosso 212.1, E4
Mato Grosso do Sul 212.1, E4
Matterhorn 120.1, E5
Mattersburg 121.1, O3
Maubeuge 116.1, C4
Maui 185.1, L2
Maulusmuehle 50.1, C1
Maun 180.1, D4/D5
Mauna Kea 185.1, L2
Mauretanien 167.3, B1–B2
Mauritius 243.1, M6–N6
Mauritius 165.3, L7
Mauthausen 121.1, M2
Mawlamyaing 156.1, B3
Maxixe 181.1, E5
Mayotte 167.3, E3
Mayotte 181.1, F4
Mbabane 180.1, D5/E5
Mbala 180.1, E3
Mbandaka 180.1, C2/D2
Mbeya 181.1, E3
Mbomou 177.1, F5
Mbuji-Mayi 165.3, H6
McClure-Straße 190.1, E2–F2
McDonald-Insel 189.2, D3
McRobertson-Küste 189.2, C2–D2
Mealhada 127.3, A2
Meaux 116.1, B6
Mechelen 116.1, D3
Mecher (Clervaux) 50.1, B1/C1
Mecher (Lac de la Haute-Sûre) 50.1, B2
Meckel 50.1, E2
Mecklenburg 111.1, F2–G2
Medan 156.1, B4
Medan 141.3, F5
Medellín 191.1, K9
Medernach 50.1, C2–D2
Medford 202.1, B2
Medicine Hat 200.1, J4/J5
Medina 160.1, B3/C3
Medingen 51.1, C3–D3
Medjerda 123.1, F4
Mednogorsk 132.1, K4
Médoc 110.1, C4
Meekatharra 184.1, B7
Meeralpen 120.1, D6–E7
Meerut 141.3, E4
Meispelt 51.1, C3
Mekka 160.1, B3
Meknès 176.1, C2
Mekong 9.1, P5
Melanesien 9.1, Q5–S6
Melbourne 184.1, E8
Melilla 93.5, E5
Melilla 122.1, C5
Melitopol 132.1, E5/F5
Melk 121.1, N2
Melville-Insel (Australien) 184.1, C6–D6
Melville-Insel (Kanada) 200.1, J2–K2
Memel 134.1, B4
Memel 132.1, C3
Memmingen 120.1, H3
Memphis 190.1, H6/J6
Menabe 181.1, F5
Mendi 157.1, G5
Mendocinostufe 8.1, B3–C4
Mendoza 213.1, D6
Mengzi 148.1, F4
Menningen 50.1, D2
Menongue 180.1, C4
Menorca 82.2, F5
Mensdorf 51.1, D3
Mentawai-Inseln 156.1, B5–C5
Menton 120.1, E7
Meppel 116.1, F2
Meppen 116.1, G2
Meran 121.1, J4
Merano ➡ Meran 121.1, J4
Merauke 184.1, D5/E5
Mergui ➡ Myeik 156.1, B3
Mérida (Mexiko) 203.1, E4/F4
Mérida (Spanien) 122.1, B4
Merkholtz 50.1, B2–C2
Merowe 177.1, G4
Mersch 69.3, C2
Mersch 52.1, C2/C3
Merscheid (Esch-sur-Sûre) 50.1, B2
Merscheid (Putscheid) 50.1, C2
Merschweiller 51.1, D4
Mersin 129.1, F4
Mertert 69.3, D3
Mertert 52.1, D3
Mértola 127.3, B4
Mertzig 69.3, B2/C2
Mertzig 50.1, C2
Meru 181.1, E3
Merzkirchen 51.1, D3
Mesa 202.1, C3
Meschhed 141.3, D4
Mesen 132.1, G1
Mesen 132.1, H1–H2
Mesenich 51.1, E3
Mesopotamien 9.1, L4–M4
Mess 51.1, C3
Messancy 52.1, B3
Messerich 50.1, D2
Messina 123.1, G4
Mestre 121.1, K5
Meta 212.1, C2
Metauro 121.1, K7
Mettendorf 50.1, D2
Metz 110.1, E3
Metzdorf 51.1, E2/E3
Meurthe 120.1, D2
Mexicali 202.1, C3
Mexiko 193.4, D4–E4
Mexiko-Stadt 190.1, G8/H8
Mexy 51.1, B3/B4
Meysembourg 51.1, C2
Miajadas 127.3, C3
Miami 190.1, J7/K7
Miandoab 129.1, J4
Miass 132.1, K4/L4
Michamps 50.1, B1
Michelau 50.1, C2
Michelbouch 50.1, B2/C2
Michigansee 190.1, J5
Middelburg (Niederlande) 116.1, C3
Middelburg (Südafrika) 180.1, D5
Middlesbrough 110.1, C2
Midway-Inseln 243.1, S4
Midway-Inseln 184.1, J1–J2
Mikkeli 106.2, H4
Miknas ➡ Meknès 122.1, B5
Mikronesien 243.1, R5
Mikronesien 9.1, R5–S5
Milano ➡ Mailand 123.1, F2
Mildura 184.1, E8
Milet 128.1, D4
Millenniums-Insel ➡ Caroline-Insel 185.1, L5
Millstatt 121.1, L4
Milos 128.1, D4
Milwaukee 190.1, H5/J5
Minas de Riotinto 127.3, B4
Minas Gerais 212.1, F4
Mindanao 141.3, H5
Mindoro 184.1, B3–C3
Minho 127.3, A2
Minho 122.1, A3
Minneapolis 190.1, H5
Minsk 83.2, H3
Mira 127.3, A2
Mira 127.3, A4
Miranda do Douro 127.3, B2
Mirandela 127.3, B2
Miri 156.1, D4
Mirim-Lagune 213.1, E6
Mirny 135.1, L3
Miskolc 111.1, J3
Misrata 176.1, E2
Mississippi 8.1, E4
Missouri 8.1, D3
Mistassinsee 201.1, N4
Mistras 128.1, C4
Mitchell 157.1, G6
Mitla 202.1, E5
Mitschurinsk 132.1, G4
Mittelamerika 8.1, D5–E5
Mittelatlantischer Rücken (Nordatlantik) 8.1, G5–H2
Mittelatlantischer Rücken (Südatlantik) 8.1, J6–J8
Mittelmeer 9.1, K4–L4
Mittelrussische Platte 83.2, J3
Mittelsaharische Schwelle 176/177.1, D3–F4
Mittelsibirisches Bergland 141.3, F2–G2
Mittlerer Taurus 129.1, F4–G4

ERDE · LUXEMBURG · EUROPA · ASIEN · AFRIKA · OZEANIEN · POLARGEBIETE · AMERIKA · REGISTER

Mitú **212.1**, C2
Mjøsa **106.2**, D4
Mobile **203.1**, F3
Moco **180.1**, C4
Modane **120.1**, D5
Modena **123.1**, F2
Moers **116.1**, F3
Moersdorf **51.1**, D3/E3
Moesdorf **51.1**, C2
Moestroff **50.1**, C2
Mogadischu **165.3**, K5
Mogadouro **127.3**, B2
Moinet **50.1**, B1
Mokwangufälle **180.1**, D2
Moldau **93.5**, H4–J4
Moldau **111.1**, G3
Molde **106.2**, C4
Moldoveanu **128.1**, D2
Möll **121.1**, L4
Mollendo **212.1**, C4
Molukken **141.3**, H6–H5
Molukkensee **184.1**, C5–C4
Mombasa **181.1**, E3/F3
Mompach **51.1**, D2
Monaco **93.5**, F4
Monaco **110.1**, E5
Mönchengladbach **116.1**, F3
Mondego **127.3**, B2
Mondercange **69.3**, B3–C3
Mondercange **52.1**, B3–C3
Mondorff **51.1**, C4/D3
Mondorf-les-Bains **69.3**, D3
Mondorf-les-Bains **52.1**, D3
Mondovi **120.1**, E6
Mondsee **121.1**, L3
Monfalcone **121.1**, L5
Monforte de Lemos **127.3**, B1
Mongo **176.1**, E4
Mongolei **143.4**, F2–G2
Mongolischer Altai **141.3**, F3–G3
Mongu **180.1**, D4
Monrovia **165.3**, D5
Mons **116.1**, C4
Mont **50.1**, B1
Montagne du Lubéron **120.1**, C7
Montauban **110.1**, D4
Montbard **120.1**, B3
Montbéliard **120.1**, D3
Mont Blanc **9.1**, K3
Mont Boussuivre **120.1**, B5
Montceau-les-Mines **120.1**, B4
Mont des Fourches **120.1**, C2
Montdidier **116.1**, B5
Monte Catria **121.1**, K7
Monte Cimone **121.1**, H6
Monte Cinto **123.1**, F3
Monte Cristallo **121.1**, K4
Monte Darwin **213.1**, C8/D8
Monte Falterona **121.1**, J7
Montego Bay **203.1**, G5
Montélimar **120.1**, B6
Monte Maggiorasca **120.1**, G6
Montemor-o-Novo **127.3**, A3
Montenegro **93.5**, G4
Monte Pisano **120.1**, H7
Montería **212.1**, C2
Monte Rosa **120.1**, E5
Monterrey **190.1**, G7/H7
Montes Claros **212.1**, F4
Montes de León **127.3**, B1–B2
Montevideo **191.1**, M13
Monte Viso **123.1**, E2
Montfaucon **116.1**, E5
Montgomery **203.1**, F3
Monti del Chianti **121.1**, J7
Montleban **50.1**, B1
Mont Lozère **110.1**, D4
Montluçon **110.1**, D4
Montmédy **116.1**, E5
Montone **121.1**, J6
Mont Pelat **120.1**, D6
Montpelier **203.1**, G2
Montpellier **110.1**, D5
Mont Pilat **120.1**, B5
Montréal **190.1**, K5
Montreuil-sur-Mer **116.1**, A4
Montreux **120.1**, D4
Mont Saint Jean **52.1**, C4
Mont-Saint-Martin **52.1**, B3
Mont Saint Nicolas **52.1**, C2
Mont Saint-Vincent **120.1**, B4
Monts Bagzane **176.1**, D4
Montschegorsk **132.1**, E1
Montserrat **203.1**, H5
Mont-St-Martin **51.1**, B3
Mont Ventoux **120.1**, C6
Monza **123.1**, F2
Moosonee **201.1**, M4
Mopti **176.1**, C4
Mora **106.2**, E4
Moray Firth **110.1**, C1
Morelia **202.1**, D4/D5
Morez **120.1**, C4/D4
Morfontaine **51.1**, B4
Morioka **149.1**, K3
Morlaix **110.1**, C3
Mörön **135.1**, J5/K5
Morondava **181.1**, F5
Moroni **181.1**, F4
Morotai **157.1**, E4
Morotiri **185.1**, M7
Morro Alto **212.1**, F4
Morvan **120.1**, A3–B3
Morzine **120.1**, D4
Mosambik **167.3**, D3–E3
Mosambik **181.1**, F4
Mosdok **129.1**, J3
Mosel **110.1**, E3
Moselle ➡ Mosel **120.1**, D2
Moshi **181.1**, E3
Moskau **141.3**, C3
Moskitogolf **203.1**, F5
Mossoró **212.1**, G3
Mossul **160.1**, C2
Mostaganem **176.1**, C2/D2
Mostaganem **122.1**, D5
Mostar **128.1**, B3
Motala **107.2**, E5
Moulouya **122.1**, C5
Moundu **176.1**, E5
Mount Bruce **184.1**, B7
Mount Caubvick **201.1**, O4
Mount Chamberlin **190.1**, C2/C3
Mount Cook ➡ Aoraki **184.1**, G9/H9
Mount Elbert **190.1**, F6/G6
Mount Erebus **189.2**, J2
Mount Everest **9.1**, O4
Mount Fairweather **200.1**, F4/G4
Mount Forel **201.1**, R3
Mount Fridtjof Nansen **189.2**, K1
Mount Isa **184.1**, D7
Mount Kenia **9.1**, L5/L6
Mount Kirkpatrick **189.2**, H1
Mount Kosciuszko **9.1**, Q7/R7
Mount Logan **190.1**, C3
Mount McKinley ➡ Denali **8.1**, B2
Mount Menzies **189.2**, C2/D2
Mount Minto **189.2**, H2
Mount Mitchell **190.1**, J6
Mount Odin **201.1**, O3
Mount Rainier **190.1**, E5
Mount Ratz **200.1**, G4
Mount Robson **190.1**, E4/F4
Mount Shasta **190.1**, E5
Mount Sidley **189.2**, M2
Mount Sylvia **200.1**, H4
Mount Victoria **157.1**, G5
Mount Vinson **8.1**, E9
Mount Waddington **200.1**, H4
Mount Washington **203.1**, G2
Mount Whitney **190.1**, F6
Mount Wilhelm **157.1**, G5
Mount Yapeitso **201.1**, N4
Moura **127.3**, B3
Mouscron **116.1**, C4
Moutfort **51.1**, D3
Moûtiers **120.1**, D5
M'Sila **122.1**, E5
Mtwara **181.1**, F3/F4
Muchingagebirge **180/181.1**, D4–E4
Mudanjiang **149.1**, H2
Mühlbach **51.1**, C3
Mühlviertel **121.1**, L2–M2
Mülbach **50.1**, D2
Mülhausen **110.1**, E4
Mulhouse ➡ Mülhausen **110.1**, E4
Mullendorf **51.1**, C3
Mullerthal **50.1**, D2
Multan **141.3**, E4
Mumbai ➡ Bombay **141.3**, E5
München **83.2**, G4
Munku-Sardyk **135.1**, J4/K4
Munsbach **51.1**, C3/D3
Münschecker **51.1**, D3
Munshausen **50.1**, C1
Münster **110.1**, E2
Münsterland **116.1**, G3
Muonio **106.2**, G3
Muonio Älv **106.2**, G2–G3
Muqdishu ➡ Mogadischu **177.1**, H5
Mur **121.1**, M3
Mura ➡ Mur **121.1**, N4–O4
Murat Dağı **128.1**, E4
Murça **127.3**, B2
Murchison **184.1**, B7
Murcia **122.1**, C4
Mureş **128.1**, C2
Murmanküste **106.2**, K2–L2
Murmansk **134.1**, C3
Murom **132.1**, G3
Murrakush ➡ Marrakech **176.1**, B2/C2
Murray **184.1**, E8
Murraystufe **8.1**, C4
Murrumbidgee **184.1**, E8
Mürz **121.1**, N3
Musala **128.1**, C3
Mus Chaja **135.1**, N3/O3
Musi **156.1**, C5
Musoma **181.1**, E3
Mustafakemalpasa **128.1**, E3–E4
Mutare **181.1**, E4
Mwanza **181.1**, E3
Mwerusee **165.3**, H6
Myanmar **143.4**, F3
Myeik **156.1**, B3
Myitkyina **156.1**, B2
Mykene **128.1**, C4
Mykolajiw **132.1**, E5
Mykonos **128.1**, D4
Mysore **148.1**, C5
Myvatn **106.1**, C1
Mzuzu **181.1**, E4

N

Nabereschnyje Tschelny **132.1**, J3
Nabeul **123.1**, F4
Nabire **157.1**, F5
Nachitschewan **129.1**, J4
Nachtmanderscheid **50.1**, C2
Nadelkap ➡ Kap Agulhas **165.3**, H9
Nadjran **160.1**, C4
Nador **122.1**, C5
Nadym **134.1**, G3
Næstved **107.2**, D6
Nafplio **128.1**, C4
Nagasaki **149.1**, H3
Nagem **50.1**, B2
Nagoya **141.3**, H4
Nagpur **141.3**, E4
Nahe **116.1**, G5
Nain **201.1**, O4
Nairobi **165.3**, J6
Nakhon Ratchasima **156.1**, C3
Nakhon Sawan **156.1**, B3/C3
Nakhon Si Thammarat **156.1**, B4/C4
Naltschik **132.1**, G6
Namangan **160.1**, F1
Namaqualand **180.1**, C5–C6
Nam Co **148.1**, E3
Namib **9.1**, K6–K7
Namibe **180.1**, C4
Namibia **167.3**, C3
Nampula **181.1**, E4
Namsos **106.2**, D3
Namur **116.1**, D4
Nanchang **141.3**, G4
Nancy **110.1**, E3
Nanda Devi **148.1**, C3/D3
Nanded **148.1**, C5
Nanga Parbat **148.1**, C3
Nanjing **141.3**, G4
Nanning **141.3**, G4
Nansei-Inseln **143.4**, H3
Nansei-Inseln **141.3**, H4
Nan Shan **141.3**, F4–G4
Nantes **110.1**, C4
Napo **212.1**, C3
Napoleonsgaart **52.1**, B2
Napoli ➡ Neapel **123.1**, G3
Naratschsee **111.1**, K2
Narjan-Mar **132.1**, J1
Narmada **141.3**, E4
Narodnaja **141.3**, D2/E2
Narva **132.1**, D3
Narva **107.2**, H5
Narvabucht **107.2**, H5
Narvastausee **107.2**, J5
Narvik **106.2**, F2
Naryn **148.1**, C2
Nashik **141.3**, E4/E5
Nashville **190.1**, J6
Näsisee **106.2**, G4–H4
Nasran **129.1**, J3
Nassau **203.1**, G4
Nassau **185.1**, K6
Nassersee **165.3**, J3
Natal **191.1**, O10
Natalbecken **9.1**, L7–M7
Natashquan **201.1**, O4
Nattenheim **50.1**, E1
Natuna-Inseln **156.1**, C4
Nauplia ➡ Nafplio **128.1**, C4
Nauru **243.1**, S5–S6
Nauru **184.1**, G5
Navalmoral de la Mata **127.3**, C3
Nawadibu ➡ Nouadhibou **176.1**, B3
Nawakshut ➡ Nouakchott **176.1**, B4
Nawapolazk **107.2**, H6/J6
Naxçıvan ➡ Nachitschewan **129.1**, J4
Naxos **128.1**, D4
Naypyidaw **156.1**, B3
Nazaré **127.3**, A3
Nazca **212.1**, C4
Nazilli **128.1**, E4
Nazret **177.1**, G5
N'Djamena **176.1**, E4
Ndola **180.1**, D4
Neapel **83.2**, G4
Négrine **123.1**, E5
Negros **156.1**, E4
Neidhausen **50.1**, C1
Neijiang **148/149.1**, F3/F4
Neiva **212.1**, C2
Nellore **148.1**, C5/D5
Nelson **190.1**, H4
Nenjiang **149.1**, H2
Nennig **51.1**, D3
Nepal **143.4**, F3
Nephin **110.1**, A2
Nessebar **128.1**, D3
Nestos **128.1**, D3
Netze **111.1**, H2
Neubrandenburg **111.1**, G2
Neubritannien **184.1**, E5–F5
Neuchâtel ➡ Neuenburg **120.1**, D3/D4
Neu-Delhi **148.1**, C4
Neue Hebriden **184.1**, G6–H6
Neuenburg **120.1**, D3/D4
Neuenburger See **120.1**, D4–E4
Neuerburg **50.1**, D1
Neufchâteau (Belgien) **116.1**, E5
Neufchâteau (Frankreich) **120.1**, C2
Neufundland **8.1**, G3
Neufundlandbecken **8.1**, G3–H3
Neuguinea **9.1**, Q6–R6
Neuhaeusgen **51.1**, C3–D3
Neuirland **184.1**, F5
Neukaledonien **243.1**, R6–S7
Neukaledonien **9.1**, R7–S7
Neukastilien **122.1**, B3–C3
Neumarkt (Österreich) **121.1**, M3
Neumarkt (Rumänien) **128.1**, D2
Neunhausen **50.1**, B2
Neunkirchen **116.1**, G5
Neuquén **213.1**, D6
Neuschottland **190.1**, L5
Neuschwabenland **189.2**, A2–S2
Neuseeland **243.1**, S7
Neuseeland **9.1**, S8–S7
Neusibirische Inseln **135.1**, N2–P2
Neusiedler See **111.1**, H4
Neuss **116.1**, F3
Neustettin **111.1**, H2
Neuwied **116.1**, G4
Nevado de Cachi **213.1**, D5
Nevado de Colima **202.1**, D4
Nevosa **127.3**, A2
Newark **203.1**, G2
New Brunswick **201.1**, O5
Newcastle **184.1**, F8
Newcastle upon Tyne **82.2**, E3
Newfoundland and Labrador **201.1**, P4–Q4
Newinnomyssk **129.1**, H2
Newman **184.1**, B7/C7
New Orleans **190.1**, H6/J7
Newport **110.1**, C3
New York **190.1**, K5
Ngaoundéré **176.1**, E5
Ngerulmud **184.1**, D4
N'Guigmi **176.1**, E4
Nguru **176.1**, E4
Nha Trang **156.1**, C3
Niamey **176.1**, D4
Nias **156.1**, B4
Nicaragua **193.4**, E5
Nicaraguasee **191.1**, J8
Nice ➡ Nizza **110.1**, E5
Niederanven **69.3**, C3/D3
Niederanven **51.1**, D3
Niederdonven **51.1**, D3
Niedere Tauern **121.1**, L3–M3
Niederfeulen **50.1**, C2
Niederguineaschwelle **9.1**, K5–K6
Niederhersdorf **50.1**, D1/E1
Niederkalifornien **190.1**, F6–F7
Niederkorn **51.1**, B3
Niederlande **93.5**, F3
Niederpallen **51.1**, B2
Niederstedem **50.1**, D2
Niederüttfeld **50.1**, D1
Niederwampach **50.1**, B1
Niederweis **50.1**, D2
Nieuwegein **116.1**, D2/E2
Nieuwpoort **116.1**, B3
Niğde **129.1**, F4
Niger **167.3**, C2
Niger **9.1**, K5
Nigerbecken **176.1**, C4–D4
Nigeria **167.3**, C2
Niigata **149.1**, J3
Nijmegen ➡ Nimwegen **116.1**, E3
Nikel **106.2**, J2
Nikobaren **143.4**, F4
Nikobaren **9.1**, O5
Nikolajewsk **135.1**, N4/O4
Nikopol **129.1**, F2
Nikosia **160.1**, B2
Nil **9.1**, L4
Nimbaberge **176.1**, C5
Nîmes **110.1**, E4/E5
Nimrud **129.1**, H4
Nims **52.1**, D1
Nimshuscheid **50.1**, D1
Nimwegen **116.1**, E3
Ningbo **141.3**, H4
Ninive **129.1**, H4
Ninove **116.1**, C4/D4
Niort **110.1**, C4
Nipigonsee **201.1**, M4
Niš **128.1**, C3
Nisa **127.3**, B3
Nischnewartowsk **134.1**, G3
Nischni-Bestjach **135.1**, M3/N3
Nischni Nowgorod **141.3**, D3

Nischni Tagil 132.1, K3/L3
Nittel 51.1, D3
Niue 242.1, A6–A7
Niue 184.1, J6
Nivelles 116.1, D4
Nizza 110.1, E5
Njagan 132.1, L2/M2
Njassasee ➡ Malawisee 181.1, E4
Njazidja 181.1, F4
Njemen 111.1, K2
Nocher 50.1, B2
Noercange 51.1, B3
Noertrange 50.1, B2
Noertzange 51.1, C3
Nogaische Steppe 129.1, F2
Nogales 202.1, C3
Nogent-sur-Oise 116.1, B5
Nohn 51.1, E4
Nome 200.1, D3
Nommern 69.3, C2
Nommern 50.1, C2
Noordoostpolder 116.1, E2
Noordwijk 116.1, D2
Nordamerika 8.1, D3–F3
Nordamerikanisches Becken 8.1, F4–G4
Nordaustralisches Becken 9.1, O6–P6
Nordbrabant 116.1, E3
Norddeutsches Tiefland 83.2, F3–G3
Norden 116.1, G1
Norderney 116.1, F1–G1
Nordfjord 106.2, B4–C4
Nordfriesische Inseln 110.1, E2–F2
Nordhollandkanal 116.1, D2
Nordhorn 116.1, G2
Nordinsel 184.1, G8–H8
Nordkap 9.1, L2
Nordkorea 143.4, H2
Nördliche Dwina 141.3, D2
Nördliche Marianen 243.1, R5
Nördliche Marianen 184.1, E3
Nördliche Sporaden 128.1, C4–D4
Nordmazedonien 93.5, H4
Nordostpazifisches Becken 8.1, A3–B4
Nordpolarmeer 8/9.1, G1–P1
Nordrussischer Landrücken 141.3, D2–D3
Nordrussisches Tiefland 134.1, C4–D3
Nordsee 9.1, K3
Nordseekanal 116.1, D2
Nordsibirisches Tiefland 135.1, J2–M2
Nordwestpazifisches Becken 9.1, R4–S4
Norfolk 190.1, K6
Norfolk-Insel 243.1, S7
Norfolk-Insel 184.1, G7
Norilsk 134.1, H3
Normandie 82.2, E4–F4
Normanton 157.1, G6
Norrbotten 106.2, F3–G3
Norrköping 107.2, E5/F5
Norrland 106.2, F3
North Bay 201.1, N5
North Platte 202.1, D2
Northwest Territories 200.1, J3
Norway House 201.1, L4
Norwegen 93.5, F2–G2
Norwich 110.1, D2
Nospelt 51.1, C3
Nothomb 51.1, B2
Nothum 50.1, B2
Nottingham 110.1, C2
Nouadhibou 176.1, B3
Nouakchott 176.1, B4
Nouméa 184.1, G7
Nova Gorica 121.1, L5
Nova Iguaçu 213.1, F5
Novara 123.1, F2
Nova Scotia 201.1, O5–P5
Novi Ligure 120.1, F6
Noville 50.1, B1
Novi Sad 128.1, B2
Novo Mesto 121.1, M5/N5
Nowaja Semlja 9.1, M2
Nowokusnezk 134.1, H4
Noworossisk 132.1, F6
Nowoschachtinsk 129.1, G2
Nowosibirsk 141.3, F3
Nowotscherkassk 129.1, H2
Nowy Urengoi 134.1, G3
Noyelles 116.1, A4
Noyon 116.1, B5/C5
Nuba-Berge 177.1, F4–G4
Nubien 165.3, H4–J4
Nubische Wüste 177.1, G3
Nueltinsee 201.1, L3
Nuevo Laredo 202.1, D4/E4
Nu Jiang 141.3, F4
Nuku'alofa 184.1, J7
Nukus 160.1, D1
Nullarborebene 184.1, C8–D8
Nunavut 200/201.1, K3–L3
Nunivak-Insel 200.1, C4–D4
Nurhak Dağı 129.1, G4
Nürnberg 83.2, F4/G4
Nur-Sultan 141.3, E3
Nusbaum 50.1, D2
Nuuk 201.1, P3
Nyala 177.1, F4
Nyeri 181.1, E3
Nyíregyháza 111.1, J4
Nyköping 107.2, F5
Nzwani 181.1, F4

O

Oahe-Stausee 202.1, D2
Oahu 185.1, L2
Ob 9.1, N2
Oban 110.1, B1
O Barco de Valdeorras 127.3, B1
Obbusen 141.3, E2
Oberalp 120.1, F4
Oberanven 51.1, C3–D3
Oberbillig 51.1, E3
Oberdonven 51.1, D3
Oberer See 8.1, E3–F3
Oberfeulen 50.1, B2/C2
Obergeckler 50.1, D2
Oberguineaschwelle 165.3, D4–F5
Oberhausen 116.1, F3
Oberkorn 51.1, B3
Oberleuken 51.1, D3
Obernilbecken 177.1, F4–G5
Oberpallen 51.1, B3
Oberpierscheid 50.1, D1
Oberstdorf 120.1, H3
Oberwampach 50.1, B1
Oberwart 121.1, N3/O3
Oberweiler 50.1, D1
Oberweis 50.1, D2
Obiou 120.1, C6
Obschtschi Syrt 83.2, L3
Obuasi 176.1, C5
O Carballiño 127.3, A1
Ocean-Insel ➡ Banaba 184.1, G5–H5
Ocha 135.1, O4
Ochotsk 135.1, O4
Ochotskisches Meer 9.1, R3
Odda 106.2, C4/C5
Odemira 127.3, A4
Ödenburg 121.1, O3
Odense 107.2, D6
Oder 83.2, G3
Odessa 140.3, C3
Odiel 127.3, B4
Oeiras 127.3, A3
Oesling 52.1, B2–C2
Oetrange 51.1, C3/D3
Offenburg 120.1, E2
Ogaden 177.1, H5
Oglio 120.1, H5
Ogooué 165.3, F6–G6
Ohio 190.1, J6
Oise 116.1, C5
Ojos del Salado 191.1, K12/L12
Oka 132.1, G3
Okavango 180.1, D4
Okavangobecken 180.1, D4
Okayama 149.1, J3
Okeechobeesee 203.1, F4
Okinawa 149.1, H4
Okinotori-Atoll ➡ Parece Vela 143.4, H3
Okinotorishima ➡ Parece Vela 141.3, H4
Oklahoma City 190.1, H6
Öland 83.2, G3
Olbia 123.1, F3
Oldenburg 110.1, E2/F2
Olenjok 135.1, L3
Olenjok 135.1, L3
Olhão 127.3, B4
Olingen 51.1, D3
Oliva de la Frontera 127.3, B3
Olivenza 127.3, B3
Olm 51.1, B3/C3
Olmscheid 50.1, C1
Olmütz 111.1, H3
Olomouc ➡ Olmütz 111.1, H3
Olsdorf 50.1, D2
Olsztyn ➡ Allenstein 111.1, J2
Olt 132.1, C6
Olten 120.1, E3
Oltu 129.1, H3
Olymp 83.2, H4/H5
Olympia 202.1, B2
Olympia 128.1, C4
Omaha 202.1, E2
Oman 143.4, D3
Omdurman 177.1, F4/G4
Omo 177.1, G5
Omsk 141.3, E3
Omsuktschan 135.1, P3
Omsuktschan 135.1, P3
Onega 106.2, L3/L4
Onega 132.1, F2
Onegasee 83.2, J2
Onekotan 135.1, P5
Onon 135.1, L4
Onsdorf 51.1, D3
Ontario 201.1, M4
Ontariosee 190.1, K5
Oos-London ➡ East London 180.1, D6
Oostende ➡ Ostende 116.1, B3
Oosterhout 116.1, D3
Oosterschelde 116.1, C3–D3
Opatija 121.1, M5
Openthalt 51.1, C2
Opole ➡ Oppeln 111.1, H3
Oppeln 111.1, H3
Opua 184.1, H8
Oradea ➡ Großwardein 128.1, C2
Oral 134.1, E4
Oran 176.1, C2
Orange 120.1, B6
Oranje 165.3, G8–H8
Orchies 116.1, C4
Ord 157.1, E6
Ordos 149.1, F3
Ordu 129.1, G3
Örebro 107.2, E5
Orenburg 134.1, E4
Orinoco 191.1, L9
Oristano 123.1, F4
Orjol 132.1, F4
Orkney-Inseln 82.2, E3
Orlando 190.1, J7
Orléans 110.1, D3
Orlenbach 50.1, D1
Orlugan 135.1, M3
Orscha 132.1, D4/E4
Orscholz 51.1, E3
Orsk 134.1, E4
Ortisei ➡ Sankt Ulrich 121.1, J4
Ortler 83.2, G4
Orumiyeh ➡ Urmia 160.1, C2
Oruro 212.1, D4
Osaka 141.3, H4
Osch 148.1, C2
Ösel ➡ Saaremaa 107.2, G5
Oshogbo 176.1, D5
Osijek 128.1, B2
Öskemen ➡ Ust-Kamenogorsk 134.1, H4
Oslo 83.2, G2
Oslofjord 107.2, D5
Osmaniye 129.1, G4
Osnabrück 110.1, E2/F2
Ospern 50.1, B2
Oss 116.1, E3
Ostafrikanisches Seenhochland 165.3, J5–J7
Ostalpen 111.1, F4–G4
Ostchinesisches Meer 9.1, P4–Q4
Ostende 110.1, D3
Österbotten 106.2, G4–H3
Østerdal 106.2, D4
Österdalälven 106.2, E4
Osterinsel 193.4, D7
Osterinsel 8.1, D7
Österreich 93.5, G4
Östersund 106.2, E4
Ostfriesische Inseln 110.1, E2–F2
Ostfriesland 116.1, G1
Ostghats 141.3, E5–F5
Ostiglia 121.1, J5
Ostkarpaten 128.1, D1–D2
Ostkordillere 212.1, C2
Östlicher Euphrat 129.1, H4
Östlicher Großer Erg 176.1, D3–D2
Östlicher Taurus 129.1, G4–H4
Östliche Sierra Madre 190.1, G7–H8
Ostmeer ➡ Japanisches Meer 9.1, Q4
Ostpazifischer Rücken 8.1, C8–D6
Ostpreußen 111.1, J2
Ostrau 111.1, H3
Ostrava ➡ Ostrau 111.1, H3
Ostsajan 135.1, J4–K4
Ostsee 9.1, K3–L3
Ostsibirische See 9.1, R2–S2
Oststeirisches Hügelland 121.1, N4–N3
Osumi-Inseln 149.1, J3
Osweiler 50.1, D2
Oświęcim ➡ Auschwitz 111.1, H3
Otočac 121.1, N6
Otranto 123.1, H3
Ötscher 121.1, N3
Otta 106.2, D4
Ottange 52.1, B4/C4
Ottawa 190.1, K5
Ottawa 201.1, N5
Ötztaler Alpen 121.1, H4–J4
Ouagadougou 176.1, C4
Ouargla 176.1, D2
Oudenaarde 116.1, C4
Ouesso 180.1, C2
Oujda 176.1, C2
Oulu 106.2, H3
Oulujoki 106.2, H3
Oulusee 106.2, H3
Ounasjoki 106.2, H3
Our 52.1, C1
Ouren 50.1, C1
Ourense 122.1, B3
Ourthe 50.1, B1
Ourthe 116.1, E4
Ourthe Orientale 52.1, B1
Ovamboland 180.1, C4
Overath 116.1, G4
Oviedo 122.1, B3
Owando 180.1, C3
Oxford 110.1, C3
Oyem 180.1, C2
Oyo 176.1, D5
Ozark-Plateau 203.1, E3
Ozeanien 9.1, R5–S5

P

Pachacámac 212.1, C4
Padang 141.3, F6/G6
Padova ➡ Padua 123.1, F2
Padua 123.1, F2
Pafebierg 52.1, D2
Pag 121.1, N6
Pag 121.1, M6
Pago Pago 184/185.1, K6
Pai-Choi 83.2, M2
Paigu ➡ Bago 156.1, B3
Päijänne 106.2, H4
Pakistan 143.4, E3
Pakokku 156.1, B2
Palana 135.1, P4/Q4
Palangkaraya 156.1, D5
Palapye 180.1, D5
Palau 243.1, Q5
Palau-Inseln 141.3, H5
Palawan 141.3, G5
Palembang 141.3, G6
Palencia 122.1, B3
Palermo 123.1, G4
Palikir 184.1, F4
Pallastunturi 106.2, G2/H2
Palma de Mallorca 122.1, D4
Palmas 212.1, F4
Palmer-Archipel 189.2, P2
Palmerland 189.2, P2
Palmyra 242.1, A5
Palmyra 185.1, K4
Palmyra 129.1, G5
Palu 156.1, D5
Palzem 51.1, D3
Pamir 141.3, E4
Pampa 8.1, F7–G7
Pamplona 122.1, C3
Panama 193.4, E5
Panamakanal 191.1, J8–K9
Panama-Stadt 191.1, K9
Panaro 121.1, J6
Panay 156.1, E3
Pančićev Vrh 128.1, C3
Panevėžys ➡ Ponewiesch 107.2, H6
Pangkalpinang 156.1, C5
Pantanal 212.1, E4
Pantelleria 123.1, F4–G4
Papa 121.1, P3
Papeete 185.1, M6
Paphos 129.1, F5
Papua ➡ Irian Jaya 184.1, D5–E5
Papuagolf 157.1, G5
Papua-Neuguinea 243.1, R6
Pará 212.1, E3
Paracel-Inseln 149.1, G5
Paraguay 193.4, F7–G7
Paraguay 213.1, E5
Paraíba 212.1, G3
Parakou 176.1, D5
Paramaribo 212.1, E2
Paramuschir 135.1, P4–P5
Paraná 213.1, E5
Paraná 8.1, G7
Paranaguá 213.1, F5
Paraschwelle 8.1, G5–H5
Parc Hosingen 69.3, C1/C2
Pardubice ➡ Pardubitz 111.1, G3
Pardubitz 111.1, G3
Parece Vela 143.4, H3
Parece Vela ➡ Okinotorishima 141.3, H4
Parepare 156.1, D5
Parette 50.1, B2
Paris 82.2, F4
Parma 123.1, F2
Parnass 128.1, C4
Pärnu 107.2, G5/H5
Parry-Inseln 190.1, F2–G2
Passau 111.1, G3
Passo Fundo 213.1, E5
Pasto 212.1, C2
Patagonien 8.1, F7–F8
Pathein 156.1, B3
Patkaigebirge 148.1, E4
Patna 141.3, F4
Patos-Lagune 213.1, E6
Patrai ➡ Patras 128.1, C4
Patras 128.1, C4
Pau 110.1, C5
Pavia 120.1, G5

Pawlodar 134.1, G4
Paysandú 213.1, D6/E6
Pazifisch-Antarktisches Becken 8.1, B9–E9
Pazifischer Ozean 9.1, R4–S6
Peace 190.1, F4
Pearyland 190.1, N1–P1
Pecos 202.1, D3
Pécs 128.1, B2
Peffingen 50.1, D2
Peipussee 83.2, H3
Pekanbaru 156.1, C4
Peking ➡ Beijing 141.3, G3/G4
Peloponnes 83.2, H5
Pelotas 213.1, E6
Pematangsiantar 156.1, B4
Pemba 181.1, F4
Pemba 181.1, E3–F3
Peña de Francia 127.3, B2
Peniche 127.3, A3
Peñíscola 122.1, D3
Pennines 110.1, C2
Penrhyn ➡ Tongareva 185.1, K5–L5
Pensa 134.1, D4
Penzance 110.1, B3
Peoria 203.1, F2
Peppange 51.1, C3
Pereira 212.1, C2
Pergamon 128.1, D4
Périgueux 110.1, D4
Perl 52.1, D4
Perlé 50.1, B2
Perm 141.3, D3
Pernambuco 212.1, F3–G3
Pernik 128.1, C3
Péronne 116.1, B5
Perpignan 110.1, D5
Persischer Golf 140.3, D4
Perth 184.1, B8
Peru 193.4, F6
Perubecken 8.1, E6
Perugia 123.1, G3
Perugraben 8.1, E6–F6
Perwomaisk 128/129.1, E1
Perwouralsk 132.1, K3/L3
Pesaro 123.1, G3
Pescara 123.1, G3
Peshawar 141.3, E4
Pétange 69.3, B3
Pétange 52.1, B3
Peter-I.-Insel 242.1, D9–E9
Peter-I.-Insel 189.2, O2
Petit-Nobressart 51.1, B2
Petropawlowsk 134.1, F4
Petropawlowsk-Kamtschatski 135.1, P4
Petrosawodsk 134.1, C3
Petschenga 106.2, J2
Petschora 132.1, K1
Petschora 83.2, L2
Pettingen 51.1, C2
Pewek 135.1, R3
Pforzheim 120.1, F2
Philadelphia 190.1, K5/K6
Philippeville 116.1, D4
Philippinen 143.4, H4
Philippinen 9.1, P5–Q5
Philippinenbecken 9.1, Q4–Q5
Philippinengraben 9.1, Q5
Phitsanulok 156.1, B3/C3
Phnom Penh 141.3, G5
Phoenix 190.1, F6
Phönix-Inseln 184.1, J5
Phuket 156.1, B4
Piacenza 123.1, F2
Piatra Neamt 128.1, D2
Piauí 212.1, F3
Piave 123.1, G2
Picardie 116.1, B5–D5
Pico 176.1, A2
Pico Bolívar 212.1, C2
Pico da Bandeira 191.1, N12
Pico da Neblina 191.1, L9
Pico de Orizaba ➡ Citlaltépetl 190.1, H8
Picos 212.1, F3
Pidurutalagala 141.3, F5
Pielinen-See 106.2, J4
Piemont 120.1, E5–E6
Pierre 202.1, D2
Pietermaritzburg 180/181.1, E5
Pietersburg ➡ Polokwane 180.1, D5
Pik Ismael Samani 148.1, C3
Pik Pobedy 141.3, E3/F3
Pilatus 120.1, F4
Pilcomayo 191.1, L12
Pillau 111.1, H2
Pilsen 111.1, G3
Pinar del Rio 203.1, F4
Pindos 83.2, H4–H5
Pinerolo 120.1, E6
Pintsch 50.1, C2
Piraieus ➡ Piräus 128.1, C4
Piran 121.1, L5
Piräus 128.1, C4
Pisa 123.1, F3
Pissange 51.1, B3/C3
Pistoia 121.1, H7
Pitcairn-Insel 185.1, O7
Pitcairn-Inseln 242.1, C7
Piteälven 106.2, F3–G3
Pitești 128.1, D2
Pittenbach 50.1, D1
Pittsburgh 190.1, J5/K5
Piura 212.1, B3
Piz Bernina 120.1, G4
Piz Linard 120.1, G4/H4
Pjandsh 148.1, C3
Pjasee 106.2, J3
Pjasina 134.1, H2
Pjatigorsk 129.1, H2
Pjöngjang 141.3, H4
Plasencia 127.3, B2
Plateau von Langres 120.1, B3–C3
Plateau von Mato Grosso 191.1, M11
Platen 50.1, B2
Platte 202.1, E2
Plattensee 128.1, B2
Plewen 128.1, D3
Plitvicer Seen 121.1, N6
Plöckenpass 121.1, K4/L4
Plöckenstein 121.1, L2
Ploiești 128.1, D2
Plowdiw 128.1, D3
Plütscheid 50.1, D1
Plymouth 110.1, B3
Plzeň ➡ Pilsen 111.1, G3
Po 83.2, G4
Pobeda 135.1, O3
Pobeda-Insel 189.2, F2–E2
Podelta 121.1, K6
Podgorica 128.1, B3
Podkamennaja 134.1, H3/J3
Poebene 83.2, F4–G4
Pohnpei 184.1, F4
Point Barrow 200.1, E2
Pointe du Raz 110.1, B3
Pointe-Noire 180.1, B3/C3
Poissy 116.1, A6/B6
Poitiers 110.1, C4/D4
Poix 116.1, A5
Polazk 111.1, L2
Polcirkeln 106.2, G3
Polen 93.5, G3–H3
Polokwane 180.1, D5
Polynesien 8.1, A5–B6
Pombal 127.3, A3
Pommerloch 50.1, B2
Pommern 111.1, G2–H2
Pompeji 123.1, G3
Pond Inlet 201.1, N2
Ponewiesch 107.2, H6
Ponferrada 127.3, B1
Ponoi 106.2, M3
Ponoi 106.2, L3
Ponta Delgada 176.1, A2
Ponta Grossa 213.1, E5
Pontarlier 120.1, D4
Ponteareas 127.3, A1
Ponte de Sôr 127.3, A3/B3
Ponte do Lima 127.3, A2
Pontevedra 122.1, A3
Pontianak 156.1, C4/C5
Pontisches Gebirge 160.1, B1–C1
Pontoise 116.1, A5/B5
Pontpierre 51.1, C3
Pontremoli 120.1, G6
Popocatépetl 190.1, G8/H8
Popondetta 157.1, G5
Pordenone 121.1, K4/K5
Pordoijoch 121.1, J4
Poreč 121.1, L5
Pori 106.2, G4
Porsangerfjord 106.2, H2
Portalegre 127.3, B3
Porta Orientalis 128.1, C2
Port Augusta 184.1, D8
Port-au-Prince 190.1, K8
Portel 127.3, B3
Port Elizabeth 165.3, H9
Port Gentil 180.1, B3
Port Harcourt 176.1, D5
Port Hedland 184.1, B6/B7
Portillo del Padornelo 127.3, B1/B2
Portimão 122.1, A4
Portland 190.1, E5
Port Louis 181.1, G4/G5
Port Moresby 184.1, E5/E6
Porto 82.2, E4
Porto Alegre 191.1, M12/M13
Port of Spain 212.1, D1
Portogruaro 121.1, K5
Porto Novo 176.1, D5
Porto Seguro 212.1, G4
Porto Velho 212.1, D3
Portoviejo 212.1, B3
Port Said 177.1, G2
Portsmouth 110.1, C3
Port Sudan 177.1, G4
Porttipahta 106.2, H3
Portugal 93.5, E4
Port Vila 184.1, G6
Posadas 213.1, E5
Posen 111.1, H2
Poso 156.1, E5
Post 51.1, B2/C2
Postojna 121.1, M5
Potenza 123.1, G3
Poti 129.1, H3
Potsdam 111.1, G2
Póvoa de Varzim 127.3, A2
Powell-Stausee 202.1, C3–D3
Poyang-Hu 149.1, G4
Poznań ➡ Posen 111.1, H2
Prag 83.2, G3/G4
Praha ➡ Prag 111.1, G3
Prärien ➡ Great Plains 8.1, D4–E4
Prato 121.1, J7
Pratomagno 121.1, J7
Pratz 50.1, B2
Prayagraj 141.3, E4/F4
Predeal 128.1, D2
Predil 121.1, L4
Pregel 111.1, J2
Preischeid 50.1, C1
Préizerdaul 69.3, B2
Pretoria 180.1, D5
Prettingen 51.1, C3
Pribilof-Inseln 200.1, C4–D4
Primorsko-Achtarsk 129.1, G2
Prince Albert 200.1, K4
Prince-Charles-Insel 201.1, N3
Prince Edward Island 201.1, O5
Prince George 200.1, H4
Prince-of-Wales-Insel 201.1, K2–L2
Prince-Patrick-Insel 200.1, H2–J2
Príncipe 180.1, B2
Prinz-Eduard-Inseln 189.2, B3
Prinz-Eduard- und Marion-Inseln 243.1, L8
Prinzessin-Astrid-Küste 189.2, A2
Prinzessin-Martha-Küste 189.2, S2
Prinzessin-Ragnhild-Küste 189.2, B2
Priosersk 106.2, J4
Pripjat 132.1, D4
Pripjatsümpfe 83.2, H3–J3
Pripjatsümpfe 134.1, B4
Priština 128.1, C3
Privas 120.1, B6
Prizren 128.1, C3
Prochladny 129.1, H3/J3
Pronsfeld 50.1, D1
Provençalische Alpen 120.1, D6–D7
Provence 110.1, E5
Providence 203.1, G2
Providencia 203.1, F5–G5
Prüm 52.1, D1
Prümzurlay 50.1, D2
Pruth 128.1, E2
Pskow 134.1, B4
Pskower See 107.2, J5
Psysch 129.1, H3
Ptuj 121.1, N4
Pucallpa 212.1, C3
Puebla 190.1, H8
Puebla de Sanabria 127.3, B1
Pueblo 202.1, D3
Puente Alto 213.1, C6
Puer 148.1, F4
Puerto Carreño 212.1, D2
Puertollano 122.1, B4
Puerto Montt 213.1, C7
Puerto Princesa 156.1, D4
Puerto Rico 193.4, F5–G5
Puerto Rico 190.1, L8
Pula 128.1, A2
Pulag 141.3, H5
Puncak Jaya 157.1, F5
Pune 141.3, E5
Punjab 141.3, E4
Punta Arenas 213.1, C8
Punta la Marmora 123.1, F3/F4
Puntarenas 203.1, F5/F6
Purmerend 116.1, D2
Purus 191.1, L10
Pustertal 121.1, J4–K4
Putoranagebirge 135.1, J3–K3
Putscheid 69.3, C2
Putscheid 50.1, C2
Puttelange-lès-Thionville 51.1, C4/D4
Putumayo 212.1, C3
Puy de Sancy 82.2, F4
Pyay 156.1, B3
Pyramiden 177.1, F3/G3
Pyrenäen 82.2, E4–F4
Pyrgos 128.1, C4

Q

Qaanaaq 201.1, O2
Qandyaghasch ➡ Kandyagasch 132.1, K5
Qatortoq 201.1, Q3
Qazvin 160.1, C2/D2
Qeqertarsuaq 201.1, P3
Qingdao 141.3, H4
Qinghai Hu 148.1, E3
Qin Ling 149.1, F3–G3
Qiqihar 141.3, H3
Qom 160.1, C2/D2
Quadaï 176/177.1, E4–F4
Quarteira 127.3, A4
Québec 201.1, N4–O4
Québec 201.1, N5
Queenstown (Neuseeland) 184.1, G9
Queenstown (Südafrika) 180.1, D6
Quelimane 181.1, E4
Queretaro 202.1, D4
Quetta 148.1, B3
Quezaltenango 203.1, E5
Quezon City 156.1, E3
Quimper 110.1, B3/B4
Qui Nhon 156.1, C3
Quito 191.1, K9/K10

R

Raab 111.1, H4
Raab 111.1, H4
Raahe 106.2, G3/H3
Raalte 116.1, F2
Rab 121.1, M6
Raba 156.1, D5
Rabat 165.3, E2
Rabaul 184.1, F5
Rachamps 50.1, B1
Radom 111.1, J3
Ragusa 123.1, G4
Raiatea 185.1, L6–M6
Raipur 148.1, D4
Raivavae 185.1, M7
Rajkot 148.1, C4
Rajshahi 148.1, D4
Raleigh 203.1, G3
Ralikgruppe 184.1, G4
Ralingen 50.1, E2
Ramapotief 184.1, E1
Rambrouch 69.3, B2
Rambrouch 50.1, B2
Rameldange 51.1, C3
Râmnicu Vâlcea 128.1, D2
Ranchi 148.1, D4
Randers 107.2, D5
Randstad 83.2, F3
Rangiroa 185.1, M6
Rangun ➡ Yangon 141.3, F5
Rantemario 156.1, D5/E5
Rapa 185.1, M7
Rapallo 120.1, G6
Rapid City 202.1, D2
Rapperswil-Jona 120.1, F3
Rarotonga 185.1, K7–L7
Ras al-Hadd 141.3, D4
Ras Banas 177.1, G3
Rasdan 129.1, J3
Ras Daschan 9.1, L5
Rasht 160.1, C2
Ras Nouadhibou 176.1, B3/B4
Ras Xaafun 177.1, J4
Ratakgruppe 184.1, G3–H4
Rätikon 120.1, G3–G4
Rätische Alpen 120.1, G4–H4
Raufarhöfn 106.1, D1
Rauma 106.2, G4
Ravenna 123.1, G2
Ravensburg 120.1, G3
Rawalpindi 141.3, E4
Rax 121.1, N3
Recife 191.1, O10
Reckange 51.1, C3
Reckange-sur-Mess 69.3, B3/C3
Reckange-sur-Mess 51.1, C3
Reckenerwald 52.1, C3
Recklinghausen 116.1, G3
Redange 69.3, B2
Rédange 51.1, B4
Redange-sur-Attert 52.1, B2
Red Deer 200.1, J4
Red Lake 201.1, L4
Red River 190.1, H6
Regensburg 111.1, F3
Reggane 176.1, C3
Reggio di Calabria 123.1, G4
Reggio nell'Emilia 120.1, H6
Regina 200.1, K4
Reguengos de Monsaraz 127.3, B3
Réhon 52.1, A3/B3
Réibierg 52.1, B3
Reichenberg 111.1, G3
Reichlange 51.1, B2
Reimberg 50.1, B2
Reims 110.1, E3
Reisdorf 69.3, D2
Reisdorf 50.1, D2
Remerschen 51.1, D4
Remich 69.3, D3
Remich 52.1, D3
Remiremont 120.1, D2
Remscheid 116.1, G3
Rennel 184.1, F6
Rennes 110.1, C3

Reno 202.1, C3
Reno 121.1, H6
Rentiersee 200.1, K4
Reschenpass 120.1, H4
Resistencia 213.1, D5
Reşiţa 128.1, C2
Resolute Bay 201.1, L2
Resolution-Insel 201.1, O3
Rethel 116.1, D5
Rettel 51.1, D4
Rettigny 50.1, B1
Retz 121.1, N2
Reuland 51.1, C2/D2
Reuler 50.1, C1
Réunion 167.3, E4
Réunion 165.3, L8
Reuss 120.1, F3
Reutlingen 120.1, G2
Revillagigedo-Inseln 242.1, D5
Revillagigedo-Inseln 190.1, F8–G8
Reykjanes 106.1, B2
Reykjanesbær 106.1, A2/B2
Reykjavík 106.1, B1
Reynosa 202.1, E4
Rezekne 107.2, H5
Rhein 83.2, F4
Rheine 116.1, G2
Rhein-Marne-Kanal 120.1, D2
Rheinwaldhorn 120.1, F4/G4
Rhodopen 83.2, H4
Rhodos 128.1, E4
Rhodos 128.1, E4
Rhön 111.1, F3
Rhône 82.2, F4
Rhone ➡ Rhône 110.1, E4
Riad 140.3, D4
Rías Bajas 127.3, A1
Ribadeo 122.1, B3
Ribatejo 127.3, A3–B3
Ribeirão Prêto 213.1, F5
Riberalta 212.1, D4
Richmond 203.1, G3
Ricobayo-Stausee 127.3, B2–C2
Rienza 121.1, J4
Riga 132.1, C3
Rigaer Bucht 132.1, C3
Rigi 120.1, F3
Riiser-Larsen-Halbinsel 189.2, B2
Rijeka 128.1, A2
Rimatara 185.1, L7
Rimini 123.1, G2
Rimouski 201.1, O5
Rindschleiden 50.1, B2
Ringel 50.1, C2
Ringvassøy 106.2, F2
Rio Branco 212.1, D3/D4
Rio Branco 212.1, D2
Rio Bravo del Norte 202.1, D4
Rio Cuarto 213.1, D6
Rio de Janeiro 213.1, F5–G5
Rio de Janeiro 191.1, N12
Río de la Plata 191.1, M13
Río Desaguadero 213.1, D6
Ríofrío de Aliste 127.3, B2
Rio Gallegos 213.1, D8
Rio Grande (Brasilien) 191.1, N12
Rio Grande (USA, Mexiko) 190.1, G7–H7
Rio Grande do Norte 212.1, G3
Rio Grande do Sul 213.1, E6
Rio-Grande-Schwelle 8.1, G7–H7
Rio Maior 127.3, A3
Rio Negro 191.1, L10
Río Negro (Argentinien) 213.1, D6–D7
Río Negro (Uruguay) 213.1, E6
Rioni 129.1, H3
Rio Tinto 127.3, A2
Rio Verde 212.1, E4
Rippig 51.1, D3
Rippweiler 51.1, B2
Rittersdorf 50.1, D2
Riva del Garda 121.1, H5
Riviera 123.1, F3–F2
Riviera di Levante 120.1, F6–G7
Riviera di Ponente 120.1, E7–F7
Rixhöft 111.1, H2
Rize 129.1, H3
Rjasan 134.1, C4/D4
Rjukan 106.2, D4/D5
Roatan 203.1, F5
Rochefort 116.1, E4
Rochester 203.1, G2
Rockhampton 184.1, F7
Rocky Mountains 8.1, C2–D3
Rocroi 116.1, D5
Rodange 52.1, B3
Rodemack 51.1, C4
Rodenbourg 51.1, D3
Roder 50.1, C1
Rodershausen (Deutschland) 50.1, C2
Rodershausen (Luxemburg) 50.1, C1
Roedgen 51.1, C3
Roedt 51.1, D3
Roeselare 116.1, C4
Roeser 69.3, C3
Roeser 51.1, C3
Rolling 51.1, D3
Rollingen 51.1, C3
Rom 83.2, G4
Roma ➡ Rom 123.1, F3/G3
Romanshorn 120.1, G3
Romans-sur-Isère 120.1, B5/C5
Rombach-Martelange 50.1, A2–B2
Ronda 122.1, B4
Rondônia 212.1, D4
Rondonópolis 212.1, E4
Rondslottet 106.2, D4
Ronse 116.1, C4
Roodt (Ell) 50.1, B2
Roodt (Habscht) 51.1, B3/C3
Roodt-sur-Syre 51.1, D3
Roosendaal 116.1, D3
Roosevelt-Insel 189.2, K1–L2
Roost 50.1, C2
Roper 157.1, F6
Roraima 212.1, D2
Roraima 212.1, D2
Røros 106.2, D4
Rosario 191.1, L13
Roseau 203.1, H5
Rosenheim 121.1, J3
Rosport 50.1, D2/E2
Rosport-Mompach 69.3, D2–E2
Rossano 123.1, H4
Rossbarriere 189.2, K2
Ross Dependency 242.1, A9–B9
Ross-Insel 189.2, J2
Rosslare 110.1, B2
Rossmeer 9.1, S9
Rosso 176.1, B4
Ross-Schelfeis 189.2, J1–K1
Rostock 111.1, G2
Rostow 140.3, C3
Roswell 202.1, D3
Rotenturmpass 128.1, C2/D2
Rotes Becken 141.3, G4
Rotes Meer 9.1, L4–M5
Roth 50.1, C2
Rotterdam 110.1, D3/E3
Rotuma 184.1, H6
Roubaix 116.1, C4
Rouen 110.1, D3
Roullingen 50.1, B2
Rourkela 148.1, D4
Roussillon 120.1, B5
Roussy-le-Village 51.1, C4
Rovaniemi 106.2, H3
Rovereto 121.1, J5
Rovigo 121.1, J5
Rovinj 121.1, L5
Rovuma 165.3, J7
Roye 116.1, B5
Ruacanafälle 180.1, C4
Ruaha 181.1, E3
Ruanda 167.3, D3
Ruapehu 184.1, H8
Rubzowsk 134.1, H4
Rudny 134.1, F4
Rufiji 181.1, E3
Rügen 111.1, G2
Ruhrgebiet 83.2, F3
Rukwasee 181.1, E3
Rumänien 93.5, H4
Rumelange 69.3, B4/C4
Rumelange 52.1, B4/C4
Rumlange 50.1, B1–C1
Rundu 180.1, C4
Rur 116.1, F4
Ruruty 185.1, L7–M7
Russange 51.1, B4
Russe 128.1, D3
Russland 143.4, E1–H2
Rustawi 129.1, J3
Ruwenzori 165.3, H5/J5
Rybinsk 132.1, F3
Rybinsker Stausee 83.2, J3
Ryukyu-Inseln ➡ Nansei-Inseln 149.1, H4
Rzeszow 111.1, J3

S

Saane 120.1, E4
Saar 116.1, F5
Saarbrücken 110.1, E3
Saarburg 52.1, E3
Saaremaa 107.2, G5
Saargau 52.1, D3–E4
Saargemünd 116.1, G5
Saarlouis 116.1, F5
Saas-Fee 120.1, E4
Saba 160.1, C4
Sabah 156.1, D4
Sabha 176.1, E3
Sable-Insel 201.1, P5
Sabor 127.3, B2
Sabrinaküste 189.2, G2–F2
Sabugal 127.3, B2
Sabzevar 160.1, D2
Sachalin 141.3, J3
Sacramento 190.1, E6
Sado 127.3, A3
Saeul 69.3, B3
Saeul 51.1, B3
Sagres 127.3, A4
Saguenay 201.1, N5
Sahara 167.3, A1–B1
Sahara 8/9.1, J4–L4
Saharaatlas 176.1, C2–D2
Sahel 8/9.1, J5–L5
Saïda 122.1, D5
Saigon ➡ Ho-Chi-Minh-Stadt 141.3, G5
Saimaakanal 106.2, H4–J4
Saimaasee 106.2, J4
Sainschand 135.1, K5/L5
Saint-Avold 116.1, F5
Saint-Brieuc 110.1, C3
Saint-Chamond 120.1, B5
Saint-Denis (Frankreich) 116.1, B5/B6
Saint-Denis (Réunion) 181.1, G5
Saint-Dié 120.1, D2
Saint-Dizier 120.1, B2
Sainte-Baume 120.1, C7
Saint-Étienne 110.1, D4/E4
Saint George's 203.1, H5
Saint-Germain 116.1, A6/B6
Saint-Jean-de-Maurienne 120.1, D5
Saint John's (Antigua und Barbuda) 203.1, H5
Saint John's (Kanada) 201.1, P5
Saint Kitts und Nevis 193.4, F5
Saint-Laurent-du-Maroni 212.1, E2
Saint-Louis 176.1, B4
Saint Louis 190.1, H6
Saint Lucia 193.4, F5
Saint-Malo 110.1, C3
Saint-Martin 203.1, H5
Saint-Nazaire 110.1, C4
Saint-Omer 116.1, A4/B4
Saint-Paul 243.1, N7–N8
Saint Paul 203.1, E2
Saint-Paul 9.1, N7–O7
Saint-Pierre und Miquelon 193.4, G3
Saint-Pierre und Miquelon 190.1, M5
Saint-Pol-sur-Ternoise 116.1, B4
Saint-Quentin 110.1, D3
Saint-Raphaël 120.1, D7
Saint-Tropez 120.1, D7
Saint Vincent und die Grenadinen 193.4, F5–G5
Saipan 184.1, E3
Saissan 134.1, H5
Saitama 149.1, J3
Sajama 191.1, K11/L11
Sajan 141.3, F3
Saka 122.1, C5
Sakakawea-Stausee 202.1, D2
Sakarya 128.1, E3
Şäki 129.1, J3
Sal 129.1, H2
Sala 107.2, F5
Salado 191.1, L12–M12
Salala 160.1, D4
Salamanca 122.1, B3
Salamat 165.3, G4–H4
Salar de Atacama 213.1, D5
Salar de Uyuni 213.1, D5
Salawat 132.1, J4/K4
Sala y Gómez 193.4, D7
Sala-y-Gómez-Rücken 8.1, D7–E7
Saldanha 180.1, C6
Salechard 134.1, F3
Salem 202.1, B2
Salerno 123.1, G3
Salihli 128.1, E4
Salluit 201.1, N3
Salomonen 243.1, S6
Salomon-Inseln 9.1, R6–S6
Salomonsee 184.1, E5–F5
Saloniki 128.1, C3
Salpausselkä 106.2, H4–J4
Salsk 129.1, H2
Salta 213.1, D5
Saltillo 202.1, D4
Salt Lake City 190.1, F5
Salto 213.1, E6
Saluen 141.3, F4
Salvador da Bahia 191.1, O11
Salza 121.1, M3
Salzach 121.1, K3
Salzburg 111.1, G4
Salzburger Kalkalpen 121.1, K3–L3
Salzkammergut 121.1, L3–M3
Samar 156.1, E3
Samara 141.3, D3
Samarinda 156.1, D5
Samarkand 160.1, E2
Samarra 129.1, H5
Sambesi 9.1, L6
Sambia 167.3, D3
Sambre 116.1, D4
Samoa-Inseln 184/185.1, J6–K6
Samos 128.1, D4
Samothraki 128.1, D3
Sampit 156.1, D5
Samsun 160.1, B1
San 111.1, J3
Sanaa 140.3, D5
Sanaga 176.1, E5
San Andrés 203.1, F5–G5
San Antonio 190.1, H7
San Bernardino 202.1, C3
San-Bernardino-Pass 120.1, G4
San Carlos de Bariloche 213.1, C7
San Cristóbal 184.1, G6
Sandakan 156.1, D4
San Diego 190.1, E6/F6
Sandweiler 69.3, C3–D3
Sandweiler 52.1, C3
Sanem 69.3, B3
Sanem 52.1, B3
San Francisco 190.1, E6
San-Francisco-Pass 213.1, D5
Sangha 165.3, G5–G6
San-Jorge-Golf 213.1, D7
San José 191.1, J8/J9
San Jose 202.1, B3
San Juan 190.1, L8
Sankt Gallen 120.1, G3
Sankt-Georgs-Kanal 110.1, B3–B2
Sankt Helena 242.1, J6
Sankt Helena 9.1, J6–K6
Sankt-Lorenz-Golf 190.1, L5
Sankt-Lorenz-Insel 200.1, C3–D3
Sankt-Lorenz-Strom 190.1, K5
Sankt Moritz 120.1, G4
Sankt Petersburg 141.3, C2/C3
Sankt Pölten 121.1, N2
Sankt Ulrich 121.1, J4
Sankt Veit 121.1, M4
Sankt Vith 116.1, F4
Sankuru 180.1, D3
Şanlıurfa 129.1, G4
San Luis Potosi 202.1, D4
San Marino 93.5, G4
San Marino 121.1, K7
San-Matías-Golf 213.1, D7
San Miguel de Tucumán 213.1, D5
San Pedro Sula 203.1, F5
San Remo 123.1, E3
San Salvador 191.1, H8/J8
San Salvador 203.1, G4
San Sebastián ➡ Donostia 122.1, C3
Sansibar 165.3, J6–K6
Santa Catarina 213.1, E5–F5
Santa Clara 203.1, F4/G4
Santa Cruz de la Sierra 191.1, L11
Santa-Cruz-Inseln 184.1, G6–H6
Santa Fe (Argentinien) 213.1, D6
Santa Fe (USA) 202.1, D3
Santa Inés 213.1, C8
Santa Isabel 184.1, F5–G5
Santa Maria 213.1, E5
Santa Marta 212.1, C1
Santander 122.1, B3/C3
Santarém (Brasilien) 212.1, E3
Santarém (Portugal) 127.3, A3
Santa Rosa 213.1, D6
Santerno 121.1, J6
Santiago 191.1, K13
Santiago de Compostela 122.1, A3
Santiago de Cuba 203.1, G5
Santiago do Cacém 127.3, A3/A4
Säntis 120.1, G3
Santo Domingo 190.1, L8
Santorin 128.1, D4
Santos 213.1, F5
Santo Tirso 127.3, A2
San Valentín 191.1, K14
Sanya 149.1, F5
São Francisco 191.1, N11
São-Francisco-Becken 212.1, F4
São Gonçalo 213.1, F5
São João da Madeira 127.3, A2
São Luís 191.1, N10
São Manuel 212.1, E3
São Miguel 176.1, A2
Saône 110.1, E4
São Paulo (Bundesstaat) 213.1, F5
São Paulo (Insel) 242.1, H5
São Paulo 191.1, M12/N12
São Paulo 8.1, H5
São Tomé 180.1, B2
São Tomé 165.3, F5–F6
São Tomé und Príncipe 167.3, B2–C3
Sapitwa 181.1, E4
Saporischschja 132.1, F5
Sappada 121.1, K4
Sapporo 141.3, H3/J3
Saragossa 122.1, C3
Sarajevo 128.1, B3
Saransk 132.1, H4
Sarapul 132.1, J3
Saratow 141.3, D3
Saratower Stausee 83.2, K3–L3
Sarawak 156.1, D4

Sarca **121.1**, H4
Sardes **128.1**, D4
Sardinien **83.2**, F5–G5
Sarek **106.2**, F3
S'Arenal **122.1**, D4
Sargassosee **8.1**, F4
Sarh **176.1**, E5
Sarıyar-Stausee **129.1**, E3–E4
Särna **106.2**, E4
Sarrebourg **120.1**, D2/E2
Sarreguemines ➡ Saargemünd **116.1**, G5
Sarre-Union **116.1**, G6
Sárvár **121.1**, O3
Saskatchewan **200.1**, K4
Saskatchewan **190.1**, G4
Saskatoon **200.1**, K4
Sassari **123.1**, F3
Sassel **50.1**, B1–C1
Sassnitz **111.1**, G2
Satu Mare **128.1**, C2
Saualpe **121.1**, M4
Sauda **106.2**, C5
Saudi-Arabien **143.4**, C3–D3
Sauer **52.1**, E2
Saulnes **52.1**, B3
Sault Sainte Marie **201.1**, M5
Savaii **184.1**, J6
Savannah **203.1**, F3
Savannah **203.1**, F3
Save (Balkan) **128.1**, B2
Save (Mosambik, Simbabwe) **181.1**, E5
Savelborn **50.1**, C2/D2
Savio **121.1**, K7
Savona **120.1**, F6
Savonlinna **106.2**, J4
Savoyer Alpen **120.1**, D4–E5
Sayda ➡ Sidon **129.1**, F5
Scafell Pike **110.1**, C2
Schaarbeek ➡ Schaerbeek **116.1**, D4
Schachty **129.1**, H2
Schaerbeek **116.1**, D4
Schaffhausen **120.1**, F3
Schajyq ➡ Ural **83.2**, L4
Schanaosen **132.1**, J6
Schandel **50.1**, B2
Schangaösen ➡ Schanaosen **132.1**, J6
Schankweiler **50.1**, D2
Schantar-Inseln **135.1**, N4–O4
Schaulen **107.2**, G5/G6
Schefferville **201.1**, O4
Scheidchen **50.1**, D1
Scheidel **50.1**, C2
Scheidgen **50/51.1**, D2
Schelde **116.1**, D3
Schelichowgolf **135.1**, P3–P4
Schengen **69.3**, D4
Schengen **51.1**, D4
Scheveningen **116.1**, C2/D2
Schieren **69.3**, C2
Schieren **50.1**, C2
Schiermonnikoog **116.1**, F1
Schifflange **69.3**, C3–C4
Schifflange **52.1**, C3
Schigansk **135.1**, L3/M3
Schilka **141.3**, G3
Schimpach **50.1**, B1
Schladming **121.1**, L3
Schleid **50.1**, D1
Schleif **50.1**, B2
Schlettstadt **120.1**, E2
Schlindermanderscheid **50.1**, C2
Schneeberg **121.1**, N3
Schoberpass **121.1**, M3
Schoenfels **51.1**, C3
Schoffiels **52.1**, C3
Schönecken **50.1**, D1
Schonen **107.2**, E6
Schoos **51.1**, C2/C3
Schott el Djerid **176.1**, D2
Schott el Hodna **122.1**, E5
Schottland **82.2**, E3
Schott Melghir **176.1**, D2
Schouweiler **51.1**, B3
Schrassig **51.1**, D3
Schrondweiler **50.1**, C2
Schruns **120.1**, G3
Schumagin-Inseln **200.1**, D4
Schumen **128.1**, D3
Schuttrange **69.3**, C3/D3
Schuttrange **51.1**, D3
Schwaarzenhiwwel **52.1**, C1
Schwäbische Alb **120.1**, F2–H2
Schwarze Ernz **52.1**, D2
Schwarzer Volta **176.1**, C4–C5
Schwarzes Meer **9.1**, L3
Schwarzwald **110.1**, E4–F3
Schwebach **51.1**, B3
Schwebsingen **51.1**, D3
Schweden **93.5**, G2–H2
Schweich **51.1**, B3
Schweiz **93.5**, F4
Schweizer Jura **120.1**, D3–E3
Schwerin **111.1**, F2
Schwiedelbrouch **50.1**, B2
Schwyz **120.1**, F3
Schymkent **134.1**, F5
Schytomyr **132.1**, D4
Scoresbysund ➡ Ittoqqortoormiit **201.1**, S2
Scott-Insel **189.2**, J2–K2
Scrivia **120.1**, F6
Seattle **190.1**, E5
Sebou **122.1**, B5
Secchia **120.1**, H6
Sedan **116.1**, D5
Seeland **107.2**, D6–E6
Seetaler Alpen **121.1**, M3
Seffern **50.1**, E1
Sefferweich **50.1**, E1
Segescha **106.2**, K4
Segovia **122.1**, B3
Segre **122.1**, D3
Segsee **106.2**, K4
Segura **122.1**, C4
Seinäjoki **106.2**, G4
Seine **82.2**, F4
Seiwerath **50.1**, D1/E1
Seja **135.1**, M4
Seja **135.1**, M4
Sekondi-Takoradi **176.1**, C5
Sélange **51.1**, B3
Selenge **141.3**, G3
Selentschukskaja **129.1**, H3
Sélestat ➡ Schlettstadt **120.1**, E2
Selinunt **123.1**, G4
Selscheid **50.1**, B1
Selvas **212.1**, C3–E3
Semarang **141.3**, G6
Semei ➡ Semej **134.1**, G5/H4
Semej **134.1**, G4/H4
Semeru **156.1**, D5
Semmering **121.1**, N3
Semois **52.1**, B3
Sendai **141.3**, J4
Senegal **167.3**, B2
Senegal **165.3**, D4
Senica **121.1**, P2
Senigallia **121.1**, L7
Senj **121.1**, M6
Senningen **51.1**, C3–D3
Senningerberg **51.1**, C3
Seoul **141.3**, H4
Sepik **157.1**, G5
Septfontaines **51.1**, B3
Sept-Îles **201.1**, O4
Seraing **116.1**, E4
Seram **141.3**, H6
Seramsee **157.1**, E5–F5
Serbien **93.5**, G4–H4
Serchio **120.1**, H6
Serein **120.1**, B3
Sergijew Possad **132.1**, F3
Sergino **132.1**, L2/M2
Sergipe **212.1**, G4
Serio **120.1**, G5
Serow **134.1**, F4
Serpa **127.3**, B4
Serra da Estrêla **122.1**, A3–B3
Serra de Monchique **127.3**, A4
Serra de Montemuro **127.3**, A2–B2
Serra de Ossa **127.3**, B3
Serra do Cachimbo **212.1**, E3
Serra do Caldeirao **127.3**, A4–B4
Serra do Espinhaço **212.1**, F4
Serra do Gerês **127.3**, A2–B2
Serra dos Gradaús **212.1**, E3
Serra dos Parecis **212.1**, D4–E4
Serra Geral **213.1**, E5
Serrai **128.1**, C3
Serra Pacaraima **212.1**, D2
Sertã **127.3**, A3
Sesia **120.1**, F5
Sesimbra **127.3**, A3
Sestrière **120.1**, D6
Sète **110.1**, D5
Setesdal **107.2**, C5–D5
Sétif **122.1**, E4
Setúbal **122.1**, A4
Seulsee **201.1**, L4
Severn (Kanada) **201.1**, L4
Severn (Vereinigtes Königreich) **110.1**, C2–C3
Sevilla **82.2**, E5
Sewansee **129.1**, J3
Seward-Halbinsel **200.1**, D3
Sewastopol **132.1**, E6
Sewernaja Semlja **141.3**, F2
Sewerobaikalsk **135.1**, K4
Sewerodwinsk **132.1**, F2
Seweromorsk **106.2**, K2
Seychellen **167.3**, E3
Seychellen **9.1**, M6–N6
Seyðisfjörður **106.1**, D1
Seyhan **129.1**, F4
Sfax **176.1**, E2
Shache **148.1**, C3
Shackleton-Schelfeis **189.2**, E2
Shandong **149.1**, G3–H3
Shanghai **141.3**, H4
Shannon **110.1**, A2
Shantou **149.1**, G4
Shebele **165.3**, K5
Sheffield **110.1**, C2
Shenyang **141.3**, H3
Shenzhen **141.3**, G4
Sherbro **176.1**, B5
Shetland-Inseln **82.2**, E2
Shihezi **148.1**, D2
Shijiazhuang **141.3**, G4
Shikoku **149.1**, J3
Shillong **148.1**, E4
Shimbiris **177.1**, H4
Shiraz **140.3**, D4
Shkodër **128.1**, B3
Sholapur **148.1**, C5
Shreveport **203.1**, E3
Šiauliai ➡ Schaulen **107.2**, G5/G6
Sibai **132.1**, K4
Siberut **156.1**, B5
Sibirien **9.1**, N2–Q3
Sibiu ➡ Hermannstadt **128.1**, D2
Sibu **156.1**, D4
Sichote-Alin **141.3**, H3
Sidi Bel Abbès **122.1**, C5
Sidon **129.1**, F5
Siebenaler **50.1**, C1
Siebenbürgen **83.2**, H4
Siedlce **111.1**, J2
Sieg **116.1**, G4
Siegburg **116.1**, G4
Siena **123.1**, F3
Sierck-les-Bains **52.1**, D4
Sierra de Gata **127.3**, B2
Sierra de Gredos **127.3**, C2
Sierra de Guadalupe **127.3**, B3–C3
Sierra de San Pedro **127.3**, B3
Sierra Leone **167.3**, B2
Sierra-Leone-Schwelle **8.1**, H5–J5
Sierra Morena **82.2**, E5
Sierra Nevada (Spanien) **122.1**, C4
Sierra Nevada (USA) **8.1**, D4–C3
Siglufjörður **106.1**, C1
Sigmaringen **120.1**, G2
Sihanoukville **156.1**, C3
Siirt **129.1**, H4
Sikasso **176.1**, C4
Sil **122.1**, B3
Siljan **106.2**, E4
Sillajhuay **212.1**, D4
Silvretta **120.1**, G4–H4
Simav **128.1**, E4
Simav **128.1**, E4
Simbabwe **167.3**, D3–D4
Simeuluë **156.1**, B4
Simferopol **129.1**, F2
Simplon **120.1**, E4/F4
Simplontunnel **120.1**, F4
Simuschir **135.1**, P5
Sinai **160.1**, B3
Sindelfingen **120.1**, F2/G2
Sines **122.1**, A4
Singapur **143.4**, G4
Singapur **141.3**, G5
Singen **120.1**, F3
Sinop (Brasilien) **212.1**, E4
Sinop (Türkei) **129.1**, F3
Sinspelt **50.1**, D2
Sint-Niklaas **116.1**, C3/D3
Sintra **127.3**, A3
Sinz **51.1**, D3
Sion ➡ Sitten **120.1**, E4
Sioux City **202.1**, E2
Sioux Falls **202.1**, E2
Siping **149.1**, H2
Siracusa ➡ Syrakus **123.1**, G4
Siret **128.1**, D2
Sisimiut **201.1**, P3
Sisteron **120.1**, C6
Sitka **200.1**, G4
Sittard-Geleen **116.1**, E3/E4
Sitten **120.1**, E4
Sittwe **156.1**, B2
Sıvas **129.1**, G4
Siwa **177.1**, F3
Siwalikkette **148.1**, C3–D4
Sizilien **83.2**, G5
Skagerrak **83.2**, F3–G3
Skanden **83.2**, F2–H2
Skandinavien **9.1**, K2–L2
Skellefteå **106.2**, G3
Skellefte Älv **106.2**, F3
Skien **107.2**, D5
Skikda **176.1**, D2
Sklavenfluss **190.1**, F3–F4
Skopje **128.1**, C3
Skoworodino **135.1**, M4
Skutarisee **128.1**, B3
Skyros **128.1**, C4–D4
Slatni Pjasazi ➡ Goldstrand **128.1**, E3
Slatoust **132.1**, K3
Slawonien **128.1**, B2
Sligo **110.1**, A2
Sliwen **128.1**, D3
Slowakei **93.5**, G4–H4
Slowenien **93.5**, G4
Sluis **116.1**, C3
Słupsk ➡ Stolp **111.1**, H2
Småland **107.2**, E5
Smallwood-Stausee **201.1**, O4
Smolensk **134.1**, C4
Snæfellsjökull **106.1**, A1/B1
Snake **190.1**, F5
Sneek **116.1**, E1
Snøhetta **106.2**, D4
Snowdon **110.1**, B2
Sobradinho-Stausee **212.1**, F3
Sobral **212.1**, F3
Soča ➡ Isonzo **121.1**, L4
Sochondo **135.1**, K5/L5
Sochumi **129.1**, H3
Socompapass **213.1**, D5
Söderhamn **106.2**, F4
Sofia **83.2**, H4
Sofija ➡ Sofia **128.1**, C3
Sogamoso **212.1**, C2
Sognefjord **106.2**, C4
Soignies **116.1**, C4/D4
Soissons **116.1**, C5
Sokodé **176.1**, D5
Sokoto **176.1**, D4
Sokotra **143.4**, D4
Sokotra **140.3**, D5
Soleuvre **52.1**, B3
Solferino **120.1**, H5
Solikamsk **132.1**, K2
Solingen **116.1**, G3
Solothurn **120.1**, E3
Solowezki-Inseln **106.2**, K3–L3
Solway Firth **110.1**, B2–C2
Somalia **167.3**, E2
Somalibecken **9.1**, M5
Somali-Halbinsel **165.3**, K4–L5
Somerset-Insel **201.1**, L2
Somme **116.1**, B5
Sommerain **50.1**, B1
Sommerküste **106.2**, L3
Sondrio **120.1**, G4
Songea **181.1**, E4
Songhua Jiang **149.1**, H2
Sonlez **50.1**, B2
Sopron ➡ Ödenburg **121.1**, O3
Soria **122.1**, C3
Sorocaba **213.1**, F5
Sorong **157.1**, F5
Sørøy **106.2**, G2
Sortawala **106.2**, J4
Sotschi **134.1**, C5
Soubré **176.1**, C5
Sousse **123.1**, F5
Southampton **110.1**, C3
Southampton-Insel **190.1**, J3–K3
Southend-on-Sea **110.1**, D3
South Platte **202.1**, D2
South Tarawa **184.1**, H4
Sowetsk ➡ Tilsit **111.1**, J2
Spa **116.1**, E4
Spanien **93.5**, E5
Sparta **128.1**, C4
Spencergolf **184.1**, D8
Spiekeroog **116.1**, G1
Spielfeld **121.1**, N4
Spijkenisse **116.1**, C3/D3
Spittal **121.1**, L4
Spitzbergen **9.1**, K1–L1
Split **128.1**, B3
Splügenpass **120.1**, G4
Spokane **202.1**, C2
Springbok **180.1**, C5
Springfield (USA, Illinois) **203.1**, F3
Springfield (USA, Missouri) **203.1**, E3
Sprinkange **51.1**, B3–C3
Srednekolymsk **135.1**, P3
Sri Jayewardenepura Kotte **148.1**, D6
Sri Lanka **143.4**, F4
Sri Lanka **9.1**, O5
Srinagar **148.1**, C3
Stadskanaal **116.1**, F2
Stadtbredimus **69.3**, D3
Stadtbredimus **51.1**, D3
Stanley **213.1**, E8
Stanowoigebirge **9.1**, Q3
Stara Sagora **128.1**, D3
Starbuck-Insel **185.1**, K5–L5
Starnberg **121.1**, J2/J3
Starnberger See **121.1**, J3
Stavanger **107.2**, C5
Stawropol **134.1**, D5
Stawropoler Hochland **129.1**, H2–J2
Steenwijk **116.1**, E2/F2
Stefaniesee **177.1**, G5
Stegen **50.1**, C2
Steinamanger **121.1**, O3
Steinbach **50.1**, B1
Steinfort **69.3**, B3
Steinfort **52.1**, B3
Steinheim **50.1**, D2
Steinige Tunguska **135.1**, J3–K3
Steinkjer **106.2**, D3
Steinsel **69.3**, C3
Steinsel **51.1**, C3
Stenay **116.1**, D5/E5
Stendal **111.1**, F2
Sterlitamak **134.1**, E4
Sterpenich **51.1**, B3
Sterpigny **50.1**, B1
Sterzing **121.1**, J4

Stettin **111.1**, G2
Stewart-Insel **184.1**, G9
Steyr **121.1**, M2
Stilfser Joch **120.1**, H4
Stockem (Belgien) **52.1**, B3
Stockem (Luxemburg) **50.1**, B1
Stockholm **83.2**, G3
Stoke-on-Trent **110.1**, C2
Stolp **111.1**, H2
Stolzembourg **50.1**, C2
Stony Rapids **200.1**, K4
Stora Lulevatten **106.2**, F3
Storavan **106.2**, F3
Storlien **106.2**, D4/E4
Storsee **106.2**, E4
Stralsund **111.1**, G2
Stranraer **110.1**, B2
Strasbourg ➡ Straßburg **110.1**, E3
Straßburg **110.1**, E3
Strassen **69.3**, C3
Strassen **52.1**, C3
Straße von Dover **82.2**, E3–F3
Straße von Gibraltar **82.2**, E5
Straße von Kertsch **129.1**, F2–G2
Straße von Mosambik **9.1**, L7–M6
Straße von Otranto **128.1**, B3–B4
Straße von Yucatán **190.1**, J7
Straubing **121.1**, K2
Stromboli **123.1**, G4
Struma **128.1**, C3
Stubaier Alpen **121.1**, J3
Stura **120.1**, E6
Stuttgart **83.2**, F4
Stykkishólmur **106.1**, A1/B1
Subotica **128.1**, B2
Suchona **83.2**, K2
Sucre **212.1**, D4
Südafrika **167.3**, D4
Südamerika **8.1**, F6–G6
Sudan **167.3**, D2
Südantillenbecken **8.1**, F9–H8
Südaustralisches Becken **9.1**, Q7–Q8
Sudbury **201.1**, M5
Südchinesisches Bergland **9.1**, P4–Q4
Südchinesisches Meer **9.1**, P5
Sudeten **83.2**, G3–G4
Südgeorgien **242.1**, H8
Südgeorgien **8.1**, H8
Südinsel **184.1**, G9
Südkarpaten **83.2**, H4
Südkorea **143.4**, H3
Südlicher Bug **129.1**, E2–F2
Südlicher Indianersee **201.1**, L4
Südliche Sandwich-Inseln **242.1**, H8–J8
Südliche Sierra Madre **202.1**, D5–E5
Südliche Sporaden **128.1**, D4
Südorkney-Inseln **189.2**, Q2–R2
Südostindisches Becken **9.1**, O7–P7
Südpolarmeer **8/9.1**, G9–N9
Südsandwich-Inseln **8.1**, H8–J8
Südshetland-Inseln **189.2**, Q2–Q3
Südsudan **167.3**, D2
Südtirol **121.1**, J4
Südwestindisches Becken **9.1**, M7–N8
Suezkanal **177.1**, G2–G3
Suğlasee **129.1**, E4
Suhl **111.1**, F3
Sukkosero **106.2**, J4/K4
Sukkur **148.1**, B4
Sulaimangebirge **160.1**, E2
Sula-Inseln **141.3**, H6
Sulak **129.1**, J3
Sulak **129.1**, J3
Sulawesi **141.3**, G6–H6
Sulu-Inseln **141.3**, G5–H5
Sulusee **149.1**, G6–H6
Sumatra **9.1**, O6–P6
Sumba **184.1**, B6–C6
Sumbawa **184.1**, B5
Sumy **132.1**, E4
Sundagraben **9.1**, P6
Sunderland **110.1**, C2
Sundsvall **106.2**, F4
Suntar Chajata **135.1**, N3–O3
Suomenselkä **106.2**, G4–J4
Süphan **129.1**, H4
Sur ➡ Tyros **129.1**, F5
Surabaya **141.3**, G6
Surat **141.3**, E4
Sûre **52.1**, B2
Surgut **134.1**, G3
Suriname **193.4**, G5
Surré **50.1**, B2
Surtsey **106.1**, B2
Susa **120.1**, E5
Sutlej **141.3**, E4
Suva **184.1**, H6
Suwałki **111.1**, J2
Suzhou **149.1**, H3
Svalbard **93.5**, G1–J1
Svealand **106.2**, E4–F4
Sveg **106.2**, E4
Sverdrup-Inseln **201.1**, K2–M2
Swansea **110.1**, B3/C3
Swinemünde **111.1**, G2
Świnoujście ➡ Swinemünde **111.1**, G2
Swir **106.2**, K4
Sydney (Australien) **184.1**, F8
Sydney (Kanada) **201.1**, O5/P5
Syktykwar **134.1**, E3
Sylarna **106.2**, E4
Syrakus **123.1**, G4
Syrdarja **141.3**, E3
Syre **52.1**, D3
Syren **51.1**, C3
Syrien **143.4**, C3
Syrische Wüste **140.3**, C4–D4
Sysran **132.1**, H4
Szczecin ➡ Stettin **111.1**, G2
Szczecinek ➡ Neustettin **111.1**, H2
Szeged **128.1**, B2/C2
Székesfehérvár **128.1**, B2
Szentgotthárd **121.1**, O4
Szombathely ➡ Steinamanger **121.1**, O3

T

Tabajós **191.1**, M10
Tabatinga **212.1**, D3
Taberg **107.2**, E5
Tabora **181.1**, E3
Täbris **140.3**, D4
Tabriz ➡ Täbris **160.1**, C2
Tabuaeran ➡ Fanning-Insel **185.1**, L4
Tabuk **160.1**, B3
Tacloban **156.1**, E3
Tacna **212.1**, C4
Tacoma **202.1**, B2
Tademait-Plateau **176.1**, D3
Tadler **50.1**, B2–C2
Tadmor **129.1**, G5
Tadschikistan **143.4**, E3
Taganrog **129.1**, G2
Tagant **176.1**, B4
Tagliamento **121.1**, K4
Tahat **176.1**, D3
Tahiti **185.1**, M6
Tai'an **149.1**, G3
Taichung **149.1**, H4
Taif **160.1**, C3
Taimyr-Halbinsel **9.1**, O2–P2
Taimyrsee **135.1**, J2–K2
Tainan **141.3**, G4/H4
Taipeh **141.3**, H4
Taitao-Halbinsel **213.1**, C7
Taivalkoski **106.2**, H3/J3
Taiwan **143.4**, H3
Taiwan **141.3**, H4
Taiwanstraße **149.1**, G4–H4
Taiyuan **141.3**, G4
Taizhou **149.1**, H4
Ta'izz **160.1**, C4
Tajo **82.2**, E5
Tajumulco **203.1**, E5
Takla Makan **148.1**, D3
Tal Afar **129.1**, H4
Talaud-Inseln **157.1**, E4
Talca **213.1**, C6
Talcahuano **213.1**, C6
Tal des Todes **190.1**, F6
Taldykorgan **134.1**, G5
Talegre **127.3**, A2/B2
Tallahassee **203.1**, F3
Tallinn **107.2**, H5
Tamale **176.1**, C5
Tamanrasset **176.1**, D3
Tambow **132.1**, G4
Tâmega **127.3**, B2
Tampa **190.1**, J7
Tampere **106.2**, G4
Tampico **202.1**, E4
Tamsweg **121.1**, L3
Tana (Kenia) **165.3**, J6–K6
Tana (Norwegen) **106.2**, H2
Tanaro **120.1**, E6–F6
Tanasee **177.1**, G4
Tandel **69.3**, C2
Tandel **50.1**, C2
Tandil **213.1**, E6
Tandja ➡ Tanger **122.1**, B5
Tanezrouft **176.1**, C3–D3
Tanga **181.1**, E3
Tanganjikasee **165.3**, J6
Tanger **176.1**, C2
Tangshan **149.1**, G3
Tanimbar-Inseln **184.1**, D5
Tanjona Bobaomby **165.3**, K7
Tanjona Vohimena **165.3**, K8
Tannugebirge **134.1**, J4
Tansania **167.3**, D3
Taormina **123.1**, G4
Taourirt **122.1**, C5
Tarabulus (Libanon) ➡ Tripoli **129.1**, F5
Tarabulus (Libyen) ➡ Tripolis **176.1**, E2
Tarakan **156.1**, D4
Taranto ➡ Tarent **123.1**, H3
Tarapoto **212.1**, C3
Taras **134.1**, G5
Tarchamps **50.1**, B2
Tarent **123.1**, H3
Târgu Mureș ➡ Neumarkt **128.1**, D2
Tarimbecken **9.1**, O3–O4
Tarim He **148.1**, D2
Tarn **110.1**, D4
Tarnów **111.1**, J3
Taro **120.1**, G6
Tarragona **122.1**, D3
Tarsus **129.1**, F4
Tartagal **213.1**, D5
Tartu **107.2**, H5
Tartus **129.1**, F5
Tarvisio **121.1**, L4
Tas **134.1**, H3
Taschkent **141.3**, E3
Tasiilaq **201.1**, R3
Tasmanbecken **9.1**, R8–R7
Tasmanien **9.1**, Q8–R8
Tasmanschwelle **9.1**, R8
Tasmansee **9.1**, R7–S7
Tassili der Adjer **176.1**, D3–E3
Tassili der Ahaggar **176.1**, D3–D4
Tatarensund **135.1**, O4–O5
Tatvan **129.1**, H4
Tauerntunnel **121.1**, L3
Taurus **140.3**, C4
Taverneux **50.1**, B1
Tavigny **50.1**, B1
Tavira **127.3**, B4
Tawau **156.1**, D4
Tawda **134.1**, F4
Tawern **52.1**, E3
Taza **122.1**, B5/C5
Tbilissi ➡ Tiflis **160.1**, C1
Tczew ➡ Dirschau **111.1**, H2
Teba **157.1**, F5
Tébessa **123.1**, E5/F5
Tebulosmta **129.1**, J3
Tefé **212.1**, D3
Tegucigalpa **191.1**, J8
Teheran **140.3**, D4
Tejo **122.1**, A4
Tekirdağ **128.1**, D3
Tel Aviv-Jaffa **140.3**, C4
Telemark **107.2**, C5–D5
Teleno **127.3**, B1
Tellatlas **176.1**, C2–D2
Temeswar **128.1**, C2
Temirtau **134.1**, G4
Temmels **51.1**, D3
Tenda **120.1**, E6
Ténéré **176.1**, D3–E4
Teneriffa **176.1**, B3
Tennessee **190.1**, J6
Tepic **202.1**, D4
Teraina ➡ Washington-Insel **185.1**, K4–L4
Terceira **176.1**, A2
Terek **129.1**, J3
Terek **129.1**, J3
Terek-Kuma-Niederung **129.1**, J2
Teresina **212.1**, F3
Tergnier **116.1**, C5
Teriberka **106.2**, K2
Terische Küste **106.2**, L3–M3
Termes **160.1**, E2
Ternate **157.1**, E4
Terneuzen **116.1**, C3
Terni **123.1**, G3
Terschelling **116.1**, E1
Teruel **122.1**, C3
Tessin **120.1**, F4
Tessiner Alpen **120.1**, F4
Tétange **51.1**, C4
Tete **181.1**, E4
Tëtelbierg **52.1**, B3
Tétouan **122.1**, B5
Tetrino **106.2**, L3
Tettingen **51.1**, D3
Texel **116.1**, D1
Thabana Ntlenyana **180.1**, D5
Thailand **143.4**, F4–G4
Thana **148.1**, C5
Thar **9.1**, N4
Tharthartsee **129.1**, H5
Thasos **128.1**, D3
Thaya **121.1**, N2
Theben **128.1**, C4
Theben **177.1**, G3
Theiß **128.1**, C2
Thelon **200.1**, K3
Themse **110.1**, C3
Thermopylen **128.1**, C4
Thessaloniki ➡ Saloniki **128.1**, C3
The Wash **110.1**, D2
Thiaumont **51.1**, A3
Thil **51.1**, B4
Thimphu **148.1**, D4
Thionville ➡ Diedenhofen **116.1**, F5
Thiruvananthapuram **141.3**, E5
Thisted **107.2**, D5
Thiva ➡ Theben **128.1**, C4
Thjórsá **106.1**, C1
Thompson **201.1**, L4
Thorn **111.1**, H2
Thrakien **128.1**, D3–E3
Thule ➡ Qaanaaq **201.1**, O2
Thun **120.1**, E4
Thunder Bay **201.1**, L5/M5
Thuner See **120.1**, E4
Thurston-Insel **189.2**, N2–O2
Tianjin **141.3**, G4
Tian Shan **9.1**, N4–O3
Tiaret **122.1**, D5
Tiber **123.1**, G3
Tibesti **9.1**, K4–L5
Tichwin **106.2**, K5
Tienen **116.1**, D4
Tiercelet **51.1**, B4
Tiflis **140.3**, D3
Tigris **140.3**, D4
Tihama **160.1**, B3–C4
Tijuana **190.1**, F6
Tikal **203.1**, E5/F5
Tikrit **129.1**, H5
Tiksi **135.1**, M2
Tilburg **116.1**, D3/E3
Tilsit **111.1**, J2
Timanrücken **141.3**, D2
Timbédra **176.1**, C4
Timbuktu **176.1**, C4
Timiș **128.1**, C2
Timișoara ➡ Temeschburg **128.1**, C2
Timmins **201.1**, M5
Timor **141.3**, H6
Timor-Leste **143.4**, H5
Timorsee **184.1**, C6
Tindouf **176.1**, C3
Tinos **128.1**, D4
Tintange **50.1**, A2/B2
Tinto **127.3**, B4
Tirana **128.1**, B3
Tiranë ➡ Tirana **128.1**, B3
Tirano **120.1**, H4
Tiraspol **128.1**, E2
Tirich Mir **148.1**, C3
Tirol **121.1**, J3–K4
Tirol **121.1**, J4
Tiruchchirappalli **148.1**, C5
Tisa **132.1**, C5
Titicacasee **191.1**, K11–L11
Titlis **120.1**, F4
Tizi Ouzou **122.1**, D4/E4
Tjumen **134.1**, F4
Tlemcen **122.1**, C5
Toamasina **181.1**, F4
Toblach **121.1**, K4
Tobol **141.3**, E3
Tobolsk **134.1**, F4
Tobruk **177.1**, F2
Tocantins **212.1**, F3
Tocantins **191.1**, N10
Toce **120.1**, F4
Tödi **120.1**, F4
Toernich **51.1**, B3
Togo **167.3**, B2–C2
Tokat **129.1**, G3
Tokelau-Inseln **184.1**, J5
Tokio **141.3**, H4/J4
Tolanaro **181.1**, F5
Toledo **122.1**, B4
Toliara **181.1**, F5
Toljatti **132.1**, H4
Tolmezzo **121.1**, L4
Tolmin **121.1**, L4
Tomar **127.3**, A3
Tomares **127.3**, B4
Tombouctou ➡ Timbuktu **176.1**, C4
Tomsk **134.1**, H4
Tonalepass **120.1**, H4
Tondela **127.3**, A2
Tongareva ➡ Penrhyn **185.1**, K5–L5
Tongeren **116.1**, E4
Tonkin **156.1**, C2
Tonle Sap **156.1**, C3
Tonnerre **120.1**, A3/B3
Tontelange **51.1**, B3
Toowoomba **184.1**, E7/F7
Topeka **202.1**, E3
Topsee **106.2**, J3
Torino ➡ Turin **123.1**, E2
Tormes **127.3**, C2
Torne Älv **83.2**, H2
Tornio **106.2**, H3
Toro **127.3**, C2
Toronto **190.1**, K5
Torre **127.3**, B2
Torre de Moncorvo **127.3**, B2
Torremolinos **122.1**, B4
Torrenssee **184.1**, D7–D8
Torreón **190.1**, G7
Torresstraße **184.1**, E5–E6
Torres Vedras **127.3**, A3
Tortona **120.1**, F6
Tortosa **122.1**, D3
Toruń ➡ Thorn **111.1**, H2
Toshkent ➡ Taschkent **148.1**, B2
Toskana **123.1**, F3
Toskanischer Apennin **120/121.1**, H6–J7

Totes Gebirge **121.1**, L3–M3
Totes Meer **140.3**, C4
Touba **176.1**, B4
Toubkal **165.3**, E2
Toul **120.1**, C2
Toulon **110.1**, E5
Toulouse **82.2**, F4
Tourcoing **116.1**, B4/C4
Tournai **116.1**, C4
Tours **110.1**, D4
Townsville **184.1**, E6
Tozeur **123.1**, F5
Trabzon **160.1**, B1
Traisen **121.1**, N2
Trancoso **127.3**, B2
Transantarktisches Gebirge **9.1**, R10–S9
Transhimalaya **141.3**, E4–F4
Trarza **176.1**, B4
Trasimenischer See **121.1**, K7
Trás-os-Montes **127.3**, B2
Trassem **51.1**, E3
Traun **121.1**, L2
Traunsee **121.1**, L3–M3
Traunstein **121.1**, K3
Trbovlje **121.1**, M4/N4
Trebbia **120.1**, G6
Trelew **213.1**, D7
Trelleborg **107.2**, E6
Trent **110.1**, C2
Trento ➡ Trient **123.1**, F2
Trenton **203.1**, G2
Tres-Marias-Inseln **202.1**, D4
Treviso **121.1**, K5
Trient **123.1**, F2
Trier **110.1**, E3
Triest **123.1**, G2
Trieste ➡ Triest **123.1**, G2
Triestetief **184.1**, E3
Triglav **121.1**, L4
Trindade **242.1**, H7
Trinidad **191.1**, L8–M8
Trinidad und Tobago **193.4**, F5–G5
Trinity-Inseln **200.1**, E4
Trintange **51.1**, D3
Tripoli **129.1**, F5
Tripolis **165.3**, G2
Tripolitanien **176.1**, E2–E3
Tristan da Cunha **242.1**, J7
Tristan da Cunha **8.1**, J7
Trivandrum ➡ Thiruvananthapuram **148.1**, C6
Trnava **121.1**, P2
Trobriand-Inseln **157.1**, H5
Trofa **127.3**, A2
Troine **50.1**, B1
Troine-Route **50.1**, B1
Trois-Rivières **201.1**, N5
Troisvierges **69.3**, B1/C1
Troisvierges **135.1**, B1/C1
Troja **160.1**, A1
Trollhättan **107.2**, E5
Tromelin **243.1**, M6
Tromelin **181.1**, G4
Tromsø **106.2**, F2
Trøndelag **106.2**, D4–E3
Trondheim **106.2**, D4
Trondheimfjord **106.2**, D4
Troyes **110.1**, D3/E3
Trujillo (Peru) **212.1**, B3/C3
Trujillo (Spanien) **127.3**, C3
Tsaratananamassiv **181.1**, F4
Tschad **167.3**, C2–D2
Tschadbecken **165.3**, G4
Tschadsee **165.3**, G4
Tschagos-Inseln **141.3**, E6
Tschanysee **134.1**, G4
Tscheboksary **132.1**, H3
Tschechien **93.5**, G4
Tscheljabinsk **141.3**, E3
Tschenstochau **111.1**, H3
Tscherepowez **132.1**, F3
Tscherkessk **129.1**, H2
Tschernihiw **132.1**, E4
Tscherski **135.1**, Q3
Tscherskigebirge **141.3**, H2–J2
Tschita **135.1**, L4
Tschoibalsan **135.1**, L5
Tschokurdach **135.1**, O2
Tschugsch **129.1**, G3/H3
Tschuktschen-Halbinsel **141.3**, K2–L2
Tschuktschensee **135.1**, R3–S3
Tshuapa **180.1**, D3
Tua **127.3**, B2
Tuamotu-Archipel **8.1**, B6–C7
Tuapse **129.1**, G2
Tübingen **120.1**, F2/G2
Tubruq ➡ Tobruk **177.1**, F2
Tubuai **185.1**, M7
Tucson **202.1**, C3
Tudmor ➡ Tadmor **129.1**, G5
Tuguegarao **156.1**, E3
Tui **127.3**, A1
Tuktoyaktuk **200.1**, G3
Tula **134.1**, C4
Tulcea **128.1**, E2
Tulln **121.1**, O2
Tullu Dimtu **177.1**, G5
Tuloma **106.2**, J2–K2
Tulsa **202.1**, E3
Tulun **135.1**, K4
Tumbasee **180.1**, C3
Tunesien **167.3**, C1
Tunis **165.3**, F2/G2
Tünsdorf **51.1**, E4
Tuntange **51.1**, C3
Tura **135.1**, J3/K3
Turan **9.1**, M3–N3
Turfan ➡ Turpan **148.1**, D2
Turgutlu **128.1**, D4
Turin **83.2**, F4
Turkanasee **165.3**, J5
Türkei **143.4**, C3
Turkestan **134.1**, F5
Türkistan ➡ Turkestan **134.1**, F5
Türkmenabat **160.1**, E2
Türkmenbaşy **160.1**, D1
Turkmenistan **143.4**, D2–E3
Turks-Inseln **203.1**, G4–H4
Turks- und Caicos-Inseln **193.4**, F4–G4
Turku **106.2**, G4
Turnhout **116.1**, D3
Turpan **148.1**, D2
Turpange **51.1**, B3
Turuchansk **134.1**, H3
Turumiquire **212.1**, D1/D2
Tutuila **185.1**, K6
Tuvalu **243.1**, S6
Tuvalu **9.1**, S6
Tuxtla Gutierrez **203.1**, E5
Tuz gölü ➡ Tuzsee **129.1**, F4
Tuzla **128.1**, B2
Twer **134.1**, C4
Twin Falls **202.1**, C2
Tymfristos **128.1**, C4
Tynda **135.1**, M4
Tyros **129.1**, F5
Tyrrhenisches Meer **83.2**, F5–G5

U

Ubangi **165.3**, G5
Uberlândia **212.1**, E4/F4
Ubon Ratchathani **156.1**, C3
Ucayali **191.1**, K10–K11
Uchta **134.1**, E3
Udange **51.1**, B3
Udatschni **135.1**, L3
Uddjaure **106.2**, F3
Udine **123.1**, G2
Uebersyren **51.1**, D3
Uelle **165.3**, H5
Ufa **141.3**, D3
Uganda **167.3**, D2
Uíge **180.1**, C3
Ujda ➡ Oujda **122.1**, C5
Ukraine **93.5**, H4–J4
Ulaanbaatar ➡ Ulan Bator **135.1**, K5
Ulan Bator **141.3**, G3
Ulan-Ude **135.1**, K4
Uleåborg ➡ Oulu **106.2**, H3
Ulithi-Atoll **157.1**, F3–G3
Uljanowsk **132.1**, H4
Ulm **111.1**, F3
Ulsan **149.1**, H3
Ulster **110.1**, A2–B2
Uludağ **128.1**, E3/E4
Uludoruk **129.1**, H4/J4
Uluru **184.1**, C7/D7
Umag **121.1**, L5
Umba **106.2**, K3
Umbrischer Apennin **121.1**, K7
Umbsee **106.2**, K3
Umeå **106.2**, G4
Ume Älv **106.2**, F3
Umm Durman ➡ Omdurman **177.1**, F4/G4
Umnak **200.1**, D4
Unalaska **200.1**, D4
Ungarisches Tiefland **83.2**, G4–H4
Ungarn **93.5**, G4–H4
Ungava Bay **201.1**, O4
Ungava-Halbinsel **201.1**, N3
Unimak-Insel **200.1**, D4
Untere Tunguska **141.3**, F2–G2
Upernavik **188.1**, M2
Upolu **184.1**, J6
Uppsala **107.2**, F5
Ur **160.1**, C2
Ural **9.1**, M2–M3
Ural **141.3**, D3
Uralgebirge **83.2**, M2–L3
Uralsk ➡ Oral **134.1**, E4
Urbino **121.1**, K7
Urgentsch **160.1**, E1
Urmia **160.1**, C2
Urmiasee **160.1**, C2
Urspelt **50.1**, C1
Uruguay **193.4**, G7
Uruguay **191.1**, M12–M13
Urumchi ➡ Ürümqi **141.3**, F3
Ürümqi **141.3**, F3
Urup **135.1**, P5
Uşak **128.1**, E4
USA ➡ Vereinigte Staaten von Amerika **193.4**, D4–E4
Usbekistan **143.4**, D2–E2
Uschhorod **111.1**, J3
Useldange **69.3**, B2
Useldange **51.1**, B2
Ushuaia **213.1**, D8
Usinsk **132.1**, K1
Ussa **132.1**, K1
Ussuri **141.3**, H3
Ust-Ilimsk **135.1**, K4
Ust-Ilimsker Stausee **135.1**, J4–K4
Ústí nad Labem ➡ Aussig **111.1**, G3
Ustjurt-Plateau **134.1**, E5
Ust-Kamenogorsk **134.1**, H4
Ust-Kamtschatsk **135.1**, Q4
Ust-Kut **135.1**, K4
Ust-Maja **135.1**, N3
Ust-Nera **135.1**, O3
Ust-Zilma **132.1**, J1
Utrecht **110.1**, E2
Utrera **127.3**, C4
Utscheid **50.1**, D2
Uws Nuur **134.1**, J5
Uyo **176.1**, D5
Uzaym **129.1**, J5
Užice **128.1**, B3

V

Vaal **165.3**, H8
Vaasa **106.2**, G4
Vac **111.1**, H4
Vadodara **141.3**, E4
Vaduz **111.1**, F4
Vailly **116.1**, C5
Valdagno **121.1**, J5
Valdecañas-Stausee **127.3**, C3
Valdepeñas **122.1**, C4
Valdés-Halbinsel **213.1**, D7
Valdez **200.1**, F3
Valdivia **213.1**, C6
Vale de Cambra **127.3**, A2
Valence **110.1**, E4
Valencia (Spanien) **82.2**, E5
Valencia (Venezuela) **191.1**, L8/L9
Valencia de Alcántara **127.3**, B3
Valenciennes **116.1**, C4
Valladolid **122.1**, B3
Vallée de l'Ernz **69.3**, C2
Valletta **123.1**, G5
Valli di Comacchio **121.1**, J6–K6
Valmy **116.1**, D5
Valpaços **127.3**, B2
Valparaíso **213.1**, C6
Valparaiso-Stausee **127.3**, B2
Valverde del Camino **127.3**, B4
Valverde del Fresno **127.3**, B2
Van **129.1**, H4
Vancouver **190.1**, E5
Vancouver-Insel **200.1**, G5–H5
Vänersee **83.2**, G3
Vantaa **106.2**, H4
Vanua Levu **184.1**, H6
Vanuatu **243.1**, S6
Var **120.1**, E7
Varanasi **141.3**, F4
Varangerfjord **106.2**, J2–K2
Varanger-Halbinsel **106.2**, J2
Vardø **106.2**, J2
Varese **120.1**, F5
Vârful Pietrosul **128.1**, D2
Varkaus **106.2**, H4
Värmland **107.2**, E5
Värnamo **107.2**, E5
Västerås **107.2**, F5
Vatikanstadt **93.5**, G4
Vatnajökull **106.1**, C1–D1
Vättersee **83.2**, G3
Vaux **50.1**, B1
Växjö **107.2**, E5
Vecht ➡ Vechte **116.1**, F2
Vechte ➡ Vecht **116.1**, G2
Veendam **116.1**, F1
Veenendaal **116.1**, E2
Vega **106.2**, D3
Vejle **107.2**, D6
Velebit **128.1**, A2
Velenje **121.1**, N4
Velsen **116.1**, D2
Veltlin **120.1**, G4–H4
Vence **120.1**, D7/E7
Vendas Novas **127.3**, A3
Venedig **123.1**, G2
Venetien **121.1**, J5–L5
Venezia ➡ Venedig **123.1**, G2
Venezianer Alpen **121.1**, K5–K4
Venezuela **193.4**, F5
Vénissieux **120.1**, B5
Venlo **116.1**, E3/F3
Venray **116.1**, E3
Venta **107.2**, G5
Ventimiglia **120.1**, E7
Ventspils **107.2**, G5
Veracruz **202.1**, E5
Verbania **120.1**, F5
Vercelli **120.1**, F5
Vercors **120.1**, C5–C6
Verdon **120.1**, D7
Verdun **116.1**, E5
Vereeniging **180.1**, D5
Vereinigte Arabische Emirate **143.4**, D3
Vereinigtes Königreich Großbritannien und Nordirland **93.5**, E3–F3
Vereinigte Staaten von Amerika **193.4**, D4–E4
Verín **127.3**, B2
Verona **123.1**, F2
Versailles **110.1**, D3
Verviers **116.1**, E4
Vervins **116.1**, C5
Verwallgruppe **120.1**, G3–H3
Vesoul **120.1**, D3
Vesterålen **106.2**, E2
Vestfjord **106.2**, E2–E3
Vestmannaeyjar **106.1**, B2
Vesuv **123.1**, G3
Veurne **116.1**, B3
Viana do Bolo **127.3**, B1
Viana do Castelo **127.3**, A2
Vianden **69.3**, C2
Vianden **52.1**, C2
Viangchan ➡ Vientiane **156.1**, C3
Viareggio **120.1**, G7/H7
Vicenza **123.1**, F2
Vichten **69.3**, B2–C2
Vichten **50.1**, B2
Vichy **110.1**, D4
Victoria (Kanada) **200.1**, H5
Victoria (Seychellen) **181.1**, G3
Victoria **157.1**, F6
Victoriafälle **180.1**, D4
Victoria-Insel **190.1**, F2–G3
Victorialand **189.2**, H2–J2
Victoria-Nil **181.1**, E2
Victoriasee **9.1**, L5
Vidigueira **127.3**, B3
Viedma **213.1**, D7
Viehberg **121.1**, M2
Vieira de Leiria **127.3**, A3
Vienne **120.1**, B5
Vientiane **156.1**, C3
Vierwaldstätter See **120.1**, F4
Vietnam **143.4**, G4
Vigevano **120.1**, F5
Vigo **122.1**, A3
Vijayawada **141.3**, F5
Vík **106.1**, C2
Vila Franca de Xira **127.3**, A3
Vilagarcía **127.3**, A1
Vila Nova de Foz Côa **127.3**, B2
Vila Nova de Gaia **127.3**, A2
Vila Nova de Milfontes **127.3**, A4
Vila Real **127.3**, B2
Vila Real de Santo António **127.3**, B4
Vilar Formoso **127.3**, B2
Vilhelmina **106.2**, F3
Villach **121.1**, L4
Villafranca de los Barros **127.3**, B3
Villahermosa **203.1**, E5
Villalpando **127.3**, C2
Villamartín **127.3**, C4
Ville **116.1**, F4
Villefranche-sur-Saône **120.1**, B4
Villers-la-Montagne **51.1**, B4
Villerupt **52.1**, B4
Villeurbanne **120.1**, B5
Villingen-Schwenningen **120.1**, F2
Vilnius **107.2**, H6
Vinci **121.1**, H7
Vinh **156.1**, C3
Vipiteno ➡ Sterzing **121.1**, J4
Virginia Beach **203.1**, G3
Visakhapatnam **141.3**, F5
Visby **107.2**, F5
Viscount-Melville-Sund **200.1**, J2–L2
Viseu **122.1**, B3
Vitigudino **127.3**, B2
Viti Levu **184.1**, H6
Vitória **191.1**, N12/O12
Vitoria-Gasteiz **122.1**, C3
Vitry-le-François **120.1**, B2
Vittorio Veneto **121.1**, K4/K5
Vivarais **120.1**, B6–B5
Vjosë **128.1**, C3
Vlieland **116.1**, D1
Vlissingen **116.1**, C3
Vlorë **128.1**, B3
Vöcklabruck **121.1**, L2
Vogelkopf **184.1**, D5
Vogesen **110.1**, E4–E3
Voiron **120.1**, C5
Völkermarkt **121.1**, M4
Völklingen **116.1**, F5
Volmerange-les-Mines **51.1**, C4
Volos **128.1**, C4
Volta **165.3**, E4
Volta-Stausee **176.1**, C5
Vorderrhein **120.1**, G4
Voss **106.2**, C4
Vostok-Insel **185.1**, L6

Vouziers **116.1**, D5
Vrsac **128.1**, C2
Vulkaninseln **143.4**, H3–J3
Vulkaninseln **184.1**, E2

W

Waag **111.1**, H3
Waal **116.1**, E3
Waalwijk **116.1**, E3
Wachau **121.1**, N2
Wadi al-Ghudal **129.1**, H5
Wadi Azaouak **176.1**, D4
Wadi Djedi **122.1**, D5–E5
Wadi Draa **165.3**, E3
Wadi el-Mailk **177.1**, F4
Wadi Halfa **177.1**, G3
Wadi Hauran **129.1**, H5
Wadi Igharghar **176.1**, D3
Wadi Saoura **176.1**, C2–C3
Wadi Tafassasset **176.1**, D3
Wadi Tharthar **129.1**, H5
Wadi Ubaiyidh **129.1**, H5
Wahl **69.3**, B2
Wahl **50.1**, B2
Wahlhausen **50.1**, C2
Wahran ➡ Oran **122.1**, C5
Waidhofen an der Thaya **121.1**, N2
Waidhofen an der Ybbs **121.1**, M3
Waigatsch **83.2**, L2
Waigeo **157.1**, F4
Waingapu **156.1**, E5
Wajir **181.1**, E2/F2
Wake **243.1**, S5
Wake **184.1**, G3
Wakkanai **149.1**, K2
Walachei **83.2**, H4
Wałbrzych ➡ Waldenburg **111.1**, H3
Waldaihöhen **83.2**, J3
Waldbillig **69.3**, D2
Waldbillig **50.1**, D2
Waldbredimus **69.3**, D3
Waldbredimus **51.1**, D3
Waldenburg **111.1**, H3
Waldkraiburg **121.1**, J2/K2
Waldviertel **121.1**, M2–N2
Wales **82.2**, E3
Walferdange **69.3**, C3
Walferdange **51.1**, C3
Walfischbucht **180.1**, C5
Walfischrücken **9.1**, K6–K7
Wallendorf **50.1**, D2
Wallendorf-Pont **50.1**, D2
Wallis (Frankreich) **184.1**, J6
Wallis (Schweiz) **120.1**, E4
Walliser Alpen **120.1**, E4–E5
Wallis und Futuna **243.1**, S6
Walsdorf **50.1**, C2
Waltzing **51.1**, B3
Walvis Bay ➡ Walfischbucht **180.1**, C5
Wanadsor **129.1**, J3
Wangerooge **116.1**, G1
Wanxian **149.1**, F3
Warangal **148.1**, C5
Wardin **50.1**, B2
Wark **52.1**, C2
Warken **50.1**, C2
Warna **128.1**, D3
Warri **176.1**, D5
Warschau **83.2**, H3
Warszawa ➡ Warschau **132.1**, C4
Warthe **111.1**, H2
Wasatchkette **202.1**, C2–C3
Washington **190.1**, K6
Washington-Insel ➡ Teraina **185.1**, K4–L4
Wasserbillig **52.1**, D3/E3
Wasserliesch **52.1**, E3
Waterford **110.1**, A2/B2
Waterloo **116.1**, D4
Wathermal **50.1**, B1
Watrange **50.1**, B2
Watson Lake **200.1**, G3/H3
Wattenmeer **116.1**, D1–F1
Watzerath **50.1**, D1
Watzmann **121.1**, K3
Wavre **116.1**, D4
Waw **177.1**, F5
Wawern **50.1**, D1
Waxweiler **50.1**, D1
Wecker **51.1**, D3
Weddellmeer **8.1**, G9–H9
Weert **116.1**, E3
Wehingen **51.1**, E4
Wehr **51.1**, D3
Weicherdange **50.1**, B1
Weichsel **83.2**, H3
Weidingen (Deutschland) **50.1**, D1
Weidingen (Luxemburg) **50.1**, B2
Weilerbach **50.1**, D2
Weiler-la-Tour **69.3**, C3
Weiler-la-Tour **51.1**, C3
Weiler (Putscheid) **50.1**, C2
Weiler (Wincrange) **50.1**, B1
Weinviertel **121.1**, N2–O2
Weipa **157.1**, G6
Weiße Ernz **52.1**, C2
Weißer Nil **165.3**, J4–J5
Weißer Volta **176.1**, C4–C5
Weißes Meer **83.2**, J2–K2
Weißkugel **121.1**, H4
Weißmeer-Ostsee-Kanal **106.2**, K3–K4
Weißrussland **93.5**, H3–J3
Weiswampach **69.3**, C1
Weiswampach **50.1**, C1
Weiten **51.1**, E3
Weiz **121.1**, N3
Welfrange **51.1**, D3
Welikije Luki **132.1**, E3
Weliki Nowgorod **132.1**, D3/E3
Welkom **180.1**, D5
Wellen **51.1**, D3
Wellenstein **51.1**, D3
Wellington **184.1**, H9
Wellington-Insel **213.1**, C7–C8
Wels **121.1**, M2
Welscheid **50.1**, C2
Wemperhardt **50.1**, C1
Wenzhou **141.3**, H4
Werchnetulomskoje-Stausee **106.2**, J2
Werchojansk **135.1**, N3
Werchojansker Gebirge **9.1**, Q2–R3
Wertach **120.1**, H3
Wesel **116.1**, F3
Weser **110.1**, F2
Wesjolystausee **129.1**, H2
Westalpen **110.1**, E4–F4
Westaustralisches Becken **9.1**, O7–P7
Westerschelde **116.1**, C3
Westeuropäisches Becken **8/9.1**, H3–J3
Westfriesische Inseln **110.1**, E2
Westghats **141.3**, E5
Westjordanland **93.5**, J5
Westkordillere **212.1**, C2
Westlicher Euphrat **129.1**, G4
Westlicher Großer Erg **176.1**, C2–D2
Westlicher Indischer Rücken **9.1**, M8–N7
Westlicher Taurus **128/129.1**, E4
Westliche Sierra Madre **190.1**, F6–G7
West Palm Beach **190.1**, J7/K7
Westsaharisches Becken **176.1**, C3
Westsajan **134.1**, H4–J4
Westsibirisches Tiefland **141.3**, E2–F3
Weststeirisches Hügelland **121.1**, N4
Wetar **157.1**, E5
Wewak **184.1**, E5
Weydig **51.1**, D3
Weyer **51.1**, C3
Weyler **51.1**, B3
Whitehorse **200.1**, G3
Wichita **202.1**, E3
Wicklow Mountains **110.1**, B2
Wickrange **51.1**, C3
Widdebierg **52.1**, D3
Wien **83.2**, G4
Wiener Neustadt **121.1**, N3/O3
Wienerwald **121.1**, N2–O2
Wieringerwerf **116.1**, D2/E2
Wiersdorf **50.1**, D1
Wiesbaden **110.1**, E3/F3
Wight **110.1**, C3
Wildspitze **121.1**, H3
Wilhelmshaven **110.1**, E2/F2
Wiljui **141.3**, G2
Wiljuisk **135.1**, M3
Wiljui-Stausee **135.1**, L3
Wilkesland **189.2**, F2–G2
Wilogne **50.1**, B1
Wiltz **69.3**, B2
Wiltz **52.1**, B2
Wiltz **52.1**, B2
Wilwerdange **50.1**, C1
Wilwerwiltz **50.1**, B2/C2
Wincheringen **51.1**, D3
Wincrange **69.3**, B1
Wincrange **50.1**, B1
Windhof **51.1**, B3
Windhuk **180.1**, C5
Winnipeg **201.1**, K5/L5
Winnipegosissee **200.1**, K4
Winnipegsee **190.1**, H4
Winnyzja **132.1**, D5
Winschoten **116.1**, F1/G1
Winseler **69.3**, B2
Winseler **50.1**, B2
Wintersdorf **50.1**, E2
Winterswijk **116.1**, F3
Winterthur **120.1**, F3
Wintrange **51.1**, D3
Wirzsee **107.2**, H5
Wismar **111.1**, F2
Wissmannfälle ➡ Mai-Munene-Fälle **180.1**, B2
Wißmannsdorf **50.1**, D2
Witim **135.1**, L4
Witim-Plateau **135.1**, L4
Witjastief 1 **184.1**, E3
Witjastief 2 **184.1**, J7
Witjastief 4 **184.1**, J8
Wittlich **116.1**, F4/F5
Wizebsk **132.1**, D3/E3
Wjasma **132.1**, E3
Wjatka **132.1**, J3
Wladikawkas **134.1**, D5
Wladimir **132.1**, G3
Wladiwostok **135.1**, N5
Włocławek **111.1**, H2
Wodlasee **106.2**, L4
Wolchow **106.2**, K5
Wolfsberg **121.1**, M4
Wolfsburg **111.1**, F2
Wolga **9.1**, M3
Wolgaplatte **83.2**, K3
Wolgodonsk **129.1**, H2
Wolgograd **141.3**, D3
Wolgograder Stausee **83.2**, K3–K4
Wolhynisch-Podolische Platte **83.2**, H3–H4
Wollastonsee **200.1**, K4
Wollongong **184.1**, F8
Wologda **132.1**, F3/G3
Wolper **51.1**, D2
Wolsfeld **50.1**, D2
Woltz **52.1**, B1–C1
Wolwelange **50.1**, B2
Worcester (Südafrika) **180.1**, C6
Worcester (Vereinigtes Königreich) **110.1**, C2
Workuta **134.1**, F3
Wormeldange **69.3**, D3
Wormeldange **51.1**, D3
Woronesch **132.1**, F4
Wörthersee **121.1**, M4
Wostoksee **189.2**, F2
Wotkinsker Stausee **83.2**, L3
Wrangel-Insel **135.1**, R2–S2
Wrocław ➡ Breslau **111.1**, H3
Wuhan **141.3**, G4
Wuhu **149.1**, G3
Wuktyl **132.1**, K2
Wuppertal **116.1**, G3
Würzburg **111.1**, F3
Wuxi **141.3**, G4/H4
Wyborg **106.2**, J4
Wyg **106.2**, K4
Wygsee **106.2**, K4
Wyndham **157.1**, E6
Wytegra **106.2**, K4/L4
Wytschegda **83.2**, K2

X

Xai-Xai **181.1**, E5
Xiamen **149.1**, G4
Xi'an **141.3**, G4
Xiangfan **149.1**, G3
Xianggang ➡ Hongkong **141.3**, G4
Xianyang **149.1**, F3
Xigazê **148.1**, D4
Xingu **191.1**, M10
Xining **148.1**, F3
Xinyang **141.3**, G4
Xuzhou **141.3**, G4

Y

Yalova **128.1**, E3
Yamdena **157.1**, F5
Yamoussoukro **176.1**, C5
Yamuna **148.1**, C4
Yancheng **149.1**, G3/H3
Yangon ➡ Rangun **141.3**, F5
Yantai **149.1**, H3
Yaoundé ➡ Jaunde **176.1**, E5
Yapen **157.1**, F5
Yap-Inseln **184.1**, D4
Yaqui **202.1**, D4
Yaren **184.1**, G5
Yarkand ➡ Shache **148.1**, C3
Yarkand **148.1**, C3
Yarlung Tsangpo **148.1**, D4
Yazd **160.1**, D2
Ybbs **121.1**, M3
Yellowknife **200.1**, J3
Yellowstone **202.1**, D2
Yeşilırmak **129.1**, F3–G3
Yichang **149.1**, G3
Yinchuan **149.1**, F3
Yingkou **149.1**, H2
Yining **148.1**, D2
Yli-Kitka **106.2**, J3
Yogyakarta **156.1**, C5/D5
Yokohama **149.1**, J3
York **110.1**, C2
Yos Sudarso **157.1**, F5
Ypern **116.1**, B4
Yuan Jian **149.1**, F4–G4
Yucatán **190.1**, H8–J7
Yueyang **149.1**, G4
Yukon **200.1**, G3
Yukon **190.1**, A3
Yunnan **148.1**, F4
Yuste **127.3**, C2
Yverdon-les-Bains **120.1**, D4

Z

Za **122.1**, C5
Zaanstad **116.1**, D2
Zachu **129.1**, H4
Zadar **128.1**, A2
Zafra **127.3**, B3
Zagreb **83.2**, G4
Zagrosgebirge **140.3**, D4
Zahedan **160.1**, D3/E3
Zakynthos **128.1**, C4
Zala **121.1**, O4
Zalaegerszeg **121.1**, O4
Zamboanga **156.1**, D4/E4
Zamora **122.1**, B3
Zandvoort **116.1**, D2
Zapopan **202.1**, D4
Zaragoza ➡ Saragossa **122.1**, C3
Zard Kuh **160.1**, C2/D2
Zaria **176.1**, D4
Záruby **121.1**, P2
Zaxo ➡ Zachu **129.1**, H4
Zeebrugge **116.1**, B3/C3
Zeist **116.1**, E2
Zell am See **121.1**, K3
Zenica **128.1**, B2
Zentralafrikanische Republik **167.3**, C2–D2
Zentralafrikanische Schwelle **165.3**, H5–J5
Zentrales Tiefland **203.1**, E3–F3
Zentralindischer Rücken **9.1**, N6–N7
Zentralindisches Becken **9.1**, N6–O6
Zentralkordillere **212.1**, C2
Zentralmassiv **82.2**, F4
Zermatt **120.1**, E4
Zeroud **123.1**, F5
Zêzere **127.3**, B2–B3
Zhangjiakou **149.1**, G2
Zhangye **148.1**, F3
Zhangzhou **141.3**, G4
Zhanjiang **149.1**, G4
Zhaotong **148.1**, F4
Zhengzhou **141.3**, G4
Zhuzhou **149.1**, G4
Zibo **149.1**, G3
Zielona Góra ➡ Grünberg **111.1**, G3
Zigong **148.1**, F4
Ziguinchor **176.1**, B4
Žilina **111.1**, H3
Zillertaler Alpen **121.1**, J3
Zimljansker Stausee **83.2**, K4
Zinder **176.1**, D4
Zirknitzer See **121.1**, M5
Zittig **51.1**, D3
Znaim **121.1**, O2
Znojmo ➡ Znaim **121.1**, O2
Zoetermeer **116.1**, D2
Zolwerknapp **52.1**, B3
Zonguldak **129.1**, E3
Zouérat **176.1**, B3
Zoufftgen **51.1**, C4
Zuckerhütl **121.1**, J4
Zudachar **129.1**, J3
Zug **120.1**, F3
Zugspitze **111.1**, F4
Zürich **83.2**, F4
Zürichsee **120.1**, F3
Zweibrücken **116.1**, G5
Zwettl **121.1**, N2
Zwickau **111.1**, F3/G3
Zwolle **116.1**, F2
Zypern **93.5**, J5
Zypern **83.2**, J5

Ständige Berater

Dr. Romain Diederich, Luxemburg
Jean-Luc List, Rollingen
Mike Raas, Redange-sur-Attert
Dr. Claude Schmit, Grevenmacher
Ferdinand Schreiber, Strassen

Inhaltliche Zuarbeit

Anna Buchholz, Trier: 71.3, 75.5
Ursula Drießen, Dortmund: 84.1
Dr. Andrew Ferrone, Luxemburg: 53.5
Prof. Mag. Franz Forster, St. Ulrich bei Steyr: 28.1–2
Prof. Dr. Fouad N. Ibrahim, Wunstorf: 21.3
Prof. Dr. Hubert Job, Würzburg: 48.1
Prof. Dr. Volker Kaminske, Pfinztal: 10.1, 10.3
Prof. Dr. Werner Klohn, Vechta: 196.1
Prof. Dr. Gerd Kohlhepp, Tübingen: 217.4
Prof. Dr. Dirk Lange, Oldenburg: 35.3
Prof. Dr. Hans Dieter Laux, Meckenheim: 204.2, 206.1–4
Rainer Lukhaup, Mannheim: 162.2
Senta Meinecke, Hannover: 78.3
Prof. Dr. Jürgen Newig, Kiel †: 26.1–2, 28.2
Prof. Dr. Dieter Nohlen, Heidelberg: 36.1
Prof. Dr. Andreas Pott, Osnabrück: 36.2
Dr. Konrad Schliephake, Würzburg: 161.2
Katja Schönhofen, Hannover: 84.1
Prof. Dr. Andreas Schulz, Köln: 6.1–7.11
Dr. Christian Seeber, Borgsdorf: 21.3
Prof. Dr. Hanns-Frank Seller, Benediktbeuren: 32.1
Prof. Dr. Alexander Siegmund, Heidelberg: 14.3–15.4, 98.1–99.4, 145.2–3, 170.1–171.8, 194.1–195.5
Daniel Volz, Heidelberg: 14.3–15.4, 98.1–99.4, 145.2–3, 170.1–171.8, 194.1–195.5
Prof. Dr. Bernd Wiese, Köln: 172.1, 174.1–175.2
Pascal Wiltzius, Luxemburg: 61.2
Alfred Wittstock, Mainz: 38.2
Claudia-Fé Zimmermann, Berlin: 158.1–159.2

Kartographie

Manuela Franke
Christian Haack
Stefan Hochmuth
Harald Iden
Florian Kronfeldt
Sarina-Marie Lion
Michael Perkovic
Arndt Russ
Henrik Selle
Heiko Strothmann
Sascha Vahlberg
Lars Vonau

Illustrationen

Johann Brandstetter, Winhöring
Jo Herrmann, Bad Waldsee
Christoph Hormann, Freiburg
Klaus Kühner, Hamburg
Ingrid Schobel, Hannover
Andrea Seipelt, Vechelde

Institute und Organisationen

Airports Council International (ACI), Montréal
American Association of Port Authorities (AAPA), Alexandria (USA)
Amnesty International, Berlin
Association des Géologues du Bassin de Paris (AGBP), Paris
Auswärtiges Amt, Berlin
Brookings Institution (Brookings), Washington D.C.
Büro für humanitäre Angelegenheiten der Vereinten Nationen (OCHA), Genf
Centre for Research on the Epidemiology of Disasters (CRED), Brüssel
Deutsche Stiftung Weltbevölkerung (DSW), Hannover
Entwicklungsprogramm der Vereinten Nationen (UNDP), New York
Europäische Agentur für die Grenz- und Küstenwache (FRONTEX), Warschau
Gemeinde Beckerich
Global Footprint Network (GFN), Oakland (USA)
Globalization and World Cities Research Network (GaWC), Loughborough (VK)
Greenpeace, Hamburg
Hoher Flüchtlingskommissar der Vereinten Nationen (UNHCR), Genf
Indisches Ministerium für Statistik und Programmimplementierung (MoSPI), Neu-Delhi
Institut national de la statistique et des études économiques du Grand-Duché de Luxembourg (STATEC), Luxemburg
Internationale Arbeitsorganisation (ILO), Genf
Internationale Walfangkommission (IWC), Impington (VK)
Kataster- und Vermessungsamt, Luxemburg
Kinderhilfswerk der Vereinten Nationen (UNICEF), New York
Münchener Rückversicherungsgesellschaft (Munich Re), München
National Aeronautics and Space Administration (NASA), Washington D.C.
Nationales Statistikbüro von China (NBS), Peking
National Geographic Society (NGS), Washington D.C.
Organisation für Ernährung und Landwirtschaft (FAO), Rom
Organisation für wirtschaftliche Zusammenarbeit und Entwicklung (OECD), Paris
Petroleum Economist Ltd, London
Service géologique de l'Etat, Bertrange
Sommer-Institut für Linguistik (SIL International), Dallas
Stadt Esch-sur-Alzette
Stadt Luxemburg
Statistikportal der Großregion
Statistisches Amt der Europäischen Union (Eurostat), Luxemburg
Stockholm International Peace Research Institute (SIPRI), Stockholm
Umweltprogramm der Vereinten Nationen (UNEP), Nairobi
United Nations Statistics Division (UN), New York
US Census Bureau, Suitland MD
US Energy Information Administration, Washington D.C.
US Geological Survey EROS Data Center (EDC), Sioux Falls
US Geological Survey Minerals Information (USGS), Washington D.C.
Weltbank, Washington D.C.
Weltgesundheitsorganisation (WHO), Genf
Welthandelsorganisation (WTO), Genf
Weltklimarat (IPCC), Genf
Weltorganisation für Meteorologie (WMO), Genf
World Conservation Monitoring Center, Cambridge (VK)
World Resources Institute (WRI), Washington D.C.

Bildquellen

alamy images, Abingdon/Oxfordshire: imageBROKER 105.6; Tetra Images 73.1
Astrofoto, Sörth: 6.1
Bricks, Prof. Wolfgang, Erfurt: 101.4
Colourbox.com, Odense: 97.3
DACHSER SE, Kempten: 79.2
Eitel, Bernhard, Heidelberg: 101.3, 101.1
eoVision, Salzburg: 216.1, 216.3, 216.2; ESA 60.1
fotolia.com, New York: Figurniy Sergey 97.5; Ivo Brezina 97.6; maxime57 73.2
Getty Images, München: Andia 79.3; Gamma-Keystone 78.1
GIU Gesellschaft für Innovation und Unternehmensförderung mbH, Saarbrücken: 79.1
Heise, Max: 58.4, 58.1, 58.2, 58.3
Institut für Bodenwissenschaften, Göttingen: 101.2
Interfoto, München: Friedrich 105.5
iStockphoto.com, Calgary: 48.4, 48.1, 97.4, 97.2, 97.6; amriphoto 48.3; atosan 161.3; dblight 161.4; kilhan 104.1; Nikada 161.2; yenwen 48.2
Le Gouvernement du Grand-Duché de Luxembourg / Ministère des Finances – Administration du cadastre et de la topographie, Luxembourg: 58.7, 58.6, 58.5
Musée National des Mines de Fer Luxembourgeoises, Rumelange: 78.2
NASA, Washington: 6.5, 6.4, 6.2, 170.2, 170.1
NOAA – National Oceanic & Atmospheric Administration, Washington: 195.1
Picture-Alliance GmbH, Frankfurt/M.: Antonowitz 72.1; dpa/Günter Bratke 78.4; euroluftbild.de/Alfons Rath 73.3; ZB/Euroluftbild 79.4
Rieke, Michael, Hannover: 101.5
Shutterstock.com, New York: ciwoa 61.1
stock.adobe.com, Dublin: HAVELAAR 60.3; Michael 60.4; Montembaut, Philippe 61.2; Novikov, Sergey 61.3; PhotoGranary 60.2; Speedfighter 69.1
ullstein bild, Berlin: Eschen, Fritz 78.3; TopFoto 161.1
UNHCR Germany, Berlin: 36.1
Ville de Luxembourg, Photothèque, Luxembourg: Batty Fischer 72.2.

Wir arbeiten sehr sorgfältig daran, für alle verwendeten Abbildungen die Rechteinhaberinnen und Rechteinhaber zu ermitteln. Sollte uns dies im Einzelfall nicht vollständig gelungen sein, werden berechtigte Ansprüche selbstverständlich im Rahmen der üblichen Vereinbarungen abgegolten.

1

Kennzeichen	Staat	Einwohner	(Rang)	Fläche in km²	(Rang)
AFG	Afghanistan	37 171 900	(38)	652 225	(40)
ET	Ägypten	98 423 600	(14)	1 002 000	(29)
AL	Albanien	2 882 700	(137)	28 748	(141)
DZ	Algerien	42 228 400	(34)	2 381 741	(10)
AND	Andorra	77 000	(187)	468	(182)
ANG	Angola	30 809 800	(45)	1 246 700	(22)
AG	Antigua und Barbuda	96 300	(186)	442	(184)
GQ	Äquatorialguinea	1 309 000	(153)	28 051	(142)
RA	Argentinien	44 361 200	(31)	2 780 403	(8)
AM	Armenien	2 951 700	(135)	29 743	(140)
AZ	Aserbaidschan	9 949 500	(91)	86 600	(112)
ETH	Äthiopien	109 224 400	(12)	1 133 380	(26)
AUS	Australien	24 898 200	(55)	7 692 030	(6)
BS	Bahamas	385 600	(172)	13 939	(157)
BRN	Bahrain	1 569 400	(150)	716	(177)
BD	Bangladesch	161 376 700	(8)	147 570	(93)
BDS	Barbados	286 600	(176)	430	(185)
B	Belgien	11 482 200	(79)	32 545	(138)
BZ	Belize	383 100	(173)	22 965	(149)
BJ	Benin	11 485 000	(78)	112 622	(101)
BHT	Bhutan	754 400	(162)	38 394	(134)
BOL	Bolivien	11 353 100	(80)	1 098 581	(27)
BIH	Bosnien und Herzegowina	3 323 900	(133)	51 129	(126)
RB	Botsuana	2 254 100	(142)	581 730	(47)
BR	Brasilien	209 469 300	(6)	8 547 404	(5)
BRU	Brunei	429 000	(171)	5 765	(165)
BG	Bulgarien	7 051 600	(104)	110 994	(103)
BF	Burkina Faso	19 751 500	(59)	274 000	(73)
RU	Burundi	11 175 400	(82)	27 834	(143)
RCH	Chile	18 729 200	(62)	756 096	(37)
PRC	China	1 435 651 200	(1)	9 572 419	(4)
CR	Costa Rica	4 999 400	(119)	51 100	(127)
CI	Côte d'Ivoire (Elfenbeinküste)	25 069 200	(54)	322 462	(68)
DK	Dänemark	5 752 100	(114)	43 098	(131)
D	Deutschland	83 124 400	(17)	357 578	(62)
WD	Dominica	71 600	(188)	751	(175)
DOM	Dominikanische Republik	10 627 100	(86)	48 671	(129)
DJI	Dschibuti	958 900	(158)	23 200	(148)
EC	Ecuador	17 084 400	(67)	256 370	(76)
ES	El Salvador	6 420 700	(110)	21 041	(150)
ER	Eritrea	3 452 800	(131)	121 144	(98)
EST	Estland	1 322 900	(152)	45 227	(130)
SD	Eswatini (Swasiland)	1 136 300	(157)	17 363	(155)
FJI	Fidschi	883 500	(159)	18 376	(153)
FIN	Finnland	5 522 600	(115)	338 144	(64)
F	Frankreich	64 990 500	(22)	543 965	(48)
G	Gabun	2 119 300	(143)	267 667	(75)
WAG	Gambia	2 280 100	(141)	11 295	(161)
GE	Georgien	4 002 900	(130)	69 700	(120)
GH	Ghana	29 767 100	(46)	238 537	(81)
WG	Grenada	111 500	(182)	345	(187)
GR	Griechenland	10 522 200	(87)	131 957	(96)
GCA	Guatemala	17 247 800	(66)	108 889	(105)
RG	Guinea	12 414 300	(75)	245 857	(78)
GUB	Guinea-Bissau	1 874 300	(148)	36 125	(135)
GUY	Guyana	779 000	(161)	214 969	(84)
RH	Haiti	11 123 200	(83)	27 750	(144)
HN	Honduras	9 587 500	(94)	112 492	(102)
IND	Indien	1 352 642 300	(2)	3 287 263	(7)
RI	Indonesien	267 670 500	(4)	1 912 988	(14)
IRQ	Irak	38 433 600	(36)	438 317	(58)
IR	Iran	81 800 200	(19)	1 648 000	(17)
IRL	Irland	4 818 700	(122)	70 273	(119)
IS	Island	336 700	(174)	103 000	(106)
IL	Israel	8 381 500	(100)	20 991	(151)
I	Italien	60 627 300	(23)	301 336	(71)
JA	Jamaika	2 934 800	(136)	10 991	(162)
J	Japan	127 202 200	(10)	377 837	(61)
YAR	Jemen	28 498 700	(49)	536 869	(49)
JOR	Jordanien	9 965 300	(90)	89 342	(111)
K	Kambodscha	16 249 800	(70)	181 035	(89)
CAM	Kamerun	25 216 300	(53)	475 442	(53)
CDN	Kanada	37 074 600	(39)	9 984 670	(2)
CV	Kap Verde	543 800	(168)	4 036	(168)
KZ	Kasachstan	18 319 600	(63)	2 724 900	(9)
Q	Katar	2 781 700	(139)	11 437	(160)
EAK	Kenia	51 392 600	(27)	582 646	(46)
KG	Kirgisistan	6 304 000	(111)	199 900	(86)
KIR	Kiribati	115 800	(180)	811	(174)
CO	Kolumbien	49 661 000	(29)	1 141 748	(25)
COM	Komoren	832 300	(160)	1 862	(172)
RCB	Kongo	5 244 400	(118)	342 000	(63)
CGO	Kongo, Demokratische Republik	84 068 100	(16)	2 344 885	(11)
RKS	Kosovo	1 795 700	(149)	10 887	(163)
HR	Kroatien	4 156 400	(127)	56 542	(125)
C	Kuba	11 338 100	(81)	110 860	(104)
KWT	Kuwait	4 137 300	(128)	17 818	(154)
LAO	Laos	7 061 500	(103)	236 800	(83)
LS	Lesotho	2 108 300	(144)	30 355	(139)
LV	Lettland	1 928 500	(147)	64 589	(123)
RL	Libanon	6 859 400	(107)	10 452	(164)
LB	Liberia	4 819 000	(121)	97 754	(108)
LAR	Libyen	6 678 600	(108)	1 775 500	(16)
FL	Liechtenstein	37 900	(192)	160	(192)
LT	Litauen	2 801 300	(138)	65 301	(122)
L	Luxemburg	604 200	(165)	2 586	(170)
RM	Madagaskar	26 262 300	(51)	587 041	(45)
MW	Malawi	18 143 200	(64)	118 484	(100)
MAL	Malaysia	31 528 000	(44)	329 733	(66)
MV	Malediven	515 700	(169)	298	(189)
RMM	Mali	19 077 700	(61)	1 240 192	(23)
M	Malta	439 200	(170)	316	(188)

Kennzeichen	Staat	Einwohner (Rang)	Fläche in km² (Rang)
MA	Marokko	36 029 100 (40)	458 730 (55)
MH	Marshallinseln	58 400 (189)	181 (191)
RIM	Mauretanien	4 403 300 (125)	1 030 700 (28)
MS	Mauritius	1 267 200 (155)	2 040 (171)
MEX	Mexiko	126 190 800 (11)	1 953 162 (13)
FSM	Mikronesien	112 600 (181)	700 (179)
MD	Moldau	4 051 900 (129)	33 800 (137)
MC	Monaco	38 700 (191)	2 (196)
MGL	Mongolei	3 170 200 (134)	1 564 100 (18)
MNE	Montenegro	627 800 (164)	13 812 (158)
MOC	Mosambik	29 496 000 (47)	799 380 (34)
MYA	Myanmar	53 708 300 (26)	676 552 (39)
NAM	Namibia	2 448 300 (140)	824 292 (33)
NAU	Nauru	10 700 (196)	21 (195)
NEP	Nepal	28 095 700 (50)	147 181 (94)
NZ	Neuseeland	4 743 100 (123)	270 534 (74)
NIC	Nicaragua	6 465 500 (109)	120 254 (99)
NL	Niederlande	17 059 600 (68)	41 526 (132)
RN	Niger	22 442 800 (57)	1 267 000 (21)
NGR	Nigeria	195 874 700 (7)	923 768 (31)
KP	Nordkorea	25 549 600 (52)	122 762 (97)
NMK	Nordmazedonien	2 083 000 (145)	25 713 (147)
N	Norwegen	5 338 000 (117)	323 759 (67)
OM	Oman	4 829 500 (120)	309 500 (70)
A	Österreich	8 891 400 (97)	83 879 (113)
PK	Pakistan	212 228 300 (5)	796 095 (35)
PAL	Palau	17 900 (194)	508 (181)
PA	Panama	4 176 900 (126)	75 517 (117)
PNG	Papua-Neuguinea	8 606 300 (98)	462 840 (54)
PY	Paraguay	6 956 100 (106)	406 752 (59)
PE	Peru	31 989 300 (43)	1 285 216 (19)
RP	Philippinen	106 651 400 (13)	300 000 (72)
PL	Polen	37 921 600 (37)	312 685 (69)
P	Portugal	10 256 200 (88)	92 345 (110)
RWA	Ruanda	12 302 000 (76)	26 338 (146)
RO	Rumänien	19 506 100 (60)	238 391 (82)
RUS	Russland	145 734 000 (9)	17 075 400 (1)
SH	Sahara	567 400 (167)	252 120 (77)
KAN	Saint Kitts und Nevis	52 400 (190)	269 (190)
WL	Saint Lucia	181 900 (179)	616 (180)
WV	Saint Vincent und die Grenadinen	110 200 (183)	389 (186)
SOL	Salomonen	652 900 (163)	27 556 (145)
Z	Sambia	17 351 700 (65)	752 614 (38)
WS	Samoa	196 100 (178)	2 831 (169)
RSM	San Marino	33 800 (193)	61 (193)
STP	São Tomé und Príncipe	211 000 (177)	1 001 (173)
KSA	Saudi-Arabien	33 702 800 (41)	2 240 000 (12)
S	Schweden	9 971 600 (89)	449 964 (56)
CH	Schweiz	8 525 600 (99)	41 285 (133)
SN	Senegal	15 854 300 (71)	196 722 (87)
SRB	Serbien	7 007 100 (105)	77 474 (116)
SY	Seychellen	97 100 (185)	454 (183)
WAL	Sierra Leone	7 650 200 (102)	71 740 (118)
ZW	Simbabwe	14 438 800 (74)	390 757 (60)
SGP	Singapur	5 757 500 (113)	710 (178)
SK	Slowakei	5 453 000 (116)	49 034 (128)
SLO	Slowenien	2 077 800 (146)	20 253 (152)
SO	Somalia	15 008 200 (73)	637 657 (41)
E	Spanien	46 692 900 (30)	504 645 (51)
CL	Sri Lanka	21 228 800 (58)	65 610 (121)
ZA	Südafrika	57 792 500 (24)	1 220 813 (24)
SUD	Sudan	41 801 500 (35)	1 840 687 (15)
ROK	Südkorea	51 171 700 (28)	99 313 (107)
SSD	Südsudan	10 975 900 (84)	619 745 (43)
SME	Suriname	576 000 (166)	163 265 (92)
SYR	Syrien	16 945 100 (69)	185 180 (88)
TJ	Tadschikistan	9 100 800 (96)	143 100 (95)
RC	Taiwan	23 726 500 (56)	36 006 (136)
EAT	Tansania	56 313 400 (25)	945 087 (30)
T	Thailand	69 428 500 (20)	513 115 (50)
TL	Timor-Leste	1 268 000 (154)	14 604 (156)
RT	Togo	7 889 100 (101)	56 785 (124)
TON	Tonga	103 200 (184)	748 (176)
TT	Trinidad und Tobago	1 389 800 (151)	5 128 (167)
TD	Tschad	15 477 700 (72)	1 284 000 (20)
CZ	Tschechien	10 665 700 (85)	78 866 (114)
TN	Tunesien	11 565 200 (77)	163 610 (91)
TR	Türkei	82 340 100 (18)	779 452 (36)
TM	Turkmenistan	5 850 900 (112)	488 100 (52)
TUV	Tuvalu	11 500 (195)	26 (194)
EAU	Uganda	42 729 000 (33)	241 548 (80)
UA	Ukraine	44 246 200 (32)	603 700 (44)
H	Ungarn	9 707 500 (92)	93 030 (109)
ROU	Uruguay	3 449 300 (132)	176 215 (90)
UZ	Usbekistan	32 476 200 (42)	447 400 (57)
VU	Vanuatu	292 700 (175)	12 190 (159)
V	Vatikanstadt	800 (197)	0,44 (197)
YV	Venezuela	28 887 100 (48)	912 050 (32)
UAE	Vereinigte Arabische Emirate	9 631 000 (93)	77 700 (115)
GB	Vereinigtes Königreich	67 141 700 (21)	242 910 (79)
USA	Vereinigte Staaten von Amerika	327 096 300 (3)	9 809 155 (3)
VN	Vietnam	95 546 000 (15)	331 114 (65)
BY	Weißrussland (Belarus)	9 452 600 (95)	207 595 (85)
RCA	Zentralafrikanische Republik	4 666 400 (124)	622 436 (42)
CY	Zypern	1 189 300 (156)	5 364 (166)
	Erde	7 631 091 000	

Quelle: UN (2018)

(EU) Im Verbund der **Europäischen Union** sind 27 Staaten zusammengeschlossen. Damit repräsentiert die EU knapp 450 Millionen Europäer. Die Fläche aller EU-Staaten beträgt 4 128 000 km².

(UN) Die **UNO** repräsentiert fast die gesamte Weltbevölkerung. Außer der Vatikanstadt sind dort alle Staaten Mitglied. Kosovo, Taiwan und Sahara sind von der UNO nicht anerkannt.

Einsatz von UN-Friedenstruppen (UN-Friedensmission), z.T. auch als Beobachter

ERDE LUXEMBURG EUROPA ASIEN AFRIKA OZEANIEN POLARGEBIETE AMERIKA REGISTER

Politische Übersicht

Maßstab 1 : 75 000 000 — 0 500 1000 1500 km

1

X500_8

Verwaltung

- Hauptstadt
- Staatsgrenze (Staatsgrenzen im Meer sind Orientierungshilfen. Sie entsprechen nicht dem rechtlich verbindlichen Verlauf.)
- umstrittene Grenze
- Niue [Neuseel.] — Außengebiet mit innerer Autonomie
- Wake [USA] — abhängiges Gebiet
- Chilenische Antarktis — Anspruchsgebiet in der Antarktis

Abkürzungen

- [Austr.] = Australien
- [Bras.] = Brasilien
- [Fr.] = Frankreich
- [Jap.] = Japan
- [Ind.] = Indien
- [Mex.] = Mexiko
- [Neuseel.] = Neuseeland
- [Norw.] = Norwegen
- [Port.] = Portugal
- [USA] = Vereinigte Staaten von Amerika
- [VK] = Vereinigtes Königreich

Europäisches Weltbild

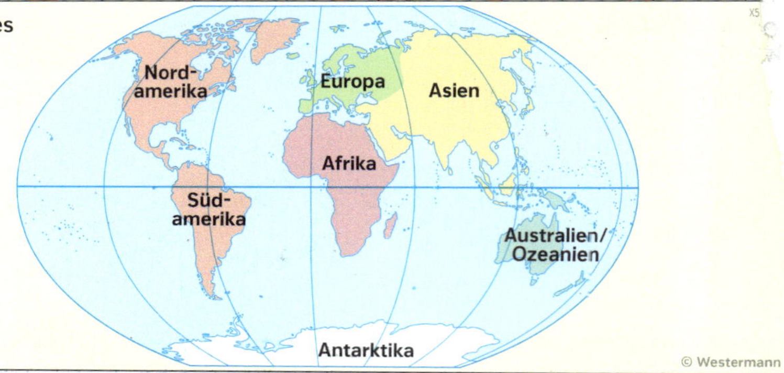